流体力学与流体机械

柯　葵　朱立明　编著

同济大学出版社
TONGJI UNIVERSITY PRESS
·上海·

内 容 提 要

本书是根据高等学校工科基础课流体力学教学大纲编写的。全书共分13章，内容包括：绪论、流体静力学、流体动力学基础、流动阻力和水头损失、孔口、管嘴出流和有压管路、绕流运动、明渠流动、堰流、因次分析和模型试验、渗流及流体机械等。各章附有内容提要、学习指导、复习思考题、选择题和习题。

本书主要适合于土建类给排水、环境科学、道路桥梁、土建结构等专业的流体力学（水力学）的教学用书或参考书，也可作为有关工程技术人员、全国注册工程师流体力学考试的自学参考书。

图书在版编目(CIP)数据

流体力学与流体机械/柯葵，朱立明编著. —上海：同济大学出版社，2009.9(2025.1重印)

ISBN 978-7-5608-4000-0

Ⅰ. 流… Ⅱ. ①柯…②朱… Ⅲ. ①流体力学—教材 ②流体机械—教材 Ⅳ. O35 TH3

中国版本图书馆CIP数据核字(2009)第108017号

流体力学与流体机械

柯 葵 朱立明 编著

责任编辑 林武军 责任校对 徐春莲 封面设计 陈益平

出版发行 同济大学出版社 www.tongjipress.com.cn

（地址：上海市四平路1239号 邮编：200092 电话：021－65985622）

经 销 全国各地新华书店

印 刷 江苏句容市排印厂

开 本 787mm×1092mm 1/16

印 张 20.75

字 数 517 000

版 次 2009年9月第1版

印 次 2025年1月第11次印刷

书 号 ISBN 978-7-5608-4000-0

定 价 36.00元

前　　言

本书是在2000年同济大学出版社出版的《水力学》教材基础上，根据现行的教学大纲以及当前学生的学习特点改编而成的。主要适用于土建类环境工程、给排水工程及道路桥梁工程等专业。本书也可用作上述专业及相关专业学生的自学用书。

本书系统地阐述了流体力学与流体机械的基本概念和基本理论以及在工程中的应用。在基本理论的论述上，主要采用了一元流动的分析方法。

本书继承了原《水力学》教材的编写特点，深入浅出，内容深度、广度适宜。书中有大量的与教学内容相匹配的例题。除了依然在每章后都附有学习指导、复习思考题和计算习题外，还在每章前增加了内容提要，在每章后增加了选择题，以方便学生理解内容和自我测试。

本书相比较前《水力学》教材，增补了适用于上述专业的绕流运动及风机方面的内容。

参加本书编写工作的有朱立明(第一、二、三、四、六章)、柯葵(第五、七、八、九、十、十一、十二、十三章)，全书由柯葵统稿，由同济大学陈硕主审。本书的编写出版得到了有关兄弟院校教师、同济大学出版社的帮助和支持，还得到了同济大学网络学院的关心和资助，编者表示衷心的感谢。

由于编者水平所限，书中缺点和错误在所难免，恳请读者批评指正。

编　者

2009年2月于同济大学

前　言

目 录

1 绪 论

［内容提要］ 本章是流体力学的开篇，概述有关流体力学的任务、发展简史、研究方法和流体的主要物理性质，重点阐述了流体固有的力学性质——粘性，这些基本知识是学习流体力学理论的基础。

1.1 流体力学的任务和发展简史

流体力学是力学的一个分支，主要研究流体的各种运动特性、在各种力的作用下流体的运动规律，以及流体与其他界面（固体壁面、不同密度的流体等）由于存在相对运动时的相互作用。

流体力学研究最多的流体是水和空气。它的主要基础是牛顿运动定律、质量守恒定律和能量守恒定律。从现代的认识角度看，流体力学是一门理论与实践相结合的经验性学科，它广泛应用于环境工程、市政建设、土木工程、交通运输、航空、水利等工程中。先修学科为高等数学、物理、理论力学和材料力学等。

一、流体力学的任务

流体力学的基本任务分以下三个层次：

1. 研究流体宏观机械运动的基本规律（包括静止状态）；
2. 研究产生上述宏观机械运动的原因；
3. 研究流体与固体间、流体与流体间的相互作用。

二、流体力学发展简史

流体力学是在人类与自然界相处和生产实践中逐步发展起来的。对流体力学学科的形成做出卓越贡献的是古希腊哲学家阿基米德（《论浮体》，公元前 250 年），他建立了包括浮力定律和浮体稳定性在内的液体平衡理论，奠定了流体静力学的基础。

17 世纪，经典力学奠基人牛顿（1686 年）研究了在流体中运动的物体所受到的阻力，得到阻力与流体密度、物体迎流截面积以及运动速度的平方成正比的关系。他针对粘性流体运动时的内摩擦力提出了著名的牛顿粘性定律（牛顿内摩擦定律）。17 世纪初，帕斯卡（1601 年）阐明了静止流体中压强的概念。但流体力学尤其是流体动力学作为一门严密的科学，却是随着经典力学建立了速度、加速度、力和流场等概念，以及质量、动量、能量三个守恒定律的奠定之后才逐步形成的。

18 世纪，瑞士的欧拉（1775 年）采用了连续介质的概念，把静力学中压强的概念推广到运动流体中，建立了以牛顿第二定律为基础的流体运动方程——欧拉方程，欧拉方程是用微分方法描述了理想流体（无粘流体）的运动与作用力之间的相互关系；伯努利（1738 年）从经典力学的能量守恒出发，研究供水管道中水的流动，精心地安排了实验并加以分析，得到了流体定常运动下的流速、压强、管道高程之间的关系——伯努利方程。伯努利方程是欧拉方程的积分形式。

欧拉方程和伯努利方程的建立，是流体力学作为一门独立学科的标志，从此开始了用微分方程和实验测量进行流体运动定量研究的阶段。从 18 世纪起，法国拉格朗日对于无旋运动，德国赫尔姆霍兹对于涡旋运动作了不少研究。在上述的研究中，流体的粘性并不起重要作用，即所考虑的均是理想流体。这种理论当然阐明不了流体运动中粘性的效应和现象。

19世纪，工程师们为了解决许多工程问题，尤其是要解决带有流体粘性影响的问题。1822年，纳维建立了粘性流体的基本运动方程；1845年，斯托克斯又以更合理的基础导出了这个方程，并将其所涉及的宏观力学基本概念论证得令人信服。这组方程就是沿用至今的纳维-斯托克斯方程（简称N-S方程），它是流体动力学的理论基础。上面说到的欧拉方程正是N-S方程在理想流体时的特例。N-S方程是以牛顿第二定律和牛顿内摩擦定律为基础推导的，该方程只适合于层流运动的。

粘性流体的基本运动微分方程是非线性偏微分方程，其求解的困难性，加上雷诺（1883年，雷诺实验）提出了紊流运动的概念，使流体运动规律的求解难以想象。

20世纪，普朗特学派从1904年到1921年逐步将N-S方程作了简化，从推理、数学论证和实验测量等各个角度，建立了普朗特边界层理论，能实际计算简单情形下，边界层内流动状态和流体同固体间的粘性力。这一理论既明确了理想流体的适用范围，又能计算简单物体运动时遇到的摩擦阻力，使理想流体和粘性流体以普朗特边界层理论为纽带得到了统一。

到了21世纪，流体力学的发展至今还停留在原来的基础上，但是随着相关科学的发展，只要人类对科学的孜孜不倦的追求，沿着从理论到实践再理论再实践的科学研究路线，克服流体力学的难题将在21世纪得以完成。

1.2 连续介质假设和流体力学的研究方法

一、连续介质基本假设

流体力学研究对象是流体，从微观角度分析，流体是由大量的分子构成的，分子与分子间不是致密的，并存在空隙，用数学观点分析流体的物理量在空间上的分布是不连续的，加上分子的随机的热运动，也导致物理量在时间的坐标轴也是不连续的，这样无法用数学方法进行分析研究。然而，流体力学主要是研究流体的宏观运动规律，以宏观角度去分析，几乎观察不到分子间的空隙。比如，对于比水疏松得多的空气为例，在标准状态下，$1mm^3$所含气体分子就有10^{19}个，分子间的间距从宏观角度来讲已是忽略不计了。因此，对于流体的宏观运动来说，我们可以把流体视为由无数质点组成的致密的连续体，并认为流体的各物理量的变化随时间和空间也是连续的。这种假设的连续体称为连续介质。

把流体视为连续介质，可应用高等数学中的连续函数来表达流体中各种物理量随空间、时间的变化关系。

二、流体力学的研究方法

在研究和解决流体力学问题时，通常选用理论分析、数值计算和实验分析三种方法。

1. 理论分析方法

理论分析方法是建立在一般的力学原理上，在连续介质的基本假设前提下，用数学分析方法将流体运动过程中的各种物理量先建立基本关系式（基本方程组），然后根据具体问题进行求解，并对其解进行分析。

由于流体的基本方程组（N-S方程）是二阶非线性偏微分方程，对于一般问题是难以求解的，只有很少的流体力学问题才能求得其完整的理论解。再加上实际流体运动中紊流运动存在，使方程组的封闭性、附加方程的复杂性，等等，更使方程组的理论解面临挑战。

2. 数值计算方法

随着计算机技术和数值计算方法的发展，产生了广泛应用于实际工程中的研究方法——数值计算方法。该方法就是通过数学近似解的方法，使理论解无法求得的问题能用近似的计算方法进行表达，使流体力学基本理论在实际工程中得到应用。数值计算方法一般包括有限基本解法、有限元法、有限差分法等。

3. 实验分析方法

流体力学问题如从基本运动方程的属性来分析，属于强非线性偏微分方程，加上紊流的存在，一般实际问题用理论方法是无法求得的，有时用数值计算方法也甚为困难，要解决问题的唯一方法就是实验方法。实验方法在流体力学中的重要性是不言而喻的，流体力学是一门经验性的学科，通过实验，即模型实验，来解决工程实际问题，同时，通过实验能充分了解流体运动的规律，使基本方程得以简化，如普朗特的边界层理论。

现代流体力学，在解决实际工程问题过程中，经常将上述三种方法同时应用，使工程实际问题得以较为完整的解决。

1.3 流体的主要物理性质

工程实际中的流体运动形式是多样化的，但无论流体运动状态如何变化，其影响的因素不外乎流体本身的物理性质和外界的作用力，流体的主要物理性质有惯性、粘性、压缩性、表面张力、汽化等。

一、惯性

惯性是物体保持原有运动状态的性质，质量是用来度量物体惯性大小的物理量，单位体积的质量称为密度，以符号 ρ 表示，在连续介质假设的前提下，对于均质流体其密度的定义为

$$\rho=\frac{m}{V} \tag{1-1}$$

式中，V 为体积，m 为质量，密度的单位是 kg/m^3。

流体力学中常用到与密度相关的一个组合物理量即重度，其定义是单位体积的重量，以符号 γ 表示，如流体处在地球引力场中，重度与密度的关系为

$$\gamma=\rho g \tag{1-2}$$

式中，g 为地球引力场的加速度。

液体的密度随温度和压强的变化很小，在一般的工程问题中可以忽略。而气体就不然。

二、粘性

1. 粘性的特征

图 1-1 所示两块平行平板，其间充满了静止流体，两板的间距 h，以 y 方向为平板的法线方向。下平板保持静止，上平板沿所在平面以速度 U 匀速运动。于是“粘附”在上平板表面的一层流体，将随上平板一起运动，并一层一层地向下传递，传递过程中速度逐渐变小，直至下平板的流体层与下平板的速度保持一致即静止。

上平板运动带动粘附在板上的流体运动，而且能影响到内部各流层运动，这一性质表明各流体层之间存在着剪切力，这就是流体粘性的现象。

2. 牛顿内摩擦定律

粘性是流体运动固有的，是有别于固体的主要物理性质，固体在受到外力的作用下，通过

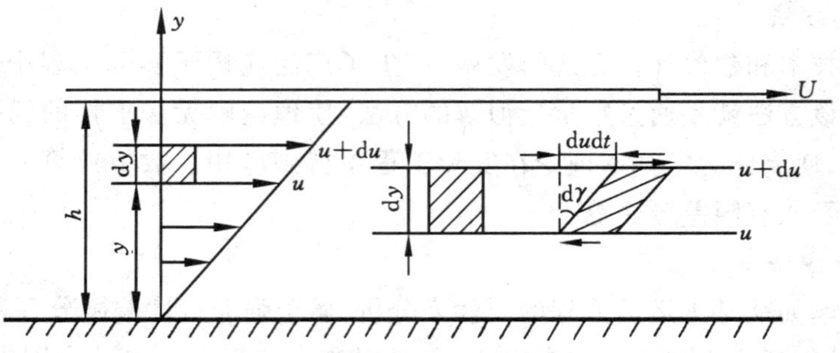

图 1-1　粘性现象

变形抵抗外力，由变形的形式分为正应变和切应变，对应的力为正应力和切应力或切向应力。而一般流体是无法通过变形来抵抗切向应力的，无论作用力多么微小，流体（牛顿流体）就不断地变形，但变形的快慢（变形率）与外界的作用力和流体的性质有关，这一流体的性质称为粘性，因此，流体是通过不断地变形（变形率）来抵抗外界的切向作用力的。

关于粘性牛顿有个著名的牛顿内摩擦定律，见图 1-1，拉动上平板保持匀速运动的切向力 T（流体的内摩擦力）与流体的接触面面积 A 和流层的速度梯度 $\left(\frac{du}{dy}\right)$ 成正比，这一比例常数反映流体克服外界切向力的物理属性称为粘性，式(1-3)所示。这一结论是牛顿 1686 年提出的，故称为牛顿内摩擦定律。

$$T=\mu A\frac{du}{dy} \tag{1-3(a)}$$

有时也常用单位面积的切向力即切应力 τ 表示上述方程：

$$\tau=\mu\frac{du}{dy} \tag{1-3(b)}$$

牛顿内摩擦定律有别于固体的摩擦定律，固体摩擦力与接触面的压力有关，而流体的内摩擦力与压力无直接关系。流体的内摩擦力是存在于流体流层之间的作用力，所以，常称为内摩擦定律。当切向力一定时，粘性越大，变形速度越小，因此粘性也是反应流体流动性的一个因素。

式中 μ 称为流体动力粘性系数，单位是 Pa·s，在分析粘性流体运动规律中，常用运动粘性系数 ν 表示，单位 m^2/s，运动粘性系数 ν 为动力粘性系数 μ 与密度 ρ 的比。

$$\nu=\frac{\mu}{\rho} \tag{1-4}$$

流体的粘性系数随压强变化的影响很小，随温度的变化如表 1-1 和表 1-2 所示。

表 1-1　　**水的粘性系数**

温度（℃）	μ $\times 10^{-3}N/(m^2\cdot s)$	ν $\times 10^{-6}m^2/s$	温度（℃）	μ $\times 10^{-3}N/(m^2\cdot s)$	ν $\times 10^{-6}m^2/s$
0	1.792	1.792	40	0.656	0.661
5	1.519	1.519	45	0.599	0.605
10	1.308	1.308	50	0.549	0.556
15	1.140	1.140	60	0.469	0.477
20	1.005	1.007	70	0.406	0.415
25	0.894	0.897	80	0.357	0.367
30	0.801	0.804	90	0.317	0.328
35	0.723	0.727	100	0.284	0.296

表 1-2　一个大气压下空气的粘性系数

温度 (℃)	μ $\times 10^{-3}$N/(m^2·s)	ν $\times 10^{-6}$m^2/s	温度 (℃)	μ $\times 10^{-3}$N/(m^2·s)	ν $\times 10^{-6}$m^2/s
0	0.0172	13.7	90	0.0216	22.9
10	0.0178	14.7	100	0.0218	23.6
20	0.0183	15.7	120	0.0228	26.2
30	0.0187	16.6	140	0.0236	28.5
40	0.0192	17.6	160	0.0242	30.6
50	0.0196	18.6	180	0.0251	33.2
60	0.0201	19.6	200	0.0259	35.8
70	0.0204	20.5	250	0.028	42.8
80	0.021	21.7	300	0.0298	49.9

从表 1-1 中可看出，液体(水)的动力粘性系数随温度升高而减小，而气体则相反(表1-2)。要从产生流体粘性的因素出发分析其原因，流体粘性既取决于分子间的引力，又取决于分子间的动量交换。因此，随着温度升高，分子间的引力减小，而分子间的动量交换加剧。而液体水分子间的距离很小，其粘性力主要取决于分子间的引力，空气分子间的距离远大于液体，分子的热运动即分子间的动量交换是形成粘性的主要因素。所以，液体与气体产生粘性力的主要原因不同，造成表中随温度变化其粘性截然相反的变化规律。

【例 1-1】 一底面积为 45cm×40cm，高为 3.5cm 的木块，质量为 5kg，沿涂有润滑油的斜面向下作等速运动，木块运动速度 u=1m/s，油层厚度 1mm，斜坡角 22.62°（图 1-2 示），求油的粘度。

【解】 木块重量沿斜坡分力 F 与切力 T 平衡时，等速下滑

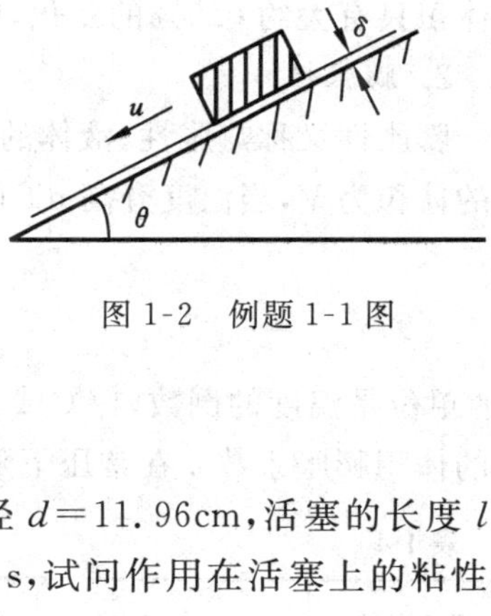

图 1-2　例题 1-1 图

$$mg\sin\theta = T = \mu A \frac{du}{dy}$$

$$\mu = \frac{mg\sin\theta}{A\,\dfrac{u}{\delta}} = \frac{5\times 9.8\times \sin 22.62^\circ}{0.4\times 0.45\times \dfrac{1}{0.001}}$$

$$\mu = 0.1047\text{Pa}\cdot\text{s}$$

【例 1-2】 在图中，汽缸内壁的直径 D=12cm、活塞的直径 d=11.96cm，活塞的长度 l=14cm，活塞往复运动的速度为 v=1m/s，润滑油的 μ=0.1Pa·s，试问作用在活塞上的粘性力为多少？

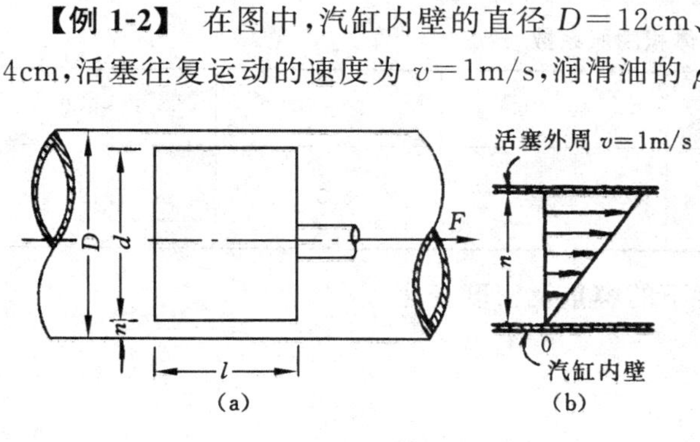

图 1-3　例题 1-2 图

【解】 因粘性的作用，粘附在汽缸内壁的润滑油速度为零，粘附在活塞外沿的润滑油与活塞的速度相同，由于活塞与汽缸的间距很小，润滑油的速度可近似认为是从零线性变化到1m/s。

由牛顿内摩擦定律(式 1-3)

$$T=\mu A\frac{\mathrm{d}u}{\mathrm{d}y}=\mu\pi dl\frac{v}{\frac{(D-d)}{2}}$$

$$T=26.5\mathrm{N}$$

三、压缩性与膨胀性

压缩性是指流体在压力的作用下，改变自身体积的特性。膨胀性是指由于温度的变化，流体改变自身体积的特性。

1. 压缩性

液体的压缩性用压缩系数表示，在一定温度下，液体原有的体积 V，在压强增量 $\mathrm{d}p$ 作用下，体积改变了 $\mathrm{d}v$

则压缩系数

$$\beta=-\frac{\frac{\mathrm{d}v}{V}}{\mathrm{d}p} \tag{1-5}$$

式中的负号是由于 $\mathrm{d}p>0$，$\mathrm{d}v<0$，为使压缩系数为正值而加负号的。

β 的单位是压强的倒数。

表 1-3 为水在 20℃，不同工程大气压(at)下的压缩系数。

表 1-3　　水的压缩系数

压强(at)	5	10	20	40	80
压缩系数 $\beta\times10^{-9}$(Pa)	0.515	0.505	0.495	0.480	0.460

表中可以看出，水的压缩系数是很小的(即很难被压缩)，如压强增加约为 100 大气压，相对体积只有大约 0.5%的变化，所以，工程上一般可将液体视为不可压的。

2. 膨胀性

膨胀性又称热胀性，液体的膨胀性可用体积膨胀系数 α 来表示，在一定的压强下，液体原有的体积为 V，当温度升高 $\mathrm{d}T$ 时，体积的变化量为 $\mathrm{d}v$ 则

$$\alpha=\frac{1}{V}\frac{\mathrm{d}v}{\mathrm{d}T} \tag{1-6}$$

α 的单位是温度的倒数，1/℃或 1/°K。

水的体积膨胀系数 α 在常压下随温度的变化见表 1-4。

表 1-4　　水的体积膨胀系数

温度(℃)	1～10	10～20	40～50	60～70	90～100
膨胀系数 $\alpha\times10^{-4}$/℃	0.14	1.50	4.22	5.56	7.19

表 1-5 是水在标准大气压下，不同温度下的容重及密度变化。

表 1-5　　水的容重及密度

温度（℃）	容重（kN/m³）	密度（kg/m³）	温度（℃）	容重（kN/m³）	密度（kg/m³）
0	9.806	999.9	50	9.690	988.1
5	9.807	1000.0	60	9.645	983.2
10	9.805	999.7	70	9.590	977.8
20	9.790	998.2	80	9.529	971.8
30	9.755	995.7	90	9.467	965.3
40	9.731	992.2	100	9.399	958.4

3．气体的压缩性和膨胀性

气体与液体不同，具有显著的压缩性和膨胀性。温度与压强的变化对气体的容重的影响很大。在一般情况下，气体密度、压强和温度三者之间的关系，服从完全气体状态方程式。即

$$\frac{p}{\rho}=RT \tag{1-7}$$

式中　T——气体的热力学温度(K)。

R——气体常数。对于空气，$R=287$。

四、表面张力

由于分子间的吸引力，在液体的自由表面上能够承受极其微小的张力，这种张力称表面张力。表面张力不仅在液体与气体接触的周界面上发生，而且还会在液体与固体（水和玻璃，汞和玻璃等），或一种液体与一种液体（汞和水等）相接触的周界面上发生。

对于液体，表面张力在平面上并不产生附加压力，它只有在曲面上才产生附加压力，以维持平衡。

因此，在工程问题中，液体只要有曲面的存在就会有表面张力的附加压力作用。例如，液体中的气泡，气体中的液滴，液体的自由射流，液体表面和固体壁面相接触等。所有这些情况，都会出现曲面，也就会引起表面张力，从而产生附加压力。不过在一般情况下，这种影响是比较微弱的。

由于表面张力的作用，如果把两端开口的玻璃细管竖立在液体中，液体就会在细管中上升或下降 h 高度，如图 1-4 及图 1-5 所示。这种现象称为毛细管现象。上升或下降取决于液体和固体的性质。

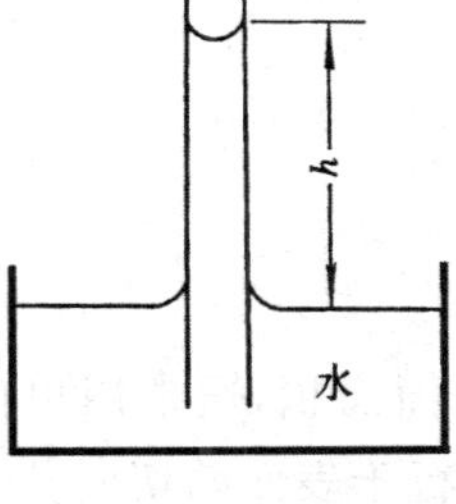

图 1-4　水在玻璃管表面张力

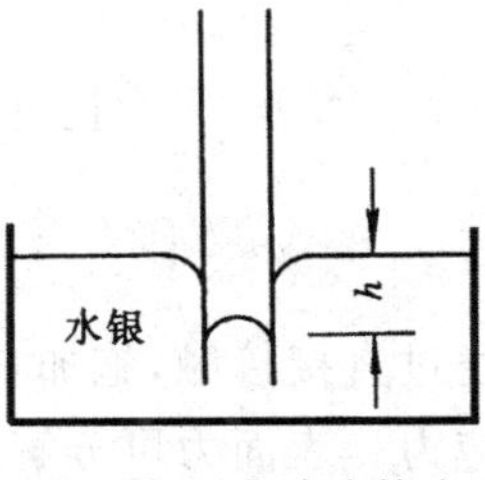

图 1-5　水银在玻璃管表面张力

如果把玻璃细管竖立在水中，如图 1-4。当水温为 20℃时，则水在管中的上升高度为

$$h=\frac{15}{r} \tag{1-8}$$

如果把玻璃细管竖立在水银中，如图 1-5。当水银温度为 20℃时，则水银在管中的下降高度为

$$h=\frac{5.07}{r} \tag{1-9}$$

在式(1-8)及式(1-9)中，h 及 r 均以 mm 计。可见，当管径很小时，h 就可以很大。所以，用来测定压强的玻璃细管直径不能太小，否则，会产生很大的误差。

表面张力的影响在一般工程实际中是被忽略的。但在水滴和气泡的形成、液体的雾化、汽液两相流的传热与传质的研究中，将是重要的不可忽略的因素。

五、气蚀

物质有固态、液态和气态之分，在一定的外部条件下，这三种状态是可以相互转换的。如水加热产生蒸汽；气体降温、加压也可以液化。

决定物质状态的因素是分子的热运动和分子的内聚力，以及外界因素。一般而言，加热、减压会使分子热运动加剧，同时减小分子内聚力；而降温、加压的作用则相反。因此，温度和压强是促使物态变化的两个主要的外部因素。比如，水在一个大气压的作用下，其沸点为 100℃；在高原地区，水的沸点小于 100℃。当液体沸腾或汽化时的压强称为汽化压强 P_V。显然，液体的汽化压强与温度有关。表 1-6 给出水在不同温度下的汽化压强。

表 1-6　　水在不同温度下的汽化压强

温度 T(℃)	汽化压强 P_V(kN/m^2)	温度 T(℃)	汽化压强 P_V(kN/m^2)
0	0.61	50	12.33
5	0.87	60	19.92
10	1.23	70	31.16
20	2.34	80	47.34
30	4.24	90	70.10
40	7.38	100	101.33

液体在流动过程中，当液体与固体的接触面处于低压区，并低于汽化压强时，液体产生汽化，在固体的表面产生很多气泡，若气泡随液体的流动进入高压区，气泡中的气体便液化，这时，液化过程中的液体将冲击固体表面。如这种运动是周期的，将对固体表面产生疲劳并导致剥落，这种现象称为气蚀。在工程应用必须避免气蚀。

1.4　作用在液体上的力

一、表面力

表面力是通过直接接触，施加在接触面上的力，它正比于接触面面积，通常用单位面积上所受的力表示应力。表面力可分解成与表面垂直的法向分量和平行于表面的切向分量。

设 M 为隔离体表面上的一点，见图 1-6 包含 M 点取微元面积 ΔA，若作用在微元上的力为 $\Delta \boldsymbol{F}$，将其分解为法向分力 $\Delta \boldsymbol{P}$ 和切向分力 $\Delta \boldsymbol{T}$，则 $\bar{p}=\frac{\Delta P}{\Delta A}$为 ΔA 上的平均正应力，由于液体只能受压力而不能承受拉力，因此，法向应力为压应力。

取极限 $p_M=\lim\limits_{\Delta A\to 0}\dfrac{\Delta P}{\Delta A}$为 M 点的压应力即压强。

同理 $\tau_M=\lim\limits_{\Delta A\to 0}\dfrac{\Delta T}{\Delta A}$为 M 点的切向应力。

应力的单位是 N/m^2，简称帕斯卡或帕，以符号 Pa 表示。

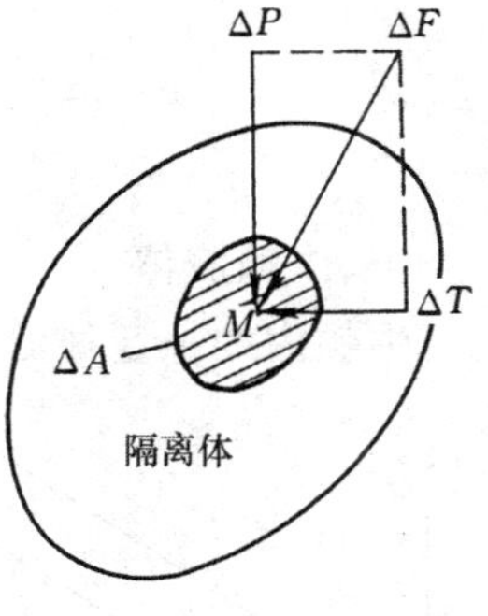

图 1-6　表面力

二、质量力

作用在隔离体内每个流体质点上的力称为质量力。质量力正比于隔离体的质量，通常用单位质量的质量力来表示。重力和惯性力是最常见的质量力。

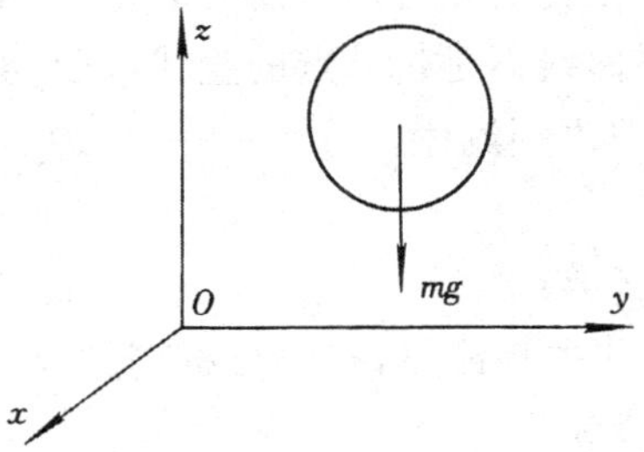

图 1-7　质量力

设均质液体中隔离体 V 的质量为 Δm，所受的质量力为 $\Delta\boldsymbol{F}$，则单位质量的质量力为 $\boldsymbol{F}$，简称质量力，则

$$\boldsymbol{F}=\lim_{\Delta m\to 0}\frac{\Delta\boldsymbol{F}}{\Delta m}$$

质量力在直角坐标系中各坐标轴上的分量分别为 X，Y 和 Z。若作用在液体上的质量力只有重力，如图 1-7 所示，则

$$X=0,Y=0,Z=-g$$

质量力的单位为 m/s^2，与加速度单位相同。

1.5　流体力学中的力学模型

客观上存在的实际流动、物质结构和物理性质是非常复杂的。如果考虑所有因素，将很难导出它的力学关系式。为此，我们在分析考虑流体力学问题中，根据抓主要矛盾的观点，建立各种力学模型，对流体加以科学的抽象，以便于列出流体运动规律的数学方程式。这种研究问题的方法，在固体力学中也常采用。例如，刚体、弹性体，等等。所以，力学模型的概念具有普遍意义。下面介绍几个主要的流体力学模型：

(1) 无粘性流体(理想流体)。一切流体都具有粘性，提出理想流体是对液体物理性质的简化。因为在某些问题中，粘性不起作用或主要作用。这种不考虑粘性作用的流体称为理想流体。

(2) 不可压缩液体。这是不计压缩性和膨胀性对流体物理性质的简化。液体的压缩性和膨胀性均很小，密度可视为常数，通常用不可压缩模型。气体在大多数情况下，也可采用不可压缩模型。只有在某些情况下，比如，气流速度很大，接近或超过音速，或者在流动过程中其密度变化很大，这时，必须用可压缩模型来处理。本课程主要讨论的是不可压缩流体。

(3) 牛顿流体和非牛顿流体。牛顿的内摩擦定律只适用于一般流体，它对某些特殊流体是不适用的。为此，将满足牛顿内摩擦定律的流体称为牛顿流体。如水和空气等称为牛顿流体。而将不满足牛顿内摩擦定律的流体称为非牛顿流体。如水泥、高分子溶液等。本书仅限于研究牛顿流体。

上述是流体力学中的主要力学模型，以后在具体问题的分析中，还会提出一些力学或运动模型。

1.6 牛顿流体和非牛顿流体

一、牛顿流体

牛顿内摩擦定律给出了流体在剪切流动中，切应力与切应变率的线性关系。水和空气等常见流体均符合牛顿内摩擦定律，如用切应力与切应变率关系曲线表示，见图 1-8。牛顿流体为过原点的直线（图 1-8 中 a 线），斜率即为牛顿流体的动力粘性系数。除了以水和空气为代表的牛顿流体外，自然界和工程实际流动中还有许多流体不符合牛顿内摩擦定律，其关系曲线不是过原点的直线（图1-8中 b—d），这样的流体通常称为非牛顿流体。

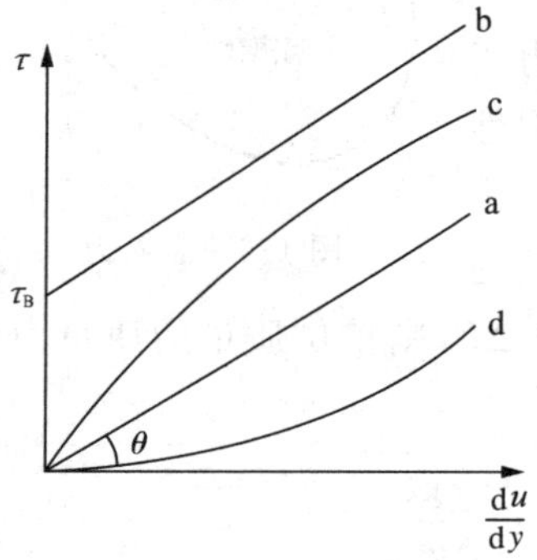

图 1-8　非牛顿流体

二、非牛顿流体简介

常见的非牛顿流体分为三类：

1. 宾汉（Bingham fluid）非牛顿流体，有时也称塑性流体，其切应力与切应变率关系曲线为

$$\tau=\tau_B+\eta\frac{\mathrm{d}u}{\mathrm{d}y} \tag{1-10}$$

式中　τ_B——屈服应力；

η——塑性粘度。

宾汉流体是有初始屈服应力的，图 1-8 中的 b 线，其流动特点是当切应力大于屈服应力时才开始流动，而流动过程中，切应力与切应变率关系与牛顿流体相似，直线变化规律。宾汉流体是工业上应用广泛的液体材料，如牙膏、高含蜡低温原油、某些石油制品、水泥沙浆等液体。

2. 拟塑性流体，其切应力与切应变率关系曲线为

$$\tau=k\left(\frac{\mathrm{d}u}{\mathrm{d}y}\right)^n \qquad n<1 \tag{1-11}$$

式中　k——稠度系数；

n——流变指数。

拟塑性流体的切应力与切应变率关系曲线是通过原点的向上凸的曲线（图 1-8 中的 c 线）。拟塑性流体的流动特点是，随切应变率的增大切应力减小，流动性增大，表现出流体变稀。因此，又拟塑性流体称为剪切稀化流体。常见的拟塑性流体有某些原油、高分子聚合物溶液、人的血液等。

3. 膨胀流体，其剪应力与剪应变率关系曲线为

$$\tau=k\left(\frac{\mathrm{d}u}{\mathrm{d}y}\right)^n \qquad n>1 \tag{1-12}$$

式中　k——稠度系数；

n——流变指数。

膨胀流体的剪应力与剪应变率关系曲线是通过原点的向下凹的曲线（图 1-8 中的 d 线）。膨胀流体的流动特点是，随切应变率的增大剪切应力增大，流动性减低，表现出流体变绸。因此，膨胀流体称为剪切绸化流体。常见的膨胀流体有高浓度的夹砂水流、淀粉糊等液体。

学习指导

本章主要介绍流体力学中所涉及到的基本物理量、液体的力学性质和力学模型。

1. 在基本物理量中，要充分理解物理量的定义，产生的原因，以及随外界因素所产生的影响，如粘性，粘性是流体力学中特有的，其物理意义、影响因素、单位等，必须加以深刻地理解。

2. 液体的力学性质，如粘性、表面张力、压缩性和气蚀等。

3. 为简化理论分析提出了力学模型的概念，本章介绍的力学模型主要是三个，连续介质假设、理想流体和不可压缩液体，在以后章节中还会介绍一些力学模型。

复习思考题

1-1 何谓流体的粘性系数？分析粘性系数与哪些因素有关。

1-2 试从力学分析的角度，比较流体与固体对外力抵抗能力的差别。

1-3 为什么说流体运动的摩擦阻力是内摩擦阻力？它与固体运动的摩擦力有何不同？

1-4 液体和气体的粘度随温度变化的趋向是否相同？为什么？

1-5 已知液体中的流速分布为下图所示的三种情况：均匀分布、线性分布和抛物线分布。试定性画出其切应力分布图。

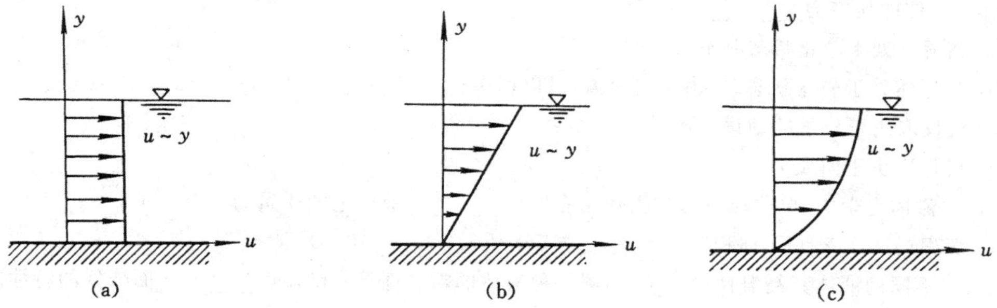

复习思考题 1-5 图

1-6 试分析下列三种情况下，水体 A 受哪些表面力和质量力的作用：静止水池中、明渠中水流中和平面弯道水流中。

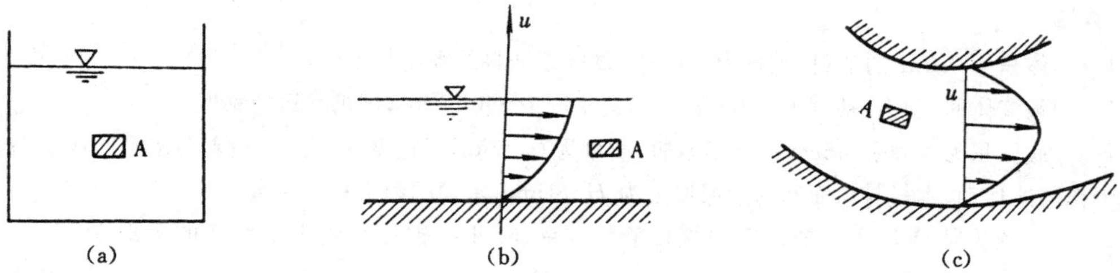

复习思考题 1-6 图

1-7 为何可将液体作为连续介质和理想流体？分别说明这样对研究流体的运动规律有何意义？

习　题

一、选择题（单选题）

1-1 按连续介质的概念，流体质点是指________。

(a) 流体的分子；　　(b) 流体中的固体颗粒；

(c) 几何的点；　　(d) 几何尺寸与流动空间相比是极小量，又含有大量分子的微元体。

1-2　作用于流体的质量力包括________。

(a) 压力；　　(b) 摩擦阻力；　　(c) 重力；　　(d)表面张力。

1-3　比较重力场(质量力只有重力)中，水和水银所受单位质量力 $Z_{水}$ 和 $Z_{汞}$ 的大小________。

(a) $Z_{水}<Z_{汞}$；　　(b) $Z_{水}=Z_{汞}$；　　(c) $Z_{水}>Z_{汞}$；　　(d) 不定。

1-4　单位质量力的国际单位是________。

(a) N；　　(b) Pa；　　(c) N/kg；　　(d) m/s^2。

1-5　与牛顿内摩擦定律直接有关的因素是________。

(a) 切应力和压强；　　(b) 切应力和剪切变形速度；

(c) 切应力和剪切变形；　　(d) 切应力和流速。

1-6　水的[动力]粘度 μ 随温度的升高________。

(a) 增大；　　(b) 减小；　　(c) 不变；　　(d) 不定。

1-7　流体运动粘度 ν 的国际单位是________。

(a) m^2/s；　　(b) N/m^2；　　(c) kg/m；　　(d) $(N\cdot s)/m^2$。

1-8　在研究流体运动时，按照是否考虑流体的粘性，可将流体分为________。

(a) 牛顿流体及非牛顿流体；　　(b) 可压缩流体与不可压缩流体；

(c) 均质流体与非均质流体；　　(d) 理想流体与实际流体。

1-9　流体的切应力________。

(a) 当流体处于静止状态时不会产生；

(b) 当流体处于静止状态时，由于内聚力，可以产生；

(c) 仅仅取决于分子的动量交换；

(d) 仅仅取决于内聚力。

1-10　流体力学中，单位质量力是指作用在单位________液体上的质量力。

(a) 面积；　　(b) 体积；　　(c) 质量；　　(d) 重量。

1-11　不同的液体其粘滞性________，同一种液体的粘滞性具有随温度________而降低的特性。

(a) 相同　降低；　(b) 相同　升高；　　(c) 不同　降低；　(d) 不同　升高。

1-12　下列说法正确的是__________。

(a) 液体不能承受拉力，也不能承受压力；　(b) 液体不能承受拉力，但能承受压力；

(c) 液体能承受拉力，但不能承受压力；　　(d) 液体能承受拉力，也能承受压力。

二、计算题

1-1　体积为 $0.5m^3$ 的油料，重量为 4 410N，试问该油料的密度是多少？

1-2　某液体的[动力]粘度为 0.005Pa·s，其密度为 $850kg/m^3$，试求其运动粘度。

1-3　底面积为 40cm×45cm 的矩形木版，质量为 $G=5kg$，以速度 $u=1m/s$ 沿着与水平面成 30°倾角的斜面向下作匀速运动，木板与斜面间的油层厚度为 $H=1mm$，求油的动力粘性系数。

1-4　一圆锥体绕其中心轴作等角速度旋转 $\omega=16rad/s$，锥体与固定壁面间的距离 $\delta=1mm$，用 $\mu=0.1Pa\cdot s$ 的润滑油充满间隙，锥底半径 $R=0.3m$，高 $H=0.5m$。求作用于圆锥体的阻力矩。

1-5　图示为压力表校正器，器内充满压缩系数 $k=4.75\times10^{-10}m^2/N$ 的液压油，由手轮丝杆推进活塞加压，已知活塞直径 1cm，丝杆螺距为 2mm，加压前油的体积为 200mL，为使油压达到 20MPa，手轮必须摇多少转？

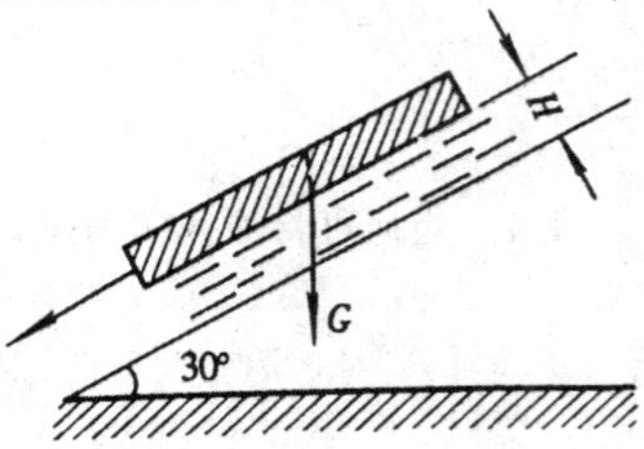

计算题 1-3 图

1-6　钢贮罐内装满温度 10℃的水，密封加热到 75℃，在加热增压的温度和压强范围内，水的热膨胀系数 $\alpha_v=4.1\times10^{-4}/℃$，体积弹性

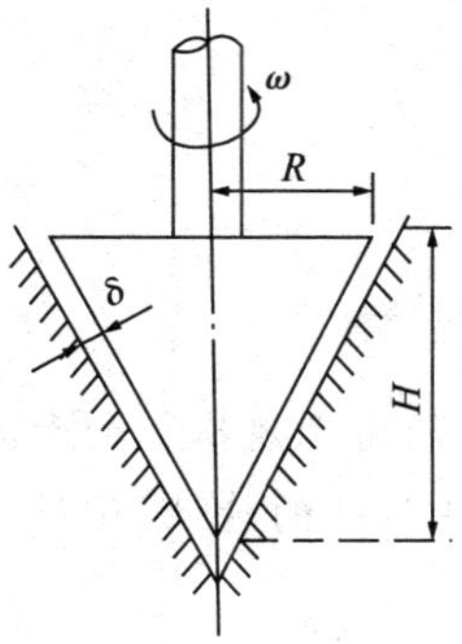

计算题 1-4 图

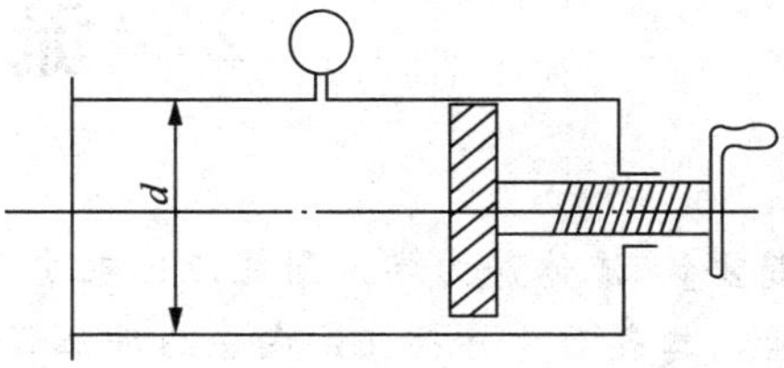

计算题 1-5 图

模量 $K=2\times10^{9}\,\mathrm{N/m^{2}}$，罐体坚固，假设容积不变，试估算加热后罐壁承受的压强。

1-7　汽车上路时，轮胎内空气的温度为 20℃，绝对压强为 395kPa，行驶后轮胎内空气温度上升到 50℃，试求这时的压强。

2 流体静力学

［内容提要］ 流体静力学是研究流体处于静止或相对静止状态下的力学规律。由于流体处于静止状态，其表面力只存在法向应力即压强，因此，本章将重点阐述压强的特性、压强的分布规律以及流体对各种形状壁面作用力的计算方法。

2.1 静止流体中压强的特性

特性一 静止流体中表面力只为内法向应力。

流体的表面力由法向应力和切向应力组成的，在静止状态下，根据牛顿内摩擦定律，流体的切向应力是不存在的，表面力只为法向应力。而流体压强是由分子的热运动对作用面的碰撞结果的反应，这就是流体不存在拉应力作用的原因，其法向应力为内法向应力即压强。

特性二 流体静压强的大小与作用面的方向无关。

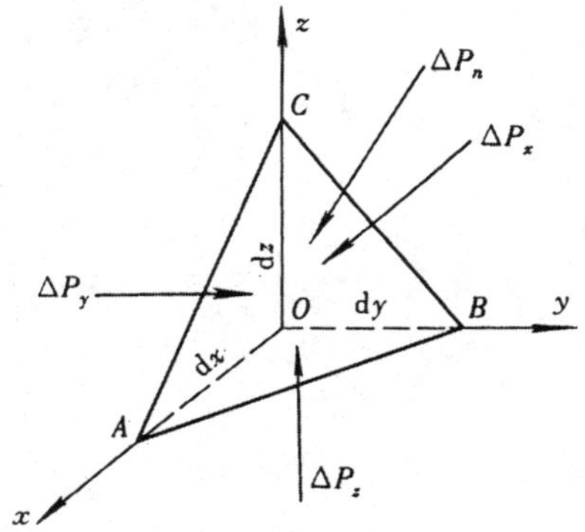

图 2-1 微元直角四面体

设在静止流体中任取一点 O，以 O 为原点作一右手直角坐标系 $Oxyz$，包含 O 点作微元直角四面体 $OABC$ 为隔离体，正交的三个边长分别取微元 dx, dy, dz，并与 x, y, z 坐标轴重合。在四面体上垂直于三个坐标面和斜面上的平均压强分别为 p_x, p_y, p_z 和 p_n，如图 2-1 所示，以四面体 $OABC$ 建立力平衡方程。分析作用在四面体上的力。

表面力：只有压力

$$\Delta P_x = p_x A_x$$

$$\Delta P_y = p_y A_y$$

$$\Delta P_z = p_z A_z$$

$$\Delta P_n = p_n A_n$$

质量力：

$$F_x = X\rho \frac{1}{6} dx dy dz$$

$$F_y = Y\rho \frac{1}{6} dx dy dz$$

$$F_z = Z\rho \frac{1}{6} dx dy dz$$

式中，A_x, A_y, A_z, A_n 分别为四面体四个面的面积；X, Y, Z 分别为质量力在三个坐标方向上的分量；ρ 为流体的密度。

由于四面体处于静止状态，各方向上作用力平衡。

以 x 方向为例：有

$$\Delta P_x - \Delta P_n \cos(n,x) + F_x = 0$$

式中，(n,x) 为斜面 ABC 的外法线方向与 x 轴的夹角。

由几何的关系式可得：

$$A_x = A_n \cos(n,x)$$

将四面体向 O 点收缩，即取极限，在取极限的过程中，质量力为高价小量可忽略，于是

$$p_x-p_n=0$$

即

$$p_x=p_n,$$

同理由 Y 和 Z 方向的力平衡方程可得：

$$p_y=p_n,\quad p_z=p_n$$

所以

$$p_x=p_y=p_z=p_n \tag{2-1}$$

由于四面体是任取的，故静止流体中压强的大小与作用面的方向无关，仅为坐标点的函数，以 p 表示

$$p=p(x,y,z,t) \tag{2-2}$$

这一特性表明，位置不同，压强的大小不同；位置固定，无论什么方向，压强的大小不变。压强的方向是垂直于作用面的。流体的这一特性与弹性体正应力的特性完全不同，这是流体流动性的必然结果。

2.2　流体静力学基本微分方程

一、静力学基本微分方程

在静止流体中取一微元直角六面体为隔离体，并作一右手直角坐标系 $Oxyz$，如图 2-2 所示，正交的三条边分别与坐标轴平行，取微元边长为 $\mathrm{d}x$，$\mathrm{d}y$ 和 $\mathrm{d}z$。微元六面体处于静止状态，各方向的作用力相平衡，以 x 方向为例，求：

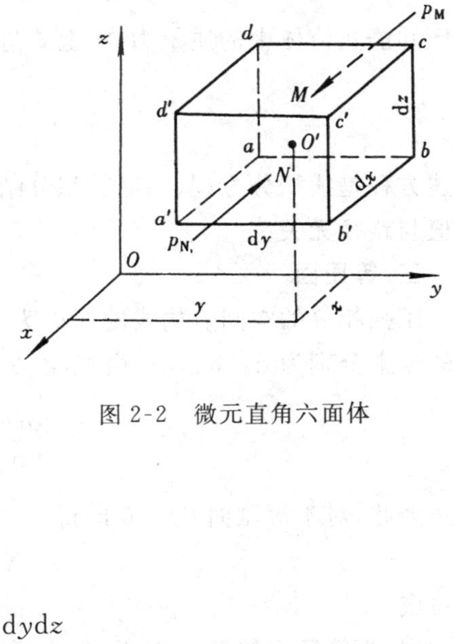

图 2-2　微元直角六面体

1. *表面力*

在 x 方向上只有作用在 $abcd$ 和 $a'b'c'd'$ 面上的压力。两个受压面中心点 M，N 的压强，以六面体中心点 O' 的压强为 p，则

$$p_{\mathrm{M}}=p-\frac{1}{2}\cdot\frac{\partial p}{\partial x}\mathrm{d}x$$

$$p_{\mathrm{N}}=p+\frac{1}{2}\cdot\frac{\partial p}{\partial x}\mathrm{d}x$$

于是 $abcd$ 和 $a'b'c'd'$ 面上的作用力为

$$P_{\mathrm{M}}=\left(p-\frac{1}{2}\cdot\frac{\partial p}{\partial x}\mathrm{d}x\right)\mathrm{d}y\mathrm{d}z$$

$$P_{\mathrm{N}}=\left(p+\frac{1}{2}\cdot\frac{\partial p}{\partial x}\mathrm{d}x\right)\mathrm{d}y\mathrm{d}z$$

2. *质量力*

$$F_x=X\rho\mathrm{d}x\mathrm{d}y\mathrm{d}z$$

建立 x 方向的力平衡方程（$\sum \boldsymbol{F})_x=0$，则有

$$\left(p-\frac{1}{2}\cdot\frac{\partial p}{\partial x}\mathrm{d}x\right)\mathrm{d}y\mathrm{d}z-\left(p+\frac{1}{2}\cdot\frac{\partial p}{\partial x}\mathrm{d}x\right)\mathrm{d}y\mathrm{d}z+X\rho\mathrm{d}x\mathrm{d}y\mathrm{d}z=0$$

化简

$$X-\frac{1}{\rho}\cdot\frac{\partial p}{\partial x}=0$$

同理，可得 y,z 方向的平衡方程，因此，

$$\begin{aligned}X-\frac{1}{\rho}\cdot\frac{\partial p}{\partial x}=0\\Y-\frac{1}{\rho}\cdot\frac{\partial p}{\partial y}=0\\Z-\frac{1}{\rho}\cdot\frac{\partial p}{\partial z}=0\end{aligned}\tag{2-3}$$

式(2-3)为静止流体平衡微分方程，方程表示表面力与质量力的平衡。

二、微分方程的积分形式

为对式(2-3)进行积分，由高等数学全微分概念可得

$$\mathrm{d}p=\frac{\partial p}{\partial x}\mathrm{d}x+\frac{\partial p}{\partial y}\mathrm{d}y+\frac{\partial p}{\partial z}\mathrm{d}z$$

将方程式(2-3)代入得

$$\mathrm{d}p=\rho(X\mathrm{d}x+Y\mathrm{d}y+Z\mathrm{d}z)$$

如已知静止流体中的质量力，将上式进行积分便可以得到静止流体中的压力分布。

$$p=\int\rho(X\mathrm{d}x+Y\mathrm{d}y+Z\mathrm{d}z)\tag{2-4}$$

上述方程是线积分方程，一般其积分结果与积分路径有关，当被积函数满足一定条件时，其积分值与路径无关。

三、等压面

压强相等的空间点构成的面称为等压面，如在等压面上取一微元 $\mathrm{d}\boldsymbol{l}$，微元在三个坐标轴上的投影分别为 $\mathrm{d}x,\mathrm{d}y,\mathrm{d}z$，由式(2-4)可得：

$$\frac{\mathrm{d}p}{\rho}=X\mathrm{d}x+Y\mathrm{d}y+Z\mathrm{d}z\tag{2-5}$$

因此，对于等压面 $\mathrm{d}p=0$ 即得

$$X\mathrm{d}x+Y\mathrm{d}y+Z\mathrm{d}z=0$$

或写成

$$\boldsymbol{F}\cdot\mathrm{d}\boldsymbol{l}=0\tag{2-6}$$

式(2-6)为等压面的微分方程，根据两矢量标积的性质，标积为零表明两矢量相互垂直，$\boldsymbol{F}\perp\mathrm{d}\boldsymbol{l}$，即质量力垂直于等压面。如质量力仅为重力时，等压面则为水平面。

2.3 重力作用下静止流体中的压强分布规律

在实际工程中，最常见的质量力是重力，因此，讨论重力作用下静止流体的压强分布规律，更具实用意义。

一、流体静力学的基本方程

建立直角坐标系 $Oxyz$，z 轴为垂直向上的，因此作用在流体上的质量力为 $X=0,Y=0$，Z

$=-g$，将其代入式(2-5)得：

$$dp=-\rho g dz$$

如为均质流体，密度为常数，积分得：

$$p=-\rho g z+c$$

或
$$p+\rho g z=c \tag{2-7}$$

或
$$\frac{p}{\gamma}+z=c \tag{2-8}$$

式(2-7)、式(2-8)中的 c 均为常数，其值可根据边界条件确定。而由式(2-8)表明当质量力仅为重力时，静止流体中任一点的 $\frac{p}{\gamma}+z$ 均为常数，因此，式(2-8)又可表示为，在静止流体中，任意两点1,2，如图2-3所示，其坐标分别为 z_1 和 z_2，压强分别为 p_1 和 p_2，代入式(2-8)，得

$$z_1+\frac{p_1}{\gamma}=z_2+\frac{p_2}{\gamma} \tag{2-9}$$

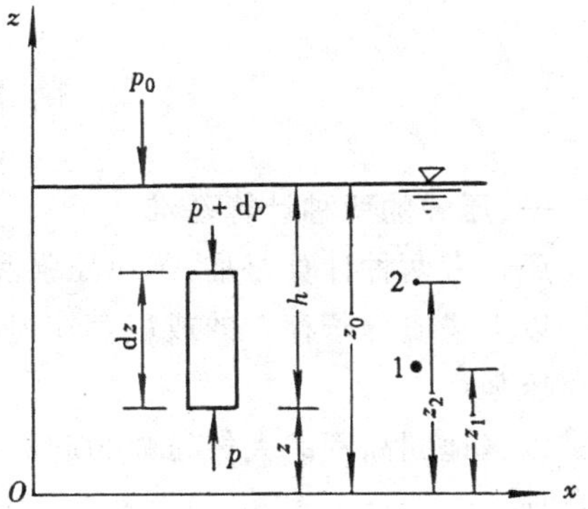

图 2-3　静止液体中的压强

令自由表面距坐标原点的垂直距离为 z_0，自由表面的压强为 p_0，代入式(2-7)，于是式(2-7)可写成

$$p=p_0+\gamma(z_0-z)$$

或
$$p=p_0+\gamma h \tag{2-10}$$

式中的水深 $h=z_0-z$，表示讨论点在自由液面以下的淹没深度，即离自由表面的垂直距离。式(2-7)和式(2-10)都是静止流体的基本方程。式(2-10)中流体的位置是用水深表示的，因此该式是最常见的静止流体压强计算方程。

从基本方程可以推出在重力作用下静止流体的几个性质：

1. 静止流体中的压强与水深成线性关系；
2. 静止流体中任意两点的压差仅与它们的垂直距离有关；
3. 静止流体中任意点压强的变化，将等值地传递到其他各点。

二、测压管水头

式(2-8)是静力学基本方程，如以图2-4对该方程的物理意义进行说明。

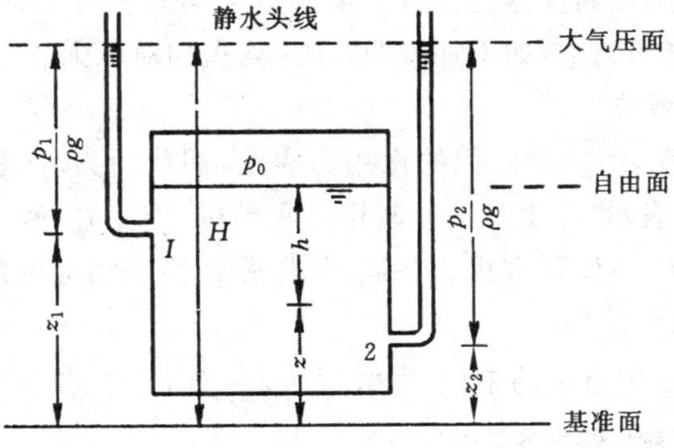

图 2-4　测压管水头

在静止流体中，z 为某点(例如 1 点)在基准面以上的高度，称为位置高度或位置水头，位置水头的物理意义是单位重量流体具有的相对基准面的重力势能，简称位能。测压管是一两端开口的竖直向上的玻璃管，一端连接被测压的点，另一端与大气相通。p/γ 为流体沿测压管上升的高度，称为测压管高度或压强水头，其物理意义是单位重量流体具有的压强势能，简称压能。

两项之和称为测压管水头，是单位重量流体具有的总势能。流体静力学基本方程表示静止流体中各点的测压管水头相等，即单位重量流体的总势能相等。

2.4 静止流体压强的表示方法

一、压强的两种计算基准

压强有两种计算基准：绝对压强和相对压强。

以无物质分子存在的或虽存在但处于绝对静止状态下的压强为起算点，所表示的压强为绝对压强。

以当地同高程的大气压强为起算点，所表示的压强为相对压强。

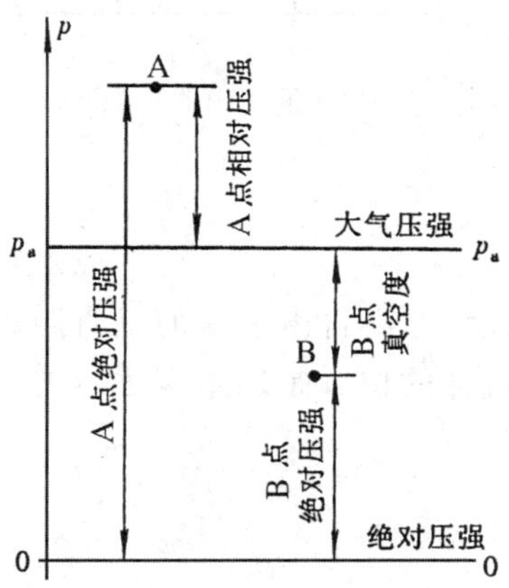

图 2-5 压强的度量

分子的微观运动是永恒的，压强是由于分子的热运动形成的，只有在绝对温度为零时，分子才处于静止。因此，绝对压强一般是大于零的。相对压强是以大气压强为基准的，可正可负。但在表示压强时，一般不希望出现负值，所以，相对压强的表示也有两个方法：当绝对压强大于当地大气压强时，表示为相对压强(压力表读数)；当绝对压强小于当地大气压强时，用其差值的绝对值表示，通常称为真空度(真空表读数)。

为了区别以上几种压强的表示方法，现以图 2-5 中 A 点(大于当地大气压强)和 B 点(小于当地大气压强)为例，将它们的关系表示在图上。

在实际工程中，常用相对压强，这是因为在自然界中，任何物体均放置在大气中，并所感受到压强大小也是以大气压为其基准，引起物体的力学效应只是相对压强的数值，而不是绝对压强。

目前，绝大部分测量压强的仪器设备所表示的压强均为相对压强，因此，在工程技术中广泛采用相对压强。在讨论问题中，如不加说明，压强均指相对压强。

二、压强的三种度量单位

1. 从压强的定义出发，用单位面积的作用力表示，即作用力/面积。国际单位制为牛顿/米^2，即 N/m^2，以符号 Pa 表示(在工程上有时用工程单位，千克力/米^2 或千克力/厘米^2)。

2. 以式(2-10)静止压强计算方程为基础，将压强转换成相应的液体高度，即用液柱高度表示。如 $10mH_2O$(10 米水柱)。

3. 在长期的工程实践中惯用的单位，即大气压，一个工程大气压等于千克力/厘米^2；一个物理大气压等于 760mmHg(毫米汞柱)。

【例 2-1】 封闭盛水容器，水面上的压力表的读数值为 10 000Pa，当地大气压为 98 000Pa，如图 2-6 所示。试求水面下 2m 处的压强。

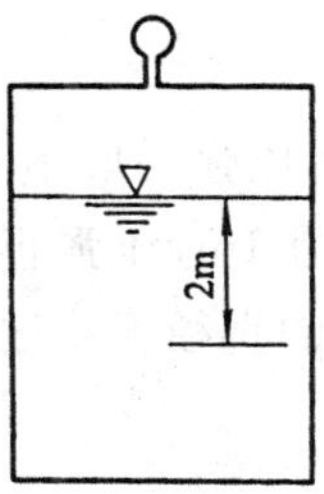

图 2-6　例 2-1 图

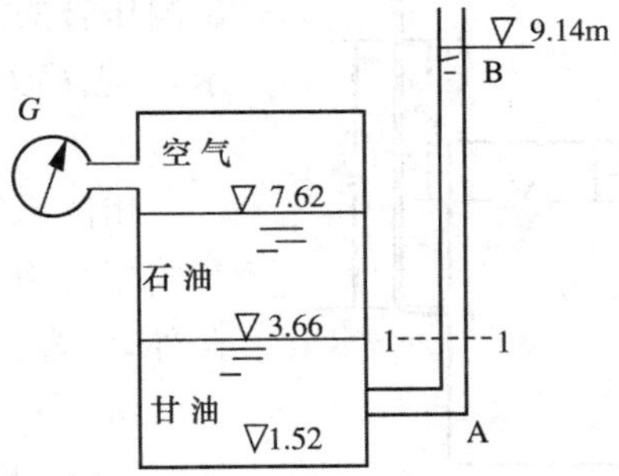

图 2-7　例 2-2 图

【解】　$p=p_0+\rho gh=10\,000+1\,000\times9.8\times2=29\,600\text{Pa}$

因压力表的读数值为相对压强，所以，上面的计算值是相对压强，其绝对压强为

$p_s=p_0+p=98\,000+29\,600=127\,600\text{Pa}$

【例 2-2】　如图 2-7 所示容器，上层为空气，中层为 $\gamma_1=8\,170\text{N/m}^3$ 的石油，下层为 $\gamma_2=12\,550\text{N/m}^3$ 的甘油，试求：当测压管中的甘油表面高程为 9.14m 时压力表的读数。

【解】　做等压面 1—1，则有

$$p_G=p_1-\rho_1 g(\nabla 7.62-\nabla 3.66)$$

$$p_1=\rho_2 g(\nabla 9.14-\nabla 3.66)$$

$$p_G=\rho_2 g(\nabla 9.14-\nabla 3.66)-\rho_1 g(\nabla 7.62-\nabla 3.66)$$

$$=12\,555\times(9.14-3.66)-8\,170\times(7.62-3.66)$$

$$p_G=36.15\text{kN/m}^2$$

2.5　静水压强的量测方法

测量流体的压强是工程上非常普遍的要求，如水泵、风机和压缩机等均装有压力表和真空表。常用的有弹簧金属式、电测式和液位式三种。

一、弹簧金属式

弹簧金属式测压装置可用来测量相对压强和真空度。它内装有一根截面为椭圆形、一端开口，另一端封闭的黄铜管，如图 2-8 所示。开口端通过黄铜管和被测流体相连通。压力表工作时，管子上端在压力作用下会伸缩，同时，就带动联动结构的指针。从而就可读出压强的数值。金属压力表测出的压强是相对压强。

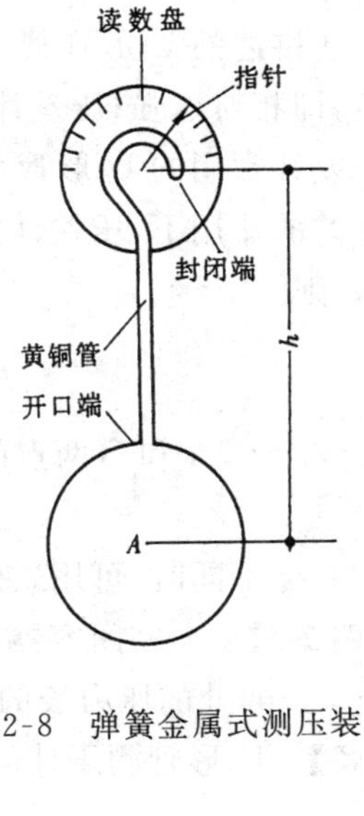

图 2-8　弹簧金属式测压装置

二、电测式

电测式测压装置可将压力传感器连接在被测流体中，流体压力的作用使金属片变形，从而改变金属片的电阻，这样通过压力传感器将压力转变成电信号，达到测量压力的目的。

三、液位式

1. 测压管

测压管是与被测点连接，并竖直向上的开口玻璃管，测

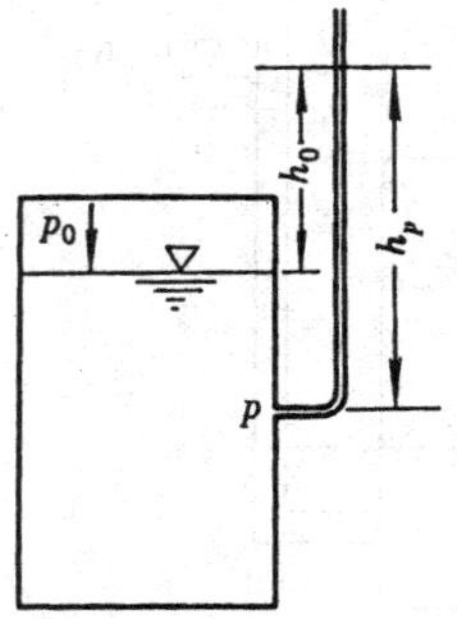

图 2-9 测位式测压装置

出测压管的液柱高度，便可确定被测点的相对压强。如图 2-9 所示，根据静力学的基本原理即得：

$$p=\gamma h_{p}$$

用测压管测量压强，被测点的相对压强一般不宜太大，因为如相当压强为 0.1 大气压，水柱的高度为 1m，压强再大，测读不便。此外，为避免表面张力的影响，测压管的直径不能过细，一般直径 $d\geqslant 5$mm。

2. U 形测压管

U 形测压管内常装入水银或其他界面清晰的工作流体。测点 A 在压强的作用下，U 形管中水银的液面产生变化，通过测出水银的液面高差 Δh_{p} 就可换算被测点的压强。如图 2-10 所示。

取等压面 N—N，$p_{A}+\gamma h=\gamma_{p}\Delta h_{p}$

$$p_{A}=\Delta h_{p}\gamma_{p}-\gamma h$$

当被测点的压强为真空状态时，则 $p_{A}=\Delta h_{p}\gamma_{p}+\gamma h$，真空度。

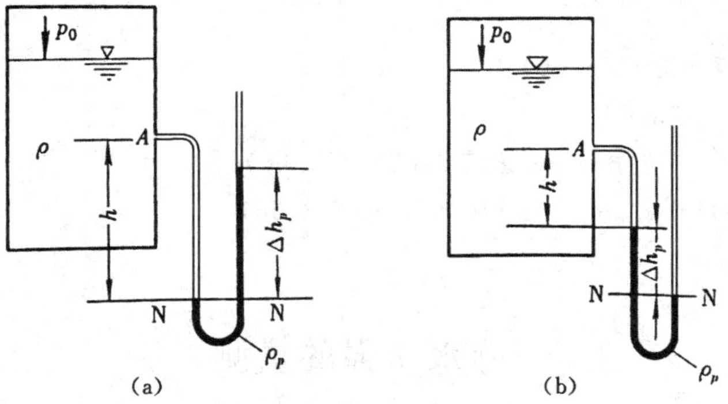

图 2-10 U 形管测压装置

3. 压差计

上述讲述的 U 形管其实也是压差计的概念，所不同的只是 U 形管测的是被测点与大气压的差值，即相对压强；压差计测的是两个被测点之间的压差值。

压差计常用的 U 形管水银压差计，图 2-11 所示，左右两支管分别与被测点 A，B 连接，在两点压差的作用下，压差计内的水银柱形成高差 Δh_{p}，两点的高程差为 Δz，在 U 形管中作等压面 MN，则

$$p_{A}+\gamma_{A}h=p_{B}+\gamma_{p}\Delta h_{p}+\gamma_{B}(\Delta z+h-\Delta h_{p}) \tag{2-10}$$

如 $\gamma_{A}=\gamma_{B}=\gamma$，A 和 B 两点的压差，

$$\Delta p=p_{A}-p_{B}=(\gamma_{p}-\gamma)\Delta h_{p}+\gamma\Delta z$$

如 γ_{A} 与 γ_{B} 不同时，可用式(2-10)直接计算两点的压差。

【例 2-3】 一密闭容器(图 2-12)，侧壁上装有 U 形管水银测压计，$h_{p}=20$mm，试求安装在水面下 3.5m 处的压力表的读数。

【解】 U 形管测压计的左支管开口通大气，做等压面 N—N，则

$$p_{o}=-\gamma_{Hg}h_{p}$$

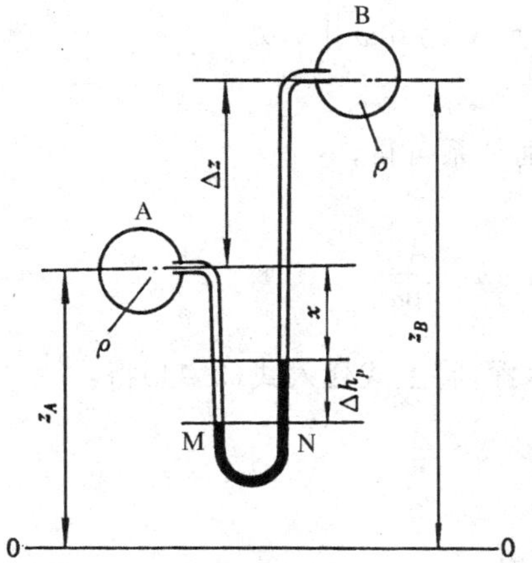

图 2-11　U 形管压差计

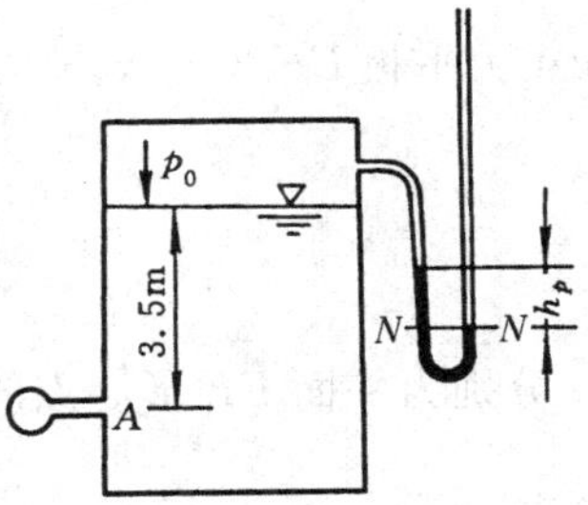

图 2-12　例 2-3 图

又

$$p_A=p_o+\gamma_{H_2O}\times 3.5$$

$$p_A=\gamma_{H_2O}\times 3.5-\gamma_{Hg}\cdot h_p$$

$$=1000\times 9.8\times 3.5-13.6\times 1000\times 9.8\times 0.2$$

$$=7.644\times 10^3\,\mathrm{Pa}$$

2.6　作用在平面上的静水总压力

一、解析法

如图 2-13 的容器中盛有静止流体，侧壁上有一平板 EF，面积为 A，与水平面的夹角为 α，现讨论静止流体对它的作用力。

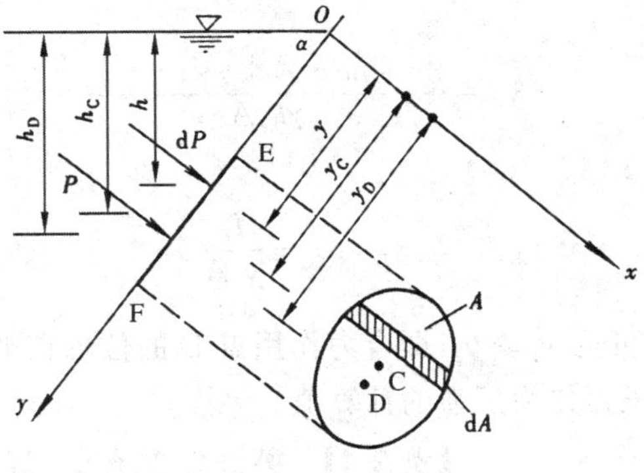

图 2-13　静止压力计算示意图

设置坐标系：以平板面为 Oxy 平面，Oy 轴为沿着平板方向并在图示的纸面上，Ox 轴为垂直于纸面，原点 O 为 Oy 轴与大气相通的自由表面的交点。由于在静止液体中只有压应力，不存在切应力，所以作用在平板上是一垂直于平板的平行力系。平行力系的合力也垂直于该平面。

合力的方向：垂直于平板。

合力的大小：在 EF 平面上取一微元 $\mathrm{d}A$，

$$P=\iint_A p\,\mathrm{d}A$$

式中，$p=p_o+\gamma h$，将其代入上式，并根据几何关系 $h=y\sin\alpha$ 可得：

$$P=\iint_A (p_o+\gamma h)\mathrm{d}A=p_oA+\gamma\sin\alpha\iint_A y\mathrm{d}A \tag{2-11}$$

式中，$\iint_A y\mathrm{d}A$ 为平板 EF 对于 x 轴的静矩，由几何关系可得，

$$\iint_A y\mathrm{d}A=y_cA=h_c\frac{A}{\sin\alpha}$$

式中，y_c，h_c 分别为平面 EF 形心点的 y 坐标和水深，将上式代入式(2-11)得：

$$P=(p_o+\gamma h_c)\cdot A \tag{2-12}$$

或表示为

$$P=p_cA \tag{2-13}$$

式中，$p_c=p_o+\gamma h_c$ 为平板 EF 面形心点的压强。

所以，静止液体对平板作用力大小等于平板的面积和平板形心点 C 处压强乘积，而与平板的倾斜角 α 无关。

合力作用点：下面来求力的作用点 D 的位置，用相对压强计算，根据理论力学对 O 点取矩：

$$Py_D=\iint_A p\cdot y\mathrm{d}A=\iint_A \gamma y\sin\alpha\cdot y\mathrm{d}A=\gamma\sin\alpha\iint_A y^2\mathrm{d}A$$

$$Py_D=\gamma\sin\alpha\cdot I_x$$

式中，y_D 为合力作用点的坐标，I_x 为平板 EF 对于 x 轴的惯性矩，根据惯性矩性质：$I_x=I_c+y_c^2A$，其中 I_c 为平板对于平板形心点 C 的、关于 x 轴的惯性矩，因此将式(2-13)代入上式可得：

$$y_D=\frac{\gamma y_c^2\sin\alpha\cdot A+\gamma\sin\alpha\cdot I_c}{\gamma h_cA}$$

由于 $h_c=y_c\sin\alpha$

则：

$$y_D=y_c+\frac{I_c}{y_cA} \tag{2-14}$$

由于 I_c 为恒大于零，可见 $y_D\geqslant y_c$，即合力作用点 D 的位置在平板形心点 C 的下方。在计算作用力时，一般以相对压强作为压强的计算值。

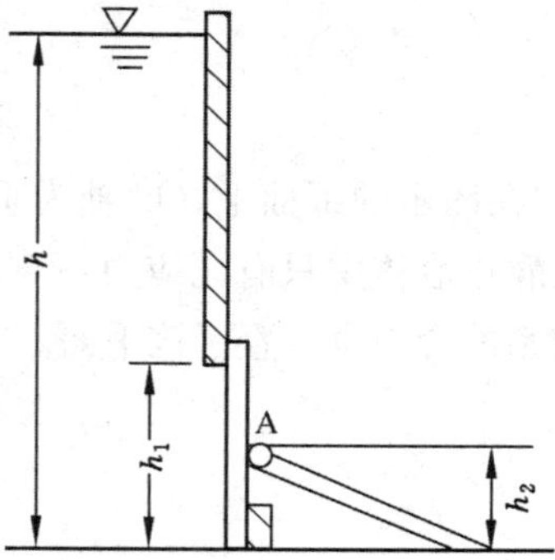

图 2-14　例 2-4 图

【例 2-4】 某处设置安全闸门如图 2-14 所示，闸门宽 $b=0.6\text{m}$，高 $h_1=1\text{m}$，铰接装置于距离底 $h_2=0.4\text{m}$，闸门可绕 A 点转动，求闸门自动打开的水深 h 为多少米。

【解】 当合力作用点的水深 $h_D\leqslant h-h_2$ 时，闸门自动开启

$$h_D=h_c+\frac{J_C}{h_cA}=\left(h-\frac{h_1}{2}\right)+\frac{\frac{1}{12}bh_1^3}{\left(h-\frac{h_1}{2}\right)bh_1}$$

$$=h-\frac{1}{2}+\frac{1}{12h-6}$$

将 h_D 代入上述不等式，得

$$h>\frac{4}{3}\quad(\mathrm{m})$$

二、图解法

1. 平板压强分布图

静止流体压强分布图是在流体的受压面上，以一定的比尺绘制压强（大小、方向）分布的图形。由于压强沿水深是线性变化的，对于平板的压强分布图绘制相当简单，只要标出平板起点和终点的压强，以直线连接，方向是垂直于平板的。如图 2-15 所示。

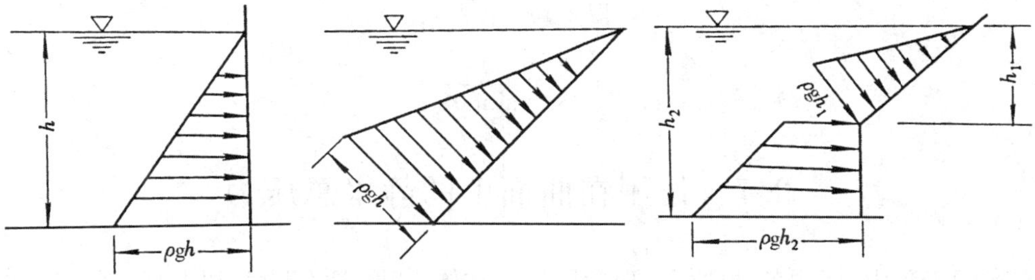

图 2-15 平面压强分布图

2. 图解法

用图解法计算作用力，仅对于一边平行于水面的矩形平板是有效的，而对一般的平板，还是建议用解析法求解。

图解法计算作用力的步骤是：先绘制压强分布图，作用力的大小等于压强分布图的面积，乘以受压面的宽度，即为压强分布图的体积；作用点的位置相当于压强分布图的形心点位置。

【例 2-5】 矩形平板一侧挡水，与水平面的夹角 $\alpha=30°$，平板上边与水平齐平，水深 $h=3\mathrm{m}$，平板宽 $b=5\mathrm{m}$（图 2-16）。分别用解析法和图解法试求作用在平板上的作用力。

【解】

1. 解析法

总压力的大小由式（2-13），得

$$\begin{aligned}P&=p_cA=\rho g h_c A=1\,000\times9.8\times1.5\times6\times5\\&=441\mathrm{kN}\end{aligned}$$

方向为受压面内法线方向。

作用点由式（2-14）

$$y_D=y_c+\frac{I_c}{y_cS}=\frac{l}{2}+\frac{\frac{bl^3}{12}}{\frac{l}{2}\times bl}=\frac{2}{3}\times l=4\mathrm{m}$$

2. 图解法

绘出压强分布图 ABC，如图 2-16(b) 所示，作用力的大小等于压强分布图的体积，即

$$P=bA=b\times\frac{1}{2}\times\rho g h\,\frac{h}{\sin30°}=441\mathrm{kN}$$

方向为受压面内法线方向。

总压力作用点为压强分布图的形心

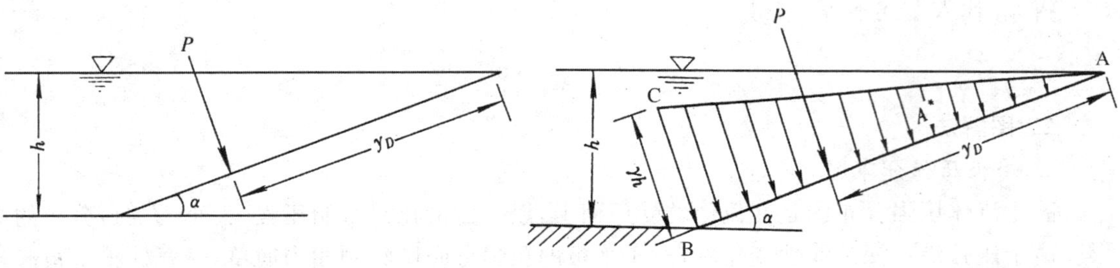

图 2-16　例 2-5 图

$$y_D=\frac{2}{3}\times\frac{h}{\sin 30°}=4\text{m}$$

2.7　作用在曲面上的静水总压力

在实际工程中，遇到各种曲面一般为圆形的柱体，如圆管的壁面，以及球面等二向曲面，本章主要讨论流体作用在二向曲面上的总压力。

一、曲面上的总压力

作用在曲面上任意点的流体压力，其大小是随水深成正比，方向是垂直于作用面的，由于曲面各点的法线方向不同，导致作用在曲面上的分布力为一彼此相交、通常不交于一点的空间力系。从理论力学的观点分析，空间力系可以简化成一集中力和一力偶。由于本章主要讨论是二向曲面的情况，因此，上述的空间力系可以进一步简化成一平面共点力系或一空间共点力系。按理论力学的分析方法，通常共点力系从水平方向和垂直方向来计算流体对曲面的作用力。

1. 水平方向

图 2-17(a)中 AB 为一曲面，以曲面 AB 的边界(封闭线)沿水平方向延伸形成一开口的柱体，并在开口处以一垂直于该水平方向的平面与柱体的交接面 A′B′封闭。这样在流体中虚设一柱形为隔离体，柱形隔离体的侧面为水平方向的，两断面分别为曲面 AB 和平面 A′B′，要注意的是平面 A′B′并不是曲面 AB 的水平投影，而是曲面 AB 封闭线在水平的投影面。取该柱体为一隔离体图 2-17(b)，讨论其水平受力情况：

作用在曲面 AB 上的压力在水平方向上的分量为 P_x，作用在平面 A′B′上的压力为 F_x，柱体侧表面的压力和重力在水平方向上的分量为零，因此，由受力平衡可得，$F_x=P_x$，即作用在曲面上压力的水平分力等于曲面封闭线的投影平面上的作用力。所以，可以用流体作用在平板压力的方法进行计算。

2. 垂直方向

同样以图 2-17(a)中 AB 曲面讨论，以曲面 AB 的边界(封闭线)沿垂直方向延伸，并延伸至表面压强为大气压的自由表面，该自由表面可以是实际存在的，也可以根据压强计算公式虚设的。这样在流体中，也虚设一柱形隔离体，柱形隔离体的侧面为垂直方向的，两端面分别为曲面 AB 和自由表面。取该柱体为一隔离体，如图 2-17(c)所示，研究其垂直方向上的受力：与流体作用在平板上的作用力一样，大气压力不考虑，因此，作用在自由表面上无压力，作用在曲面 AB 上的作用力其垂直分力为 P_z，柱体中液体的重力 G，侧表面的压力为水平方向的，所以，

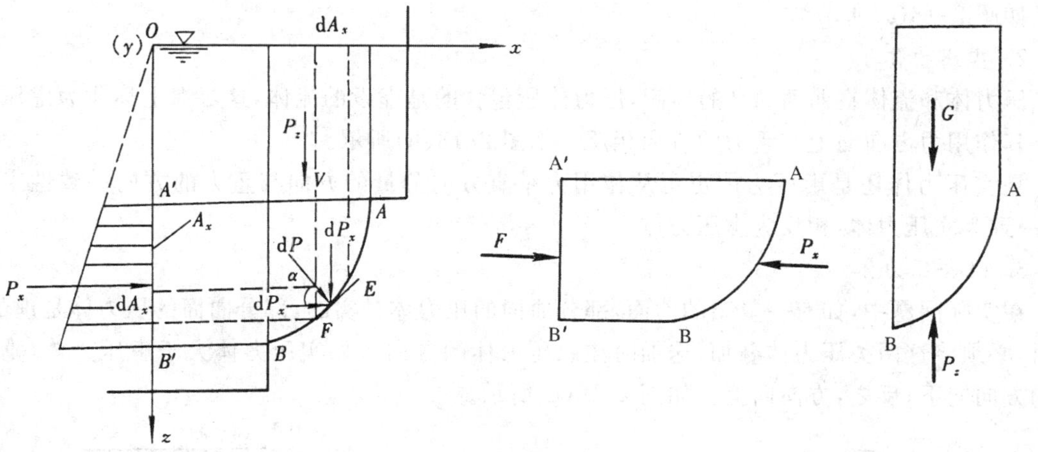

(a) 曲面压力　　(b) 水平力　　(c) 垂直力

图 2-17　液体中曲面压力示意图

由受力平衡可得：

$$P_z = G = \gamma V \tag{2-15}$$

式中，V 为被柱体包围的体积，γ 为流体的重度。

计算流体对曲面的作用力，可将其分成计算平板的作用力和计算一柱体中流体的重量。其合力 P，则为

$$P = \sqrt{P_x^2 + P_z^2} \tag{2-16}$$

合力 P 的作用线与水平线的夹角 θ 为

$$\theta = \tan^{-1}\frac{P_z}{P_x} \tag{2-17}$$

合力作用点的位置即为水平方向作用力的作用线和垂直方向作用力的作用线交点，水平作用线的位置与平板的求法一致，垂直方向作用线的位置相当于求柱体中流体的重心。

对于一般曲面上的合力作用点位置，求解是比较困难的。如以本章讨论的二向曲面，即柱体或球体，问题就方便得多，比如球体，根据压强的作用是垂直于表面的，而垂直于表面作用力必然通过球心的，因此，可将一空间力系简化成一共点力系，一共点力系其合力也将通过球心。又比如，曲面为圆柱体表面，问题与球体一样，最终的合力也通过圆心。所以根据力的等效性原理，作用在曲面上合力的作用线是问题的关键，这将在例题中做进一步讲解。

最后，需要强调的是，求解流体作用在曲面的作用力，关键在于理解受压曲面边界线的投影方法。水平分力是受压曲面边界线在垂直面上的投影面积上的流体压力；垂直方向的分力，也要通过受压曲面的边界线，向压强为大气压的自由表面（如实际的问题自由表面压强不为大气压，可虚设一自由表面）延伸形成一体积，该体积为延伸面和自由表面及曲面包围的体积。

二、压力体

式(2-15)中，V 表示延伸面和自由表面及曲面所包围的体积，称为压力体。因曲面承压的位置不同，压力体有以下三种情况：

1. 实压力体

压力体和流体在曲面 AB 的同侧，压力体所包含的是实际流体，这习惯上称此为实压力

体。如图 2-18(a)所示。

2. 虚压力体

压力体和流体在曲面 AB 的异侧，压力体所包含的是虚设的流体，这习惯上称此为虚压力体。其作用力方向向上与重力的方向相反。如图 2-18(b)所示。

是实压力体还是虚压力体也可从作用力垂直方向分量的方向与重力的方向一致性来判别，一致为实压力体，相反为虚压力体。

3. 混合压力体

在实际问题中，如有一复杂的曲面，部分曲面的压力体是实的，部分曲面的压力体是虚的，此时，必须将这两类压力体叠加，迭加时注意压力体的方向。如实压力体大于虚压力体，垂直力的方向向下；反之，方向向上。如图 2-18(c)所示。

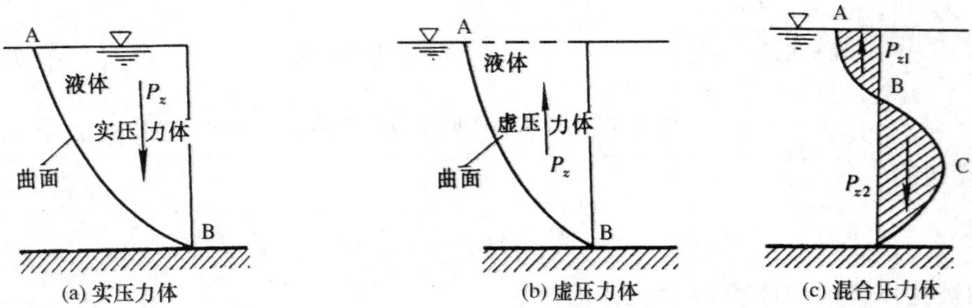

图 2-18　压力体的三种类型

【例 2-5】　圆柱形压力罐，半径 $R=0.5\text{m}$，长 $l=2\text{m}$，压力表读数 $p_m=23.72\text{kN/m}^2$。试求：(1)端部平面盖板所受的水压力；

(2)上、下半圆筒所受水压力；

(3)连接螺栓所受的总拉力。

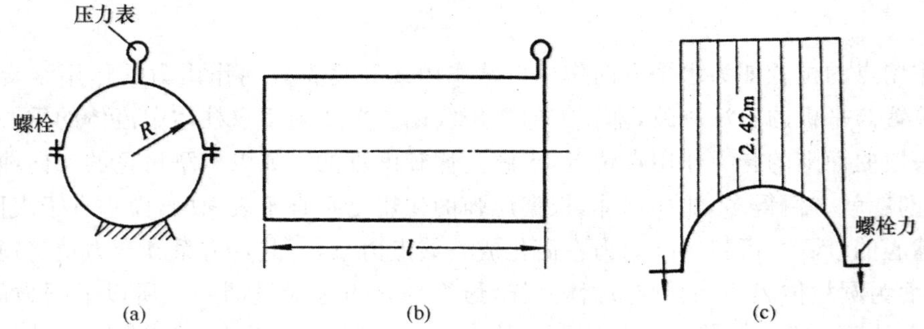

图 2-19　例 2-5 图

【解】　(1) 端盖板所受的力

受压面为圆形平面，如图 2-19(a)所示

$$P=p_c S=(p_m+\rho g R)\pi R^2=(23.72+9.8\times0.5)\times3.14\times0.5^2$$
$$=22.47\text{kN}$$

(2) 上、下半圆筒所受水压力

上、下半圆筒所受水压力只有垂直分力，上半圆筒压力体如图 2-19(b)所示

$$P_{z上}=\rho gV_{上}=\rho g\left[\left(\frac{p_m}{\rho g}+R\right)2R-\frac{1}{2}\pi R^2\right]l$$

$$=9.8\times\left[\left(\frac{23.72}{9.8}+0.5\right)\times2\times0.5-\frac{1}{2}\times3.14\times0.5^2\right]\times2$$

$$=49.54\text{kN}$$

下半圆筒

$$P_{z下}=\rho gV_{下}=\rho g\left[\left(\frac{p_m}{\rho g}+R\right)2R+\frac{1}{2}\pi R^2\right]l$$

$$=9.8\times\left[\left(\frac{23.72}{9.8}+0.5\right)\times2\times0.5+\frac{1}{2}\times3.14\times0.5^2\right]\times2$$

$$=64.93\text{kN}$$

(3) 连接螺栓所受的总拉力

由上半圆筒计算

$$T=P_{z上}=49.54\text{kN}$$

【例 2-6】 已知图示封闭容器 $\alpha=45°$方孔,边长 $l=0.4$m,盖有半圆柱形盖,$H=0.5$m,压强为 $p_0=0.25$atm。

求:盖所受总压力大小与方向。

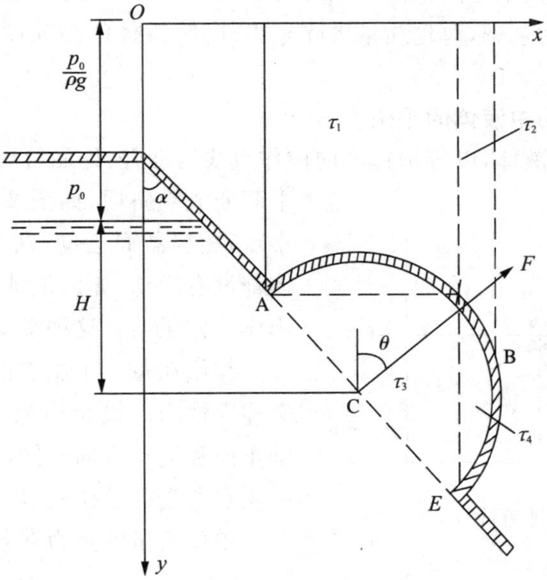

图 2-20 例 2-6 图

【解】 基准面离液面 $p_0/\rho g$,坐标系 Oxy

(1) 盖 ABE 水平投影,实际面积 $A_x=l^2\cos45°$,水平方向合力分量为

$F_x=p_{cx}A_x=(p_0+\rho gH)l^2\cos45°$

$=(0.25\times101.3\times10^3+9\,807\times0.5)\times0.4^2\times\cos45°$

$=30\,228.5\times0.113=3\,419.9\text{N}$

(2) 盖 ABE 垂直投影,AB 段的压力体是一混合压力体

$$\tau=\tau_4-\tau_1=(\tau_4+\tau_3)-(\tau_1+\tau_3)=\frac{1}{2}\times\frac{\pi}{4}l^2\times l-\left(\frac{p_0}{\rho g}+H\right)l^2\sin45°$$

$$=\frac{\pi}{8}^3-\left(\frac{p_0}{\rho g}+H\right)l^2\sin45°$$

$$F_y=\rho g\tau=\frac{\pi}{8}l^3\rho g-(p_0+\rho gH)l^2\sin45°=\frac{\pi}{8}l^3\rho g-F_x$$

$$=\frac{3.14}{8}\times0.4^3\times9\,807-3\,419.9=-3\,173.4\text{N}$$

(3) 总压力大小与方向

$$F=\sqrt{F_x^2+F_y^2}=\sqrt{3\,419.9^2+3\,173.4^2}=4\,665.4\text{N}$$

$$\theta=\arctan\frac{F_y}{F_x}=\arctan\frac{3\,173.4}{3\,419.9}=42.9°$$

(4) 总压力作用线过圆柱的圆心。

2.8 流体的相对平衡

现在，我们讨论流体的运动形式相当于刚体的运动，液体相对于地球虽是运动的，但是流体质点之间以及质点与器壁之间都没有相对运动，所以，这种运动称为相对平衡。如以流体的平衡微分方程式(2-3)为基础，讨论质量力除重力外，将流体的加速度转化为牵连惯性力。现讨论以下两种相对平衡：

一、等加速直线运动中液体的平衡

一开敞的容器盛有液体，以等加速度向前作直线运动，液体的自由面将由原来静止时的水平面变成倾斜面，如图 2-21 所示。假如坐标(考察点)随容器而运动，所观察到容器(坐标)和液体都没有运动，如以地球为考察点流体的运动像刚体一样运动。这种平衡就是相对平衡。

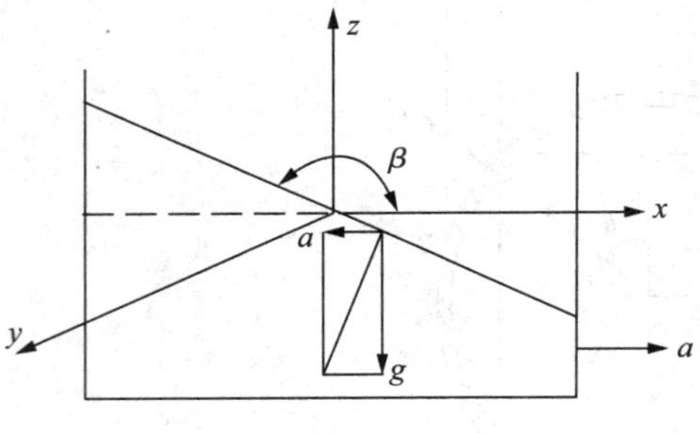

图 2-21　等加速直线运动

作用在每一个质点的质量力除重力外，还有牵连惯性力。设自由液面的中心为坐标原点，x 轴正向和运动方向相同，z 轴向上为正，现分析任一质点所受的单位质量力：

单位质量的重力在各轴向的分力为

$$X_1=0,\ Y_1=0,\ Z_1=-g$$

而单位质量的牵连惯性力在各轴向的分力为

$$X_2=-a,\ Y_2=0,\ Z_2=0$$

式中，a 为流体的加速度，由于质点受牵连而随容器作等加速直线运动，则作用在质点上的单位质量的牵连惯性力为$-a$，负号表示牵连惯性力的方向为 x 轴负向。

因此，单位质量力在各轴向的分力为

$$\begin{cases} X=X_1+X_2=-a \\ Y=Y_1+Y_2=0 \\ Z=Z_1+Z_2=-g \end{cases}$$

所以，流体平衡微分方程式的积分形式(2-4)可写成：

$$dp=\rho(-a dx-g dz)$$

积分得：

$$p=\rho(-ax-gz)+C \tag{2-18}$$

式中，C 为积分常数，由已知边界条件确定。这就是作等加速直线运动容器中，液体相对平衡时压强分布规律的一般表达式。如将水表面对称点设在坐标原点处，见图 2-21，$x=0$，$z=0$，$p=0$（相对压强），代入上式得 $C=0$，式(2-18)则得液面下任一点处的相对压强为

$$p=\rho(-ax-gz) \tag{2-19}$$

自由表面（等压面）的方程 $p=0$，则式(2-19)为

$$z=-\frac{a}{g}\cdot x \tag{2-20}$$

此即等加速直线运动液体的自由面方程。从方程可知，自由面是通过坐标原点的一个倾斜面，它与水平面的夹角 α，则 $\tan\alpha=-\dfrac{a}{g}$。

自由面确定后，可以根据自由面求任一点的压强。其方法有两种：其一，根据该计算点的坐标位置(x_1，z_1)，直接用方程式(2-19)。其二，找出该点对应的倾斜自由表面的位置（垂直向上与自由表面的交点 A），计算出该点在自由表面下的深度 h，见图 2-22。计算点的相对压强

$$p=\gamma h$$

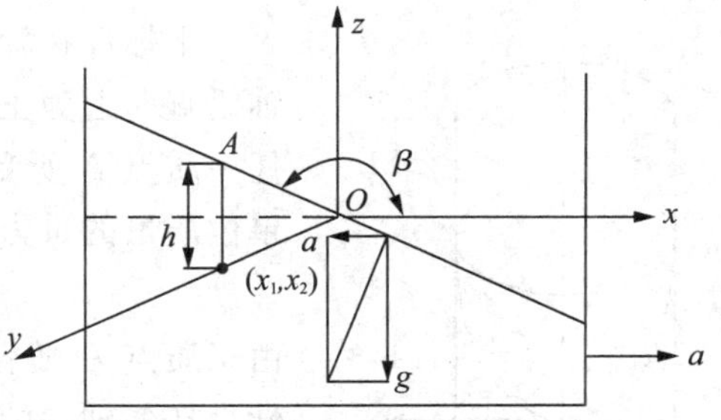

图 2-22　压强计算方法示意图

为什么这种运动也可以用水静力学方程求压强呢？我们对比两者的平衡微分方程式，它们所受的单位质量力在铅直轴向的分力是完全一致的。由于相互垂直的力相互不干扰，水平方向的力对垂直力无任何影响，也就是说，它们在铅直轴向的压强变化是相同，都服从于同一形式的水静力学方程。但是，我们也看到 x 轴向的压强变化不同。所以，等加速直线运动液体的等压面，不再像静止液体那样是水平面，而是一倾斜的平面。

【例 2-7】 用汽车搬运一玻璃鱼缸。鱼缸长×宽×高$=lbh=0.6\times0.3\times0.5\text{m}^3$，静止时鱼缸内水位高 $d=0.4$m。设鱼缸沿汽车前进方向纵向放置。

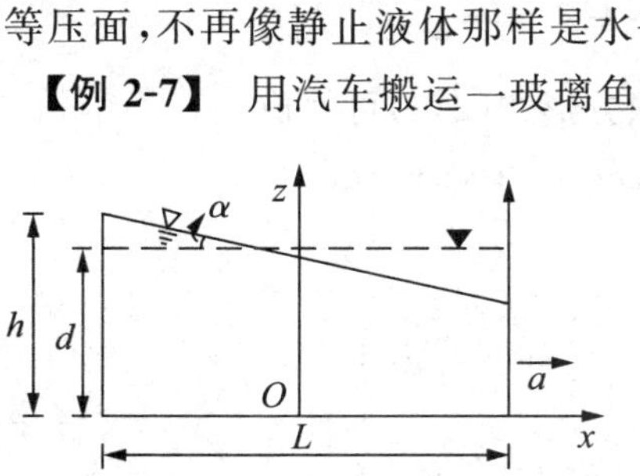

图 2-23　例 2-7 图

试求：(1) 为不让水溢出，应控制的汽车最大加速度 a_m；

(2) 若鱼缸横向放置时的最大加速度 $a_{m'}$。

【解】 建立坐标系 Oxz 如图 2-23 所示。设鱼缸加速度为 a，自由表面与水平面的夹角为 α，则：

$$\tan\alpha=-\frac{a}{g}=-\frac{2(h-d)}{l}$$

加速度表达式为

$$a=\frac{2(h-d)}{l}g$$

(1) 当鱼缸纵向放置时，与后壁最高液位($-l/2$, h)相应的加速度为

$$a_m=\frac{d-h}{-\frac{l}{2}}g=\frac{-0.4-0.5}{-0.3}g=\frac{1}{3}g$$

(2) 当鱼缸横向放置时，与后壁最高液位($-b/2$,h)相应的加速度为

$$a_m'=\frac{d-h}{-\frac{b}{2}}=\frac{0.4-0.5}{-0.15}g=\frac{2}{3}g$$

可见，鱼缸横向放置水不易溢出。

二、容器等角速旋转运动中液体的平衡

一直立圆柱形容器盛有液体，绕其中心轴作等角速旋转运动，如图 2-24 所示。由于液体的粘性作用，液体在器壁的带动下，最终也以同一角速度旋转运动，液体的自由表面将由原来静止时的水平面变成绕中心轴的曲面，如将考察点建立在旋转的坐标轴上，所观察到液体运动也是相对平衡运动。这时，作用在每一个质点上的质量力除重力外，还有牵连离心惯性力。

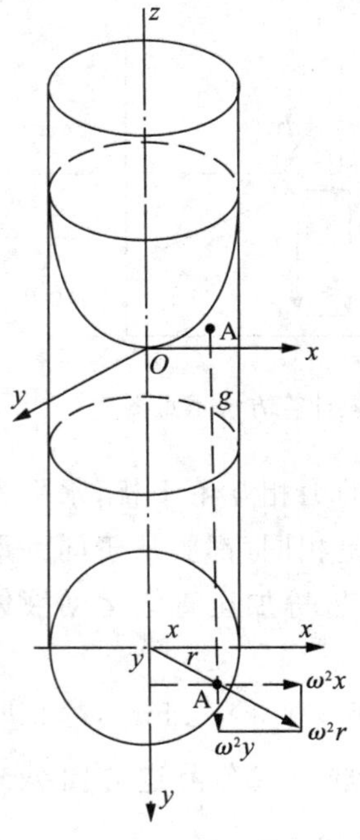

图 2-24 等角速旋转运动

坐标设在旋转圆柱上，并将坐标的原点与曲面的顶点重合，z 轴铅直向上为正，如图 2-24 所示。现在，分析距 z 轴半径为 r 处的任一质点 A 所受的单位质量力。

单位质量的重力在各轴向的分力为

$$X_1=0,\ Y_1=0,\ Z_1=-g$$

由于质点 A 随容器作等角速旋转运动，则作用在质点上的离心惯性力在各轴向的分力为

$$X_2=\omega^2 r\cos\theta=\omega^2 x,\quad Y_2=\omega^2 r\sin\theta=\omega^2 y,\quad Z_2=0;$$

因此，单位质量力在各轴向的分力为：

$$\begin{cases}X=X_1+X_2=\omega^2 x\\ Y=Y_1+Y_2=\omega^2 y\\ Z=Z_1+Z_2=-g\end{cases}$$

所以，流体平衡微分方程式的积分形式(2-4)可写成：

$$dp=\rho(\omega^2\cdot x\mathrm{d}x+\omega^2\cdot y\mathrm{d}y-g\mathrm{d}z)$$

积分得：

$$\begin{aligned}p&=\rho\left(\frac{1}{2}\omega^2x^2+\frac{1}{2}\omega^2y^2-gz\right)+C\\&=\rho\left(\frac{1}{2}\omega^2r^2-gz\right)+C\end{aligned}\tag{2-21}$$

式中，C 为积分常数，由已知的边界条件确定。这就是绕铅直轴作等角速度旋转的容器中，液体平衡时压强分布规律的一般表达式。如用坐标原点的边界条件，见图 2-24，$x=0$，$y=0$，$z=0$，$p=0$(相对压强)，代入上式得 $C=0$，式(2-21)则得液面下任一点处的相对压强为

$$p=\rho\left(\frac{1}{2}\omega^2r^2-gz\right) \tag{2-22}$$

自由表面(等压面)的方程 $p=0$，则式(2-22)为

$$z=\frac{\omega^2}{2g}r^2 \tag{2-23}$$

可见，自由表面是绕铅直轴旋转的抛物面。在液体中同一水平面上，旋转中心点的压强最低，外缘的压强最高。

自由表面确定后，也可以根据自由表面求任一点的压强。其方法也是求出该点在自由表面下的深度 h(根据计算点的坐标，由 $h=\frac{\omega^2r^2}{2g}-z$ 计算该点在自由表面下的水深)然后，用水静力学方程计算。即

$$p=\gamma h$$

为什么绕铅直轴作等角速旋转运动的液体，也可用水静力学方程求压强呢？我们仍然用两者的平衡微分方程进行对比可以看出，二者所受的单位质量力在铅直轴向的分力是完全一致的。由于相互垂直的力相互不干扰，水平方向的力对垂直力无任何影响，即它们在铅直方向的压强变化相同。所以，都服从于同一形式的水静力学方程。但是，我们也同样看到，它们在垂直于 z 轴的水平面内有显著的区别：即绝对静止液体在水平面内压强相等，其水平面为等压面；而绕铅直轴作等角速旋转运动的液体，在水平面内压强递增率不为零，其水平面不是等压面。由于水平面内各质点所受的牵连离心惯性力是随半径 r 变化的，因而，各质点所受质量力的大小及方向都在不断改变。因此，它的等压面不可能是平面，而是一个旋转抛物面。在同一水平面上的轴心压强最低，边缘的压强最高。这就是等角速旋转运动液体的一个显著特点。在工程技术中的许多设备，都是依据这一特点而进行工作的。

注意的是上述关系式是在液面敞开和坐标系原点建立在自由表面中心点导出的，应注意使用条件。坐标原点可取在液体内转轴上的任一点，通常，另一种取法是选择容器底面与转轴的交点。如果液面封闭，液体内压强分布应根据式(2-21)，由具体的边界条件确定积分常数 C。因此，在求解此类问题时，首先应选择好坐标系，包括坐标原点的选择。

现举几个例子，说明该理论的应用。

盛满水的圆柱形容器，盖板上开孔的位置不同造成其压强分布的差异。

1. 中心开一小孔，如图 2-25 所示。容器以旋转角速度 ω 绕铅直轴转动，等压面由静止时的水平面变成旋转抛物面(这是等角速度旋转液体的特性，与盖板开孔方式无关)。因为盖板封闭，液体中各点的压强由式(2-21)得：

$$p=\rho\left(\frac{1}{2}\omega^2r^2-gz\right)+C$$

由边界条件：$x=0$，$y=0$，$z=0$，$p=0$ 得 $C=0$

盖板上的压强分布为

$$p=\frac{\rho}{2}\omega^2r^2$$

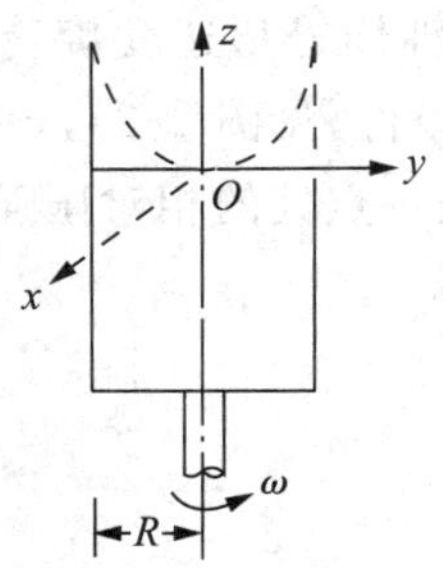

图 2-25　容器中心开孔

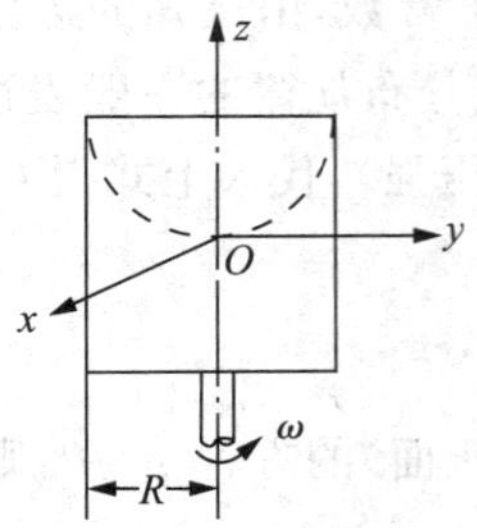

图 2-26　容器边缘开孔

相对压强为零的面如图中虚线所示。可见，轴心压强最低，边缘压强最高。而压强与 ω^2 成正比，ω 增大，边缘压强也越大。离心铸造机就是利用这个原理。

2. 盖板边缘开一个孔，如图 2-26 所示。容器以某一角速度 ω 绕铅直轴转动，容器旋转后，液体虽未溢出，但压强分布发生了改变，相对压强为零的面如该图中的虚线所示，坐标原点设在该曲面的最底点。液体中各点压强分布为

$$p=\rho\left(\frac{1}{2}\omega^2 r^2-gz\right)$$

可得盖板（$z=\dfrac{\omega^2 R^2}{2g}$）上各点的压强为

$$p=\rho\left(\frac{1}{2}\omega^2 r^2-\frac{1}{2}\omega^2 R^2\right) \tag{2-24}$$

由式(2-24)可得，盖板中心点的压强最小，边缘点压强最大。离心式泵和风机就是利用这个原理，使流体不断从叶轮中心吸入。

【例 2-8】　一封闭圆筒，高 $H=2\text{m}$，半径 $R=0.5\text{m}$，注水高 $H_0=1.5\ \text{m}$，压强为 $p_0=1000\text{N/m}^2$。圆筒开始旋转并逐渐加速时，

试求：(1) 当水面刚接触圆筒顶部时的 ω_1；

(2) 当气体刚接触圆筒底部的 ω_1。

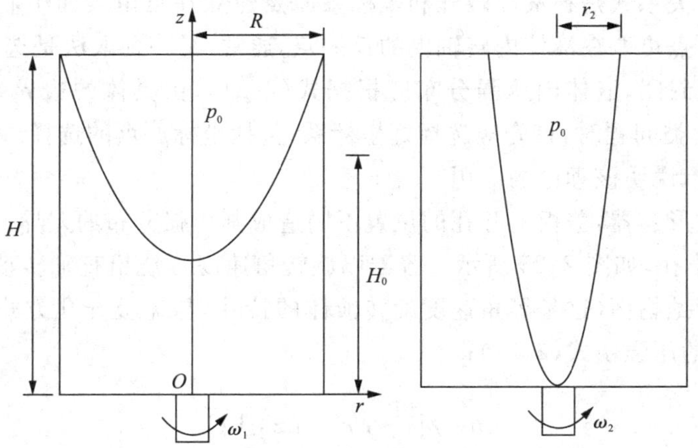

图 2-27　例 2-8 图

【解】　建立坐标系 $Oxyz$，原点 O 在底部中心。

(1) 当边缘水位刚达顶部时，由自由面方程式

$$z_s - z_0 = \frac{\omega^2 r^2}{2g}$$

取 $r=0.5\text{m}$，由空气容积不变(抛物面最大值为平均值的 2 倍)

$$z_s - z_0 = 2\times(H-H_0) = 1\text{m}$$

$$\omega_1 = \sqrt{\frac{2g(z_s - z_0)}{r}}$$

$$= \sqrt{\frac{2\times 9.8\times 1}{0.5}} = 6.26 \quad 1/\text{s}$$

(2) 当气体接触圆筒底部时，设顶部液面线的半径为 r_2，

$$\frac{1}{2}\pi r_2^2 H = \pi R^2 (H-H_0)$$

$$r_2 = R\sqrt{\frac{2(H-H_0)}{H}} = 0.5\times\sqrt{\frac{2\times(2-1.5)}{2}} = 0.354\text{m}$$

在自由面方程中取：$r=r_2$，$z_s=2\text{m}$，$z_0=0$

$$\omega_2 = \sqrt{\frac{2g(z_s - z_0)}{r}} = \sqrt{\frac{2\times 9.8\times(2-0)}{0.354}} = 10.53 \quad 1/\text{s}$$

【例 2-9】 一半径为 $R=30\text{cm}$ 的圆柱形容器中盛满水，然后用螺栓连接的盖板封闭，盖板中心开有一圆形小孔，如图2-28所示。当容器以 $n=300\text{r/min}$ 的转速旋转，试求作用于盖板螺栓上的拉力。

【解】 螺栓所承受的拉力，恰好与容器顶盖的水静压力平衡(如不计盖板的重力)。旋转容器中心开孔，顶盖上的压强分布规律。

$$p = \frac{\rho}{2}\omega^2 r^2$$

因此，作用在盖板上任一微小环形面积的压力 dP 等于微小环形面积 $dA=2\pi r dr$ 与压强 p 的乘积。即

$$dP = p dA = \frac{\rho}{2}\omega^2 r^2 \cdot 2\pi r dr$$

由于作用在盖板上的各微小压力 dP 都是铅直向上的，故可积分上式求得作用于盖板上的水静压力。即

$$P = \int_0^R \frac{\rho}{2}\omega^2 r^2 \cdot 2\pi r dr = \frac{\rho\pi\omega^2}{2}R^4$$

当 $\rho=1\,000\text{kg/m}^3$，$\omega=2\pi n=31.4\text{s}^{-1}$，$R=0.3\text{m}$，求得：$P=1\,000\times 3.14\times 31.4^2\times 0.3^4/2=12.54\text{kN}$

此力即为盖板螺栓上的拉力。

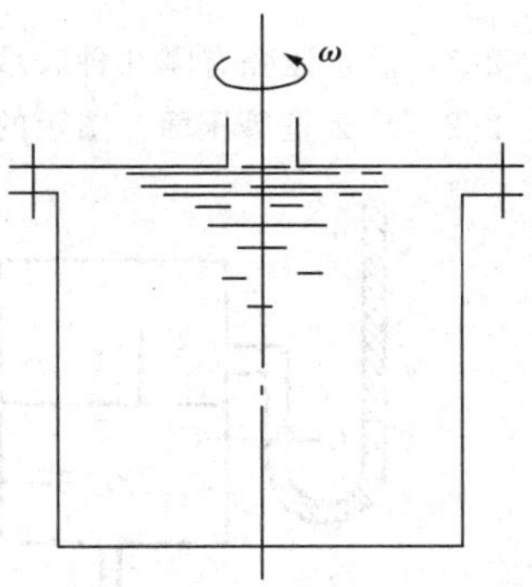

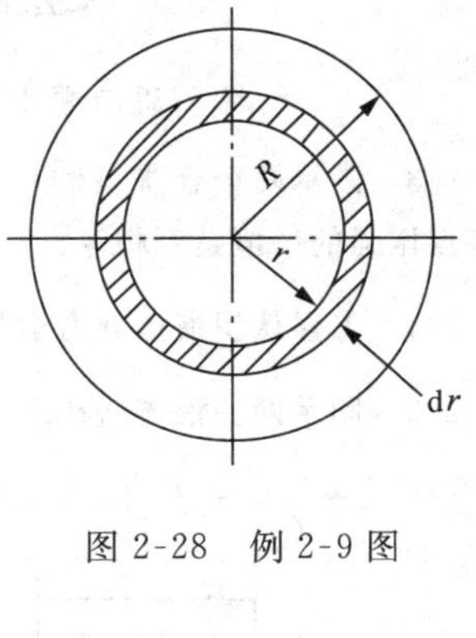

图 2-28　例 2-9 图

学习指导

本章着重讲了流体(主要是液体)静力学的基本规律，即在给定质量力的前提下如何求解

静止流体中的压强分布，并由此确定流体作用在物体上的力。在阅读时请注意以下几个方面：

1. 压强是指单位面积上的作用力，静止流体的压强具有两个特性：①它仅是坐标点的函数，大小与方向无关；②它的方向是垂直指向受压面的。

2. 在重力作用下，静止液体的压强分布是随垂直位置或水深呈线性变化，即 $p=p_0+\gamma h$，在利用方程计算压强时，要注意的是该方程是在均质、连通的静止液体中。

3. 压强的表示方法很多，要掌握各种表示方法之间的关系。与表示方法相对应的是量测方法，要充分理解测压管水头是代表什么？它代表压能与位能的和，而不是代表该点的压强。

4. 在计算作用在平面上静止液体的作用力时，两种方法（解析法、图解法）要灵活使用，要注意的是，在利用解析法求解作用点位置时，y 坐标的原点在何处？它应在物面线与相对压强为零的水平面的交点，有时自由表面上的压强不为大气压，此时可以虚设一相对压强为零的自由表面。

5. 在计算作用在曲面上静止液体的作用力时，要理解何谓实压力体、何谓虚压力体。

6. 相对平衡的计算中，要理解相互垂直的力互不干扰的原理，压强的计算可用绝对静止的压强分布公式计算。

7. 积分常数是根据边界条件确定的，建立坐标后用已知点来确定积分常数。

复习思考题

2-1　静止压强有哪几种表示方法？

2-2　什么是等压面？图示的水平面 A—A，B—B，C—C，是否均为等压面？

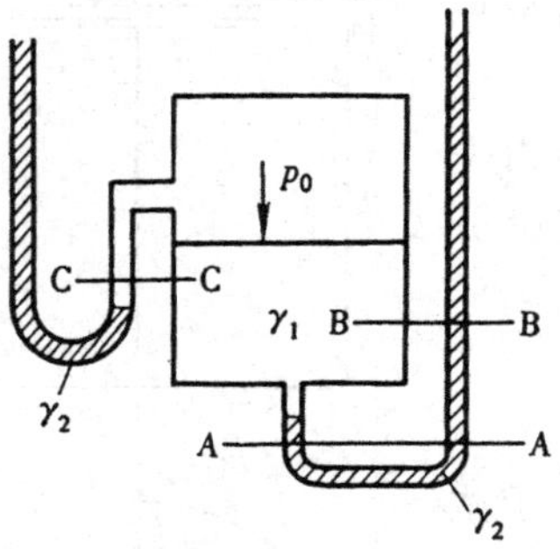

复习思考题 2-2 图

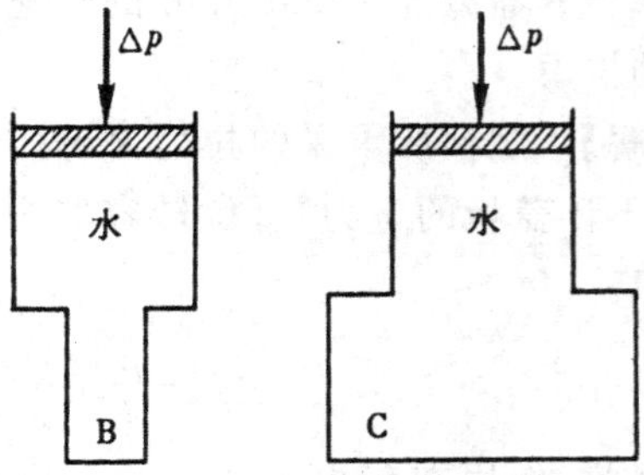

复习思考题 2-3 图

2-3　图示两个容器 B 和 C 内，其活塞的面积相等。当分别在两个活塞上增加相等的压力时，两个容器内各点压强的增值是否相等？

2-4　怎样认识液体静力学基本方程 $z+\dfrac{p}{\rho g}=C$ 的几何意义和物理意义？

2-5　图示两种液体盛在一个容器中，其中 $\gamma_1<\gamma_2$，因而可写出两个水静力学方程式：

(1) $z_1+\dfrac{p_1}{\gamma_1}=z_2+\dfrac{p_2}{\gamma_2}$；　(2) $z_3+\dfrac{p_3}{\gamma_2}=z_2+\dfrac{p_2}{\gamma_2}$。试分析哪个对哪个错，并说明理由？

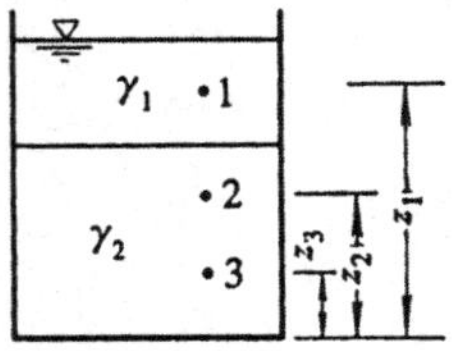

复习思考题 2-5 图

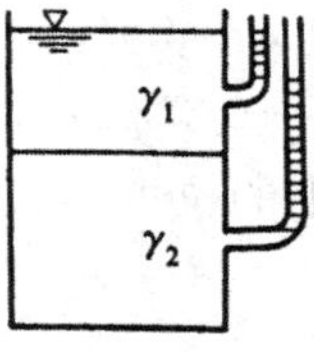

复习思考题 2-6 图

2-6　图示两种液体盛在一个容器中，其中 $\gamma_1<\gamma_2$，在容器侧壁装了两根测压管。试问：图中所标的测压

管中水位对否？为什么？

2-7　如图示管路，在 A，B，C 三点分别装上测压管。当闸门关闭时，试问：

(1) 各测压管中的水面高度如何？

(2) 各点的位置水头、压力水头和测压管水头在何处？请在图上表示。

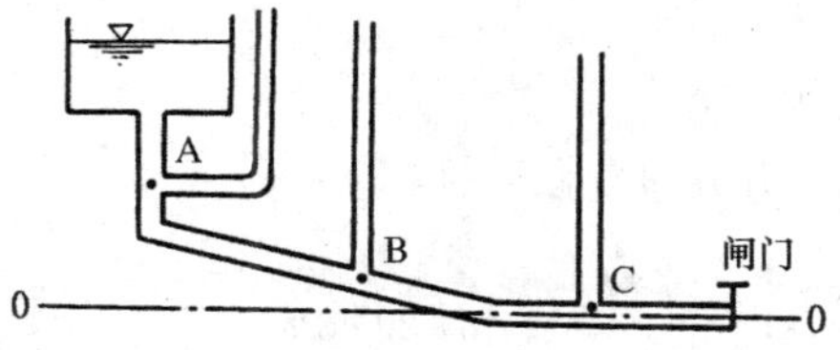

复习思考题 2-7 图

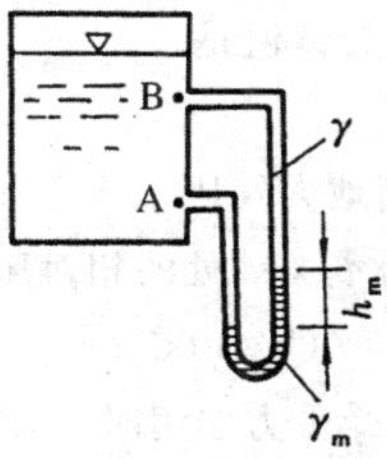

复习思考题 2-8 图

2-8　图示 A，B 两点均位于封闭水箱的静水中，连接两点 U 形汞压差计，出现液面高差 h_m，试问下列哪种情况是正确的？

(1) $h_m=\dfrac{p_A-p_B}{\gamma_{Hg}}$　(2) $h_m=\dfrac{p_A-p_B}{\gamma_{Hg}-\gamma}$　(3) $h_m=0$

2-9　图示一平板闸门 AB 斜置于水中，与重度为 γ_1 和 γ_2 的上下两层液体相接触。试问：其所受总压力是否可表示为 $P=p_C A$（式中 C 为整个平板的形心点）？

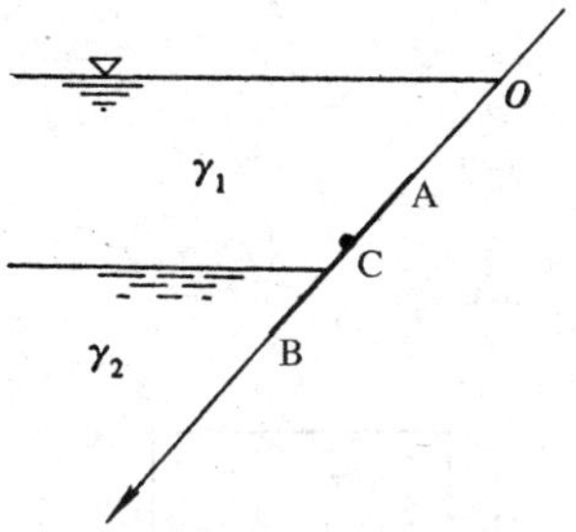

复习思考题 2-9 图

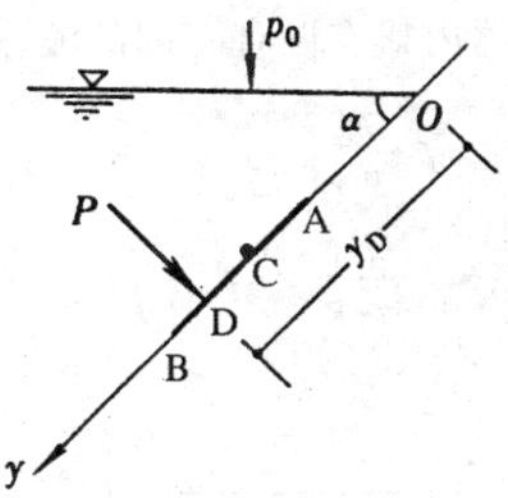

复习思考题 2-10 图

2-10　图示一平面 AB 斜置于静水中，其所受的静水总压力的作用点 D 的位置可按下式计算：

$$y_D=y_C+\frac{I_C}{y_C A}$$

试问：计算式中 y 轴的坐标原点必须位于水面吗？

2-11　试绘制(a)，(b)，(c)，(d)各图中曲面的压力体图形，并注明是实压力体还是虚压力体。

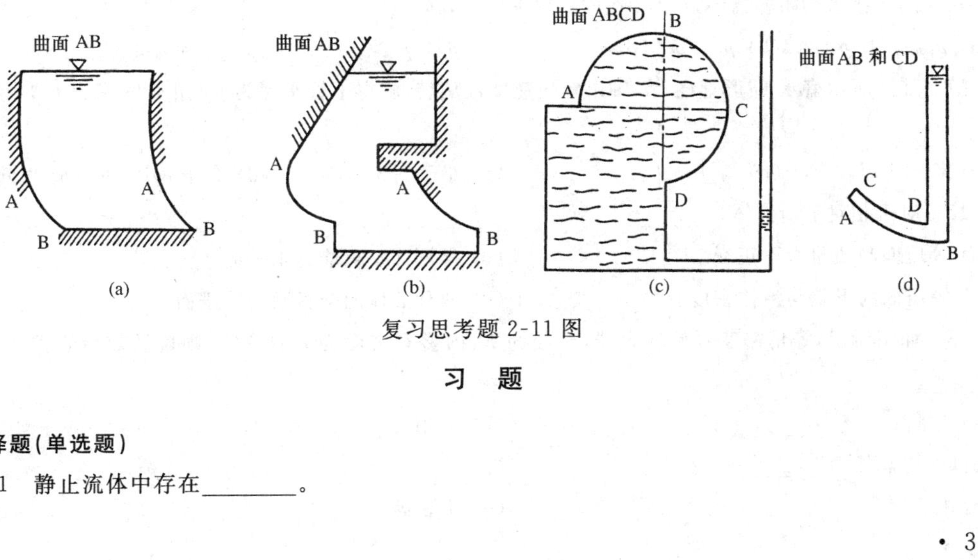

复习思考题 2-11 图

习　题

一、选择题(单选题)

2-1　静止流体中存在________。

(a) 压应力 (b) 压应力和拉应力

(c) 压应力和切应力 (d) 压应力、拉应力和切应力

2-2 相对压强的起点是________。

(a) 绝对真空 (b) 1个标准大气压 (c) 当地大气压 (d) 液面压强

2-3 金属压力表的读值是________。

(a) 绝对压强 (b) 相对压强

(c) 绝对压强加当地大气压 (d) 相对压强加当地大气压

2-4 露天水池，水深5m处的相对压强为________。

(a) 5kPa (b) 49kPa (c) 147kPa (d) 205kPa

2-5 静止的水仅受重力作用时，其测压管水头线必为________。

(a) 水平线 (b) 直线 (c) 斜线 (d) 曲线

2-6 在均质连通的静止液体中，任一________上各点压强必然相等。

(a) 平面 (b) 水平面 (c) 斜面 (d) 以上都不对

2-7 任意形状平面壁上静水压力的大小等于________处静水压强乘以受压面的面积。

(a) 受压面的中心 (b) 受压面的重心 (c) 受压面的形心 (d) 受压面的垂心

2-8 垂直放置的矩形平板挡水，水深3m，静水总压力P的作用点，到水面的距离y为

(a) 1.25m (b) 1.5m (c) 2m (d) 2.5m

2-9 图示容器内盛有两种不同的液体，密度分别为ρ_1，ρ_2，则有

(a) $z_A+\frac{p_A}{\rho_1 g}=z_B+\frac{p_B}{\rho_1 g}$ (b) $z_A+\frac{p_A}{\rho_1 g}=z_C+\frac{p_C}{\rho_2 g}$

(c) $z_B+\frac{p_B}{\rho_1 g}=z_D+\frac{p_D}{\rho_2 g}$ (d) $z_B+\frac{p_B}{\rho_1 g}=z_C+\frac{p_C}{\rho_2 g}$

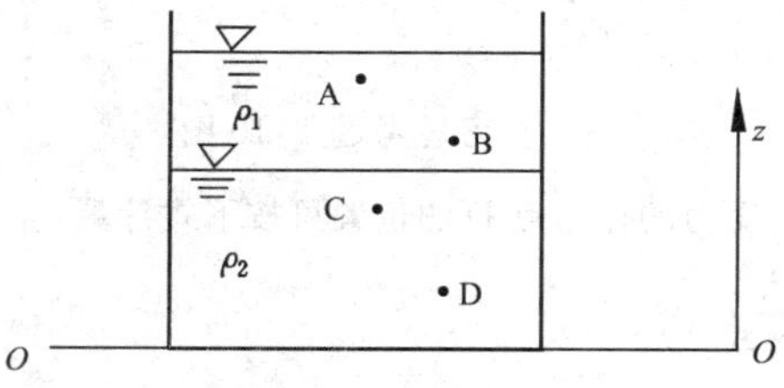

习题2-9图

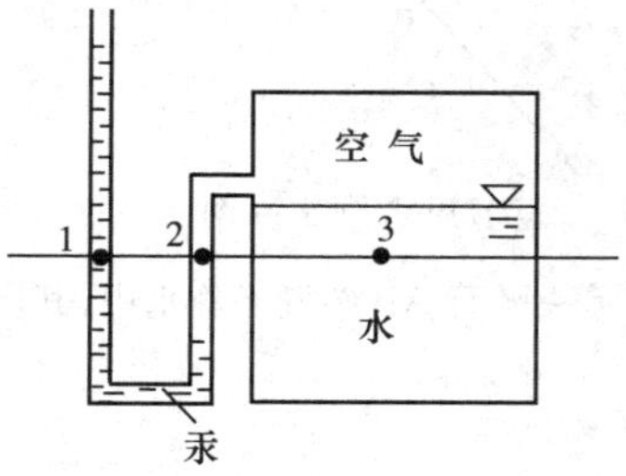

习题2-10图

2-10 图示盛水封闭容器中，1，2，3在同一水平面上，则

(a) $p_1>p_2>p_3$ (b) $p_1<p_2<p_3$ (c) $p_2>p_1>p_3$ (d) $p_1=p_2<p_3$

2-11 如图所示盛水U形管绕OZ轴以等角速度ω旋转，测得Ⅰ管水深为h_1，Ⅱ管水深为h_2，则O点压强________。

(a) 等于$\rho g h_1$ (b) 等于$\rho g h_2$ (c) 小于$\rho g h_2$ (d) 介于$\rho g h_1$和$\rho g h_2$之间

2-12 对于相对平衡液体，________。

(a) 等压面与质量力不正交 (b) 等压面不可能为水平面

(c) 等压面的形状与液体密度有关 (d) 两种液体的交界面为等压面

2-13 如图所示，等角速度ω旋转容器，半径为R，内盛有密度为ρ的液体，则旋转前后容器底压强分布________。

(a) 相同； (b) 不相同

底部所受总压力________。

(c) 相等 (d) 不相等

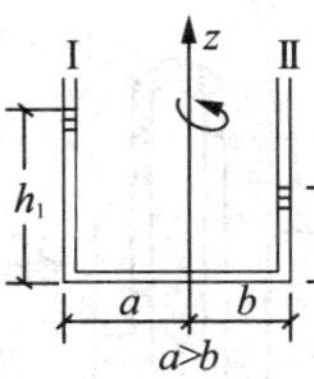

习题 2-11 图

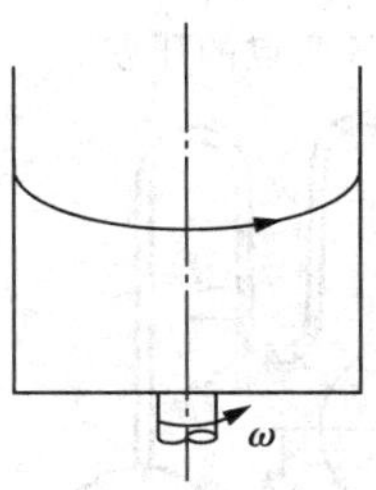

习题 2-13 图

二、计算题

2-1　正常成人的血压是收缩压 100～120mmHg，舒张压 60～90mmHg，用国际单位制表示是多少 Pa(帕)?

2-2　锅炉上压力表读值 1MPa，当地大气压为 760mmHg，试求绝对压强是多少 Pa?

2-3　图示两个盛水容器，测压管中的液面分别高于和低于容器的液面，其高差 $h=2\text{m}$。试分别求两个液面上的绝对压强。

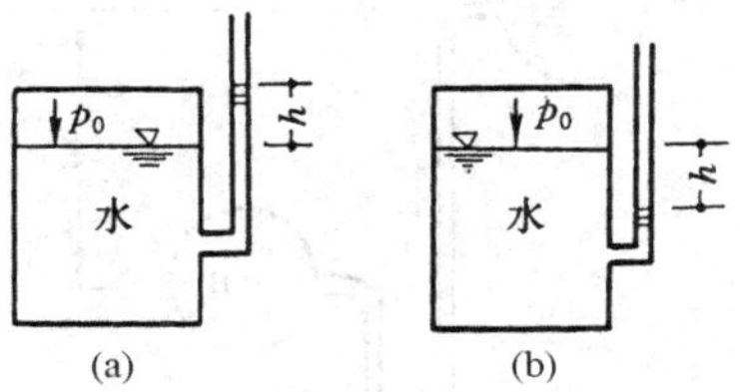

计算题 2-3

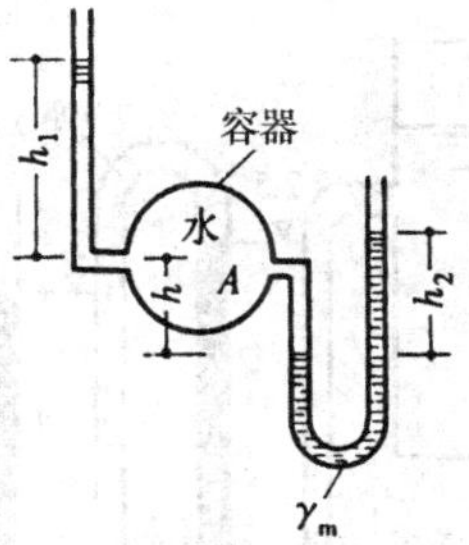

计算题 2-4

2-4　图示盛水容器，在容器左侧壁安装一测压管，右侧壁装一 U 形汞压计；已知容器中心点 A 的相对压强为 50 663Pa，$h=0.2\text{m}$，试求：h_1 和 h_2。

2-5　如图所示，用倾斜式微压计测量烟道中烟气的真空度，已知测量管的倾角 $\alpha=30°$，微压计所用工作液体酒精的密度 $\rho=800\text{kg/m}^3$，测量管读值 $n=200\text{mm}$，当地大气压 1Pa=0.1MPa，试求该测点烟气的真空度和绝对压强。

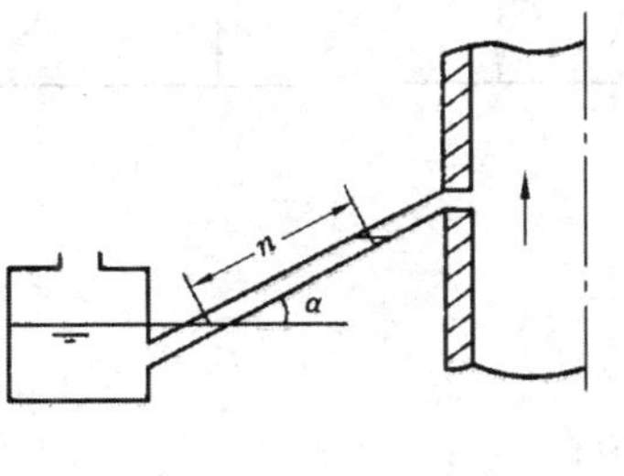

计算题 2-5

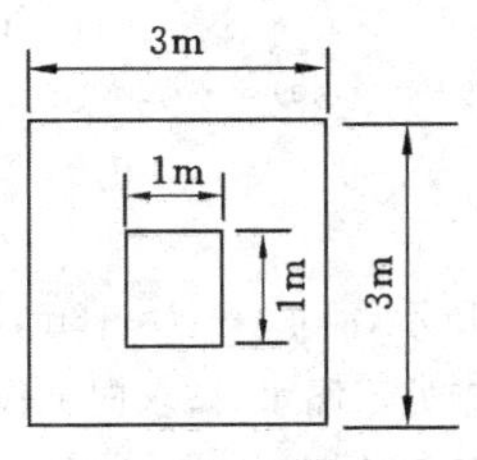

计算题 2-6

2-6　水箱形状如图所示，底部有 4 个支座。试求底面上总压力和 4 个支座的支座反力。并讨论总压力与支座反力不相等的原因。

2-7　图示为 U 形汞压差计，用于量测两水管中 A 和 B 两点的压差。已知 $h=0.36\text{m}$，A 和 B 两点高差

$\Delta z=1\text{m}$，试求 A 和 B 两点的压差。

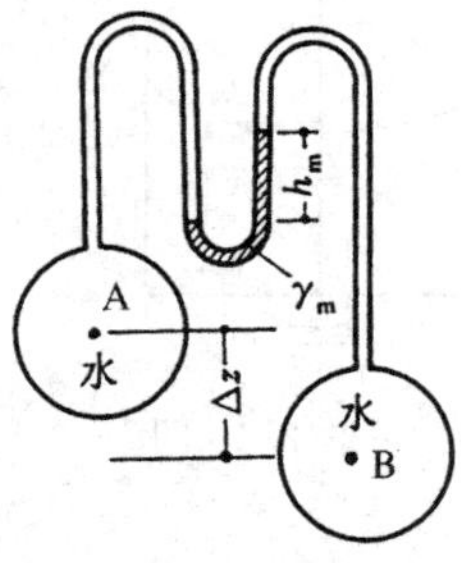

计算题 2-7

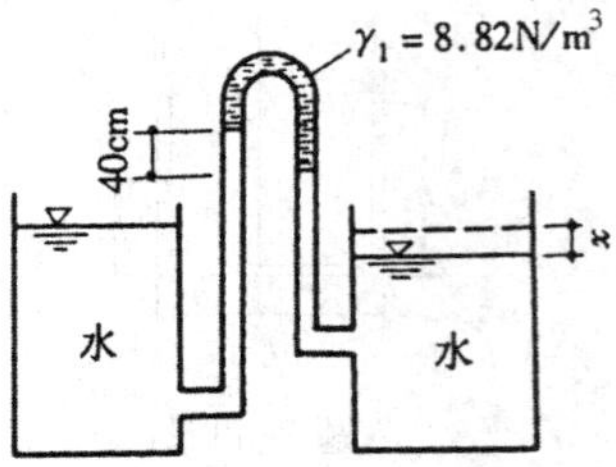

计算题 2-8

2-8　图示为 U 形压差计，用以测量两水箱水位差，试根据图中读数计算水位差。

2-9　如图所示，多管水银测压计用来测水箱中的表面压强。图中高程的单位为 m。试求水面的绝对压强 p_{abs}。

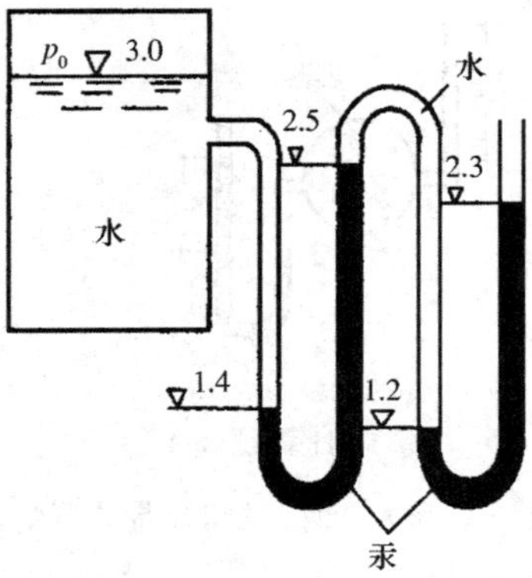

计算题 2-9

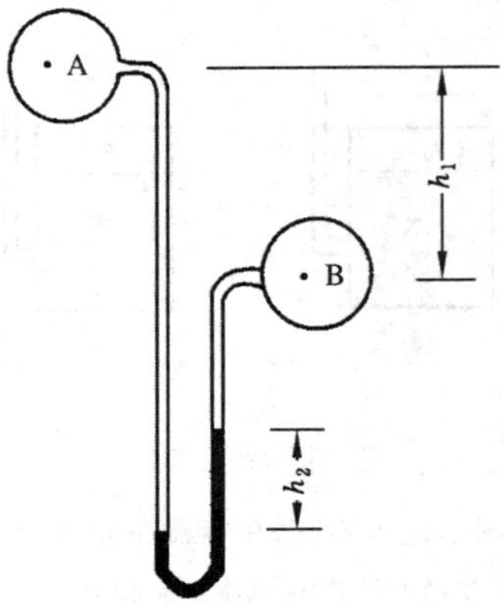

计算题 2-10

2-10　如图所示，水管 A，B 两点高差 $h_1=0.2\text{m}$，U 形压差计中水银液面高差 $h_2=0.2\text{m}$。试求 A，B 两点的压强差。

2-11　试绘制图中 AB 面上的压强分布图。

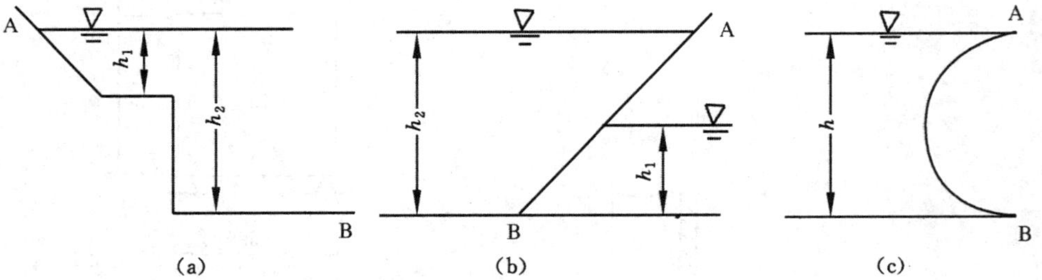

计算题 2-11

2-12　如图所示，河水深 $H=12\text{m}$，沉箱高 $h=1.8\text{m}$。

(1) 为使河床处不漏水，试求向工作室 A 送压缩空气的压强。

(2) 试绘出垂直壁 BC 上的压强分布图。

2-13　如图所示，输水管道试压时，压力表的读值为 8.5at，管道直径 $d=1\text{m}$。试求作用在管端法兰堵头上的静水总压力。

2-14　如图所示，矩形平板闸门 AB 一侧挡水。已知长 $L=2\text{m}$，宽 $b=1\text{m}$，形心点水深 $h_c=2\text{m}$，倾角 $\alpha=45°$，闸门上缘 A 处设有转轴，忽略闸门自重及门轴摩擦力。试求开启闸门所需的拉力 T。

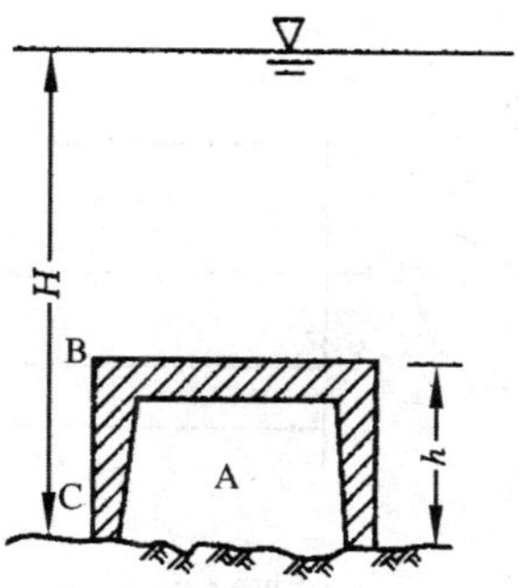

计算题 2-12

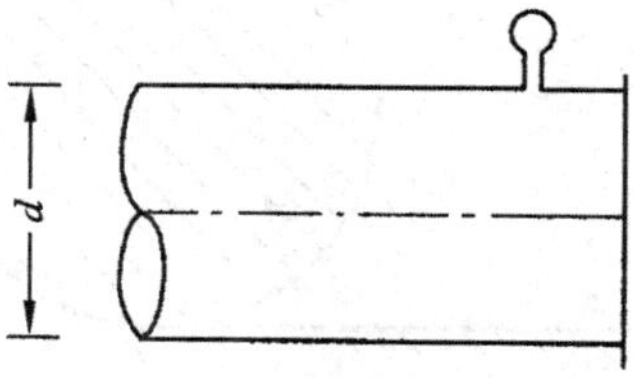

计算题 2-13

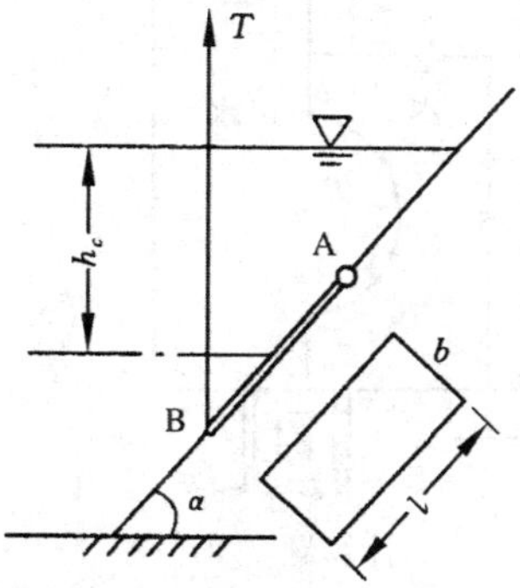

计算题 2-14

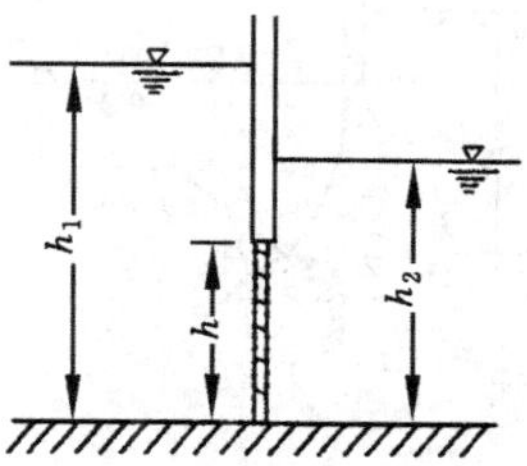

计算题 2-15

2-15　如图所示，已知矩形闸门高 $h=3\text{m}$，宽 $b=2\text{m}$，上游水深 $h_1=6\text{m}$，下游水深 $h_2=4.5\text{m}$。试求：作用在闸门上的静水总压力。

2-16　如图所示，矩形平板闸门，宽 $b=0.8\text{m}$，高 $h=1\text{m}$，若要求在挡水深 h_1 超过 2m 时，闸门即可自行开启，铰链的位置 y 应是多少？

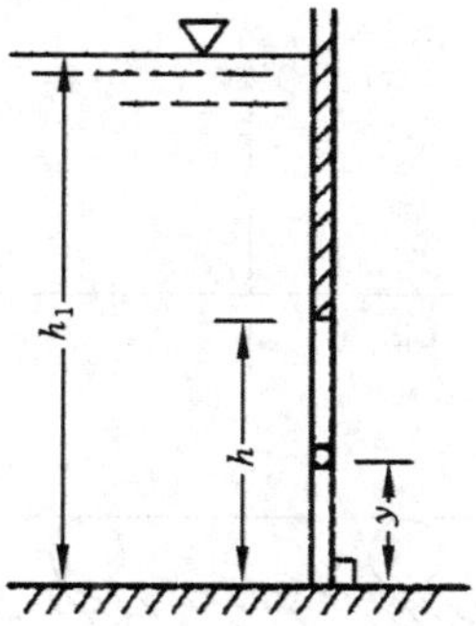

计算题 2-16

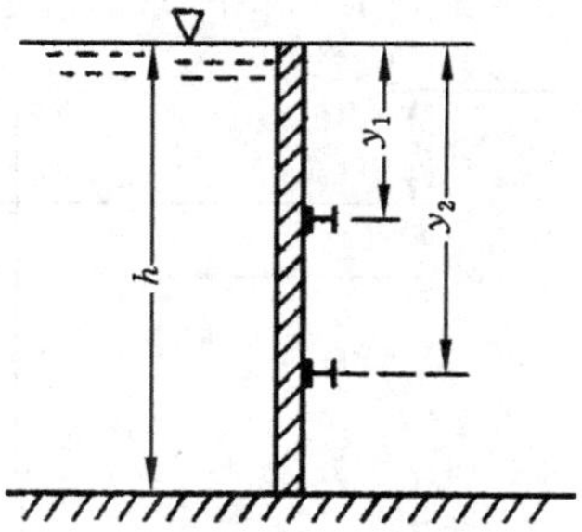

计算题 2-17

2-17　如图所示，金属的矩形平板闸门，由两根工字钢横梁支撑。闸门宽 $b=1\text{m}$，高 $h=3\text{m}$，挡水面与闸门顶齐平，若要求两横梁所受的力相等，横梁的位置 y_1，y_2 应为多少米？

2-18　如图所示，圆柱体一侧挡水，已知圆柱体长 $L=16\text{m}$，直径 $D=4\text{m}$，挡水深 $h=4\text{m}$，试求圆柱体所受静水总压力。

2-19　如图所示，圆柱形压力水罐由上、下两半圆筒合成，水罐长 $L=2\text{m}$，半径 $R=0.5\text{m}$，压力表读值 $P_M=23.72\text{kN/m}^2$，试求：(1)上、下半圆筒所受的水压力；(2)半圆筒连接螺栓所受的总拉力。

2-20　图示为一溢流坝上的弧形闸门。已知 $R=10\text{m}$，$b=8\text{m}$，$\alpha=30°$。试求作用在该弧形闸门上的静水总压力及其作用线位置。

2-21　图示两水池间隔墙上装一半球堵头，已知球的半径 $R=1\text{m}$，右池下方装有 U 形汞压计，其液面差

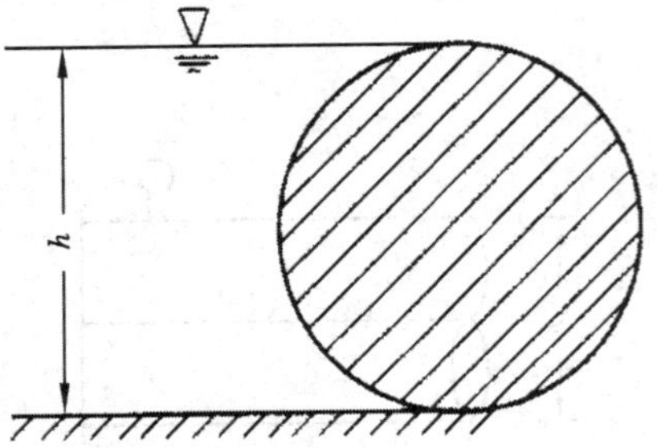

计算题 2-18

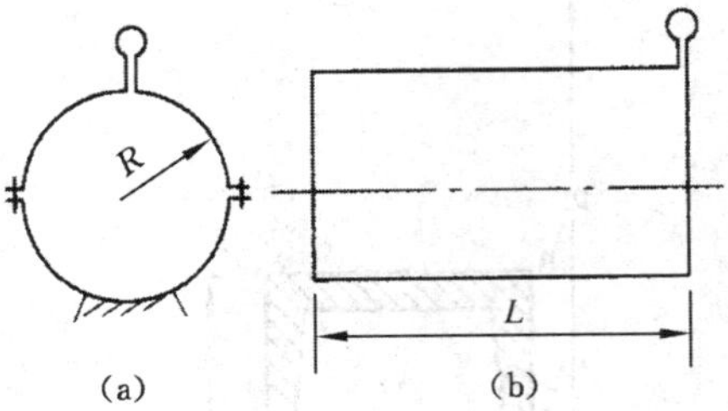

计算题 2-19

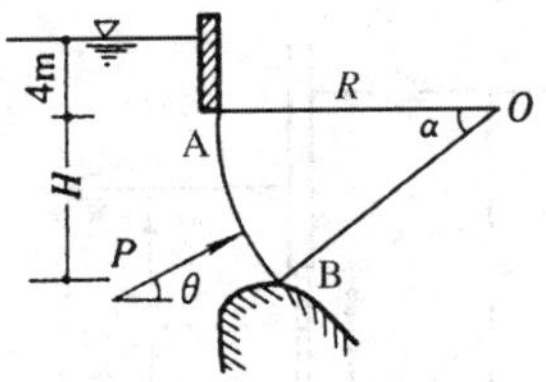

计算题 2-20

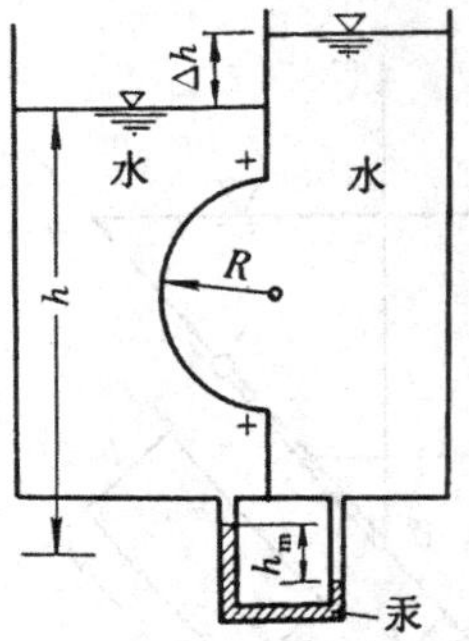

计算题 2-21

$h=200$mm。试求：

(1) 两水池水位差；

(2) 半球堵头上的静水总压力。

2-22　一封闭容器内盛水，水面为大气压，求容器自由下落时，水静压强分布规律？

2-23　为了测定运动物体的加速度，在运动物体上装一直径为 d 的 U 形管，测得管中液面差 $\Delta h=0.05$m，两管的水平距离 $L=0.3$m，求加速度 a？

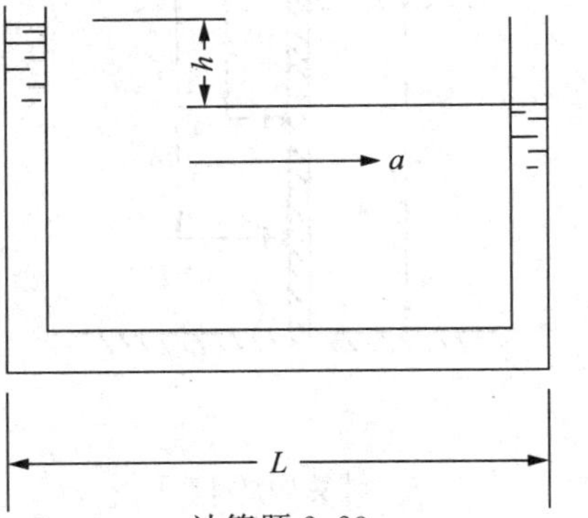

计算题 2-23

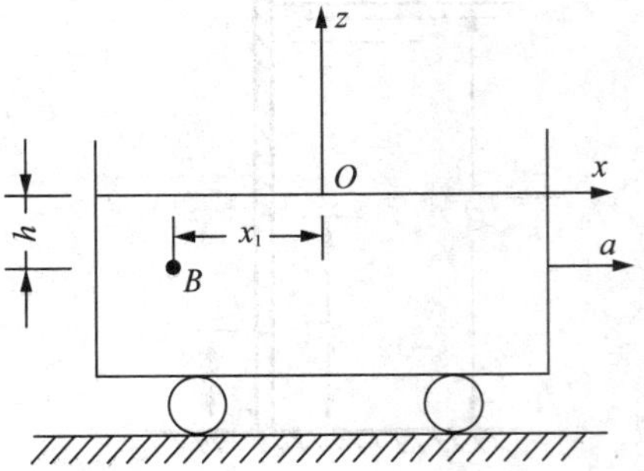

计算题 2-24

2-24　一洒谁车以等加速度 $a=0.98\text{m/s}^2$ 在平地行驶，水车静止时，B 点的位置为 $x_1=1.5$m，水深 $h=1$m，求运动后该点的水静压强。

2-25　油罐车内装着 $\gamma=9\,807\text{N/m}^3$ 的液体，以水平直线速度 $u=10$m/s 行驶。油罐车的尺寸为直径 $D=2$m，$h=3$m，$L=4$m。在某一时刻开始减速运动，经 100m 距离后完全停下。若为匀速制动，求作用在侧面 A 上的作用力。

2-26　在 $D=30$cm，高度 $H=50$cm 的圆柱形容器中盛水深至 $h=30$cm，当容器绕中心轴等角速旋时，求使水恰好上升到 H 时的转速。

2-27　直径 $D=600$nm，高度 $H=500$nm 的圆柱形容器，盛水深至 $h=0.4$m，剩余部分装以比重 0.8 的

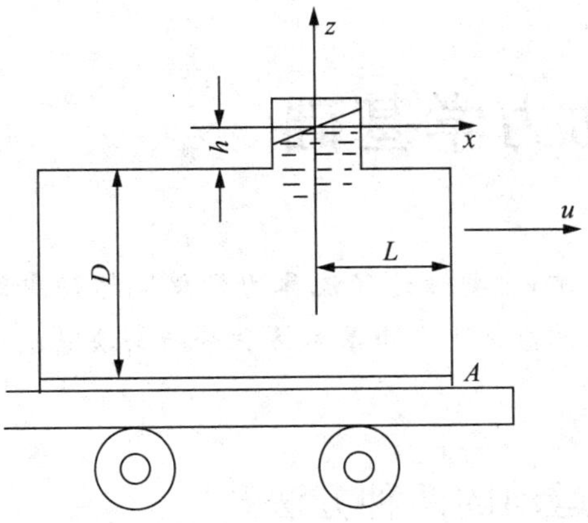

计算题 2-25

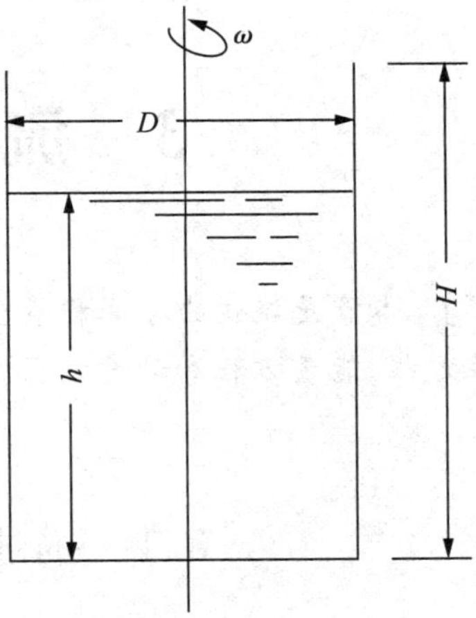

计算题 2-26

油，封闭容器上部盖板中心有一小孔。假定容器绕中心轴等角速旋转时，容器转轴和分界面的交点下降 0.4m，直至容器底部。试求：必须的旋转角速度、盖板和器底上最大与最小压强。

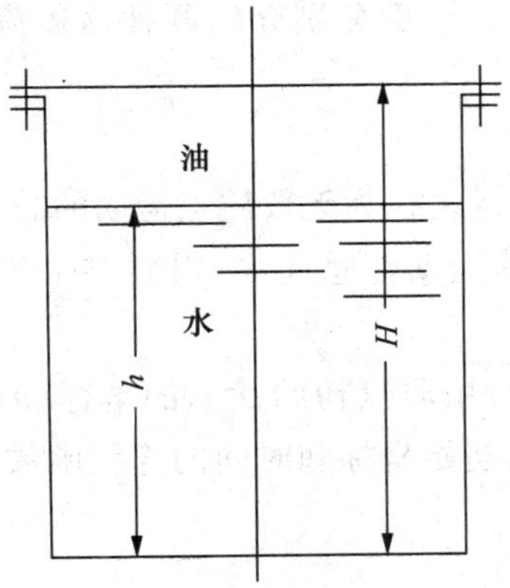

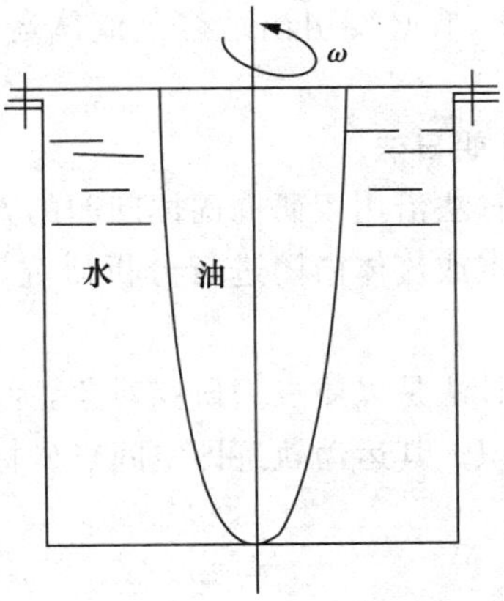

计算题 2-27

3 流体动力学基础

[**内容提要**] 本章是流体力学课程最重要的一章,主要叙述了流体力学总流运动中的三大方程:连续性方程、能量方程和动量方程。要灵活掌握运用三个基本方程分析解决总流运动问题的能力。

3.1 描述流体运动的两种方法

流体的运动是由无数质点构成的连续介质的流动,描述流体运动的方法必须要与这种运动相结合。在理论力学或在物理学讨论固体运动时,一般以质点或刚体为研究对象,分析其运动规律及产生这种运动的原因。由于流体与固体运动的性质不同,许多情况无法用上述方法来分析,因此,有必要引出适合于流体运动的描述方法。下面分别介绍两种描述流体运动的方法。

一、拉格朗日法

拉格朗日法沿用了研究固体问题的方法,将流体的运动视为无数质点运动的总和,分别对每个流体质点或流体微团进行分析研究,并将其质点的运动汇总起来,得到整个流体的运动情况。

拉格朗日法是以质点为研究对象,为识别每个质点,用质点初始状态的坐标(a,b,c)作为该质点的标识。其运动轨迹即空间点坐标(x,y,z)就是初始坐标和时间的连续函数。

$$\left.\begin{aligned}x&=x(a,b,c,t)\\y&=y(a,b,c,t)\\z&=z(a,b,c,t)\end{aligned}\right\}\tag{3-1}$$

式中,(a,b,c,t)通常称为拉格朗日变数。

通过轨迹对时间t的导数,可得流体质点的运动速度$\boldsymbol{u}$,其在各坐标方向的投影为

$$\left.\begin{aligned}u_x&=\frac{\mathrm{d}x}{\mathrm{d}t}=\frac{\partial x}{\partial t}\\u_y&=\frac{\mathrm{d}y}{\mathrm{d}t}=\frac{\partial y}{\partial t}\\u_z&=\frac{\mathrm{d}z}{\mathrm{d}t}=\frac{\partial z}{\partial t}\end{aligned}\right\}\tag{3-2}$$

由于流体质点的初始坐标(a,b,c)与时间t无关,因此,式(3-2)的全导数与偏导数一致。同理可得流体质点的加速度$\boldsymbol{a}$在各坐标方向的投影为

$$\left.\begin{aligned}a_x&=\frac{\mathrm{d}^2x}{\mathrm{d}t^2}=\frac{\partial^2x}{\partial t^2}\\a_y&=\frac{\mathrm{d}^2y}{\mathrm{d}t^2}=\frac{\partial^2y}{\partial t^2}\\a_z&=\frac{\mathrm{d}^2z}{\mathrm{d}t^2}=\frac{\partial^2z}{\partial t^2}\end{aligned}\right\}\tag{3-3}$$

流场中各种物理量，如压力、密度等都可用拉格朗日变数表示。

拉格朗日法物理概念清晰，在理论上能直接得出各质点的运动轨迹及其运动参数在运动过程中的变化，但是如要描述一流动性很大的连续介质的运动，在数学上常常会遇到很大的困难。在实际问题中，我们所关心的并不是每个流体质点的详细历程，而所关心的是各流动空间点上流体物理量的变化及相互关系，例如，工程中的管道流动问题，一般只要求知道若干个控制断面（空间点）上的流速、流量及压强等物理量的变化，这种着眼于空间点的描述方法称为欧拉法。

二、欧拉法

欧拉法不是研究每个流体质点的运动过程，而是研究不同时刻，在某个空间点上流体物理量的变化。当采用欧拉法研究流体运动时，观察者注重的是流体质点通过某个固定空间点时所体现的物理量和变化，如速度、加速度等，而不关心该物理量是哪个质点所造成的。如以流体运动的速度为例，可表示为

$$\left.\begin{aligned} u_x &= u_x(x,y,z,t) \\ u_y &= u_y(x,y,z,t) \\ u_z &= u_z(x,y,z,t) \end{aligned}\right\} \tag{3-4}$$

式(3-4)表示某个流体质点在时间 t，其空间位置为 (x,y,z) 时的速度，造成该空间点速度的变化不是一个流体质点引起的，而是有无穷多个流体质点在不同时刻造成的。式中 (x,y,z,t) 称为欧拉变数。固定空间点 (x,y,z)，当时间变化则表示在固定点上该物理量随时间的变化。反之，如时间不变，空间坐标变化则表示在某一瞬时该物理量随空间的变化，即在空间的分布情况。同理，流场中其他物理量如压力、密度等，也可用欧拉变数表示。

下面讨论用欧拉法表示的流体加速度与速度之间的关系。加速度是牛顿第二定律引出的，表示为某一流体质点其单位时间的速度变化，即速度随时间的变化，在研究某一流体质点的速度变化过程中该流体质点的位置是变化的，因此，在用速度对时间求导时，空间坐标 (x,y,z) 不能视为常数，而是时间 t 的函数。所以，加速度需按复合函数求导。加速度可表示为（以 x 方向为例）

$$a_x = \frac{\mathrm{d}u_x}{\mathrm{d}t} = \frac{\partial u_x}{\partial t} + \frac{\partial u_x}{\partial x}\frac{\mathrm{d}x}{\mathrm{d}t} + \frac{\partial u_x}{\partial y}\frac{\mathrm{d}y}{\mathrm{d}t} + \frac{\partial u_x}{\partial z}\frac{\mathrm{d}z}{\mathrm{d}t}$$

而式中 $\mathrm{d}x,\mathrm{d}y,\mathrm{d}z$ 是由于流体质点随着时间的变化在空间移动的距离即运动的轨迹，$\frac{\mathrm{d}x}{\mathrm{d}t}$，$\frac{\mathrm{d}y}{\mathrm{d}t}$，$\frac{\mathrm{d}z}{\mathrm{d}t}$ 分别为运动轨迹对时间的导数即速度在三个方向上的分量，因此，

同理可得：

$$\left.\begin{aligned} a_x &= \frac{\partial u_x}{\partial t} + u_x\frac{\partial u_x}{\partial x} + u_y\frac{\partial u_x}{\partial y} + u_z\frac{\partial u_x}{\partial z} \\ a_y &= \frac{\partial u_y}{\partial t} + u_x\frac{\partial u_y}{\partial x} + u_y\frac{\partial u_y}{\partial y} + u_z\frac{\partial u_y}{\partial z} \\ a_z &= \frac{\partial u_z}{\partial t} + u_x\frac{\partial u_z}{\partial x} + u_y\frac{\partial u_z}{\partial y} + u_z\frac{\partial u_z}{\partial z} \end{aligned}\right. \tag{3-5}$$

式中，加速度的第一项是指同一空间点，由于时间的变化而形成的加速度，此项称为当地加速

度或时变加速度。加速度的后三项，是固定时间，由于空间点的变化而形成的加速度，称为迁移加速度或位变加速度。所以，欧拉法表示的加速度是当地加速度和迁移加速度之和，举例说明如下。

水箱里水经收缩管流出(图 3-1)。若水箱无来水补充，水位逐渐下降，管轴线上质点 A 的流速随时间减小，当地加速度为负值。同时管道收缩，某一瞬时质点 A 的流速沿流动方向(x 方向)而逐渐增大，因而存在迁移加速度。所以，质点 A 的加速度是有两项组成的。

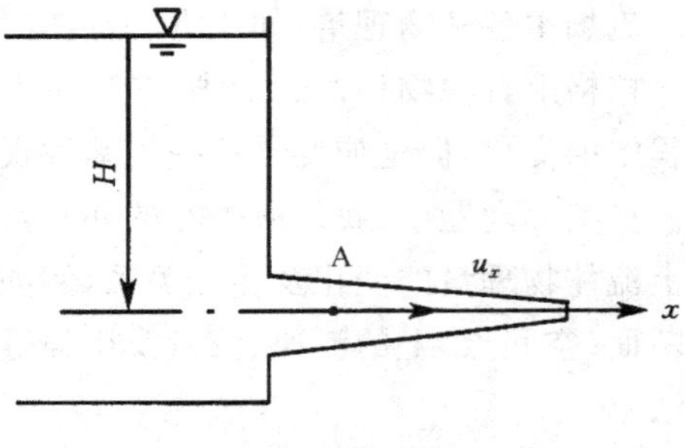

图 3-1　收缩管出流

在以后章节中，一般描述流体运动的方法是欧拉法。

3.2　流体运动的基本概念

一、恒定流与非恒定流

1. 恒定流

在流场中，任意空间位置上运动参数都不随时间而改变，即对时间的偏导数等于零，如$\frac{\partial u}{\partial t}=0$，$\frac{\partial p}{\partial t}=0$ 等，这种流动称为恒定流。在恒定流中，流速等运动参数仅是位置坐标的函数，所以如以加速度为例不存在当地加速度。

2. 非恒定流

在流场中，任意空间位置上只要存在某一运动参数是时间的函数，即对时间的偏导数不等于零，这种流动称为非恒定流。

二、流线与迹线

1. 流线

在流场中，流线是一条瞬时曲线，在曲线上每一点的切线方向代表该点的流速方向，流线是由无限多个流体质点组成的，见图 3-2。流线是与欧拉法相对应。

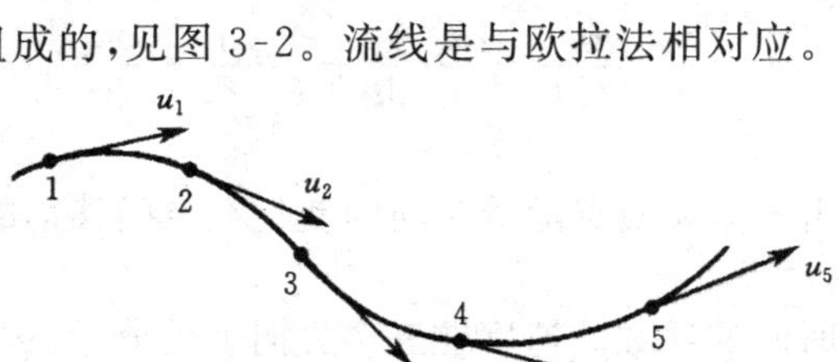

图 3-2　流线的定义

根据流线的定义，流线上任一点的速度方向和曲线上在该点的切线方向重合，可以写出它的微分方程式。沿流线的流动方向取微元距离 ds，由于流速向量与微元向量重合，根据矢量代数，前者的三个轴向分量(u_x，u_y，u_z)和后者的三个轴向分量 dx，dy，dz 成比例，即

$$\frac{\mathrm{d}x}{u_x}=\frac{\mathrm{d}y}{u_y}=\frac{\mathrm{d}z}{u_z} \tag{3-6}$$

这就是流线的微分方程式。

流线不能相交(驻点除外),也不能是折线,因为流场内任一固定点在同一瞬时只能有一个速度向量。流线只能是一条光滑的曲线。

由于流场中每一点都可以绘一条光滑的流线,这样在整个流场中绘制出流线簇后,流体的运动状况就一目了然了。某点流速的方向便是流线在该点的切线方向。流速的大小可以由流线的疏密程度反映出来(在连续性方程中会介绍),流线越密处的流速越大,流线越稀疏处流速越小。

2. 迹线

在流场中,迹线是由一个流体质点随着时间的推移在空间中所勾画的曲线。即为流体质点的轨迹线。显然,迹线是与拉格朗日法相对应。

流线和迹线是两个不同的概念。迹线是由一个流体质点构成的,而流线是由无穷多个流体质点组成的,在一般的情况下,流线与迹线是不重合的。只有当恒定流的情况下,由于流体的流速与时间无关,流场中的流线恒定不变,流体质点将沿着流线运动,因此流体质点的运动轨迹与流线相重合。

【例 3-1】 已知速度场 $u_x=a$, $u_y=bt$, $u_z=0$,试求:流线方程及($t=1$,$t=2$)时的流线图。

【解】 平面问题由流线方程式(3-6)

$$\frac{dx}{u_x}=\frac{dy}{u_y}$$

则

$$\frac{dx}{a}=\frac{dy}{bt}$$

其中 t 为参变量,积分得:

$$ay=btx+c$$

所得流线方程是直线方程,不同时刻($t=1$,$t=2$)的流线图是两组不同斜率的直线族(图 3-3)。

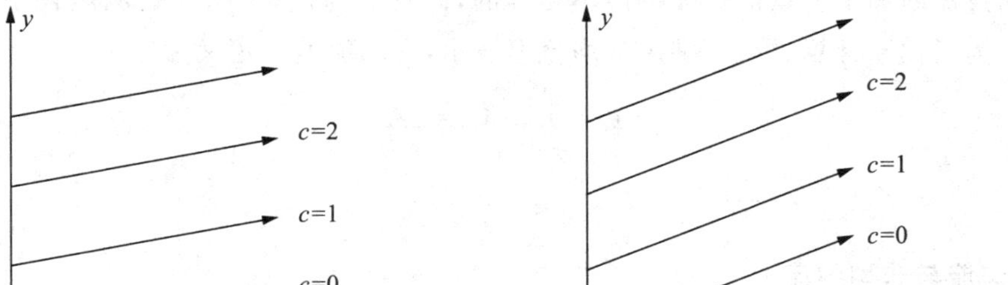

图 3-3 例 3-1 图

三、流管、过流断面、元流和总流

1. 流管

在流场中任意取一非流线的封闭曲线,通过该曲线上的每一点作流场的流线,这些流线所构成的一封闭管状曲面称为流管。充满流体的流管称为流束,见图 3-4。

2. 过流断面

在流束上作与流线(流速方向)正交的横断面称为过流断面。过流断面一般不为平面,只有在流束上的流体流速方向一致即流线相平行时,过流断面才是平面,见图 3-5。

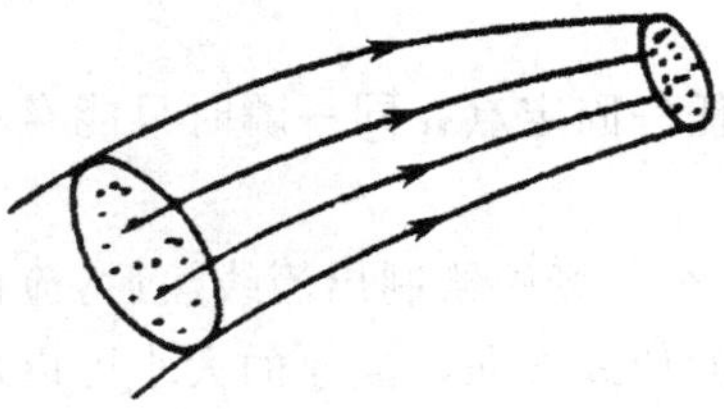

图 3-4　流管和流束

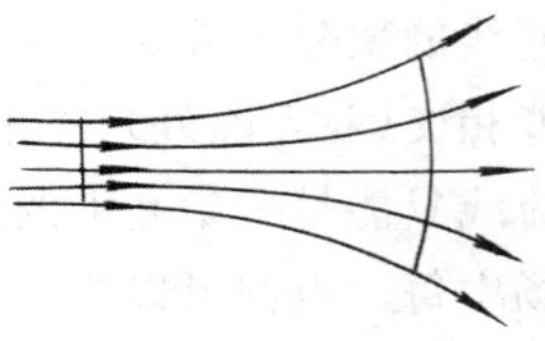

图 3-5　过流断面

3．元流

当流束的过流断面为微元时，该流束称为元流。元流有时也称为微小流束。在元流上，由于过流断面无限小，断面上各点的流体物理参数相等。

4．总流

总流是由无数元流组成的流束，断面上各点的运动参数一般不相等。

四、流量、断面平均流速

1．流量

单位时间通过某一过流断面的流体体积或质量称为该断面的流量，流量一般分为体积流量和质量流量。如以 dA 表示过流断面的微元面积，u 表示该微元上速度，则流量为 Q：

体积流量
$$Q=\int_A u\,dA$$

质量流量
$$Q_m=\int_A \rho u\,dA$$

对于不可压缩流体，密度 ρ 为常数，则

$$Q_m=\rho Q \tag{3-7}$$

2．断面平均流速

总流的过流断面上各点流速 u 一般不相等的，以管流为例，管壁附近流速较小，轴线上的流速最大。为了便于计算、分析，常用平均流速表示，平均流速 v 定义为：

$$Q=\int_A u\,dA=vA$$

或

$$v=\frac{Q}{A} \tag{3-8}$$

五、均匀流与非均匀流

在任何时刻，流体质点的流速不随空间位置的变化而变，这种流场称为均匀流。反之，称为非均匀流。在均匀流场中，流场的流线均保持平行，如以加速度为例不存在迁移加速度（位变加速度）。

【例 3-2】 已知平面流动，流速 $u_x=(4y-6x)t$，$u_y=(6y-9x)t$。试问：

(1) 当 $t=2$ 时，在(2,4)点的加速度；

(2) 判别流动是否为恒定流？是否为均匀流？

【解】 (1) 由式(3-5)

$$\begin{aligned}a_x&=\frac{\partial u_x}{\partial t}+u_x\frac{\partial u_x}{\partial x}+u_y\frac{\partial u_x}{\partial y}\\&=(4y-6x)(1-6t^2)+(6y-9x)\times 4t^2\end{aligned}$$

用 $t=2$，$x=2$，$y=4$ 代入

$$a_x = 4\text{m/s}$$

同理：

$$a_y = 6\text{m/s}$$

(2) 因速度随时间改变，此流动为非恒定流；

同样由式(3-5)，求加速度的位变加速度。

$u_x \dfrac{\partial u_x}{\partial x} + u_y \dfrac{\partial u_x}{\partial u}$ 和 $u_x \dfrac{\partial u_y}{\partial x} + u_y \dfrac{\partial u_y}{\partial y}$ 恒为零，此流动为均匀流。

3.3 恒定总流的连续性方程

流体的连续性方程是质量守恒定律在流体力学中的应用，它建立流体流速与流动面积的关系。

在恒定总流中，任取一段作为讨论对象，其进口过流断面面积为 A_1，平均流速为 v_1；出口过流断面面积为 A_2，平均流速为 v_2，见图 3-6。在恒定流的情况下，被讨论的总流段中，根据质量守恒定律，其质量不随时间变化的，因此，单位时间内流入进口的质量等于流出出口断面的质量，所以：

$$Q_m = \rho_1 v_1 A_1 = \rho_2 v_2 A_2 \tag{3-9}$$

如将流体视为不可压缩的，密度为常数，式(3-9)可简化为

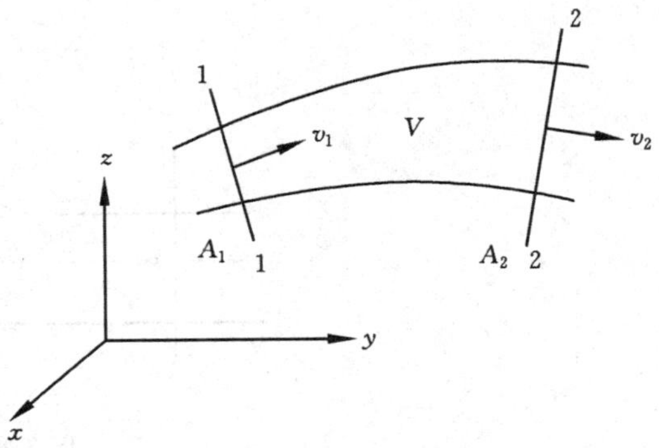

图 3-6　总流的连续性方程

$$v_1 A_1 = v_2 A_2 = \text{常数} \tag{3-10}$$

式(3-10)为流体恒定总流的连续性方程。它表明，在不可压缩的流体运动中，平均流速与过流面积成反比。

【例 3-3】 图 3-7 示的管流，$d_1 = 5\text{cm}$，$d_2 = 10\text{cm}$，$d_3 = 20\text{cm}$。

试求：(1) 当流量 $Q = 4\text{L/s}$ 时，各管段的平均流速；

(2) 调节阀门，使流量 $Q = 8\text{L/s}$，各段的平均流速。

【解】 (1) 根据连续性方程式(3-9)，

$$Q = v_1 A_1 = v_2 A_2 = v_3 A_3$$

$$v_1 = \frac{Q}{A_1} = \frac{4 \times 10^{-3}}{\pi/4 \times (5 \times 10^{-2})^2} = 2.04\text{m/s}$$

$$v_2 = \frac{Q}{A_2} = 0.51\text{m/s}$$

$$v_3 = \frac{Q}{A_3} = 0.13\text{m/s}$$

(2) 流量增加一倍，则各流段上的流速也增加一倍。即

$$v_1 = 4.08\text{m/s}, \quad v_2 = 1.02\text{m/s}, \quad v_3 = 0.25\text{m/s}$$

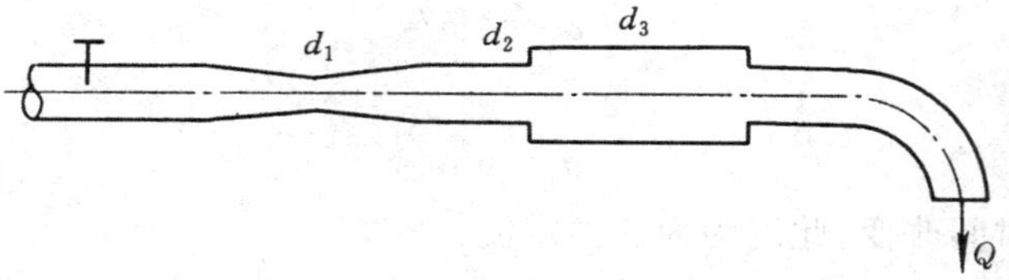

图 3-7　变截面简单管路

上述的连续性方程所讨论的只是简单管道，即单进单出的，从原理出发很容易将连续性方程推广到复杂管道。如三通管的合流与分流见图 3-8，根据质量守恒定律：

分流时

$$Q_1 = Q_2 + Q_3$$

$$v_1 A_1 = v_2 A_2 + v_3 A_3$$

合流时

$$Q_1 + Q_2 = Q_3$$

$$v_1 A_1 + v_2 A_2 = v_3 A_3$$

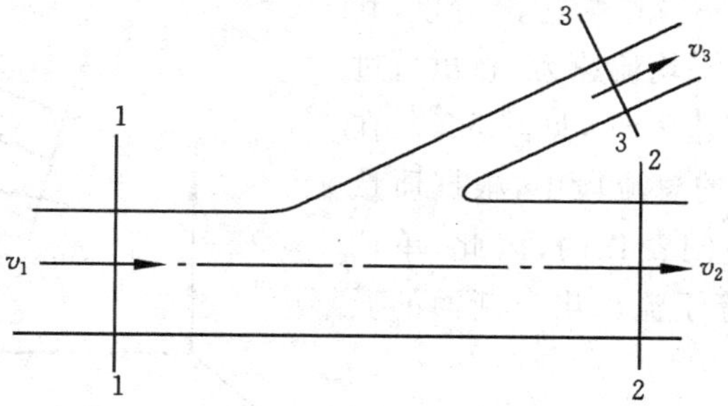

图 3-8　三通分流管

3.4　恒定元流的能量方程

流体的能量方程是物理学中能量守恒定律在流体运动中的应用。连续性方程仅建立流体流速与过流断面面积之间的关系，要了解流场中压强的变化过程，或了解压强与速度之间的关系，必须建立流体流动中各能量间的关系。

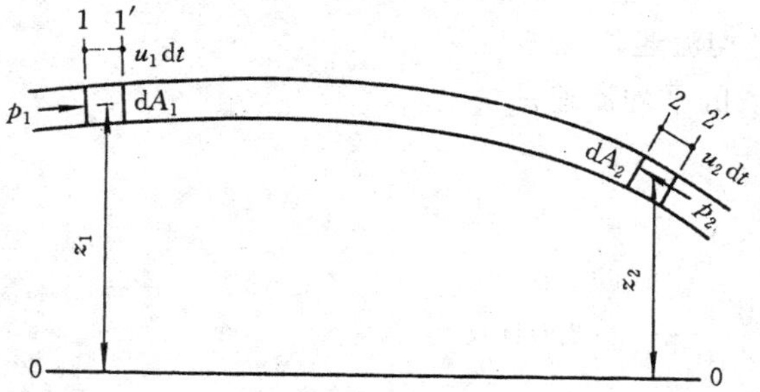

图 3-9　元流的能量方程

在恒定流中任取一段元流，并截取其中断面 1—1 与断面 2—2 之间的流束段为研究对象。流体从 1—1 断面流向 2—2 断面，图 3-9 所示。设断面 1—1 与断面 2—2 的微面积分别为 $\mathrm{d}A_1$ 和 $\mathrm{d}A_2$，在某一时刻，断面距某一基准面 0—0 的垂直距离分别为 z_1 与 z_2，两断面上压强分别为 p_1 与 p_2，断面上的流速分别为 u_1 与 u_2。如经过 $\mathrm{d}t$ 时，流束段由原来的 1—1 与 2—2 断面分别移到新的位置 1′—1′与 2′—2′。

现讨论所截取的流束段中能量的变化与外界作功的关系，即外界对流束段作功等于流束段机械能的变化。

1. 流束段表面力作功

在流束段侧表面上，在不考虑粘性力(剪切力)的情况下，由于压强的方向与流体运动的方向相垂直，侧表面压力不作功。作用在流束的两过流断面上的压力所作的功为

$$p_1 \mathrm{d}A_1 \mathrm{d}l_1 - p_2 \mathrm{d}A_2 \mathrm{d}l_2 = p_1 \mathrm{d}A_1 u_1 \mathrm{d}t - p_2 \mathrm{d}A_2 u_2 \mathrm{d}t$$

式中 $\mathrm{d}l_1, \mathrm{d}l_2$ 分别为两微断面单位时间移动的距离，它们分别等于 $u_1 \mathrm{d}t, u_2 \mathrm{d}t$，由连续性方程可得：

$$\mathrm{d}Q = u_1 \mathrm{d}A_1 = u_2 \mathrm{d}A_2$$

因此，可改写成：

$$p_1 \mathrm{d}A_1 \mathrm{d}l_1 - p_2 \mathrm{d}A_2 \mathrm{d}l_2 = (p_1 - p_2)\mathrm{d}Q\mathrm{d}t \tag{3-11(a)}$$

2. 动能的增量

流束段动能的增量为流束段移动前后的动能差。因为流动是恒定的，由断面 1′—1′ 与 2—2 之间的流动参数随时间是不变的，因此，动能的增量仅为断面 2—2 与 2′—2′间的动能减去断面 1—1 与 1′—1′间的动能，即：

$$\frac{1}{2}\rho \mathrm{d}A_2 \mathrm{d}l_2 u_2^2 - \frac{1}{2}\rho \mathrm{d}A_1 \mathrm{d}l_1 u_1^2 = \frac{1}{2}\rho(u_2^2 - u_1^2)\mathrm{d}Q\mathrm{d}t \tag{3-11(b)}$$

3. 位能的增量

位能增量计算方法与动能增量计算方法基本一致，其位能的变化为

$$\rho \mathrm{g} \mathrm{d}A_2 \mathrm{d}l_2 z_2 - \rho \mathrm{g} \mathrm{d}A_1 \mathrm{d}l_1 z_1 = \rho \mathrm{g}(z_2 - z_1)\mathrm{d}Q\mathrm{d}t \tag{3-11(c)}$$

由功能原理，外力所作的功等于动能与位能(机械能)的增量，即

式(3-11(a))=式(3-11(b))+式(3-11(c))

将等式两边除以 $\gamma \mathrm{d}Q\mathrm{d}t$(单位重量)，则

$$\frac{p_1}{\gamma} - \frac{p_2}{\gamma} = \frac{u_2^2}{2\mathrm{g}} - \frac{u_1^2}{2\mathrm{g}} + z_2 - z_1$$

或

$$z_1 + \frac{p_1}{\gamma} + \frac{u_1^2}{2\mathrm{g}} = z_2 + \frac{p_2}{\gamma} + \frac{u_2^2}{2\mathrm{g}} \tag{3-12}$$

式(3-12)为单位重量不可压缩恒定元流的能量方程。它反映恒定流中沿流各断面的能量关系，如将压力也作为能量的概念，则沿流各断面的位能 z，压能 $\frac{p}{\gamma}$ 和动能 $\frac{u^2}{2\mathrm{g}}$ 之和保持常数。因此，在恒定流中能量是守恒的并可相互转换的。

现以毕托管为例应用元流的能量方程。

在实际工程中，毕托管常用于测量流体或气体的流速，如图 3-10 所示，管前端开口 a 正对来流方向，a 端与 a′测压管相连；管侧面有多个小孔 b，一般为六个或四个，它与 b′测压管相通，但这两个管道是独立的。当测定流速时，a′b′两管测压管水面形成高差 h_v，根据该高差就可测定流速。其原理为：

当毕托管放人流体中，起初流体从端口 a 逐渐流入，并沿内部管道进入 a′测压管，水位逐步上升，直到静止，此时端口 a 的流体也处于静止，其压强为 P_a。同时流体也逐渐从孔口 b 处，沿内部管道徐徐流入，水位在 b′测压管中也逐渐上升直至停止，此时在毕托管的外部 b 孔口处的流速为来流流速 u，压强为 P_b，用一元流连接 a，b 两点，建立 a，b 两点的能量方程：

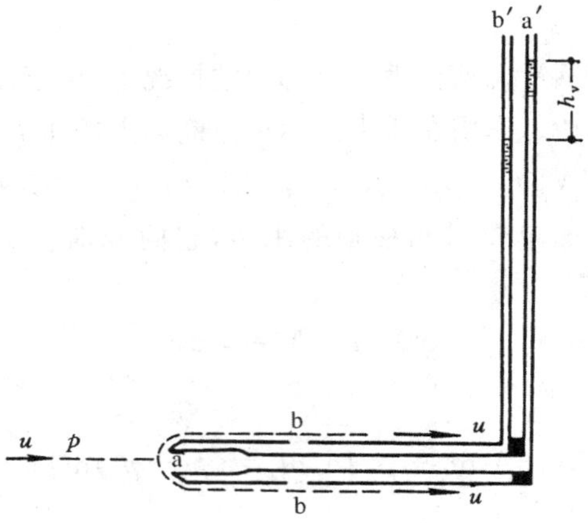

图 3-10　毕托管

$$\frac{p_a}{\gamma}+0=\frac{p_b}{\gamma}+\frac{u^2}{2g}$$

得出

$$u=\sqrt{2g\frac{p_a-p_b}{\gamma}}=\sqrt{2gh_v}$$

【例 3-4】 用毕托管测定水中的流速，侧得水柱高差为 $h_v=3\text{cm}$。

试求：(1) 水中的流速 u；

(2) 如用压差计读出压差为 0.003MPa，则流速为多少？

【解】 (1) $u=\sqrt{2gh_v}=0.767\text{m/s}$

(2) $u=\sqrt{2g\frac{p_a-p_b}{\gamma}}=\sqrt{2g\times\frac{0.003\times10^6}{9\,800}}=2.45\text{m/s}$

3.5　渐变流过流断面的压强分布规律

一、渐变流与急变流

在推导恒定总流的能量方程之前，必须了解流体流动中何谓渐变流、何谓急变流。渐变流顾名思义是流动参数变化比较缓慢的，这主要针对流体流速来讨论的，即流体质点运动速度沿流方向的变化比较缓慢的，其迁移加速度（位变加速度）很小，近似为零的；或者流场中流线近似平行直线。否则是急变流，见图 3-11。

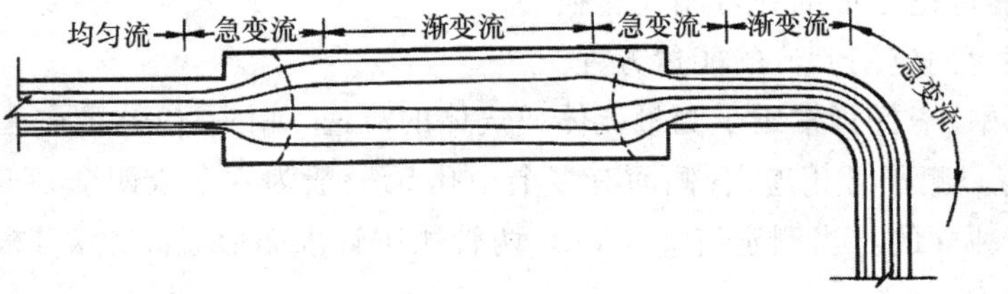

图 3-11　渐变流和急变流

显然，渐变流是从工程的近似角度来定义的一种流动，它是均匀流的近似，均匀流的一般性质，渐变流都近似成立。

二、渐变流过流断面上压强的分布规律

均匀流的特点是流线为平行的直线，其过流断面为一平面，在同一流线上流体质点的流速方向是一致的。在过流断面上，流体只受到重力和压力的作用，而没有由于流速方向的变化引起的向心力或离心力，因此，沿着过流断面上，流体的压强满足静止流体压强的规律分布，即

$$z+\frac{p}{\gamma}=C$$

式中，C 为常数。

而渐变流是近似的均匀流，均匀流的性质可近似地用到渐变流中，所以，渐变流过流断面上的压强分布满足静止流体的压强分布规律。由定义可知，渐变流是没有严格定义标准，流动是否能按渐变流处理，是以所得的结果能否满足工程要求的精度而定。

在急变流中，由于流场中流线的显著弯曲，产生向心力或离心力，其压强分布与流体静压强分布对比，沿离心力的方向压强有一附加的增量，如图 3-12 所示。这是明渠中，由于河床高低不平所造成的压强分布与静压强分布的区别。图中虚线为静压强分布，实线为实际压强的分布。

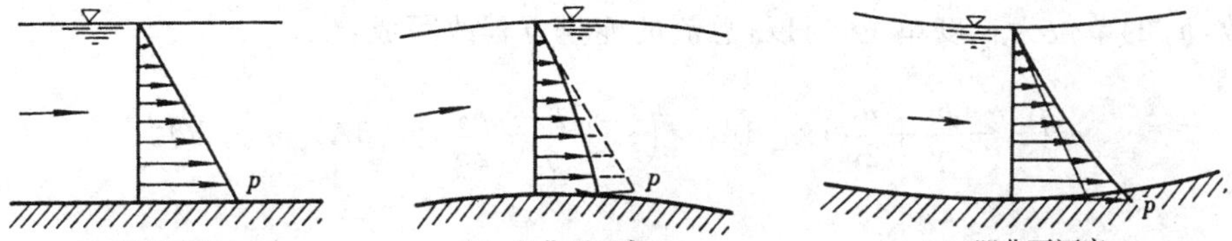

(a) 平直河床（虚实重合）　(b) 凸曲面河床（向心力与重力方向一致）　(c) 凹曲面河床（向心力与重力方向相反）

图 3-12　过流断面上压强分布

3.6　恒定总流的能量方程

设一恒定总流，过流断面 1—1，2—2 为渐变流断面，断面面积分别为 A_1，A_2。在总流中任取一元流，其过流断面的微元面积、位置高度、压强和流速分别为 dA_1，z_1，p_1，u_1；dA_2，z_2，p_2，u_2 参见图 3-13。

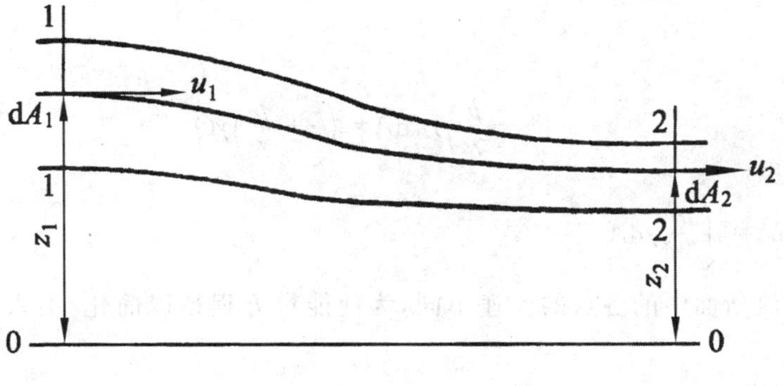

图 3-13　总流的能量方程

由元流的能量方程可得：

$$z_1+\frac{p_1}{\gamma}+\frac{u_1^2}{2g}=z_2+\frac{p_2}{\gamma}+\frac{u_2^2}{2g}$$

因元流能量方程是单位重量的能量方程，在研究总流的能量方程时，必须在等式两边同时乘以 γdQ，方程变为单位时间元流两过流断面的能量关系：

$$\left(z_1+\frac{p_1}{\gamma}+\frac{u_1^2}{2g}\right)\gamma dQ=\left(z_2+\frac{p_2}{\gamma}+\frac{u_2^2}{2g}\right)\gamma dQ$$

由连续性方程可得，元流的流量为常数，上式变为

$$\left(z_1+\frac{p_1}{\gamma}+\frac{u_1^2}{2g}\right)\gamma u_1 dA_1=\left(z_2+\frac{p_2}{\gamma}+\frac{u_2^2}{2g}\right)\gamma u_2 dA_2$$

总流是由无数元流组成的，上式对总流过流断面进行积分，便得到单位时间通过总流中两过流断面的总能量的关系，为使方程更有实际意义，在方程中引入能量损失的概念，设 h_w' 为单位重量流体由断面 1—1 运动至断面 2—2 的能量损失，其中包括流体粘性造成的损失，也包括两断面间由于各种其他原因如流速大小和方向的变化等造成的能量损失。为保持物理方程单位的一致，h_w' 的单位为长度单位，所以，总流的能量方程改写成：

$$\left(z_1+\frac{p_1}{\gamma}+\frac{u_1^2}{2g}\right)\gamma u_1 dA_1=\left(z_2+\frac{p_2}{\gamma}+\frac{u_2^2}{2g}\right)\gamma u_2 dA_2+h_w'\gamma dQ \tag{3-13}$$

积分得：

$$\begin{aligned}&\int_{A_1}\left(z_1+\frac{p_1}{\gamma}\right)\gamma u_1 dA_1+\int_{A_1}\left(\frac{u_1^2}{2g}\right)\gamma u_1 dA_1\\&=\int_{A_2}\left(z_2+\frac{p_2}{\gamma}\right)\gamma u_2 dA_2+\int_{A_2}\left(\frac{u_2^2}{2g}\right)\gamma u_2 dA_2+\int_Q h_w'\gamma dQ\end{aligned} \tag{3-14(a)}$$

下面分别确定三种类型的积分。

(1) $\int_A\left(z+\frac{p}{\gamma}\right)\gamma u\, dA$

因所取的过流断面是渐变流断面，其断面上压强分布满足静压分布，即 $z+\frac{p}{\gamma}=C$（常数），于是

$$\int_A\left(z+\frac{p}{\gamma}\right)\gamma u\, dA=\left(z+\frac{p}{\gamma}\right)\gamma Q \tag{3-14(b)}$$

(2) $\int_A\frac{u^2}{2g}\gamma u dA=\int_A\frac{u^3}{2g}\gamma dA$

恒定总流过流断面中的各点的流速不同，为使能量方程得以简化，引入动能修正系数 α，定义如下：

$$\alpha=\frac{\int_A\frac{u^3}{2g}dA}{\frac{v^3}{2g}A}=\frac{\int_A\frac{u^2}{2g}dQ}{\frac{v^2}{2g}Q}$$

则
$$\int_A \frac{u^2}{2g}\gamma u \mathrm{d}A=\alpha \frac{v^2}{2g}\gamma Q \tag{3-14(c)}$$

式中，α 值反映过流断面上的流速分布情况，如断面速度是均匀的，则 $\alpha=1$，一般情况，分布较均匀的流动 $\alpha=1.05\sim1.10$，有时为简便通常将 $\alpha=1$ 来计算。

(3) $\int_A h'_{\mathrm{w}}\gamma \mathrm{d}Q$

以上积分是单位时间总流由断面 1—1 至断面 2—2 的能量损失。为简便现定义 h_{w} 为总流的单位重量流体由断面 1—1 至断面 2—2 的平均能量损失，称总流的能量损失。

$$\int_A h'_{\mathrm{w}}\gamma \mathrm{d}Q=h_{\mathrm{w}}\gamma Q \tag{3-14(d)}$$

将式(3-13(b))，(c)，(d)代入式(3-13 (a))，

$$\left(z_1+\frac{p_1}{\gamma}\right)\gamma Q_1+\alpha_1\frac{v_1^2}{2g}\gamma Q_1=\left(z_2+\frac{p_2}{\gamma}\right)\gamma Q_2+\alpha_2\frac{v_2^2}{2g}\gamma Q_2+h_{\mathrm{w}}\gamma Q$$

由于两断面间无流量的流进和流出，$Q_1=Q_2=Q$，整理得：

$$z_1+\frac{p_1}{\gamma}+\alpha_1\frac{v_1^2}{2g}=z_2+\frac{p_2}{\gamma}+\alpha_2\frac{v_2^2}{2g}+h_{\mathrm{w}} \tag{3-15}$$

式(3-15)为实际流体恒定总流的能量方程。将元流的能量方程推广为总流的能量，其中引入了一些限制条件，也是恒定总流能量方程的适用条件，包括：恒定流、质量力仅为重力、不可压缩流体、以及所取的断面为渐变流断面和断面间无分流和汇流以及能量的输入和输出。

三、总流能量方程的物理意义和几何意义

总流的能量方程是断面间平均能量的关系，对所取的断面有限制，而对断面间的流动不作任何限制，断面间可能存在急变流，这些影响均在能量损失中考虑。下面分别讨论各项的意义：

z——单位重量流体过流断面所具有的位能、位置高度或位置水头，对于过流断面单独 z 无任何太多的意义，由于所取点不同其值也不同；

$\frac{p}{\gamma}$——单位重量流体过流断面所具有的压能(压强势能)、压强水头，与位能相同，单独的 $\frac{p}{\gamma}$ 意义也不是很大，由于所取点不同其值也不同；

$z+\frac{p}{\gamma}$——为总流单位重量流体在过流断面上的平均势能、测压管高度、测压管水头。由于总流的能量方程是建立在渐变流断面上，对于指定的渐变流断面其值(两者的和)是不变的。

$\alpha\frac{v^2}{2g}$——总流单位重量流体过流断面上的平均动能、平均流速水头；

h_{w}——总流两断面间单位重量流体平均的能量损失、水头损失。

要说明的是，位能的计算点和压能的计算点应一致，这是因为，在推导恒定总流的能量方程时，渐变流断面中位能和压能之和为常数，是作为整体从积分号内提出的。

3.7 恒定总流能量方程应用

能量方程是流体力学中最主要的方程之一，它与连续性方程联立，可计算总流断面的压强

和流速。在应用能量方程时，必须注意以下几点：

1. 断面的选取

在推导能量方程时，所取的断面必须为渐变流断面，否则其计算将复杂化。

2. 基准面的选取

基准面是计算位能（位置高度）的基础，在能量方程中，等式两边位能的基准面要一致。

3. 断面压强的计算

在渐变流断面上，压能与位能的和为常数，因此压强的计算点与位置的计算点要统一。一般给定断面的压强是指该断面形心点的压强。

4. 两断面间有分流或汇流的能量方程

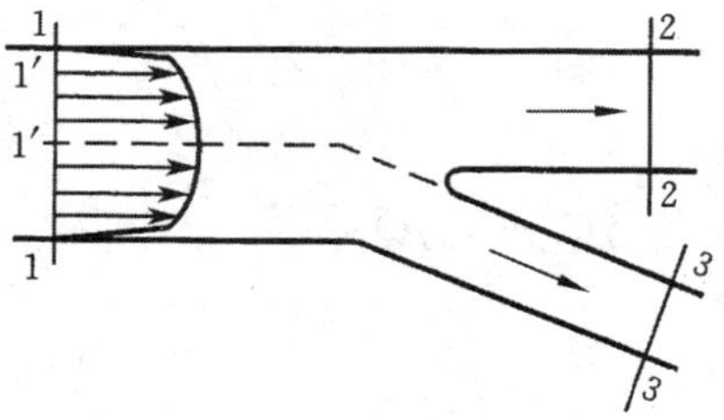

图 3-14　总流存在分流

总流的能量方程是在两过流断面间无分流或汇流的条件下导出的，而实际的管流中沿程也会有分流或汇流现象，这种情况下能量方程如何建立？总流的能量方程是建立两渐变流断面上单位重量能量的关系，沿程中分流或汇流不会改变单位重量能量的概念，因此，管流中沿程有分流或汇流情况下的能量方程与能量方程的基本形式是一致的，只是各断面间的能量损失的表达式不一致而已，如图 3-14 所示。

1—1 与 2—2 断面的能量方程为

$$z_1+\frac{p_1}{\gamma}+\alpha_1\frac{v_1^2}{2g}=z_2+\frac{p_2}{\gamma}+\alpha_2\frac{v_2^2}{2g}+h_{w1-2}$$

而 1—1 与 3—3 断面的能量方程为

$$z_1+\frac{p_1}{\gamma}+\alpha_1\frac{v_1^2}{2g}=z_3+\frac{p_3}{\gamma}+\alpha_3\frac{v_3^2}{2g}+h_{w1-3}$$

或以总能量的概念建立总流存在分流的能量方程。

$$\left(z_1+\frac{p_1}{\gamma}+\alpha_1\frac{v_1^2}{2g}\right)\gamma Q_1=\left(z_2+\frac{p_2}{\gamma}+\alpha_2\frac{v_2^2}{2g}\right)\gamma Q_2+$$

$$\left(z_3+\frac{p_3}{\gamma}+\alpha_3\frac{v_3^2}{2g}\right)\gamma Q_3+h_{w1-2}\gamma Q_2+h_{w1-3}\gamma Q_3$$

【例 3-5】 文丘利流量计。图 3-15 所示为文丘利流量计的示意图，它是直接安装在管道上测量流量的，它是由收缩段、喉部和扩散段组成。在收缩段前部与喉部分别安装一测压装置。在恒定流情况下，只要已知两断面的压差，即可根据理论推导得出管道中流量值。

在文丘利管的测压处取 1—1，2—2 断面，并认为是渐变流断面，基准面为一水平面，图中以 0—0 表示；假设流动过程中可忽略水头损失，并取 $\alpha_1=\alpha_2=1$，总流的能量方程为

$$z_1+\frac{p_1}{\gamma}+\frac{v_1^2}{2g}=z_2+\frac{p_2}{\gamma}+\frac{v_2^2}{2g}$$

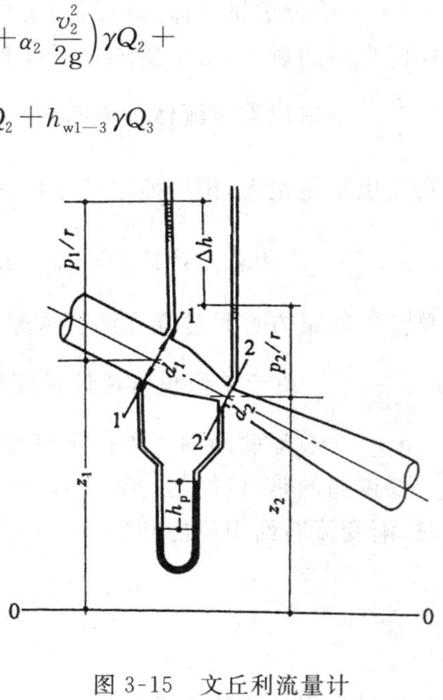

图 3-15　文丘利流量计

整理得：

$$\frac{v_2^2}{2g}-\frac{v_1^2}{2g}=\left(z_1+\frac{p_1}{\gamma}\right)-\left(z_2+\frac{p_2}{\gamma}\right)$$

由连续性方程：

$$v_1A_1=v_2A_2=\text{常数}$$

如已知两断面的测压管水头差为 Δh，联立能量方程和连续性方程得：

$$\left(\frac{d_1}{d_2}\right)^4\frac{v_1^2}{2g}-\frac{v_1^2}{2g}=\left(z_1+\frac{p_1}{\gamma}\right)-\left(z_2+\frac{p_2}{\gamma}\right)=\Delta h$$

则

$$v_1=\frac{1}{\sqrt{\left(\frac{d_1}{d_2}\right)^4-1}}\sqrt{2g\Delta h}$$

流量： $Q=v_1A_1=K\sqrt{\Delta h}$

式中，$K=\dfrac{\frac{1}{4}\pi d_1^2}{\sqrt{\left(\frac{d_1}{d_2}\right)^4-1}}\sqrt{2g}$，该数仅取决于文丘利管的几何尺寸及重力加速度，通常称为文丘利管系数。在实际应用文丘利流量计时，由于水头损失的忽略、渐变流的假设，实际值与理论结果有差异，需对理论计算式进行修正。在实际应用中，常用 U 形汞压差计来测量两断面的测压管水位差，其换算公式：

$$\Delta h=\frac{\gamma_{Hg}-\gamma}{\gamma}\cdot h_p$$

式中，γ_{Hg}，h_p 分别为汞的重度和 U 形汞压差计测压管的高差，γ 为流体的重度。

3.8 总水头线和测压管水头线

水头线是恒定总流各断面沿流能量变化的曲线，总水头是过流断面上单位重量三个能量之和，一般用 H 表示。以能量方程建立两断面总水头 H_1，H_2 的形式是：

$$H_2=H_1-h_{l1-2}$$

即每个过流断面的总水头是上游断面总水头减去两断面之间的水头损失。根据这一关系，从最上游断面起，沿流向依次减去水头损失，求得各断面的总水头，直至流动的结束。将这些总水头，直接点绘并连成的线为总水头线，图 3-16 所示。由能量方程可得，在无能量输入和输出的情况下，总水头线是沿水流逐渐下降的。测压管水头线是压能与位能之和点绘并连成的线，如以总水头线为基准，是同一断面总水头减去流速水头，根据这一关系，测压管水头线与总水头线之间相距流速水头。

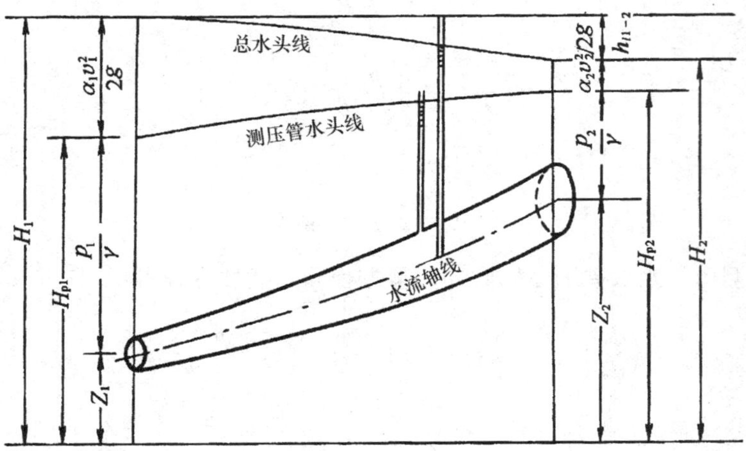

图 3-16　总水头线和测压管水头线

3.9　恒定总流的动量方程

总流的连续性方程和能量方程建立了流动中各参数之间的相互关系。要了解流体与固体的相互作用，如用能量方程解决上述方法，将流体与固体的相接触面压强分布对面积积分，似乎也能得到相互作用力，但是，计算过程将变得很复杂。为解决作用力问题，引入一考虑总体效果方法，即动量方程可以有效地解决此类问题。

总流的动量方程是连续性方程、能量方程之后的又一个积分形式的方程。它以动量原理为前提，即在被考虑的控制体中流体的动量变化等于外力的冲量。

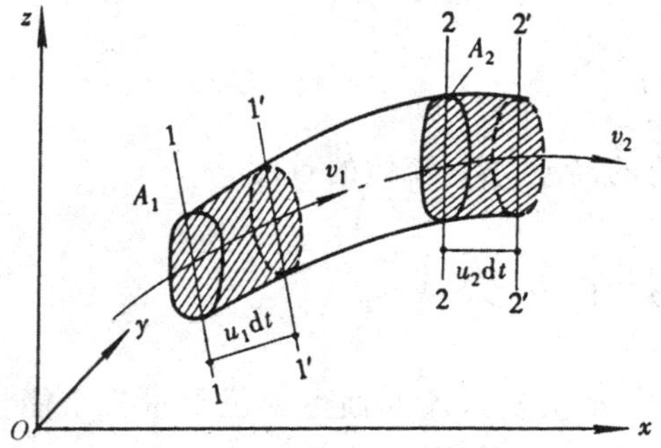

图 3-17　总流的动量方程

设在恒定总流中取过流断面 1—1，2—2 为渐变流断面，断面面积分别为 A_1，A_2，断面上的点速度分别为 u_1，u_2，以两断面及总流的侧表面所围成的空间为控制体。在外力的作用下，经过单位时间 dt，过流断面分别移到 1′—1′和 2′—2′。由于流体是不可压缩的恒定流，在断面 1′—1′，2—2 间的流体其动量保持不变，所以在单位时间内的动量增量实际上为 2—2 和 2′—2′断面间与 1—1 和 1′—1′断面间的动量差。图 3-17 所示，因此单位时间内的动量差为

$$\Delta m\boldsymbol{u}=\int_{A_2}\rho u\boldsymbol{u}\,\mathrm{d}A\mathrm{d}t-\int_{A_1}\rho u\boldsymbol{u}\,\mathrm{d}A\mathrm{d}t=\left(\int_{A_2}\rho u\boldsymbol{u}\,\mathrm{d}A-\int_{A_1}\rho u\boldsymbol{u}\,\mathrm{d}A\right)\mathrm{d}t$$

与能量方程一样，在动量方程中也可引入动量修正系数 β，定义如下：

$$\beta=\frac{\int_A u^2\mathrm{d}A}{v^2A}$$

动量修正系数 β 取决于流速分布的均匀程度，如流速分布是均匀的，则 $\beta=1$。流速分布越不均

匀，修正系数越大，实际工程中一般取 1.01～1.05 之间。因此，动量的增量为，$\Delta m\boldsymbol{u}=(\beta_2\boldsymbol{v}_2 v_2 A_2-\beta_1\boldsymbol{v}_1 v_1 A_1)\mathrm{d}t=(\beta_2\boldsymbol{v}-\beta_1\boldsymbol{v}_1)Q\mathrm{d}t$

由动量定律可得，控制体的动量变化等于外力的冲量，设控制体的外力为 $\sum \boldsymbol{F}$，冲量为 $\sum \boldsymbol{F}\mathrm{d}t$，所以，动量方程变为

$$\sum \boldsymbol{F}\mathrm{d}t=\rho\boldsymbol{Q}(\beta_2\boldsymbol{v}_2-\beta_1\boldsymbol{v}_1)\mathrm{d}t$$

即：

$$\sum \boldsymbol{F}=\rho\boldsymbol{Q}(\beta_2\boldsymbol{v}_2-\beta_1\boldsymbol{v}_1) \tag{3-16}$$

为计算方便，常将矢量型的动量方程变成分量型方程：

$$\begin{aligned}\sum F_x&=\rho Q(\beta_2 v_{2x}-\beta_1 v_{1x})\\ \sum F_y&=\rho Q(\beta_2 v_{2y}-\beta_1 v_{1y})\\ \sum F_z&=\rho Q(\beta_2 v_{2z}-\beta_1 v_{1z})\end{aligned} \tag{3-17}$$

在推导方程过程中并没有用到渐变流的概念，但在具体问题中计算断面压强的作用力时，要用到渐变流的概念，另外动量方程一般要与能量方程联合应用的，因此，渐变流概念是为能量方程及断面压力计算而设立的。动量方程是流体动力学中三大方程之一，应用时必须注意以下几点：

1. 动量方程是适用于恒定总流的渐变流断面，而断面之间的流动不作要求。

2. 动量方程是矢量方程，式中的作用力和速度均为矢量，即是有方向的物理量，在使用时，可用矢量型方程式(3-16)，也可用分量型方程式(3-17)。

3. 在推导恒定总流方程时，已定义了总流的进口和出口，即 1—1 断面为进口，2—2 断面为出口。因此，在方程中进口处的物理量前加一负号。

4. 方程中的外力包括：控制体的体积力、控制体表面的表面力。如问题不计重力，即忽略问题的体积力；表面力即为表面压强所产生的作用力，表面压强通常取相当压强。

5. 两断面间有分流或汇流的动量方程。

将动量方程(3-16)改写成如下形式：

$$\sum \boldsymbol{F}=\rho(\beta_2 Q_2\boldsymbol{v}_2-\beta_1 Q_1\boldsymbol{v}_1)$$

由于管流中有分流和汇流，其各个断面上流量不一致，因此，动量方程表示为：所有流出的动量减去所有流入的动量，其差值等于控制体所受到的所有的外力。如图 3-14 分流情况，其动量方程为

$$\sum \boldsymbol{F}=\rho(\beta_2 Q_2\boldsymbol{v}_2+\beta_3 Q_3\boldsymbol{v}_2-\beta_1 Q_1\boldsymbol{v}_1)$$

【例 3-6】 水流以速度 $v=5\mathrm{m/s}$ 流入直径 $d=10\mathrm{cm}$ 的 60°水平弯管，图 3-18 所示，弯管进口端的压强 $p=0.1\mathrm{at}$，如不计损失，求水流对弯管的作用力。

【解】 在弯管的前后端取 1—1 和 2—2 断面，先用连续性方程和能量方程求出出口端的压强。根据连续性方程，由断面面积一致可得，进出口流速相等，$v_1=v_2=5\mathrm{m/s}$。根据能量方程，由流速一致、位置高度不变可得，进出口的压强一致，即 $p_1=p_2=0.1\mathrm{at}$。

取控制体为 1—1 断面、2—2 断面和弯管的侧表面构成的体积，建立动量方程。

外力：(1)表面力

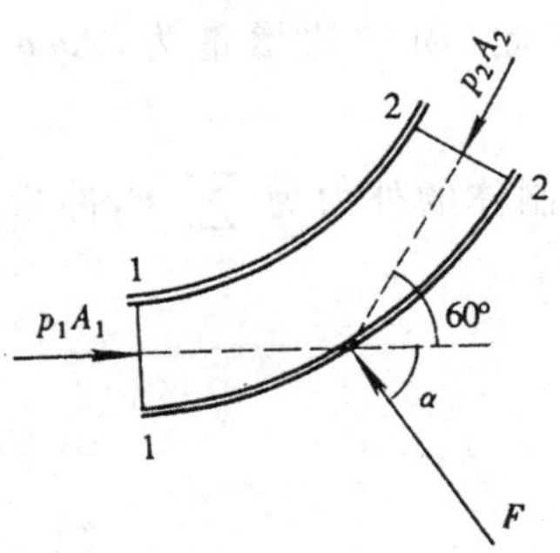

图 3-18　例 3-6 示意图

作用在控制体两断面的压力，$P_1=P_2=p_1A_1=77.1\text{N}$；方向垂直于作用面。

作用在弯管侧表面的力以 F 表示，F 与水平方向的夹角为 α，如图 3-18 所示。

(2) 体积力

由于弯管是水平放置的，重力在水平方向上不起作用。

根据动量方程：

$$\sum F_x=\rho Q(\beta_2 v_{2x}-\beta_1 v_{1x})$$

$$\sum F_y=\rho Q(\beta_2 v_{2y}-\beta_1 v_{1y})$$

忽略动量修正系数的影响得：

$$P_1-P_2\cos60^\circ-F\cos60^\circ=\rho Q(v_2\cos60^\circ-v_1)$$

$$F\sin\alpha-P_2\sin60^\circ=\rho Qv_2\sin60^\circ$$

联立解得：$F=272\text{N}$，$\alpha=60^\circ$。

水流的作用力与 F 大小相等，方向相反。

【例 3-7】 水由水箱经一喷口无损失地水平射出，冲击在一块铅直平板上，平板封盖着另一油箱的短管出口。两个出口的中心线重合，其液位高分别为 h_1 和 h_2，且 $h_1=1.6\text{m}$，两出口直径分别为 $d_1=25\text{mm}$，$d_2=50\text{mm}$，图 3-19 所示。当油液的相对密度为 0.8 时，不使油液泄漏的高度 h_2 应是多大(平板重量不计)？

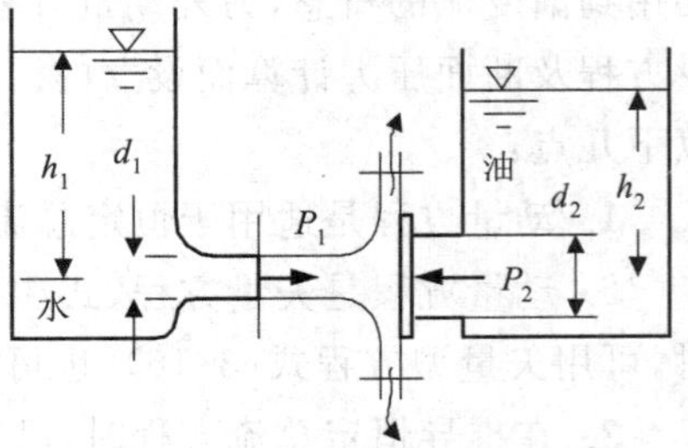

图 3-19　例 3-7 示意图

【解】 建立水箱液面与喷口的能量方程，按照题意有：$h_1=\dfrac{V_1^2}{2g}$

则水射流的速度：$V_1=\sqrt{2gh_1}$

取图示射流边界为控制体，根据动量原理，平板对射流的作用力：

$$R=\rho QV_1=\rho V_1^2A_1=\rho\times 2gh_1A_1=2\gamma h_1\frac{\pi d_1^2}{4}$$

此力即为射流对平板的作用力 P_1，此外，平板另一侧所受到的静止油液的总压力为 P_2，为保持平板对油箱短管的密封作用，须使平板在水平方向保持静止状态，根据水平方向力的作用情况，则有 $P_1\geqslant P_2$

由静止油液的总压力：$P_2=g\rho_2h_2A_2=0.8\rho gh_2\dfrac{\pi d_2^2}{4}$

则：$2\rho gh_1\times\dfrac{\pi d_1^2}{4}\geqslant 0.8\rho gh_2\times\dfrac{\pi d_2^2}{4}\rightarrow h_2\leqslant 1\text{m}$。

【例 3-8】 图 3-20(a)所示为平板闸下出流，已知闸门上游水深 H，闸宽 b 和流量 Q，试求当水流对闸门作用力最大时，闸门下游的水深 h_c。

【解】 取渐变流断面 1—1 和 C—C 以及水流边界所包围的封闭体为讨论的控制体，图 3-20(b)所示，受力分析：只讨论水平方向上作用力，作用在封闭体面上的力有渐变流断面上压力 P_1，P_c，闸门对水流的作用力 R'。

在 x 方向上(水平方向)建立动量方程：

$$P_1 - P_c - R' = \rho Q(v_2 - v_1)$$

式中，$v_1 = \dfrac{Q}{bH}$，$v_2 = \dfrac{Q}{bh_c}$(连续性方程)：

$$P_1 = p_{1c} A_1 = \frac{1}{2}\gamma HbH = \frac{1}{2}\gamma bH^2 \text{(渐变流断面压力满足静压分布)}$$

同理，

$$P_c = \frac{1}{2}\gamma bh_c^2$$

整理后得：

$$R' = \frac{1}{2}\gamma b(H^2 - h_c^2) - \frac{\rho Q^2}{b}\left(\frac{1}{h_c} - \frac{1}{H}\right)$$

令

$$\frac{dR'}{dh_c} = -\gamma bh_c + \frac{\rho Q^2}{bh_c^2} = 0$$

当 $h_c = \sqrt[3]{\dfrac{Q^2}{gb^2}}$ 时，作用力 $R'(R)$ 最大。

水流对闸门的作用力 R 与 R' 为一对作用力。

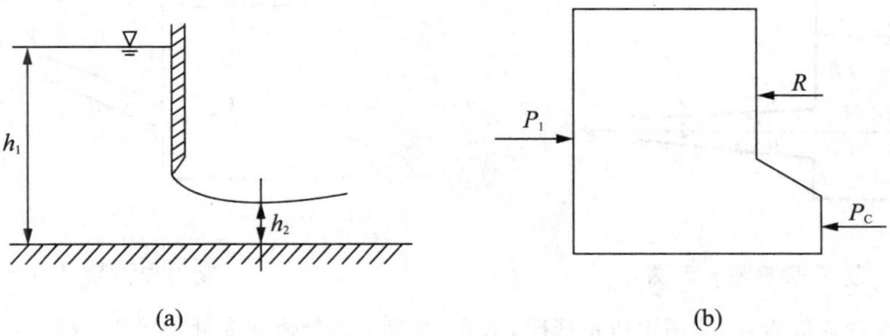

图 3-20　例 3-8 图

学习指导

本章主要讨论流体运动规律及产生运动的原因，并着重介绍三大方程——连续性方程、能量方程和动量方程。阅读时，要注意以下几点：

1. 描述流体运动的两种方法：欧拉法和拉格朗日法。在流体力学中基本采用欧拉法。要理解两种方法异同处，如拉格朗日法是以流体质点为考察对象，流体质点的坐标或轨迹(x，y，z)是起始位置坐标(a，b，c)和时间 t 的函数；欧拉法是研究不同质点在通过固定空间点的运动情况，其运动参数是空间位置坐标(x，y，z)和时间 t 的函数。

2. 要明确区分：恒定流与非恒定流、均匀流与非均匀流、渐变流与非渐变流、元流与总流等概念。

3. 连续性方程是质量守恒在流体力学中的具体形式，它不涉及到力的影响，因此该方程在理想流体和粘性流体中均可使用。

4. 总流的能量方程的推导过程要理解，为何在推导过程中要引入渐变流的概念，其中每一项的物理意义要理解。在应用方程求解问题时，特别注意的是，方程中压能与位能是作为一整体的。

5. 正确分析外力是应用动量方程的先决条件，所有外力是指作用在所取的总流段隔离体上的一切作用力，包括质量力和表面力。应用方程求解问题时，首先建立坐标系，取出隔离体，表出所有外力和断面上的流速。对于未知量如作用力，可先假设一个方向，如解出的结果为正值，则说明假设方向为正确，如为负值，则表示方向与假设的相反。

复习思考题

3-1　比较拉格朗日法和欧拉法，两种方法及其数学表达式有何不同？

3-2　沿河流设置水文站，观测洪水的运行。这种研究流体运动的方法属于欧拉法还是拉格朗日法？举例说明欧拉法的实际例子。

3-3　什么是流线？流线有哪些主要性质？流线和迹线有无重合的情况？

3-4　恒定流和非恒定流、均匀流和非均匀流、渐变流和急变流，各种流动分类的原则是什么？试举出具体的例子？

3-5　(1) 在流体力学中为何要引入渐变流的概念？

(2) 图示为渐变流段，有哪些点可列出公式 $z_1+\frac{p_1}{2g}=z_2+\frac{p_2}{2g}$，为什么？

(3) a 和 b 两点，b 和 c 两点的压强是否相等？为什么？

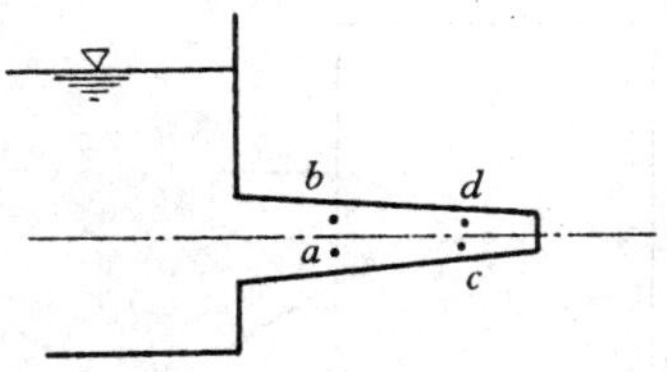

复习思考题 3-5 图

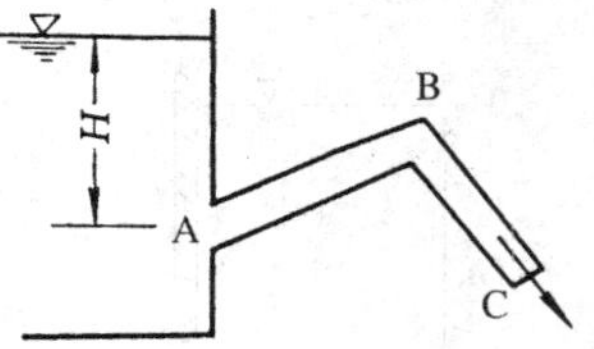

复习思考题 3-6 图

3-6　图示弯管为等直径，按图中所示情况，试问：水流由低处流向高处的 AB 管段中，断面平均流速是否会沿程减小？在由高处流向低处的 BC 管段中，断面平均流速是否会沿程增大？为何？

3-7　图(a)，(b)，(c) 中所示各断面，哪些断面相互之间个通过总流能量方程求解？哪些不行？原因何在？

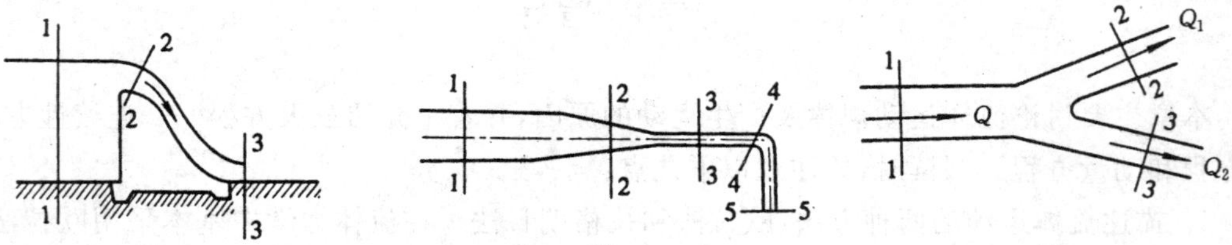

(a)　(b)　(c)

复习思考题 3-7 图

3-8　总流连续性方程 $v_1A_1=v_2A_2$ 的物理意义是什么？

3-9　图示管道为输水管道，水箱的水位保持不变。试问：(1) A 点的压强能否比 B 点低？(2) C 点的压强能否比 D 点低？(3) E 点的压强能否比 F 点低？

3-10　测压管中的液柱上升高度 h 可表示测压管底部 a 点的静压强 $p_a=\gamma h$。为何这也可用来表示运动流体中 b 点的压强 $p_b=\gamma h$？(a，b 两点在几何上是同一点)

3-11　图示为装有文丘利管的倾斜管路，通过的流量保持不变。文丘利管的入口及喉部与汞压差计连接，其读数为 h_m。试问，当管路改变倾斜角度时，其读数 h_m 是否会变？

3-12　图示为类似文丘利管路，当管中的流量为 Q 时，观察到点处的玻璃管中的水柱高度为 h。试问，当

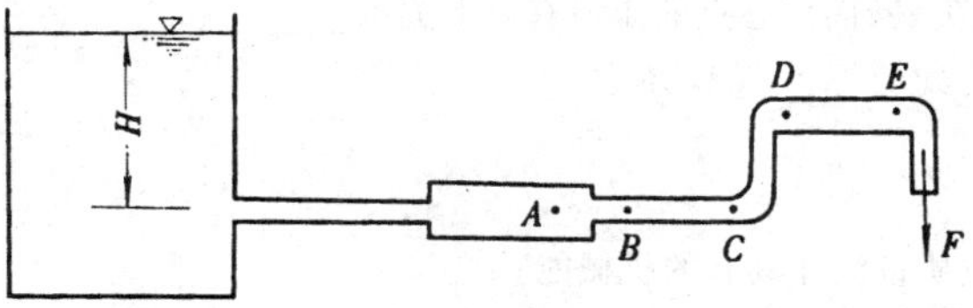

复习思考题 3-9 图

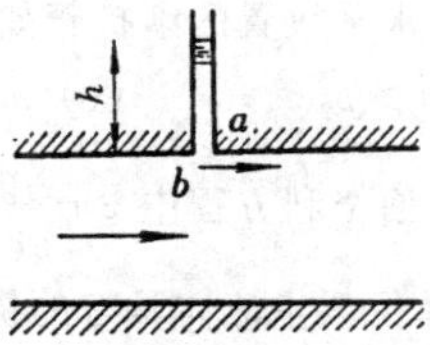

复习思考题 3-10 图

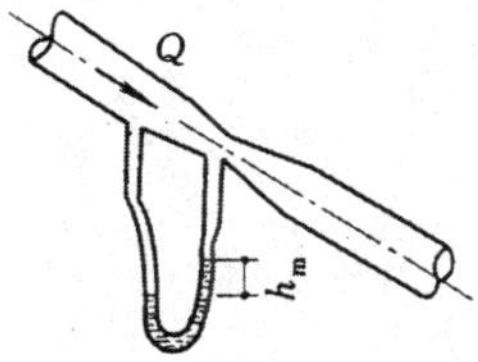

复习思考题 3-11 图

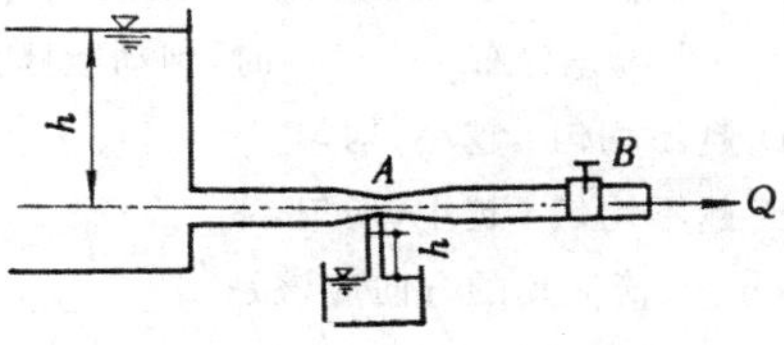

复习思考题 3-12 图

改变阀门的开启度使管中的流量增大或减小，玻璃管中水位 h 会发生什么现象？

3-13 在对动量发生变化的流段进行受力分析时，流段两段断面上的压力和应该用绝对压强还是用相对压强？

习 题

一、选择题(单选题)

3-1 恒定流是________。

(a) 流动随时间按一定规律变化 (b) 流场中各空间点的运动参数不随时间变化

(c) 各过流断面的速度分布相同 (d) 各过流断面的压强相同

3-2 非恒定流是________。

(a) $\frac{\partial u}{\partial t}=0$ (b) $\frac{\partial u}{\partial t}\neq 0$ (c) $\frac{\partial u}{\partial S}=0$ (d) $\frac{\partial u}{\partial S}\neq 0$

3-3 渐变流是________。

(a) 过流断面上速度均匀分布的流动 (b) 流线近于平等直线的流动

(c) 速度不随时间变化的流动 (d) 沿程各断面流量相同的流动

3-4 变直径管的直径 $d_1=320\text{mm}$，$d_2=160\text{mm}$，流速 $v_1=1.5\text{m/s}$，v_2 为________。

(a) 3m/s (b) 4m/s (c) 6m/s (d) 9m/s

3-5 如图所示，一等直径水管，A—A 为过流断面，B—B 为水平面，1，2，3，4 为面上各点，各点的运动参数有以下关系________。

(a) $p_1=p_2$ (b) $p_3=p_4$

(c) $z_1+\frac{p_1}{\rho g}=z_2+\frac{p_2}{\rho g}$ (d) $z_3+\frac{p_3}{\rho g}=z_4+\frac{p_4}{\rho g}$

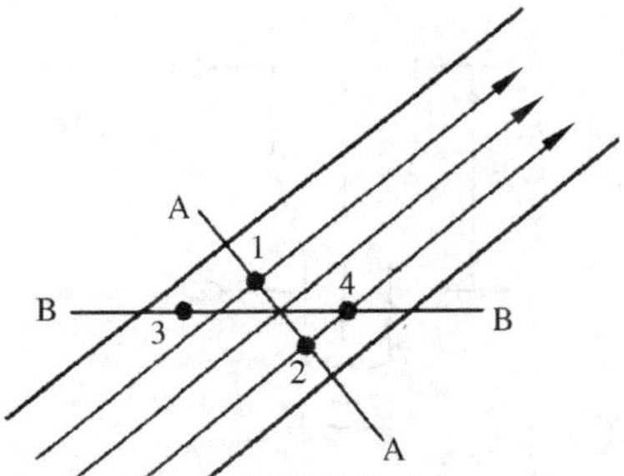

习题 3-5

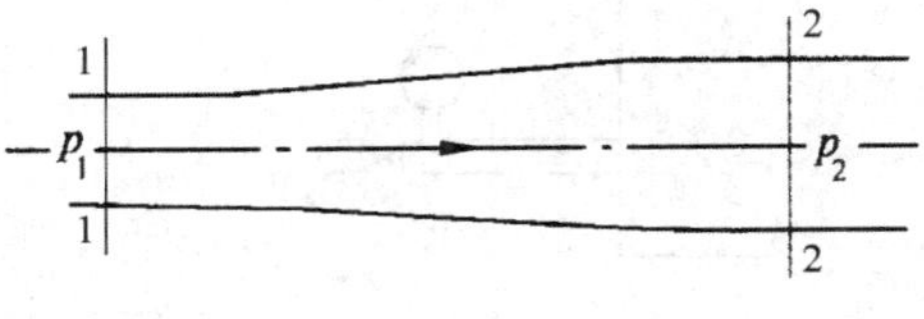

习题 3-6

3-6　水平放置的渐扩管如图所示，若忽略水头损失，断面形心点的压强有以下关系________。

(a) $p_1 > p_2$　　(b) $p_1 = p_2$　　(c) $p_1 < p_2$　　(d) 不定。

3-7　伯努利方程中 $z+\frac{p}{\rho g}+\frac{\alpha v^2}{2g}$ 表示________。

(a) 单位重量流体具有的机械能　　(b) 单位质量流体具有的机械能

(c) 单位体积流体具有的机械能　　(d) 通过过流断面流体的总机械能

3-8　动能修正系数是反映过流断面上实际流速分布不均匀性的系数，流速分布________，系数值________；当流速分布________时，则动能修正系数的值接近于________。

(a) 越不均匀，越小；均匀，1　　(b) 越均匀，越小；均匀，1

(c) 越不均匀，越小；均匀，零　　(d) 越均匀，越小；均匀，零

3-9　水流流动的方向应该是________。

(a) 从高处向低处流

(b) 从压强大处向压强小处流

(c) 从流速大的地方向流速小的地方流

(d) 从单位重量流体机械能高的地方向低的地方流

3-10　粘性流体总水头线沿程的变化是________。

(a) 沿程下降　　(b) 沿程上升

(c) 保持水平　　(d) 前三种情况都有可能

3-11　粘性流体测压管水头线的沿程变化是________。

(a) 沿程下降　　(b) 沿程上升

(c) 保持水平　　(d) 前三种情况都有可能

3-12　理想流体流经管道突然放大断面时，其测压管水头线__________。

(a) 只可能上升　　(b) 只可能下降

(c) 只可能水平　　(d) 以上三种情况均有可能

二、计算题

3-1　已知流场 $u_x=2t+2x+2y$，$u_y=t-y+z$，$u_z=t+x-z$。求流场中点(1,2,3)在 $t=3$ 时的加速度(m/s^2)。

3-2　已知流速场 $u_x=xy^2$，$u_y=-\frac{1}{3}y^3$，$u_z=xy$，试求：

(1) 点(1,2,3)的加速度；　(2) 是恒定流还是非恒定流？

3-3　三段管路串联，直径分别为 $d_1=100$mm，$d_2=50$mm 和 $d_3=25$mm，已知断面 3—3 流速 $v_3=10$m/s，求：v_1，v_2 和 Q。

3-4　如图所示，水管直径 50mm，末端的阀门关闭时，压力表读值为 21kN/m²，阀门打开后读值降至 5.5kN/m²，若不计水头损失，试求通过的流量。

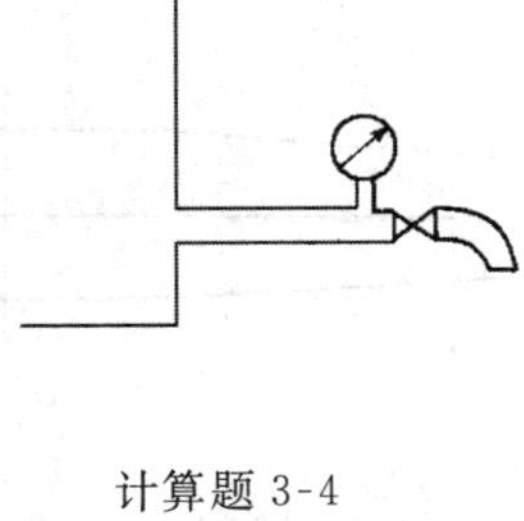

计算题 3-4

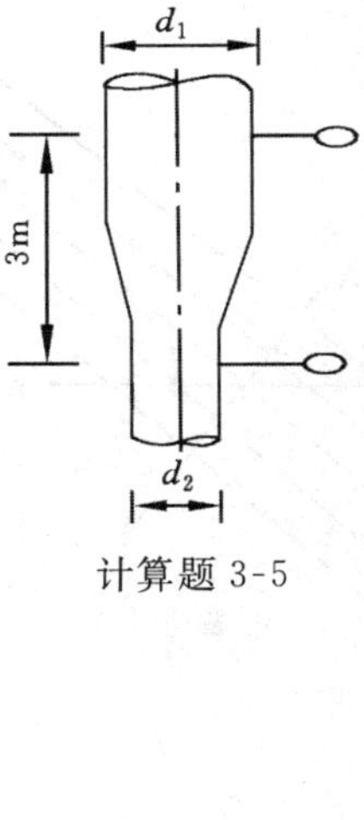

计算题 3-5

3-5　如图所示，水在变直径竖管中流动，已知粗管直径 $d_1=300\text{mm}$，流速 $v_1=6\text{m/s}$。为使两断面的压力表读值相同，试求细管直径（水头损失不计）。

3-6　如图所示，一变直径的管段 AB，$d_A=0.2\text{m}$，$d_B=0.4\text{m}$，高差 $\Delta h=1.5\text{m}$，测得 $P_A=30\text{kN/m}^2$，$P_B=40\text{kN/m}^2$，B 处断面平均流速 $v_B=1.5\text{m/s}$。试判断水在管中的流动方向。

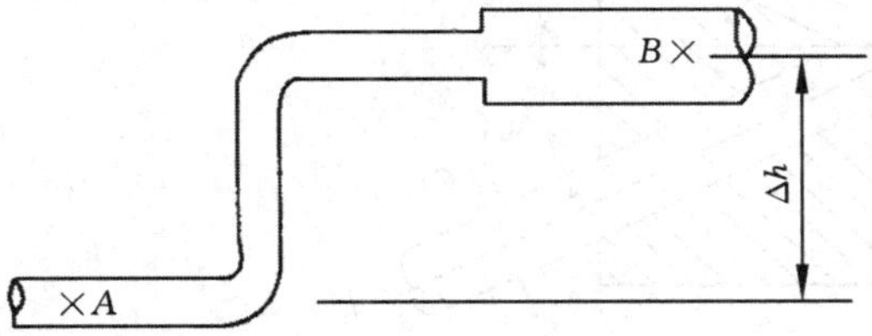

计算题 3-6

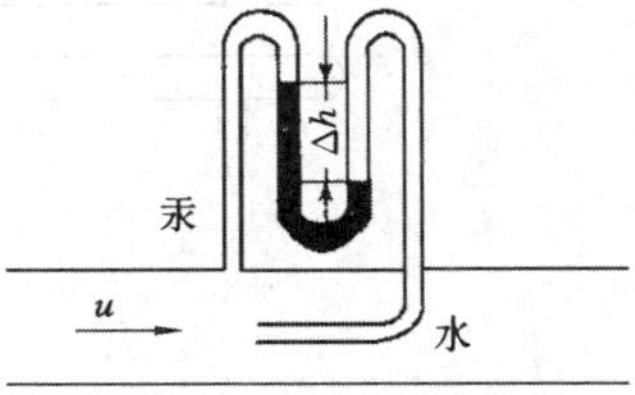

计算题 3-7

3-7　如图所示，用皮托管原理测量水管中的某点流速 u，若读值为 $\Delta h=60\text{mm}$，试求该点的流速。

3-8　如图所示，离心式通风机用集流器 A 从大气中吸入空气。在直径 $d=200\text{mm}$ 处，接一根细玻璃管，管的下端插入水槽中。已知管中的水上升 $H=150\text{mm}$，试求每秒吸入的空气量 Q（空气的密度 ρ 为 1.29kg/m^3）。

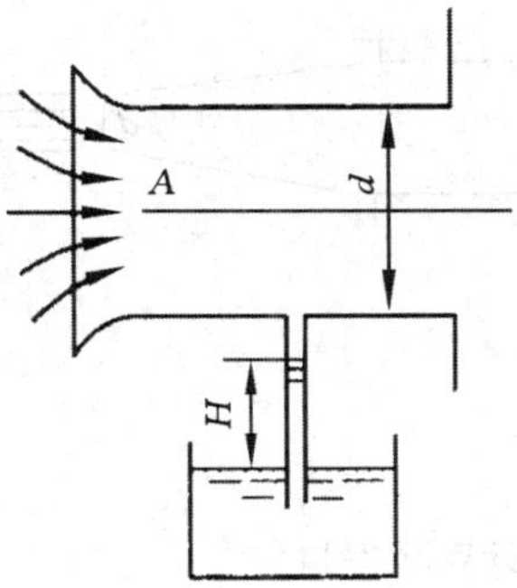

计算题 3-8

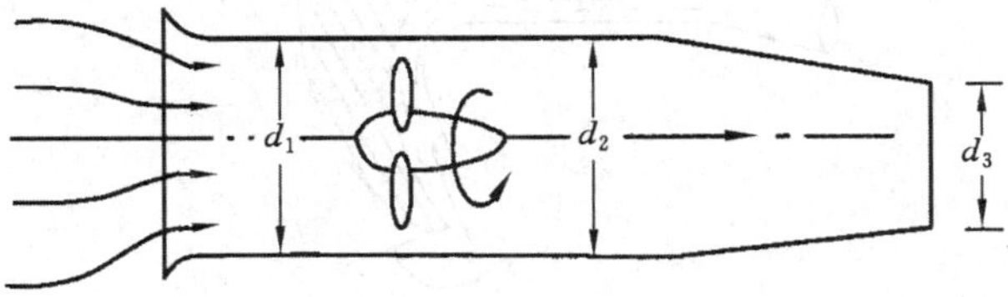

计算题 3-9

3-9　如图所示，一吹风装置，进、排风口都直通大气，管径 $d_1=d_2=1\text{m}$，$d_3=0.5\text{m}$。已知排风口风速 $v_3=40\text{m/s}$，空气的密度 $\rho=1.29\text{kg/m}^3$，不计压强损失。试求风扇前、后的压强 p_1 和 p_2。

3-10　图示为圆形水管，如果取图中的 0—0 面为基准面。已知流速 $v_A=8\text{m/s}$，直径 $d_A=50\text{mm}$，$d_B=100\text{mm}$，A，B 两点的位置高度分别为 $z_A=20\text{cm}$，$z_B=150\text{cm}$，同时量得断面出测压管水面高程（以 0—0 面为基准面）为 220cm。略去水头损失，试求 A 断面处压强。

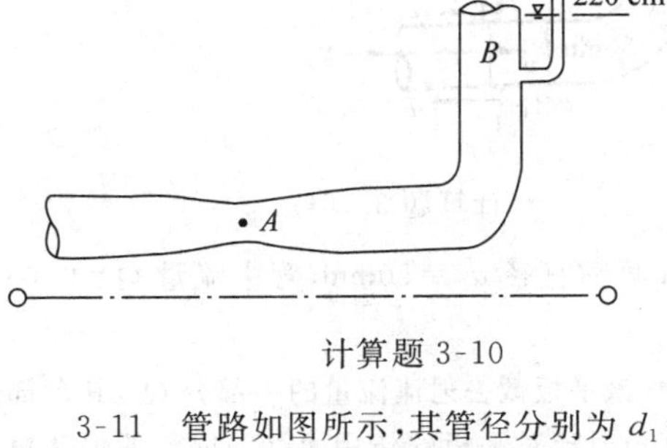

计算题 3-10

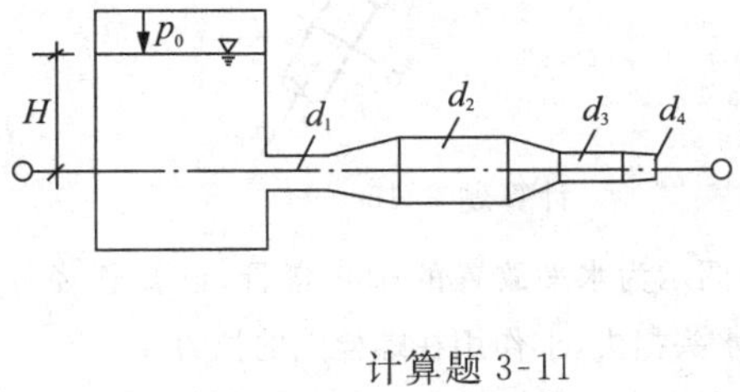

计算题 3-11

3-11　管路如图所示，其管径分别为 $d_1=100\text{mm}$，$d_2=150\text{mm}$，$d_A=125\text{mm}$，$d_4=75\text{mm}$。绝对压强 $p_0=245\text{kPa}$，$H=5\text{m}$，略去水头损失，求通过管路的流量 Q，并绘制测压管水头线。

3-12　图示水平放置的分叉管路，干管直径 $d_1=600\text{mm}$，支管直径 $d_2=400\text{mm}$，$\alpha=30°$，干管流量 $Q=0.5\text{m}^3/\text{s}$，压力表读数 $p=70\text{kPa}$，略去分叉段的水头损失，试计算墩座所受的水平推力。

3-13　图示为一自由水射流，以速度 19.8m/s 从 $d=100\text{mm}$ 的喷口射出，冲击一固定的对称叶片，叶片

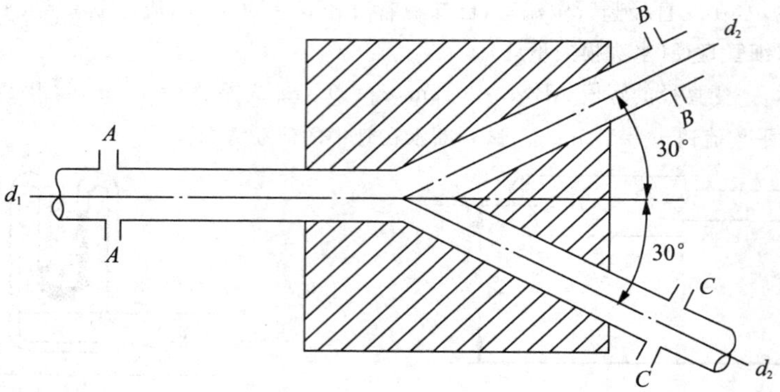

计算题 3-12

的转角 $\alpha=135°$。试求(1)射流对叶片的冲击力;(2)若叶片以 12m/s 的速度后退,而喷口仍固定不动,冲击力将多大。

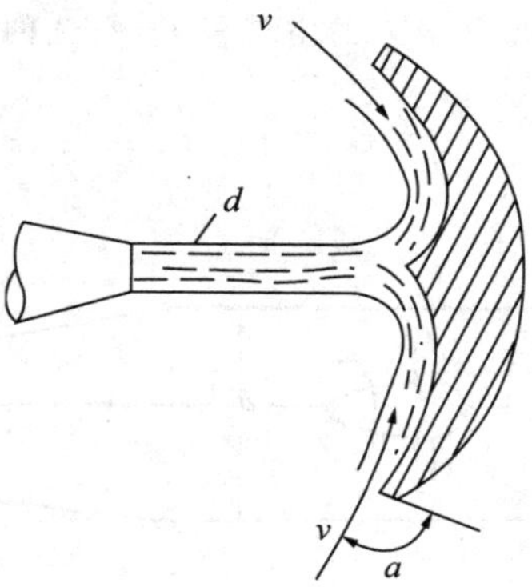

计算题 3-13

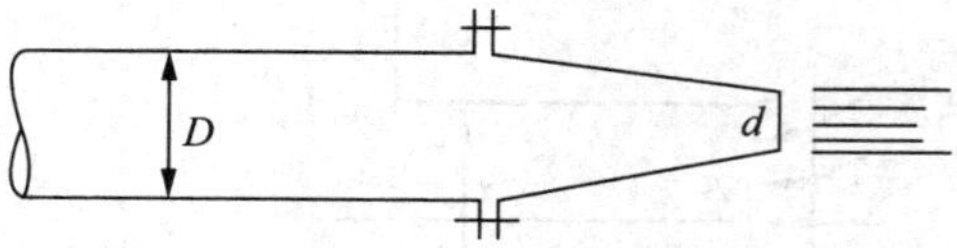

计算题 3-14

3-14 图示为消防管路及喷嘴,管路直径 $D=200$mm,喷嘴出口直径 $d=50$mm,喷嘴和管路通过法兰盘用四个螺栓连接。略去水头损失,当流量 $Q=0.1\text{m}^3/\text{s}$ 时,试求每个螺栓上所受的拉力。

3-15 图示为一平面上的弯管,已知 $d_A=250$mm,$d_B=200$mm,A—A 断面上的相对压强 $p_A=176.6$kPa,管中的流量 $Q=0.12\text{m}^3/\text{s}$,转角 $\theta=60°$。忽略水头损失,试求弯管所受的作用力。

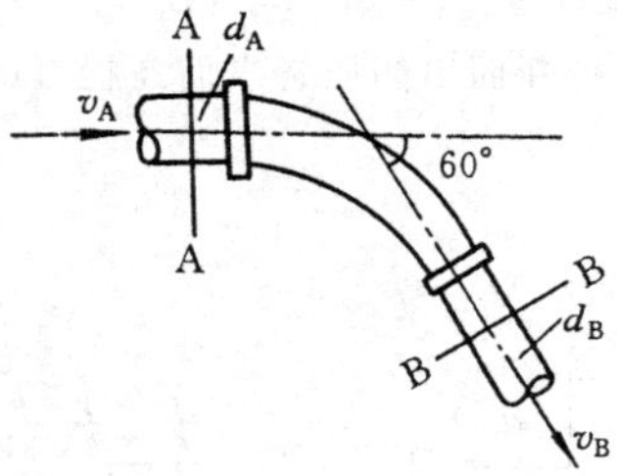

计算题 3-15

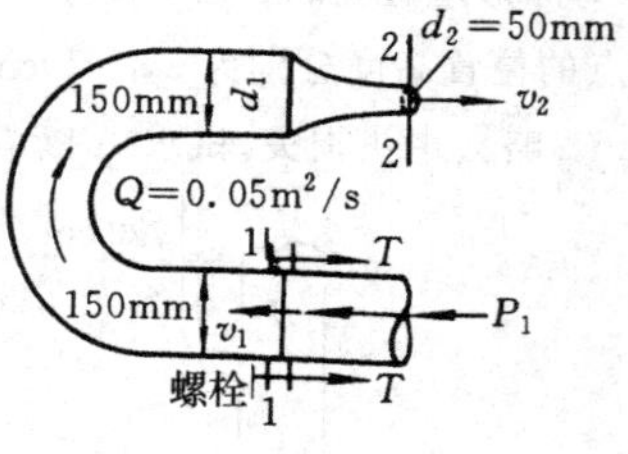

计算题 3-16

3-16 图示为水平放置的 180°弯管,已知管径 $d_1=150$mm 喷嘴直径 $d_2=50$mm,管中流量 $Q=0.05\text{m}^3/\text{s}$,忽略水头损失,求作用在螺栓上的拉力 T。

3-17 图示为一平板放置在自由射流中并垂直于射流的轴线,该平板截去射流流量的一部分 Q_1,其余部分偏转一角度 θ。已知 $v=30$m/s,$Q=36$L/s,$Q_1=12$L/s。试求:(1)射流对平板的作用力;(2)射流的偏转角 θ。(不计阻力)

3-18 图示为水平面上的自由水射流,向倾斜放置的光滑平板上喷射,倾斜角为 θ。若不计重力作用和忽略水头损失,试求 Q_1,Q_2 与 Q_0 的关系。

3-19 如图所示,矩形断面的平底渠道,其宽度 $B=2.7$m,渠底在某断面处抬高 0.5m,抬高前水深为

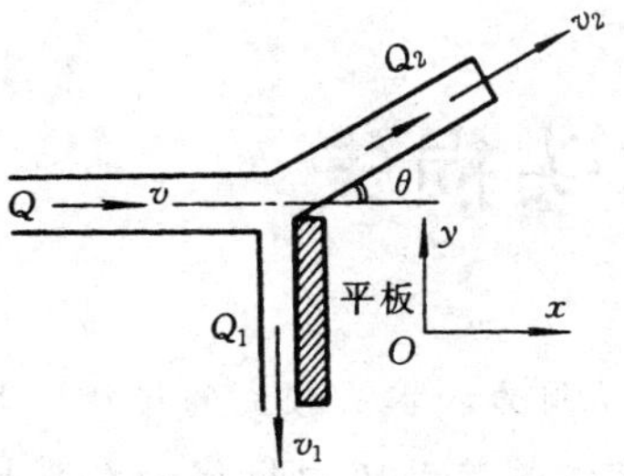

计算题 3-17

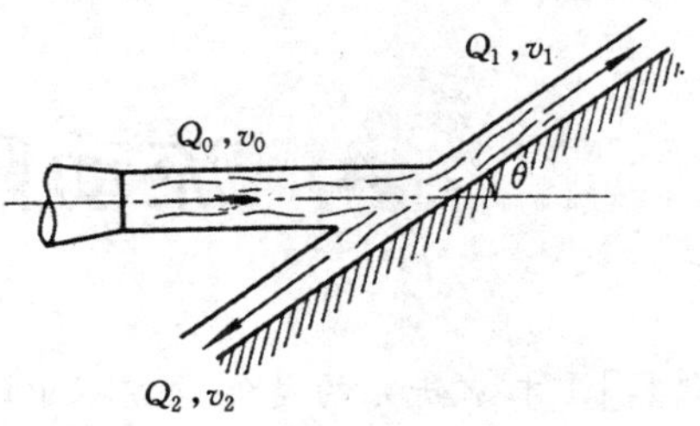

计算题 3-18

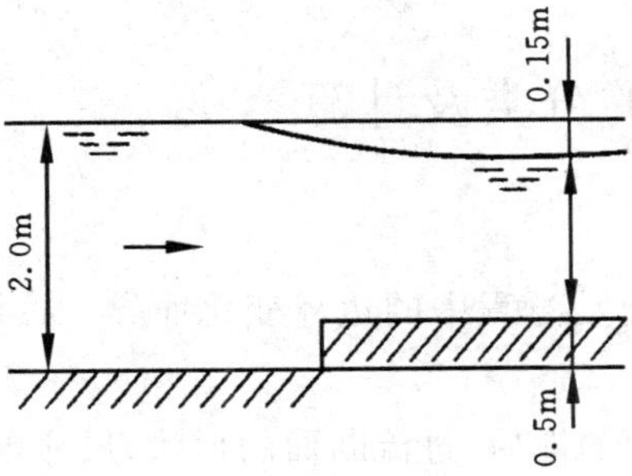

计算题 3-19

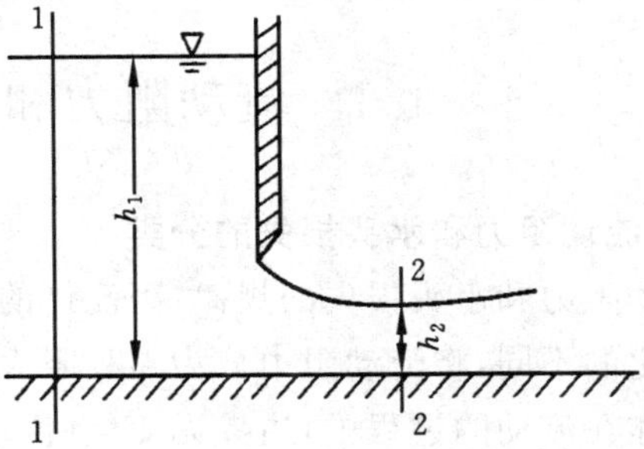

计算题 3-20

2m，抬高后的水面降低 0.15m，若忽略边壁和底部阻力。试求：

(1) 渠道的流量；(2) 水流对底坎的推力 R。

3-20　如图所示，平板闸门宽 $b=2\text{m}$，闸前水深 $h_1=4\text{m}$，闸后水深 $h_2=0.5\text{m}$，若不计摩擦阻力。试求水流对闸门的作用力，并与按静水压强分布计算的结果相比较。

4　流动阻力和水头损失

［内容提要］　本章研究的是能量方程中的能量损失即流动阻力和水头损失的规律。其要点是实际流体流动的两种流态——层流和紊流，不同流态下流体的流动阻力规律和水头损失的计算方法，以及边界层、边界层分离与绕流阻力的概念。

4.1　流动阻力和水头损失的分类及计算

一、流动阻力和水头损失的分类

流动阻力和水头损失的规律，因流体的流动状态和流动过程中的边界变化而异。按流动边界变化的不同，将流动阻力分为沿程阻力和局部阻力。

流体在流动的过程中，边界无变化(流动的方向、壁面的性质、过流断面的形状、尺寸等)的均匀流流段上，产生的流动阻力称为沿程阻力，或称为摩擦阻力。沿程阻力的影响造成流体流动过程中能量的损失，称为沿程阻力损失或水头损失。沿程阻力均匀地分布在整个均匀流流段上，与管段的长度成正比，一般用 h_f 表示。

另一类阻力，是发生在流动边界有急变的流域中，能量的损失主要集中在该流域及其附近流域，这种集中发生的能量损失称为局部阻力或局部损失，由局部阻力造成的水头损失称为局部水头损失。这种阻力通常发生在管道的进出口、变截面管道、管道的连接处等部位，一般用 h_j 表示。

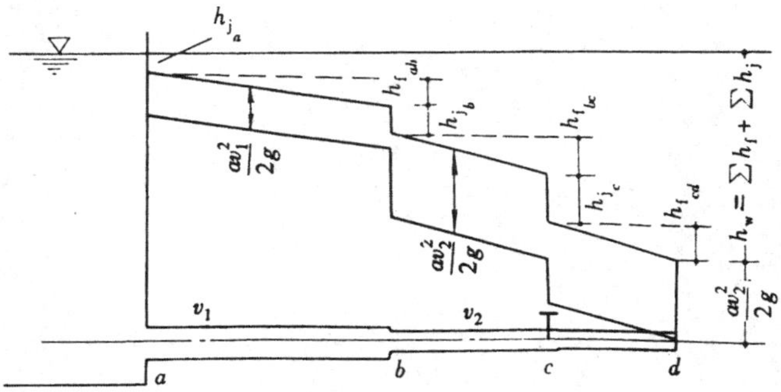

图 4-1　沿程损失和局部损失

如图 4-1 所示的管道流动，其中 ab，bc，cd 各段只有沿程阻力，h_{lab}，h_{lbc}，h_{lcd} 是各段的沿程水头损失；管道入口、管截面突变及阀门处产生的局部水头损失，h_{ja}，h_{jb}，h_{jc} 是各处的局部水头损失。整个管道的水头损失 h_w 等于各段的沿程损失和各处的局部损失的总和。

$$h_w=\sum h_f+\sum h_j$$

二、水头损失的计算公式

沿程阻力损失的计算公式：

$$h_f=\lambda\frac{l}{d}\frac{v^2}{2g} \tag{4-1}$$

局部阻力损失的计算公式：

$$h_f = \zeta \frac{v^2}{2g} \tag{4-2}$$

式中 l——管长；

d——管径；

v——断面平均速度；

g——重力加速度；

λ——沿程阻力系数；

ζ——局部阻力系数。

上述公式是长期工程实践的经验总结，其问题的核心是各种流动条件下沿程阻力系数和局部阻力系数的计算，这两个系数并不是常数，不同的流动状态、不同的边界及其变化对其都有影响。本章主要讨论沿程阻力系数和局部阻力系数与流动状态及边界之间的关系和影响。

4.2 雷诺试验——层流与紊流

一、两种流态

人们在长期的工程实践中，发现管道的沿程阻力与管道的流动速度之间的对应关系有其特殊性，当流速较小时，沿程损失与流速一次方成正比。当流速较大时，沿程损失与流速平方成正比，并且流速由小变大和由大变小沿程阻力的变化规律是不一致的，如图 4-2 所示，在这两个区域之间有一个不稳定区（ABC）。这一现象，促使英国物理学家雷诺（1883 年）在类似与图 4-3 所示的装置的情况进行过实验。

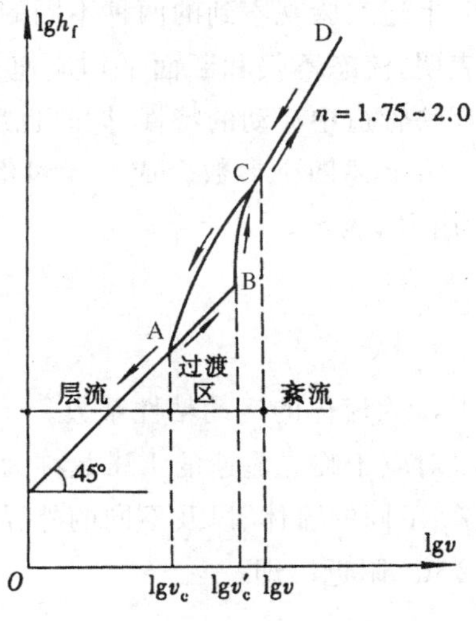

图 4-2　流速与沿程损失的关系

在实验过程中，水箱内水位保持不变，使流动处于恒定流状态，阀门 B 用于调节流量，以改变平直玻璃管 A 中流速，容器 C 内盛有容重与水相近的颜色水，经细管 E 流入平直玻璃管中，阀门 D 用于控制颜色水的流量。

当阀门 B 慢慢打开，并打开颜色水阀门 D，此时管中的流速较小，就可以看到玻璃管中有一条线状的颜色水，它与水流不相混合，如图 4-3(a)；从这一现象可以看出，在管中流速较小时，管中水流的方向与人们想象中的一样，即水流的方向沿着管道的轴线，管中的流体质点均保持直线运动，水流层与层之间没有宏观的干扰，这种流动称为层流。

当阀门 B 逐渐开大，管中的流速也相应增大，此时会发现，在流速增加到某一数值时，颜色水由直线的运动轨迹开始波动，线条逐渐变粗，如图 4-3(b)，继续增加流速，则颜色水迅速与周围的清水相混合，如图 4-3(c)，这表明流体质点的运动轨迹极不规则，各层流体相互剧烈混合，产生随机的脉动，这种流动称为紊流。将流态从层流转变为紊流的流速称为临界流速。水流流速从小变大，沿程阻力曲线的走线为 A→B→C→D，如图 4-2 所示。

若实验时流速由大变小，则上述观察到的流动现象以相反的程序重演，但由紊流转变为层

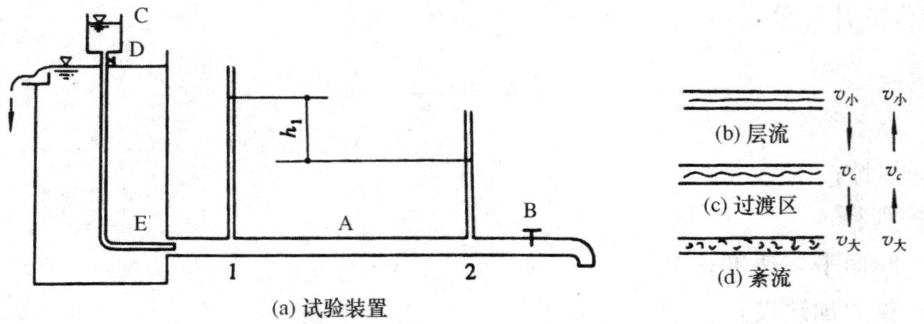

图 4-3　雷诺试验

流的流速（下临界流速 v_c）要小于由层流转变为紊流的流速（上临界流速 v_c'）。如图 4-2 示。沿程阻力曲线的走线为 D→C→A。

实验进一步表明，同一实验装置的临界流速是不固定的，随着流动的起始条件和实验条件不同，外界干扰程度不同，其上临界流速差异很大，但是，其下临界流速却基本不变。在实际工程中，扰动是普遍存在的，上临界流速没有实际意义，一般指的临界流速即指下临界流速。

上述实验现象不仅在圆管中存在，对于任何形状的边界、任何流体包括气体，其流动都有类似的情况。

二、流态的判别准则——临界雷诺数

上述实验观察到的两种不同的流态，以及流态与管道流速之间的关系，雷诺等人进一步实验表明，流态不仅和断面平均流速 v 有关，还和管径 d、流体的粘性 μ 和密度 ρ 有关。即流态既反映管道中流动的特性，同时也反映管道的特性。

将上述四个参数合成一无量纲数（无单位，这内容将在量纲分析章节中讨论），称为雷诺数，用 Re 表示。

$$\mathrm{Re}=\frac{vd\rho}{\mu}=\frac{vd}{\nu} \tag{4-3}$$

式中，ν 为流体的运动粘性系数。

对应于临界流速的雷诺数称为临界雷诺数，通常用 Re_{cr} 表示。大量实验表明：尽管不同的管道、不同的流体、以及不同的外界条件，其临界雷诺数有所不同，但通常情况下，临界雷诺数在 2 300 附近。即

$$\mathrm{Re}_{cr}=2\,300$$

当管中雷诺数小于临界雷诺数时，管中流动处于层流状态；反之则为紊流。

【例 4-1】　有一管道 $d=25\mathrm{mm}$ 的室内上水管，如管中流速 $v=1\mathrm{m/s}$，水温 $T=10℃$

(1) 试判别管中水的流态；

(2) 管内保持层流状态的最大流速为多少？

【解】　(1) 10℃时水的运动粘性系数 $\nu=1.31\times10^{-6}\mathrm{m^2/s}$，

管内雷诺数为

$$\mathrm{Re}=\frac{vd}{\nu}=\frac{1\times0.025}{1.31\times10^{-6}}=19\,100>2\,300$$

故管中水流为紊流。

(2) 保持层流的最大流速就是临界流速，

由于 $$\mathrm{Re}=\frac{v_{cr}d}{\nu}=2\,300$$

所以 $$v_{cr}=\frac{2\,300\times1.31\times10^{-6}}{0.025}=0.12\mathrm{m/s}$$

4.3 均匀流基本方程

一、均匀流基本方程

前面已提出，均匀流中流层间的粘性阻力（切应力），是造成沿程水头损失的直接原因。因此，先建立沿程水头损失与切应力的关系式。

设圆管恒定流均匀流段 1—1，2—2 断面（图 4-4），作用于流段上的外力有压力、壁面切应力和重力相平衡，即：

$$p_1A-p_2A+\rho gAl\sin\alpha-\tau_0\chi l=0$$

式中 τ_0——壁面切应力；

χ——湿周（流体与固体在过流断面上的接触线长度）；

α——圆管轴线与水平的夹角；

其余符号同前。

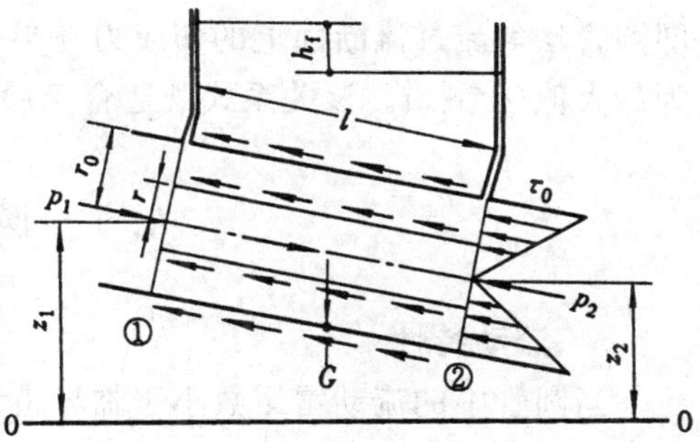

图 4-4　均匀流方程

由几何关系得：

$$l\sin\alpha=z_1-z_2$$

整理得：

$$\left(z_1+\frac{p_1}{\rho g}\right)-\left(z_2+\frac{p_2}{\rho g}\right)=\frac{\tau_0\chi l}{\rho gA}$$

并由 1—1，2—2 断面的能量方程，由于均匀流断面平均流速相等，整理得：

$$\left(z_1+\frac{p_1}{\rho g}\right)-\left(z_2+\frac{p_2}{\rho g}\right)=h_f$$

故 $$h_f=\frac{\tau_0\chi l}{\rho gA}=\frac{\tau_0 l}{\rho gR} \tag{4-4}$$

或 $$\tau_0=\rho gR\frac{h_f}{l}=\rho gRJ \tag{4-5}$$

式中 R——水力半径，$R=\dfrac{A}{\chi}$（过流断面面积与湿周的比值）；

J——水力坡度，$J=\dfrac{h_f}{l}$（单位长度的沿程水头损失）。

式(4-5)给出了圆管均匀流沿程水头损失与壁面切应力的关系，称为均匀流基本方程式。在均匀流方程式的推导过程中并没有涉及产生损失的原因，因此，上述公式对层流和紊流均适用。

二、圆管过流断面上切向应力分布

在图 4-4 所示的圆管恒定均匀流中，取轴线与管轴重合、半径为 r 的流束，用推导均匀流

方程式相同的步骤，即可得出流束的均匀流方程式

$$\tau=\rho g R' J' \tag{4-6}$$

式中　τ——流束表面的切应力；

R'——流束的水力半径；

J'——流束的水力坡度，由于管流为恒定均匀流，断面上的压强分布满足静压分布，因此，流束的水力坡度与管流的水力坡度相等，$J'=J$。

将圆管的半径和流束半径分别代入整理得：

$$\tau=\frac{r}{r_0}\tau_0 \tag{4-7}$$

即圆管均匀流过流断面上的切应力与半径成线性关系，并且，管轴处为最小值($\tau=0$)，管壁处为最大值($\tau=\tau_0$)。该关系式既适合于层流，又适合于紊流。

4.4　圆管中的层流运动

一、流动特性

当圆管中的流动雷诺数小于临界雷诺数时，流动处于层流状态。层流是一种非常有规则的流动，流动中流体除了微观的分子间的干扰外，流层间流体互不掺混，圆管中各层流体质点均沿管轴方向作平行运动。由于流体具有粘性，流体在圆管壁上处于静止状态，这相当于流速要满足的边界条件。

本书讨论的流体均为牛顿流体，各流层间切应力满足牛顿切应力定律，即：

$$\tau=\mu\frac{du}{dy}$$

式中，$y=r_0-r$(图 4-4 和图 4-5)

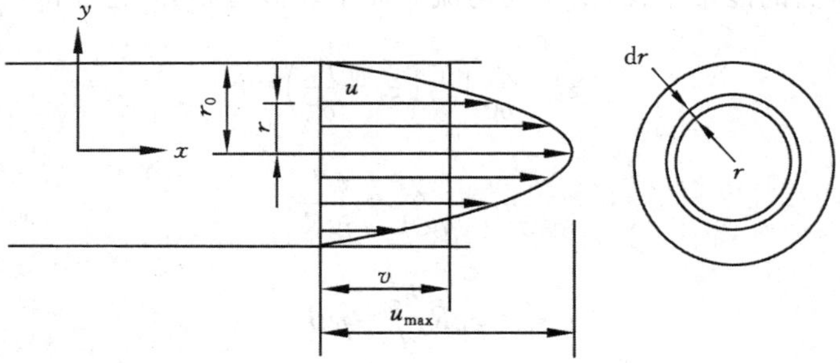

图 4-5　圆管中的层流

则

$$\tau=-\mu\frac{du}{dr} \tag{4-8}$$

二、速度分布

将式(4-8)代入均匀流方程式：

$$-\mu\frac{du}{dr}=\rho g\frac{r}{2}J$$

由于式中 μ,ρ 和 g 为常数，在均匀流情况下，水力坡度 J 也为常数，对上式进行积分得：

$$u=-\frac{\rho g J}{4\mu}r^2+c$$

积分常数 c 由边界条件确定，当 $r=r_0$，$u=0$ 时即 $c=\frac{\rho g J}{4\mu}r_0$ 代入上式得：

$$u=\frac{\rho g J}{4\mu}(r_0^2-r^2) \tag{4-9}$$

式(4-9)是均匀流断面上的层流流速分布表达式，分布形式为抛物面。从表达式及抛物面的性质可得：

流速最大值 $$r=0,\quad u_{max}=\frac{\rho g J}{4\mu}r_0^2 \tag{4-10}$$

流量 $$Q=\int_A u\,dA=\frac{\pi\rho g J}{8\mu}r_0^4 \tag{4-11}$$

平均流速 $$v=\frac{Q}{A}=\frac{\rho g J}{8\mu}r_0^2=\frac{1}{2}u_{max} \tag{4-12}$$

从上述关系式可得：最大流速值发生在管轴线上，并且最大流速为平均流速的两倍，这是圆管层流的流速特性，也是抛物面的特性。

三、圆管层流沿程水头损失的计算

以 $r_0=\frac{d}{2}$，$J=\frac{h_f}{l}$代入式(4-1)，整理得：

$$h_f=\frac{32\mu l}{\rho g d^2}v=\frac{64}{Re}\cdot\frac{l}{d}\cdot\frac{v^2}{2g}=\lambda\cdot\frac{l}{d}\cdot\frac{v^2}{2g} \tag{4-13}$$

因此，圆管均匀层流中沿程阻力系数：

$$\lambda=\frac{64}{Re} \tag{4-14}$$

式(4-14)表明，圆管层流的沿程阻力系数只是雷诺数的函数，与管壁的粗糙无关。

【例 4-2】 利用细管式粘度计测定流体的粘度，已知细管的直径 $d=8$mm，测量段的长度 $l=2$m，图4-6所示。实测流体的流量为 $Q=77\text{cm}^3/\text{s}$，水银压差计的读数 $h_p=9.5$cm，流体的密度 $\rho=900\text{kg/m}^3$。试求流体的运动粘性系数 ν 和动力粘性系数 μ。

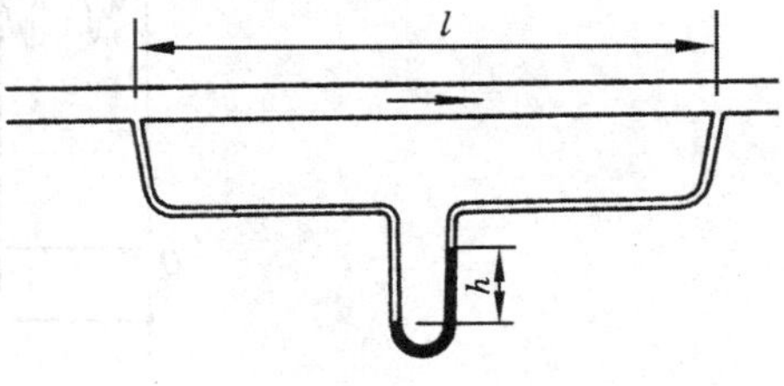

图 4-6　例 4-2 示意图

【解】 建立细管测量段两断面的能量方程。由于管径一样，平均流速相等，两断面的水头损失即为断面间测压管的水头差：

$$h_f=\left(z_1+\frac{p_1}{\rho g}\right)-\left(z_2+\frac{p_2}{\rho g}\right)=\left(\frac{\rho_p-\rho}{\rho}\right)h_p$$

将已知条件代入得水头损失 $h_f=1.34$m 液柱，平均流速 $v=1.53$m/s，设流动为层流状态，将层流的关系式(4-13)整理得：

$$\nu=h_f\frac{2gd^2}{64lv}=8.58\times10^{-6}\text{m}^2/\text{s}$$

$$\mu=7.73\times10^{-3}\,\mathrm{Pa\cdot s}$$

校核状态：

$$\mathrm{Re}=\frac{vd}{\nu}=1\,427<2\,300$$

满足层流假设条件。

4.5 紊流运动

一、紊流的特性

自雷诺在 19 世纪(1883 年)发现紊流开始，人类不断地探索、研究，到了 20 世纪 60 年代，应用现代的测量和显示技术，才初步了解了紊流的某些运动特征。

在紊流过程中，流体质点是以一种随机脉动的形式运动的，它不像层流中各流层间质点互不干扰，紊流中各流层间的流体质点相互掺混、相互碰撞，致使流体的运动要素如速度、轨迹呈现一种随机的脉动。与之相关的，流动中的压强等物理量也形成这种紊流的脉动特征。从定义上讲，紊流是非恒定流的。

在紊流中的各个物理量均显示紊流脉动的变化规律，以速度为例，图 4-6 所示，它显示在紊流中某一点的流速随时间的变化。

二、紊流处理方法——时均值

随机的脉动，如以严格的处理方式是很难解决的，因为它是一种不确定的变化过程。对随机的脉动，数学的处理方法有两种，一种为空间平均方法，另一种为时间平均法。空间平均法是针对物理量随空间变化是随机的；而时间平均法主要是为物理量随时间具有脉动性而提出的。由于紊流的最显著的特性即为脉动，因此，本节着重讨论时间平均法。

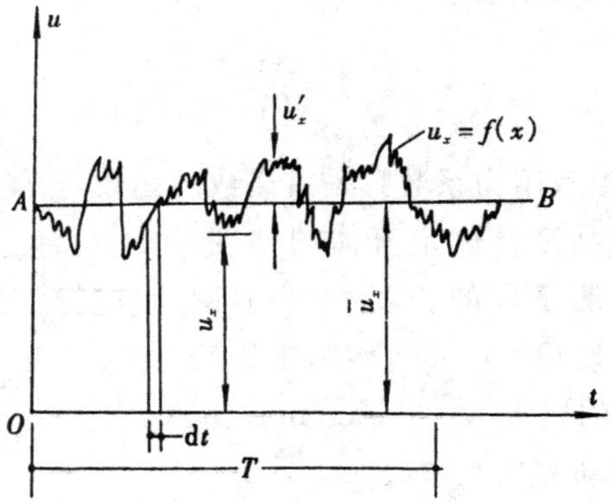

图 4-7 紊流中某点速度随时间的变化

图 4-7 是实测紊流运动中一个空间点上沿某一方向上的(x 方向)瞬时流速 u_x 随时间 t 的变化规律。由图可见，流速随时间的变化是无规则的，是无法用简单的数学规律进行描述，但从变化规律中同时可看出，流速值是围绕某一均值上下波动。将瞬时流速对某一时间段 T 平均，即

$$\bar{u}_x=\frac{1}{T}\int_0^T u_x\,\mathrm{d}t \tag{4-15}$$

只要所取的时间不是很短(比脉动周期长,但从理论上讲,紊流脉动是没有周期的,这里的脉动周期是指一个比较长的时间段),使流速的时均值基本不随积分时间 T 变化。

定义了流速的时均值,就可定义脉动流速 u_x',脉动流速等于瞬时流速减去时均流速,即

$$u_x' = u_x - \bar{u}_x \tag{4-16}$$

式中,u_x' 为该点在 x 方向上的脉动流速,脉动流速随时间变化,时正时负,时大时小。对式(4-16)两边进行时均化可得,脉动流速在时段 T 内的时均值等于零。

$$\bar{u}_x' = \frac{1}{T}\int_0^T u_x' \mathrm{d}t = 0 \tag{4-17}$$

由此可得,在紊流中任意物理量其脉动值的时均值均为零。紊流流速不仅在主流方向上存在脉动,同时,在垂直于主流方向上也存在脉动,一般称为横向脉动。同理可得,在紊流中的其他物理量,在流速的脉动影响下,也将引起脉动,其脉动的处理方式也用时均化方法处理。

如压强,脉动压强 $$p' = p - \bar{p}$$

时均压强 $$\bar{p} = \frac{1}{T}\int_0^T p \mathrm{d}t$$

$$\bar{p}' = \frac{1}{T}\int_0^T p' \mathrm{d}t = 0$$

式中,p 为瞬时压强。

紊流流动的恒定性是建立在时均化的前提下引出的;流动的均匀性同样也是建立在时均化的概念下。

三、紊流的切向应力

平面恒定均匀紊流如图 4-8 所示,流速按时均化方法分解为时均流动和脉动流动的叠加,相应的紊流切应力同样也应由两部分组成。其中,有:

1. 因时均化流层间的相对运动而产生的粘性切应力,类似于层流中的切应力,满足牛顿切应力公式:

$$\bar{\tau}_1 = \mu \frac{\mathrm{d}\bar{u}_x}{\mathrm{d}y}$$

2. 因紊流脉动,由于流层间流体质点的互相掺混、互相碰撞,造成的流体质点间动量交换,而引起的附加切应力,通常,称为雷诺应力:

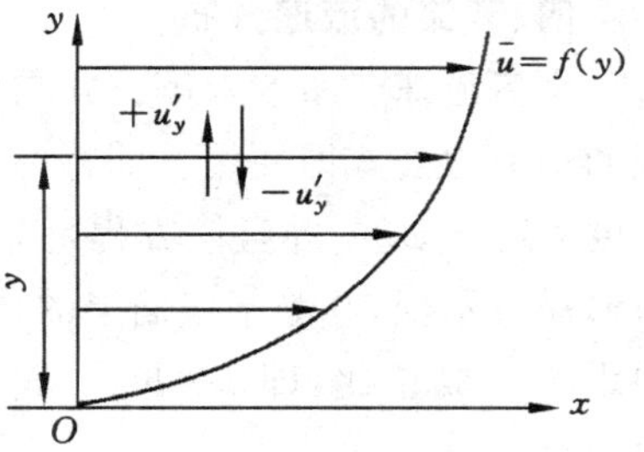

图 4-8 紊流切应力

$$\bar{\tau}_2 = -\rho \overline{u_x' u_y'} \tag{4-18}$$

式中,$\overline{u_x' u_y'}$ 为 x 方向和 y 方向脉动流速乘积的时均值,由平面的连续性方程可得,平面相垂直的两个方向上的脉动流速是异号的,为使切应力为正值,在关系式前加一负号。

紊流切应力为

$$\bar{\tau} = \bar{\tau}_1 + \bar{\tau}_2 = \mu \frac{\mathrm{d}\bar{u}_x}{\mathrm{d}y} - \rho \overline{u_x' u_y'} \tag{4-19}$$

紊流切应力是由两部分组成的,但在流动中所占的比重是随流动情况而变的。在雷诺数较小时,紊流脉动较弱,附加切应力的作用很小,主要是牛顿粘性应力占主导地位。随着雷诺数增

大，紊流脉动加剧，附加切应力的作用远大于牛顿粘性切应力，此时，牛顿粘性应力可忽略不计。

牛顿粘性应力有明确的表达式，紊流附加切应力只表示成脉动流速乘积的时均值，而脉动流速本身又是一个很复杂的物理量，如能找到$\overline{u_x'u_y'}$与时均流速的关系，紊流应力就完全可表示成与时均流速的关系。1925 年，德国科学家普朗特用比拟的方法，假设紊流脉动中流体质点的脉动可比拟成流体分子的微观运动，用分子的平均自由程概念提出了普朗特的混合长度理论。普朗特做了如下假设：

（1）流体质点紊流脉动过程中，存在一个与分子自由程相当的距离 l，在该距离内不与其他质点相碰撞，保持原有的运动特性，经过 l 距离才与周围流体质点相碰，发生动量交换，失去原来的运动特性，流体质点的动量交换具有跳跃性的，l 称为普朗特的混合长度。

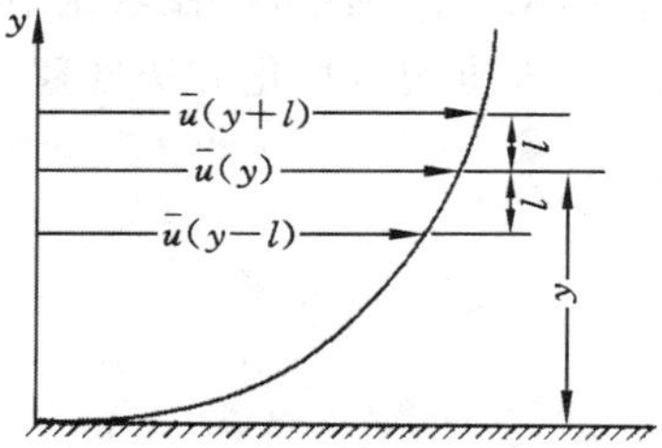

图 4-9　混合长度概念

（2）x 方向的脉动速度与流体层的速度差 $\Delta\bar{u}$ 呈正比，并且 y 方向脉动速度与 x 方向是同量级的。见图 4-9，由数学关系式得：

$$\Delta\bar{u}=l\cdot\frac{\mathrm{d}\bar{u}}{\mathrm{d}y}$$

将脉动速度与速度差的比例关系式代入式(4-18)，并将相关的比例系数也归并到混合长度项中，则得：

附加切应力
$$\bar{\tau}_2=\rho l^2\left(\frac{\mathrm{d}\bar{u}}{\mathrm{d}y}\right)^2 \tag{4-20}$$

因此

$$\bar{\tau}=\mu\frac{\mathrm{d}\bar{u}}{\mathrm{d}y}+\rho l^2\left(\frac{\mathrm{d}\bar{u}}{\mathrm{d}y}\right)^2 \tag{4-21}$$

四、紊流的流速分布

紊流流速分布的求解方式与层流一致，利用均匀流的基本方程和紊流的切应力公式，但紊流的切应力公式即便用普朗特的混合长度理论也是很困难的，因为在紊流切应力公式中，混合长度 l 是未知的，并且该方程是非线性的。为此，普朗特又做了两个假设：①壁面附近的切应力值保持不变，并等于壁面上的切应力，即 $\tau=\tau_0$；②附加紊流切应力中的混合长度 l 与离壁面的距离 y 成正比，即 $l=Ky$。其中 K 为卡门通用常数。将上述的假设，并忽略牛顿粘性应力 τ_1，

整理得：

$$\frac{\mathrm{d}u}{\mathrm{d}y}=\frac{1}{Ky}\sqrt{\frac{\tau_0}{\rho}}=\frac{1}{Ky}u^*$$

式中，u^* 称为阻力流速，在恒定的紊流中为常数，将上式积分得：

$$\frac{u}{u^*}=\frac{1}{K}\ln y+c \tag{4-22}$$

式中，c 为积分常数，一般要根据具体流动情况确定；式(4-22)称为普朗特-卡门对数分布规律。上述推导过程从理论上讲是不够严谨的，如认为流体质点的运动形式为一跳跃形式，混合长度与距离的关系，等等，然而由于普朗特的混合长度理论是从紊流的运动特征出发，推导过程中的缺陷又通过实验修正，同时，推导过程简单，理论结果基本与实际相符，这一关系式至今

仍在工程上得到广泛应用。

紊流流速分布规律很明显有一奇点，即当 $y=0$ 时，流速为无穷大，这一缺陷将引入层流底层的概念加以解决。

五、层流底层

在固体壁面附近，紊流的发生总是有区域性的。以圆管为例，在雷诺流态试验中发现，当雷诺数达到临界雷诺数时，紊流首先发生的区域是圆管的中心区域，如图 4-10 所示。随着雷诺数增加，紊流区域逐渐向固体壁面扩展，但无论雷诺数增加到多大，在壁面附近总存在一层流区域，称为层流底层或称粘性底层，用 δ 表示。

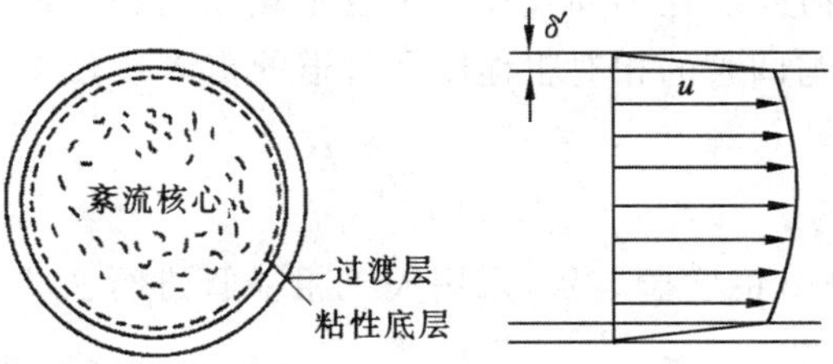

(a)　　(b)

图 4-10　层流底层

这是因为，流体的粘性总是存在的，不论其大小，在壁面都满足无滑移条件，于是在紧靠壁面的流层内，流速从零很快达到一定的值，在这一很薄的流层，流速的梯度很大，因而，流体的粘性力不可忽略。另外，由于壁面限制流体质点的横向掺混，逼近壁面，脉动流速趋于消失，附加切应力也自然消失。所以，在管壁附近粘性应力起主导地位，该区域即为层流底层。层流底层与紊流区域间是一个界限不明显的过渡层。层流底层的厚度通常不到 1mm，且随雷诺数的增大而减小。

在层流底层内，切应力保持不变，并为壁面应力 $\tau=\tau_0$（这与普朗特的假设相吻合），由牛顿内摩擦定律：

$$\tau_0=\mu\frac{\mathrm{d}u}{\mathrm{d}y}$$

积分得：

$$u=\frac{\tau_0}{\mu}y+c$$

由边界条件：$y=0$，$u=0$ 得：$c=0$

即：

$$u=\frac{\tau_0}{\mu}y \tag{4-23}$$

与紊流的流速分布规律一样，引入阻力流速，整理得：

$$\frac{u}{u^*}=\frac{\rho u^*}{\mu}y \tag{4-24}$$

在层流底层流速满足线性分布式(4-23)，或式(4-24)，在紊流区域中流速满足对数分布式(4-22)。如忽略过渡区，或认为过渡区的流速也为紊流流速分布，则在两流速分布的交接处满足流速连续性。这样，紊流流速中的常数 c 可根据这一条件确定。

4.6 沿程阻力系数的变化规律

一、尼古拉兹实验

沿程阻力系数取决于流动的特性、流动介质的特性和管道的特性，而管道的特性主要体现管壁的粗糙。为了便于分析粗糙的影响，1933 年，德国科学家尼古拉兹将颗粒均匀的砂粒粘贴在光滑的管壁上，制成人工模拟的粗糙管，进行了管道沿程阻力系数的测定。对于人工粗糙管，可用沙粒的直径来表示管壁的粗糙，通常用 k_s 表示为绝对粗糙度，而用 k_s/d 表示为相对粗糙度。尼古拉兹用一种沙粒，在不同直径的圆管上粘贴，模拟各种相对粗糙度的圆管，试验结果表明：沿程阻力系数与圆管的相对粗糙度和管道的雷诺数有关，即

$$\lambda=f\left(\mathrm{Re},\frac{k_s}{d}\right)$$

尼古拉兹用类似图 4-3 的实验装置，采用人工粗糙管进行实验。实验管道的相对粗糙度的变化范围为$\frac{k_s}{d}=\frac{1}{30}\sim\frac{1}{1\,014}$，或$\frac{k_s}{r_0}=\frac{1}{15}\sim\frac{1}{507}$，对每种管道实测不同流量（断面平均流速）和沿程水头损失，用下列公式计算：

$$h_f=\lambda\frac{l}{d}\cdot\frac{v^2}{2g}\quad 和\quad \mathrm{Re}=\frac{vd}{\nu}$$

计算出沿程阻力系数和雷诺数。绘制成双对数曲线图即尼古拉兹曲线图，见图 4-11。根据沿程阻力的变化特性，尼古拉兹试验曲线可分成 5 个区域。

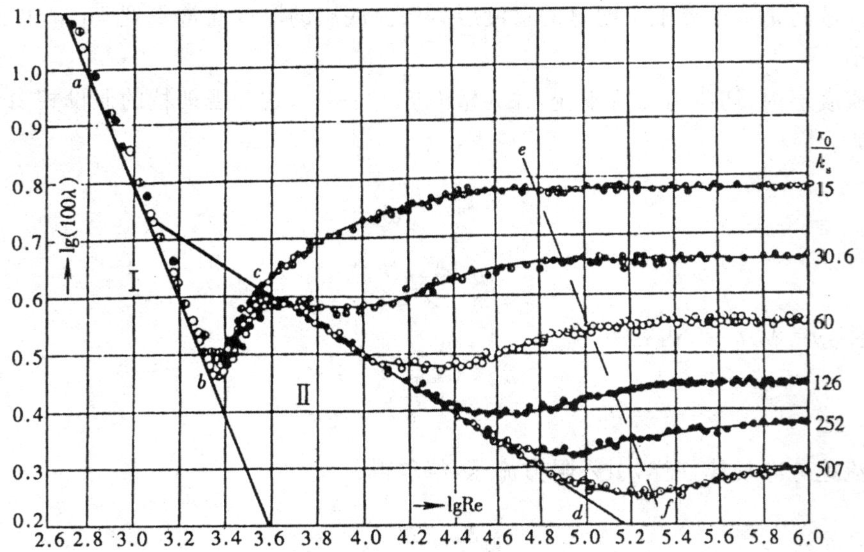

图 4-11　尼古拉兹曲线图

1. *层流区*（Ⅰ-区）

当雷诺数 Re<2 300 时，流动处于层流状态，不同的相对粗糙管的试验点均落在同一直线上。这表明此区的 λ 与相对粗糙度无关，只是雷诺数的函数。与均匀层流理论推导结果一致，

即 $\lambda=\dfrac{64}{\mathrm{Re}}$。在对数坐标上反映的是一直线。

2. 层流向紊流过渡的过渡区(Ⅱ-区)

当雷诺数 Re=2 300～4 000 时,从试验曲线上表明试验点也近似落在一曲线上,但此区的流动是最不稳定的,从流态分析是层流向紊流的过渡过程,造成试验数据重复性很差。如要表示关系式时也可近似认为 λ 与相对粗糙度无关,只是雷诺数的函数。在实际应用中,由于该区的范围很窄,实用意义不大,一般不作详细讨论。

3. 水力光滑区(Ⅲ-区)

当雷诺数 Re>4 000 时,不同相对粗糙度的试验点将从同一曲线上随着雷诺数的增加而逐步离开,并且相对粗糙度大的试验点率先离开。这一特殊的曲线称为水力光滑区,其 λ 与相对粗糙度无关,只是雷诺数的函数。另外,水力光滑区实际为一条线,有时也称为紊流光滑区。

4. 水力光滑区与粗糙区之间的过渡区(Ⅳ-区)

不同的相对粗糙度管,随着雷诺数的增加其试验点逐渐从水力光滑区离开,并落在不同的曲线上,这表明此区的 λ 既与相对粗糙度有关,又是雷诺数的函数。

5. 粗糙区(Ⅴ-区)

不同的相对粗糙管的试验点分别落在不同的水平直线上,表明 λ 只是相对粗糙度的函数,与雷诺数无关。在粗糙区中,对于给定管道,λ 是常数,由于沿程水头损失与流速的平方成正比,故粗糙区又可称为阻力平方区。

如上述,管道沿程损失系数的变化规律分成 5 个区域,从层流向紊流的过渡,是由于流动流态发生变化而造成的。而紊流中又分光滑区、紊流过渡区和粗糙区,各区的 λ 变化规律不同,究其原因为管道中层流底层的缘故。在紊流光滑区,层流底层的厚度大于壁面的粗糙,壁面的粗糙完全被层流底层掩盖,管道的紊流区没有感受到壁面的粗糙存在,光滑的概念就从这引出的,因而 λ 只与 Re 有关,与 k_s/d 无关,见图 4-12(a)。在紊流过渡区,随着 Re 的增加,层流底层的厚度变薄,紊流区逐渐感受到壁面粗糙的存在,因而 λ 与 Re 和 k_s/d 两个因素有关,见图 4-12(b)。在紊流粗糙区,随着 Re 数的进一步增加,层流底层的厚度已充分变薄,再增加 Re 数其厚度也不会进一步减小,壁面粗糙已充分暴露在紊流中。所以 λ 与 Re 无关,只取决于 k_s/d,见图 4-12(c)。

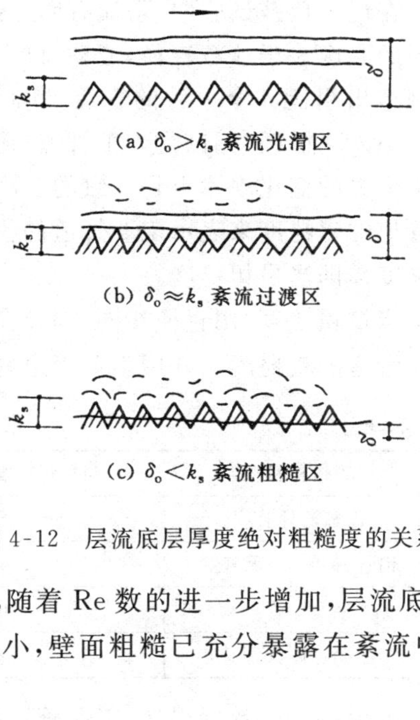

(a) $\delta_0>k_s$ 紊流光滑区

(b) $\delta_0\approx k_s$ 紊流过渡区

(c) $\delta_0<k_s$ 紊流粗糙区

图 4-12 层流底层厚度绝对粗糙度的关系

二、沿程阻力系数的经验公式

尼古拉兹通过实测人工粗糙管的断面流速分布,确定了混合长度理论所得流速分布中的常数,整理得紊流沿程阻力系数的经验公式。

1. 水力光滑区

尼古拉兹光滑管公式:

$$\frac{1}{\sqrt{\lambda}}=2\lg\frac{\mathrm{Re}\sqrt{\lambda}}{2.51} \tag{4-25}$$

上式是关于 λ 的隐式方程，要通过试算法求得 λ 值。

2. 粗糙区

尼古拉兹粗糙管公式：

$$\frac{1}{\sqrt{\lambda}}=2\lg\frac{3.7d}{k_s} \tag{4-26}$$

由于紊流过渡区中问题的复杂性，因此无法用数学方法求得沿程阻力系数的经验公式。

公式的适用范围很难用简单的方法来划分，因为，紊流落在哪个区，不是由单个因素来确定的，同时取决于雷诺数和相对粗糙度。总之，当雷诺数很大时，即大于 10^5 时，流动基本处于粗糙区。在实际问题中，一般以尼古拉兹曲线图来判别。

三、工业管道的试验曲线——Moody 图

尼古拉兹对人工粗糙管道进行实测，并结合混合长度理论推得紊流光滑区和粗糙区的经验公式，但人工粗糙与实际工业管道的粗糙有很大的差异，怎么将两种不同的粗糙形式联系起来，使尼古拉兹的经验公式能用于工业管道。

工业管道的粗糙度是高低不均的，很难用具体数值表示，如何用一特征值来表示工业管道的粗糙度？

在尼古拉兹试验中，紊流有明显的光滑区，因为人工粗糙沙粒的直径是一致的，只要层流底层的厚度大于沙粒直径，流动就处于光滑区。而工业管道，由于工业加工工艺的缘故，不可能制造出粗糙完全一致的管道，壁面的粗糙，从微观上讲，高低不一，因此其没有明显的光滑区。进入粗糙区，无论是人工管道，还是工业管道，此时由于壁面的粗糙完全暴露在紊流中，其水头损失的变化规律也是一致的。因此在紊流粗糙区，在沿程阻力系数 λ 相同的情况下，用人工管道的粗糙度来表示工业管道的粗糙度（如管道直径不同，可用管道相对粗糙度推算其绝对粗糙度），即当量粗糙度。

当量粗糙度：用直径相同、均处在紊流粗糙区、λ 值相同的人工管道的粗糙度 k_s 定义为该工业管道的粗糙度。常用工业管道的当量粗糙度见表 4-1。

表 4-1　　常用工业管道的当量粗糙度

管道材料	当量粗糙度(mm)	管道材料	当量粗糙度(mm)
聚氯乙烯管	0～0.002	镀锌钢管	0.15
铝管、铜管、玻璃管	0.01	新铸铁管	0.15～0.5
钢　管	0.046	旧铸铁管	1～1.5
涂沥青铸铁管	0.12	混凝土管	0.3～3.0

由表 4-1 中数据得知，工业管道的计算方法与人工管道的计算方法一样。但尼古拉兹阻力系数公式在紊流过渡区是不适用的，1939 年，柯列勃洛克和怀特给出了工业管道紊流区中 λ 的计算公式：

$$\frac{1}{\sqrt{\lambda}}=-2\lg\left(\frac{k_s}{3.7d}+\frac{2.51}{\mathrm{Re}\sqrt{\lambda}}\right) \tag{4-27}$$

式中，k_s 为工业管道的当量粗糙度。比较式(4-27)与尼古拉兹两个公式(4-25)和式(4-26)可以看出，式(4-27)是将尼古拉兹两个公式结合起来。由于公式适用性广，并且与工业管道实验结果符合良好，在工程界得到了广泛应用。

为了将式(4-27)曲线化，1944 年，美国工程师莫迪以计算公式为基础，以当量粗糙度为参数，用对数坐标绘制出工业管道损失系数曲线图(类似与尼古拉兹曲线图)，即莫迪图，见图4-13。

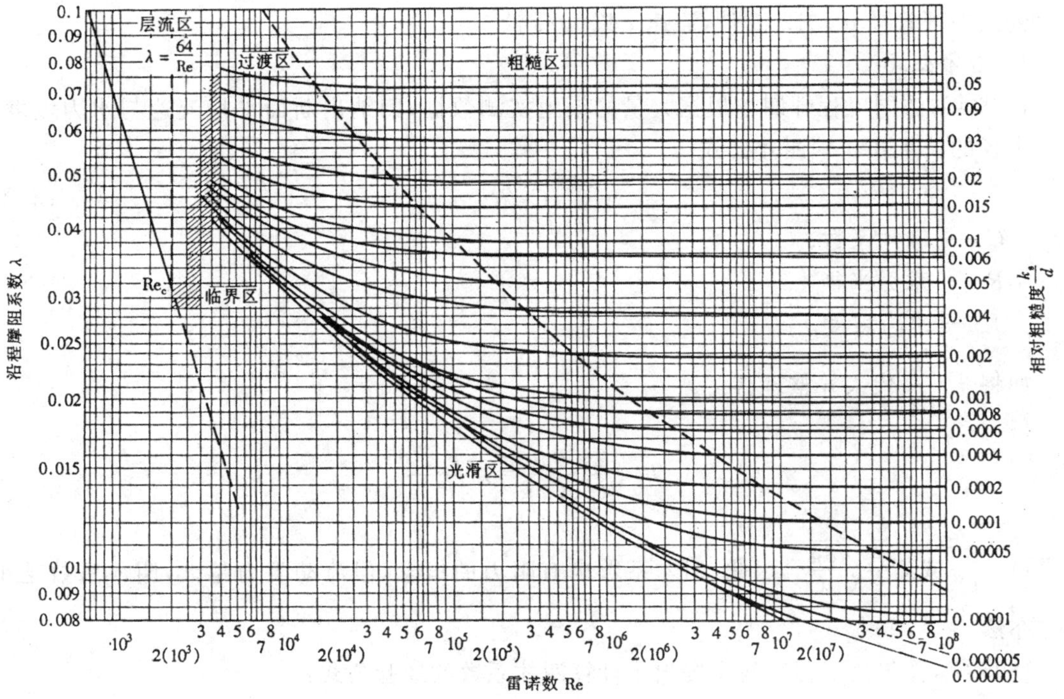

图 4-13　莫迪图

四、沿程阻力系数的经验公式

除了上述以混合长度理论为基础，以尼古拉兹实验为标准，推导出紊流中的一系列公式，此类公式有时称为半经验、半理论公式。下面再补充一些根据实验资料整理而成的经验公式，即用数学公式来逼近实验曲线。

1. 布拉修斯光滑区公式：

$$\lambda=\frac{0.316}{Re^{0.25}} \tag{4-28}$$

式(4-28)较尼古拉兹计算公式简单，计算方便，一般雷诺数的范围在 $Re<10^5$。

2. 希林松粗糙区公式：

$$\lambda=0.11\left(\frac{k_s}{d}\right)^{0.25} \tag{4-29}$$

3. 舍维列夫公式

舍维列夫根据对旧钢管和旧铸铁管的水力实验，提出了计算紊流过渡区和粗糙区的经验公式。

(1) 紊流过渡区：管道流速 $v<1.2\text{m/s}$ 时，

$$\lambda=\frac{0.0179}{d^{0.3}}\left(1+\frac{0.867}{v}\right)^{0.3} \tag{4-30}$$

(2) 粗糙区：管道流速 $v>1.2\text{m/s}$ 时

$$\lambda=\frac{0.0210}{d^{0.3}} \tag{4-31}$$

以上公式中等管径 d 均以 m 计，流速 v 以 m/s 计。

4. 谢才公式

1769 年，法国工程师谢才根据大量的渠道实测数据，归纳出断面平均流速与水力坡度和水力半径的关系式——谢才公式

$$v=C\sqrt{RJ} \tag{4-32}$$

式中 C——谢才系数；

R——水力半径 k；

J——水力坡度。

如将 $J=\frac{h_f}{l}$ 代入并整理得：

$$h_f=\frac{2g}{C^2}\frac{l}{R}\frac{v^2}{2g}=\lambda\frac{l}{4R}\frac{v^2}{2g}$$

即得：$\lambda=\frac{8g}{C^2}$ 或 $C=\sqrt{\frac{8g}{\lambda}}$。因此，谢才系数也有阻力的概念，但流动阻力越大，谢才系数越小，反之亦然。

1895 年，爱尔兰工程师曼宁提出了计算谢才系数的经验公式：

$$C=\frac{1}{n}R^{\frac{1}{6}} \tag{4-33}$$

式中 R——水力半径，以 m 计；

n——只反映壁面粗糙性质的、并与流动性质无关的系数，称为粗糙系数，见表 4-2。

各种不同材料的粗糙管道系数 n 见表 4-2；各种不同材料渠道的 n，见表 4-3。

表 4-2　　常用工业管道的当量粗糙度

管渠类别	n	管渠类别	n
聚氯乙烯管	0～0.002	镀锌钢管	0.15
铝管、铜管、玻璃管	0.01	新铸铁管	0.15～0.5
钢　管	0.046	旧铸铁管	1～1.5
涂沥青铸铁管	0.12	混凝土管	0.3～3.0

表 4-3　　各种不同粗糙面的粗糙系数

槽壁种类	n
涂覆珐琅或釉质的表面，极精细刨光面而拼合良好的木板	0.009
刨光的木板，纯粹水泥的粉饰面	0.010
水泥(含 1/3 细沙)粉饰面，安装和接合良好(新)的陶土、铸铁管和钢管	0.011
未刨而拼合良好的木板，在正常情况下内无显著积垢的给水管，极洁净的排水管，极好的混凝土面	0.012
砖石砌体，极好的砖砌体，正常情况下的排水管，略微污染的给水管，非完全精密拼合的、未刨的木板	0.013

续表

槽壁种类	n
“污染”的给水管和排水管，一般的砖砌体，一般情况下渠道的混凝土画	0.014
粗糙的砖砌体，未琢磨的石砌体，有洁净修饰的表面、石块安置平整、极多污垢的排水管	0.015
普通块石砌体（其他状况尚可），破旧砖砌体，较粗糙的混凝土，光滑的开凿得极好的崖岸	0.017
覆有坚厚淤泥层的渠槽，用致密黄土和致密卵石做成而为整片淤泥薄层所覆盖的、无不良情况的渠槽	0.018
很粗糙的块石砌体，大块石的干砌体，碎石铺筑面，纯由岩石中开筑的渠槽，由黄土、卵石和致密泥土做成而为淤泥薄层所覆盖的渠槽（正常情况）	0.020
尖角的大块乱石铺筑，表面经过一般处理的岩石渠槽，致密粘土渠槽，由黄土、卵石和泥土做成而为非整片的（有些地方断裂的）淤泥薄层所覆盖的渠槽，受到较好养护的大型渠槽	0.0225
受到一般养护的大型土渠，受到良好养护的小型土渠，在有利条件下（自由流动无淤塞和显著水草等）的小河和溪涧	0.026
中等条件以下的大渠道，中等条件的小渠槽	0.0275
条件较差（有些地方有水草和乱石或显著的茂草，有局部的坍坡等）的渠道和小河	0.030
条件很差（断面不规则，受到石块和水草的严重阻塞等）的渠道和小河	0.035
条件特别差（沿河有崩崖的巨石，绵密的树根，深潭、坍岸等）的渠道和小河	0.040

由于谢才系数的计算公式其资料来源是在紊流粗糙区的大量实测数据基础上的得到的，引出谢才公式只适合于紊流粗糙区的流动。

【例 4-3】 水箱中的水通过垂直管道向大气出流，设水箱水深为 h，管道直径 d，长度 l，沿程阻力系数 λ，局部阻力系数 ζ。

试求：

(1) 在什么条件下流量 Q 不随管长 l 而变？

(2) 什么条件下流量 Q 随管长 l 的加大而增加？

(3) 什么条件下流量 Q 随管长 l 的加大而减小？

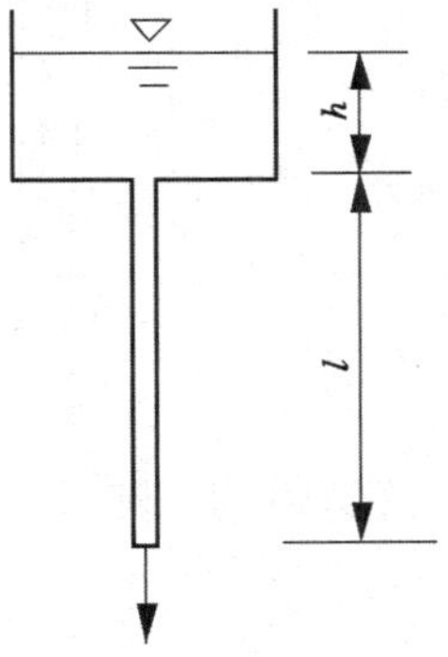

图 4-14 例 4-3 图

【解】 由能量方程：$H+l=\frac{v^2}{2g}+\left(\lambda\frac{l}{d}+\zeta\right)\frac{v^2}{2g}$

解得：$v=\sqrt{2g\frac{H+l}{1+\zeta+\lambda\frac{l}{d}}}\rightarrow Q=\frac{\pi d^2}{4}\sqrt{2g\frac{H+l}{1+\zeta+\lambda\frac{l}{d}}}$

(1) 流量 Q 不随管长而变，即 $\frac{dQ}{dl}=0, H=\frac{(1+\zeta)d}{\lambda}$。

(2) 流量 Q 随管长加大而增加，即 $\frac{dQ}{dl}>0,\ H<\frac{(1+\zeta)d}{\lambda}$。

(3) 流量 Q 随管长加大而减小，即 $\frac{dQ}{dl}<0, H>\frac{(1+\zeta)d}{\lambda}$。

五、非圆管的沿程水头损失

前面研究了圆管沿程损失的计算。除圆管之外，工程上还使用非圆管，如通风系统中风管，许多是矩形管道。怎样把已有圆管的研究结果用到非圆管沿程损失的计算呢？在沿程水头损失计算公式中，圆管在公式中体现的几何特征是直径，由几何关系：

$$d=\frac{4\text{ 倍的面积}}{\text{周长}}=\frac{4A}{C}$$

用湿周来代替周长，用断面面积和湿周的比值定义为水力半径，这就是水力半径的由来。

$$R=\frac{A}{\chi}=\frac{1}{4}d_e \tag{4-34}$$

水力半径既反映了管道过流断面的几何特征，又反映了断面的流动特征，把水力半径相等的圆管直径定义为非圆管的当量直径 d_c，当量直径是水力半径的 4 倍。

必须指出的是，应用当量直径计算非圆管流动的沿程水头损失是一种近似的方法，并不适合所有的情况，见图 4-15。这表现在以下两个方面：

1. 实验表明，形状与圆管差异很大的非圆管，如长缝形，狭环形等，应用当量直径计算存在较大的误差。

2. 由于层流的流速分布不同于紊流，这样单纯用湿周大小作为影响能量损失的主要外部条件是不充分的，所以在层流中应用当量直径计算，将会造成较大误差。

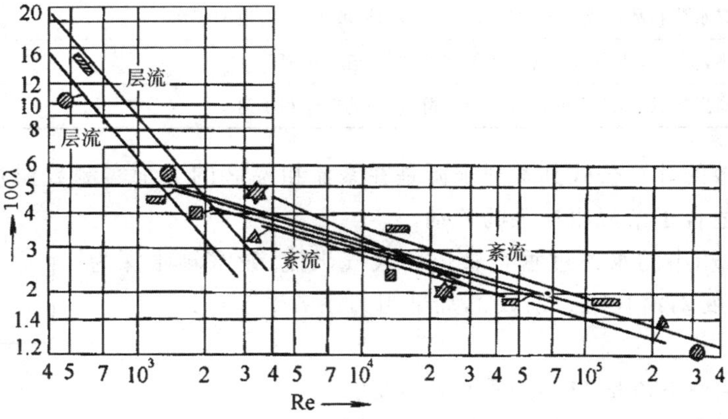

图 4-15 非圆管和圆管曲线 λ 的比较

【例 4-4】 圆形、正方形、矩形管道，断面积相等均为 A，水流以相同的水力坡度流动时，

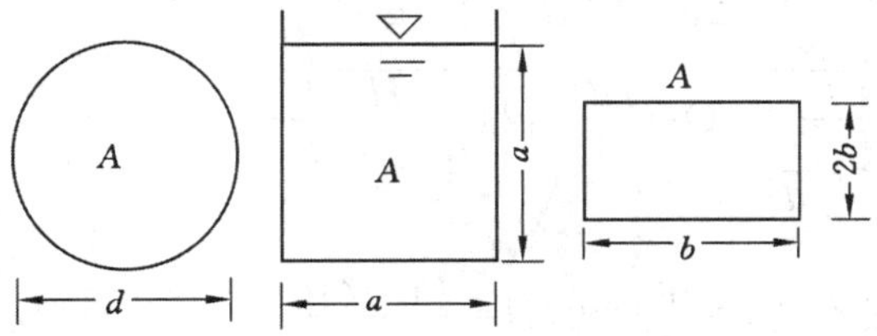

图 4-16 例 4-4 示意图

试求：(1) 边壁上切应力之比；

(2) 当沿程阻力系数相等时，流量之比。

【解】 (1) 由 $\tau_0=\gamma RJ$

圆形 $R_1=\dfrac{d}{4}=\dfrac{\sqrt{A}}{2\sqrt{\pi}}$

正方形 $R_2=\dfrac{a}{4}=\dfrac{\sqrt{A}}{4}$

矩形 $R_3=\frac{b}{3}=\frac{\sqrt{A}}{3\sqrt{2}}$

由于断面面积和水力坡度相同：

$$\tau_{01} : \tau_{02} : \tau_{03}=\frac{1}{2\sqrt{\pi}} : \frac{1}{4} : \frac{1}{3\sqrt{2}}$$

(2) $J=\frac{\lambda}{d_e}\cdot\frac{v^2}{2g}$，$Q_1 : Q_2 : Q_3=\sqrt{d_{e1}} : \sqrt{d_{e2}} : \sqrt{d_{e3}}$

$$Q_1 : Q_2 : Q_3=1 : 0.941 : 0.914$$

4.7　边界层及其分离

上述讨论的是管道内表面由于流体的粘性而造成的摩擦阻力，这主要发生在均匀流管道上，当管道的流动方向或过流断面面积变化，使流体的流动速度产生突变，在流体的流场中产生旋涡所造成流动阻力，这种阻力称为形状阻力或称局部阻力。而这种阻力与流体的边界层有关，所以，下面先建立边界层概念。

一、边界层的形成及其性质

图 4-17 所示为绕平板的绕流运动。来流流速 u_0 是均匀分布的，它的方向和平板平行。如果是理想流体，平板对流动不产生影响，则流经平板上的流速将没有任何变化，保持均匀分布。但粘性作用使紧靠平板表面的流体质点流速为零。在垂直于平板的方向，流速急剧增加，迅速接近来流的流速 u_0。这样，紧贴平板表面的一层薄层，流速低于 u_0，而其他流动区域流速接近 u_0，我们将流速低于 u_0 的区域称为边界层。边界层的厚度用 δ 表示。

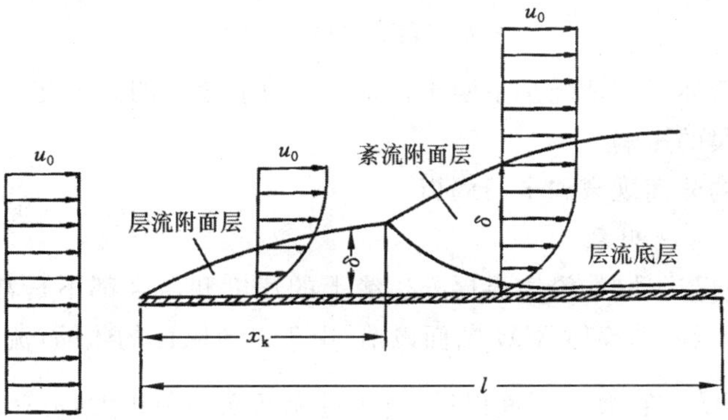

图 4-17　边界层概念

德国科学家普朗特提出了边界层理论，他认为在一般的绕流问题中，由于边界层的存在使整个流场中出现了两种性质不相同的流动区域，理想流体区和粘性边界层区。由于边界层很薄，故可先假设边界层并不存在，用理想流体方法进行分析，得到绕流物体边界上的流速和压强的分布，并将该边界的流速和压强认为就是边界层外边界上的流速和压强，使边界层的求解带来了方便。这样确定的边界层外边界上的流速和压强也是边界层和外部理想流体区域流动的衔接条件。

边界层的厚度及内部的流态沿流动方向是变化的，从平板迎流面的端点开始，边界层厚度从零沿流向逐渐增加。在平板的前缘做层流流动。随着边界层不断加厚，在某一距离 x_k 时，流动转变为紊流。在做紊流的边界层内部，仍然在平板的表面有一层极薄的层流底层。

二、管流边界层

边界层的概念对于管流同样是有效的。事实上，管流内部的流动入口段外，都处于受壁面影响的边界层。管流的沿程阻力是由边界层内的速度梯度引起的，而管流的局部阻力则是边界层分离的产物。

图 4-18 是管流入口段的情况，这里可清楚地看到管流的发展过程。假设速度以均匀速度流入，则在入口段的端口保持均匀的速度分布。由于管壁粘性的作用，紧靠管壁的流体将形成边界层，其厚度随离管口距离的增加而增加。当边界层厚度等于管道半径后，则上下前后即四周边界层相衔接。使边界层占满了整个断面，而形成充分发展的管流，其下游断面将保持这种状态不变。从入口到形成充分发展的管流的长度称为入口段长度，以 x_E 表示。根据实验资料的介绍：

对于层流
$$\frac{x_E}{d}=0.028\text{Re} \tag{4-35}$$

对于紊流
$$\frac{x_E}{d}=50 \tag{4-36}$$

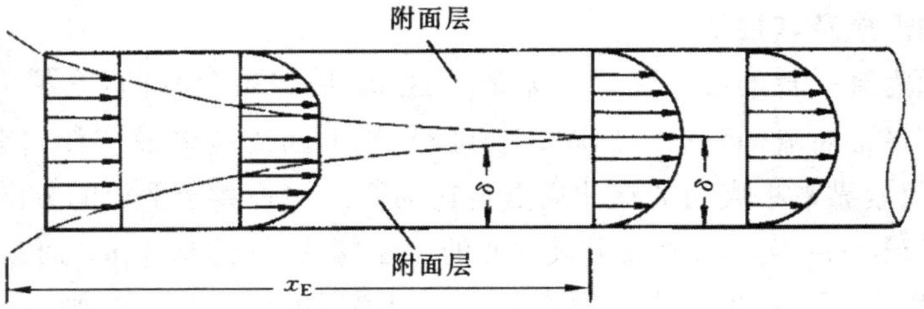

图 4-18　管流入口处的边界层

显然，入口段的流体运动情况是不同于正常的层流或紊流的。因此，在实验室内进行管流实验时，应避开入口段的影响。

三、曲面边界层的分离现象和卡门涡街

1. 曲面边界层的分离现象

当流体绕曲面边界流动时，沿边界层外边缘上的速度和压强都不是常数。根据理想流体的分析，在图 4-19 所示的曲面体 MM' 断面以前，由于过流断面的收缩，流速沿程增加，因而压强沿程减小（即 $\frac{\partial p}{\partial x}<0$）。在 MM' 断面以后，由于过流断面不断扩大，流速不断减小，因而压强沿程增加（即 $\frac{\partial p}{\partial x}>0$）。由此可见，在边界层外边界上，$M'$ 必然具有速度的最大值和压强最小值。由于边界层很薄，在边界层内部沿壁面法线方向压强的变化可忽略。这样，边界层外边界的压强沿流动方向的分布规律也适合边界层内。

在边界层内的 MM' 断面前为减压区，一方面流体质点受到粘性力的作用，另一方面，又受到压差的推动作用，即压差既用来克服粘性力又能增加流体的动能，使边界层的流速分布逐渐圆润。当流体质点进入 MM' 断面后的增压区，情况就不同了，流体质点不仅受到粘性力作用，压差也阻碍流体的前进，并且越靠近壁面的流体，受粘性力的作用越大。在这双重力的阻碍下，靠近壁面区域的流速逐渐趋近于零。这样花边齐层流速分布图上形成两个速度为零的点，一点是由于粘性作用在固体壁面上的点，另一点是由压差作用和粘性力作用在流场中的点，即

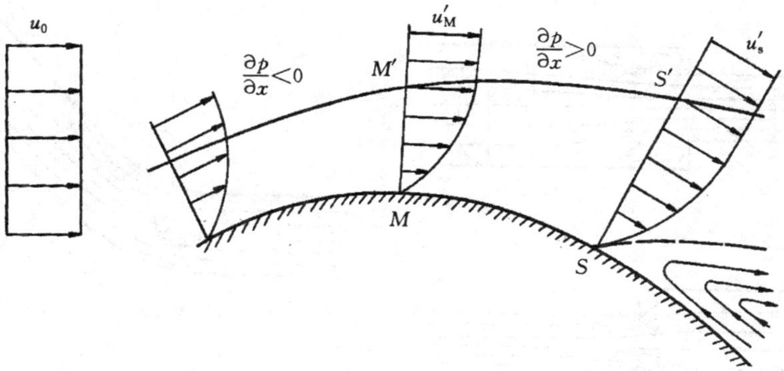

图 4-19　曲面边界层的分离

S 点。S 点为边界层流速分布的拐点(即$\frac{\partial u}{\partial y}=0$),并且流速分布的场点逐渐向上移动,在 S 点以后的流体质点在与主流方向相反的压差的作用下,将产生反方向的流动即回流。但离物体壁面较远的流体还是沿主流方向流动。这样两部分运动方向相反的流体相接触就形成了旋涡。这就是边界层的分离,而 S 点就称为分离点,将各断面上的拐点 S 连线和边界组成了分离区,整个回流区为分离区。由此可见,边界层的分离只能发生在断面扩大的区域。

4.8　局部水头损失

一、局部水头损失的一般分析

本章开始曾介绍过当流动断面发生突变(包括流动断面大小的突变,同时也包括流动方向的突变)时,流动将产生局部阻力或局部水头损失。流体流经这突变处,如突然扩大、突然缩小、转弯、分岔等,流体在惯性的作用下,流体将不沿壁面流动,产生分离现象,并在此局部处形成旋涡。如图 4-20 所示。局部水头损失产生的主要原因是旋涡的存在,旋涡形成是需要能量的,这能量是流动所提供的,在旋涡区内,流体在摩擦阻力的作用下不断消耗能量,而流体流动不断地提供,这是产生水头损失的主要原因。另外,流动中旋涡的存在使流动的紊流度(紊流强度)增加,从而加大了能量的损失。实验结果表明,流动突变处旋涡区越大,旋涡的强度越强,局部水头损失就越大。

在讨论阻力时,已给出局部水头损失的计算公式

$$h_f=\zeta\frac{v^2}{2g}$$

式中,ζ 为对应的断面平均流速 v 的局部水头损失系数。

大量实验表明,局部水头损失系数与雷诺数和突变形式有关,但在实际流动中,由于局部突变处旋涡的干扰,致使流动在较小的雷诺数下已进入阻力平方区。因此,在一般的情况下,ζ 只取决于局部突变的形式,与雷诺数无关。

二、几种典型的局部损失系数

1. 突然扩大管

设一突然扩大圆管如图 4-21 所示,其直径从 d_1 突然扩大到 d_2,在突变处形成旋涡。建立扩前断面 1—1 和扩后断面 2—2 的能量方程,因能量方程所取断面必须渐变流断面,1—1 断面可认为是渐变流断面,但在取 2—2 断面时,必须要离突变处一定的距离,即在流动处于渐

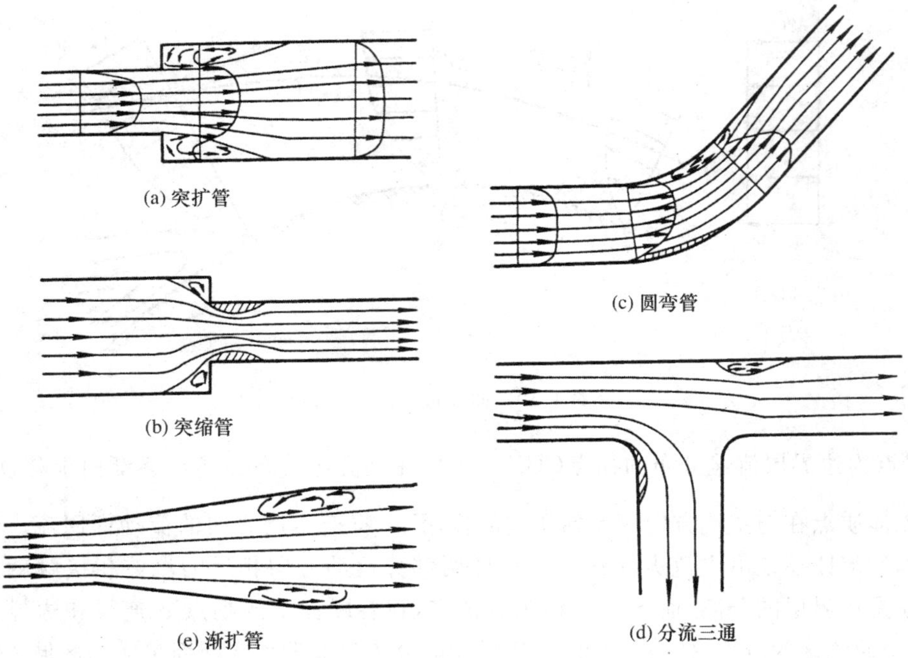

图 4-20　局部旋涡的产生

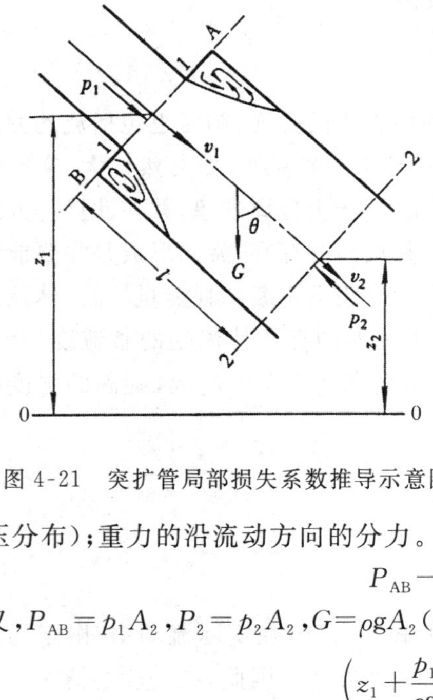

图 4-21　突扩管局部损失系数推导示意图

变流处。为方便起见，在列两断面的能量方程时，忽略沿程水头损失，得：

$$h_f=\left(z_1+\frac{p_1}{\rho g}+\frac{\alpha_1 v_1^2}{2g}\right)-\left(z_2+\frac{p_2}{\rho g}+\frac{\alpha_2 v_2^2}{2g}\right) \tag{4-37}$$

对 AB，2—2 断面及侧壁所构成的控制体，建立流动方向的动量方程：

$$\sum F=\rho Q(v_2-v_1)$$

AB 断面为包括旋涡区的流动断面，式中 $\sum F$ 包括：作用在 AB 和 2—2 断面上的作用力（AB 面不是严格的渐变流断面，作用力的计算是比较复杂的，根据实验分析，在 AB 断面上可假设其压强分布基本满足静压分布）；重力的沿流动方向的分力。将各作用力代入动量方程：

$$P_{AB}-P_2+G\cos\theta=\rho Q(v_2-v_1)$$

又，$P_{AB}=p_1A_2$，$P_2=p_2A_2$，$G=\rho gA_2(z_2-z_1)$，整理得：

$$\left(z_1+\frac{p_1}{\rho g}\right)-\left(z_2+\frac{p_2}{\rho g}\right)=\frac{v_2}{g}(v_2-v_1)$$

与能量方程比较，并取动能修正系数 $\alpha_1=\alpha_2=1$，整理得：

$$h_j=\frac{(v_1-v_2)^2}{2g} \tag{4-38}$$

将上式变为局部水头损失的一般表达式，可得：

$$h_j=\left(1-\frac{A_1}{A_2}\right)^2\frac{v_1^2}{2g}=\zeta_1\frac{v_1^2}{2g}$$

或

$$h_j=\left(\frac{A_2}{A_1}-1\right)^2\frac{v_2^2}{2g}=\zeta_2\frac{v_2^2}{2g}$$

突扩的局部水头损失系数为

$$\zeta_1=\left(1-\frac{A_1}{A_2}\right)^2 \text{ 对应上游断面} \tag{4-39}$$

或

$$\zeta_2=\left(\frac{A_2}{A_1}-1\right)^2 \text{ 对应下游断面} \tag{4-40}$$

以上是突然扩大管的两个局部损失系数，要注意的是，局部损失系数是对应于断面流速的，同一局部形式，由于所取的断面流速不同，其对应的损失系数也不同。

当流体在淹没出流情况下，即流入一很大的容器时，是突扩的特例，则$\frac{A_1}{A_2}\approx 0$，$\zeta_{出}=1$，一般称为管道出口水头损失系数。

2. 突然缩小管道

突然缩小管道的水头损失，由于其旋涡区及旋涡的个数与突然扩大管道不同，因此其局部水头损失也不同。突然缩小管的局部水头损失取决于面积收缩比，根据大量的实验结果，突然缩小的损失系数可按下列经验公式计算：

$$h_j=0.5\times\left(1-\frac{A_2}{A_1}\right)\frac{v_2^2}{2g} \tag{4-41}$$

即：

$$\zeta_2=0.5\times\left(1-\frac{A_2}{A_1}\right) \text{ 对应收缩后的流速。}$$

当流体从一很大容器流入管道时，则$A_2/A_1\approx 0$，$\zeta_{进}=0.5$，一般称为管道进口水头损失系数。不同的进口形式造成的损失系数有很大的差异，如图 4-22 所示。

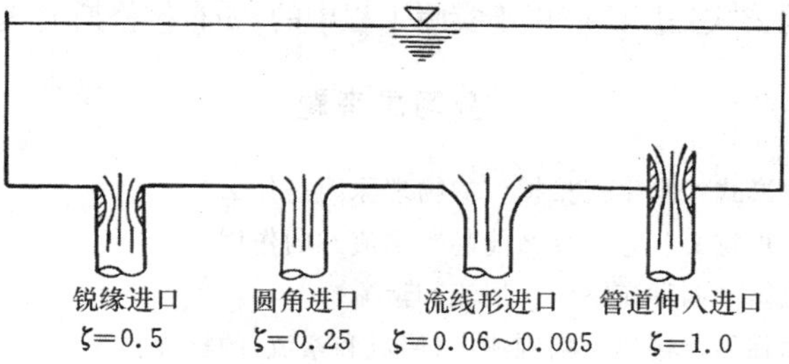

图 4-22

3. 其他局部水头损失系数

各种其他局部阻力，虽然其形式不同，但产生能量损失的机理是一致的，在这不一一介绍。

【例 4-5】 设有两个盛水的容器，如图 4-23 所示，两个容器之间用直径 $d=1\text{m}$，长 $L=100\text{m}$ 的圆管连接，两容器水位差 $z=3\text{m}$，设进口局部水头损失系数为 $\xi_1=0.5$，出口局部水头损失系数 $\xi_2=1$，沿程损失系数 $\lambda=0.025$，试求两个容器中连接管的流量？

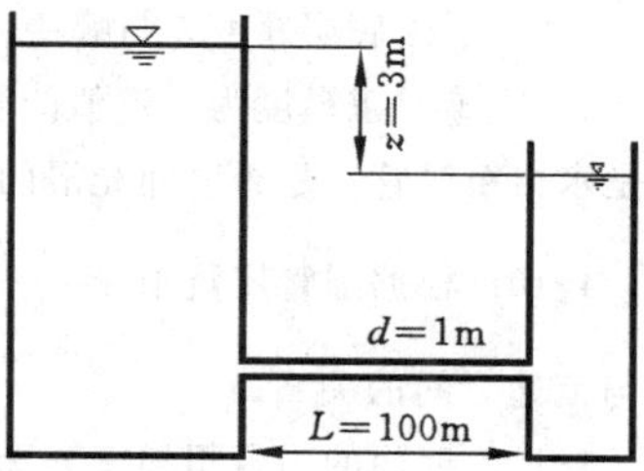

图 4-23　例 4-5 示意图

【解】 根据能量方程，建立两容器水面的能量方程整理得：

流速的计算式为 $v=\frac{1}{\sqrt{\lambda\frac{L}{d}+\sum\xi}}\cdot\sqrt{2gz}=\frac{1}{\sqrt{0.025\times\frac{100}{1}+0.5+1}}\cdot\sqrt{2\times9.8\times3}$

$$=3.83\times\frac{3.14}{4}\times1^2=3.83\mathrm{m/s}$$

$$Q=vA=3.83\times\frac{3.14}{4}\times1^2=3\mathrm{m^3/s}$$

学习指导

本章着重叙述流体阻力存在的原因以及解决能量方程中的水头损失。本章内容比较繁琐,经验公式和经验数据很多,在阅读时要善于总结对比,不必硬记。

1. 流体阻力有沿程阻力和局部阻力。实际管流中一般这两种阻力是同时存在的。

2. 流体的阻力与流动状态即流态有关,流体有层流与紊流之分,了解两种流态的特征和判别准则数。

3. 层流运动的特征:断面上流速分布、切应力分布、沿程阻力系数等等。

4. 紊流运动的特征:断面上流速分布、切应力分布、沿程阻力系数;但要掌握紊流中沿程阻力与各个紊流区的关系,并能从层流底层和绝对粗糙度的相对关系来说明沿程阻力系数的变化规律。

5. 尼古拉兹的试验公式及试验曲线是解决沿程阻力的基础,但他是对人工粗糙管道进行的试验。对于实际工业管道引入当量粗糙度,当量粗糙度是如何定义的?莫迪图是如何绘制的?这些内容要能掌握。

6. 本章介绍的经验公式是广泛应用于实际工程中的,如布拉修斯公式、希林松公式,等等。

复习思考题

4-1 能量损失有几种形式?产生能量损失的物理原因是什么?

4-2 雷诺数有什么物理意义?它为什么能起判别流态的作用?

4-3 怎样判别粘性流体的两种流态——层流和紊流?

4-4 为何不能直接用临界流速作为判别流态(层流和紊流)的标准?

4-5 两个不同管径的管道,对通过的不同粘滞性的液体,它们的临界雷诺数是否相同?

4-6 紊流中的瞬时流速、脉动流速、时均流速、断面平均流速怎么区分?

4-7 紊流中存在脉动现象,具有非恒定性质,但是又是恒定流,其中有无矛盾?为什么?

4-8 层流底层厚度 δ 与哪些因素有关?它在紊流分析中有什么作用?

4-9 绝对粗糙度为一定值的管道,为什么当 Re 数较小时,可能是水力光滑管?而当 Re 数较大时,又可能是水力粗糙管?是否壁面光滑的管子一定是水力光滑管,壁面粗糙的一定是水力粗糙管?为什么?

4-10 根据圆管层流中 $\lambda=\frac{64}{\mathrm{Re}}$,水力光滑区中 $\lambda=\frac{0.3164}{\mathrm{Re}^{0.25}}$,粗糙区 $\lambda=0.11\left(\frac{k_s}{d}\right)^{0.25}$,分析沿程水头损失 h_f 与流速之间的关系。

4-11 壁面的当量粗糙度 k_s 粗糙系数 n,阻力系数 λ,谢才系数 C 各表示什么意思?它们之间有什么区别和联系?

4-12 有两根管道,直径 d,长度 l 和绝对粗糙度 k_s 均相同;一根输送水,另一根输送油。试问:

(1) 当两管道中液流的流速相等,其沿程水头损失 h_f 是否也相等?

(2) 两管道中液流的 Re 相等,其沿程水头损失 h_f 是否相等?

4-13　$\tau=\gamma RJ$，$h_f=\lambda\cdot\frac{l}{d}\cdot\frac{v^2}{2g}$和$v=C\sqrt{RJ}$，这三个公式之间有何联系与区别？在管路、明渠、均匀流、非均匀流、层流和紊流的水力光滑面和水力粗糙面，是否均能应用此三公式？

4-14　(1) 图中液流方向由小管到大管与由大管到小管的局部水头损失是否相等？为什么？[图(a)。]

(2) 图(b)和图(c)为两个突然扩大管，粗管直径均为D，但两细管直径不相等，$d_A>d_B$两者通过的Q相等。哪个局部水头损失大？为什么？

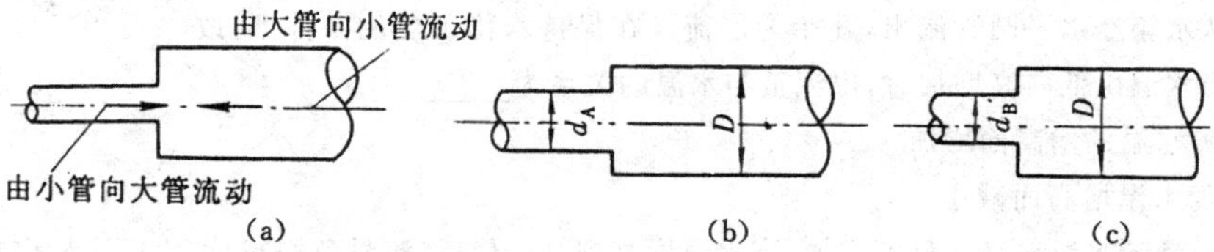

复习思考题 4-14 图

4-15　如图所示管道，已知水头为H，管径为d，沿程阻力系数为λ，且流动在紊流粗糙区。若①沿铅垂方向接一长度为Δl的同管径的管道；②在水平方向接一长度为Δl的同管径的管道，试问哪一种情况的流量大？为什么(该管路较长，忽略其局部水头损失)？

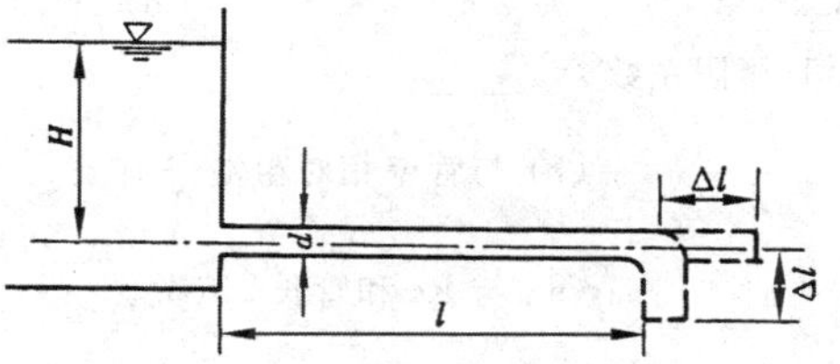

复习思考题 4-15 图

4-16　造成局部水头损失的主要原因是什么？

4-17　什么是边界层？提出边界层概念对流体力学研究有何意义？

4-18　边界层分离的前提是什么？

习　题

一、选择题

4-1　如图所示，水在垂直管内由上向下流动，相距l的两断面间，测压管水头差h，两断面间沿程水头损失h_f，则________。

(a) $h_f=h$　　(b) $h_f=h+l$

(c) $h_f=l-h$　　(d) $h_f=l$

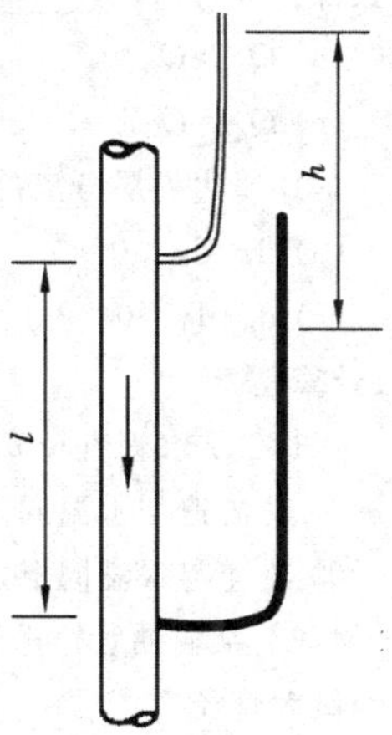

选择题 4-1 图

4-2　圆管流动过流断面上剪应力分布为________。

(a) 在过流断面上是常数　　(b) 管轴处是零，且与半径成正比

(c) 管壁处是零，向管轴线性增大　　(d) 按抛物线分布

4-3　圆管流的临界雷诺数(下临界雷诺数)________。

(a) 随管径变化　　(b) 随流体的密度变化

(c) 随流体的粘度变化　　(d) 不随以上各量变化

4-4　在圆管流中，紊流的断面流速分布符合________。

(a) 均匀规律　　(b) 直线变化规律

(c) 抛物线规律　　(d) 对数曲线规律

4-5　在圆管流中，层流的断面流速分布符合________。

(a) 均匀规律　　(b) 直线变化规律

(c) 抛物线规律　　　　　　　　　　(d) 对数曲线规律

4-6　输水管道在流量和水温一定时，随着直径的增大，水流的雷诺数 Re 就________。

(a) 增大　(b) 减小　(c) 不变　(d) 不定

4-7　半圆形明渠半径 $r_0=4\text{m}$，水力半径为________。

(a) 4m　(b) 3m　(c) 2m　(d) 1m

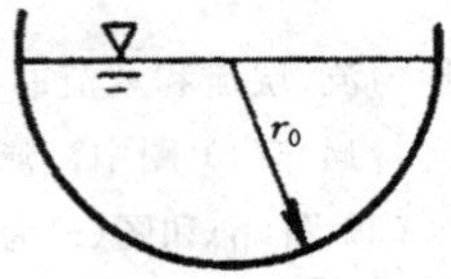

选择题 4-7 图

4-8　水从水箱经水平圆管流出，开始为层流。在保持水位不变的条件下，改变水的温度，当水温由低向高增加时，出流量与水温的关系为________。

(a) 流量随水温的增高而增加

(b) 流量随水温增高而减小

(c) 开始流量随水温增高而显著增加，当水温增高到某一值后，流量急剧减小，之后流量变化很小

(d) 开始流量随水温增高而显著减小，当水温增高到某一值后，流量急剧增加，之后流量变化很小

4-9　变直径管流，细断面直径为 d_1，粗断面直径 $d_2=2d_1$，粗细断面雷诺数的关系是________。

(a) $Re_1=0.5Re_2$　(b) $Re_1=Re_2$　(c) $Re_1=1.5Re_2$　(d) $Re_1=2Re_2$

4-10　圆管层流，实测管轴线上流速为 4m/s，则断面平均速度为________。

(a) 4m/s　(b) 3.2m/s　(c) 2m/s　(d) 1m/s

4-11　圆管紊流过渡区的沿程摩阻系数 λ________。

(a) 与雷诺数 Re 有关　　(b) 与管壁相对粗糙 $\frac{k_s}{d}$ 有关

(c) 与 Re 及 $\frac{k_s}{d}$ 有关　　(d) 与 Re 和管长 l 有关。

4-12　圆管紊流粗糙区的沿程摩阻系数 λ________。

(a) 与雷诺数 Re 有关　(b) 与管壁相对粗糙 $\frac{k_s}{d}$ 有关；

(c) 与 Re 及 $\frac{k_s}{d}$ 有关　(d) 与 Re 和管长 l 有关

4-13　水流在管道直径、水温、沿程阻力系数都一定时，随着流量的增加，粘性底层的厚度就________。

(a) 增加　(b) 减小　(c) 不变　(d) 不定

4-14　A，B 两种流动情况，如作用水头，管长，管径，沿程阻力系数都相等，流量为________。

(a) $Q_A>Q_B$　(b) $Q_A<Q_B$

(c) $Q_A=Q_B$　(d) 不定

4-15　边界层分离的必要条件是________。

(a) $dp/dx<0$　(b) $dp/dx>0$

(c) $du/dy>0$　(d) $du/dx>0$

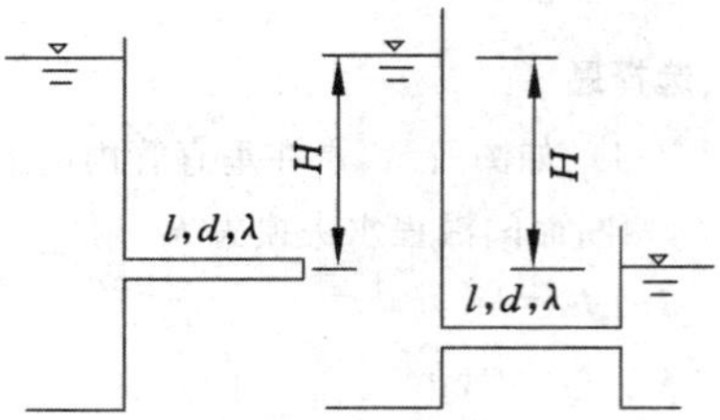

选择题 4-14 图

二、计算题

4-1　① 水管直径 $d=10\text{mm}$，管中水流流速 $v=0.2\text{m/s}$，水温 $T=10℃$，试判别其流态；

② 若流速与水温同上，管径改变为 $d=30\text{mm}$，管中流态又如何？

③ 流速与水温同上，管流由层流转变为紊流时，水管直径应为多大？

4-2　某输油管输送流量 $Q=5.67\text{L/s}$ 的燃料油，其运动粘滞系数 $\nu=6.08\times10^{-6}\text{m}^2/\text{s}$。试求保持层流状态的最大管径。

4-3　水管直径 $d=10\text{cm}$，管中流速 $v=1\text{m/s}$，水温为 10℃，试判别流态。又流速等于多少时，流态将发生变化？

4-4　通风管道直径为 250mm，输送的空气温度为 20℃，试求保持层流的最大流量。若输送空气的质量流量为 200kg/h，其流态是层流还是紊流？

4-5　有一矩形断面的小排水沟，水深 15cm，底宽 20cm，流速 0.15m/s，水温 10℃，试判别流态。

4-6　输油管的直径 $d=150\text{mm}$，流量 $Q=16.3\text{m}^3/\text{h}$，油的运动粘度 $\nu=0.2\text{cm}^2/\text{s}$，试求每公里管长的沿程水头损失。

4-7　有一管道直径 $d=300\text{m}$，层流时水力坡度 $J=0.15$，紊流时水力坡度 $J=0.2$。试求：

(1) 管壁处的切应力 τ_0；

(2) 离管轴 $r=100\text{mm}$ 处的切应力 τ_0。

4-8　对圆管中的层流运动，离管轴中心多少处的流速 u 等于断面平均流速 v？

4-9　管道直径 $d=200\text{mm}$，流量 $Q=90\text{L/s}$，水力坡度 $J=0.46$。试求该管道的沿程阻力系数 λ 值。

4-10　如图所示，水箱中的水经管道流出，已知管道直径为 25mm，长度为 6m，水位 $H=13\text{m}$，沿程摩阻系数 $\lambda=0.02$，试求流量及壁面应力 τ_0。

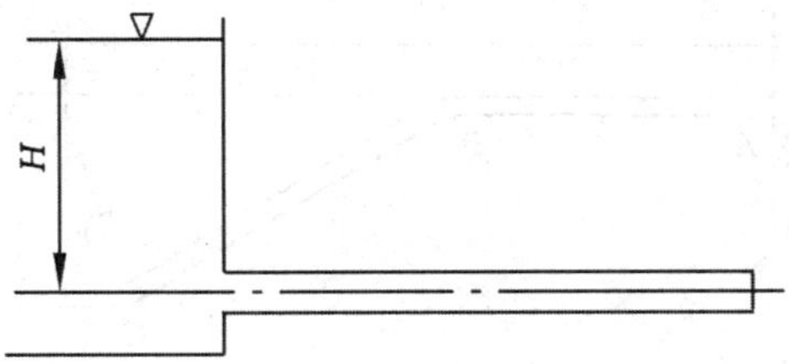

计算题 4-10 图

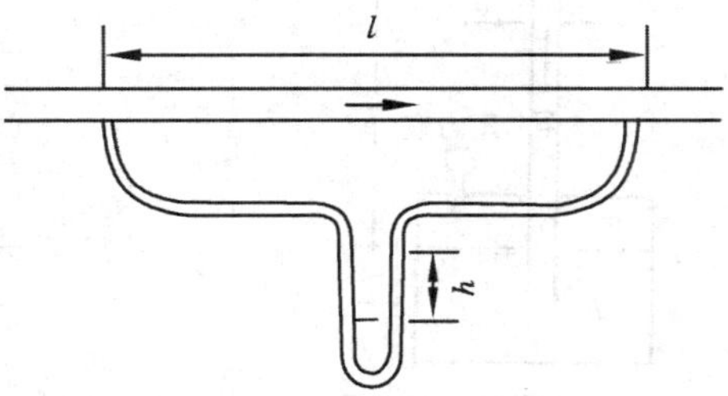

计算题 4-12 图

4-11　管道直径 $d=15\text{mm}$，量测段长 $l=4\text{m}$，水温 $T=5℃$。试求：

(1) 当流量 $Q=0.03\text{L/s}$ 时，管中的流态；

(2) 此时的沿程水头损失系数 λ；

(3) 量测段的沿程水头损失 h_f；

(4) 为保持管中为层流，量测段的最大测压管水头差 $\frac{p_1-p_2}{\gamma}$ 应为多少？

4-12　如图所示，应用细管式粘度计测定油粘度。已知细管直径 $d=8\text{mm}$，测量段长 $l=2\text{m}$，实测油的流量 $Q=70\text{cm}^3/\text{s}$，水银压差计读值 $h=30\text{cm}$，油的密度 $\rho=901\text{kg/m}^3$。试求油的运动粘度 ν 和[动力]粘度 μ。

4-13　为了测定圆管内径，在管内通过运动粘度 ν 为 $0.013\text{cm}^2/\text{s}$ 的水，实测流量为 $35\text{cm}^3/\text{s}$，长 15m 管段上的水头损失为 2cm 水柱，试求该圆管的内径。

4-14　钢筋混凝土输水管直径为 300mm，长度为 500m，沿程水头损失为 1m，试用谢才公式求管道中流速。

4-15　如图所示，油管直径为 75mm，已知油的密度为 901kg/m^3，运动粘度为 $0.9\text{cm}^2/\text{s}$，在管轴位置安放连接水银压差计的皮托管，水银面高差 $h_p=20\text{mm}$，试求油的流量。

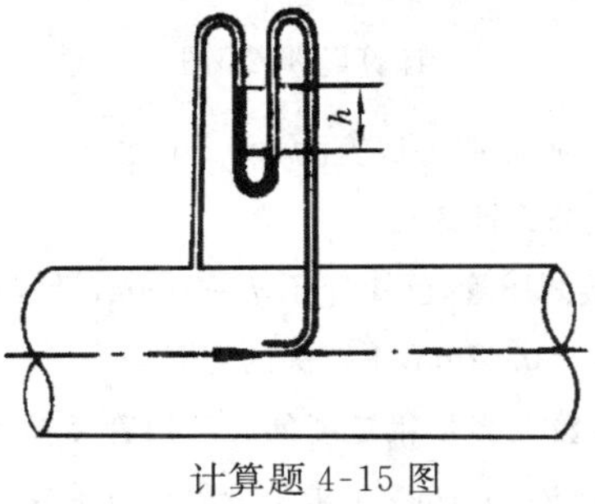

计算题 4-15 图

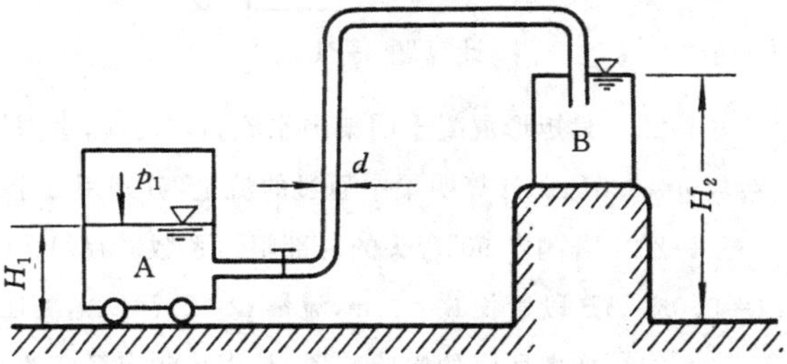

计算题 4-16 图

4-16　如图所示，水从封闭水箱 A 沿直径 $d=25\text{mm}$、长度 $l=10\text{m}$ 的管道流入水箱 B，若水箱 A 水面的相对压强 $p_1=2p_0$，$H_1=1\text{m}$，$H_2=5\text{m}$；局部阻力系数：进口 $\zeta=0.5$，阀门 $\zeta=3$，弯头 $\zeta=0.3$，沿程阻力系数 $\lambda=0.025$，试求流量 Q。

4-17　直径 $d=300\text{mm}$ 的旧铸铁管，长度 $l=200\text{m}$，流量 $Q=250\text{L/s}$；取当量粗糙度 $k_s=0.6\text{mm}$ 水温 $T=10℃$。试分别用公式和查图法求沿程水头损失 h_f。

4-18　矩形风道的断面尺寸为 1 200mm×600mm，空气流量为 42 000m³/h，空气密度为 1.11kg/m³，测得相距 12m 的两断面间的压强差为 31.6N/m²。试求风道的沿程摩阻系数。

4-19　如图所示，水从密闭水箱 A 沿垂直管路被压送到上面的敞口水箱 B 中。已知 $d=25\text{mm}$，$l=3\text{m}$，$h=0.5\text{m}$，$Q=1.5\text{L/s}$，阀门 $\zeta=9.3$，壁面当量粗糙度 $k_s=0.2\text{mm}$，流体在粗糙区的 $\lambda=0.11\left(\frac{k_s}{d}\right)^{0.25}$。求压力表读数。

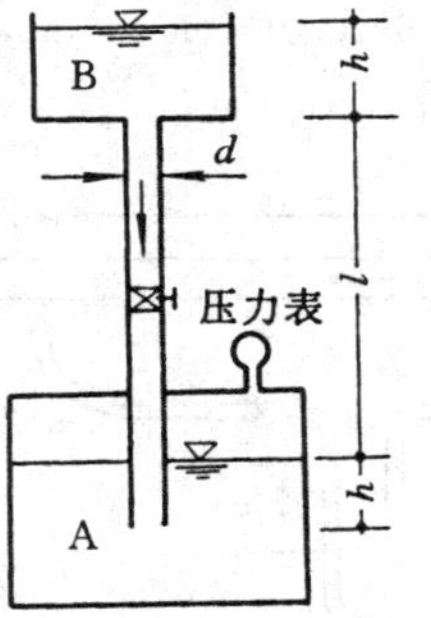

计算题 4-19 图

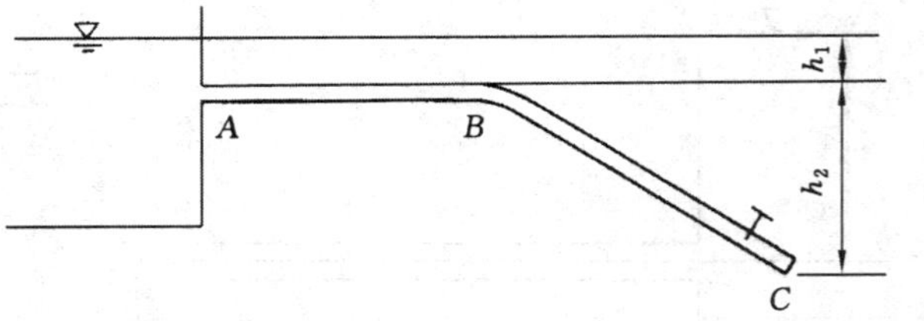

计算题 4-20 图

4-20　如图所示，水池中的水经弯管流入大气中，已知管道直径 $d=100\text{mm}$，水平段 AB 和倾斜段 BC 的长度均为 $l=50\text{m}$，高差 $h_1=2\text{m}$，$h_2=25\text{m}$，BC 段设有阀门，沿程摩阻系数 $\lambda=0.035$，管道入口及转弯局部阻力不计。试求：为使 AB 段末端 B 处的真空高度不超过 7m，阀门的局部水头损失系数 ζ 最小应是多少？此时的流量是多少？

4-21　如图所示，两水池水位恒定，已知管道直径 $d=10\text{cm}$，管长 $l=20\text{m}$，沿程摩阻系数 $\lambda=0.042$，局部水头损失系数 $\zeta_{弯}=0.8$，$\zeta_{阀}=0.26$，通过流量 $Q=65\text{L/s}$。试求水池水面高差 H。

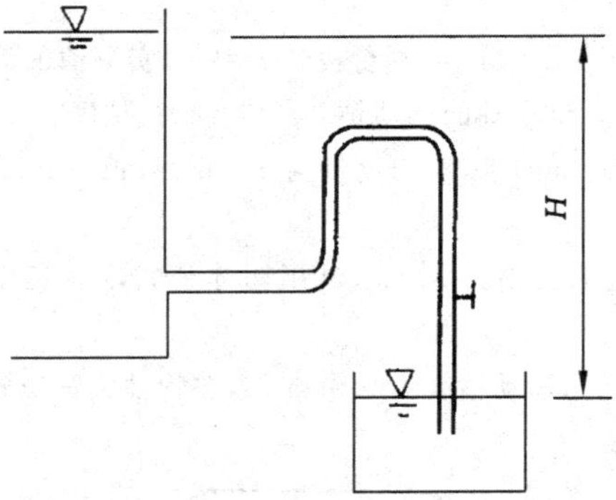

计算题 4-21 图

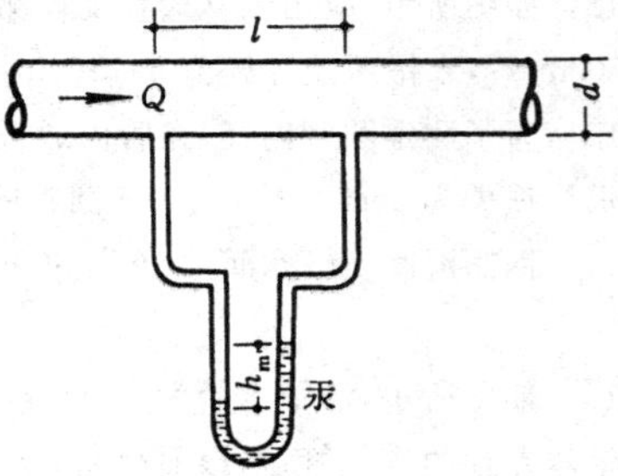

计算题 4-24 图

4-22　某矩形混凝土明渠中水流为均匀流，水力坡度 $J=0.000\,9$，明渠底宽为 $b=2\text{m}$，水深 $h=1\text{m}$，粗糙系数 $n=0.014$。计算明渠中通过的流量(分别用曼宁公式和巴氏公式计算)。

4-23　需测定 90°弯头的局部阻力系数。在 A 和 B 两断面接测压管，已知管径 $d=50\text{mm}$，沿程阻力系数 $\lambda=0.03$，AB 段管长 $L=10\text{m}$，流量 $Q=2.74\text{L/s}$，测压管水头差 $h=0.629\text{m}$，求弯头的 ζ 值。

4-24　如图所示的实验装置，是用来测定管路的沿程阻力系数和当量粗糙度的。已知管径 $d=200\text{mm}$，管长 $L=10\text{m}$，水温 $T=20℃$，测得流量 $Q=150\text{L/s}$，汞压差计读数 $h=0.1\text{m}$。试求①沿程阻力系数；②管壁的当量粗糙度。

4-25　如图所示，A，B，C 三个水箱由两段钢管相连接，经过调节使管中产生恒定流动。已知 A 箱和 C 的水位差 $H=10\text{m}$，$l_1=50\text{m}$，$l_2=40\text{m}$，$d_1=250\text{mm}$，$d_2=200\text{mm}$，$\zeta_{弯}=0.25$；设流动处在粗糙区，用 $\lambda=0.11$

$\left(\frac{k_s}{d}\right)^{0.25}$ 计算，管壁 $k_s=0.2\text{mm}$。试求：(1)管中流量 Q；(2)h_1 和 h_2。

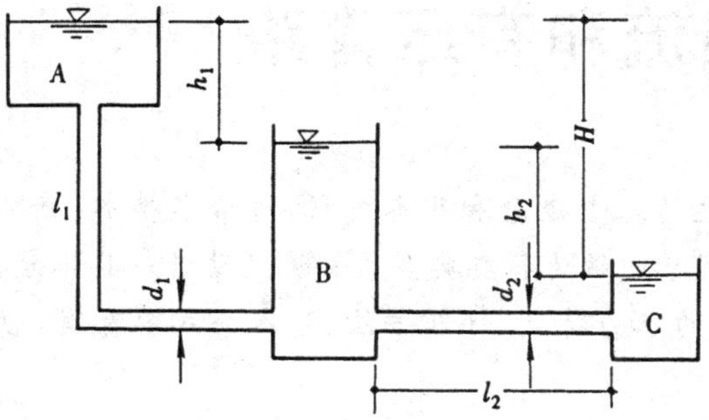

计算题 4-25 图

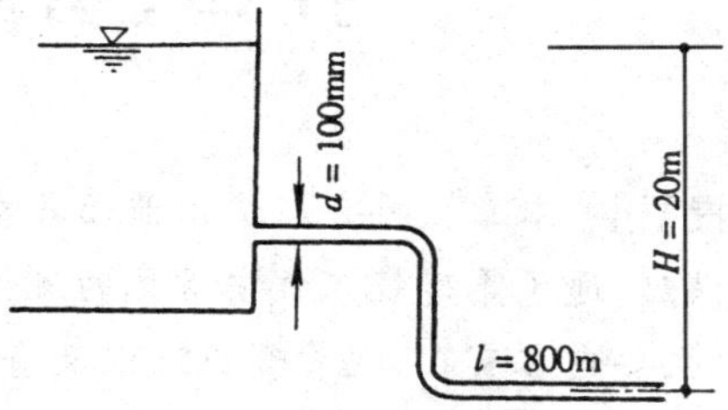

计算题 4-26 图

4-26　如图所示，某一水池，通过一根管径 $d=100\text{mm}$、管长 $l=800\text{m}$ 的管道，恒定地放水。已知水池水面和管道出口高差 $H=20\text{m}$，管道上有两个弯头，每个弯头的局部阻力系数 $\zeta=0.3$，管道进口是直角($\zeta=0.5$)，管道全长的沿程阻力系数 $\lambda=0.025$。试求通过管道的流量。

4-27　如图所示，输水管道中设有阀门，已知管道直径为 50mm，通过流量为 3.34L/s，水银压差计读值 $\Delta h=150\text{mm}$，沿程水头损失不计，试求阀门的局部水头损失系数。

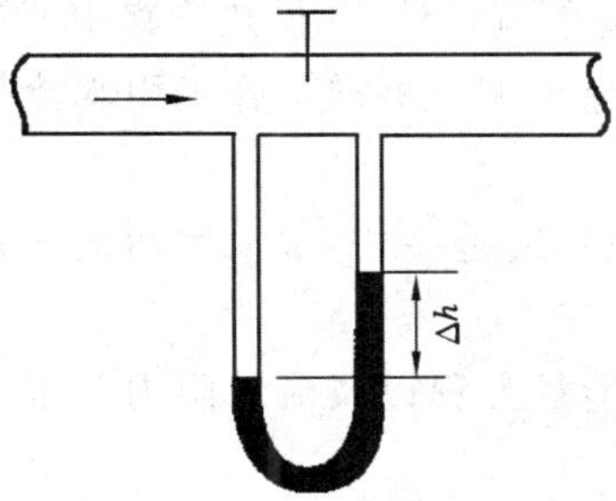

计算题 4-27 图

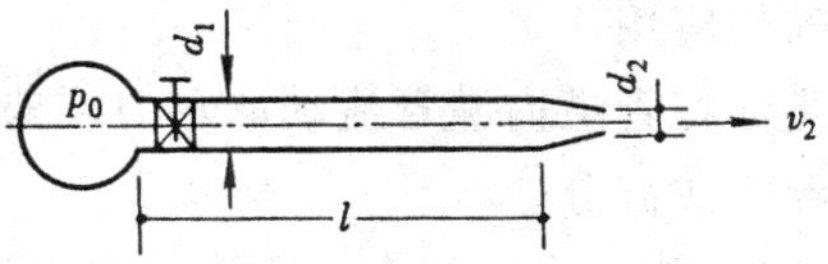

计算题 4-28 图

4-28　如图所示，从压强为 $p_0=0.549\text{MPa}$ 的水管处接出一个橡皮管，长 $l=18\text{m}$，直径 $d_1=12\text{mm}$，橡皮管的沿程阻力系数 $\lambda=0.025$，阀门的局部阻力系数 $\zeta=7.5$。试求下列两种情况下的出口流速 v_2 及出口动能之比：

(1) 末端装有直径为 $d_2=3\text{mm}$、阻力系数 $\zeta=0.1$ 的喷嘴；

(2) 末端无喷嘴 c。

4-29　如图所示，压力水箱中的水，经由两段串联的管道恒定出流，已知压力表的读值 $P_M=98\,000\text{Pa}$，水头 $H=2\text{m}$，管长 $l_1=10\text{m}$，$l_2=20\text{m}$ 直径 $d_1=100\text{mm}$，$d_2=200\text{mm}$，沿程摩阻系数 $\lambda_1=\lambda_2=0.03$，试求流量并绘制总水头线和测压管水头线。

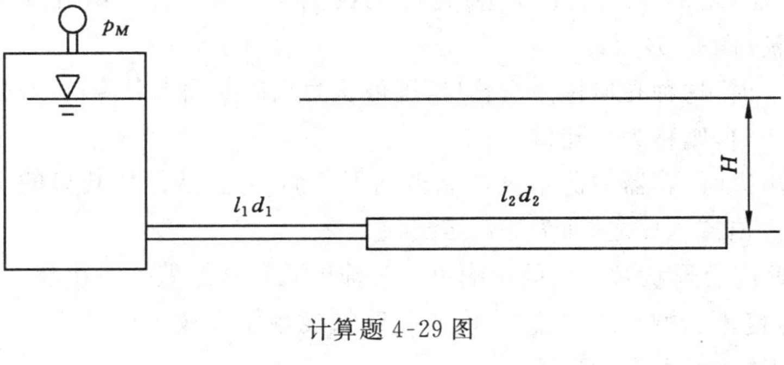

计算题 4-29 图

5 孔口、管嘴出流和有压管路

[内容提要] 本章主要介绍应用前面各章所阐述的基本概念和基本方程,对给水排水、道路、桥梁、供热、通风等建筑工程中常见的流体运动现象归纳为各类典型的管流流动进行具体分析研究。主要内容有孔口、管嘴出流以及有压管流的水力特点、计算方法、基本公式以及有压管流中的水击现象。

若在容器壁上开孔,流体经孔口流出的水力现象称为孔口出流。若在孔口上连接长为3～4倍孔径的短管,流体经过短管并在出口断面满管流出的水力现象称为管嘴出流。重力作用下的孔口和管嘴出流,作恒定出流时,理论上通过能量转化关系,先求出它们的流速和流量,再通过实验定出主要受局部阻力影响而增加的校正系数。孔口和管嘴是一种测量流速、流量的量测工具,也是工程上常见的水力现象。如给排水工程中各类取水、泄水闸孔,水流经过路基下的有压涵管、水坝中泄水管以及自然通风中空气通过门窗的流量计算、供热管路中节流孔板的计算等流动现象都与孔口、管嘴出流有关,此外,消防水枪和水力机械化施工用水枪等也是管嘴的应用。

流体在管道内满管流动的水力现象称为有压管流。有压管道是一切生产、生活输水系统的重要组成部分。

孔口、管嘴出流和有压管流的水力计算,是连续性方程、能量方程以及流动阻力和水头损失规律对工程实践的具体应用。

5.1 孔口出流

一、孔口出流分类

根据孔口出流的条件,孔口出流可有以下分类:

(1) 从理论上来说,容器侧壁上的孔口的上缘和下缘在水面以下的深度是不同的,所以,孔口出流时其断面上的流速也是有差异的。但当孔径d(或孔口高度e)与孔口形心以上的作用水头H相比较很小时,就认为孔口断面上各点的作用水头近似相等,所以,孔口上各断面的流速差异也就可以忽略不计。因此,根据d/H的比值大小可将孔口出流分为小孔口出流(图5-1)和大孔口出流(图5-5)两种:

若$d/H \leqslant 0.1$时,这种孔口称为小孔口,则可认为孔口断面上各点的作用水头相等。

若$d/H > 0.1$时,则称为大孔口。

(2) 当孔口出流时,容器中的水量如能得到不断的补充,从而使孔口的作用水头不变,这种出流就称为恒定出流。反之,即为非恒定出流。

(3) 按孔壁厚度及形状对出流的影响可分为薄壁孔口和厚壁孔口出流。若在容器壁上开一孔口,如壁的厚度不影响水的出流,水流与孔壁的接触仅仅在一条周线上,则此孔口称为薄壁孔口。反之,则称为厚壁孔口出流。

(4) 如容器中的流体自孔口出流到大气中,称为自由式出流;如出流到同种流体中,则称为淹没式出流。

二、薄壁锐缘小孔口的恒定出流

容器壁较薄，孔口四周的容器壁边缘尖锐，$d/H \leqslant 0.1$，又当容器水位不变时的出流，就是薄壁锐缘小孔口的恒定出流。

1. 自由式出流

如图 5-1 所示，观察其水流情况时，可见水流从各方面趋近孔口，由于存在着惯性，水流不可能在孔口附近作直角拐弯，其流线只能渐渐弯曲，使刚流过孔口的水股断面缩小。经实验发现，在距容器内壁约 $d/2$ 处，收缩完成，此时流线相互平行，符合渐变流条件，如图 5-1 中 c—c 断面。该断面也称收缩断面，用 Ac 表示。

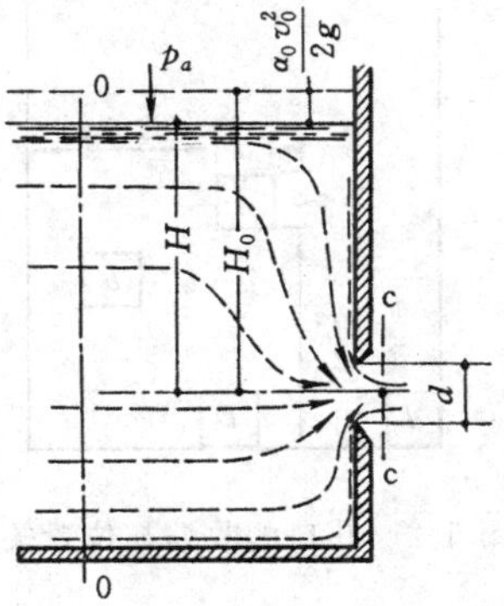

图 5-1　薄壁小孔口自由出流

为推导孔口出流的关系式，选通过孔口形心的水平面为基准面，取水箱内符合渐变流条件的断面 0—0，收缩断面 c—c，列能量方程：

$$H+\frac{p_a}{\gamma}+\frac{\alpha_0 v_0^2}{2g}=0+\frac{p_c}{\gamma}+\frac{\alpha_c v_c^2}{2g}+h_w$$

水箱中的微小水头损失可以忽略不计，因此 h_w 只是水流流经孔口的局部水头损失，即

$$h_w=h_j=\zeta\frac{v_c^2}{2g} \tag{5-1}$$

对敞开容器的孔口自由式出流　　　　$p_c=p_a$

令　$H_0=H+\dfrac{\alpha_0 v_0^2}{2g}$，上式整理为

$$H_0=(\alpha_c+\zeta_c)\frac{v_c^2}{2g}$$

即

$$v_c=\frac{1}{\sqrt{\alpha_c+\zeta_c}}\sqrt{2gH_0}=\varphi\sqrt{2gH_0} \tag{5-2}$$

式中

$$\varphi=\frac{1}{\sqrt{\alpha_c+\xi_c}} \tag{5-3}$$

为孔口的流速系数。一般情况下取 $\alpha_c=1.0$，当 $\zeta_c=0$，即不计损失时，$\varphi=1$，可见 φ 是收缩断面的实际流体流速 v_c 对理想流体流速 v 的比值。其中 $v=\sqrt{2gH_0}$。

由实验可得到孔口流速系数 $\varphi=0.97$。由此可得到水流经孔口的局部阻力系数：

$$\zeta_c=\frac{1}{\varphi^2}-1=\frac{1}{0.97^2}-1=0.06$$

设孔口断面的面积为 A，收缩断面的面积为 A_c，则 $\varepsilon=\dfrac{A_c}{A}$，$\varepsilon$ 称为收缩系数。由实验数据

得到，$d_c=0.8d$，因此得 $\varepsilon=0.64$。

由孔口流出的水流流量为

$$Q=v_c A_c=\varepsilon A\varphi\sqrt{2gH_0}=\mu A\sqrt{2gH_0} \tag{5-4}$$

式中，μ 为孔口的流量系数，$\mu=\varepsilon\varphi$。薄壁小孔口的流量系数 $\mu=0.64\times0.97=0.62$。式(5-4)即为薄壁小孔口恒定自由出流的基本公式。

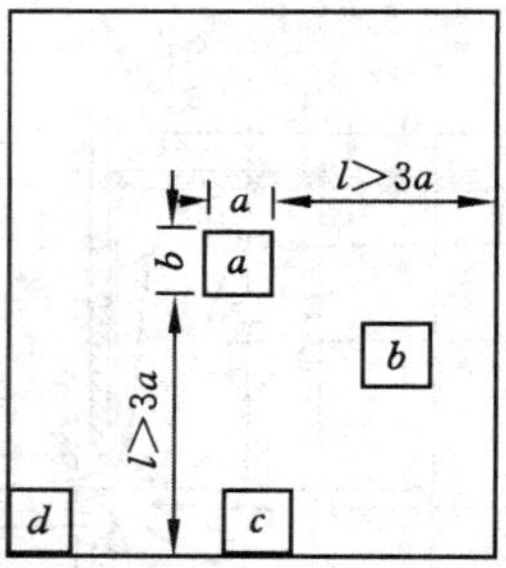

图 5-2　孔口的收缩与位置关系

孔口在壁面上的位置，对收缩系数 ε 有直接影响。当孔口的全部边界都不与相邻的容器底边和侧边重合时，(图 5-2 中 a，b)孔口的四周流线都发生收缩，这种孔口称为全部收缩孔口。全部收缩孔口又分为完全收缩和不完全收缩。凡孔口与相邻壁面的距离大于同方向孔口尺寸的 3 倍时($L>3a$ 或 $L>3b$)，孔口出流的收缩不受距壁面远近的影响，属完全收缩(见图 5-2 中 a)，否则，为不完全收缩(见图 5-2 中 b)。不完全收缩孔口的流量系数 μ'大于完全收缩的流量系数 μ，可按经验公式计算。

$$\mu'=\mu\left[1+0.64\left(\frac{A}{A_0}\right)^2\right] \tag{5-5}$$

式中　μ——完全收缩时孔口的流量系数；

A——孔口面积；

A_0——孔口所在壁面的全部面积。

2. 薄壁小孔口淹没出流

如孔口下游的水位高于孔口，使孔口出流时水流不是流入空气，而是流进下游水体，见图 5-3，这种情况称为淹没式出流。出流口的水流情况，如同自由出流一样，在流经孔口时流线会收缩，尔后再扩大。

以通过孔口中心的平面为基准面，取符合渐变流条件的断面 1—1，2—2 列能量方程。

$$H_1+0+\frac{\alpha_1 v_1^2}{2g}=H_2+0+\frac{\alpha_2 v_2^2}{2g}+h_w \tag{5-6}$$

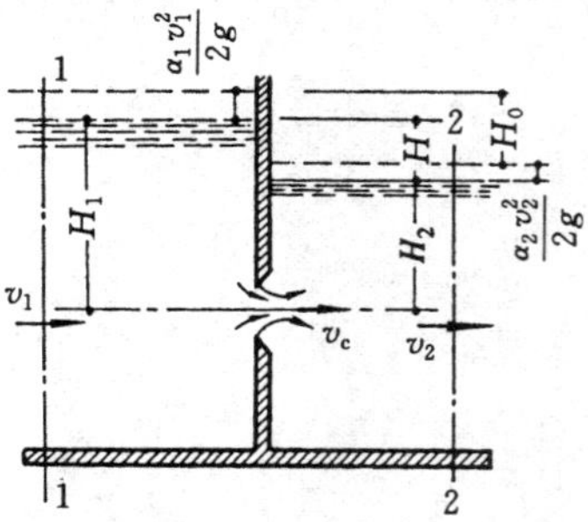

图 5-3　孔口淹没出流

上式中，$v_1\approx v_2\approx 0$，称为行近流速。因此，可近似写成：

$$H=H_1-H_2=h_w=\zeta'\frac{v_c^2}{2g} \tag{5-7}$$

$$v_c=\frac{1}{\sqrt{\zeta+1}}\sqrt{2gH}=\varphi\sqrt{2gH} \tag{5-8}$$

其中，淹没出流的水头损失包括经孔口的收缩水头损失和水流流出孔口后突然扩大局部水头损失两项，即：$\zeta'=\zeta+1$。

用类似于对自由出流的分析方法，同样可得到淹没出流的基本关系式。

$$Q=A_c v_c=\varphi\varepsilon A=\sqrt{2gH}=\mu A\sqrt{2gH} \tag{5-9}$$

根据实验结果，孔口淹没出流的流量系数 μ 值和自由出流的很为接近，故计算时常取自由出流的 μ 值。比较自由出流与淹没出流两流量计算式，可见两式形式和系数值完全相同。但应注意，在自由出流情况下，孔口的作用水头 H 为水面至孔口形心的深度；而在淹没出流情况下，孔口的作用水头 H 则为孔口上、下游水面高差。因此，孔口淹没出流的流速和流量均与孔口离液面的距离无关。另外，淹没出流孔口断面上各点作用水头相同，因此，淹没出流也就没有大、小孔口之分。

【例 5-1】 在薄壁水箱上开一孔径 $d=10\text{mm}$ 的圆孔，水箱水面位于孔口中心高度 $H=4\text{m}$，孔口中心离地面高度 $z=5\text{m}$，见图 5-4。通过实验，测定射流与地面相交点中心离水箱壁距离 $x=8.676\text{m}$，孔口出流量 $Q=0.43\text{L/s}$。如不计射流受空气的阻力，求此孔口出流的流速系数 φ，流量系数 μ 和局部阻力系数 ζ 值。

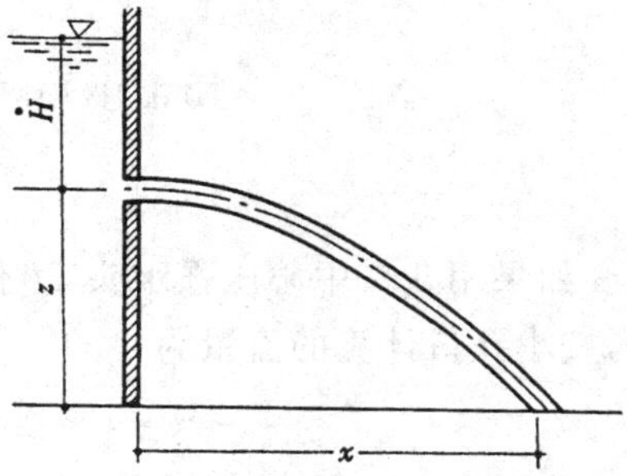

图 5-4 孔口的射流轨迹

$$z=\frac{gt^2}{2}$$

【解】 孔口 $d=0.01\text{m}$，$H=4\text{m}$，$d/H<0.1$，故属于小孔口出流。

由射流轨迹，应用抛物体公式

$$x=vt$$

可得

$$v=\sqrt{\frac{gx^2}{2z}}=\sqrt{\frac{9.8\times8.676^2}{2\times5}}=8.588\text{m/s}$$

由式(5-2)

$$\varphi=\frac{v}{\sqrt{2gH}}=\frac{8.588}{\sqrt{19.6\times4}}=0.97$$

而

$$\zeta=\frac{1}{\varphi^2}-1=\frac{1}{0.97^2}-1=0.06$$

由式(5-4)

$$\mu=\frac{Q}{A\sqrt{2gH}}=\frac{0.00043}{\frac{\pi}{4}\times0.01^2\sqrt{19.6\times4}}=0.6186$$

则

$$\varepsilon=\frac{\mu}{\varphi}=\frac{0.6186}{0.97}=0.6379$$

三、薄壁大孔口出流

对于薄壁自由式出流情况，取宽为 b，高为 d 的矩形孔口，见图 5-5。孔口上缘压强水头为 $H_{上}$，渐渐增大到下缘的 $H_{下}$。对于微小孔口面积 $b\text{d}h$，略去行近流速水头，其作用水头为 h，则通过该微小孔口的流量 $\text{d}Q$，按式(5-4)可得 $\text{d}Q=\mu b\text{d}h\sqrt{2gh}$，整个孔口的流量为

$$Q=\int_{H_{上}}^{H_{下}}\mu b\sqrt{2gh}\,\text{d}h=\frac{2}{3}\mu b\sqrt{2g}\left(H_{下}^{\frac{3}{2}}-H_{上}^{\frac{3}{2}}\right) \tag{5-10}$$

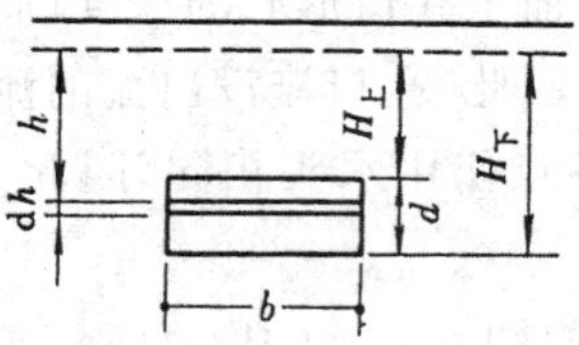

(a) 孔口微元面积

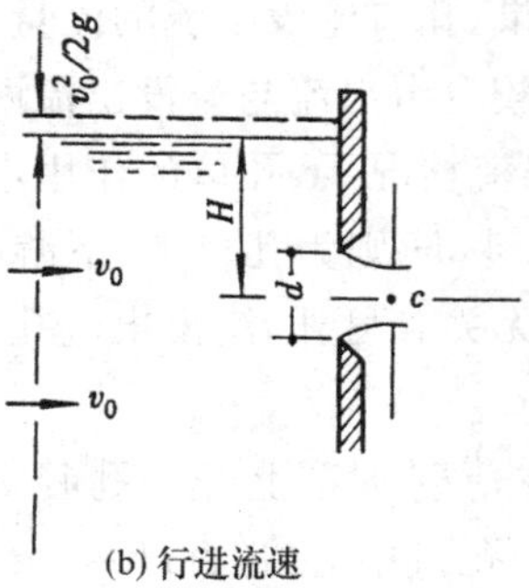

(b) 行进流速

图 5-5　大孔口出流

如果用孔口中心压强水头 H 作为孔口作用水头，即将孔口断面各点的压强水头视为相等，按小孔口计算的流量为

$$Q=\mu bd\sqrt{2gH}$$

分别用上面两式计算同一大孔口的流量，将计算结果进行比较。可以发现，当孔口上缘水头 $H_上$ 等于孔口竖直高度 d 时，采用相同的 μ 值，用式(5-4)计算出的值比用式(5-10)大 1%左右；当 $H_上=2d$，式(5-4)计算出的值比式(5-10)大 0.3%左右。因此，在实用上，大孔口流量公式仍采用式(5-4)。

水利工程上的闸孔可按大孔口计算，其流量系数如表 5-1 所示。

表 5-1　　大孔口的流量系数 μ

孔口形状和水流收缩情况	流量系数 μ
全部不完善收缩	0.70
底部无收缩，侧向收缩较大	0.65～0.70
底部无收缩，侧向收缩较小	0.70～0.75
底部无收缩，侧向收缩极小	0.80～0.85

四、孔口的非恒定出流

如孔口的出流过程中，容器内水位随时间变化，导致孔口的出流量也随着时间的变化而变化的流动，就称为孔口的非恒定出流。通常容器的泄流时间、水池的流量调节等问题，都可以按孔口的非恒定出流来计算。

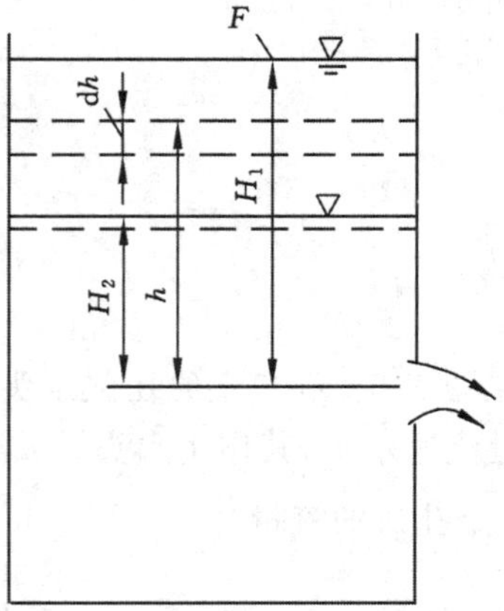

图 5-6　非恒定出流

下面分析截面积为 F 的柱形容器，水经孔口作非恒定出流，如图 5-6 所示。当孔口面积 A 远小于容器截面积 F 时，容器内惯性水头可忽略不计，所以，在每一微小时段内，认为水位不变，孔口出流的基本公式仍然适用。

设某时刻容器内的水面高度为 h，在微小时段 $\mathrm{d}t$ 内，孔口流出的水量为

$$\mathrm{d}V=Q\mathrm{d}t=\mu A\sqrt{2gh}\mathrm{d}t$$

应等于同时段容器内减少的水量 $\mathrm{d}V=-F\mathrm{d}h$。得

$$\mu A\sqrt{2gh}\mathrm{d}t=-F\mathrm{d}h$$

$$\mathrm{d}t=-\frac{F\mathrm{d}h}{\mu A\sqrt{2gh}}$$

对上式积分，得到由 H_1 降至 H_2 时所需的时间为

$$t=\int_{H_1}^{H_2}-\frac{F\mathrm{d}h}{\mu A\sqrt{2gh}}=\frac{2F}{\mu A\sqrt{2g}}(\sqrt{H_1}-\sqrt{H_2}) \tag{5-11}$$

如 $H_2=0$，则得到容器放空的时间为

$$t=\frac{2FH_1}{\mu A\sqrt{2gH_1}}=\frac{2V}{Q_{max}} \tag{5-12}$$

式中 V ——容器放空的体积；

Q_{max}——开始出流时最大的流量。

式(5-12)表明，非恒定出流容器的放空时间等于在起始水头 H_1 作用下，流出同样水量所需时间的 2 倍。

5.2 管嘴出流

一、圆柱形外伸管嘴的恒定出流

在设置孔口的断面处接一直径与孔口直径完全一样的圆柱形短管，其长度 $l=(3\sim4)d$，且出口断面处为满管流。这种形式即称为圆柱形外伸管嘴，如图 5-7 所示。以通过管嘴轴线的水平面 0—0 为基准面，列断面 a 和 b 的能量方程：

$$H+0+\frac{\alpha_0 v_0^2}{2g}=0+0+\frac{\alpha v^2}{2g}+\zeta\frac{v^2}{2g}$$

经整理后，得：

$$v=\frac{1}{\sqrt{\alpha+\zeta}}\sqrt{2gH_0}=\varphi\sqrt{2gH_0} \tag{5-13}$$

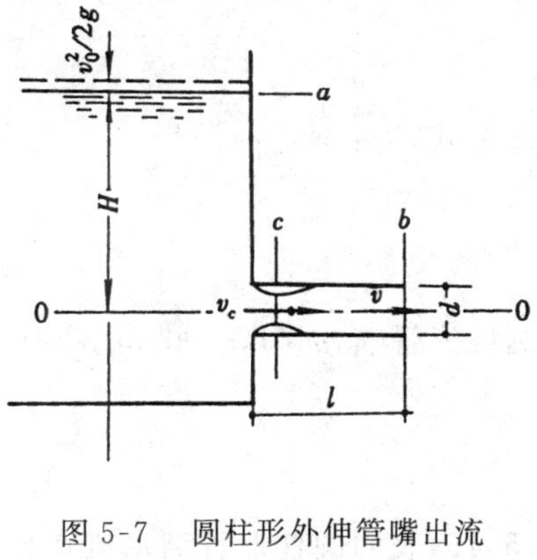

图 5-7 圆柱形外伸管嘴出流

其中

$$H_0=H+\frac{\alpha_0 v_0^2}{2g}$$

ζ 为管嘴的局部阻力系数，由实验得 $\zeta=0.5$；φ 为管嘴流速系数，

$$\varphi=\frac{1}{\sqrt{\alpha+\zeta}}=\frac{1}{\sqrt{1+0.5}}=0.82$$

管嘴的流量公式为

$$Q=\mu_n A\sqrt{2gH_0} \tag{5-14}$$

式中，μ_n 为流量系数，$\mu_n=\varphi\varepsilon=0.82\times1.0=0.82$。与薄壁孔口出流流量公式相比，两式形式完全相同，但 $\mu_n=1.32\mu$。可见在相同水头作用下，相同直径管嘴的过流能力是孔口的 1.32倍。

从图 5-7 中可见，由于管嘴水平放置，断面 b 和断面 c 相应点的位置高度相同，但收缩断面 c 的流速比出口断面 b 的流速大，从能量方程可知，收缩断面的压强必然要小于出口断面的压强(大气压强)，即 c 断面出现真空。正是这个真空的作用，使增加了阻力的管嘴，不但不减少泄流量，反而增加了 0.32 倍。下面推导该真空值。

参见图 5-7，对收缩断面 c 和出口断面 b 列能量方程：

$$\frac{p_c}{\gamma}+\frac{\alpha v_c^2}{2g}=\frac{p_a}{\gamma}+\frac{\alpha v^2}{2g}+h_m$$

因

$$v_c=\frac{A}{A_c}v=\frac{1}{\varepsilon}v$$

局部水头损失为突然扩大损失，

$$h_j=\zeta_{se}\frac{v^2}{2g}$$

代入能量方程，整理后得：

$$\frac{p_c}{\gamma}=\frac{p_a}{\gamma}-\frac{\alpha v^2}{\varepsilon^2 2g}+\frac{\alpha v^2}{2g}+\zeta_{se}\frac{v^2}{2g}$$

把

$$v=\varphi\sqrt{2gH_0},\quad \frac{v^2}{2g}=\varphi^2 H_0$$

代入上式，得：

$$\frac{p_c}{\gamma}=\frac{p_a}{\gamma}-\left[\frac{\alpha}{\varepsilon^2}-\alpha-\left(\frac{1}{\varepsilon}-1\right)^2\right]\varphi^2 H_0 \tag{5-15}$$

对圆柱形管嘴，$\alpha=1$，$\varepsilon=0.64$，$\varphi=0.82$。代入式(5-15)，整理后得：

$$\frac{p_v}{\gamma}=\frac{p_a-p_c}{\gamma}=0.75H_0 \tag{5-16}$$

式(5-16)表明圆柱形管嘴水流在收缩断面处出现真空，其真空值为

$$-\frac{p_c}{\gamma}=\frac{p_v}{\gamma}=0.75H_0$$

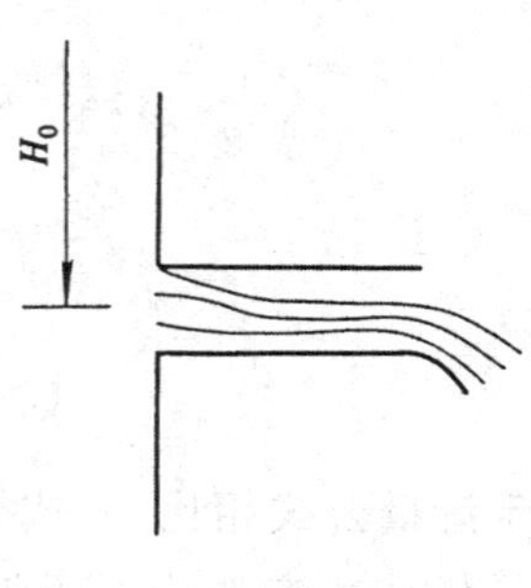

图 5-8　真空被破坏的管嘴出流

即圆柱形管嘴收缩断面处的真空值可达作用水头的 0.75 倍，这就相当于把管嘴的作用水头增加了 0.75 倍，也就使得流量得到了增加。

从式(5-16)可知，收缩断面的真空度与作用水头成正比。作用水头愈大，收缩断面真空度也愈大。但收缩断面的真空度达 7 米水柱以上时，由于液体在低于饱和蒸汽压时会发生汽化，大量的气体释放，使水流不稳定，同时空气将会从管嘴出口处吸入，从而收缩断面处的真空被破坏，见图 5-8。此时水股脱离管壁，不再保持满流，从而失去管嘴作用，水流现象

又可能成为孔口出流。因此，为了保证管嘴出流的正常，即 $\mu_n = 0.82$，需对收缩断面的真空进行限制，此极限值应为 $[H_0] = 7\text{m}/0.75 = 9\text{m}$。

另外，管嘴的长度也需有一定限制。若长度过短，水流收缩后来不及扩大到整个管断面，在收缩断面处不能形成真空而无法发挥管嘴作用。而长度太长，则会导致沿程损失增加，使管嘴出流变为短管流动。

所以，要使圆柱形外管嘴正常工作，需满足两个条件：

1. 作用水头 $H_0 \leqslant 9\text{m}$；

2. 管嘴长度 $l = (3 \sim 4)d$。

二、其他形式管嘴

基于不同的工程目的和使用要求，除圆柱形外伸管嘴以外，工程上使用的管嘴还有许多种，如图 5-9 所示。这些管嘴出流的基本公式都与圆柱形外伸管嘴公式相同，唯一的区别仅是流量系数 μ 值的不同。各自的水力特点如下：

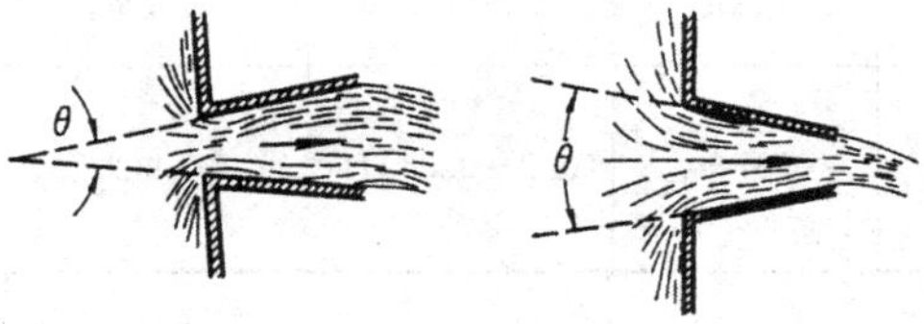

(a) 扩散管嘴出流　　(b) 收缩管嘴出流　　(c) 流线型管嘴出流

图 5-9　其他形式管嘴出流

1. 圆锥形扩散管嘴

图 5-9(a) 所示为圆锥形扩散管嘴，这种管嘴的水头损失很大，具有较大的过水能力和较低的出口流速。当 $\theta = 5° \sim 7°$ 时，$\mu = 0.45 \sim 0.50$（以出口断面 A 计算）。适用于要求形成较大真空或流速较小的地方，如引射器、水轮机尾管和人工降雨喷口等。

2. 圆锥形收缩管嘴

图 5-9(b) 为圆锥形收缩管嘴，具有较大的出口流速。消防龙头、冲洗水枪和采矿用水力机械等常采用这种管嘴。根据实验，圆锥形收缩管嘴的流量系数 μ（对出口断面）与锥角 θ 有关，具体数据见表 5-2。

表 5-2　　圆锥形收缩管嘴的流量系数 μ

θ	0°	3°	5°	10°	13°	13°24′	16°	20°	25°
μ	0.82	0.89	0.92	0.937	0.945	0.946	0.938	0.922	0.908

3. 流线型管嘴

图 5-9(c) 为流线型管嘴，水流在管嘴内无收缩及扩散，它的局部阻力很小，流量系数 $\mu = 0.97$。适用于涵洞或泄水管。

另外有一种消防龙头用的收缩管嘴，如图 5-10所示，其 $\varepsilon \approx 0.84$，$\varphi \approx 0.97$，从而 $\mu \approx 0.82$。

综上所述，孔口出流及各种类型管嘴出流的水力特性可参照表5-3。

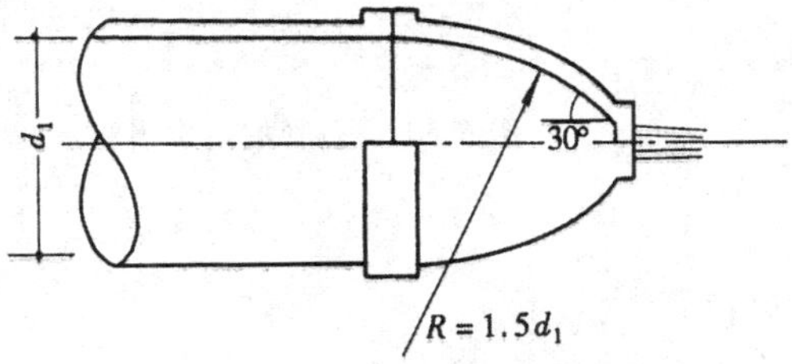

图 5-10　消防龙头收缩管嘴

表 5-3　　孔口、管嘴的水力特性

种类 形状 系数	薄壁锐缘小孔口	修圆小孔口	圆柱外管嘴	圆锥形扩张管嘴 ($\theta=5°\sim7°$)	圆锥形收敛管嘴	流线形圆管嘴
	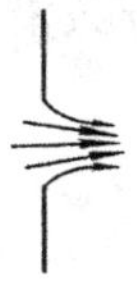		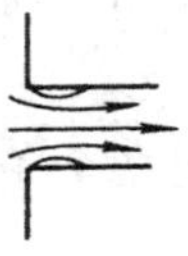	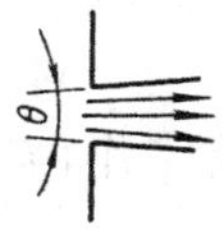		
阻力系数 ζ	0.06		0.5	3.0～4.0	0.09	0.04
收缩系数 ε	0.64	1.00	1.0	1.0	0.98	1.0
流速系数 φ	0.97	0.98	0.82	0.45～0.50	0.96	0.98
流量系数 μ	0.62	0.98	0.82	0.45～0.50	0.94	0.98
出口单位动能 $\frac{v^2}{2g}=\varphi^2 H_0$	$0.95H_0$	$0.96H_0$	$0.67H_0$	$(0.2\sim0.25)H_0$	$0.90H_0$	$0.96H_0$

注：表中所列系数，均系对管嘴出口断面而言。

5.3　短管出流

所谓短管，是指管道的总水头损失中，沿程水头损失和局部水头损失均占相当比例，在进行水力计算时均不能忽略的管路。在工程实践中，经常遇见的如有压涵管、倒虹管、水泵的吸水管和较短压水管等就属于短管。

根据短管出流的形式不同，可将其分为自由出流和淹没出流两种。

一、自由出流

若短管中的液体经出口流入大气，水股四周受大气压作用，则流动称为自由出流，见图5-11。现设管路长度为 l，管径为 d，在管路上还设有两个弯头和一只阀门。以通过管路末端断面 2—2 中心的水平面为基准面，取水池内距管路进口前一定距离的 1—1 断面和管路末端 2—2 断面为计算断面，列能量方程：

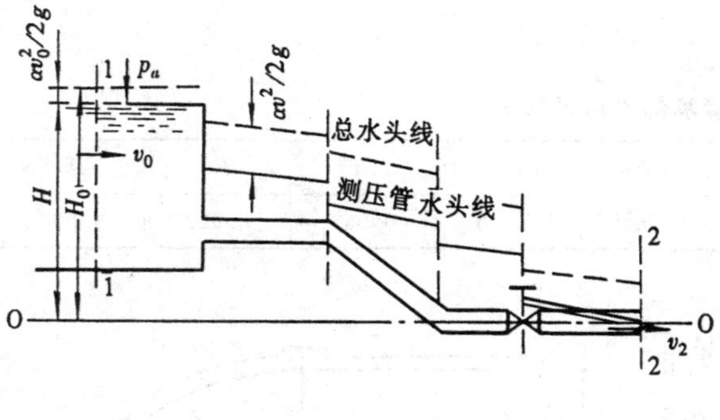

图 5-11　短管的自由出流

$$H+\frac{p_a}{\gamma}+\frac{\alpha v_0^2}{2g}=0+\frac{p_a}{\gamma}+\frac{\alpha v^2}{2g}+h_w$$

令

$$H_0=H+\frac{\alpha v_0^2}{2g}$$

可得：

$$H_0=\frac{\alpha v^2}{2g}+h_w=\frac{\alpha v^2}{2g}+\left(\sum\lambda\frac{l}{d}+\sum\zeta\right)\frac{v^2}{2g} \tag{5-17}$$

式(5-17)说明短管水流在自由出流的情况下，它的作用水头 H_0 除了克服水流阻力而引起的能量损失(包括局部和沿程两种水头损失)外,还有一部分变成动能 $\alpha v^2/2g$ 被水流带到大气中去。这样,就可求得管中流速 v 和通过的流量 Q。

$$v=\frac{1}{\sqrt{\alpha+\sum\lambda\frac{l}{d}+\sum\zeta}}\sqrt{2gH_0} \tag{5-18}$$

$$Q=vA=\mu_c\frac{\pi d^2}{4}\sqrt{2gH_0}=\mu_c A\sqrt{2gH_0} \tag{5-19}$$

式中,μ_c 为管路的流量系数,其值为

$$\mu_c=\frac{1}{\sqrt{\alpha+\sum\lambda\frac{l}{d}+\sum\zeta}} \tag{5-20}$$

二、淹没出流

若短管中的液体经出口流入下游自由表面以下的液体中,则称为淹没出流,如图 5-12 所示。它和图 5-11 所示的短管自由出流的出口形式不一样外,其余条件相同。

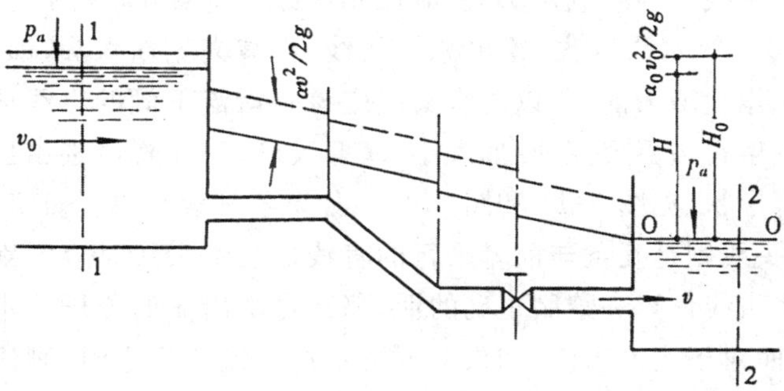

图 5-12　短管的淹没出流

以下游水池液面作为基准面 0—0,分别在上、下水池符合渐变流条件处取 1—1 和 2—2 断面为计算断面,列能量方程:

$$H+\frac{p_a}{\gamma}+\frac{\alpha v_0^2}{2g}=0+\frac{p_a}{\gamma}+\frac{\alpha v_2^2}{2g}+h_w$$

考虑到上、下水池内的流速 v_1、v_2,相比短管中的流速 v 很小,可忽略不计。上式可写成

$$H=h_w=\left(\sum\lambda\frac{l}{d}+\sum\zeta'\right)\frac{v^2}{2g} \tag{5-21}$$

式(5-21)表示短管水流在淹没出流的情况下,两断面间的水位差(即作用水头 H)全部消耗在克服水流的沿程阻力和局部阻力 h_w 上。同理,也可求出淹没出流时的流速和流量。

$$v=\frac{1}{\sqrt{\sum\lambda\frac{l}{d}+\sum\zeta'}}\sqrt{2gH} \tag{5-22}$$

$$Q=\mu_c' A\sqrt{2gH} \tag{5-23}$$

式中,μ_c' 为流量系数,其值为

$$\mu_c' = \frac{1}{\sqrt{\sum \lambda \frac{l}{d} + \sum \zeta}} \tag{5-24}$$

由式(5-20)和式(5-24)可见，短管在自由出流和淹没出流的情况下，其流量计算公式的形式以及流量系数的数值均相同，但二者的作用水头在计量时有所不同，自由出流时是指上游水池液面至下游出口中心的高度，而淹没出流时则指得是上下游测压管水头差。

三、短管水力计算的内容

短管的水力计算，实际上是根据一些已知条件，诸如管道的长度、管道的材料(管壁粗糙情况)、局部阻力的组成等，利用前述诸公式或直接列能量方程式来解决以下四类问题：

1. 已知水头 H，管径 d，计算通过流量 Q；
2. 已知流量 Q，管径 d，计算作用水头 H，以确定水箱、水塔水位标高或水泵扬程 H 值；
3. 已知流量 Q，水头 H，设计管道断面，即计算管径 d；
4. 分析计算沿管道各过水断面的压强。

前面三类问题纯粹是公式的应用和计算，而第四类则主要是根据计算的结果，绘制管道的测压管水头线和总水头线。为绘制水头线，应该先从进口断面开始对通过各控制断面(如各管件处、管径变化处等)计算水头损失，绘出总水头线，再减去流速水头，即可得测压管水头线。由于水头损失是沿流累积增大的，所以总水头线应该是沿流下倾的直线或曲线。通常把局部水头损失视作集中发生在边界突变处(如大小头、弯头、阀门和管道进出口处等)，因此总水头线在此处呈阶梯跌落形状，见图 5-11 和图 5-12。如果各管段是等径直管，则总水头线是几条阶梯折线，测压管水头线则是几条与前者平行的直线。绘水头线时应区别自由出流和淹没出流时的不同。如果水头线计算和绘制正确的话，那么自由出流的测压管水头线末端应落在短管末端管中心点上；而对于淹没出流，如果取下游水池的流速为零时，测压管水头线则与水池近管口的池壁水面齐平。

对前面三类的计算问题，下面将结合具体问题进一步说明。

1. 虹吸管

虹吸管上下游水位高差 H，是虹吸管水流的原动力。但要使水流流动，则须先从虹吸管顶部抽出管中空气，由于进出口为水所封闭(如自由出流，则需人为地将出口封闭)，管中空气减少，就会形成真空，把上游的水引入，待水升至管顶以后，即开始溢下，最后水流充满整个虹吸管，虹吸管中的水开始在上下游水位差作用下流动。

由于虹吸管中形成真空，而真空会使溶解在水中的空气分离出来，如果真空值很大，还可能会造成水的汽化。这会使虹吸管顶部经常积聚气体，阻碍甚至破坏水流。因此为了使虹吸管正常工作，必须限制虹吸管的最大真空值，$[h_v]$一般取 7～8m 水柱。

虹吸管水力计算的主要目的是确定管中流量和确定管顶最大真空度或管顶最大安装高度。

【例 5-2】 某工厂用直径 $d=600$mm 的钢管从大江中取水至进水井，设江水位和井水位高差 $H=1.5$m(图 5-13)，虹吸管全长 $l=100$m，已知管道粗糙系数 $n=0.0125$。管道带有滤头的进口，$\zeta_{进口}=2.0$；90°弯头两个，$\zeta_{90°}=0.6$；45°弯头两个，$\zeta_{45°}=0.4$；$\zeta_{出口}=1.0$。进口断面至断面 2 间的管长 $l_1=96$m，断面 2 的管轴高出上游水面 $z=1.5$m。求：(1)通过虹吸管的流量；(2)断面 2 的真空度。

【解】 (1) 取江水面 1 和井水面 3，并以井水面为基准面 0，列能量方程：

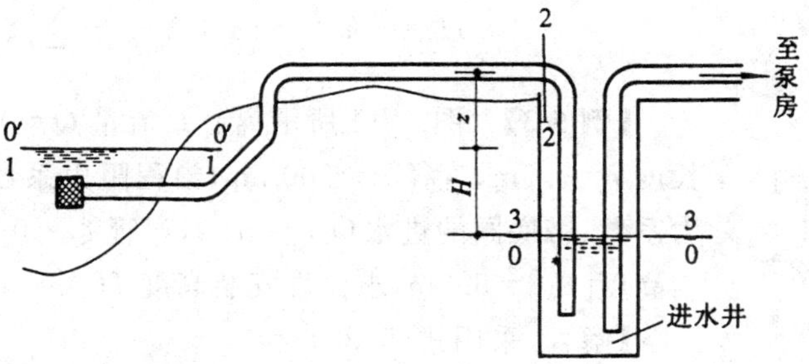

图 5-13　例 5-2 图

$$H+\frac{p_a}{\gamma}+0=0+\frac{p_a}{\gamma}+0+h_w$$

$$H=h_w=\left(\lambda\frac{l}{d}+\zeta_{进口}+2\zeta_{90^\circ}+2\zeta_{45^\circ}+\zeta_{出口}\right)\frac{v^2}{2g}$$

$$=\left(\lambda\frac{l}{d}+2+2\times0.6+2\times0.4+1\right)\frac{v^2}{2g}=\left(5+\lambda\frac{l}{d}\right)\frac{v^2}{2g}=1.5$$

由 $n=0.0125$，用满宁公式求沿程阻力系数 λ：其中水力半径 $R=d/4=0.15\text{m}$，

$$C=\frac{1}{n}R^{\frac{1}{6}}=\frac{1}{0.0125}\times0.15^{\frac{1}{6}}=80\times0.95=75.91\text{m}^{\frac{1}{2}}/\text{s}$$

$$\lambda=\frac{8g}{C^2}=\frac{8\times9.8}{58.4^2}=0.023$$

$$H=\left(5+0.023\times\frac{100}{0.6}\right)\frac{v^2}{2g}=1.5$$

解得 $v^2=3.32$，$v=1.82\text{m/s}$ 通过虹吸管的流量为

$$Q=\frac{\pi d^2}{4}\times1.82=0.513\text{m}^3/\text{s}=513\text{L/s}$$

(2) 求断面 2 的真空度

列江水面 1 和断面 2 的能量方程，取江水面为基准面：

$$0+0+0=z+\frac{p_2}{\gamma}+\frac{v^2}{2g}+\left(2+2\times0.4+0.6+0.023\times\frac{96}{0.6}\right)\frac{v^2}{2g}$$

$$-\frac{p_2}{\gamma}=\frac{p_v}{\gamma}=1.5+\frac{1.82^2}{19.6}+7.08\times\frac{1.82^2}{19.6}=1.5+1.33=2.83\text{m 水柱}$$

即断面 2 的真空度为 2.83m 水柱，小于 $[h_v]=7\sim8\text{m}$，在允许范围之内。

2. 水泵吸水管

取水点至水泵进口的管道称为吸水管，如图 5-14 所示。吸水管长度一般较短，且管路配件多，局部水头损失所占比例较大，所不能忽略，因此，通常按短管计算。水泵吸水管的水力计算主要是确定水泵的允许安装高度 H_{ss}。

而水泵的允许安装高度是根据水泵进口断面的允许真空高度 $[h_v]$ 来确定的。

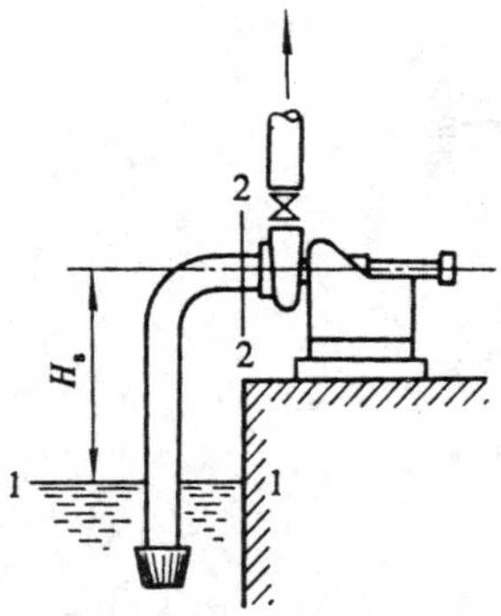

图 5-14　例 5-3 图

$$H_{ss}=[h_v]-\left(\alpha+\lambda\frac{l}{d}+\sum\zeta\right)\frac{v^2}{2g} \qquad (5\text{-}25)$$

【例 5-3】 图 5-14 所示离心泵流量 $Q=0.0081\mathrm{m^3/s}$，吸水管长度 $l=7.5\mathrm{m}$，直径 $d=100\mathrm{mm}$，沿程阻力系数 $\lambda=0.045$，局部阻力系数：带底阀的进水口 $\zeta_1=7.0$，弯管 $\zeta_2=0.25$。如允许吸水真空高度 $[h_v]=5.7\mathrm{m}$，求允许安装高度 H_{ss}。

【解】 采用式(5-25)

$$H_{ss}=[h_v]-\left(\alpha+\lambda\frac{l}{d}+\sum\zeta\right)\frac{v^2}{2g}$$

式中，局部阻力系数总和为 $\sum\zeta=7+0.25=7.25\mathrm{m}$

管中流速

$$v=\frac{4Q}{\pi d^2}=\frac{4\times0.0081}{\pi\times0.1^2}=1.03\mathrm{m/s}$$

将上述各值代入式(5-25)得

$$H_{ss}=5.7-\left(1+0.045\frac{7.5}{0.1}+7.25\right)\frac{1.03^2}{2\times9.8}=5.07\mathrm{m}$$

3. 倒虹管

如图 5-15 表示在路堤下的排水管道，它是中间部分比进出口都低的管道，这种形式的管道就称为倒虹管。例如某地一巨型污水灌溉系统在与河道交叉时，就用倒虹管从河底下穿越河道。

【例 5-4】 图 5-15 所示的倒虹管，截面为圆形，管长 $l=50\mathrm{m}$，在上下游水位差 $H=2.24\mathrm{m}$ 时，要求通过流量 $Q=3\mathrm{m^3/s}$。现设倒虹管的 $\lambda=0.02$，管道进口、弯头以及出口的局部阻力系数分别为 $\zeta_1=0.5$，$\zeta_2=0.25$，$\zeta_3=1.0$，试选择其管径 d。

【解】 以下游水面为基准面，列断面 1 和 2 的能量方程：

$$H=h_w=\left(\lambda\frac{l}{d}+\zeta_1+2\zeta_2+\zeta_3\right)\frac{v^2}{2g}=2.24\mathrm{m}$$

$$h_w=\left(0.02\times\frac{50}{d}+0.5+2\times0.25+1\right)\times\frac{4^2\times3^2}{19.6\times\pi^2d^4}$$

$$h_w=\frac{0.745}{d^5}+\frac{1.49}{d^4}=2.24$$

$$2.24d^5-1.49d-0.745=0$$

用试算法求 d，设 $d=1.0\mathrm{m}$，代入上式

$$2.24-1.49-0.745\approx0$$

通常第一次所设直径不会恰好是方程式的解，那就要经过多次试算。若试算所得的解并不是整数，就应采用相接近的产品规格。选择时应注意：选用较大规格时，H 值将减少；而选用较小规格时，H 要增大。H 值减少或增大多少，可以用能量方程来计算。

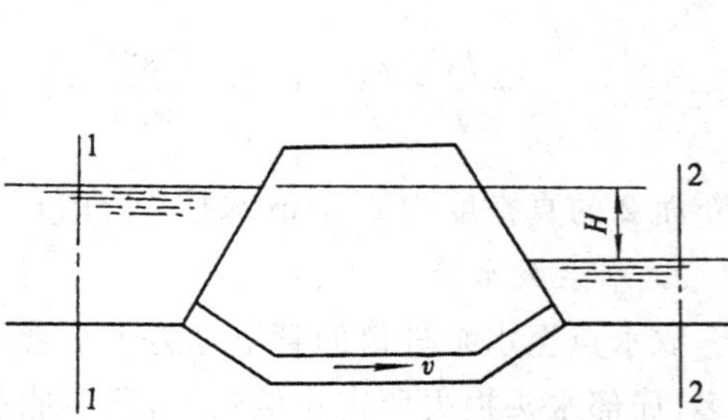

图 5-15　例 5-4 图

5.4 长管的水力计算

所谓长管是指管流的流速水头和局部水头损失的总和与沿程水头损失相比很小，在计算时可忽略不计，或可将其按沿程水头损失的某一百分数进行估算（通常是在$\frac{l}{d}>1\,000$ 条件下）的管路。这样不仅使计算大为简化，而且也不会影响到计算精度。所以说，将管道的局部水头损失和流速水头略去不计，是长管水力计算的特点。

根据长管的不同组合，通常在计算时把长管分为简单管路、串联管路、并联管路、沿程均匀泄流管路和管网等。其中简单管路的计算是各类复杂管道水力计算的基础。

一、简单管路

简单管路是指管径沿程不变，没有分支管，因而流量也不变的管路。图 5-16 所示就是简单管路，因为不计局部损失，图 5-16 中的总水头线在管道进口处没有突降，又因略去流速水头，所以测压管水头线和总水头线重合。现假设管路长度为 l，直径为 d，水箱水面距管道出口的高差为 H。列断面 1—1 和 2—2 的能量方程，即可得简单管路的水力计算公式

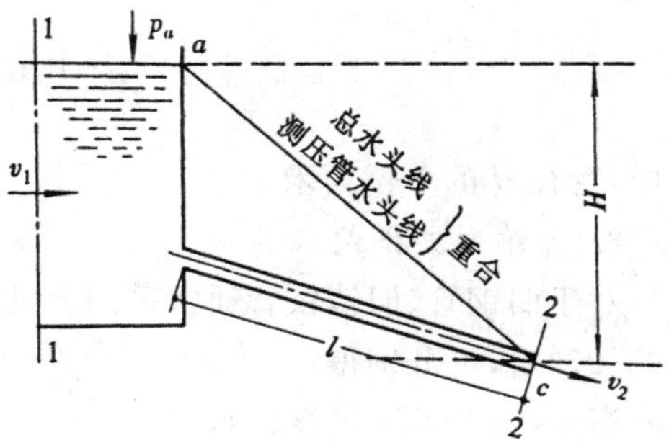

图 5-16 简单管路

$$H=\lambda\frac{l}{d}\frac{v^2}{2g}=h_f \tag{5-26}$$

因为

$$v=\frac{Q}{A}=\frac{4Q}{\pi d^2},$$

$$\frac{v^2}{2g}=\frac{8Q^2}{g\pi^2 d^4}$$

得

$$H=\lambda\frac{l}{d}\frac{v^2}{2g}=\frac{8\lambda Ql}{g\pi^2 d^5},$$

再令

$$S_0=\frac{8\lambda}{g\pi^2 d^5} \tag{5-27}$$

式中 S_0 称为比阻。所以，长管的水力计算公式为

$$H=S_0 lQ^2 \tag{5-28}$$

式(5-28)就是简单管路按比阻计算的关系式。比阻 S_0 是单位流量通过单位长度管道所需水头，它取决于沿程阻力系数 λ 和管径 d。计算 λ 的公式很多，这里仅介绍最常用的两种。

1. 谢才公式

对于钢筋混凝土管道，通常采用谢才公式来计算水力坡度

$$J=\frac{v^2}{C^2 R} \tag{5-29}$$

式中 R——水力半径；

C——谢才系数，$C=\frac{1}{n}R^{\frac{1}{6}}$。

$$S_0=\frac{64}{\pi^2 d^5 C^2} \tag{5-30}$$

又 $\lambda=\frac{8g}{C^2}$，代入式(5-27)，可得

再用满宁公式代入后，得

当 $$n=0.012,\quad S_0=\frac{0.00148}{d^{5.33}} \tag{5-31}$$

当 $$n=0.013,\quad S_0=\frac{0.00174}{d^{5.33}} \tag{5-32}$$

当 $$n=0.014,\quad S_0=\frac{0.00201}{d^{5.33}} \tag{5-33}$$

式中，管径 d 的单位为米。

2. 舍维列夫公式

对于旧钢管、旧铸铁管通常采用舍维列夫公式，参见式(4-30)及式(4-31)，将其分别代入式(5-27)后，可分别得：

当 $v<1.2$m/s(过渡区)，

$$S_0=0.852\left(1+\frac{0.867}{v}\right)^{0.3}\left(\frac{0.001736}{d_j^{5.3}}\right)=K\left(\frac{0.001736}{d_j^{5.3}}\right) \tag{5-34}$$

式中，K 表示修正系数，即 $K=0.852\left(1+\frac{0.867}{v}\right)^{0.3}$，将 K 值按不同的 v 值，预先算出，列入表 5-4。

表 5-4　　舍维列夫公式的修正系数 K

v(m/s)	0.20	0.25	0.30	0.35	0.40	0.45	0.50	0.55	0.60
K	1.41	1.33	1.28	1.24	1.20	1.175	1.15	1.13	1.115
v(m/s)	0.65	0.70	0.75	0.80	0.85	0.90	1.0	1.1	≥1.2
K	1.10	1.085	1.07	1.06	1.05	1.04	1.03	1.015	1.00

当 $v\geqslant 1.2$m/s(粗糙区)，

$$S_0=\frac{0.001736}{d_j^{5.3}} \tag{5-35}$$

以上是工程上经常采用的两种计算 S_0 的方法。在实际使用时，我们先对不同的管径 d，按式(5-31)、式(5-32)、式(5-33)以及式(5-35)计算出 S_0，列成表 5-5，以便计算时可直接查用。当采用舍维列夫公式，要注意水流若在过渡区时，则应在粗糙区 S_0 上，乘以校正系数 K 值(表 5-4)。

表 5-5　　　　不同管径时的 S_0 值

水管直径(mm)	S_0 值 $(s^2/L^2)\times10^{-6}$				铸铁管计算内径(mm)	$v<1.2$m/s 时的最大流量(L/s)
	满宁公式			舍维列夫公式(粗糙区)		
	$n=0.012$	$n=0.013$	$n=0.014$			
75	1480	1740	2010	1709	74	5.16
100	319	375	434	365.3	99	9.24
150	36.7	43.0	49.9	41.85	149	21.0
200	7.92	9.30	10.8	9.029	199	37.5
250	2.41	2.83	3.28	2.752	249	58.5
300	0.911	1.07	1.24	1.025	300	85.0
350	0.401	0.471	0.545	0.4529	350	115
400	0.196	0.230	0.267	0.2232	400	151
450	0.105	0.123	0.143	0.1195	450	191
500	0.0598	0.0702	0.0815	0.06839	500	236
600	0.0226	0.0265	0.0307	0.02602	600	340
700	0.00993	0.0117	0.0135	0.01150	700	462
800	0.00487	0.00573	0.00663	0.005665	800	605
900	0.00260	0.00305	0.00354	0.003034	900	765
1000	0.00148	0.00174	0.00201	0.001736	1000	945

3. 计算

长管的计算，如管道长度 l 一定，管壁材料已知时，利用长管计算的基本公式(5-28)，可以解决以下三类问题：

(1) 已知 H,d，求 Q。

(2) 已知 Q,d，求 H。

(3) 已知 H,Q，求 d。

下面举例说明简单长管的计算问题。

【例 5-5】 由水塔向工厂供水，采用旧铸铁管(图 5-17)。已知管长 $l=3\,500$m，管径 $d=300$mm，水塔所在地标高 $z_1=130$m，地面至水塔水面距离为 17m，工厂地面标高 $z_2=110$m，工厂要求的自由水头(即管路末端所需要的水压)为 $H_{cb}=15$m，求通过管路的流量 Q。

【解】 根据题意，采用长管基本公式计算，

$$H=h_f=(130+17)-(110+15)=22\text{m}$$

$$H=S_0lQ^2$$

$$Q=\sqrt{\frac{H}{S_0l}}$$

由于是旧铸铁管，采用舍维列夫公式，查表 5-5，$d=300$mm 时，$S_0=1.025\times10^{-6}\ s^2/L^2$，$l=3\,500$m，代入上式

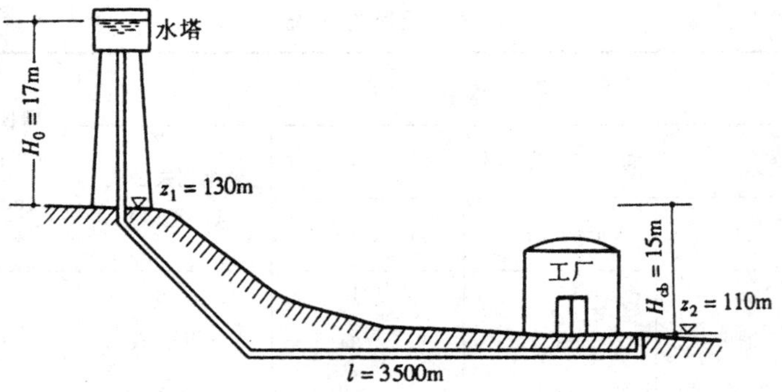

图 5-17　例 5-5 图

$$Q=\sqrt{\frac{H}{S_0 l}}=\sqrt{\frac{22}{1.025\times10^{-6}\times3\,500}}=\sqrt{\frac{22}{3\,588\times10^{-6}}}=78.3\text{L/s}$$

从表 5-5 中可知，因 78.3L/s 小于 85.0L/s，所以水流在过渡区，S_0 需要修正，计算流速，

$$v=\frac{0.078\,3}{0.785\times0.3^2}=1.11\text{m/s}$$

查表 5-4，$K=1.014$，修正后的流量为

$$Q=\sqrt{\frac{H}{KS_0 l}}=\sqrt{\frac{22}{1.014\times1.025\times10^{-6}\times3\,500}}=77.7\text{L/s}$$

则在该管路上实际通过的流量为 77L/s。

【例 5-6】 在上例中，如要保证给工厂的供水量 $Q=85\text{L/s}$，其他条件不变，则水塔高度 H_0 应为多少？

【解】 从表 5-4 中可以看出，此时水流已进入粗糙区。

$$H=S_0 lQ^2=1.025\times10^{-6}\times3\,500\times85^2=25.8\text{m}$$

于是

$$H_0+130-(110+15)=25.8\text{m}$$

水塔高度

$$H_0=20.8\text{m}\approx21\text{m}$$

【例 5-7】 如果采用内壁涂水泥砂浆的铸铁管（$n=0.012$）输水，已知作用水头 $H=25\text{m}$，管长 $l=2\,500\text{m}$，要求通过流量 $Q=250\text{L/s}$，试选择管道直径 d。

【解】

$$S_0=\frac{H}{lQ^2}=\frac{25}{2\,500\times250^2}=0.160\times10^{-6}\text{s}^2/\text{L}^2$$

查表 5-5，得

$$d=400\text{mm}\qquad S_0=0.196\times10^{-6}\text{s}^2/\text{L}^2$$

$$d=450\text{mm}\qquad S_0=0.105\times10^{-6}\text{s}^2/\text{L}^2$$

可见，合适的管径应在两者之间，但无此种规格产品。为了保证供水，宜采用较大的管径 $d=450\text{mm}$。但势必会造成管材的浪费。为了充分利用水头，保证供水，并节约管材，合理的办法是用两段不同直径的管道连接起来。

三、串联管路

将几段不同管径的简单管路顺次连接起来，就称为串联管路。如图 5-18 所示。串联管路经常用于：当供水点不止一处，且沿途因放出流量后管径需要减少时；或虽然供水点只有一处，但为了充分利用水头、节约管材，如上例中尚待解决的问题。

串联管路的各管段虽然连接在同一个系统中，但因各管段的管径、流量、流速等不相同，所以应分段计算其能量损失(图 5-18)。串联管路的总水头损失应等于各段水头损失的总和，其值为

$$H=\sum h_{fi}=\sum S_{0i}l_iQ_i^2 \tag{5-36}$$

其中，对每个节点，流量都应满足连续性方程，即流向节点的流量等于流出节点的流量。

$$Q_i=q_i+Q_{i+1} \tag{5-37}$$

当中途没有流量泄出时，则各管段中的流量为常数，$Q_1=Q_2=\cdots=Q$，所以

$$H=Q^2\sum S_{0i}l_i \tag{5-38}$$

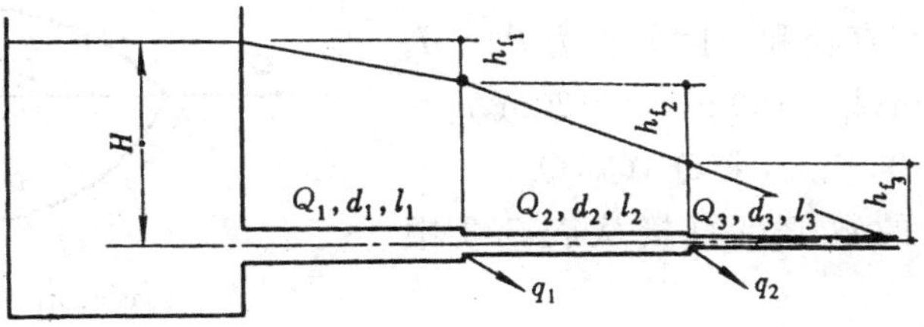

图 5-18　串联管路

【例 5-8】 在例 5-7 中，考虑保证供水，为了充分利用水头、节约管材，拟采用 400mm 和 450mm 管径的两段管子串联，求这两段管子的长度各为多少？

【解】 设 450mm 管子长为 l_1，比阻为 S_{01}，400mm 管子的长为 l_2，比阻为 S_{02}，采用式(5-36)：

$$H=Q^2(S_{01}l_1+S_{02}l_2)$$

代入已知数据

$$25=250^2(0.105\times10^{-6}\times l_1+0.196\times10^{-6}\times l_2)$$

又

$$l_1+l_2=2\,500$$

联解，得：

$$l_1=990\text{m}\quad(d_1=450\text{mm})$$
$$l_2=1\,510\text{m}\quad(d_2=400\text{mm})$$

三、并联管路

两根或两根以上的管子，它们的两端都连接在公共节点上，这样的管道系统称为并联管路。如图 5-19 中的 AB 段就是用三根管子组成的并联管路。并联管路具有增加管道供水能力和提高供水可靠性的优点。

并联管路水力计算的特点是液体通过所并联的任何管段时其水头损失都相等。因为如果在 A 和 B 点各安装一根测压管，则各测压管只可能各有一个测压管水头，这两个测压管水头

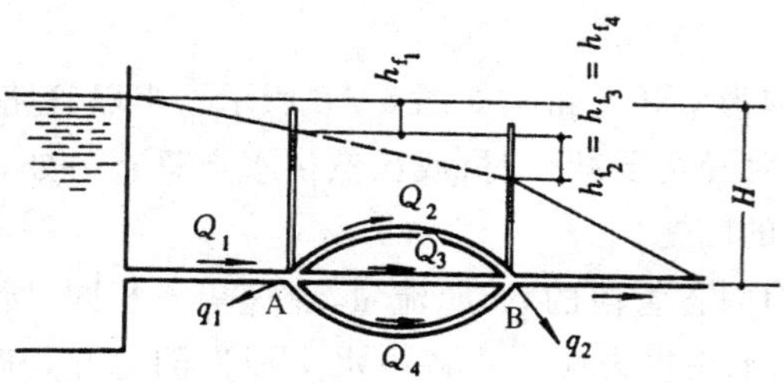

图 5-19 并联管路

之差也只有一个差值，所以通过任何一条管路的水头损失必相等。

对 A 和 B 点之间，其水头损失为

$$h_{f2}=h_{f3}=h_{f4}=h_f$$

由于每个管段都是简单管路，即可写成

$$S_{02}l_2Q_2^2=S_{03}l_3Q_3^2=S_{04}l_4Q_4^2 \qquad (5\text{-}39)$$

另外，并联管路的各管段管径、管长、粗糙度有可能不同，所以会使各管道中所通过的流量也不同，但必须满足连续性条件，即

$$Q_1-q_1=Q_2+Q_3+Q_4 \qquad (5\text{-}40)$$

式(5-39)和式(5-40)就是并联管路水力计算的基本公式，联立后可解出各管段中的流量和水头损失。若计算整个管路的水头损失，并联管路段中只能计算其中的一路。即：$H=h_{f1}+h_{f2}+h_{f5}$，而不能错误地写成 $H=h_{f1}+h_{f2}+h_{f3}+h_{f4}+h_{f5}$。

【例 5-9】 以旧铸铁管从 A 点分三路向 B 点供水(参见图 5-20)，其直径和长度分别为 $d_1=d_3=300\text{mm}$，$d_2=250\text{mm}$；$l_1=100\text{m}$，$l_2=120\text{m}$，$l_3=130\text{m}$。设总流量 $Q=250\text{L/s}$，求 Q_1，Q_2，Q_3。

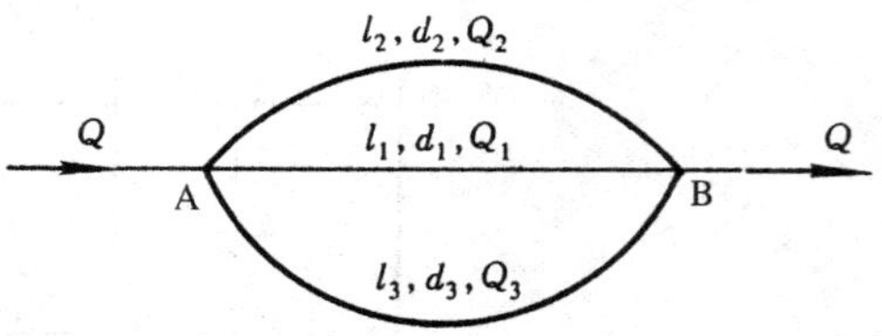

图 5-20 例 5-9 图

【解】 比阻 S_0 的数值可直接从表 5-3 中查得：

$$S_{01}=S_{03}=1.025\times10^{-6}\text{s}^2/\text{L}^2,\ S_{02}=2.752\times10^{-6}\text{s}^2/\text{L}^2$$

$$S_{01}l_1Q_1^2=S_{02}l_2Q_2^2=S_{03}l_3Q_3^2$$

$$1.025\times100\times Q_1^2=2.752\times120\times Q_2^2=1.025\times130\times Q_3^2$$

$$1.025Q_1^2=3.30Q_2^2=1.332Q_3^2$$

$$Q_1=1.795Q_2 \quad Q_3=1.575Q_2$$

$$Q+Q_2+Q_3=(1.795+1+1.575)Q_2=4.37Q_2=250\text{L/s}$$

$$Q_2=57.2\text{L/s},\quad Q_1=102.6\text{L/s},\quad Q_3=90.2\text{L/s}$$

从表 5-5 中可知，57.2L/s 的水流在过渡区，应将 d_2 的 S_0 值进行修正。计算 d_2 的流速 $v=1.18\text{m/s}$，再查表 5-4，得 $K=1.003\approx1$，可不修正。

【例 5-10】 由水塔供水的铸铁管路，$n=0.012$，见图 5-21 所示，如要求保证 C 点出流时自由水头 $H_{cb}=5\text{m}$，B 点流量外流 $q_b=5\text{L/s}$，其余数据见下表，试确定并联管路内流量分配，并计算需要的水塔高度 H_0。

管 路	1	2	3	4
l(m)	300	400	500	500
d(mm)	150	100	200	150
Q(L/s)			15	10

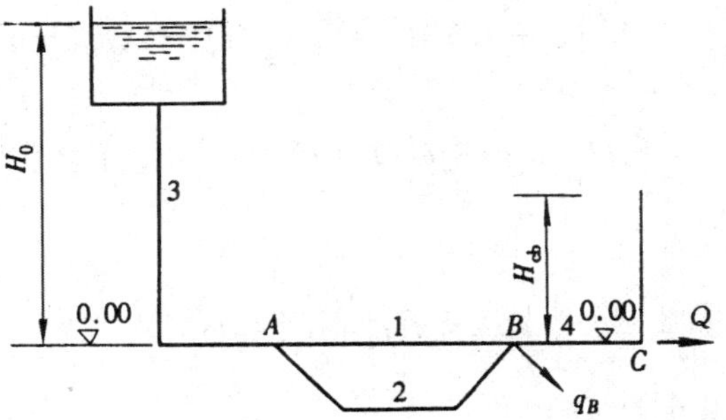

图 5-21 例 5-10 图

【解】 (1) 先求 Q_1 和 Q_2，

因

$$S_{01}l_1Q_1^2=S_{02}l_2Q_2^2$$

查表 5-5,代入数据得：

$$36.7\times300\times Q_1^2=319\times400\times Q_2^2$$

$$\frac{Q_1^2}{Q_2^2}=11.6 \qquad Q_1=3.4Q_2$$

$$Q_2=3.4\mathrm{L/s} \qquad Q_1=11.6\mathrm{L/s}$$

(2) 水塔的高度

$$H_0=S_{03}l_3Q_3^2+S_{01}l_1Q_1^2+S_{04}l_4Q_4^2+H_{cb}$$

$$H=7.92\times10^{-6}\times500\times15^2+36.7\times10^{-6}\times300\times11.6^2+36.7\times10^{-6}\times500\times10^2+5$$

$$=0.89+1.48+1.84+5=9.21\mathrm{m}$$

四、沿程均匀泄流管路

给水工程中,有的配水管和冲洗管,要求流量沿着管子泄出,若单位长度上泄出的流量均为 q(q 称为途泄流量),则这种管路称为沿程均匀泄流管路,见图 5-22 所示。

分析沿程均匀泄流管路时,可将这种沿程均匀泄流看成是连续的,以简化计算。

沿程均匀泄流管路,一般情况下,还有转输流量 Q,该流量为通过这一段管路,继续向下游管道输送的流量。

从图 5-22 可看出,距管道出口 x 处的 M 断面上,其流量为 $Q_M=Q+q_x$,由于流量沿管路在不断变化,即使作用水头 H 不变(恒定流),却还是非均匀流,所不能应用均匀流计算公式。但若在 M 断面处取一微小管段长 dx,由于 dx 很小,可认为通过此微段的流量 Q_M 不变,其水头损失可近似按均匀流计算。即

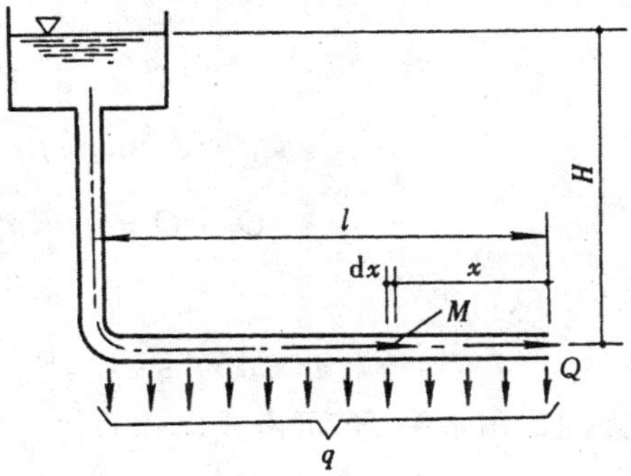

图 5-22 沿程均匀泄流管路

$$dh_f=S_0Q_M^2dx$$

$$H=h_{\mathrm{f}}=S_0\int_0^l (Q+qx)^2\mathrm{d}x=S_0\int_0^l (Q^2+2Qqx+q^2x^2)\mathrm{d}x$$

$$H=h_{\mathrm{f}}=S_0 l\left(Q^2+Qql+\frac{1}{3}q^2l^2\right) \tag{5-41}$$

上式也可近似地写成

$$H=S_0 l(Q+0.55ql)^2 \tag{5-42}$$

在实际计算时，常引用计算流量 Q_c，

$$Q_c=Q+0.55ql \tag{5-43}$$

因此，式(5-42)就可写成

$$H=S_0 lQ_c^2 \tag{5-44}$$

当转输流量 $Q=0$ 时，式(5-41)成为

$$H=\frac{1}{3}S_0 lQ_0^2 \tag{5-45}$$

式中，Q_0 为沿程均匀泄流管路进口的流量，$Q_0=ql$。式(5-45)表明，管路在只有沿程均匀沿途泄流量时，其水头损失仅为传输流量通过时水头损失的三分之一。

【例 5-11】 由水塔供水的输水管，为三段铸铁管($n=0.012$)组成，中段为均匀泄流管段(图 5-23)，每米长泄出的流量为 $q=0.10\text{L/s}$。已知：$q_1=15\text{L/s}$，$Q=10\text{L/s}$，$l_1=300\text{m}$，$d_1=200\text{mm}$；$l_2=200\text{m}$，$d_2=150\text{mm}$；$l_3=100\text{m}$，$d_3=100\text{mm}$。求需要的水塔高度(作用水头)。

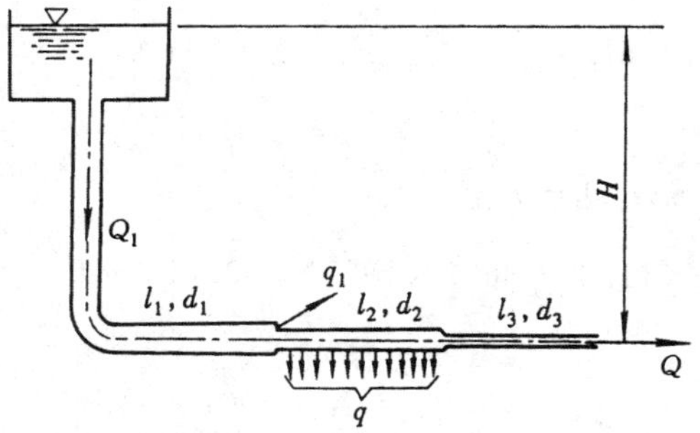

图 5-23　例 5-11 图

【解】 先计算各管段的流量：

$$Q_3=Q=10\text{L/s}$$

$$Q_c=Q+0.55ql_2=10+0.55\times0.1\times200=21\text{L/s}$$

$$Q_1=Q+ql_2+q_1=10+0.1\times200+15=45\text{L/s}$$

查表 5-5，可得

$$S_{01}=7.92\times10^{-6}\text{s}^2/\text{L}^2,S_{02}=36.7\times10^{-6}\text{s}^2/\text{L}^2,S_{03}=319\times10^{-6}\text{s}^2/\text{L}^2$$

所需的作用水头 H，可由式(5-36)得

$$\begin{aligned}H&=S_{01}l_1Q_1^2+S_{02}l_2Q_c^2+S_{03}l_3Q^2\\&=(7.92\times300\times45^2+36.7\times200\times21^2+319\times100\times10^2)\times10^{-6}\\&=11.24\text{m}\end{aligned}$$

5.5 给水管网水力计算基础

为了向更多的用户供水，在给水工程上往往将许多管路组成管网。管网按其形状可分为枝状(图 5-24(a))和环状(图 5-24(b))两种。

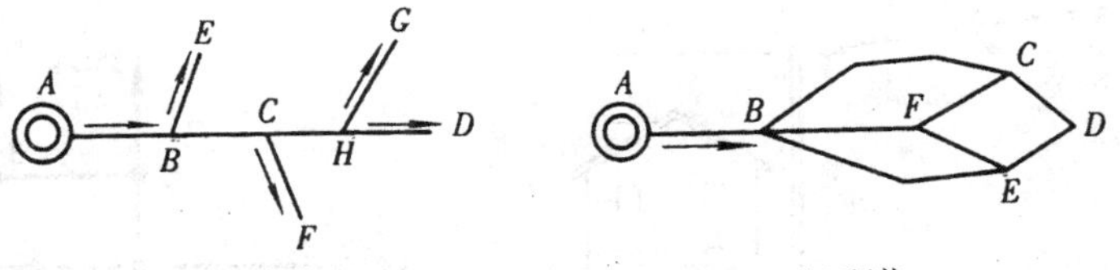

(a) 枝状　　(b) 环状

图 5-24　管网的形状

管网内各管段的管径是根据流量 Q 和速度 v 来决定的，由于 $Q=Av=\frac{\pi d^2}{4}\times v$，所以管径 $d=\sqrt{\frac{4}{\pi}}\sqrt{\frac{Q}{v}}=1.13\sqrt{\frac{Q}{v}}$，但是，仅依靠这个公式还不能完全解决问题，因为在流量 Q 一定的条件下，管径还随着流速 v 的变化而变化。如果所选择的流速大，则对应的管径就可以小，管路的造价可以降低；但是，由于管道内的流速大，会导致水头损失增大，使水塔高度以及水泵扬程增大，这就会引起经常性费用的增加。反之，若采用较大的管径，则会使流速减小，降低经常性费用，但反过来，却要求管材增加，使管路造价增大。

因此，在确定管径时，应该作综合评价。在选用某个流速时，应使得给水的总成本(包括铺设水管的建筑费、泵站建筑费、水塔建筑费及抽水经常运转费之总和)最小。那么，这个流速称为经济流速。

应该说，涉及经济流速的因素很多，而且在不同经济时期其经济流速也有变化。但综合实际的设计经验及技术经济资料，对于一般的中、小直径的管路大致为：

当直径 $d=100\sim400$mm，　经济流速 $v=0.6\sim1.0$m/s；

当直径 $d>400$mm，　　　经济流速 $v=1.0\sim1.4$m/s。

一、枝状管网

枝状管网的水力计算，可分为新建给水系统的设计和扩建原有给水系统的设计两种情况。

1. 新建给水系统的设计

对于已知管网沿线的地形资料、各管段长度、管材、各供水点的流量和要求的自由水头(各用水器具要求的最小工作压强水头)，要求确定各管段管径和水塔水面高度及水泵扬程的计算属于新建给水系统的设计。

这一类的计算，首先应从各管段末端开始，向水塔方向求出各管段的流量，然后，选用经济流速确定出对应的管径 d。定出管径后，就可用公式 $h_f=S_0lQ^2$ 计算出各管段水头损失。最后计算出从水塔到控制点(管网的控制点是指在管网中水塔至该点的水头损失、地形标高和要求作用水头三项之和为最大值之点)的总水头损失 $\sum h_f$，于是水塔高度 H_t(图 5-25)可按下式求得：

$$H_t=\sum h_f+H_z+z_0-z_t \tag{5-46}$$

式中　H_z——控制点的自由水头；

z_0——控制点地形标高；

z_t——水塔处的地形标高；

$\sum h_f$——从水塔到管网控制点的总水头损失。

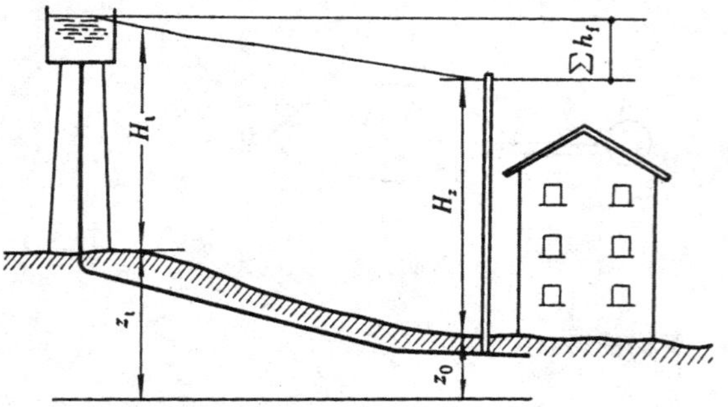

图 5-25　水塔高度计算示意图

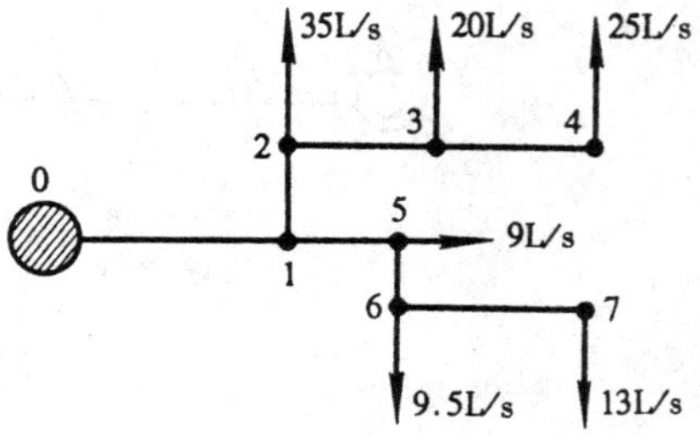

图 5-26　水塔向各出水点供水示意图

2. 扩建给水系统的设计

对于已知管网沿线地形、各管段长度、管材及各供水点需要的流量与自由水头，在水塔已建成的条件下，确定扩建管段管径的计算。这一类就属于扩建给水系统的设计。

扩建给水系统的计算原则是：要充分利用已有的作用水头。即不是通过经济流速，而是通过已知的作用水头 H，流量 Q，管路长度 l 等来确定管径 d。

具体步骤为：根据已知条件，算出该管路的平均水力坡度 $\bar{J}$（单位长度的水头损失），

$$\bar{J}=\frac{H_t+(z_t-z_0)-H_z}{\sum l} \tag{5-47}$$

再根据公式 $\bar{J}=S_0Q^2$ 求出 S_0，然后查表 5-5，选择管径 d。由于管径的选择不可能恰好等于标准管径，所以在选择时，可选一部分管径的比阻大于算出的 S_0 值，一部分则小于算出的 S_0 值。通过串联管路计算，使这些管段的组合恰好在给定水头下通过指定的流量。

【例 5-12】　一枝状管网，自水塔 A 向各用水点供水（图 5-26）。采用铸铁管，各管段的管长列于下表，已知水塔处地面标高和 4，7 点处的地面标高均为 70.0m，4，7 点处要求自由水头 $H_z=12$m。求各管段的直径、水头损失及水塔的高度。

【解】　(1) 根据经济流速选择各管段的直径：

对于 3-4 管段，$Q=25$L/s，若采用经济流速 $v=1$m/s，则管径

$d=\sqrt{\frac{4Q}{\pi v}}=\sqrt{\frac{0.025\times 4}{\pi\times 1}}=0.178$m，采用标准管径 $d=200$mm，此时管中的实际流速为

$$v=\frac{4Q}{\pi d^2}=\frac{4\times 0.025}{\pi\times 0.2^2}=0.8\text{m/s}$$

查表 5-5，得 $S_0=9.029\text{s}^2/\text{m}^6$，由于速度 $v=0.8\text{m/s}<1.2\text{m/s}$，水流在过渡区，$S_0$ 值需要修正。查表 5-4，得修正系数 $K=1.06$，则管段 3-4 的水头损失为

$$h_{f_{3-4}}=KS_0lQ^2=1.06\times 9.029\times 350\times 0.025^2=2.09\text{m}$$

其他各管段的计算类似上面的计算步骤，现列入下表。

管段		已知数值		计算所得数值				
		管段长度 l (m)	管段中的流量 q (L/s)	管道直径 d (mm)	流速 v (m/s)	比阻 S_0 (s^2/m^6)	修正系数 K	水头损失 h_f (m)
左侧支线	3—4	350	25	200	0.80	9.029	1.06	2.09
	2—3	350	45	250	0.92	2.752	1.04	2.03
	1—2	200	80	300	1.13	1.015	1.01	1.31
右侧支线	6—7	500	13	150	0.74	41.85	1.07	3.78
	5—6	200	22.5	200	0.72	9.029	1.08	0.99
	1—5	300	31.5	250	0.64	2.752	1.10	0.90
水塔至分岔点	0—1	400	111.5	350	1.16	0.4529	1.01	2.27

(2) 计算水塔的高度时，先确定管网中的控制点。比较从水塔到管网最远的用水点 4 和点 7 的水头损失，分别为

控制点为 4：$\sum h_{f_{0-4}}=h_{f_{3-4}}+h_{f_{2-3}}+h_{f_{1-2}}+h_{f_{0-1}}=2.09+2.03+1.31+2.27=7.70\text{m}$

控制点为 7：$\sum h_{f_{0-7}}=h_{f_{6-7}}+h_{f_{5-6}}+h_{f_{1-5}}+h_{f_{0-1}}=3.78+0.99+0.90+2.27=7.94\text{m}$

由于 $\sum h_{f_{0-7}}>\sum h_{f_{0-4}}$，而点 4 和点 7 的自由水头、地形标高都相等，所以点 7 为该管网的控制点，则水塔的高度为

$$H=\sum h_{f_{0-7}}+H_z=7.94+12=19.94\text{m}。$$

如果说 $\sum h_{f_{0-7}}$ 远大于 $\sum h_{f_{0-4}}$ 的话，则可以分析更改 0—4 管线的管径(某段管径可适当减少，但总水头损失一般不可超过 0—7 管线上的水头损失)，以做到经济合理。

二、环状管网

图 5-27 为一环状管网，通常环状管网的布置及各管段的长度 l 和各节点流出的流量为已知。因此，环状管网水力计算的目的仍是确定各管段通过的流量 Q 和管径 d，从而求出各段的水头损失和确定水塔的高度。

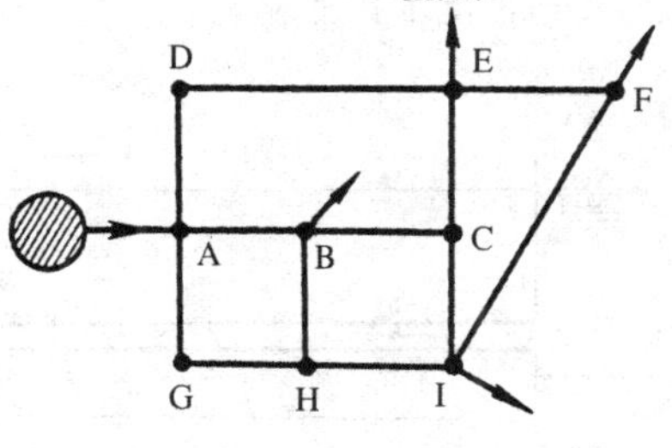

图 5-27 环状管网

研究任一形状的管网，可以发现管网上管段 n_g 和环数 n_k 以及节点数 n_p，存在着以下关系：

$$n_g=n_k+n_p-1$$

而管网中的每一管段均有两个未知数，Q 和 d，因此，环状管网的水力计算，其未知数的总数为

$$2n_g=2(n_k+n_p-1)$$

环状管网的水力计算，应遵循以下两条水力准则进行反复运算，这两条准则是：

1. 水流的连续性原理：在各个节点上，流向节点的流量应等于由此节点流出的流量。若以流向节点的流量为正值，离开节点的流量为负值，则两者的总和应等于零，即对于每一个节点都应满足 $\sum Q=0$。

2. 能量相等原理：对于任一闭合的回路，由某一节点沿两个方向至另一节点的水头损失

应相等(这相当于并联管路的水力计算特点)。如在一环内以顺时针方向水流所引起的水头损失为正值,以逆时针方向水流的水头损失为负值,则两者总和应等于零。即对每个环,有 $\sum h_f = \sum S_0 l Q^2 = 0$。

通常由于管网有若干个环,于是就要有若干个方程组同时求解,直接求解就比较困难。因此常常采用试算,在计算时,通过逐次逼近求得结果,但也往往感到比较烦琐,特别是环数愈多,其计算工作量就增加的愈多。现在,电子计算机已广泛地应用于管网计算,特别是对多环管网的计算,更能显示出其计算迅速而准确的优越性。

5.6 有压管路中的水击

以前各章节中所讨论的水流大多为恒定流,而且把水流也看作是不可压缩的。但是现在要讨论的有压管路中的水击现象却是一种非恒定流,而且还要考虑液体的压缩性,否则就不能解释水击现象。另外,为了得出符合实际的结果,还应考虑管壁材料的弹性。

一、水击现象

在有压管路中流动的液体,由于某种外界因素(诸如阀门突然关闭、水泵突然停车等)使其流速发生突然变化(即动量发生变化),从而引起压强突然变化(升压和降压交替进行),这种水力现象就称为水击。由于升压和降压交替进行时,对于管壁或阀门的作用犹如锤击一样,因此也称为水锤。

水击时所产生的升压,可达原来正常压强的几倍,甚至几十倍,而且增压和减压的频率很高,往往会引起管道激烈震动,严重时,会造成阀门破坏和管道接头脱落,甚至管道爆裂等重大事故。

实践证明,在山区枝状管网中,由于突然停电而引起的停泵水击次数较多,导致损坏泵站及管路设备。另外,在水电站的有压管路中,由于水轮机每次丢弃负荷而把压力管阀门关闭时,也会造成很高的压力。所以,在一般高速高压管道的计算中,都应验算水击压强,从而考虑防止水击的技术措施。

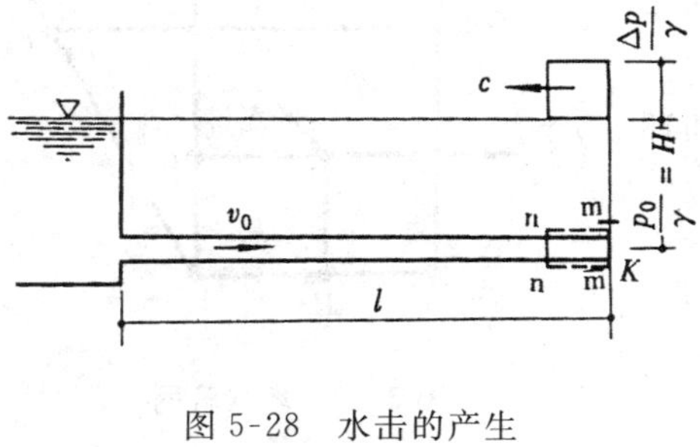

图 5-28　水击的产生

1. 发生水击的原因

取一管径 d,管长为 l,管壁厚为 δ 的简单管道,其上游(左端)接水池,右端设一控制阀门,在阀门关闭前的流速为 v_0,如图 5-28 所示。现在如果把阀门突然关闭,则紧靠阀门的一层水首先也突然停止流动,其速度由 v_0 突然变成零。由动量定律可知,由此产生的动量变化应等于外界对其作用力的冲量。此作用力即为阀门对水的力。因此紧靠阀门这一层水的压强 p_0 也就突然升高至 $p_0+\Delta p$,升高的压强 Δp 即为水击压强。

由于此时我们考虑的液体是可压缩的,管道也是弹性体,所以在水击压强作用下会产生两种变形,即水的压缩和管壁的膨胀。由于会产生这些变形,所以阀门突然关闭时,管道内的水不是在同一时刻全部停止流动,同理,管道内的压强也不是在同一时刻全部升高。而是当靠近阀门的第一层水停止流动后,与之相邻的第二层及其后续各层水相继逐层停止流动,同时压强逐层升高,以波的形式从阀门处往上游迅速传向管道进口。这种波也称为水击波,有增压和减压两种。从上面的分析可以看出，引起管道水流速度突然变化的因素是发生水击的外加条件，水流本身具有惯性和压缩性则是发生水击的内在原因。

2. 水击的传播过程

有压管道的布置同图 5-28 一样，如阀门突然关闭，分析发生水击时的压强变化及传播情况，如图 5-29 所示。

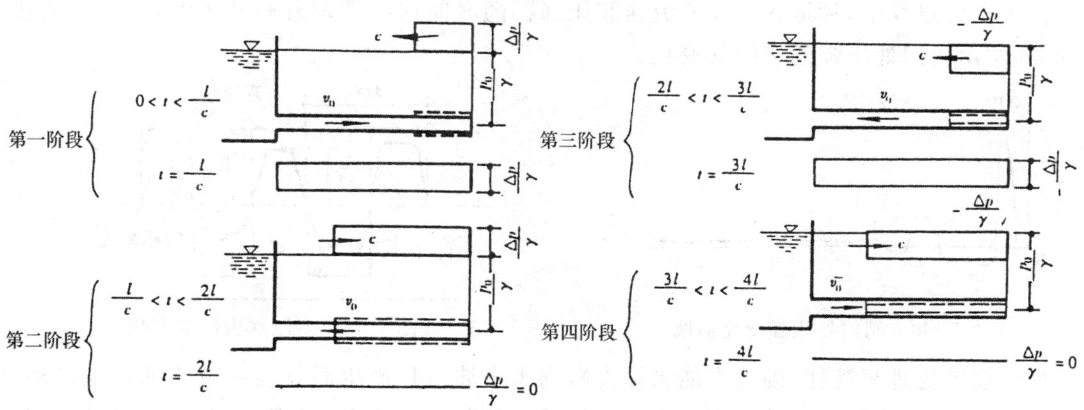

图 5-29　水击的传播过程

第一阶段：由于阀门突然关闭，紧靠阀门的一层水体速度由 v_0 立刻变为零，但是上游水流仍然以 v_0 继续向下游流动，使得紧靠阀门处的水体受到压缩，与此同时，因压缩而造成的升压将此段管壁膨胀。然后紧接这一层的另一层液体也停止流动，再受到挤压，造成升压，使管壁膨胀。依次类推，液流的停止连同由此而造成的压强升高以波速 c 自阀门向上游传播（称为减速增压过程）。当 $t=l/c$ 时，水击波传到管道的进口处。此时，整个管道内的液体都停止不动，全部处于升压状态。

第二阶段：由于上游水池的水面不会增加，所以管道进口处的压强 $p_0+\Delta p$ 不可能保持在比水池静压强 p_0 大 Δp（水击压强）。相反，正是在这个压强差 Δp 的作用下，管道进口处的液体以 $-v_0$ 开始向水池倒流，并形成一个减压波从管道进口向阀门处传播。降压波的所到之处，被压缩的液体和膨胀的管壁也就恢复原状（称为减速减压过程）。当 $t=2l/c$ 时，整个管道中液流压强为 p_0，同时具有向水池方向的流速 v_0。

第三阶段：虽然在 $t=2l/c$ 时，被压缩的液体和膨胀的管壁已经恢复原状，然而由于液流的惯性作用，管中的液体仍然以 $-v_0$ 速度向水池倒流。因为此时阀门已被关闭，所在阀门处无水量补充，以至此处的液体停止运动，速度由 $-v_0$ 变为零。同时引起压强降低，密度减小，管壁收缩。同理，这个减压波由阀门向上游传播，波的所到之处，流速变为零，压强减低了 Δp（增速减压过程）。在 $t=3l/c$ 时刻传到管道进口处，整个管道中液流压强为 $p_0-\Delta p$，速度为零。

第四阶段：当 $t=3l/c$ 时，虽然管道中液流速度为零，但由于水池的存在，而在水池液面与管道进口处的压强有压强差 $p_0-(p_0-\Delta p)=\Delta p$。在这个压强差的作用下，液体又会以速度 v_0 向阀门方向流动。管道中的液体得到了补充，从而液体的密度、压强以及管壁都相应恢复正常（增速增压过程）。当 $t=4l/c$ 时，该增压波传播至阀门处，全管恢复至起始状态。但又遇到关闭的阀门，液流又会被阻止，密度又会增加，又会造成升压。于是，和第一阶段开始时阀门突然关闭的情况完全一样，水击现象又将重复上述四个阶段，周期性地重复下去（考虑理想液体)。

从阀门关闭时($t=0$)起,管内经过减速增压、减速减压、增速减压和增速增压四个阶段。时间历时 $t=4l/c$,称为一个周期。在一个周期里,水击波在阀门和管道进口之间往返了两次,其中往返一次为一个相,则一个周期为两个相。需要指出的是,水击波传播速度极快,所以一个周期四个阶段是在很短的时间内连续完成的。

在水击的过程中,管道各断面的流速和压强都随时间周期性地升高和降低,不断地变化。图 5-30 所示阀门处压强随时间的变化。

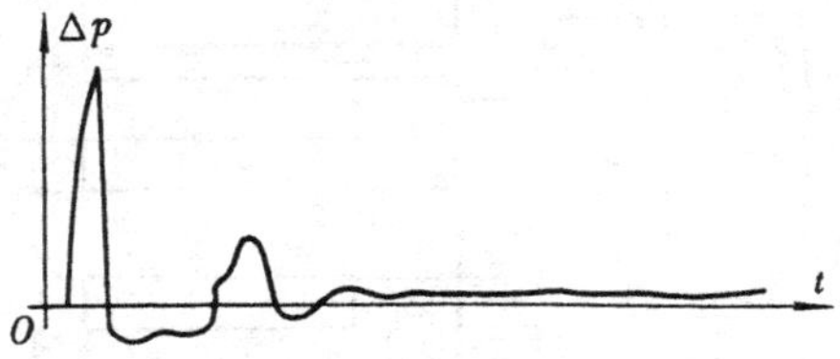

图 5-30　阀门处压强变化曲线

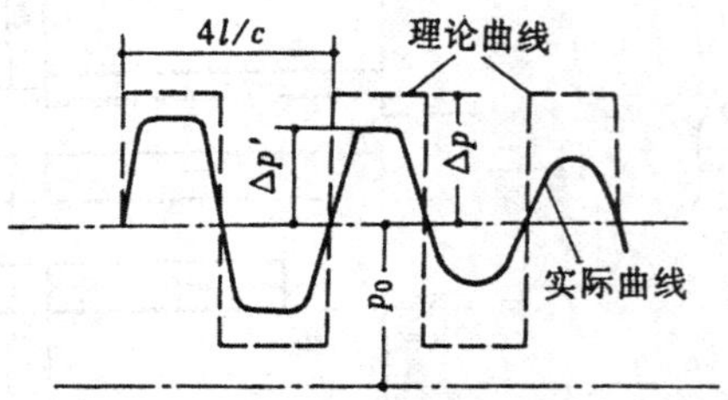

图 5-31　实测水击压强变化

如果仅考虑理想液体(即没有能量损失),则水击波一旦产生后就会一直周期性地传播下去。然而,实际上液体在运动过程中由于液体具有粘滞性以及液体和管壁的形变,使能量损失很大。因此,水击压强会迅速衰减,图 5-31 所示为实测的水击压强随时间的变化。

三、水击压强的计算

物体运动状态的变化是外力作用的结果。所以水击引起的水击压强可用动量方程来推求,但由于水击是非恒定流,所以不能直接用第 3 章中液体恒定流的动量方程。为此改用理论力学中的动量定律来推求。

1. 直接水击

在前面的讨论中,认为阀门是瞬时关闭的,然而实际上,关闭阀门总有一个过程。如果关闭阀门的时间 T 小于一个相长,即 $T<2l/c$,那么最早发出的水击波的反射波在到达阀门之前,阀门已经关闭完毕。这种水击波的运动特征仍然相同于上面讨论的阀门突然关闭($T=0$)的水击波特征,这种水击称为直接水击。

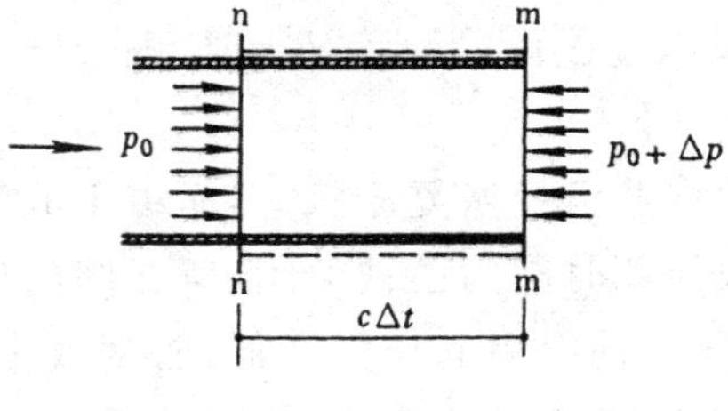

图 5-32　水击压强分析

在产生水击的管道上取出部分管段(图 5-32)进行分析,设断面 m—m 上的压强为 $p_0+\Delta p$,如水击波的传播速度为 c,则经过 Δt 时间后水击波传至断面 n—n,两断面间间距 $\Delta l=c\times\Delta t$。这时流段内的液流速度由 v_0 变为 v。其密度由 ρ 变至 $\rho+\Delta\rho$,管壁膨胀,所以过水断面也由 A 变至 $A+\Delta A$。

水击发生前,该水体的动量为

$$\rho Ac\Delta tv_0,$$

Δt 时间后,动量改变为

$$(\rho+\Delta\rho)(A+\Delta A)c\Delta tv,$$

该管段水体在 Δt 时间内沿管轴的动量变化为

$$(\rho+\Delta\rho)(A+\Delta A)c\Delta tv-\rho Ac\Delta tv_0=\rho Ac\Delta t(v-v_0)$$

式中,略去了二阶无穷小量。

另外，在 Δt 时间内，外力在管轴方向的冲量变化为

$$[p_0 A-(p_0+\Delta p)(A+\Delta A)]\Delta t=-(p_0\Delta A+\Delta pA+\Delta p\Delta A)\Delta t$$

略去 $\Delta p\Delta A$，又考虑到 $p_0\Delta A \ll \Delta pA$，由动量定律：

$$\rho Ac\Delta t(v-v_0)=-\Delta pA\Delta t$$

所以，水击压强增量：

$$\Delta p=\rho c(v_0-v) \tag{5-48}$$

上式即为把流速从 v_0 减至 v，且时间小于 $T<\frac{2l}{c}$ 时的水击压强计算公式。如果阀门在该时段内全部关闭，即 $v=0$，则

$$\Delta p=\rho cv_0 \tag{5-49}$$

若用水柱高度表示，则有：

$$\Delta H=\frac{\Delta p}{\gamma}=\frac{c}{g}v_0$$

2. 间接水击

如果管道长度较短，或阀门关闭的时间较长，以致 $T>\frac{2l}{c}$，那么阀门开始关闭时发出的水击波（增压波）的反射波（减压波）到达阀门时，阀门仍在继续关闭，则增压和减压会相互叠加后抵消，使这种水击在阀门处的水击压强小于直接水击的水击压强。

鉴于间接水击是增压波和减压波的叠加，因此在理论分析上颇为复杂，此处不再讨论。通常只要知道间接水击的最大升压是多少就可以了。水击在阀门处的最大升压的近似值计算是按照这样的假定出发的，即最大升压和关闭时间的乘积是一个常量，所以间接水击的最大升压 Δp 为

$$\Delta p=\rho cv\frac{T_z}{T}=\frac{2\rho vl}{T} \tag{5-50}$$

式中 T——阀门关闭时间；

T_z——水击波的相长，其值为 $T_z=\frac{2l}{c}$。

三、水击波的传播速度

为了计算水击压强，或者分析各阶段水击波的动力特征，都需要知道水击波的传播速度 c。考虑到液体的压缩性和管壁的弹性，水击波的传播速度 c 的计算公式（推导过程从略）为

$$c=\frac{c_0}{\sqrt{1+\frac{E_0}{E}\cdot\frac{d}{\delta}}}=\frac{1\,440}{\sqrt{1+\frac{E_0}{E}\cdot\frac{d}{\delta}}}\quad \text{m/s} \tag{5-51}$$

式中 c_0——声音在水中的传播速度，$c_0=1\,440\text{m/s}$；

E_0——水的弹性模量，$E_0=2.07\times10^5\,\text{N/cm}^2$；

E——管壁的弹性模量，见表 5-6；

D——管道直径；

δ——管壁厚度。

表 5-6　　**常用管壁材料的弹性模量 E**

管壁材料	$E(N/cm^2)$
钢　管	206×10^5
铸铁管	88×10^5
混凝土管	20.6×10^5
木　管	6.9×10^5

对于一般钢管 $D/\delta\approx100$，$E/E_0\approx0.01$，代入式(5-51)，得到 $c\approx1000\text{m/s}$，如果 $v_0=1\text{m/s}$，则阀门突然关闭引起的直接水击，其值 $\Delta p/\gamma\approx100\text{m}$ 水柱。可见水击压强是很大的。

【例 5-13】 已知一管道，管长 $l=3\,000\text{m}$，管径 $D=1.2\text{m}$，波速 $c=1\,000\text{m/s}$，管中液流速度 $v_0=1.83\text{m/s}$。若阀门在 $T=2.5\text{s}$ 内全部关闭，求管道所受的最大水击压强。

【解】 先判别是何种水击，

$$\frac{2l}{c}=\frac{2\times3\,000}{1\,000}=6\text{s}>T=2.5\text{s}$$

发生直接水击，由式(5-49)，得

$$\Delta p=\rho cv_0=1\,000\times1\,000\times1.83=1\,830\text{kN/m}^2$$

【例 5-14】 在上例中，若阀门关闭时间为 $T=8\text{s}$，其余条件均不变，问水击压强如何变化？

【解】 在上例中，已知 $\frac{2l}{s}=6\text{s}$，故 $T>\frac{2l}{s}$，发生间接水击，由式(5-50)，得

$$\Delta p=\frac{2\rho vl}{T}=\frac{2\times1\,000\times1.83\times3\,000}{8}=1\,372.5\text{kN/m}^2。$$

四、水击的预防

从上面的分析可知，水击压强是巨大的，这一巨大压强可使水管变形、接缝裂开，甚至爆裂。为了防止水击压强给管道带来的危害，在管道设计和运用管理上应尽量避免发生直接水击，并设法减小间接水击的压强。

减小水击压强的措施一般有：

1. 限制管中流速。采用较小的流速，使阀门在突然关闭时，引起的动量变化就较小，因而在其他条件都相同的情况下，水击压强减小。无论是直接水击还是间接水击，水击压强 Δp 均与 v_0 成正比，式(5-49)和式(5-50)都说明了这点。而限制流速，可通过采用较大的管径来达到。

2. 延长阀门关闭时间。延长阀门的关闭时间，可以避免产生直接水击，或者也可使间接水击压强减小，例 5-13 和例 5-14 就说明了这点。

3. 管道上设置安全阀、水击消除阀等装置。在水击发生时，这些旁通阀门在水击压强作用下被打开，有一部分液体就会从这些阀门中流出，减小了由水击引起的水击压强。

4. 在管道上设置空气室、调压塔等装置。这些空气室、调压塔可减小水击压强及水击的影响范围。如在水电站的压力管上经常设有调压塔(图 5-33)，当阀门关闭时，水击的升压波使调压塔内的水位向上抬升，依此缓解了调压塔上游压力管段的水击作用。此后调压塔中水位上下震荡，直至完全衰减。

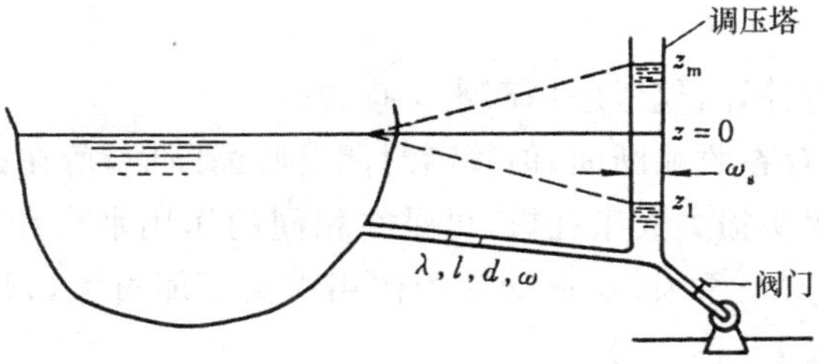

图 5-33 调压塔缓解水击作用

学习指导

本章讨论了有关容器及管道的出流情况。实际上这仍然是前几章的基础理论和基础知识在生产实际上的应用，所以在学习中要注意对各类液流现象的分析，从而了解它们的计算特点，掌握各类液流的水力计算原则和方法。

一、本章内容是前面几章的具体应用，学习本章有助于对前几章内容的加固和加深理解

对实际工程问题的水力计算，往往会采用一些简化或规定，在学习中要善于使用比较和归纳的方法，整理各类水力计算的原则和方法方面的共性和个性内容，善于把课程内容系统化和条理化。

虽然各类水力计算问题形式各异，方法多样，公式众多。然而，归根结底是对各种形式机械能相互转化的分析和应用处理。譬如，各类有压流无非是有水泵或水箱提供的压能转化的过程，在此过程中，部分机械能以热能的形式不可逆地散发于大气中，即形成所谓的水头损失。无论是孔口、管嘴还是各类管流，都可用下述基本方程表示各项能量之间的关系

$$v=\varphi\sqrt{2gH}$$

或

$$Q=\mu A\sqrt{2gH}$$

式中，H, v, Q 是反映势能与动能的转化因子；φ, ζ 是反映液流的能量损失因素；μ 则综合地反映液流的固体边界条件、液流物理特性和运动特征。

由于液流阻力问题的复杂性，有关 $\varphi, \mu, \zeta, \varepsilon, K, S_0$ 等系数，在目前还是通过实验方法，以经验公式或经验系数的形式表示。在学习中，除了有个别常用者外，没有必要去死记硬背这些经验公式和系数。但是要了解影响这些系数的因素有哪些，并要学会应用求解这些系数的图表。虽然阻力问题的研究尚待不断成熟，然而，阻力系数的应用正确与否却是直接影响计算结果的精确程度。在满足计算精度要求的前提下，根据各类有压管流中局部水头损失、沿程水头损失在总水头损失中所占比例的不同，而作不同的取舍处理，这种处理上的不同，就是划分管流分类的依据。孔口和管嘴只计算局部水头损失，长管只计算沿程水头损失(将流速水头也忽略了)，而短管则要全部计算各类水头损失。

根据管流的出口是否淹没，把各类有压流分为自由出流和淹没出流两种。这两种出流情况的基本公式在形式上是相同的，但是式中 H 的涵义是不一样的。凡淹没出流是指上游和下游水面的高差；而自由出流则指得是上游液面与出口管中心的高差。

总的来说，有压流的水力计算任务基本上就是根据基本关系式中的相互关系，已知某些量去求某个未知量。而这些的基本关系式都是根据能量方程来推导的。所以对有些问题的计算，如短管的水力计算，还是直接采用能量方程计算更有把握些。

二、孔口、管嘴

对孔口、管嘴的水力计算，仅考虑局部水头损失。

孔口和管嘴出流都存在收缩断面，但管嘴封闭了收缩断面，所在该处形成真空。正是由于这个原因，虽然管嘴的水头损失大于孔口，可是在相同的作用水头和孔径时，管嘴的出流量大于孔口的出流量。也是这个原因，要求管嘴的作用水头不能过大（$H \leqslant 9\text{m}$），且管嘴的长度也不宜太长或太短，一般取 $l=(3\sim4)d$。

在对薄壁自由出流的孔口进行水力计算之前，应先判别是小孔（$H \geqslant 10d$）出流还是大孔出流，另外，还要正确选用 φ，ε 和 μ。淹没出流无大、小孔口之分。

三、短管

在进行短管的水力计算时，不仅要考虑局部水头损失，还要考虑沿程水头损失。

短管水力计算，通常分为自由出流和淹没出流两种，在计算时，除了看来作用水头的不同之外，还需注意：自由出流时，管出口处有一流速水头 $v^2/2g$；而淹没出流时，从管出口处到下游液面间有一个突然扩大损失 $\zeta v^2/2g$，此处的突然扩大损失系数 $\zeta=1.0$。所以两者在数值上完全相同，但其概念却是浑然不同。

另外，对于短管，有时还要根据题意绘制总水头线和测压管水头线。

四、长管

由于长管类别多、计算条件比较复杂，所作如下归纳：

1. 简单长管

基本关系式为

$$H=S_0 lQ^2$$

式中 K，S_0 表示管道的几何特性和阻力特性。在计算时可查表 5-4 和表 5-5，但要注意应用条件和各变量的单位。

2. 串联管路

它由不同管径的管段依次连接而成。其水流特性是

总水头损失是各管段水头损失之和，即

$$H = \sum h_f = \sum S_0 lQ^2$$

有分流的串联管路中，流向节点的流量等于流出该节点的流量，即

$$\sum Q=0$$

如管路上有节点流量流出，或由于管材不同而使 S_0 不同时，即使管径沿流不变，但也应按串联管路进行水力计算。

3. 并联管路

在同一点分叉的两根或两根以上的管段在另一点重新汇合的管路称为并联管路。它的水力特性是各管段在分叉和汇合点间的水头损失相等。即

$$h_{f1}=h_{f2}=\cdots=S_{01}l_1Q_1^2=S_{02}l_2Q_2^2=\cdots$$

如果没有分支流量，则连接两端点的流量就为并联各管段流量之总和，即

$$Q=Q_1+Q_2+\cdots+Q_n=\sum Q_i$$

4. 沿程均匀泄流管路

对有途泄流量 q，转输流量 Q 的管段内水头损失为

$$H=S_0 l(Q+0.55ql)^2,$$

若转输流量 $Q=0$，则

$$H=\frac{1}{3}S_0 lq^2 l^2。$$

对沿程均匀泄流管路，应注意：若计算管中通过的流量时为 ql，但计算管段水头损失时，其计算流量为 $0.55ql$。

5. 枝状管网

对于新建管网，按经济流速选取管径，考虑各供水点到水塔的距离，各供水点的地形标高、自由水头以及管系的水头损失等条件选择最不利点，并由最不利点计算出水塔所需高度。

$$H_t=\sum h_f+H_z+z_0-z_t$$

对于扩建管网，则应按已知的平均水力坡度 J 来计算出管径，具体步骤为

(1) 按已知条件求出平均水力坡度 J。

$$J=\frac{H_t+(z_t-z_0)-H_z}{\sum l}。$$

(2) 由此水力坡度 J 求出每段的比阻 S_0。

$$S_0=\frac{H}{lQ^2}=\frac{J}{Q^2}。$$

(3) 由 S_0 查表 5-5，得到每段的管径 d。

6. 环状管网

根据供水要求及地形条件布置管线后，计算各管段管径和各节点流量。水力计算中应遵循以下两个原则：

(1) 各节点处流量保持平衡，$\sum Q=0$；

(2) 各闭合管段水头损失的代数和应等于零，$\sum h_f=0$。

计算中要多次试设各管段的流量和流向，直至满足上述两原则为止。

五、有压管道中的水击

本章讨论了急速关闭阀门引起的水击，介绍了水击波传播各个阶段的运动特征。要了解液体的压缩性、管壁弹性对水击的影响。

比较阀门关闭时间和一个"相"的大小，水击还可分直接水击($T\leqslant\frac{2l}{c}$)和间接水击($T>\frac{2l}{c}$)，可采用相对应的公式进行计算。因为间接水击时，增压波和减压波相互叠加，所以在同样的管系和水流条件下，间接水击的水击压强小于直接水击的水击压强。

在计算水击压强之前应先求出水击波波速 c，c 反映了液体的压缩性和管壁弹性条件，与液体的和管材的弹性模量、管径及管壁厚度等因素有关，可采用式(5-41)计算 c。

了解水击的本质及水击现象的物理过程，有助于了解各种防止水击和减小水击压强的措施和方法。

复习思考题

5-1 在水箱侧壁上，在相同高度处开设孔径相同的孔口和管嘴各一个，试比较两者的流速和流量的大小。

5-2　在一壁厚 $\delta=0.8\text{m}$ 的挡水壁上设两孔，上孔直径 $d_{上}=0.35\text{m}$，下孔直径 $d_{下}=0.20\text{m}$。欲求两孔的泄流量，试问，两孔个采用什么公式？

5-3　为什么淹没出流孔口计算不必校验是大孔还是小孔？

5-4　在图示密闭水箱中隔板上设孔口，隔板两侧的分水箱的液面压强不同，问此时孔口出流的作用水头怎么定？

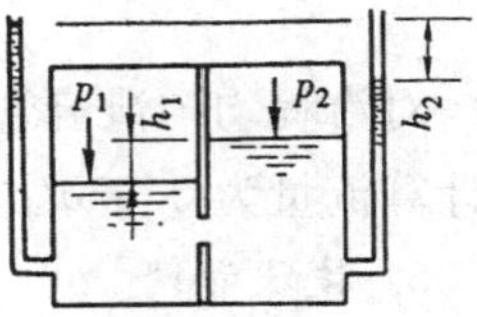

思考题　5-4 图

5-5　试归纳短管、长管、孔口、管嘴出流，在流动特点、计算任务、计算原则和方法等方面的异同点。

5-6　图示五种短管出流的出口情况，试问哪种情况的测压管水头线正好落在出口池壁的水面上？

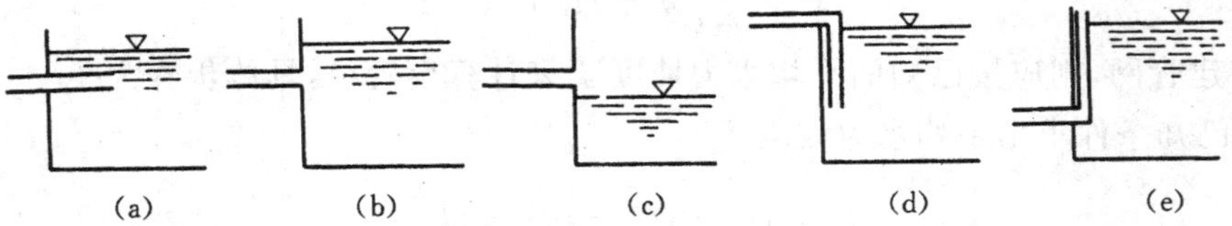

思考题　5-6 图

5-7　短管的测压管水头线，在什么情况下会沿流上升？长管的测压管水头线会不会沿流上升？为什么？

5-8　图示等厚的隔墙上，设两根相同管径与管材的短管 1 和 2，试比较作用水头为 H 时的两管流量大小；又如上游水位不变，下游水位分别变化为 ∇A，∇B，∇C 时，比较两管流量？

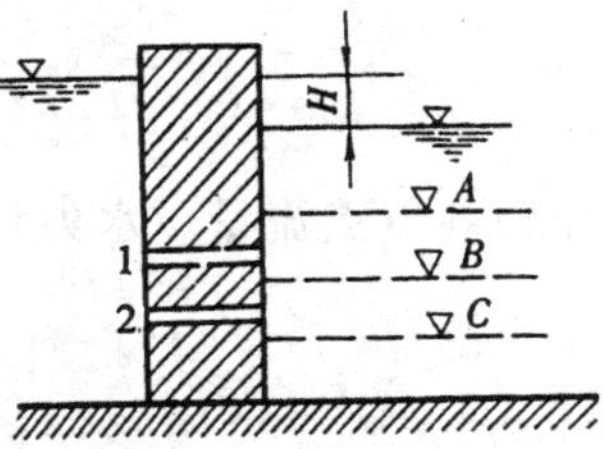

思考题　5-8 图

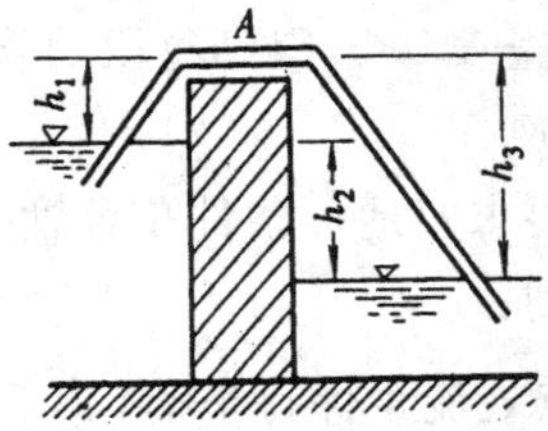

思考题　5-9 图

5-9　对图示的虹吸管，问：

(1) 最大真空值出现在什么地方？

(2) A 点距上游水面高度 h_1 与哪些因素有关？h_1，h_2，h_3 值有无限制？如何决定？

5-10　图示一等径直管，但其Ⅰ和Ⅱ管段采用两种管材($n_1\neq n_2$)，试写出其 H 的计算式。

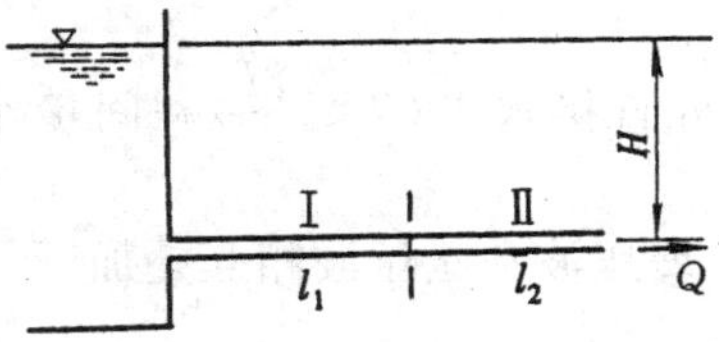

思考题　5-10 图

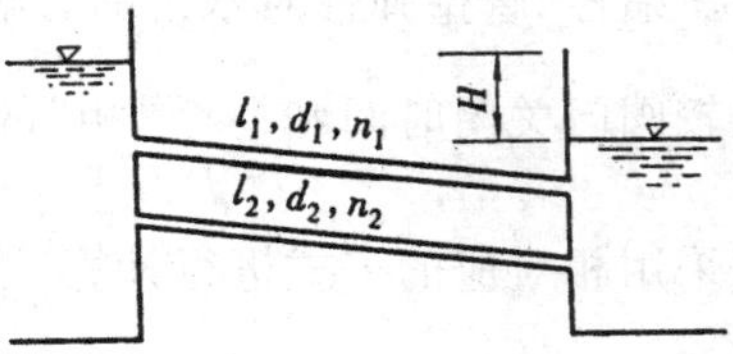

思考题　5-11 图

5-11　图示两根平行管道，长度 $l_1=l_2$，$d_1=2d_2$，$n_1=n_2$，试求两管的流量比。

5-12　图示一并联管道，管 A 和 B 的管径、管长、粗糙系数均相等，通过的流量为 Q。如作用水头 H 不变，管 B 停止工作，问此时管道出口流量是否等于 $\frac{1}{2}Q$？为什么？

5-13　图示两组管道，其中管段 1，2…6 和管段 1′，2′…6′的管长、管径、粗糙系数均各对应相等（如 $l_1=l_1'$，$d_1=d_1'$，$n_1=n_1'$…），又水头 $H_A=H_A'$。

(1) 若 $Q=Q'$，比较 B 点和 B' 点的水头大小（列式说明）；

(2) 若 B 点和 B' 点水头相同，Q 是否等于 Q'（列式说明）？

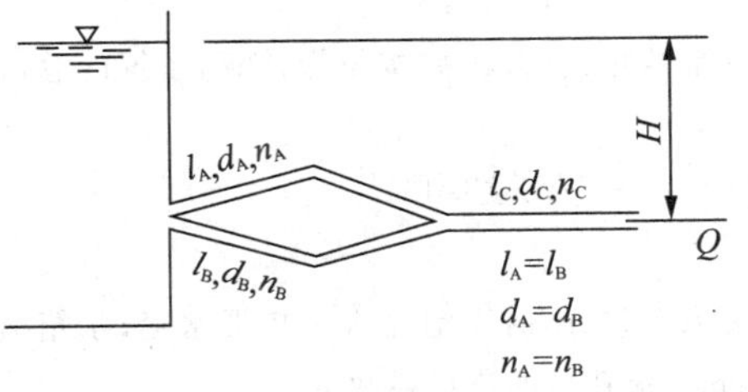

思考题　5-12 图

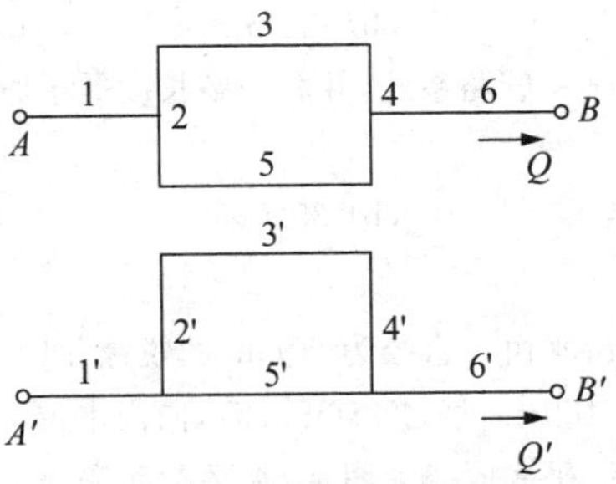

思考题　5-13 图

5-14　水管 l_1 和 l_2 串联连接两水箱（如图所示），水头为 H，泄流量为 Q。问：

（1）如加接一管段 l_3，若 $l_1 = l_2 = l_3$，$d_1 = d_2 = d_3$，又 H 不变，流量如何变化？管段 l_2 和 l_3 中的流量是否相同？

（2）如除去下游水箱，管段 2 和 3 均成自由出流，其余条件不变，该两管中流量是否相同？

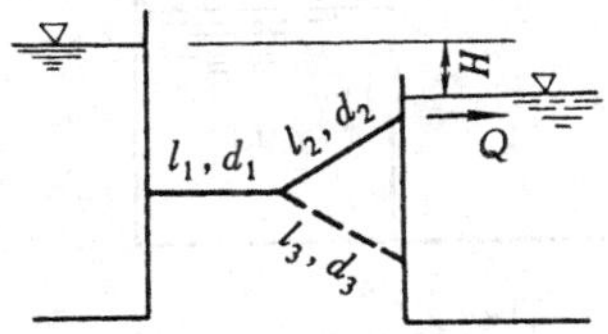

思考题　5-14 图

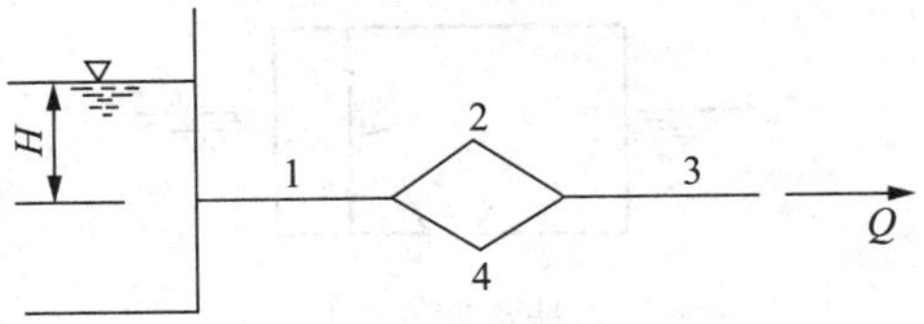

思考题　5-15 图

5-15　在水头 H 作用下，通过串联管路 1—2—3 的流量为 Q。今若假设并联管段 4（见图示），H 不变，试定性分析：

（1）经管段 3 的流量 Q 如何变化。

（2）经管段 2 的流量 q 如何变化。

（3）在设置管段 4 之前和之后，管段 2 的水力坡度如何变化。

5-16　枝状管网水力计算中的最不利点，是否就是离水塔最远的点？

5-17　水击现象的物理本质是什么？

5-18　为什么间接水击压强比直接水击压强小？

5-19　直接水击压强公式中，压强与管长无关，能不能说进行这类水击计算不需要知道管长？

5-20　为什么说要尽量避免发生直接水击？怎么减小水击压强？

习　题

一、选择题

5-1　比较在正常工作条件下，作用水头 H，直径 d 相等时，小孔口的流量 Q 与圆柱形外伸管嘴的流量 Q_n 比较，则有________。

(a) $Q > Q_n$　　(b) $Q < Q_n$　　(c) $Q = Q_n$　　(d) 不定

5-2　圆柱形外伸管嘴的正常工作条件是________。

(a) $H_0 \geqslant 9\text{m}$，$l = (3 \sim 4)d$　　(b) $H_0 \leqslant 9\text{m}$，$l = (3 \sim 4)d$

(c) $H_0 \geqslant 9\text{m}$，$l > (3 \sim 4)d$　　(d) $H_0 \leqslant 9\text{m}$，$l < (3 \sim 4)d$

5-3　孔口出流的流量系数、流速系数、收缩系数从大到小的正确排序是________。

(a) 流量系数、流速系数、收缩系数　　(b) 流量系数、收缩系数、流速系数

(c) 流速系数、流量系数、收缩系数　　(d) 流速系数、收缩系数、流量系数

5-4　长度相等、管道比阻分别为 S_{01} 和 $S_{02} = 4S_{02}$ 的两条管段并联，如果用一条长度相同的管段替换并联管道，要保证总流量相等时水头损失相等，等效管段的比阻等于________。

(a) $2.5S_{02}$　　(b) $0.8S_{02}$　　(c) $0.44S_{01}$　　(d) $0.4S_{01}$

5-5　对某一管路系统，并联一条长度等于原管总长度一半的相同管段，如按长管计算，系统的总流量增加________。

(a) 15.4%　　(b) 25.0%　　(c) 26.5%　　(d) 33.3%

二、计算题

5-1　上游水由一直径为 20mm 的锐缘孔口，在作用水头 $H=74$cm 时下泄流入一矩形水箱；水箱横截面积为 108cm×180cm，经过 9.6min 后，向内水位上升了 21.6cm。求孔口的流量系数 μ。

5-2　有一平底驳船如图示，水平截面积为 $8m^2$，船高 $h=0.5$m，船重 9 800N。现船底破一圆孔，孔径为 10cm，水从圆孔作薄壁小孔出流进入船身。经过多少时间，船将沉没（船壁厚度略去不计）？

[提示：$H=\dfrac{P}{\gamma}=\dfrac{1}{8}\times 9\,800\div 9\,800$]

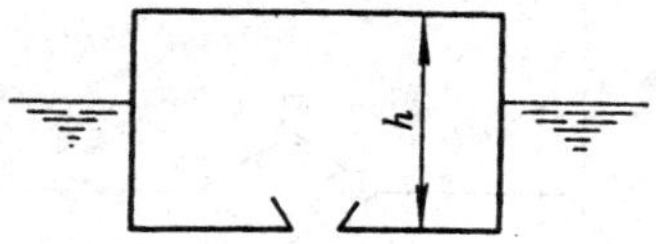

计算题 5-2 图

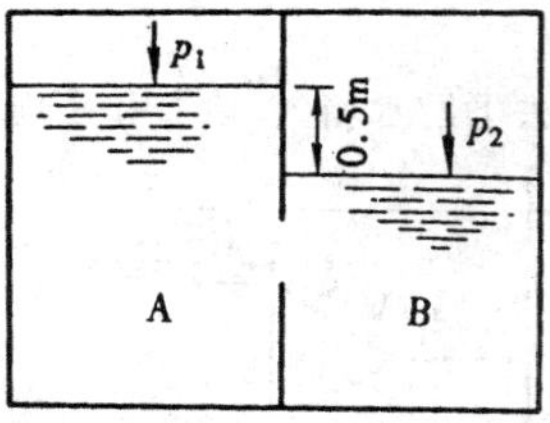

计算题 5-3 图

5-3　图示容器 A 中水面上压强 $p_1=9.8\times10^4$Pa，容器 B 中水面压强 $p_2=19.6\times10^4$Pa，两水面高差为 0.5m，隔板上有一直径 $d=5$mm 的孔口。设两容器中的水为恒定，且水面上压强不变，求流经孔口的流量。

5-4　图示水箱侧壁同一竖直线上开两个孔口，上孔距水面为 a，下孔距地面为 $c(c=a)$，两孔流速系数 φ 相等，试证明两水股相于地面上同一点。

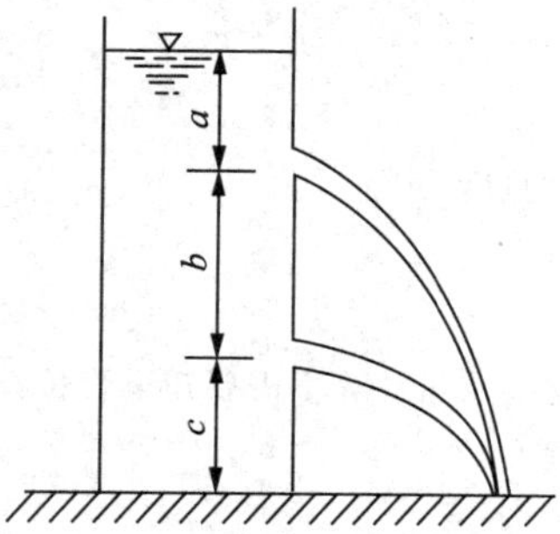

计算题 5-4 图

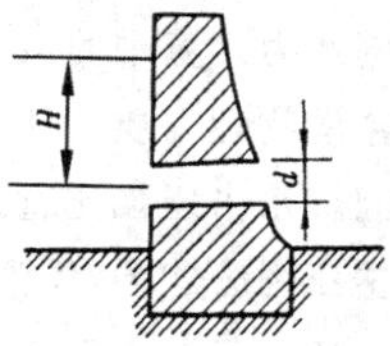

计算题 5-5 图

5-5　混凝土坝身设一泄水管如图示，管长 $l=4$m，在管轴线上的压强水头 $H=6$m（略去行近流速），现需通过流量 $Q=10m^3/s$。试确定管径 d，并求管中收缩断面的真空度。

（提示：可先按外圆柱形管嘴计算，然后核算结果是否符合管嘴条件）

5-6　冷却塔喷水管（外圆柱形）直径 $d=20$mm，长 $l=3d$，冷却水流量 $Q=600m^3/h$，管嘴作用水头为 6m。求一个管嘴的喷水量及所需的管嘴数目。

5-7　用水泵自水库 A 向水库 B 作恒定流输水。水泵扬程 $H=10$m，管道直径 $d=100$mm，管长 100m，管壁谢才系数 $C=62.6m^{\frac{1}{2}}/s$，$\zeta_{进}=0.8$，$\zeta_{出}=1.0$，略去弯头损失；水库水位差为 7.82m，管最高处中心点 C 与水库 B 水面高差为 3m，C 点至水库 A 的管长为 60m。求管内流量 Q 及点 C 真空度(P_c/γ)。

5-8　水泵吸水压送至水塔（图示），各高程分别为：$\nabla_1=0.0$m，$\nabla_2=10.0$m，$\nabla_3=32.0$m，$\nabla_4=27.0$m，$\nabla_5=29.0$m；吸水管管径 $d_1=200$mm，压水管管径 $d_2=150$mm，铸铁管 $\lambda=0.02$。水泵设计流量 $Q=35$L/s；取 $\zeta_{底阀}=7.0$，$\zeta_{弯}=0.5$，要求：

(1) 按允许真空值($H_s=7$m)计算水泵安装高度，从而确定集水井内水位 ∇_6；

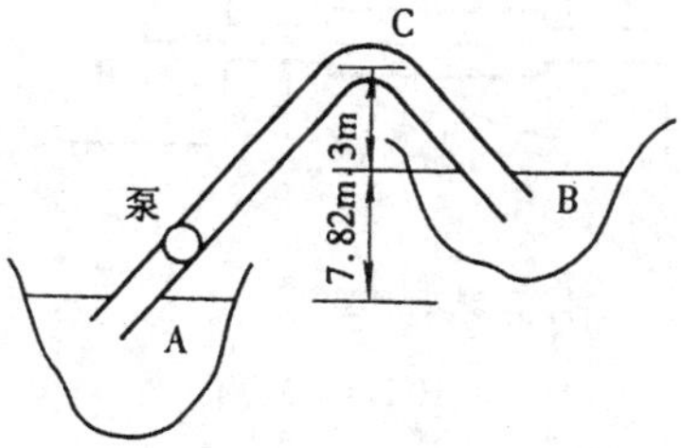

计算题 5-7 图

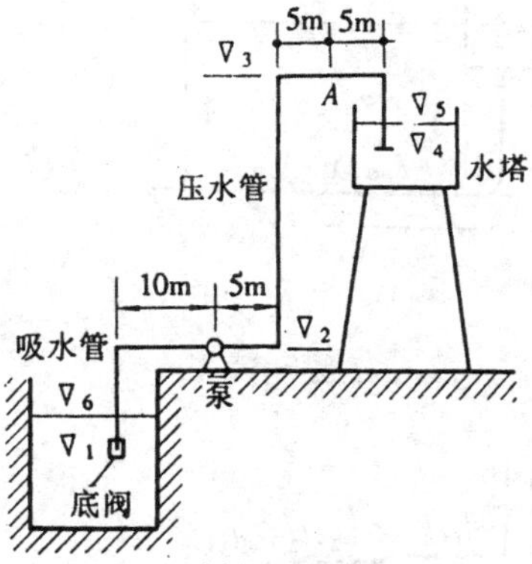

计算题 5-8 图

(2) 确定水泵扬程 H；

(3) 计算断面 A 处压强 P_A；

5-9　一台 $Q=90\text{m}^3/\text{h}$ 的水泵自集水井中吸水，集水井通过一直径为 200mm、管长为 20m 的自流管自河中引水(如图所示)。自流管端设有虑网吸水头($\zeta_{吸}=7.0$)及两个 90°弯头($\zeta_{弯}=0.5$)，管道 $n=0.012$。试求：

(1) 内水位和河水差；

(2) 如拆去自流管上两个 90°弯头及长 4m 的竖管(如虚线所示)，h 不变，求自流管流量 Q'(水泵流量相应变化)。

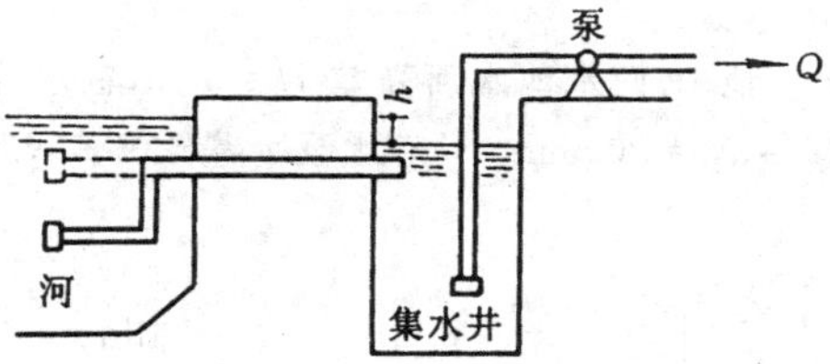

计算题 5-9 图

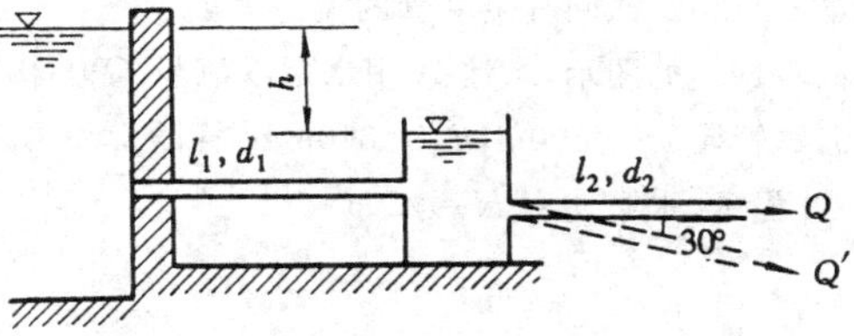

计算题 5-10 图

5-10　通过管长 $l_1=5\text{m}$，管径 $d_1=50\text{mm}$ 管道连接水库和水箱。水库和水箱水位差 $h=4\text{m}$，水箱后又接一 $d_2=d_1$ 的水平管道，且 $l_2=l_1$，管道沿程阻力系数 $\lambda=0.03$，水流为恒定流。求流量 Q，并绘制全管道的测压管水头线。如果 l_2 管倾斜 30°，水库内水位不变，求管内流量 Q' 及此时的两水位差 h'。

5-11　某建筑工地的供水塔内水面高于地面 8m(如图)，用管长 $l=1\,000\text{m}$、管径 $d=400\text{mm}$ 的旧铸铁管输水到用水点。用水点标高高出地面 2m，要求自由水头 $h=2\text{m}$，求通过管中流量(采用舍维列夫公式，按长管计算)。

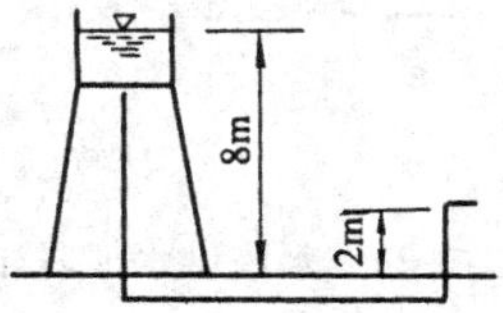

计算题 5-11 图

5-12　某车间耗水量 $36\text{m}^3/\text{h}$，用直径 $d=75\text{mm}$、管长 $l=140\text{m}$ 的铸铁管($n=0.013$)自水塔引水，用水点要求自由水头 $h=3.5\text{m}$。按长管计算水塔水面与用水点的高差 H。

5-13　给水水箱中水面比配水龙头高 7m，设水管长 300m，需水量 $Q=180\text{m}^3/\text{h}$，问铸铁管($n=0.013$)的管径 d 应为多大？

5-14　水流从具有固定水位 $H=15\text{m}$ 的水箱，经管长 $l=150\text{m}$、管径 $d=50\text{mm}$ 的输水管($\lambda=0.025$)流入大气(图示)，为使流量增加 20%，加一根长为 x 的管(图中虚线所示)。其余条件不变，求管长 x。

5-15　图示水平放置的串联管道从 A 水池输水至 B 水池，上游水池和下游水池水面高于管轴高度各为 6m 和 1.5m。已知 $l_1=30\text{m}$，$d_1=100\text{mm}$，$l_2=40\text{m}$，$d_2=250\text{mm}$，$l_3=20\text{m}$，$d_3=150\text{mm}$，采用铸铁管($n=0.013$)。按长管计，求流量，并绘制测压管水头线。

5-16　图示串联管道中，$d_1=300\text{mm}$，$d_2=200\text{mm}$，$d_3=150\text{mm}$，管长 $l_1=l_2=l_3=100\text{m}$，管材粗糙系数 $n=0.012\,5$。求 $Q_1=Q_2=Q_3=50\text{L/s}$ 时所需水头 H。

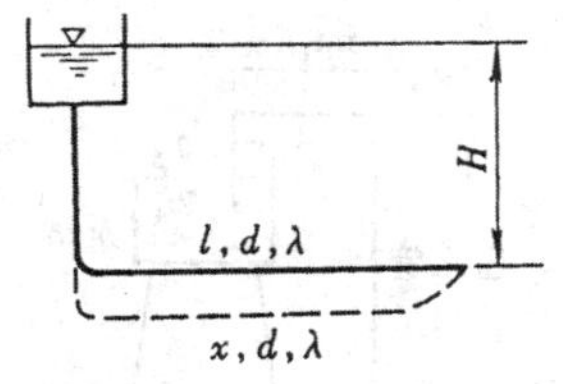

计算题 5-14 图

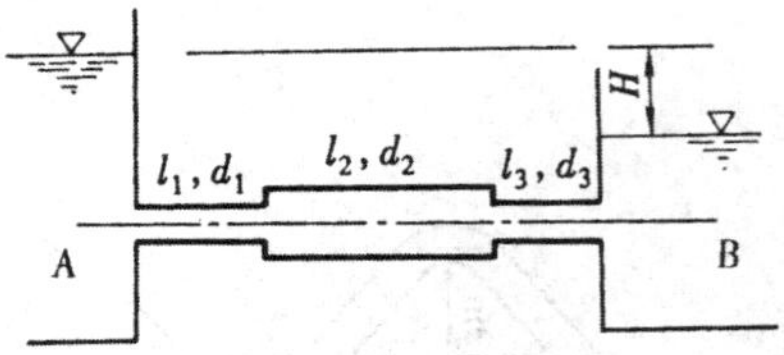

计算题 5-15 图

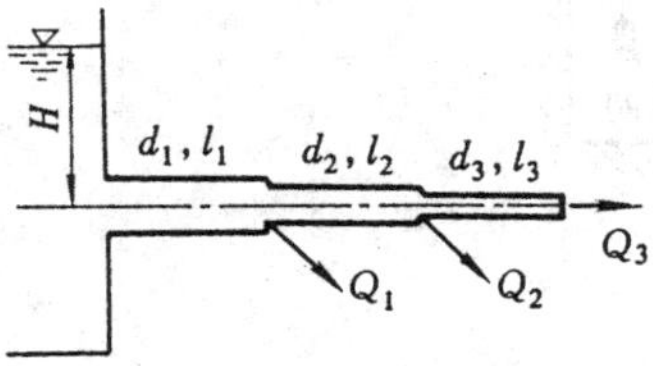

计算题 5-16 图

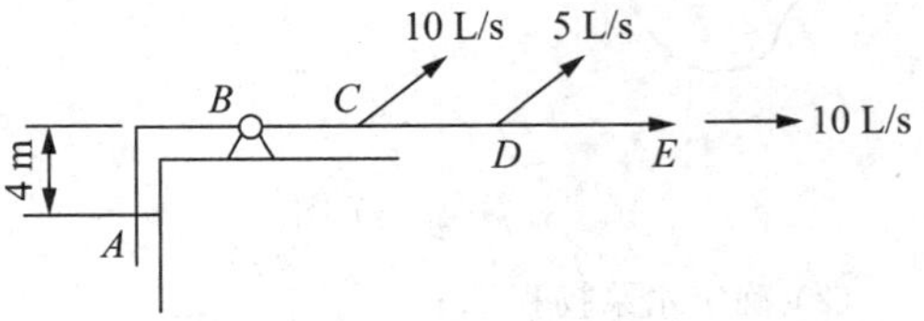

计算题 5-17 图

5-17 图示某供水管系，采用铸铁管($n=0.013$)。水泵前管长 $l_{AB}=30m$，$d_{AB}=200mm$，泵后管长 $l_{BC}=100m$，$d_{BC}=200mm$，$l_{CD}=150mm$，$l_{DE}=150m$，$d_{DE}=100mm$，供水点 C，D，E 流量如图，各点要求自由水头 $h=5m$。求水泵所需扬程。

5-18 两水库用三根平行管道连接，管径分别为 d，$2d$，$3d$，三管长度相同，管材相同。如管径为 d 的管道流量 $Q=30L/s$，问其余两管的流量为多少？

5-19 见图示，水池 A 用水泵以流量 $Q=60L/s$ 输水至水池 B，两水池水面高差 $H=30m$，输水管 $n=0.012$，管段 $l_{12}=100m$，$d_{12}=300mm$，管段 $l_{23}=l_{24}=400m$，$d_{23}=d_{24}=200mm$。计算水泵所需要功率 N。

[提示：水泵功率 $N=\gamma QH$]

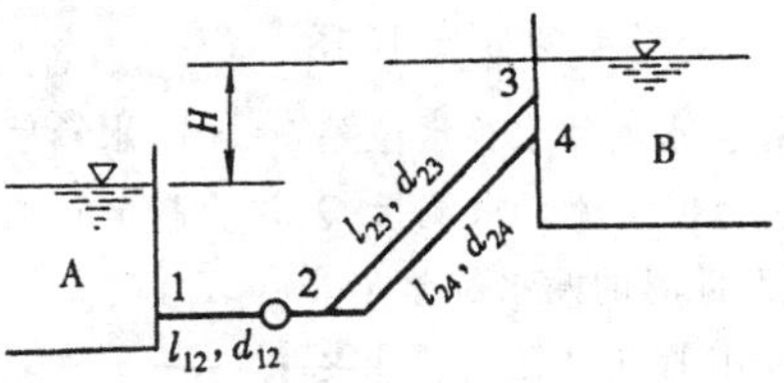

计算题 5-19 图

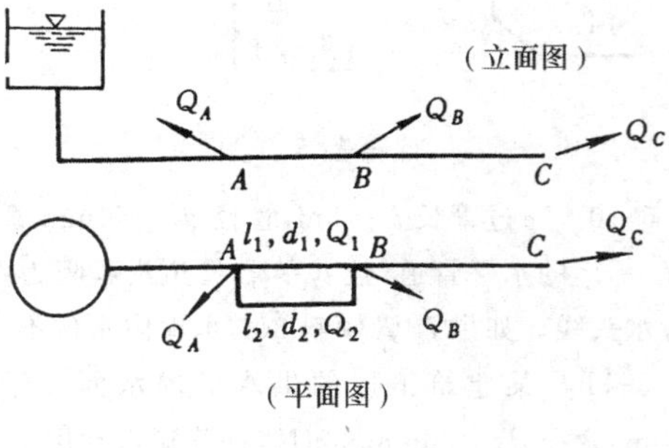

计算题 5-20 图

5-20 水塔供水部署如图。已知管长 $l_1=300m$，$d_1=150mm$，$l_2=400m$，$d_2=100mm$，$l_{塔-A}=600m$，$d_{塔-A}=250mm$，$l_{BC}=500m$，$d_{BC}=100mm$，$Q_A=5L/s$，$Q_B=10L/s$，$Q_C=8L/s$，管道 $n=0.013$，水塔地面高程为 0.0m，配水点 C 要求的自由水头为 5.0m。求水塔水面高程，并求管 l_1 和 l_2 中通过的流量。

5-21 已知管系如图，$l_{OA}=100m$，$l_{AB}=l_{CD}=15m$，$l_{AD}=l_{BC}=40m$，$l_{DE}=50m$，各管管径 $d=100mm$，粗糙系数 $n=0.012$，$Q=20L/s$。求 AD 和 BC 管段流量及水塔水头 H。如果 H 不变，而关闭管 AD 段阀门，试求管内流量 Q'。

5-22 图示铸铁管($n=0.013$)供水系统，已知条件见表。试计算水塔所需要水面高度 H。

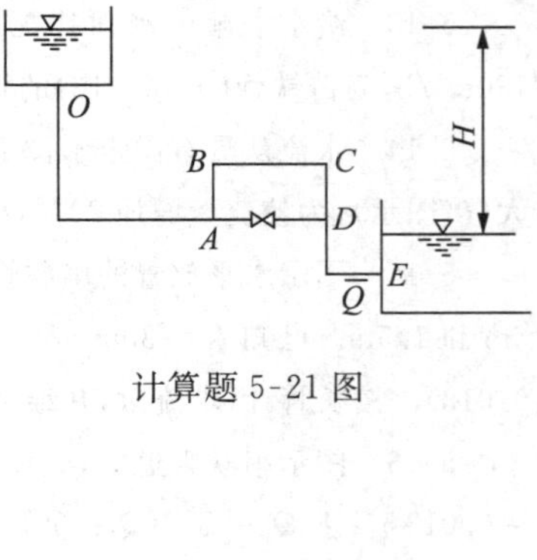

计算题 5-21 图

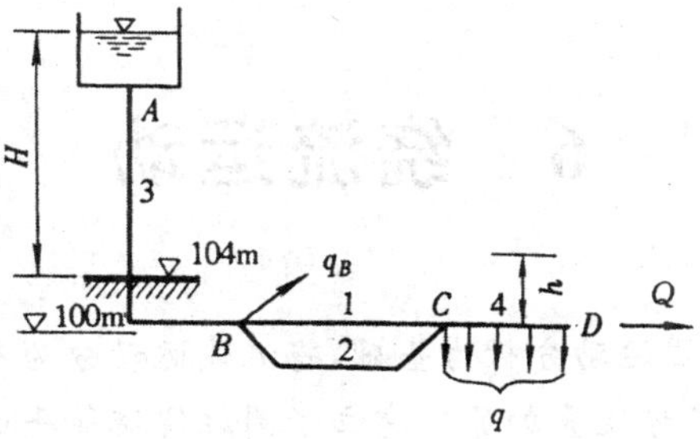

计算题 5-22 图

管　段	1	2	3	4	B 点	D 点	水塔处
l (m)	350	700	500	300			
d (mm)	150	150	250	200			
流量 (L/s)				$q=0.1$ (L/s·m)	$q_B=45$ (L/s)	$Q=20$ (L/s)	
标高 (m)						100	104
要求自由水头 h (m)						8	

5-23　图示为水塔供水的串联管道。各管段的管长 $l_1=300\text{m}$，$l_2=200\text{m}$，$l_3=100\text{m}$。各管管径 $d_1=200\text{mm}$，$d_2=150\text{mm}$，$d_3=100\text{mm}$，沿程阻力系数 $\lambda=0.03$，在 l_2 段内均匀泄流流量 $q=0.1\text{L/(s·m)}$，$Q_3=10\text{L/s}$。求水头 H。

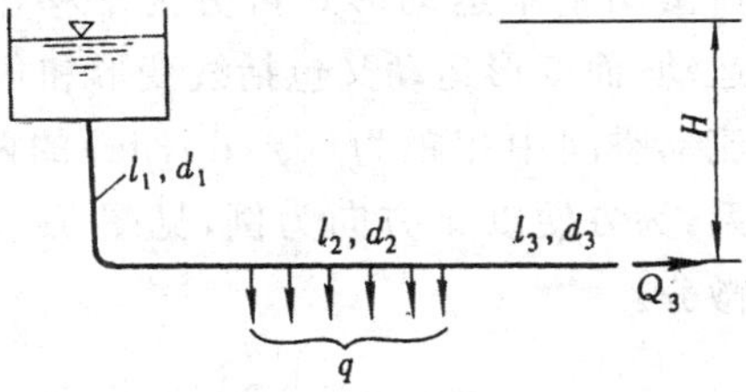

计算题 5-23 图

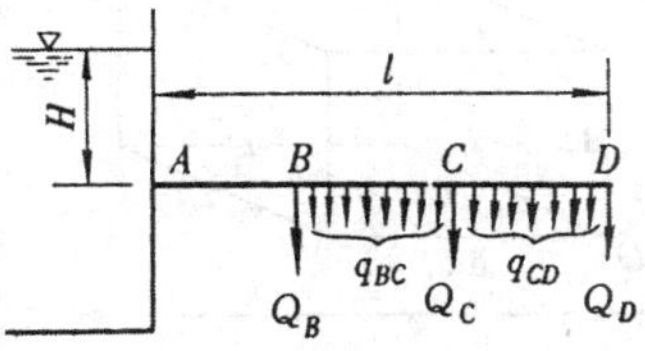

计算题 5-24 图

5-24　有一等径的串联铸铁管路 $ABCD$，$n=0.013$，其中 $L=500\text{m}$，而 $l_{BC}=60\text{m}$，$l_{CD}=50\text{m}$，$d=250\text{mm}$。配水点处 $Q_B=20\text{L/s}$，$Q_C=45\text{L/s}$，$Q_D=50\text{L/s}$，BC 段的均匀泄流量为 $q_{BC}=0.30\text{L/(s·m)}$，CD 段的均匀泄流量 $q_{CD}=0.40\text{L/(s·m)}$。求水池的水头 H。

5-25　各供水点 B，C，D，E 和水塔 A 处于地面同高，供水点 F 高出 A 点 2m，各供水点需要自由水头均为 5m。各管长为：$l_{AB}=400\text{m}$，$l_{BE}=300\text{m}$，$l_{EF}=200\text{m}$，$l_{BC}=200\text{m}$，$l_{CD}=350\text{m}$，取 $n=0.013$。设计各段管径及水塔水面高度 H。

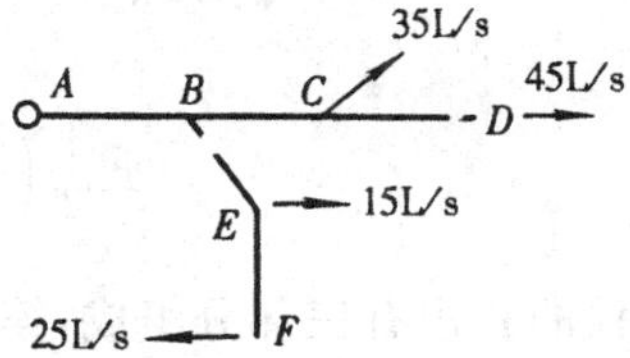

计算题 5-25 图

5-26　水平钢管从水库引水。已知钢管 $l=2\,000\text{m}$，$d=300\text{mm}$，水库水面高出钢管出口 40m，管中流速 $v=1\text{m/s}$，钢管壁厚 $\delta=8\text{mm}$。试计算：

(1) 钢管出口端阀门在 10s 内关闭完毕，求阀门处的水击压强 Δp_1；

(2) 如果管中流速从恒定状态 $v=1\text{m/s}$ 瞬时减小到 0.5m/s。求阀门处的最大水击压强 Δp_2。

5-27　设一钢管全长 $l=1\,000\text{m}$，管径 $d=300\text{mm}$，管壁厚度 $\delta=10\text{mm}$，管中水流速度 $v=1.2\text{m/s}$。当阀门在 1s 内完成关闭而发生水击现象时，其压强增量为多少？

5-28　输水钢管直径 $d=100\text{mm}$，壁厚 $\delta=7\text{mm}$，流速 $v_0=1.0\text{m/s}$。试求阀门突然关闭时，水击波的传播速度和压强升高值。又如钢管改用铸铁管，其他条件均相同，水击压强如何变化？

6 绕流运动

[内容提要] 本章以流体微团运动分析为基础，将流体运动分为有旋流动和无旋流动，以无旋流动方程的线性特性，引入了势流叠加原理建立了圆柱绕流等平面势流问题；重点讨论不可压缩流体平面无旋流动的速度势函数与流函数的关系以及求解势流问题的奇点叠加方法，用广义牛顿内摩擦定律建立了不可压缩流体基本运动方程，用曲面边界层分离论述了实际绕流的阻力问题。

在前面的章节中，我们主要讨论了一元流动（管流）的三大方程。但是，许多工程实际中还存在大量的二元和三元的流动，本章主要论述流体的多元流动基本特性，主要内容与一元流动是一致的，即有关流体运动的基本概念和基本原理。

6.1 流体微团运动的分析

理论力学中刚体的运动可分解为随刚体形心的平移和绕形心的转动。由于流体微团不是刚体，其运动特性除了具有刚体运动的特点外，还存在变形运动。流体微团基本运动形式可分为平移运动、旋转运动和变形运动，而变形运动又包括线变形和角变形。

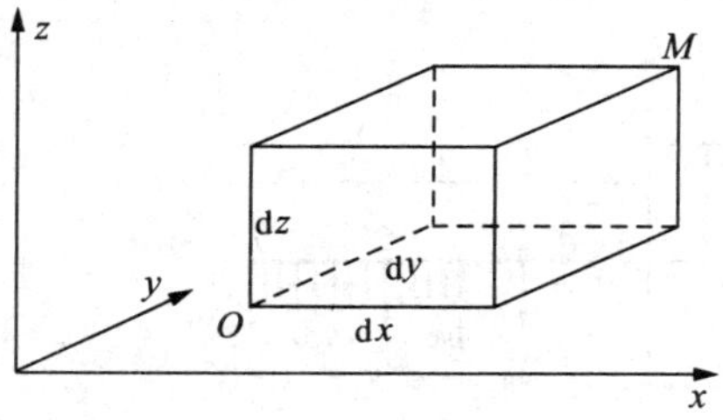

图 6-1 流体微团示意图

将流体流动空间中相距为(dx,dy,dz)的两点 M,O 建立速度关系，为方便以 x 方向为例，见图 6-1。对 x 方向速度进行微分：

$$\mathrm{d}u_x=(u_M-u_o)_x=\frac{\partial u_x}{\partial x}\mathrm{d}x+\frac{\partial u_x}{\partial y}\mathrm{d}y+\frac{\partial u_x}{\partial z}\mathrm{d}z$$

将速度的微分形式进行整理分解得：

$$u_x=u_{xo}+\left(\frac{\partial u_x}{\partial x}\right)\mathrm{d}x+\frac{1}{2}\left(\frac{\partial u_x}{\partial y}+\frac{\partial u_y}{\partial x}\right)\mathrm{d}y+\frac{1}{2}\left(\frac{\partial u_x}{\partial z}+\frac{\partial u_z}{\partial x}\right)\mathrm{d}z$$
$$+\frac{1}{2}\left(\frac{\partial u_x}{\partial y}-\frac{\partial u_y}{\partial x}\right)\mathrm{d}y+\frac{1}{2}\left(\frac{\partial u_x}{\partial z}-\frac{\partial u_z}{\partial x}\right)\mathrm{d}z$$

方程的右边有三部分组成：第一项为流体平移运动；后三项为变形运动；最后两项为旋转运动。现对变形运动和旋转运动分析如下：

一、线变形率

以 oxy 平面为例，见图 6-2，在 oxy 平面上有一边长分别为(dx,dy)的矩形($OABC$)，在 x 方向相距为(dx)的两点 O,A，经过(dt)后，由于 O,A 两点在 x 方向速度的差异，见表 6-1。下一个时刻两点的间距将改变，如讨论其单位长度单位时间的变形即单位长度伸缩率且为：

表 6-1

方向	O点	A点	B点
x	u_x	$u_x+\frac{\partial u_x}{\partial x}dx$	$u_x+\frac{\partial u_x}{\partial y}dy$
y	u_y	$u_y+\frac{\partial u_y}{\partial x}dx$	$u_y+\frac{\partial u_y}{\partial y}dy$

O点 x 方向的速度为(u_x),A点 x 方向的速度为($u_x+\frac{\partial u_x}{\partial x}dx$),速度差($\frac{\partial u_x}{\partial x}dx$)。

因此：
$$\theta_x=\frac{\frac{\partial u_x}{\partial x}\cdot dx\cdot dt}{dx\cdot dt}=\frac{\partial u_x}{\partial x}$$

同理可得：
$$\begin{cases}\theta_x=\dfrac{\partial u_x}{\partial x}\\ \theta_y=\dfrac{\partial u_y}{\partial y}\\ \theta_z=\dfrac{\partial u_z}{\partial z}\end{cases}\tag{6-1}$$

并将其称为线变形率。

二、角变形率

见图 6-2 和表 6-1,由于相距(dx)的两点 O,A 在 y 方向上的速度差异,以及相距(dy)的两点 O,B 在 x 方向上的速度差异,造成在下一个时刻(dt)角(AOB)将会改变。角变形率定义为单位时间其半角的变化,在讨论过程中忽略其平移的影响：

经过时间(dt)后,OA 与 OA′的夹角为 θ_1,OB 与 OB′的夹角为 θ_2。

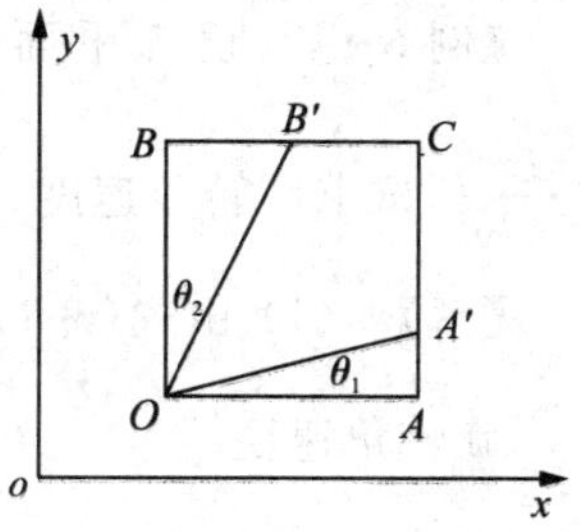

图 6-2　流体微团变形示意图

$$\theta_1=\frac{\frac{\partial u_y}{\partial x}\cdot dx\cdot dt}{dx\cdot dt}=\frac{\partial u_y}{\partial x}$$,单位时间角度的变化。

同理：$\theta_2=\frac{\partial u_x}{\partial y}$

oxy 平面的角变形率：

$$\varepsilon_z=\frac{1}{2}\left[\frac{\pi}{2}-\left(\frac{\pi}{2}-\theta_1-\theta_2\right)\right]=\frac{1}{2}(\theta_1+\theta_2)=\frac{1}{2}\left(\frac{\partial u_y}{\partial x}+\frac{\partial u_x}{\partial y}\right)$$

同理可得：
$$\begin{cases}\varepsilon_x=\dfrac{1}{2}\left(\dfrac{\partial u_z}{\partial y}+\dfrac{\partial u_y}{\partial z}\right)\\ \varepsilon_y=\dfrac{1}{2}\left(\dfrac{\partial u_x}{\partial z}+\dfrac{\partial u_z}{\partial x}\right)\\ \varepsilon_z=\dfrac{1}{2}\left(\dfrac{\partial u_y}{\partial x}+\dfrac{\partial u_x}{\partial y}\right)\end{cases}\tag{6-2}$$

并将其称为角变形率。

三、旋转角速度

同样以 oxy 平面为例,见图 6-2,在矩形(OABC)的变形前后,其角(AOB)和角(A′OB′)的角平分线的变化(偏转)定义为旋转角速度,讨论如下。

角(A′OB′)的角平分线与 x 轴的夹角:

$$\theta'=\theta_1+\frac{1}{2}\left(\frac{\pi}{2}-\theta_1-\theta_2\right)$$

角(AOB)的角平分线与 x 轴的夹角为 $\pi/4$。

因此:

$$\omega_z=\theta'-\frac{\pi}{4}=\frac{1}{2}(\theta_1-\theta_2)=\frac{1}{2}\left(\frac{\partial u_y}{\partial x}-\frac{\partial u_x}{\partial y}\right)$$

同理可得:

$$\begin{cases}\omega_x=\dfrac{1}{2}\left(\dfrac{\partial u_z}{\partial y}-\dfrac{\partial u_y}{\partial z}\right)\\[2ex]\omega_y=\dfrac{1}{2}\left(\dfrac{\partial u_x}{\partial z}-\dfrac{\partial u_z}{\partial x}\right)\\[2ex]\omega_z=\dfrac{1}{2}\left(\dfrac{\partial u_y}{\partial x}-\dfrac{\partial u_x}{\partial y}\right)\end{cases}\tag{6-3}$$

并将其称为旋转角速度。

这一节的主要目的是引出旋转角速度,旋转角速度与速度场的旋度是一致的。根据旋转角速度是否为零可流体运动分为有旋和无旋运动。无旋运动的流体对其求解会带来很大的方便。流体微团运动的旋转角速度与流体的运动轨迹无直接关系。流体的运动轨迹是讨论流体的质点的,而旋转角速度是讨论流体微团的运动。

【例 6-1】 已知平面流场的速度分布(1)$u_x=-ky$, $u_y=kx$;(2)$u_x=-\dfrac{y}{x^2+y^2}$, $u_y=\dfrac{x}{x^2+y^2}$,试求旋转角速度、线变形率和角变形率。

【解】 (1) 由式(6-1)、(6-2)和(6-3)得:

旋转角速度 $$\omega_z=\frac{1}{2}\left(\frac{\partial u_y}{\partial x}-\frac{\partial u_x}{\partial y}\right)=k$$

线变形率 $$\theta_x=\frac{\partial u_x}{\partial x}=0,\ \theta_y=\frac{\partial u_y}{\partial y}=0$$

角变形率 $$\varepsilon_z=\frac{1}{2}\left(\frac{\partial u_y}{\partial x}+\frac{\partial u_x}{\partial y}\right)=0$$

这种流动是以角速度 k 旋转运动,由于不存在线变形率和角变形率,流体像刚体一样运动。根据流线方程求得,该运动的流线方程为一同心圆。

(2)同样由式(6-1)、(6-2)和(6-3)得:

旋转角速度 $$\omega_z=\frac{1}{2}\left(\frac{\partial u_y}{\partial x}-\frac{\partial u_x}{\partial y}\right)=0$$

线变形率 $$\theta_x=\frac{\partial u_x}{\partial x}=\frac{2xy}{(x^2+y^2)^2}$$

$$\theta_y=\frac{\partial u_y}{\partial y}=-\frac{2xy}{(x^2+y^2)^2}$$

角变形率 $$\varepsilon_z=\frac{1}{2}\left(\frac{\partial u_y}{\partial x}+\frac{\partial u_x}{\partial y}\right)=\frac{y^2-x^2}{(x^2+y^2)^2}$$

同样根据流线方程求得,该运动的流线方程也为一同心圆。运动是无旋的,但轨迹是一圆周运动。

6.2 不可压缩流体连续性微分方程

以 x 方向为例,净流入微元体的质量:

$$(\rho u_x)\mathrm{d}y\mathrm{d}z\mathrm{d}t-\left[\rho u_x+\frac{\partial(\rho u_x)}{\partial x}\mathrm{d}x\right]\mathrm{d}y\mathrm{d}z\mathrm{d}t=-\frac{\partial(\rho u_x)}{\partial x}\mathrm{d}x\mathrm{d}y\mathrm{d}z\mathrm{d}t$$

同理可得:

y 方向 $\quad -\frac{\partial(\rho u_y)}{\partial y}\mathrm{d}x\mathrm{d}y\mathrm{d}z\mathrm{d}t$

和 z 方向 $\quad -\frac{\partial(\rho u_z)}{\partial z}\mathrm{d}x\mathrm{d}y\mathrm{d}z\mathrm{d}t$

由质量守恒:净流入的质量为微元体质量的改变。

因此:$\frac{\partial\rho}{\partial t}+\frac{\partial(\rho u_x)}{\partial x}+\frac{\partial(\rho u_y)}{\partial y}+\frac{\partial(\rho u_z)}{\partial z}=0$ (6-4)

不可压缩: $\frac{\partial u_x}{\partial x}+\frac{\partial u_y}{\partial y}+\frac{\partial u_z}{\partial z}=0$ (6-5)

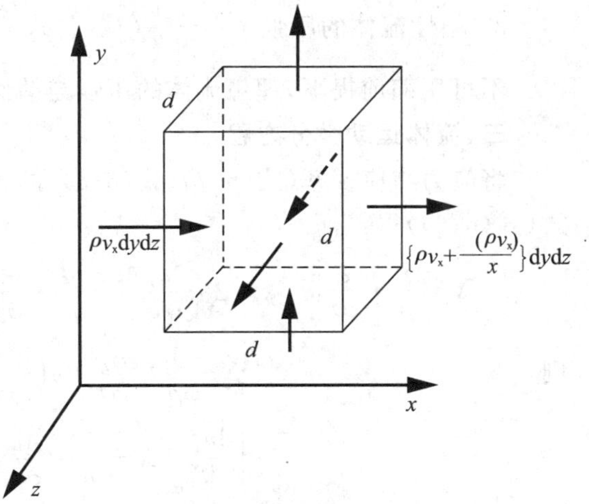

图 6-3 连续性方程微元示意图

6.3 流体运动微分方程(纳维-斯托克斯方程)

推导过程从略

一、以应力表示的粘性流体运动微分方程式(力平衡方程)

$$\frac{\mathrm{d}u_x}{\mathrm{d}t}=X+\frac{1}{\rho}\cdot\left(\frac{\partial p_{xx}}{\partial x}+\frac{\partial\tau_{yx}}{\partial y}+\frac{\partial\tau_{zx}}{\partial z}\right)$$

$$\frac{\mathrm{d}u_y}{\mathrm{d}t}=Y+\frac{1}{\rho}\cdot\left(\frac{\partial\tau_{xy}}{\partial x}+\frac{\partial p_{yy}}{\partial y}+\frac{\partial\tau_{zy}}{\partial z}\right)\qquad(6\text{-}6)$$

$$\frac{\mathrm{d}u_z}{\mathrm{d}t}=Z+\frac{1}{\rho}\cdot\left(\frac{\partial\tau_{xz}}{\partial x}+\frac{\partial\tau_{yz}}{\partial y}+\frac{\partial p_{zz}}{\partial z}\right)$$

式中,p_{xx},p_{yy},p_{zz},τ_{xy},τ_{yz},τ_{zx} 分别为粘性流体微元体上应力,应力的第一个下标为作用面的法线方向,第二个下标为应力的方向。

二、应力与应变率的关系(广义牛顿内摩擦定律)

1. $$\begin{cases}\tau_{xy}=\mu\left(\frac{\partial u_x}{\partial y}+\frac{\partial u_y}{\partial x}\right)\\ \tau_{yz}=\mu\left(\frac{\partial u_z}{\partial y}+\frac{\partial u_y}{\partial z}\right)\\ \tau_{zx}=\mu\left(\frac{\partial u_x}{\partial z}+\frac{\partial u_z}{\partial x}\right)\end{cases}\qquad(6\text{-}7)$$

2. $$\begin{cases} p_{xx}=-p_{\mathrm{t}}+2\mu\dfrac{\partial u_x}{\partial x} \\ p_{yy}=-p_{\mathrm{t}}+2\mu\dfrac{\partial u_y}{\partial y} \\ p_{zz}=-p_{\mathrm{t}}+2\mu\dfrac{\partial u_z}{\partial z} \end{cases} \tag{6-8}$$

p_{t} 为理想流体的压强。

3. 粘性流体的压强 $p=-\dfrac{1}{3}(p_{xx}+p_{yy}+p_{zz})$

不可压缩前提下,理想流体的压强与粘性流体的压强相等。

三、流体运动微分方程

将应力与应变率(式(6-7)、式(6-8))的关系式代入用应力表示的粘性流体运动微分方程式(式(6-6))得:

$$X+\frac{1}{\rho}\cdot\frac{\partial}{\partial x}\left[-p+2\mu\frac{\partial u_x}{\partial x}\right]+\frac{\mu}{\rho}\cdot\frac{\partial}{\partial y}\left[\frac{\partial u_x}{\partial y}+\frac{\partial u_y}{\partial x}\right]+\frac{\mu}{\rho}\cdot\frac{\partial}{\partial z}\left[\frac{\partial u_x}{\partial z}+\frac{\partial u_z}{\partial x}\right]=\frac{\mathrm{d}u_x}{\mathrm{d}t}$$

则:

$$X-\frac{1}{\rho}\cdot\frac{\partial p}{\partial x}+\nu\left(\frac{\partial^2 u_x}{\partial x^2}+\frac{\partial^2 u_x}{\partial y^2}+\frac{\partial^2 u_x}{\partial z^2}\right)=\frac{\mathrm{d}u_x}{\mathrm{d}t}$$

同理可得:

$$\begin{cases} \dfrac{\mathrm{d}u_x}{\mathrm{d}t}=X-\dfrac{1}{\rho}\cdot\dfrac{\partial p}{\partial x}+\nu\left(\dfrac{\partial^2 u_x}{\partial x^2}+\dfrac{\partial^2 u_x}{\partial y^2}+\dfrac{\partial^2 u_x}{\partial z^2}\right) \\ \dfrac{\mathrm{d}u_y}{\mathrm{d}t}=Y-\dfrac{1}{\rho}\cdot\dfrac{\partial p}{\partial y}+\nu\left(\dfrac{\partial^2 u_y}{\partial x^2}+\dfrac{\partial^2 u_y}{\partial y^2}+\dfrac{\partial^2 u_y}{\partial z^2}\right) \\ \dfrac{\mathrm{d}u_z}{\mathrm{d}t}=Z-\dfrac{1}{\rho}\cdot\dfrac{\partial p}{\partial z}+\nu\left(\dfrac{\partial^2 u_z}{\partial x^2}+\dfrac{\partial^2 u_z}{\partial y^2}+\dfrac{\partial^2 u_z}{\partial z^2}\right) \end{cases} \tag{6-9}$$

式(6-9)称为 N-S 方程,表示作用在单位质量流体上的质量力、表面力(压力和粘性力)和惯性力相平衡。如将 N-S 方程的粘性力忽然该方程变为理想流体运动微分方程,简称欧拉方程。欧拉在 1755 年推导了欧拉方程,而 N-S 方程分别由纳维(1827 年)和斯托克斯(1845 年)推导的,由于两位科学家在此期间无任何通讯联系,虽然推导的时间相差 18 年,最终还是用两人的名字命名粘性流体运动微分方程。由于 N-S 方程为非线性偏微分方程,解析解相当困难,只有少数情况下才能求解,如圆管及板间层流。当流体运动满足无旋流动时,能从另外途径进行求解,并能将非线性方程转化成线性方程求解。

6.4 无旋流动

一、无旋流动的条件(多元函数)

当流体流动场中各点旋转角速度等于零的运动,称为无旋流动。则:

$$\begin{cases} \omega_x=\dfrac{1}{2}\left(\dfrac{\partial u_z}{\partial y}-\dfrac{\partial u_y}{\partial z}\right)=0 \\ \omega_y=\dfrac{1}{2}\left(\dfrac{\partial u_x}{\partial z}-\dfrac{\partial u_z}{\partial x}\right)=0 \\ \omega_z=\dfrac{1}{2}\left(\dfrac{\partial u_y}{\partial x}-\dfrac{\partial u_x}{\partial y}\right)=0 \end{cases} \tag{6-10}$$

根据全微分理论，上述无旋条件是该流场中存在标量函数 $\varphi(x,y,z)$ 的充分必要的条件。该函数称为速度势函数，其与速度场的关系可表示为

$$d\varphi = u_x dx + u_y dy + u_z dz \tag{6-11}$$

或

$$\boldsymbol{V} = \nabla \varphi \rightarrow \begin{cases} u_x = \dfrac{\partial \varphi}{\partial x} \\ u_y = \dfrac{\partial \varphi}{\partial y} \\ u_z = \dfrac{\partial \varphi}{\partial z} \end{cases} \tag{6-12}$$

或速度势函数对任何方向的导数为速度在该方向上的分量。

存在速度势函数的流动，称为有势流动或无旋流动，有势流动与无旋流动是等价的，简称势流。

二、速度势函数满足拉普拉斯方程

我们把速度势函数代入不可压缩流体的连续性方程式(6-5)：

$$\frac{\partial u_x}{\partial x} + \frac{\partial u_y}{\partial y} + \frac{\partial u_z}{\partial z} = 0$$

得出：

$$\frac{\partial^2 \varphi}{\partial x^2} + \frac{\partial^2 \varphi}{\partial y^2} + \frac{\partial^2 \varphi}{\partial z^2} = 0 \tag{6-13}$$

上述方程称为拉普拉斯方程，存在势函数与无旋流动条件是等价的；满足拉普拉斯方程和满足不可压缩流动的连续性方程也是等价的。

一、势函数的求解：配全微分

由式(6-11)得，速度势函数为速度分量的线积分，一般线积分的结果与积分路径有关。由于速度势函数满足拉普拉斯方程，该积分结果与路径无关，只取决于积分路径的启至点。因此该积分可用配全微分方法进行积分。

【例 6-2】 已知平面不可压缩流体的速度分量为

$u_x = x^2 - y^2$，$u_y = -2xy$。判别流动是否满足连续性方程？是否无旋流动？若无旋求其势函数。

【解】 由式(6-5)得：

$$\frac{\partial u_x}{\partial x} + \frac{\partial u_y}{\partial y} = 2x - 2x = 0 \quad \text{满足连续性方程}$$

由式(6-3)得：

$$\omega_z = \frac{1}{2}\left(\frac{\partial u_y}{\partial x} - \frac{\partial u_x}{\partial y}\right) = -2y - (-2y) = 0 \quad \text{满足无旋条件，故存在势函数。}$$

由式(6-11)得：

$$d\varphi = u_x dx + u_y dy = (x^2 - y^2)dx - 2xy dy = d\left(\frac{1}{3}x^3 - xy^2\right)$$

$$\varphi = \frac{1}{3}x^3 - xy^2$$

6.5 平面无旋流动

在流场中，某一方向流速为零，$u_z=0$（该方向取作为 z 方向），而另两个方向的流速与 z 方向无关的流动，称为平面流动。平面无旋流动是无旋流动的特例，该流场中不但存在速度势函数，在不可压缩流体中还存在着与势函数相似的流函数。

在不可压缩流体的平面流动中，连续性方程为

$$\frac{\partial u_x}{\partial x}+\frac{\partial u_y}{\partial y}=0 \quad 或写成 \quad \frac{\partial u_x}{\partial x}=-\frac{\partial u_y}{\partial y}$$

这条件与速度势函数存在条件相似，根据该条件，也可得到一函数 $\psi(x,y)$，与速度间的关系为

$$\begin{cases} u_x=\dfrac{\partial \psi}{\partial y} \\ u_y=-\dfrac{\partial \psi}{\partial x} \end{cases} \tag{6-14}$$

$$\mathrm{d}\psi=\frac{\partial \psi}{\partial x}\mathrm{d}x+\frac{\partial \psi}{\partial y}\mathrm{d}y=-u_y\mathrm{d}x+u_x\mathrm{d}y \tag{6-15}$$

满足上述条件的函数称为流函数。一切不可压缩流体的平面流动，无论有旋无旋均存在流函数。存在流函数与不可压缩条件是等价的。

在不可压缩流动中，取等流函数线：

$$\psi=c\rightarrow \mathrm{d}\psi=0 \quad 或 \quad -u_y\mathrm{d}x+u_x\mathrm{d}y=0$$

整理得：$\dfrac{\mathrm{d}x}{u_x}=\dfrac{\mathrm{d}y}{u_y}$，该方程为平面的流线方程。即当流函数存在的前提下，等流函数线为流线，这就是为何将该函数称为流函数的缘故。如流动为不可压缩无旋的平面流动，其流函数也满足拉普拉斯方程。

在柱坐标体系中的流函数、势函数和速度间的关系式：

势函数

$$\begin{cases} u_r=\dfrac{\partial \varphi}{\partial r} \\ u_\theta=\dfrac{1}{r}\cdot\dfrac{\partial \varphi}{\partial \theta} \end{cases} \tag{6-16}$$

流函数

$$\begin{cases} u_r=\dfrac{1}{r}\cdot\dfrac{\partial \psi}{\partial \theta} \\ u_\theta=-\dfrac{\partial \psi}{\partial r} \end{cases} \tag{6-17}$$

6.6 几种简单的平面无旋流动

如何求解拉普拉斯方程？满足方程，满足边界条件。

一、均匀直线流动

在均匀直线流动中，流速在 x，y 方向的分量保持不变。且

$$\begin{cases} u_x = a \\ u_y = b \end{cases} \tag{6-18}$$

由速度性质，该流场满足势函数存在条件（无旋条件）和流函数存在条件（不可压缩），则：

$$\begin{cases} \varphi = ax + by \\ \psi = -bx + ay \end{cases} \tag{6-19}$$

当流动平行于 x 轴，则：$\begin{cases} \varphi = ax \\ \psi = ay \end{cases}$。极坐标的形式：$\begin{cases} \varphi = ar\cos\theta \\ \psi = ar\sin\theta \end{cases}$

二、源流和汇流

流体从 O 点沿径向 r 均匀地流出（周向速度为零），并以 O 点为圆心的任何圆周上流出的流量相等，设为 Q，这种流动称为源流，Q 为源流强度，O 点为源流的布置点，见图 6-4(a)。由源流的流动特点，该流动的速度分布为

$$\begin{cases} u_r = \dfrac{Q}{2\pi r} \\ u_\theta = 0 \end{cases} \tag{6-20}$$

由流场速度的性质，该流场存在流函数和势函数：

$$\begin{cases} \mathrm{d}\varphi = u_r \mathrm{d}r + u_\theta r \mathrm{d}\theta \\ \mathrm{d}\psi = -u_\theta \mathrm{d}r + u_r r \mathrm{d}\theta \end{cases}$$

$$\begin{cases} \varphi = \dfrac{Q}{2\pi} \ln r \\ \psi = \dfrac{Q}{2\pi} \theta \end{cases} \tag{6-21}$$

直角坐标

$$\begin{cases} \varphi = \dfrac{Q}{2\pi} \ln\sqrt{x^2 + y^2} \\ \psi = \dfrac{Q}{2\pi} \arctan \dfrac{y}{x} \end{cases} \tag{6-22}$$

从流函数性质可以看出，源流流线为从源点向外的射线。当流体反向流动时，其他流动性质与源流一致，这种流动称为汇流，见图 6-4(b)，汇流的流量称为汇流强度。它的流函数和势函数与源流相似，只要将源流表达式前加一负号即可。

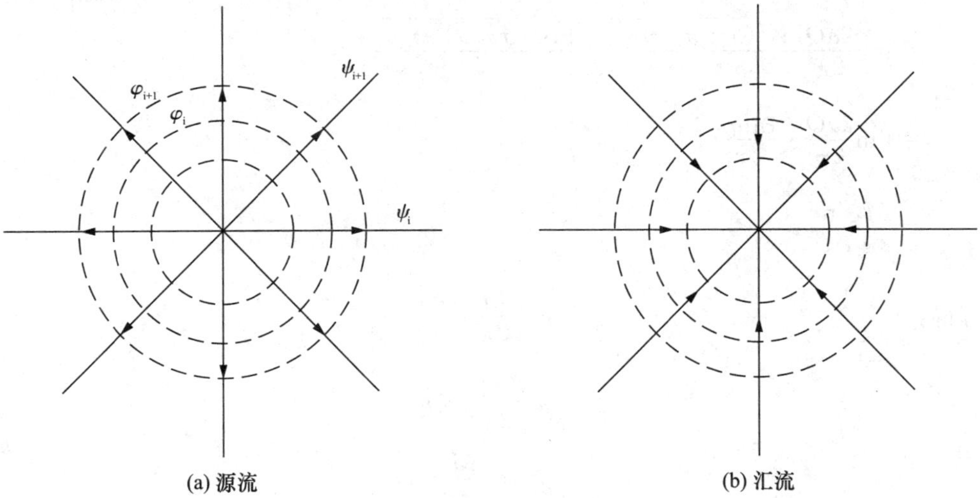

图 6-4　源流和汇流示意图

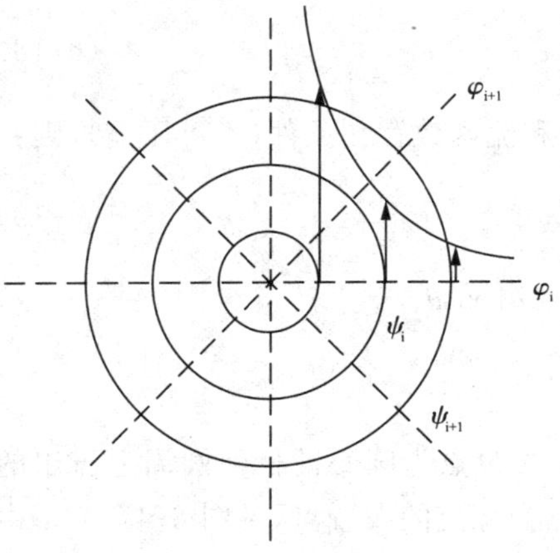

图 6-5　环流示意图

三、环流(点涡)

流场中各流体质点均绕某点作圆周运动,径向流速为零。如以该点为圆心作一系列同心圆,在各同心圆上的速度环量(速度沿路径积分)均为常数。这种流动称为环流,速度环量定义为环流强度Γ,见图 6-5。从环流定义可以看出,其流动特性正好与源流相反,因此其速度分布、流函数和势函数分别为

$$\begin{cases}u_r=0\\ u_\theta=\dfrac{\Gamma}{2\pi r}\end{cases}\tag{6-23}$$

$$\begin{cases}\psi=-\dfrac{\Gamma}{2\pi}\ln r\\ \varphi=\dfrac{\Gamma}{2\pi}\theta\end{cases}\tag{6-24}$$

式中的环流强度Γ以逆时针为正(与极坐标θ的方向一致),如环流方向为顺时针则在上式前各加一负号即可。

四、偶极流

现在将等强度的源流和汇流分别放置在x轴原点的左右两侧$(-a,0)$和$(+a,0)$如图 6-6 示,并互相接近,使$a\to 0$,但源汇流强度$Q\to\infty$,其二者的乘积为定植$M=2aQ$。这种流动称为偶极流,M为偶极流的强度或偶极矩。

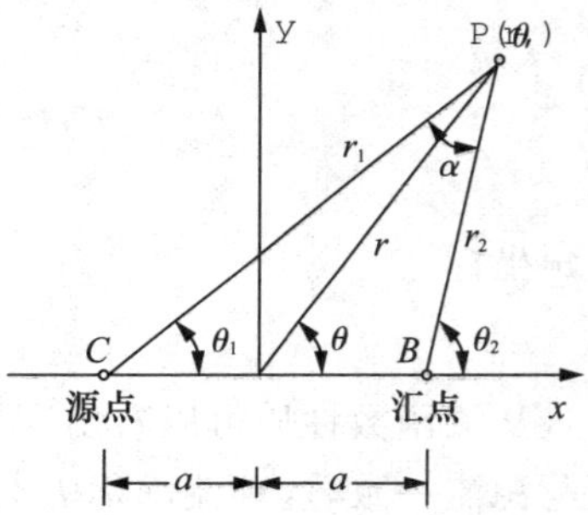

图 6-6　偶极流示意图

从偶极流定义可以看出,求解偶极流的流函数和势函数是求极限的过程,则:

$$\begin{aligned}\varphi&=\lim[\varphi(x+a,y)-\varphi(x-a,y)]\\&=\lim\frac{Q}{2\pi}[\ln\sqrt{(x+a)^2+y^2}-\ln\sqrt{(x-a)^2+y^2}]\\&=\lim\frac{2aQ}{2\pi}\frac{\ln\sqrt{(x+a)^2+y^2}-\ln\sqrt{(x-a)^2+y^2}}{2a}\\&=\lim\frac{2aQ}{2\pi}\cdot\frac{\partial\ln r}{\partial x}\\&=\frac{M}{2\pi}\frac{\partial\ln r}{\partial x}\end{aligned}$$

同理可得:

$$\psi=\frac{M}{2\pi}\cdot\frac{\partial\theta}{\partial x}$$

因此:

$$\begin{cases}\varphi=\dfrac{M}{2\pi r}\cos\theta\\ \psi=-\dfrac{M}{2\pi r}\sin\theta\end{cases}\tag{6-25}$$

6.7 势流叠加

上述四种平面简单无旋流动是复杂平面势流的基础，任何复杂边界的绕流问题均可通过有限个简单势流运动进行叠加。下面举例来叙述势流叠加的过程。

一、均匀直线流中的源流(均流＋源流＝半无限体)

将布置在原点的源流与水平匀速直线流叠加，则其流函数(用极坐标表示)：

$$\psi = v_0 r\sin\theta + \frac{Q}{2\pi}\theta \tag{6-26}$$

式中，v_0 为均流流速，是已知的；Q 是源流强度为未知的，其值要根据边界条件确定。由流函数可绘制如图 6-7 的流线。

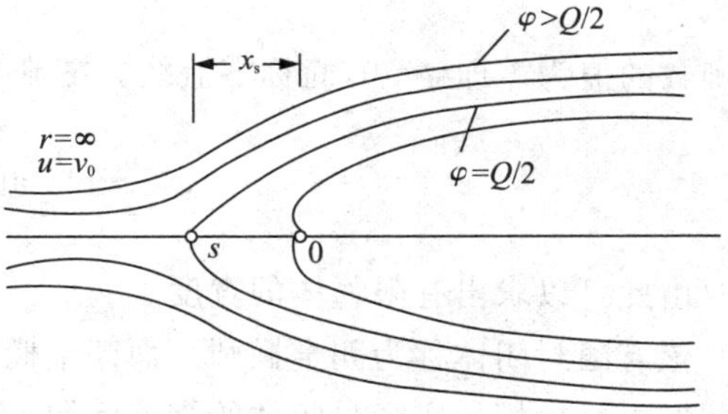

图 6-7　半无限物体

在 x 轴的负向处，如先不考虑均流的影响，源流在源点速度为无穷大，离开源点，速度迅速降低，离源点较远处，速度几乎为零。如将水平匀速流动叠加，在 x 轴上必然存在一点 s，均流和源流在该点造成的流速，大小相等，方向相反，使叠加后该点的流速为零，这一点称为驻点。根据流函数及驻点的性质可确定其位置：

$$v_0 - \frac{Q}{2\pi x_s} = 0$$

$$x_s = \frac{Q}{2\pi v_0}$$

根据流函数的性质，画过驻点的流线，图示 $\psi = Q/2$ 的流线，该流线为上下对称的，一侧延伸至无限远，如用物体的轮廓线来代替过驻点的流线，那该流函数表示的流场则为均流绕该轮廓线的流场。

为求此物体的轮廓线，可将驻点代入式(6-26)流函数得过驻点的流线方程：

$$v_0 r\sin\theta + \frac{Q}{2\pi}\theta = \frac{Q}{2}$$

这方程也为物体的轮廓线方程，其渐进线的方程为 $y = \dfrac{Q}{2v_0}$，因此当半无限体的高度为 b 时，用 $Q = 2v_0 b$ 代入上述流函数，其代表的流动即为均匀来流绕该半无限体的流动。

二、均匀直线流中的等强源汇流(均流＋等强度源和汇＝封闭体)

为了将上述半无限物体转化成有限物体的绕流，只要在半无限物体绕流流场中再叠加一与源流等强度的汇流。这样叠加的势流流场将是一有限物体的绕流流场。

水平匀速直线流中的等强度源流和汇流的流函数，如图 6-8 所示。

$$\psi = v_0 y + \frac{Q}{2\pi}\left(\arctan\frac{y}{x+a} - \arctan\frac{y}{x-a}\right) \tag{6-27}$$

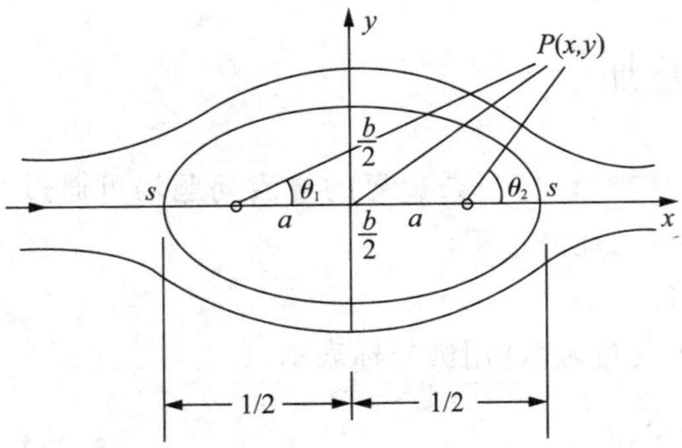

图 6-8　朗金椭圆

该流场驻点为 s 点，在 x 轴上前后缘各一个，流速为零的条件为

$$\frac{-Q}{2\pi\left(\frac{l}{2}-a\right)}+\frac{Q}{2\pi\left(\frac{l}{2}-a\right)}+\frac{Q}{2\pi\left(\frac{l}{2}+a\right)}+v_0=0$$

$$\rightarrow \frac{l}{2}=a\sqrt{1+\frac{Q}{a\pi v_0}} \tag{6-28}$$

驻点在 $y=0, x=\pm\frac{l}{2}$，为求有限物体的宽度 b，先确定过驻点的流函数或流线(物体的轮廓线)，流函数的值为零即 $\psi=0$，简称零流线。零流线与 y 轴的交点即可确定有限物体的宽度 b。

$$v_0\frac{b}{2}+\frac{Q}{\pi}\arctan\frac{b}{2a}-\frac{Q}{2}=0 \tag{6-29}$$

由此可以求出有限物体的宽度。

该有限封闭体称为朗金椭圆。而朗金椭圆是一很特殊的封闭体，实际绕流体与其有差异，为使能更好地模拟实际封闭体的绕流问题，不能简单用一对源流和汇流来模拟，根据封闭体的外形复杂程度不同，源汇的个数也将不同，但如是一封闭体，整个流场的源汇强度的总和为零(源强为正，汇强为负)。

三、绕圆柱的流动(均流＋ x 负向的偶极流)

单独的偶极流无实际意义，当与匀速直线流叠加形成了具有实际意义的圆柱绕流。此时流场的流函数：

$$\psi=\left(v_0 r-\frac{M}{2\pi r}\right)\sin\theta \tag{6-30}$$

式中，v_0 为已知的均流流速；而偶极流强度 M 为未知的，其值要根据边界条件确定即圆柱体边界条件(圆柱的半径)。若把零流线(过驻点的流线)作为物体的轮廓线，则：

$$\psi=0\rightarrow\left(v_0-\frac{M}{2\pi r}\right)\sin\theta=0$$

即：

$$r=\sqrt{\frac{M}{2\pi v_0}} \tag{6-31(a)}$$

或

$$\theta=0(x\text{ 轴}) \tag{6-31(b)}$$

式(6-31)是零流线的方程，有两条线组成，在驻点处相交。当偶极流强度 $M=2\pi v_0 R^2$ 时，其中 R 为常数，式(6-31(a))显示的流线方程为一圆(圆柱)，圆的半径为 R。因此上述流函数描述的流场为一圆柱绕流。如用绕流速度 v_0 和圆柱半径 R 表示的该流场的流函数。

$$\psi=v_0\left(r-\frac{R^2}{r}\right)\sin\theta \tag{6-32}$$

同理，流场的势函数：

$$\varphi=v_0\left(r+\frac{R^2}{r}\right)\cos\theta \tag{6-33}$$

流场的速度分布：
$$\begin{cases} u_r = \dfrac{1}{r} \cdot \dfrac{\partial \psi}{\partial \theta} = v_0 \left(1 - \dfrac{R^2}{r^2}\right) \cos\theta \\ u_\theta = -\dfrac{\partial \psi}{\partial r} = -v_0 \left(1 + \dfrac{R^2}{r^2}\right) \sin\theta \end{cases}$$

在圆柱体表面上(轮廓线)的速度分布：
$$\begin{cases} u_r = \theta \\ u_\theta = -2v_0 \sin\theta \end{cases} \tag{6-34}$$

最大表面速度为匀速直线流速的2倍，发生在上下两点 $\theta = \pm\pi/2$；最小表面流速为前后两点，$\theta = 0, \pi$；而当 $\theta = \pi/6$ 时，物体表面上的速度为匀速直线流速。

【例 6-3】 图 6-9 为一种测定流速的仪器，在圆柱体上开三个相距为 30°的测压孔 A,B,C，分别和测压管 a,b,c 相连通。将圆柱体放置在水流中，使 A 孔正对水流方向，其方法是旋转圆柱体使测压管 b,c 中水面在一水平面上。当 a 管水面与 b 或 c 管水面的高差 $\Delta h = 30\text{mm}$ 时，求流速。

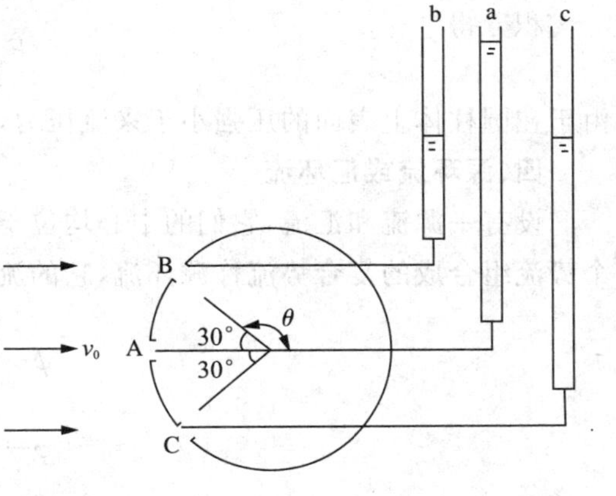

图 6-9　流速的测定

【解】 根据圆柱体绕流的表面流速分布公式(6-34)：
$$u_\theta = -2v_0 \sin\theta$$
当 $\theta = 30°$ 时，$u_B = -v_0$，$u_C = v_0$

而 $u_A = 0$

根据 A,B 两点的能量方程：
$$\frac{p_A}{\gamma} + \frac{u_A^2}{2g} = \frac{p_B}{\gamma} + \frac{u_B^2}{2g}$$
将 A,B 两点速度代入即得：
$$v_0 = \sqrt{2g\Delta h} = \sqrt{2 \times 9.81 \times 0.03} = 0.767\text{m/s}$$

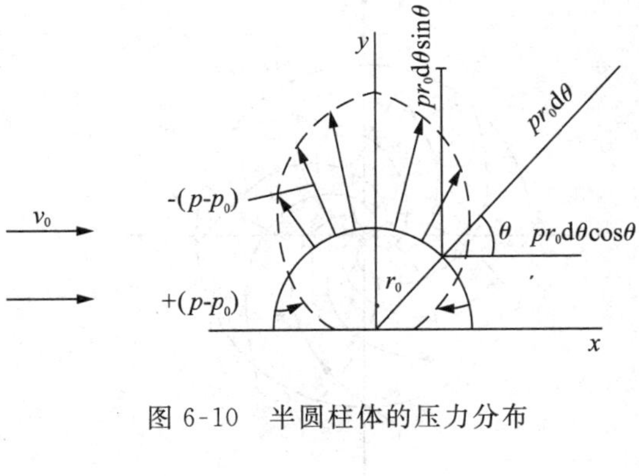

图 6-10　半圆柱体的压力分布

【例 6-4】 图 6-10 中无穷远来流流速为 v_0，压强为 p_0 的均匀气流，流过半径为 R 的半圆柱体。求该圆柱体所受的水平推力和垂直作用力(假设圆柱体内的压强为来流压强)。

【解】 根据圆柱体表面流速分布公式(6-34)
$$u_\theta = -2v_0 \sin\theta$$
沿零流线建立能量方程(无穷远处和圆柱表面)
$$\frac{p_0}{\gamma} + \frac{v_0^2}{2g} = \frac{p}{\gamma} + \frac{2v_0^2 \sin^2\theta}{g}$$
在圆柱体上取微元 $ds = Rd\theta$，作用于微元上的力在水平和垂直方向上的分量：

$$dF_x = -(p-p_0)Rd\theta\cos\theta$$

$$dF_y = -(p-p_0)Rd\theta\sin\theta$$

积分求合力：

$$F_x = -\int_0^{\pi}(p-p_0)Rd\theta\cos\theta$$

$$F_y = -\int_0^{\pi}(p-p_0)Rd\theta\sin\theta$$

积分得

$$F_x = 0$$

$$F_y = \frac{5}{3}\rho v_0^2 R$$

由于在圆柱体上表面的压强小于来流压力，因此 y 方向上存在向上的作用力。

四、源环流或汇环流

设有一源流和汇流，它们的中心均位于坐标原点(0,0)，汇流按逆时针方向运动。上述两个势流组合成的复合势流称源环流，它的流函数和势函数为

$$\psi = \frac{Q}{2\pi}\theta - \frac{\Gamma}{2\pi}\ln r$$
$$\varphi = \frac{Q}{2\pi}\ln r + \frac{\Gamma}{2\pi}\theta \tag{6-35}$$

等流函数线，即流线方程为

$$\frac{Q}{2\pi}\theta - \frac{\Gamma}{2\pi}\ln r = C(\text{常数})$$

解得：

$$r = C_1 e^{\frac{Q}{\Gamma}\theta} \tag{6-36}$$

式中，C_1 为一常数，上式表明流线是一族对数螺旋线，如图 6-11 所示。

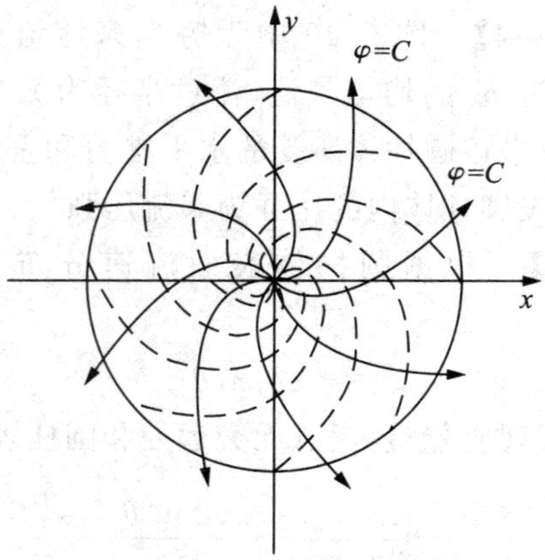

图 6-11　源环流的流线图

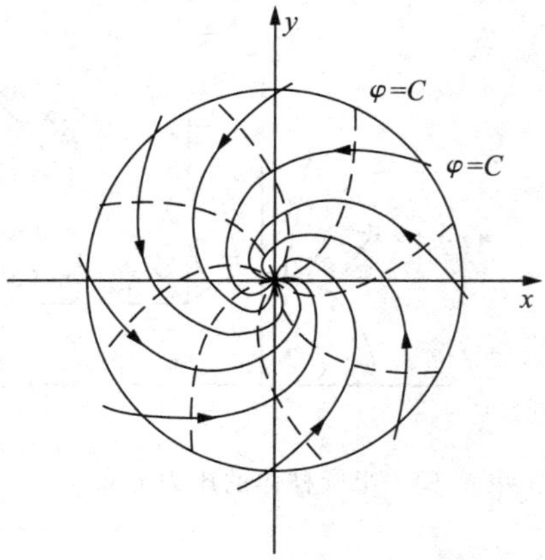

图 6-12　汇环流的流线图

离心式水泵和风机其叶轮内流体的流动符合式(6-35)的规律。当叶轮不转，供水管供水

时，叶轮内的流体运动可视为源流；当叶轮转动，供水管不供水时，叶轮内的流体运动可视为环流。当叶轮转动，供水管供水时，叶轮内的流体运动就是源流和环流的叠加组合。为了避免流体在叶轮内的流动时与叶轮发生碰撞，离心式水泵的叶轮按理论上的设计应符合式(6-36)所示流线的形状，水泵的机壳也做成螺旋线状的。

若将源环流中的源流换成汇流，组合成的流动即为汇环流，其流函数和势函数分别为

$$\begin{cases}\psi=-\dfrac{Q}{2\pi}\theta-\dfrac{\Gamma}{2\pi}\ln r\\ \varphi=-\dfrac{Q}{2\pi}\ln r+\dfrac{\Gamma}{2\pi}\theta\end{cases}\tag{6-37}$$

等流函数线，即流线方程为

$$-\frac{Q}{2\pi}\theta-\frac{\Gamma}{2\pi}\ln r=C(\text{常数})$$

解得：

$$r=C_1\mathrm{e}^{-\frac{Q}{\Gamma}\theta}\tag{6-38}$$

式中，C_1 为一常数，上式表明流线是一族对数螺旋线，如图 6-12 所示。

在实际生活中，当水流由容器底部小孔旋转流出时，容器内的流动可近似地视为汇环流。在实际工程中，旋风式除尘器、旋风式燃烧室等设备中的气流，在理想情况下可视为一种汇环流。

6.8 绕流阻力和升力

一、绕流运动与边界层关系

前几节介绍了无旋流动的性质和求解方法，由于无旋流动方程是线性的使求解过程简单有效。但在实际流动中，粘性和无旋永远是一对矛盾，而粘性流体的方程其求解的困难性是难以想像。

德国科学家普朗特用边界层理论的概念，已在第四章第七小节论述。

这种分析的方法对流线性固体边界绕流问题相当有效，但边界层一旦产生分离该方法就失去了求解基础，对于有边界层分离的绕流问题即钝体绕流，最有效的方法即试验方法。

二、绕流阻力

1. 阻力的一般分析

流体作用在绕流物体上的力可分解为绕流阻力 D 和升力 L，如图 6-13 所示。

绕流阻力包括摩擦阻力 D_f 和压差阻力 D_p 两部分。

$$D=D_f+D_p$$

如引入绕流阻力系数 C_d，绕流阻力可用下列公式表示：

$$D=C_dA\frac{\rho v_0^2}{2}\tag{6-39}$$

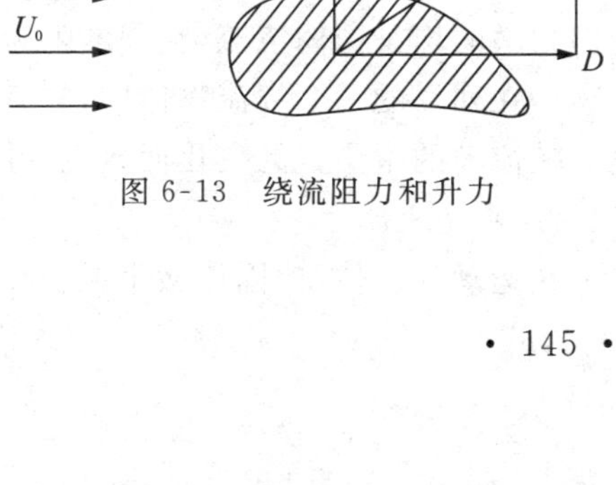

图 6-13　绕流阻力和升力

式中　ρ——流体的密度；

v_0——来流的速度；

A——绕流物体在垂直于来流速度方向上的投影面积。

下面以圆球绕流为例说明绕流阻力的变化规律。

设圆球作匀速直线运动，如果流动的雷诺数很小，在忽然惯性力的前提下，可根据 N-S 方程推导出斯托克斯流动的阻力公式：

$$D=3\pi\mu d v_0$$

利用绕流阻力的计算公式可得，绕圆球的阻力系数为

$$C_d=\frac{24}{\mathrm{Re}} \tag{6-40}$$

式中，雷诺数 $\mathrm{Re}=\frac{v_0 d}{\nu}$，其中 d 为圆球直径；ν 为流体的运动粘性系数。

如以雷诺数为横坐标，阻力系数为纵坐标，将绕流阻力系数随雷诺数的变化绘在对数纸上，并列举了圆球、圆盘和圆柱的绕流阻力系数的实验曲线，如图 6-14 示。则由图中可见，在雷诺数 Re<1 的情况下，圆球的斯托克斯公式是正确的。但小雷诺数的流动只能出现在粘性很大或圆球直径很小的流动。因此斯托克斯公式通常用于空气中的微小尘埃和水中泥沙颗粒沉降运动时的阻力计算。当雷诺数 Re>1 时，因惯性力不能完全忽然，斯托克斯计算公式偏离实验曲线。

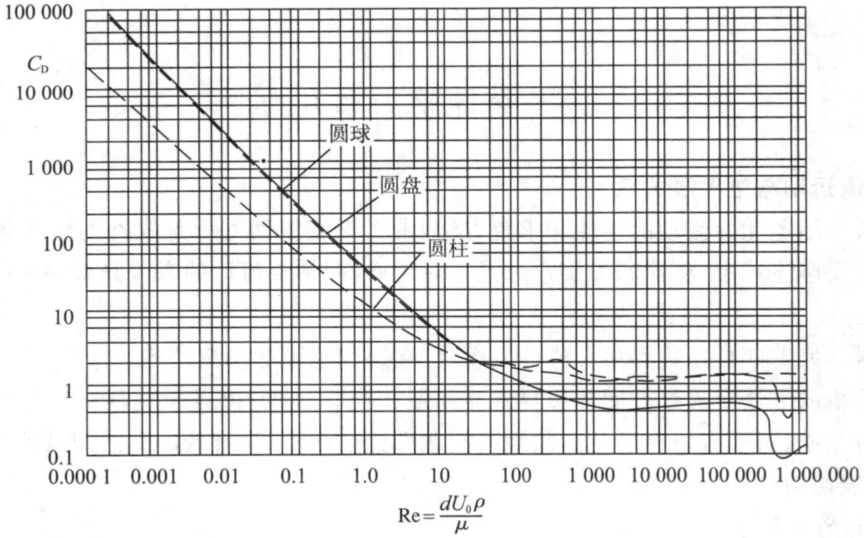

图 6-14　绕流阻力系数曲线

如将圆球绕流的阻力系数曲线和垂直于流动方向的圆盘绕流进行比较可以看出，在雷诺数 $\mathrm{Re}>3\times10^3$ 时，圆盘的阻力系数基本保持常数，而圆球绕流阻力系数仍随雷诺数变化，由于我们列举的均是钝体绕流，它们的阻力主要为形状阻力，而形状阻力形成的原因为绕流边界层分离。在列举的三个绕流物体中，只有圆盘的分离点固定在圆盘的边线上，而圆球和圆柱的分离点随流动的雷诺数的变化而改变，导致阻力系数的变化。

2. 悬浮速度

在运动的流体中，固体微小颗粒和微小液滴的运动规律，将由重力、浮力和运动阻力的合

力控制。为了研究在气体输送中，固体颗粒在何种条件下才能被气体带走；在除尘系统中，尘粒在何种条件下才能沉降；在燃烧技术中，是层流燃烧式、沸腾燃烧式还是悬浮燃烧式，这些都要研究固体颗粒或液体颗粒在气流中的运动条件。

设在上升的气流中，小球的密度为 ρ_m，气体的密度 ρ，且 $\rho_m>\rho$。小球受力分析如下。

方向向上的力：

绕流阻力 $$D=C_dA\frac{\rho v_0^2}{2}=\frac{1}{8}C_d\pi d^2\rho v_0^2$$

浮力 $$B=\frac{1}{6}\pi d^3\rho g$$

方向向下的力：

重力 $$G=\frac{1}{6}\pi d^3\rho_m g$$

因此：当 $D+B<G$ 时，小球随气流上升；

当 $D+B>G$ 时，小球随气流下降；

当 $D+B=G$ 时，小球处于悬浮状态。

当小球颗粒所受的绕流阻力、浮力和重力达到平衡时，小球和流体的相对速度定义为小球的悬浮速度 u。

则： $$\frac{1}{8}C_d\pi d^2\rho u^2+\frac{1}{6}\pi d^2\rho g=\frac{1}{6}\pi d^2\rho_m g$$

解得： $$u=\sqrt{\frac{4}{3Cd}\frac{\rho_m-\rho}{\rho}dg} \tag{6-41}$$

由于阻力系数随雷诺数变化，悬浮速度 u 的求解较为复杂，一般要经过多次试算才能求得悬浮速度，在实际计算中，常先假设雷诺数 Re 的范围，然后，要强调的是，阻力系数中所隐含的流速是指悬浮速度 u(小球与流体的相对速度)，而非实际的流速 v_0。一般再验算雷诺数 Re 是否与假设一致。如不一致，则需要重新假定后计算，直到与假定的相一致。工程中阻力系数按下列方法计算。

C_d 取值范围： $$\begin{cases}\text{Re}<10\text{，可近似采用 } C_d=\dfrac{24}{\text{Re}}\\ \text{Re}=10\sim10^3\text{，可近似采用 } C_d=\dfrac{13}{\sqrt{\text{Re}}}\\ \text{Re}=10^3\sim2\times10^5\text{，可近似采用 } C_d=0.48\end{cases} \tag{6-42}$$

【例 6-5】 一圆柱体的烟囱，高为 $l=30\text{m}$，直径为 $d=0.6\text{m}$。试求当风速为 $v_0=18\text{m/s}$ 横向吹过时，烟囱所受到的总推力。已知空气的密度 $\rho=1.293\text{kg/m}^3$，运动粘性系数 $\nu=1.3\times10^{-5}\text{m}^2/\text{s}$。

【解】 由于烟囱是静止的，流动的雷诺数

$$\text{Re}=\frac{v_0d}{\nu}=\frac{18\times0.6}{1.3\times10^{-5}}=6.8\times10^5$$

由图 6-14 可近似查得阻力系数 $C_d=0.35$。

烟囱的总推力，即绕流阻力 D：

$$D=C_dA\frac{\rho v_0^2}{2}=0.35\times30\times0.6\times\frac{1.293\times18^2}{2}=918\text{N}$$

【例 6-6】 已知炉膛中的烟气流的上升速度 $v_0=0.5\text{m/s}$、烟气的密度 $\rho=0.2\text{kg/m}^3$，烟气运动粘性系数 $\nu=2.3\times10^{-4}\text{m}^2/\text{s}$。试求烟气中直径 $d=0.1\text{mm}$ 的煤粉颗粒是否会沉降，煤粉的密度 $\rho_m=1.3\times10^3\text{kg/m}^3$。

【解】 烟气流的雷诺数

$$\text{Re}=\frac{v_0d}{\nu}=\frac{0.5\times0.1\times10^{-3}}{2.3\times10^{-4}}=0.217<1$$

由式(6-41)计算悬浮速度 u 为

$$\begin{aligned}u&=\frac{1}{18\mu}d^2(\rho_m-\rho)g\\&=\frac{1}{18\times0.2\times2.3\times10^{-4}}\times(0.1\times10^{-3})^2\times(1.3\times10^3-0.2)\times9.81\\&=0.154\text{m/s}\end{aligned}$$

验算：由于悬浮速度小于烟气速度，用相对速度计算的雷诺数也将小于 1。雷诺数满足假设条件。

因为烟气流速大于悬浮速度($v_0>u$)，所以煤粉颗粒将被烟气流带走。

【例 6-7】 一竖井式的磨煤机中，空气的流速 $v_0=2\text{m/s}$，空气的运动粘性系数 $\nu=2\times10^{-5}\text{m}^2/\text{s}$，密度 $\rho=1\text{kg/m}^3$。煤的密度 $\rho_m=1\times10^3\text{kg/m}^3$。试求此能带走的最大煤粉颗粒的直径 d 为多少？

【解】 当悬浮速度为实际空气流速时，处于悬浮状态的颗粒直径就是能被此气流带走的最大颗粒直径。因此，本题是已知悬浮速度求颗粒直径。

先假设雷诺数 $\text{Re}>10^3$，由式(6-42)得 $C_d=0.48$

由式(6-41)得：$u=\sqrt{\frac{4}{3C_d}\frac{\rho_m-\rho}{\rho}dg}$解得：$d=0.147\text{mm}$。

验算：$\text{Re}=\frac{ud}{\nu}=\frac{2\times0.147\times10^{-3}}{2\times10^{-5}}=14.7$ 不符合假设条件。

再假设雷诺数 $\text{Re}=10\sim10^3$，由式(6-42)得 $C_d=13/\sqrt{\text{Re}}$

由式(6-41)整理化简得

$$d=u\left(\frac{\rho}{\rho_m-\rho}\sqrt{\nu}\right)^{1.5}=2\times\left(\frac{1}{1000-1}\times\sqrt{2\times10^{-5}}\right)^{1.5}=0.544\text{mm}$$

验算：$\text{Re}=\frac{ud}{\nu}=\frac{2\times0.544\times10^{-3}}{2\times10^{-5}}=54.4$ 符合假设条件。

因此，煤粉颗粒直径小于 0.544mm 将被气流带走。

习　题

一、选择题

6-1　若流动是一个坐标量的函数，又是时间 t 的函数，则流动为__________。

(a) 一元流动　　　　(b) 二元流动

(c) 一元非恒定流动　　　　(d) 一元恒定流动

6-2　方程 $\frac{\partial u_x}{\partial x}+\frac{\partial u_y}{\partial y}+\frac{\partial u_z}{\partial z}=0$（$u_x$，$u_y$，$u_z$ 分别为速度在三个坐标轴方向的分量）成立的条件是__________。

（a）理想流体　　　　　　　　　　（b）流体不可压缩

（c）连续介质模型　　　　　　　　（d）流动无旋

6-3　下图中，小方块表示质点在不同位置的运动情况。问哪些流动属于有势流动？

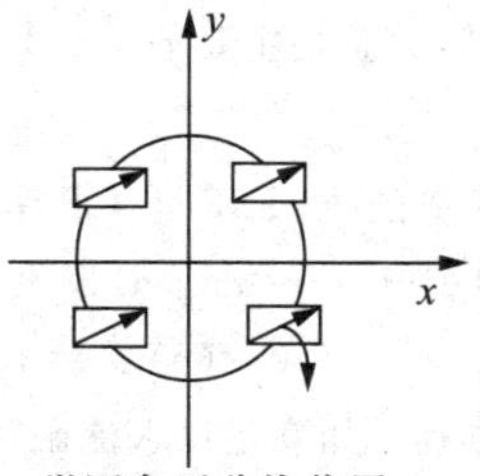

微团角平分线位置

(a)

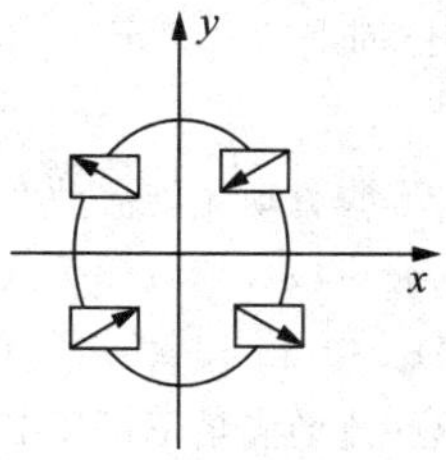

(b)

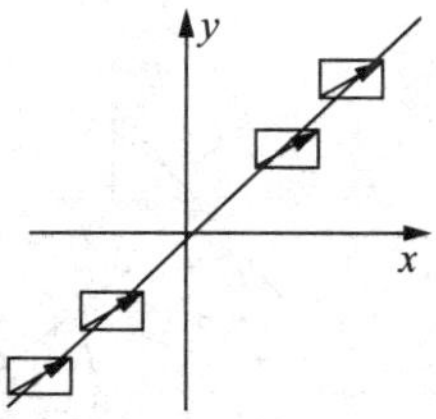

(c)

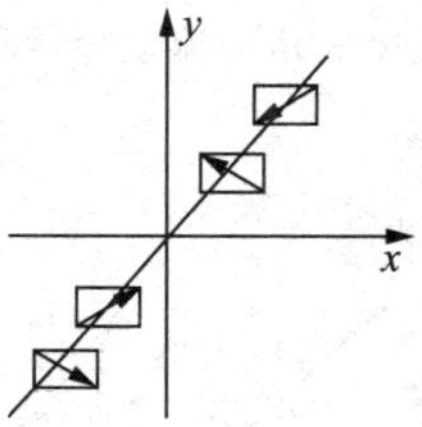

(d)

6-4　势函数满足拉氏方程 $V^2\psi=0$ 的条件是__________。

（a）平面有势流动　　　　　　　　（b）不可压缩流体的有势流动

（c）不可压缩流体的平面有势流动　（d）不可压缩流体的平面拉氏

6-5　流函数满足拉氏方程 $\nabla^2\psi=0$ 的条件是__________。

（a）平面不可压缩流体的流动　　　（b）平面有势流动

（c）不可压缩流体的有势流动　　　（d）不可压缩流体的平面有势流动

6-6　流动有势的充分必要条件是__________。

（a）流动是无旋的　　　　　　　　（b）必须是平面流动

（c）必须是无旋的平面流动　　　　（d）流线是直线的流动

6-7　当以势函数作为未知函数，求解拉氏方程时，固体壁面处的边界条件为（当固体壁面本身不运动时）________。

（a）$\varphi=$常数　　（b）$\varphi=0$　　（c）$\frac{\partial\varphi}{\partial n}=0$（其中 n 为壁面法线方向）

（d）$\frac{\partial\varphi}{\partial n}=0$ 及 $\frac{\partial\varphi}{\partial\tau}=0$（$n$ 意义同上，τ 为壁面切线方向）

6-8　平面势流流线密集的部位是__________。

（a）流速大　压强小　　　　　　　（b）流速大　压强大

（c）流速小　压强大　　　　　　　（d）流速小　压强小

6-9　势函数存在的充分必要条件是__________。

（a）有势流动　　　　　　　　　　（b）不可压缩流体的流动

（c）平面流动　　　　　　　　　　（d）不可压缩流体的平面流动

6-10　流函数 ψ 存在的必要和充分条件是__________。

（a）理想流体无旋流动　　　　　　（b）不可压缩流体平面流动

（c）平面恒定流动　　　　　　　　（d）平面无旋流动

6-11　在等速均匀流 U_0 中顺流放置一块 $a\times b$ 的矩形平板，边长 $b=3a$ 边界层内为同一流态，如放置的情况为：1)横放(a 边与 U_0 方向一致)　　2) 顺放(b 边与 U_0 方向一致)比较它们的阻力 ________。

(a) 横放的阻力大　　(b)顺放的阻力大

(c) 两种情况的阻力相等　　(d) 上述情况都有可能

6-12　在低粘度流体的绕流中，________。

(a) 粘度对阻力的影响不明显　　(b) 求解绕流阻力时势流理论不起作用

(c) 粘性的影响限于物体周围的一狭窄区　　(d) 形状阻力总是主要的

二、计算题

6-1　在下列流速场中，哪些流动无旋流动？如是试求势函数；如不是试求其旋转角速度。

(a) $u_x=4, u_y=3$　(b) $u_x=4x, u_y=-3y$　(c) $u_x=4y, u_y=-4x$　(d) $u_x=4x, u_y=0$

(e) $u_x=0,\ u_y=4y$　(f) $u_x=4xy,\ u_y=0$　(g) $u_r=1/r,\ u_y=0$　(h) $u_r=0,\ u_y=4/r$

6-2　上题流速场中，哪些流动满足不可压缩连续性方程？如满足试求流函数。

6-3　用流线描绘出上题的速度场。

6-4　向右的水平均匀直线流 v_0 和顺时针的环流 Γ 和源流 Q(均布置在坐标原点)相叠加，如图所示。试求用直角坐标或柱坐标形式来表示的流速分量和驻点位置。

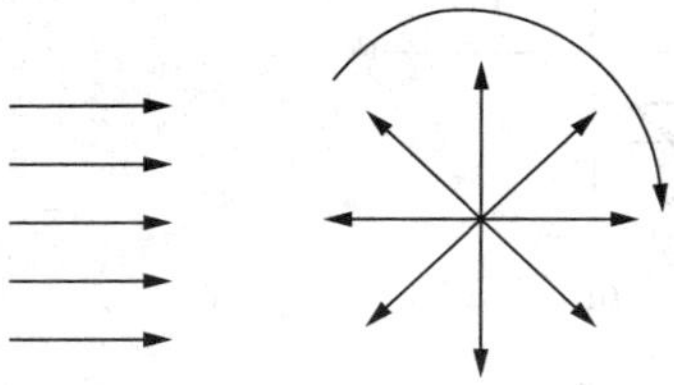

计算题 6-4 图

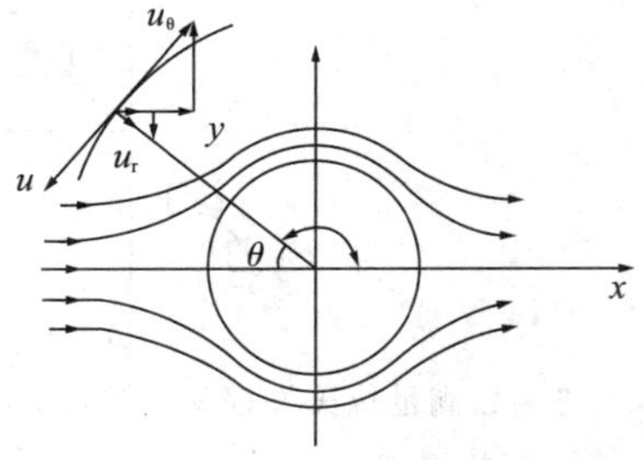

计算题 6-5 图

6-5　设一均匀直线流绕过一直径 $d=2$m 的圆柱体，如图所示。已知圆柱体位于坐标的原点，均匀直线流速 $v_0=3$m/s，试求，(−2，1.5)点处的速度分量。

6-6　强度同为 $60\text{m}^2/\text{s}$ 的源流和汇流位于 x 轴，各距原点为 $a=3$m。计算坐标原点的流速。计算通过(0，4)点的流线流函数值，并求该点流速。

6-7　为了在(0，5)点产生 10 的速度，在坐标原点应加强度多大的偶极矩？过此点的流函数值为何？

6-8　球形尘粒比重 $s=2.5$，在 20℃的大气中等速自由沉降。若空气阻力可按斯托克斯阻力公式计算，试求砂粒最大直径 d 和自由沉降速度 u。

6-9　使小钢球在油中自由沉降，以测定油的动力粘度。已知油的重度 $\gamma=8.82\text{kN/m}^3$，直径 $d=3$mm。小钢球重度 $\gamma_m=76.4\text{kN/m}^3$。若测得球的自由沉降速度 $u=11$cm/s，试求油的动力粘度 μ。

6-10　一直径 $d=1$cm 的小球，在静水中以匀速 $u=0.4$m/s 下降，水温 20℃。试求小球受的阻力 D 和小球的比重 s。

6-11　汽车以 60km/h 的速度行驶，汽车在运动方向的投影面积为 2m^2，绕流阻力系数 $CD=0.3$，空气温度 0℃，密度 $\rho=1.293\text{kg/m}^3$。求克服空气阻力所消耗的汽车功率。

6-12　某气力输送管路，要求风速 u_0 为砂粒悬浮速度 u 的 5 倍，已知砂粒粒径 $d=0.3$mm，密度 $\rho_m=2\,650\text{kg/m}^3$，空气温度为 20℃，试求风速。

6-13　已知煤粉炉炉膛中上升烟气流的最小速度为 0.5m/s，烟气的运动粘滞系数 $\nu=2.3\times10^{-5}\text{m}^2/\text{s}$，问直径 $d=0.1$mm 的煤粉颗粒是沉降下来还是被烟气带走？已知烟气的密度 $\rho=0.2\text{kg/m}^3$，煤粉的密度 $\rho_m=1\,300\text{kg/m}^3$。

6-14　高压电缆线直径为 1.2cm，两相邻电缆塔的距离为 60m，风速为 25m/s 空气密度为 1.3kg/m^3，长圆柱体的阻力系数 $C_d=1.2$。试求：风作用在电缆线上的力。

7　明渠均匀流

[内容提要]　本章主要介绍明渠流动的特点、渠道的分类、明渠均匀流的形成条件及水力特征、明渠水力最优断面以及明渠均匀流的水力计算等。

明渠是一种具有自由表面液流的渠道。根据渠道的形成可将其分为天然渠道和人工渠道。前者如天然河流;后者如人工河渠和不满流的排水管渠等。

明渠中的水流是直接依靠重力作用而产生的,因此明渠流也称为重力流。同时因它具有自由表面,相对压强为零,故也称为无压流。

与前几章介绍的管流一样,明渠流同样也可以分为恒定流和非恒定流;均匀流和非均匀流。但是,由于明渠流的特殊性(过流面积随流量的变化而变化),所以它不可能发生非恒定的均匀流动。

由于过流断面形状、尺寸以及底坡的大小对明渠水流运动都有着重要的影响,因此通常把明渠分成以下类型:

1. 棱柱形渠道和非棱柱形渠道

凡断面形状及尺寸大小沿程不变,其过水断面积仅随水深变化而变化的长直渠道,称为棱柱形渠道,而过水断面积大小或形状沿程变化的渠道,则称为非棱柱形渠道。

通常断面规则的长直人工渠道、同管径的排水管道和涵洞等是典型的棱柱形渠道。而连接两条在断面形状和尺寸不同的渠道的过渡段,则是典型的非棱柱形渠道。

至于渠道本身的断面形状有很多,常见的有矩形、梯形、圆形、半圆形、抛物形等。如图7-1所示。

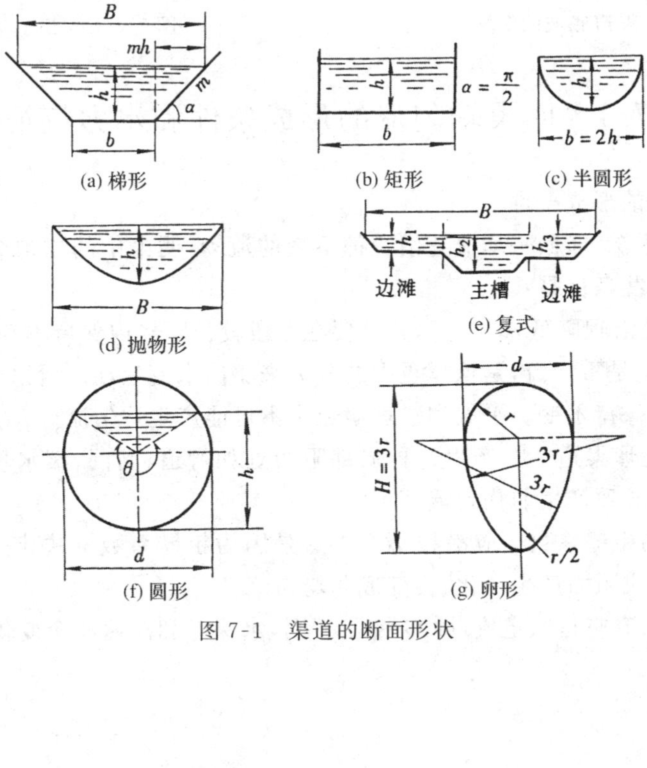

图 7-1　渠道的断面形状

2. 顺坡、平坡和逆坡渠道

渠道底面的坡度称为底坡，用 i 表示。底坡 i 通常是指单位渠长 l 上的渠底高差。即

$$i=\frac{\Delta z}{l}=\sin\theta \tag{7-1}$$

式中　Δz——渠底的高差；

l——对应 Δz 的相应渠长；

θ——渠底与水平线的夹角，如图 7-2 所示。

由于一般的渠道底坡都很小，所以常用 $\tan\theta$ 代替 $\sin\theta$，同时可由水平的渠长代替沿水流方向的渠长。同理，应垂直于底坡的水深也可由铅垂水深来替代。这样做的目的是在实用上没有差异的情况下，比较容易的量测渠长和水深。

渠道的底坡按沿流程的不同变化分为：渠底沿程降低的底坡称为顺坡（$i>0$），渠底水平时，称为平坡（$i=0$），渠底沿程升高时，称为逆坡（$i<0$），如图 7-3 所示。

底坡 i 反映了重力在流动方向的分力，表征水流推动力的大小。i 愈大，流速就愈快。

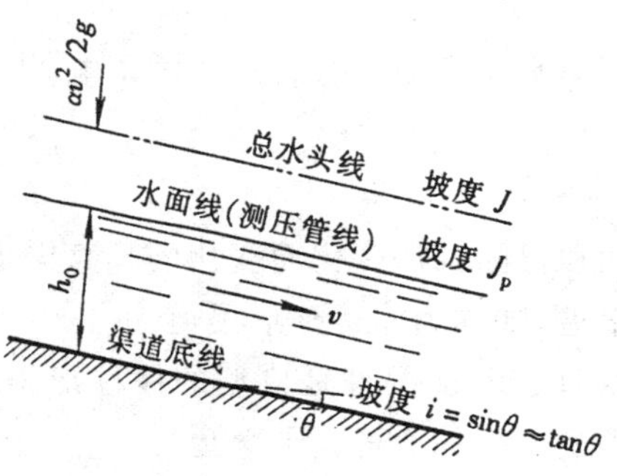

图 7-2　渠道底坡的定义

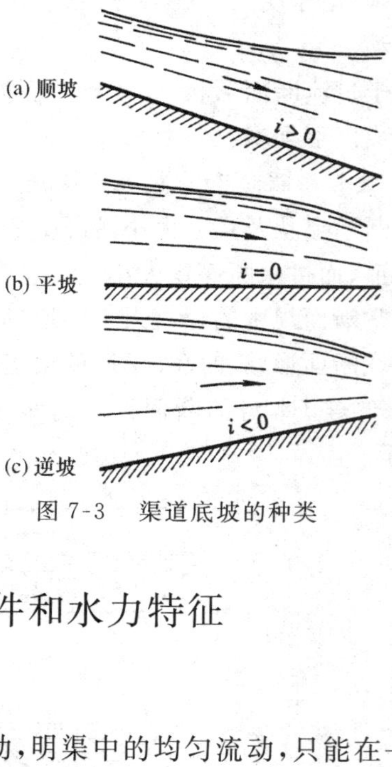

图 7-3　渠道底坡的种类

7.1　明渠均匀流的形成条件和水力特征

一、明渠均匀流的形成条件

明渠均匀流是水深、断面平均流速沿程都不变的流动，明渠中的均匀流动，只能在一定的条件下才能出现，这些条件是：

(1) 渠底必须是沿程降低，即 $i>0$，并且要在一段较长距离内保持不变。

这是因为明渠流是重力流，是依靠重力的分力来驱使水流运动。所以要保证产生均匀流，必须要有作用力，且保持不变。平坡和逆坡渠道中不可能产生均匀流。

(2) 必须是棱柱形渠道。在产生各种局部阻力处如弯道、闸门、滚水坝、桥孔等处会使力产生不均衡，因此会导致产生非均匀流。

(3) 渠道表面的粗糙系数 n 应沿程不变。这是因为粗糙系数 n 决定了阻力的大小，若 n 发生变化，势必会造成阻力产生变化，会变成非均匀流。

(4) 渠道中的水流应是恒定流，即 $Q=c$。否则，水深 h 和流速 v 会变化。

(5) 渠道中应无影响水流的障碍物。

二、明渠均匀流的水力特征

由于明渠均匀流的水深沿程不变，所以水面线和渠底平行。然而，明渠均匀流的水面线即为测压管水头线，于是底坡 i 与测压管水头线的坡度 J_p 相等。又由于流速沿程不变，流速水头也不变，所以总水头线与水面线相平行，总水头线坡度 J 与测压管水头线坡度相等。因此，对于明渠均匀流，总水头线坡度 J，测压管水头线坡度 J_p，底坡 i 彼此都相等。即

$$J=J_p=i$$

实际上，底坡 i 还表示单位长度内单位位能的减少，水力坡度 J 则表示流经单位长度的单位能量损失（水头损失）。$J=i$ 表示水头损失由单位位能的减少来支付。所以明渠均匀流是重力和阻力达到平衡的一种流动。

7.2 明渠均匀流的计算公式

明渠流动基本上都属于阻力平方区，所以明渠均匀流水力计算中的流速公式，通常采用谢才公式。考虑到明渠均匀流中 $J=i$，所以明渠均匀流的计算公式为

$$v=C\sqrt{Ri} \tag{7-2}$$

$$Q=Av=AC\sqrt{Ri}=K\sqrt{i} \tag{7-3}$$

式中，$K=AC\sqrt{R}$，称为流量模数，其值相当于底坡等于 1 时的流量。

上式中的谢才系数如采用满宁公式计算，则式(7-2)、式(7-3)可分别写成

$$v=\frac{1}{n}R^{\frac{2}{3}}i^{\frac{1}{2}} \tag{7-4}$$

$$Q=A\frac{1}{n}R^{\frac{2}{3}}i^{\frac{1}{2}} \tag{7-5}$$

式中，n 为粗糙系数，它的大小综合反映了河、渠壁面对水流阻力的大小，是明渠水力计算中的主要因素之一。

人工渠道的粗糙系数 n 不仅与渠道表面材料有关，同时还和施工质量以及渠道修成以后的运行管理情况等因素有关，粗糙系数 n 的确定要慎重进行。在实践中，n 值如选得偏大，即设计阻力偏大，设计流速就偏小。这样将增加不必要的渠道断面积而造成增加渠道造价。而且，由于实际流速大于设计流速，还可能会引起渠道冲刷。反过来，如 n 选得偏小，则过水能力就达不到设计要求，而且因实际流速小于设计流速，还会造成渠道淤积。通常所采用的各种人工渠道的粗糙系数，见表 7-1。

天然河道的粗糙系数 n 取决于许多因素，首先是河床泥砂、砾石等颗粒的大小和光滑程度对 n 有着决定性的影响。通常细小而光滑的颗粒会使 n 变小。此外，河道断面的不规则、河身的弯曲、滩地上的植物种类及数量，以及河床中被水流冲刷程度等因素，都会对粗糙系数 n 产生影响。粗糙系数不仅沿河流会发生改变，而且随不同水位（即不同流量）而改变。所以，天然河道的粗糙系数 n 的决定是较困难的，在工程实际中，可根据河道实测水文资料，由流量或流速、断面积等来求出谢才系数，再按满宁公式计算出 n 值。在缺乏实测资料时，也可查表 7-1 中所列天然河道的 n 值作为参考。

表 7-1 各种人工渠道的粗糙系数 n

类　　别	n
缸瓦管(带釉)	0.013
混凝土和钢筋混凝土的雨水管	0.013
混凝土和钢筋混凝土的污水管	0.014
石棉水泥管	0.012
铸铁管	0.013
钢管	0.012
水泥沙浆抹面渠道	0.013
砖砌渠道(不抹面)	0.015
砂浆块石渠道(不抹面)	0.017
干砌块石渠道	0.020～0.025
情况不好的石渠道	0.025～0.035
木槽	0.012～0.014
情况很好的土渠	0.020～0.025
土渠(包括带草皮的)	0.025～0.030
情况极坏的土渠(断面不规则、有块石、杂草,水流不畅等)	0.035～0.045
天然河道:情况很好	0.025～0.035
情况不好	0.045～0.060
杂草丛生,情况极坏	0.075～0.150

7.3 明渠水力最优断面和允许流速

一、水力最优断面

明渠的输水能力大小取决于底坡 i,渠壁的粗糙系数 n 及过水断面的大小及形状。一般情况下,底坡 i 的大小随当地的地形条件而定,粗糙系数 n 则取决于所选的渠壁材料。因此,渠道的输水能力 Q 仅取决于断面的大小及形状。而在底坡 i,粗糙系数 n 和过水断面积 A 一定的条件下,能使渠道的输水能力最大的断面形状就称为水力最优断面。

由式(7-5)及 $R=\dfrac{A}{\chi}$得:

$$Q=A\frac{1}{n}\left(\frac{A}{\chi}\right)^{2/3}i^{1/2}=\frac{i^{1/2}}{n}\frac{A^{5/3}}{\chi^{2/3}}$$

可见在 i,n,A 已给的条件下,要使输水能力 Q 最大,则要求水力半径 R 最大,或湿周 χ 最小。对相同的渠壁切应力,湿周 χ 最小,阻力也最小。因此,所谓水力最优断面,就是湿周最小的断面形状。它的优点是:输水能力最大,渠道护壁材料最省,渠道渗水量损失也最少。如果不受条件的限制,渠道断面可以有矩形、梯形、三角形、半圆形等。在断面积相同时,半圆形断面具有最小湿周,是水力最优断面。但是土壤需要有一定的边坡才能保证不塌方,因此工程上多采用梯形断面。三角形断面经泥沙淤积后也会变成梯形断面。而其他断面形状则需要木材、石材、混凝土等材料做护面,才可稳定。

下面来推求工程上最常用的梯形断面的宽深比，使之成为水力最优断面。

图 7-4 表示底宽为 b，水面宽为 B，水深为 h 的梯形断面，它的边坡系数 $m=\cot\alpha$，α 为边坡角。边坡系数 m 值取决于壁面的材料，见表 7-2。

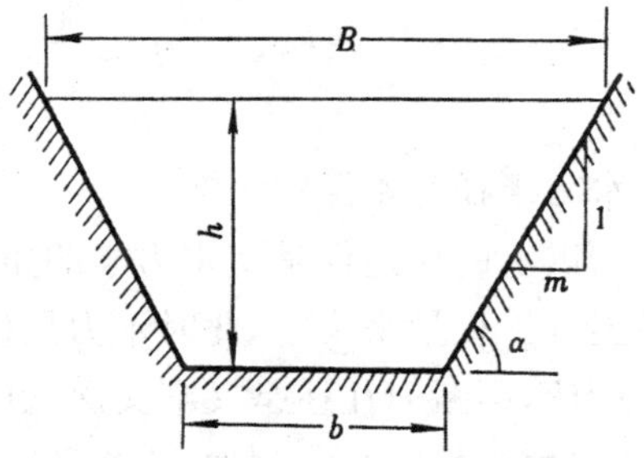

图 7-4 梯形断面

由几何关系可得

$$A=(b+mh)h \tag{7-6}$$

$$\chi=b+2h\sqrt{1+m^2} \tag{7-7}$$

表 7-2 **梯形渠道的边坡系数 *m***

土壤种类	m
细粒砂土	3.0～3.5
砂壤土或松散土壤	2.0～2.5
密实砂壤土，轻粘壤土	1.5～2.0
密实重粘土	1.0
砾石、砂砾石土	1.5
重壤土、密实黄土	1.0～1.5
各种不同硬度的岩石	0.5～1.0

由式(7-6)可得，$b=\dfrac{A}{h}-mh$，代入式(7-7)后得

$$\chi=\frac{A}{h}-mh+2h\sqrt{1+m^2} \tag{7-8}$$

为了求 $x=f(h)$的极小值，对 h 求导，

且令
$$\frac{d\chi}{dh}=-\frac{A}{h^2}-m+2\sqrt{1+m^2}=0 \tag{7-9}$$

因$\dfrac{d^2\chi}{dh^2}=2\dfrac{A}{h^3}>0$，说明有 χ 的极小值存在。

将式(7-6)代入式(7-9)，解得梯形断面的水力最优条件时的宽深比 β 为

$$\beta=\frac{b}{h}=2(\sqrt{1+m^2}-m) \tag{7-10}$$

由此可见，水力最优断面的宽深比仅是边坡系数 m 的函数。表 7-3 列出各种 m 值的宽深比。

表 7-3 **水力最优断面的宽深比 *β***

m	0	0.25	0.50	0.75	1.00	1.25	1.50	1.75	2.00	2.50	3.0
b/h	2.0	1.56	1.24	1.00	0.83	0.70	0.61	0.53	0.47	0.39	0.32

当 $m=0$ 时，$\alpha=90°$，即为矩形断面，此时宽深比 $\beta=2$，即 $b=2h$。说明水力最优断面的底宽 b 为水深 h 的两倍。

由式(7-10)得：$b+2mh=2h\sqrt{1+m^2}$，水面宽 $B=b+2mh$，所以水力最优断面的水力半径为

$$R=\frac{A}{\chi}=\frac{(b+mh)h}{b+2h\sqrt{1+m^2}}=\frac{(b+mh)h}{b+b+2mh}=\frac{h}{2}$$

即水力半径为水深的 1/2。

以上的讨论仅是从水力学的角度去考虑，对于一般的中、小型渠道，挖土不深，造价基本上由土方工程量来决定，此时水力最优断面也是最经济断面。但对于大型渠道，如按水力最优断面设计，则断面往往是又窄又深。施工时由于挖土过深，使土方的单价增高，同时也增加了施工、养护时的困难。例如边坡系数 m 为 1.5，底宽为 20m 的渠道，如按照水力最优断面设计，则宽深比 $b/h=0.61$，见表(7-3)。所以得水深 $h=20/0.61=32.8$m。另外渠道的设计不应仅考虑输水，还要考虑航运对水深和水面宽度的要求，所以断面形状的最后确定，要综合各方面的因素来考虑，而水力最优断面，仅是应考虑的因素之一。

二、允许流速

对于渠道断面的设计，除了要考虑水力最优断面这一因素外，还须对渠道的最大和最小流速进行校核，以免渠身遭受冲刷或淤积。

所谓允许流速，即对渠身不会产生冲刷，也不会使水中悬浮的泥纱在渠道中发生淤积的断面平均流速。因此在设计中，要求渠道的流速在不冲、不淤的允许流速范围内，即

$$v_{max}>v>v_{min}$$

式中 v_{max}——最大允许不冲流速；

v_{min}——最小允许不淤流速。

渠道中的最大允许不冲流速 v_{max} 的大小取决于渠壁的材料、土壤种类、颗粒大小和密实程度，以及渠中流量等因素。根据陕西省水利电力勘测设计院 1965 年总结的各种渠道的 v_{max} 值如表 7-4、7-5 和 7-6 所示。

表 7-4　　坚硬岩石和人工护面渠道的最大允许不冲流速　　(m/s)

岩石和护面的种类	渠道的流量(m^3/s)		
	<1	1～10	>10
软质水成岩(泥灰岩、页岩、软砾岩)	2.5	3.0	3.5
中等硬质水成岩(致密砾岩、多孔石灰岩、层状石灰岩、白云石灰岩、灰质砂岩)	3.5	4.25	5.0
硬质水成岩(白云砂岩、砂质石灰岩)	5.0	6.0	7.0
结晶岩、火成岩	8.0	9.0	10.0
单层块石铺砌	2.5	3.5	4.0
双层块石铺砌	3.5	4.5	5.0
混凝土护面(水流中不含砂和砾石)	6.0	8.0	10.0

表 7-5　　均质粘性土质渠道

土　质	最大允许不冲流速(m/s)
轻壤土	0.6～0.8
中壤土	0.65～0.85
重壤土	0.75～1.0
粘　土	0.75～0.95

表 7-6 均质无粘性土质渠道

土　质	粒径(mm)	最大允许不冲流速(m/s)
极细纱	0.05～0.1	0.35～0.45
细纱和中纱	0.25～0.5	0.45～0.60
粗　纱	0.5～2.0	0.60～0.75
细砾石	2.0～5.0	0.75～0.90
中砾石	5.0～10.0	0.90～1.10
粗砾石	10.0～20.0	1.10～1.30
小卵石	20.0～40.0	1.30～1.80
中卵石	40.0～60.0	1.80～2.20

渠道中的最小允许不淤流速 v_{min} 的大小与水中的悬浮物有关，有时为了防止植物在渠道中的滋生，也要考虑流速不能太小。一般情况下，最小允许不淤流速 v_{min} 为 0.3～0.4m/s。

7.4 明渠均匀流的水力计算

根据在 7.2 节中已列出的明渠均匀流的基本公式(7-3)：

$$Q=K\sqrt{i}$$

K 取决于渠道断面的特征，在 Q,K,i 中，只要知道其中的任意两个，就可求出另一个。因此渠道的水力计算，通常可分成三类问题：

一、验算渠道的输水能力

已知渠道断面形状及大小、粗糙系数及渠道的底坡，求渠道的输水能力。即已知 K,i，求 Q。这一类问题用于校核已建成渠道的过水能力。有时还可用于根据洪水位来近似估算洪峰流量。

二、确定渠道底坡

已知渠道断面尺寸、粗糙系数、流量或流速，求渠道的底坡。即已知 b,h,m,n,Q 或 v 各量，求 i。这类的计算主要用于：下水道为避免沉积淤塞，要求有一定的“自清”速度，这就必须要求有一定的坡度。对兼作通航的渠道，就要求由坡度来控制一定的流速等。

三、确定渠道的断面尺寸

已知渠道输水量 Q，渠道底坡 i，粗糙系数 n 及边坡系数 m，求渠道断面尺寸 b 和 h。这是设计新渠道断面的问题，但从基本公式中可知，一个方程要解两个未知数(b 和 h)，则为不定解，而要得到唯一的解，就必须附加条件。附加条件通常有四种：

1. 水深 h 已定，求相应的底宽 b

计算时，给出不同的 b 值，即可计算出相对应的 $K=AC\sqrt{R}$，并根据这些 b 和 K 值，作出 $K=f(b)$ 曲线，如图 7-5 所示。再从给定的 Q 和 i，计算出 $K=Q/i^{1/2}$。由图 7-5 中可找出对应于这 K 值的 b 值，即为所求。

2. 底宽 b 已定，求相应的水深 h

仿照上述解法，先作出 $K=f(h)$ 的曲线，如图 10-6 所示，同样找出对应于 $K=Q/i^{1/2}$ 的 h 值，即为所求。

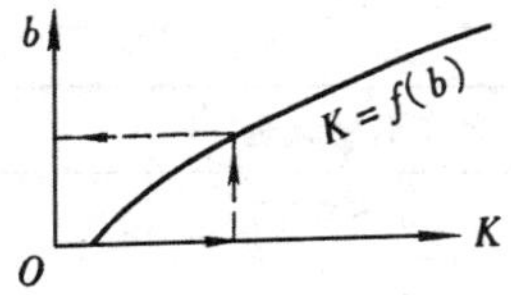

图 7-5　渠底宽 b 与 K 的关系曲线

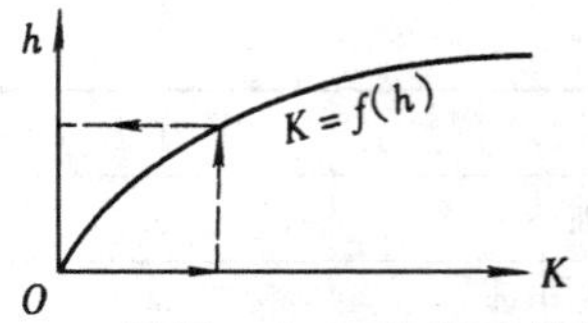

图 7-6　渠深 h 与 K 的关系曲线

3. 按水力最优断面的条件，设计断面尺寸 b 和 h

按当地土质条件确定边坡系数 m 值，在水力最优断面时，计算出 $\beta=b/h=2(\sqrt{1+m^2}-m)$，这样就建立了 $b=\beta h$ 的附加条件，然后再仿照 1 或 2 中的方法，求出 b 或 h，最后，按 $b=\beta h$ 的关系，求出 h 和 b。

4. 用最大允许不冲流速 v_{max} 作为渠道中的实际流速，求相应的 b 和 h

【例 7-1】 某渠道断面为矩形，按水力最优断面设计，底宽 $b=8$m，渠道粗糙系数 $n=0.028$，底坡 $i=1/8\,000$，试校核能否通过 $20m^3/s$ 的设计流量。

【解】 由于是按水力最优断面设计，所以

水深 $$h=b/2=4\text{m}$$

过水断面 $$A=bh=8\times4=32\text{m}^2$$

湿周 $$\chi=2h+b=2\times4+8=16\text{m}$$

水力半径 $$R=A/\chi=32/16=2\text{m}$$

谢才系数 $$C=\frac{1}{n}R^{1/6}=\frac{1}{0.028}\times2^{1/6}=40.1\text{m}^{1/2}/\text{s}$$

流量 $$Q=AC\sqrt{Ri}=32\times40.1\times\sqrt{2\times\frac{1}{8\,000}}=20.3\text{m}^3/\text{s}$$

所得的结果能满足设计要求。

【例 7-2】 渠道全长为 588m，矩形断面，采用钢筋混凝土($n=0.014$)，通过流量为 $Q=25m^3/s$，底宽 $b=5.1$m，水深 $h=3.08$m，问此渠道底坡应为多少？并校核渠道流速是否满足通航要求(通航允许流速 $v\leqslant1.8$m/s)。

【解】 先计算渠道底坡 i。

$$R=A/\chi=5.1\times3.08/(5.1+2\times3.08)=1.395\text{m}$$

$$C=\frac{1}{n}R^{1/6}=\frac{1}{0.014}\times1.395^{1/6}=75.5\text{m}^{1/2}/\text{s}$$

$$K=AC\sqrt{R}=5.1\times3.08\times75.5\sqrt{1.395}=1\,400\text{m}^3/\text{s}$$

则渠道的底坡为 $$i=Q^2/K^2=25^2/1\,400^2=0.000\,32$$

渠道中的流速为 $$v=Q/A=25/15.7=1.59\text{m/s}<1.8\text{m/s}$$

满足通航要求。

【例 7-3】 已知某梯形断面的渠道输水量 $Q=1m^3/s$，底坡 $i=0.000\,6$，当地地质为密实的重粘土，粗糙系数 $n=0.03$，按施工和使用条件要求底宽 $b=1.5$m，求该渠道的水深 h。

【解】 按土质情况(密实的重粘土)，查表 7-2，可得边坡系数 $m=1.0$。从已知的 Q 和 i 值，先计算出 K：

$$K=Q/\sqrt{i}=1/\sqrt{0.000\,6}=40.8\text{m}^3/\text{s}$$

由下列各式

$$A=(b+mh)h$$

$$\chi=2h\sqrt{1+m^2}$$

$$R=\frac{A}{\chi}$$

$$K=\frac{1}{n}AR^{\frac{2}{3}}$$

假设不同的 h 值，代入上述式中，其计算结果列于下表：

h(m)	$A(m^2)$	χ(m)	R(m)	$R^{2/3}$	$K(m^3/s)$
1.0	2.5	4.33	0.58	0.70	58.3
0.9	2.16	4.05	0.53	0.66	46.1
0.85	2.00	3.90	0.51	0.64	42.6
0.80	1.84	3.76	0.49	0.62	38.0

按上表中的数据作 h-K 曲线，如图 7-6 所示，在横坐标轴上选取 $K=40.8m^3/s$，引垂线与曲线相交，可得 $h=0.82m$，即为所求。

通常情况下，还应考虑冲刷和淤积问题。对于本题，可计算得 $A=(b+mh)h=1.9m^2$，则流速 $v=Q/A=1/1.9=0.53m/s$。查表 7-4，可知最大允许不冲流速 $v_{max}=0.75\sim1.0m/s$，所以不会发生冲刷。对于最小允许不淤流速 v_{min}，通常为 $0.3\sim0.4m/s$。所也不会产生淤积。

【例 7-4】 一梯形断面土渠，通过流量 $Q=1.0m^3/s$，底坡 $i=0.005$，边坡系数 $m=1.5$，粗糙系数 $n=0.025$，最大允许不冲流速 $v_{max}=1.2m/s$，试按允许流速及水力最优条件，分别设计断面尺寸。

【解】

1. 按最大允许不冲流速 $v_{max}=1.2m/s$ 进行设计，

$$A=Q/v_{max}=1/1.2=0.83m^2$$

由

$$v=\frac{i^{1/2}}{n}A^{2/3}\chi^{-2/3}=\frac{0.005^{1/2}}{0.025}\times0.83^{2/3}\times\chi^{-2/3}=1.2m/s$$

解得湿周 $\chi=3.0m$。

由梯形断面条件得

$$A=(b+mh)h=bh+1.5h^2=0.83m^2$$

$$\chi=b+2h\sqrt{1+m^2}=b+3.61h=3.0m$$

联立解上述两式得，$b_1=-0.79m$，$h_1=1.05m$；$b_2=1.63m$，$h_2=0.38m$。第一组结果无意义，应舍去。所得结果应为 $b=1.63m$，$h=0.38m$。

2. 按水力最优条件进行设计

由 $m=1.5$ 可查表 10-2，得宽深比 $\beta=b/h=0.61$，即 $b=0.61h$。

因

$$A=(b+mh)h=(0.61h+1.5h)=2.11h^2$$

$$C=\frac{1}{n}R^{1/6}$$

而 $R=0.5h$，所以，

$$Q=AC\sqrt{Ri}=\frac{i^{1/2}}{n}AR^{2/3}=\frac{0.005^{1/2}}{0.025}\times2.11h^2\times(0.5h)^{2/3}=3.76h^{8/3}=1m^3/s,$$

解得 $h=0.61m$，$b=0.37m$。

校核：$A=2.11h^2=0.79\text{m}^2$，$v=Q/A=1/0.79=1.27\text{m/s}>v_{max}=1.20\text{m/s}$，需采取适当的加固措施，否则会造成冲刷。

7.5 无压圆管均匀流的水力计算

所谓无压圆管，是指非满流的圆形管道。在环境工程和给排水工程中，圆形断面无压均匀流的例子很多，如城市排水管道中的污水管道、雨水管道以及无压涵管中的流动等被广泛地应用。这是因为它们既是水力最优断面，又具有制作方便，受力性能好等特点。由于这类管道内的流动都具有自由液面，所常用明渠均匀流的基本公式进行计算。

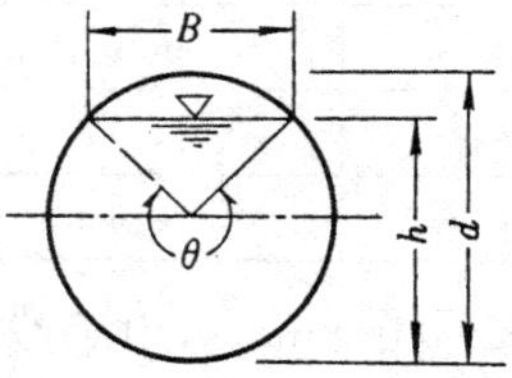

图 7-7　圆形断面无压均匀流的过水断面

圆形断面无压均匀流的过水断面如图 7-7 所示，设其管径为 d，水深为 h，定义 $\alpha=\dfrac{h}{d}$，α 称为充满度，所对应的圆心角 θ 称为充满角。由几何关系可得各水力要素之间的关系为

过水面积：
$$A=\frac{d^2}{8}(\theta-\sin\theta) \tag{7-11}$$

湿　　周：
$$\chi=\frac{d}{2}\theta \tag{7-12}$$

水力半径：
$$R=\frac{d}{4}\left(1-\frac{\sin\theta}{\theta}\right) \tag{7-13}$$

所以

$$v=\frac{1}{n}\left[\frac{d}{4}\left(1-\frac{\sin\theta}{\theta}\right)\right]^{2/3}i^{1/2} \tag{7-14}$$

$$Q=\frac{d^2}{8}(\theta-\sin\theta)\frac{1}{n}\left[\frac{d}{4}\left(1-\frac{\sin\theta}{\theta}\right)\right]^{2/3}i^{1/2} \tag{7-15}$$

表 7-7 列出不同充满度时圆形管道水力要素的比值。

表 7-7　不同充满度时圆形管道的水力要素（d 以 m 计）

充满度 α	过水断面面积 $A(\text{m}^2)$	水力半径 $R(\text{m})$
0.05	$0.0147d^2$	$0.0326d$
0.10	$0.0400d^2$	$0.0635d$
0.15	$0.0739d^2$	$0.0929d$
0.20	$0.1118d^2$	$0.1206d$
0.25	$0.1535d^2$	$0.1466d$
0.30	$0.1982d^2$	$0.1709d$
0.35	$0.2450d^2$	$0.1935d$
0.40	$0.2934d^2$	$0.2142d$
0.45	$0.3428d^2$	$0.2331d$
0.50	$0.3927d^2$	$0.2500d$
0.55	$0.4426d^2$	$0.2649d$
0.60	$0.4920d^2$	$0.2776d$

续表

充满度 α	过水断面面积 $A(m^2)$	水力半径 $R(m)$
0.65	$0.5404d^2$	$0.2881d$
0.70	$0.5872d^2$	$0.2962d$
0.75	$0.6319d^2$	$0.3017d$
0.80	$0.6736d^2$	$0.3042d$
0.85	$0.7115d^2$	$0.3033d$
0.90	$0.7445d^2$	$0.2980d$
0.95	$0.7707d^2$	$0.2865d$
1.00	$0.7845d^2$	$0.2500d$

为了避免上述各式繁复的数学运算，在实际工作中，常用预先作好的图表来进行计算。下面介绍计算图表的制作及其使用方法。为了使图在应用上更具有普遍意义，能适用于不同管径、不同粗糙系数的情况，特引入一些无量纲数来表示图形的坐标。

设以 Q_0, v_0, C_0, R_0 分别表示满流时的流量、流速、谢才系数、水力半径，不同充满度的相应值用 Q, v, C, R 表示。则令

$$A=\frac{Q}{Q_0}=\frac{K\sqrt{i}}{K_0\sqrt{i}}=\frac{f(h)}{f(d)}=f_1\left(\frac{h}{d}\right)=f_1(\alpha) \tag{7-16}$$

$$B=\frac{v}{v_0}=\left(\frac{R}{R_0}\right)^{2/3}=\frac{f(h)}{f(d)}=f_2\left(\frac{h}{d}\right)=f_2(\alpha) \tag{7-17}$$

按式(7-16)和式(7-17)，有一个 α 值，就可求得对应的 A, B 值，根据它们的关系绘制出关系曲线，如图 7-8 所示。

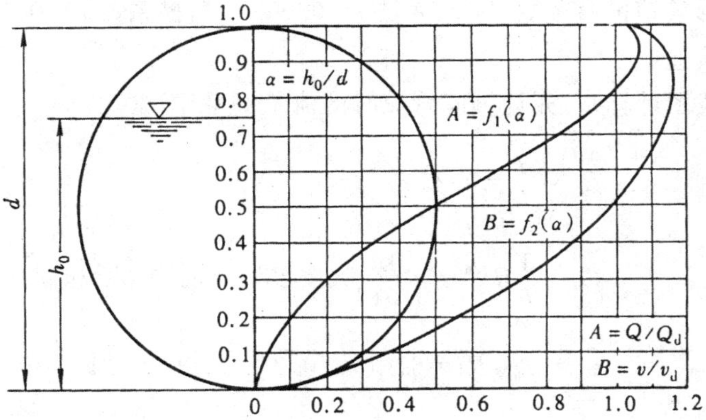

图 7-8　水力计算图

从图 7-8 中可看出：

当 $\frac{h}{d}=0.95$ 时，$A_{max}=\frac{Q}{Q_0}=1.087$，则此时通过的流量最大，为恰好满管流时流量的1.087 倍；

当 $\frac{h}{d}=0.81$ 时，$B_{max}=\frac{v}{v_0}=1.16$，则此时管中的流速最大，为恰好满管流时流速的1.16倍。

产生上述结果的原因是：水力半径在 $\alpha=0.81$ 时达到最大，其后，水力半径相对减少，但过水断面却在继续增加，所以当 $\alpha=0.95$ 时，A 值达到最大，但随着 α 的继续增加，过水断面虽然还在增加，但湿周 χ 增加的相对要更多，以致水力半径 R 反而降低，所以过流量有所减少。

在进行无压管道的水力计算时，还要根据一些有关规定，如《室外排水设计规范》中便规定：

1. 污水管道应按不满流计算，其最大设计充满度按表 7-8 采用。

2. 雨水管道和合流管道应按满管流计算。

3. 排水管的最小设计流速：对污水管道（在设计充满度时），当管径 $d\leqslant 500$mm 时，为 0.7m/s；当管径 $d>500$mm 时，为 0.8m/s。

表 7-8　　最大设计充满度

管径 d(mm)	最大设计充满度 $\alpha(h/d)$
150～300	0.60
350～450	0.70
500～900	0.75
≥1000	0.80

另外，对最小管径和最小设计坡度等也有规定，在实际工作中可参阅有关手册与规范。

【例 7-5】 某圆形污水管道，管径 $d=600$mm，管壁粗糙系数 $n=0.014$，管道底坡 $i=0.0024$，求最大设计充满度时的流速和流量。

【解】 由表 7-8 查得管径 $d=600$mm 的污水管最大设计充满度为 $\alpha=h/d=0.75$，再查表 7-7，当 $\alpha=0.75$ 时，过水断面上的水力要素为

$$A=0.6319d^2=0.6319\times 0.6^2=0.2275\text{m}^2$$

$$R=0.3017d=0.3017\times 0.6=0.1810\text{m}$$

$$C=\frac{1}{n}R^{1/6}=\frac{1}{0.014}\times 0.181^{1/6}=53.722\text{m}^{1/2}/\text{s}$$

因而，

$$v=C\sqrt{Ri}=53.722\times\sqrt{0.181\times 0.0024}=1.12\text{m/s}$$

$$Q=vA=1.12\times 0.2275=0.2548\text{m}^3/\text{s}$$

【例 7-6】 圆形管道的直径 $d=1$m，底坡 $i=0.0036$，粗糙系数 $n=0.013$，要求在水深 $h=0.7$m 时的流量和流速。

【解】（用曲线图计算） 先计算满管流时的流量 Q_0 和流速 v_0。

$$R_0=\frac{d}{4}=0.25\text{m}$$

$$C_0=\frac{1}{n}R^{1/6}=\frac{1}{0.013}\times 0.25^{1/6}=61.1\text{m}^{1/2}/\text{s}$$

$$v_0=C_0\sqrt{Ri}=61.1\times\sqrt{0.25\times 0.0036}=1.84\text{m/s}$$

$$Q_0=Av=\frac{\pi}{4}\times 1^2\times 1.84=1.44\text{m}^3/\text{s}$$

$$\alpha=\frac{h}{d}=\frac{0.7}{1}=0.7\text{m}$$

由图 7-8，当 $\alpha=0.7$ 时，查得 $A=0.84$，$B=1.12$，所以

$$Q=AQ_0=0.84\times 1.44=1.21\text{m}^3/\text{s}$$

$$v=Bv_0=1.12\times 1.84=2.06\text{m/s}。$$

7.6 复式断面渠道的水力计算

由于地形、地质条件和施工、养护要求，将渠道断面设计成两个或两个以上单式断面组成的复式断面，如图 7-9 所示。天然河床断面往往不规则，也可简化成复式断面，如图 7-10 所示。

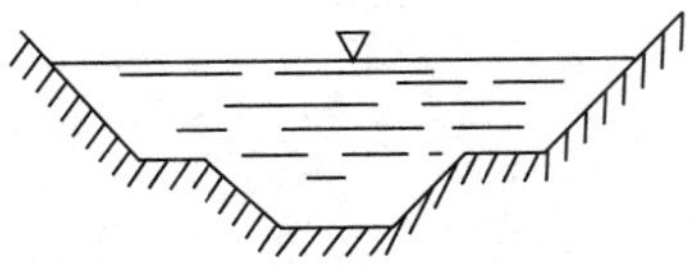

图 7-9 人工渠道的复式断面

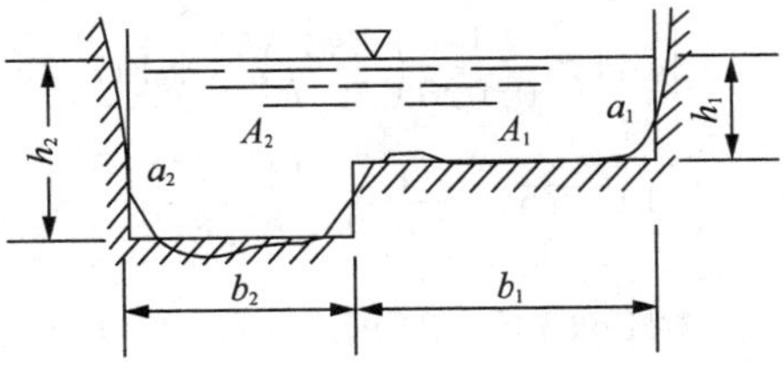

图 7-10 由天然河床简化成的复式断面

在进行复式断面明渠均匀流的水力计算时，常将复式断面分割成若干个单一断面，分别将这些断面进行水力计算，最后进行叠加以得到整个复式断面水力计算的结果。如图 7-10 所示的复式断面的总流量的计算为

$$Q=\frac{1}{n_1}A_1R_1^{2/3}i^{1/2}+\frac{1}{n_2}A_2R_2^{2/3}i^{1/2},$$

式中

$$A_1=b_1h_2,\quad A_2=b_2h_2,$$

$$R_1=\frac{b_1h_1}{b_1+h_1},\ R_2=\frac{b_2h_2}{b_2+2h_2-h_1}。$$

在计算时，应注意不要把分割线计入湿周内。

【例 7-7】 求如图 7-11 所示复式断面渠道的流量。已知渠道底坡 $i=0.000\,64$，$n_1=0.025$，$n_2=n_3=0.040$，$\mathrm{m}_1=1.0$，$\mathrm{m}_2=\mathrm{m}_3=2.0$，其他尺寸如图示。

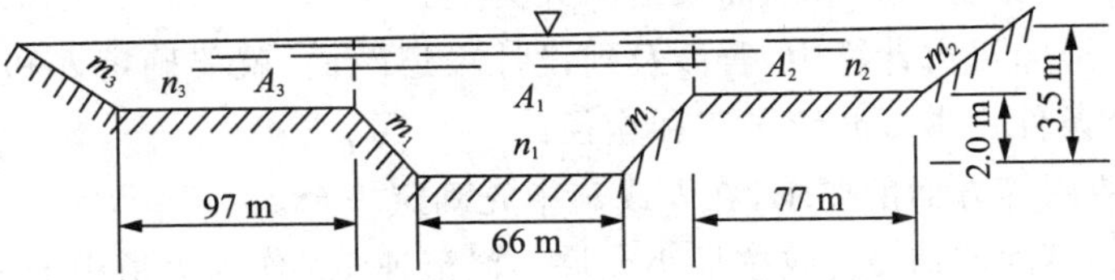

图 7-11 例 7-7 图

【解】 将此渠道分成三部分，其面积分别为 A_1, A_2, A_3。

$$A_1=\frac{1}{2}[(66+2\times2.0)+66]\times2+(66+2\times2.0)\times(3.5-2.0)=241\mathrm{m}^2$$

$$A_2=77\times1.5+\frac{1}{2}\times1.5\times3=117.75\mathrm{m}^2$$

$$A_3=97\times1.5+\frac{1}{2}\times1.5\times3=147.75\mathrm{m}^2$$

$$\chi_1=66+2\times2\sqrt{2}=71.7\mathrm{m}$$

$$\chi_2 = 77 + \sqrt{1.5^2 + 3^2} = 80.35\text{m}$$

$$\chi_3 = 97 + \sqrt{1.5^2 + 3^2} = 100.35\text{m}$$

这样，其通过复式断面的总流量为

$$Q = \sum A \frac{1}{n} R^{2/3} i^{1/2}$$

$$= \left[241 \times \frac{1}{0.025}\left(\frac{241}{71.7}\right)^{2/3} + 117.75 \times \frac{1}{0.040}\left(\frac{117.75}{80.35}\right)^{2/3} + 147.75 \times \frac{1}{0.040}\left(\frac{147.75}{100.35}\right)^{2/3}\right] \times (0.00064)^{1/2}$$

$$= (21\,613.5 + 3\,797 + 4\,781) \times 0.025\,3 = 763.83\text{m}^3/\text{s}。$$

学习指导

明渠均匀流是明渠流的特殊情况，它具备明渠流的一般特点，即具有自由水面，在重力作用下流动。对于均匀流，它还有以下特点：作用于水流的重力在水流方向的分力与水流的摩擦阻力相等，所以水流作匀速流动，即流速沿程不变，同时它又是等深流，即水深沿程不变。由于均匀流中流线为相互平行的直线，所以水流的水力坡度、测压管坡度和渠道底坡相等，反映在水流的纵剖面图上，则总水头线、水面线和渠道底彼此平行。

明渠均匀流只能产生在粗糙系数及渠道底坡沿程没有改变的，在渠道上没有构筑物的棱柱形正坡渠段上，而且其流量不随时间和空间变化。若其中任意一个条件被破坏，均匀流状况随之也被失去。工程上存在明渠均匀流的情况较少，但考虑到其水力计算方法简便，所以相当多的明渠问题都按均匀流计算。

明渠均匀流水力计算的基本公式是谢才公式，明渠均匀流的水力计算基本上分成几何形断面（如矩形、梯形等）渠道和圆形断面渠道两大类型。

几何形断面渠道的水力计算中，若涉及到设计渠道断面，就要确定 b 和 h 两个未知数，为此必须要补充一个条件。本章介绍了三种途径：

1. 由施工或使用等方面的要求，在 b 或 h 中先确定一个。
2. 按最大允许不冲流速 v_{max} 或按最小允许不淤流速 v_{min} 作为渠道中的流速。
3. 由水力最优断面条件，选用一个合适的宽深比 $\beta = b/h$。

上述除采用第二种方法计算，其他情况下还须对计算出的流速进行演算，以确保流速小于最大允许不冲流速 v_{max} 和大于最小允许不淤流速 v_{min}。

当渠道的粗糙系数 n，底坡 i 一定时，对于一定的面积 A，能通过最大流量的断面形状，称为水力最优断面。为此要求 R 最大或 χ 最小，由此概念可得出最优宽深比的计算公式。但所谓水力最优断面仅是从水力学角度考虑而言，从使用、施工以及造价等方面来说，未必最优。渠道设计是一项技术、经济综合比较的结果，不能单纯地靠水力计算来决定，在水力计算的同时，要多方面地考虑一些工程实际因素，如渠道边坡系数和粗糙系数是由土质条件决定的，设计渠道底坡时，应尽量与当地地形吻合，使土方工程最经济。

无压圆管中的流动，由于也具有自由液面，所以也按明渠流计算。由于其水力要素都是充满角的函数，直接计算往往比较麻烦。所以可采用图或表来进行计算。

复习思考题

7-1　为什么明渠均匀流必然是等速流又是等深流？在哪些边界条件下，才能形成明渠均匀流？

7-2　怎样从能量的观点来说明明渠均匀流是等速流又是等深流，因此它的总水头线、水面线和渠底线一定是互相平行的？

7-3　为什么在逆坡、平坡渠道上不可能形成均匀流？而在正坡的棱柱形渠道上（Q,n 和 i 不变），水流总是趋于形成均匀流？水流在底坡有变化的正坡渠道上会产生什么结果？

7-4　为什么流量随时间或随地点变化就不能形成均匀流？为什么 n 沿流变化也不能形成均匀流？

7-5　在一条能形成均匀流的渠坡上，通过的流量一定。为防止冲刷，欲减小流速，问有哪些措施？

7-6　在下列情况的两段渠道上（均形成均匀流），比较正常水深 h_{01} 和 h_{02} 的大小；

(1) $Q_1=Q_2$，$n_1=n_2$，$i_1>i_2$，$m_1=m_2$，$b_1=b_2$；

(2) $Q_1=Q_2$，$n_1>n_2$，$i_1=i_2$，$m_1=m_2$，$b_1=b_2$；

(3) $Q_1>Q_2$，$n_1=n_2$，$i_1=i_2$，$m_1=m_2$，$b_1=b_2$；

(4) $Q_1=Q_2$，$n_1=n_2$，$i_1>i_2$，$m_1=m_2$，$b_1>b_2$。

7-7　水力最优断面是根据怎么的概念引伸出来的？

7-8　有三条矩形渠道，其 A,n 和 i 均相同，但 b 和 h_0 各不相同；已知 $b_1=4\text{m}$,$h_{01}=1.5\text{m}$;$b_2=2\text{m}$，$h_{02}=3\text{m}$;$b_3=3.0\text{m}$,$h_{03}=2.0\text{m}$。试比较这三条渠道流量的大小。

习　题

一、选择题

7-1　明渠均匀流只能出现在________。

(a) 平坡棱柱形渠道　　(b) 顺坡棱柱形渠道

(c) 逆坡棱柱形渠道　　(d) 天然河道

7-2　矩形水力最优断面的宽深比 b/h 是________。

(a) 0.5　　(b) 1.0　　(c) 2.0　　(d) 4.0

7-3　流量一定，渠道断面的形状、尺寸和粗糙系数一定时，随底坡的减少，正常水深将________。

(a) 不变　　(b) 减少　　(c) 增大　　(d) 不定

7-4　水力最优断面是面积一定时，________。

(a) 粗糙系数最小的断面　　(b) 水深最小的断面

(c) 水面宽度最小的断面　　(d) 湿周最小的断面

7-5　坡度、边壁材料相同的渠道，当过水断面的面积相等时，明渠均匀流过水断面的平均流速在哪种渠道中最大，________。

(a) 半圆形渠道　　(b) 梯形渠道

(c) 矩形渠道　　(d) 三角形渠道

7-6　水力最优的矩形明渠均匀流的水深增大一倍，渠宽减小一倍，其他条件不变，渠道中的流量将________。

(a) 不变　　(b) 减少　　(c) 增大　　(d) 不定

7-7　在无压圆管均匀流中，如其他条件不变，正确的结论是__________。

(a) 流量随充满度增大而增大　　(b) 流速随充满度增大而增大

(c) 流量随水力坡度增大而增大　　(d) 三种说法都对

二、计算题

7-1　矩形木槽宽度 $b=0.8\text{m}$,$h=0.6\text{m}$，通过流量 $Q=1.5\text{m}^3/\text{s}$，木槽的谢才系数 $C=62.1\text{m}^{\frac{1}{2}}/\text{s}$。试计算其流速及底坡。

7-2 矩形渠道通过流量 $Q=1.50\text{m}^3/\text{s}$，$i=0.005$，水深 $h=0.6\text{m}$，谢才系数 $C=50\text{m}^{\frac{1}{2}}/\text{s}$。试设计渠道底宽 b。

7-3 设计流量 $Q=10\text{m}^3/\text{s}$ 的矩形渠道，$i=0.0001$，采用一般混凝土护面（$n=0.014$）。试按水力最佳断面设计渠宽 b 和水深 h。

7-4 已知流量 $Q=3\text{m}^3/\text{s}$，$i=0.002$，$m=1.5$，$n=0.025$。试按水力最佳断面设计梯形渠道断面尺寸。

7-5 拟建矩形渠道，水在其中作均匀流动，$Q=1\text{m}^3/\text{s}$，$i=0.0021$，$n=0.030$，最大允许不冲流速 $v_{max}=0.8\text{m/s}$。试根据 v_{max} 设计断面尺寸。

7-6 一梯形渠道，$Q=1\text{m}^3/\text{s}$，$h=1.5\text{m}$，$b=10\text{m}$，$m=1.5$，$i=0.0005$。试求粗糙系数 n 及流速 v。

7-7 表面较粗糙的混凝土（$n=0.013$）沟管的直径为 700mm，底坡 $i=0.02$，求水深 $h=0.28\text{m}$ 时的泄水量和平均流速。

7-8 直径为 0.8m 的表面较粗糙混凝土排水管（$n=0.013$），底坡为 0.015。试问当管中充满度（h/d）从 0.3 增加到 0.6 时，通过该管中的流量增加了多少？

7-9 直径为 1.25m 的无压排水管，管壁为表面较糙的混凝土（$n=0.013$），底坡 $i=0.008$。求通过流量 $Q=2.25\text{m}^3/\text{s}$ 时的管内水深。

8 明渠非均匀流

[**内容提要**] 本章主要介绍非均匀流动，其水深和流速均有变化，分别有渐变流和急变流两种情况。在渠道中存在缓流、临界流和急流3种流态，分析并判别。在急变流中详细介绍了水跃的现象、产生条件、共轭水深、水跃长度以及水跃损失的计算。对渐变流，利用基本微分方程对5种底坡中可能出现的12种水面曲线进行分析，并对底坡发生变化后的非均匀流水面曲线的连接进行了定性分析和定量计算。

前面一章讨论的是明渠流的均匀流动，人工渠道和天然河道中的均匀流动，如果受到某种因素的变化，如渠道底坡的变化、过水断面的几何形状或尺寸改变、壁面粗糙程度的变化，或在明渠中修建人工构筑物（闸门、桥梁、坝、堰、涵洞等），都将会变成非均匀流动。

明渠非均匀流动的特点是流线已不再是相互平行的直线，同一条流线上各点的流速（包括大小和方向）不同，明渠的底坡线、水面线、总水头线彼此互不平行，如图8-1所示。

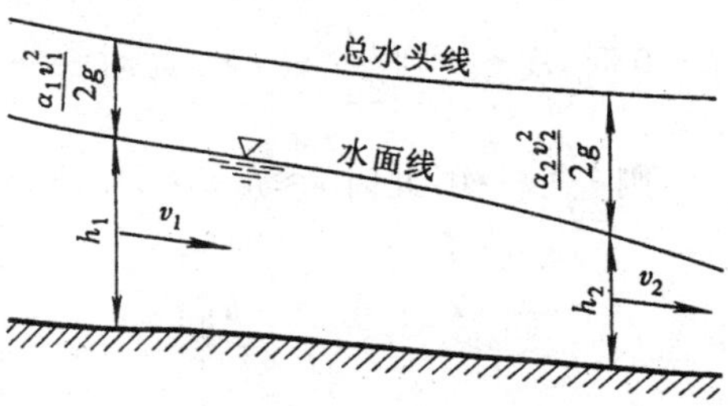

图8-1 明渠的非均匀流动

在明渠非均匀流中，可以分为明渠非均匀渐变流和明渠非均匀急变流两种。

本章主要研究在恒定流的情况下，明渠非均匀渐变流中水面曲线沿流变化的规律极其计算方法，以便计算由于非均匀流的存在而引起的上、下游水位的变化幅度及范围。例如，在桥梁勘测设计时，为了预计建桥后桥墩对河流水位的影响，便要计算出桥址附近的水位标高；在河流上筑坝取水，为了确定由于水位抬高所造成的水库淹没范围，也需进行水面曲线的计算；另外，考虑到渠道建设时的成本节约，按照地形的变化把底坡设计成变坡渠道，那么在变坡处的水面曲线也应该进行核算，以确定该地区的渠深变化。因此，确定明渠水面曲线形式极其位置，在工程实践中具有十分重要的意义。

8.1 断面比能和临界状态

一、断面比能

对于明渠渐变流的任一过水断面，单位重量液体对基准面0—0的总机械能E（见图8-2）为

$$E=z_A+\frac{p_A}{\gamma}+\frac{\alpha v^2}{2g}=z+h+\frac{\alpha v^2}{2g} \tag{8-1}$$

式中 z——过流断面最低点到基准面0—0的铅垂距离；

h——过流断面的最大水深。

由于z的大小取决于基准面的位置，所以如果把基准面0—0移至过流断面的最低点0′—

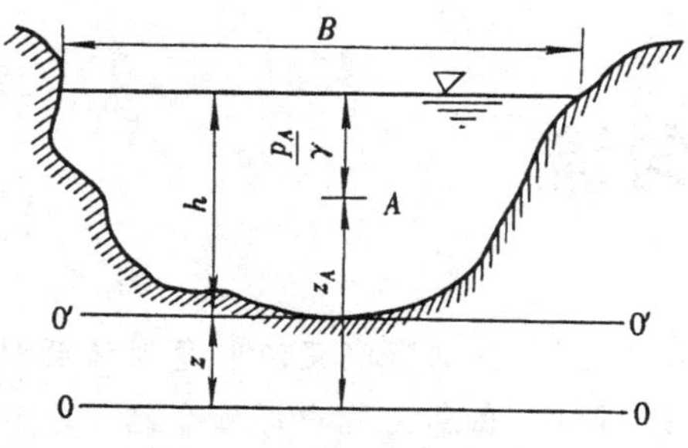

图 8-2 明渠渐变流横断面

0′位置，则单位重量液体的机械能为

$$e=h+\frac{\alpha v^2}{2g}=h+\frac{\alpha Q^2}{2gA^2} \tag{8-2}$$

式中，e 为断面单位能量或断面比能。

在均匀流中，水深 h 及流速 v 均沿程不变，因而断面比能 e 沿程不变；而在非均匀流中，水深 h 及流速 v 均沿程改变，且有可能增大也有可能减小。但是，不管在均匀流还是在非均匀流中，单位重量液体的机械能 E 则总是沿程减少的，即 $\frac{dE}{ds}<0$。因此，断面比能 e 和单位重量液体的机械能 E 是两个有区别的不同概念。

在渠道通过的流量固定不变、断面形状和尺寸确定的棱柱形断面的情况下，断面比能是水深的连续函数，即 $e=f(h)$。如果把断面比能 e 随水深 h 的变化情况用曲线来表示（图 8-3），则此曲线称为断面比能曲线。从式(8-2)中可以看出，在断面形状和尺寸以及流量不变时，当 $h\to 0$ 时，$A\to 0$，则 $\frac{\alpha Q^2}{2gA^2}\to\infty$，此时，$e\to\infty$，比能曲线以 e 坐标轴为渐近线；而当 $h\to\infty$ 时，$A\to\infty$，则 $\frac{\alpha Q^2}{2gA^2}\to 0$，此时 $e\approx h\to\infty$，比能函数曲线以 45°线为渐近线。

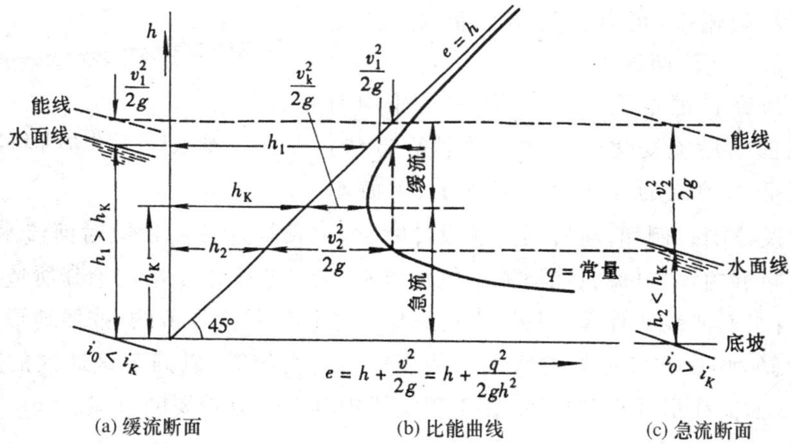

图 8-3 断面比能示意图

由于 $e=f(h)$ 是连续函数，所以水深从零至无穷大之间，对应于某个水深，比能函数必有极小值存在。

从图 8-3 中也可看出，曲线 $e=f(h)$ 具有两条渐近线和一个极小值。函数的极小值将曲线分成上、下两支。在曲线的上支，随着水深 h 的增加，断面比能 e 也随之增加，$\frac{de}{dh}>0$；对于曲线的下支，断面比能 e 则随着水深 h 的增加反而减少，即 $\frac{de}{dh}<0$。相对应于最小断面比能 e_{min} 的水深，把它称为临界水深，用 h_K 表示。

二、临界水深

临界水深是指断面形式和流量给定的条件下，相应于断面比能为最小时的水深。临界水

深 h_K 的计算公式可根据上述定义，将式(8-2)对水深 h 求导取极值得到。

$$\frac{de}{dh}=\frac{d}{dh}\left(h+\frac{\alpha Q^2}{2gA^2}\right)=1-\frac{\alpha Q^2}{gA^3}\frac{dA}{dh}=0$$

由于$\frac{dA}{dh}=B$(图 8-4)，代入上式得

$$\frac{de}{dh}=1-\frac{\alpha Q^2 B}{gA^3}=0 \tag{8-3}$$

上式即为临界状态时的求水深公式，即求临界水深 h_K 的公式，它还可写成

$$\frac{\alpha Q^2}{g}=\frac{A_K^3}{B_K} \tag{8-4}$$

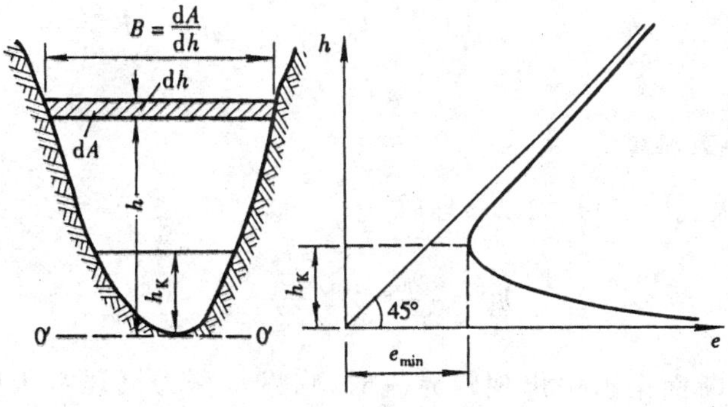

图 8-4　临界水深 h_K 的求解示意图

式(8-4)是计算临界水深 h_K 的普遍式，对于断面尺寸给定的任意形状的渠道，在通过一定流量时，可应用此式求其临界水深 h_K。式中 B,A 都是 h_K 的函数。通常情况下，把已知条件代入，直接求解高次方程比较困难。所以常采用试算法。

对于给定的断面，设不同的 h 值，依次计算出对应的 A,B 和$\frac{A^3}{B}$值。以$\frac{A^3}{B}$为横坐标，以 h 为纵坐标作图 8-5。图中对应于$\frac{A^3}{B}$恰等于$\frac{\alpha Q^2}{g}$的水深便是 h_K。

【例 8-1】 底宽 $b=10$m，边坡系数 $m=1.0$ 的梯形渠道，已知流量 $Q=40\text{m}^3/\text{s}$，求临界水深 h_K(取 $\alpha=1.1$)。

【解】 按上述方法作图进行计算，计算过程见下表。

h	$B=b+2mh$	$A=h(b+mh)$	A^3/B
0.25	10.5	2.563	1.60
0.50	11.0	5.25	13.16
0.75	11.5	8.06	45.58
1.0	12.0	11.0	110.92
1.5	13.0	17.25	394.84
2.0	14.0	24.0	987.43
3.0	16.0	39.0	3707.44
4.0	18.0	56.0	9756.44

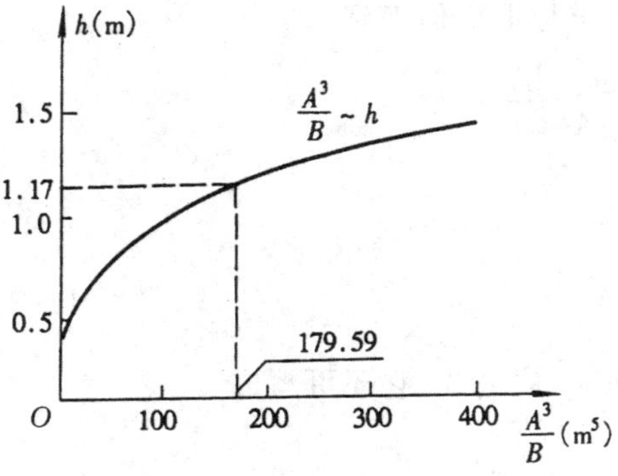

图 8-5　试算法求 h_K 的 $\frac{A^3}{B} \sim h$ 关系图

根据上表作出 $h \sim \frac{A^3}{B}$ 的曲线，见图 8-5。

由于 $\frac{\alpha Q^2}{g} = \frac{1.1 \times 40^2}{9.8} = 179.59$，所在横坐标 $\frac{A^3}{B}$ 轴上截去 179.59，与曲线相交，得到 $h_K = 1.17\text{m}$。

对于矩形断面临界水深的求解，可直接由公式解得。由于矩形断面中，$A = bh$，$b = B$，代入式(8-4)，

$$\frac{\alpha Q^2}{g} = \frac{(bh_K)^3}{b} = b^2 h_k^3$$

则

$$h_K = \sqrt[3]{\frac{\alpha Q^2}{gb^2}} = \sqrt[3]{\frac{\alpha q^2}{g}} \tag{8-5}$$

式中，$q = \frac{Q}{b}$ 称为单宽流量。

由于 $q = v_K h_K$，代入式(8-5)并加以整理后得

$$h_K = \frac{\alpha v_K^2}{g} = 2 \times \frac{\alpha v_K^2}{2g} \tag{8-6}$$

上式说明，当矩形断面渠道中出现临界流时，临界水深为流速水头的两倍。若将公式(8-6)代入式(8-2)，可得矩形断面渠道临界水深与临界流时断面比能的关系为

$$e = h_K + \frac{\alpha v_K^2}{2g} = \frac{3}{2} h_K \tag{8-7}$$

式(8-6)还可写成 $v_K = \sqrt{gh_K}$，其中，令 $\alpha = 1.0$。

三、临界坡度

在棱柱形渠道中，断面形状、尺寸和流量一定时，若水流的正常水深 h_0(即为作均匀流动时的水深)恰好等于临界水深 h_K 时，则此渠道坡度称为临界坡度，用 i_K 表示。临界坡度 i_K 的计算公式可从均匀流基本公式 $Q = A_K C_K \sqrt{R_K i_K}$ 及临界水深的普遍式 $\frac{\alpha Q^2}{g} = \frac{A_K^3}{B_K}$ 的连解中求得：

$$i_K = \frac{Q^2}{A_K^2 C_K^2 R_K} = \frac{g}{\alpha C_K^2} \frac{\chi_K}{B_K} \tag{8-8}$$

由式(8-8)看出，临界底坡 i_K 与断面形状、尺寸、流量、粗糙系数有关，而与渠道的底坡无关。当渠道中流量发生改变时，临界底坡 i_K 也随之发生改变。在正坡渠道中，如果实际的渠道底坡小于某一流量下的临界坡度，即 $i < i_K$，则此时的 $h_0 > h_K$(相对应于 i 与 i_K 作均匀流动时的水深，称为正常水深，分别用 h_0 与 h_K 表示)，这种渠道底坡称为缓坡；如果 $i = i_K$(则 $h_0 = h_K$)，这种渠道底坡称为临界坡；如果 $i > i_K$(则 $h_0 < h_K$)，那么就称为陡坡。

必须指出，上述对渠道底坡的缓坡、临界坡和陡坡之分，是对应于一定的流量来定的。由于前面已经提到，临界底坡 i_K 随渠道内的流量变化而变化，所以，当渠道内流量发生变化时，相应的 i_K 和 h_K 都会变化，这可能会使得 i 与 i_K 的相互关系发生变化。从而，对该渠道的缓、陡坡之分也可能随之改变。

【例 8-2】 底宽 $b=5\text{m}$ 的矩形渠道，通过流量 $Q=40\text{m}^3/\text{s}$。当此渠道作均匀流时，正常水深 $h_0=2\text{m}$，粗糙系数 $n=0.025$，试分别用 h_K 和 i_K 判别该渠道属何种底坡。

【解】 (1) 用 h_K 判别，采用式(8-5)计算 h_K

$$h_K=\sqrt[3]{\frac{\alpha Q^2}{gb^2}}=\sqrt[3]{\frac{40^2}{9.8\times5^2}}=1.87\text{m}$$

因为 $h_0=2\text{m}>h_K=1.87\text{m}$，故此渠道底坡为缓坡。

(2) 用 i_K 判别

由于 $h_K=1.87\text{m}$，所以有

$$A_K=1.87\times5=9.35\text{m}^2$$

$$\chi_K=5+2\times1.87=8.74\text{m}$$

$$R_K=\frac{9.35}{8.74}=1.07\text{m}$$

$$C_K=\frac{1}{n}R_K^{1/6}=\frac{1}{0.025}\times1.07^{1/6}=40.45\text{m}^{1/2}/\text{s}$$

代入式(8-8)得

$$i_K=\frac{9.8\times8.74}{1\times40.45^2\times5}=0.0104$$

再根据已知的 Q,n,b 和 h_0 求 i：

$$A=5\times2=10\text{m}^2$$

$$\chi=5+2\times2=9\text{m}$$

$$R=\frac{10}{9}=1.11\text{m}$$

$$i=\left(\frac{nQ}{AR^{2/3}}\right)^2=\left(\frac{0.025\times40}{10\times1.11^{2/3}}\right)^2=0.00869<0.0104$$

因为 $i<i_K$，故渠道底坡为缓坡。

8.2 明渠流的流动型态及其判别准则

明渠水流在临界状态时的水深称为临界水深，相对应的流速则称为临界流速，用 v_K 表示。此时的水流状态称为临界流。当渠道中实际流速小于临界流速时，此流动型态称为缓流；若实际流速大于临界流速时，则称为急流。

为了说明明渠水流的 3 种流动型态，可以进行一个简单的水流现象的观察试验。若在静止的渠道水中丢下一块石块，此时水面将产生一个微小的波动，这个波动以石块的着落点为中心，以一定的波速 c(可以证明，这个微波传播速度正好等于临界流速，证明略)向四周传播。如果渠道中的流速 v 小于波速 c，波将以绝对速度 $v'=v-c$ 向上游传播，同时又以绝对速度 $v'=v+c$ 次下游传播，具有这种特征的水流称为缓流。当渠道中的流速 v 等于或大于波速时，波只能以绝对速度 $v'=v+c$ 向下游传播，而对上游水流不发生任何影响。把渠道中流速与波速相等的水流称为临界流。而把渠道中流速大于波速的水流称为急流。图 8-6(a)、(b)、(c)、 (d)分别表示微波在静止水流、缓流、临界流、急流中的传播情况。

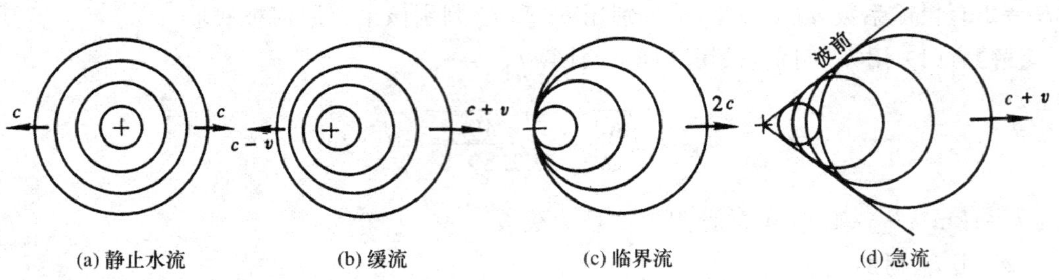

图 8-6　微波在各流态中的传播

所以，当 $v<v_K$，水流为缓流；

$v=v_K$，水流为临界流；

$v>v_K$，水流为急流。

从图 8-3 中可以看出，临界水深把比能函数曲线分成上、下支。

上支：$h>h_K$，为缓流。此时，$\frac{de}{dh}>0$，说明断面比能 e 随着水深 h 的增加而增加，e 是增函数。

下支：$h<h_K$，为急流。此时，$\frac{de}{dh}<0$，说明断面比能 e 随着水深 h 的增加而减少，e 是减函数。

至于极值点，$h=h_K$，为临界流。此时，$\frac{de}{dh}=0$，说明断面比能 e 的变化在此处分界。

与在管流中用 Re 数判别层流和紊流相仿，在明渠流中也引入一个简便的判别准则佛汝德数 Fr(Froude number)，利用它来判别渠道中的水流型态。

把式(8-3)中的$\frac{\alpha Q^2 B}{gA^3}$用 Fr 替代，则

$$\frac{de}{dh}=1-\frac{\alpha Q^2 B}{gA^3}=1-\text{Fr} \tag{8-9}$$

如令$\frac{A}{B}=\bar{h}$，$\bar{h}$ 表示过水断面的平均水深，则佛汝得数可以写成

$$\text{Fr}=\frac{\alpha Q^2 B}{gA^3}=\frac{\alpha Q^2}{gA^3\bar{h}}=\frac{\alpha v^2}{g\bar{h}}=2\times\frac{\frac{\alpha v^2}{2g}}{\bar{h}} \tag{8-10}$$

可见佛汝德数 Fr 是断面单位动能对平均势能比值的 2 倍。说明水流中单位动能(v)愈大，Fr 就愈大。根据不同水流状态时断面比能随水深的变化不同，代入式(8-9)后可得：

Fr<1 时，为缓流；

Fr=1 时，为临界流；

Fr>1 时，为急流。

对于矩形断面，$A=bh$，所以佛汝得数 $\text{Fr}=\frac{v^2}{gh}$，其中，α 取 1.0。

【例 8-3】 底宽 $b=5$m 的长直矩形断面渠道，通过流量 $Q=40\text{m}^3/\text{s}$，若渠道内某断面水深

$h=2\text{m}$。试用各种方法判别水流流态。

【解】 (1) 采用临界水深来判别

$$h_K=\sqrt[3]{\frac{\alpha Q^2}{gb^2}}=\sqrt[3]{\frac{1\times 40^2}{9.8\times 5^2}}=1.87\text{m}$$

因 $h=2\text{m}>h_K$，故水流属缓流。

(2) 采用佛汝德数判别

$$\text{Fr}=\frac{\alpha v^2}{gh}=\frac{1.0\times 4^2}{9.8\times 2}=0.816$$

其中，

$$v=\frac{Q}{A}=\frac{40}{2\times 5}=4\text{m/s}$$

$\text{Fr}<1.0$，水流为缓流。

3. 采用临界速度判别

$$v_K=\sqrt{gh_K}=\sqrt{9.8\times 1.87}=4.28\text{m/s}$$

而实际流速 $v=4\text{m/s}<v_K=4.28\text{m/s}$，水流为缓流。

4. 除了上述几种方法外，还可绘制 $e\sim h$ 曲线(本例略)，看 $h=2\text{m}$ 的点是否位于曲线的上半支，若是，则为缓流。

8.3 明渠非均匀急变流

凡是明渠流水深的变化局限在一个流区(即分别在缓流范围或急流范围)内，水流属同一流态，这种水流称为渐变流。若明渠流水深变化很大，且超出同一流区(即从缓流变化至急流或从急流变化至缓流)，这种水流称为急变流。

急变流内水深和流速都发生急剧变化，水面曲线弯曲程度大，过水断面内的压强分布不再符合静水压强分布规律。

因为引起流动急剧变化的渠道边界条件的不同，这种非均匀急变流可能是由缓流突变为急流，也可能是由急流突变为缓流。通常前者称为跌水，后者则称为水跃。不管是跌水还是水跃，都要穿过临界水深。

一、跌水

处于缓流状态的水流，由于渠底突然变陡，或者由于下游渠道断面突然变宽，因而导致水面急剧下降，水深减少变成急流，如图 8-7 所示。这种水流状态称为跌水。

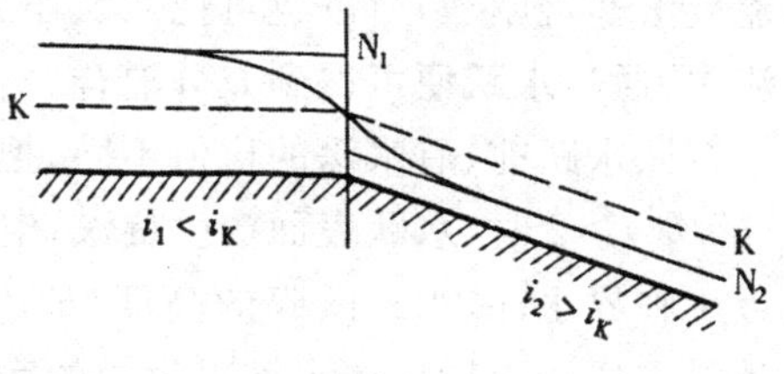

图 8-7　跌水现象

图 8-7 所示为一渠底突变处附近的跌水现象。该渠道由 i_1 和 i_2 两底坡的渠段组成，上游段 $i_1<i_K$，故渠中水流作均匀流时为缓流；下游段 $i_2>i_K$，故渠中水流作均匀流时为急流。在渠道底坡转折处附近，水流的均匀流条件被破坏，水流由缓流变为急流。坡度转折处断面的水深 $h\approx h_K$，一般就取该断面的水深为临界水深 h_K。

二、水跃

水跃是明渠水流从急流过渡到缓流时(穿过临界水深 h_K)水面骤然跃起的局部水力现象

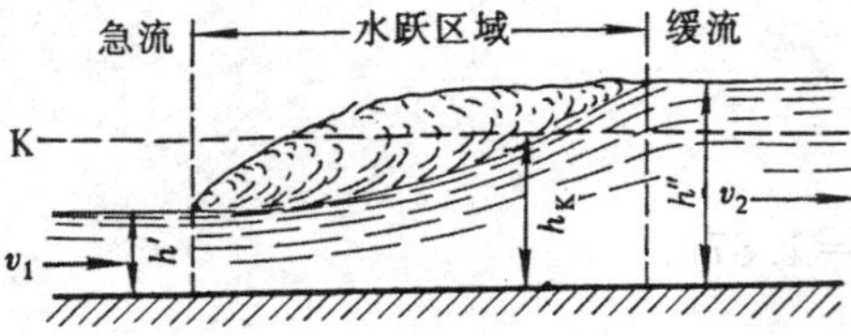

图 8-8　水跃现象

(图 8-8)。在陡坡渠道与缓坡渠道的连接处、闸、坝以及陡槽等泄水建筑物的下游,一般均有可能产生水跃。

水跃的上部常伴有一个作剧烈回旋运动的表面旋滚。旋滚中饱掺着大量的气泡,旋滚的下部为急剧扩散的主流(图 8-8)。

下泄的急流是否有可能不经过水跃,而缓慢地、逐渐增大水深,使由 $h<h_K$ 的急流,平缓地穿过临界水深 h_K 而变为 $h>h_K$ 的缓流呢?

下面以在平坡渠道为例说明上述问题。在平坡渠道中,水深 $h>h_K$,如图 8-9 所示,如果从上游渠段流到下游渠段的水流是以平缓过渡的话,其水面曲线应为图 8-9 中的虚线所示。

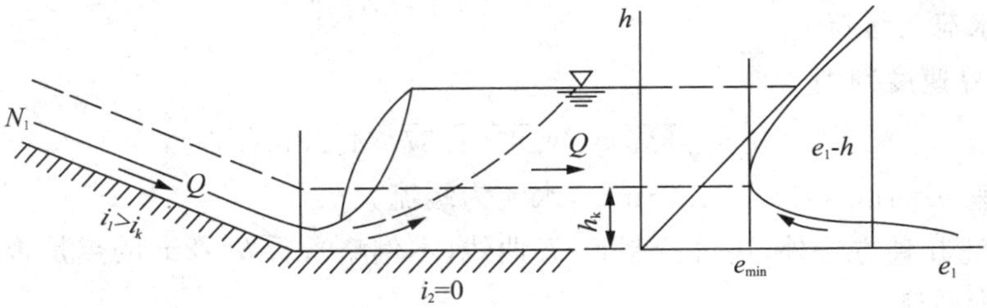

图 8-9　陡坡与平坡连接处的水跃

而实际上,对于急流,$\frac{de}{dh}<0$(比能曲线的下半支),水深若沿流增大,其水流的断面比能 e 将会沿流减少(见图 8-9 中的比能曲线)。当其水深持续增大到临界水深时,已等于最小值 e_{min},如果水深再继续增加,就会进入缓流,此时$\frac{de}{dh}>0$,随着水深 h 的增加,势必要求断面比能 e 也要沿流增加,但是在平坡渠道($i=0$)上,由于断面比能 e 即为单位机械能 E,E 沿流不可能增加,所以 e 也不可能增加。因此这个急流逐渐过渡到缓流的假设是不可能成立的。水深在接近临界水深时,只有水面突然跃起,造成水跃。

水流从急流到缓流,非但流态发生了变化,水流的内部结构也发生了剧烈的变化,这种变化消耗了水流中大量的能量,根据以往的研究表明,所损耗的能量有时可达水跃前断面能量的 60%～70%。因此在实际工程中,水跃常作为重要的消能手段。人们通过人工措施促成水跃在指定范围内发生,消除余能以减少下泄水流对下游渠底、河床的冲刷。由于水跃的主流区内水流旋滚非常剧烈,所以也可把水跃作为搅拌用的一种有效方法,例如把混凝剂投入水跃前的急流中,通过水跃便可得到充分混合。

按照水跃前、后水深的比值不同,把水跃分成两种形式。当跃后水深 h'' 和跃前水深 h' 之比(h''/h')>2 时,水跃表面产生旋滚,空气大量掺入,称为完整水跃。而当 $h''/h'\leqslant 2$,跃前水深接近于临界水深,水跃跃起的高度($h''-h'$)不大,水跃成一系列起伏的波浪,称为波状水跃。本教材主要讨论棱柱体平坡渠道中的完整水跃。

关于水跃的研究,主要就以下几方面进行讨论:

1. 跃前水深和跃后水深(即水跃的共轭水深)的关系;
2. 水跃段长度;
3. 水跃发生时的能量损失;
4. 水跃发生的位置。

8.4 棱柱体平坡渠道上的完整水跃

一、水跃基本方程

取一段平底的棱柱形断面的渠道，渠上通过流量为 Q，设 h'，h''分别为水跃前、后水深，v_1，v_2 分别为对应此两断面的断面平均流速，如图 8-10 所示。

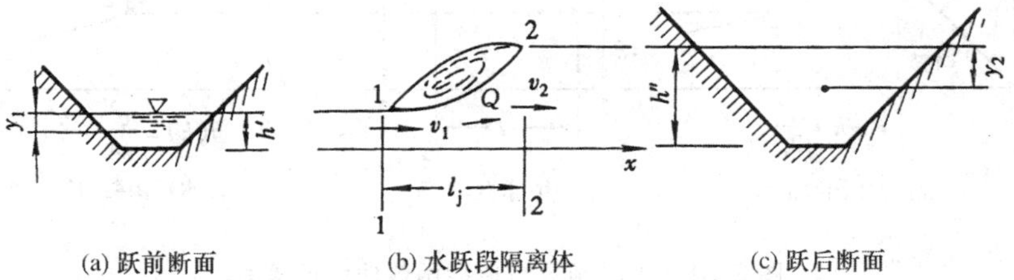

图 8-10　水跃基本方程推导示意图

在推导水跃方程时，由于事先不知道但数量却相当可观的水跃中的能量损失，所以用能量方程来分析跃前和跃后的水流以求出水跃共轭水深的相互关系，是不现实的。故应用不需考虑水流能量损失的动量方程来进行推导。在推导过程中，根据水跃发生的实际情况，作以下假设：

1. 水跃段距离很短，渠床的摩擦阻力忽略不计；

2. 跃前、跃后的断面符合渐变流条件，因此断面上的动水压强分布可按静水压强分布规律计算；

3. 跃前、跃后断面的动量修正系数相等，即 $\beta_1=\beta_2=\beta$。

取由跃前、跃后断面 1—1，2—2 和水跃与渠道及大气的接触面为控制面所包围的水体为隔离体，对水流水平方向列总流的动量方程

$$P_1-P_2=\beta\rho Q(v_2-v_1)$$

式中，$P_1=\gamma y_{c1}A_1$，$P_2=\gamma y_{c2}A_2$，其中 y_{c1}，y_{c2} 分别为断面 1—1，2—2 形心点在水面下的水深；又 $v_1=\dfrac{Q}{A_1}$，$v_2=\dfrac{Q}{A_2}$。将上述关系代入上式，经整理后得：

$$\frac{\beta Q^2}{gA_1}+y_{c1}A_1=\frac{\beta Q^2}{gA_2}+y_{c2}A_2=\theta(h) \tag{8-11}$$

上式即为水平底面棱柱形渠道中恒定水流的水跃方程式。式中 $\theta(h)$ 称为水跃函数，可见跃前、跃后的水跃函数是常量。式(8-11)也可写成

$$\theta(h')=\theta(h'')$$

水跃跃前水深 h' 和水跃跃后水深 h'' 称为共轭水深，应用式(8-11)可由一个水深求出另一个水深。

二、水跃函数的图形

水跃函数 $\theta(h)$ 是水深 h 的连续函数。对于给定的任何断面的棱柱形渠道在给定的流量时，可应用式(8-11)绘制水跃函数和水深关系曲线，如图 8-11 所示。

当 $h\to 0$，$A\to 0$，则 $\theta(h)\to\infty$；

当 $h\to\infty$，$A\to\infty$，则 $\theta(h)\to\infty$。

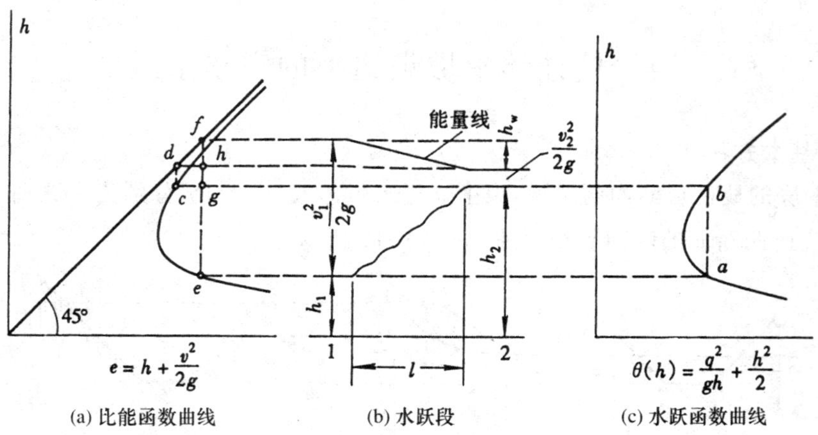

图 8-11　水跃函数与比能函数曲线的关系

可见 $\theta(h)\sim h$ 存在一个极小值 $\theta_{\min}$。类似于求比能函数极小值的求法，对水深进行求导，并使之等于零，

$$\frac{\mathrm{d}\theta}{\mathrm{d}h}=\frac{\mathrm{d}}{\mathrm{d}h}\left(yA+\frac{\alpha Q^2}{gA}\right)=0$$

$$1-\frac{\alpha Q^2}{gA^3}B=0$$

该式与式(8-3)相同，说明相应于水跃函数最小时的水深恰好等于相同情况下水流的临界水深 h_K，即 $\theta(h)=\theta_{\min}$ 时，$h=h_K$。

由于存在 $\theta(h')=\theta(h'')$ 的关系，所以在 $\theta(h)\sim h$ 曲线上，对任意一个 $\theta(h)$ 值，可确定一对共轭水深 h' 和 h''。如图 8-11(c) 中的 a、b 点，a 和 b 之间的距离就是水跃的高度。

若把水跃函数曲线 $\theta(h)\sim h$ 和比能函数曲线 $e(h)\sim h$ 放在一起(图 8-11)，就可以在比能函数曲线上找到相应于跃前水深 h' 和跃后水深 h'' 的断面比能，它们分别位于图 8-11(b) 中 f 点和 d 点，所以水跃的能量损失应为 fh 间的距离。

三、共轭水深的计算

共轭水深的计算是水跃计算的基本内容。除了可从水跃函数曲线 $\theta(h)\sim h$ 中得到水跃的共轭水深 h' 和 h'' 外，还可以通过解析方法求得。

对于矩形断面的棱柱形渠道，有 $A=bh$，$y=\frac{h}{2}$，$q=\frac{Q}{b}$，以及 $h_K=\frac{\alpha q^2}{g}$，以及 $\alpha=\beta=1.0$，代入式(8-11)后，可写成：

$$\frac{\alpha b^2 q^2}{gbh'}+\frac{h'}{2}bh'=\frac{\alpha b^2 q^2}{gbh''}+\frac{h''}{2}bh'',$$

$$h'^2h''+h'h''^2-2h_K^3=0$$

运用一元两次方程的求解公式，可分别得到水跃前、后的共轭水深为

$$\left.\begin{aligned}h'&=\frac{h''}{2}\left[\sqrt{1+8\left(\frac{h_K}{h''}\right)^3}-1\right]\\h''&=\frac{h'}{2}\left[\sqrt{1+8\left(\frac{h_K}{h'}\right)^3}-1\right]\end{aligned}\right\}\qquad(8\text{-}12)$$

其中，$\left(\frac{h_K}{h'}\right)^3=\frac{\alpha q^2}{g}\frac{1}{h'^3}=\frac{\alpha v_1^2}{gh'}=Fr_1$，代入上式，得到

$$h'=\frac{h''}{2}(\sqrt{1+8Fr_2}-1)$$
$$h''=\frac{h'}{2}(\sqrt{1+8Fr_1}-1) \tag{8-13}$$

【例 8-4】 单宽流量 $q=12m^3/(s\cdot m)$的矩形渠道中产生了水跃，已知跃前断面的流速 $v_1=20m/s$，求跃后水深 h''。

【解】 $h'=12/20=0.6m$，代入式(8-13)，得

$$h''=\frac{0.6}{2}\left(\sqrt{1+8\times\frac{20^2}{9.8\times0.6}}-1\right)=6.7m$$

即此水跃把从 0.6m 的水深抬高到 6.7m。

四、水跃的能量损失和水跃长度

1. 水跃的能量损失

水跃现象不仅改变了水流的外形，也造成水流内部结构的激烈变化，即水流的掺气、旋滚。这种现象的结果是引起大量的能量损失。

一般认为在水跃段，水流的时均流速与时均压强的变化很大，特别是在其上、下两区(即旋滚区和主流区)的交界处流速梯度很大，脉动混掺强烈，液体质点不断交换，这是引起水跃能量损失的主要原因。此外流速分布在水跃段和跃后段的不断变化，主流区的迅速扩张，以及为维持表面漩涡，均会引起不同程度的能量损失。

经研究表明，由水跃造成的绝大部分的能量损失集中于水跃区域，也即集中在断面 1—2 间的水跃段上(图 8-12)，还有少部分能量损失发生在跃后段。因此通常认为水跃的能量损失按完全发生在水跃段来计算，即

$$h_w=e_1-e_2=\left(h'+\frac{\alpha v_1^2}{2g}\right)-\left(h''+\frac{\alpha v_2^2}{2g}\right) \tag{8-14}$$

或者，也可以采用下式进行计算：

$$h_w=\frac{(h''-h')^3}{4h'h''} \tag{8-15}$$

从式(8-15)中可看出，在给定的流量下，水跃高度愈大，即跃后水深与跃前水深的差值愈大，水跃中的能量损失也就愈大。

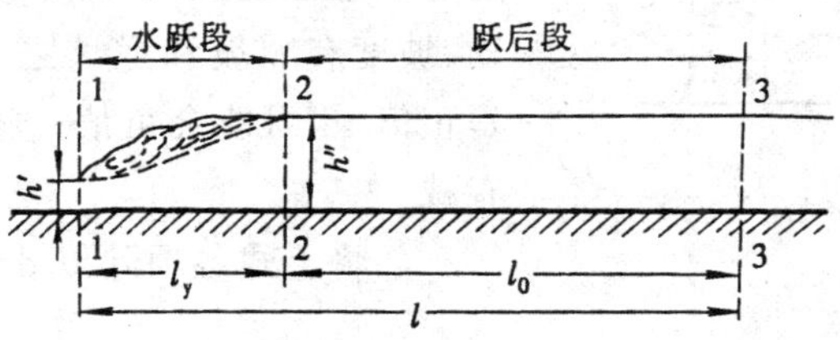

图 8-12　水跃长度

2. 水跃长度

水跃长度 l 应理解为水跃段长度 l_y 和跃后段长度 l_0(图 8-12)之和。即

$$l=l_y+l_0 \tag{8-16}$$

水跃长度决定着有关河、渠道应加固的长短，所以水跃长度的确定具有实际意义。但由于水跃运动的复杂，所以目前水跃长度仍只是根据经验公式计算。

(1) 水跃段长度

$$l_y=4.5h'' \tag{8-17}$$

或

$$l_y=\frac{1}{2}(4.5h''+5a) \tag{8-18}$$

式中 h''——跃后水深；

a——水跃高度，$a=h''-h'$。

(2) 跃后段长度

$$l_0=(2.5\sim3.0)l_y=(11.25\sim13.5)h'' \tag{8-19}$$

上述的经验公式，仅适用于平坡或坡度很小的矩形渠道，一般在工程上作为估算之用，若要获得精确值，应通过水流模型试验来确定。

8.5 明渠恒定非均匀渐变流的基本微分方程

在底坡为 i 的明渠恒定渐变流中(图 8-13)，沿水流方向任取一微小流段 $\mathrm{d}s$，设上游断面水深为 h，断面平均流速为 v，坡底高程为 z。由于渐变流中各种水力要素沿流程会改变，所以经过微小流段 $\mathrm{d}s$ 后的下游断面水深为 $h+\mathrm{d}h$，断面平均流速为 $v+\mathrm{d}v$，坡底高程为 $z+\mathrm{d}z$。由于是渐变流动，可对微小流段建立能量方程

$$z+h+\frac{\alpha v^2}{2g}=(z+\mathrm{d}z)+(h+\mathrm{d}h)+\frac{\alpha(v+\mathrm{d}v)^2}{2g}+\mathrm{d}h_w$$

式中，$\mathrm{d}h_w$ 为所取两断面间的水头损失，考虑到是渐变流，所局部水头损失可忽略不计。

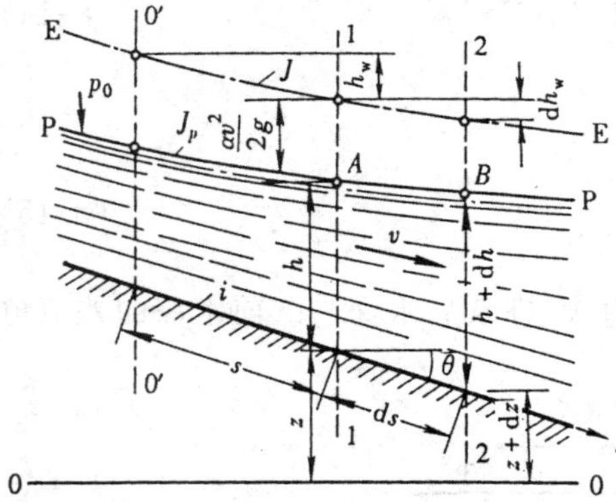

图 8-13 恒定非均匀渐变流

将上式展开并略去两阶微量，得

$$\mathrm{d}z+\mathrm{d}h+\mathrm{d}\left(\frac{\alpha v^2}{2g}\right)+\mathrm{d}h_f=0 \tag{8-20}$$

上式即为明渠恒定非均匀渐变流的基本微分方程。它说明水流水深的改变，等于单位动能、位能的改变与单位能量损失之和。克服阻力所损失的能量总是正值，但是非均匀流动有加速和减速运动、坡度有顺坡和逆坡之分，所以动能的改变可以是正值，也可能会负值。相对应的水深同样也有增有减。

如将上式各项除以 $\mathrm{d}s$，则得

$$\frac{\mathrm{d}z}{\mathrm{d}s}+\frac{\mathrm{d}h}{\mathrm{d}s}+\frac{\mathrm{d}}{\mathrm{d}s}\left(\frac{\alpha v^2}{2g}\right)+\frac{\mathrm{d}h_f}{\mathrm{d}s}=0 \tag{8-21}$$

分析渐变流水面曲线的变化，即分析水深沿流程的变化，实际上就是要从式(8-21)中求

出$\frac{dh}{ds}$。为此，把此式中的各项进行讨论。

(1) $\frac{dz}{ds}$

$\frac{dz}{ds}=-i$，而 i 为渠底坡度。因为 $i=\sin\theta=\frac{z_1-z_2}{ds}=-\frac{dz}{ds}$。

(2) $\frac{d}{ds}\left(\frac{\alpha v^2}{2g}\right)$

$$\frac{d}{ds}\left(\frac{\alpha v^2}{2g}\right)=\frac{d}{ds}\left(\frac{\alpha Q^2}{2gA^2}\right)=-\frac{\alpha Q^2}{gA^3}\frac{dA}{ds}=-\frac{\alpha Q^2}{gA^3}\left(\frac{\partial A}{\partial h}\frac{dh}{ds}+\frac{\partial A}{\partial s}\right)$$

$$=-\frac{\alpha Q^2}{gA^3}\frac{dh}{ds}B$$

式中，$\frac{\partial A}{\partial h}=B$。又对于棱柱形断面，$\frac{\partial A}{\partial s}=0$。

(3) $\frac{dh_f}{ds}$

$$\frac{dh_f}{ds}\approx J=\frac{Q^2}{K^2}=\frac{Q^2}{A^2C^2R}$$

这里，作了一个近似处理，即把微小流段内的非均匀渐变流的水头损失当作为均匀流的水头损失来计算。

再将上面各项的处理结果代入式(8-21)，得到

$$\frac{dh}{ds}=\frac{i-J}{1-\frac{\alpha Q^2}{gA^3}B} \tag{8-22}$$

由于 $J=\frac{Q^2}{K^2}$，且$\frac{\alpha Q^2}{gA^3}B=\mathrm{Fr}$，代入上式后，有：

$$\frac{dh}{ds}=\frac{i-\frac{Q^2}{K^2}}{1-\mathrm{Fr}} \tag{8-23}$$

上式即为棱柱形渠道中非均匀渐变流动的微分方程。它可用于顺坡、平坡和逆坡渠道中水面曲线的分析。

8.6 棱柱形渠道中恒定非均匀渐变流水面曲线的分析

在进行水面曲线计算以前，必须先对水面曲线形状进行定性分析。棱柱形明渠的底坡，可能存在 $i>0$，$i<0$，和 $i=0$ 的三种情况。在断面形状、尺寸以及流量确定以后，各种底坡的渠道都有相应的临界水深 h_K，且临界水深 h_K 的大小既不受渠道底坡大小的影响，也不会沿流程而改变，所以可在渠道中绘出一条表征各断面临界水深的 K-K 线，而且 K-K 线与渠道底坡线平行。对 $i>0$ 的棱柱形顺坡渠道，还有均匀流时的正常水深存在，均匀流的正常水深线以 N-N 线表示，N-N 线也与渠道底坡平行。由于渠道底坡不同，以及临界水深线与均匀流正常水

深线的相互位置关系不同，可把棱柱形明渠水流划分为12个流动区域，如图8-14所示。

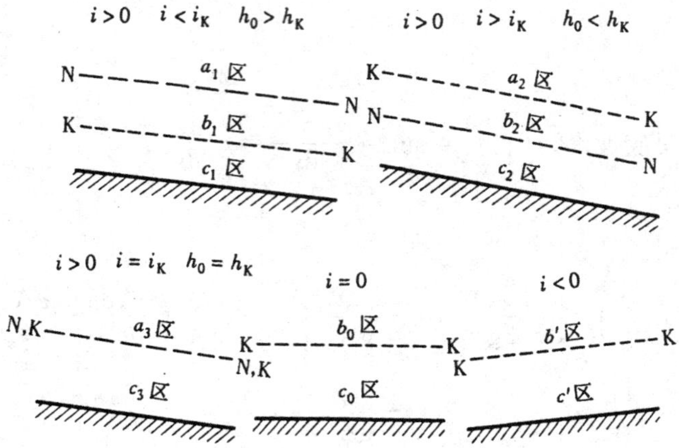

图8-14 棱柱形明渠水流的12个流动区域

对于每个不同底坡的渠道，最上面一个流区，水深既大于均匀流正常水深 h_0，又大于临界水深 h_K，称为 a 区，水面处在 a 区的水流均为缓流，故 a 区又称为缓流区。

水深介于均匀流正常水深 h_0 和之间的区域，称为 b 区，而水面处在 b 区的水流有缓流也有急流。

位于最下面的流区，水深既小于均匀流正常水深 h_0，同时又小于临界水深 h_K，称为 c 区，处在 c 区的水流都是急流，故 c 区又称为急流区。

为了区别和便于称呼，还把不同底坡的渠道分别注上1,2,3,0等标记(图8-14)。在每个流区里非均匀流水面曲线到底有何特征，将在以下研究，但总的来说不外乎存在两种可能，即 $\frac{dh}{ds}>0$，表示水深沿流程增加，称为壅水曲线；$\frac{dh}{ds}<0$，表示水深沿流程减小，称为降水曲线。

一、顺坡渠道($i>0$)

因为在顺坡渠道中，水流有可能发生均匀流动，式(8-23)中的流量可以用均匀流状态时的流量公式 $Q=K_0\sqrt{i}$ 去置换，其中 K_0 表示均匀流的特性流量，所以式(8-23)可写成以下形式：

$$\frac{dh}{ds}=i\,\frac{1-\left(\frac{K_0}{K}\right)^2}{1-\mathrm{Fr}} \tag{8-24}$$

棱柱形的顺坡渠道中存在有缓坡、临界坡、陡坡三种情况，现以缓坡渠道为例进行分析讨论。

缓坡渠道中，均匀流水深 h_0 大于临界水深 h_K，所以表证均匀流水深 h_0 的N—N线高于表证临界水深 h_K 的K—K线。

1. a_1 区

位于 a_1 区的水流，其水深大于均匀流水深 h_0 和临界水深 h_K，即 $h>h_0>h_K$，用式(8-24)分析如下：

由于 $h>h_0$，所以得 $K>K_0$，分子>0；又因为 $h>h_K$，则有 $\mathrm{Fr}<1$，分母>0。将上述关系代入式(8-24)后，得 $\frac{dh}{ds}>0$，则水深沿程增加，水面为壅水曲线。

另外，渠道上游以均匀流水深 h_0 为界限，当 $h \to h_0$ 时，$K \to K_0$，$Fr \to$ 定值（不为零），所以 $\frac{dh}{ds} \to 0$ 说明上游以均匀流水深线 N—N 为渐近线。

在分析讨论时，还设定渠道是无限长的。由于水面曲线为壅水曲线，因此当渠道的下游水深 $h \to \infty$ 时，$K \to \infty$，$Fr \to 0$，则 $\frac{dh}{ds} \to i$，说明下游以水平线为渐近线。同时，称这条曲线为 a_i 型曲线（图 8-15）。

2. b_1 区

位于 b_1 区的水流，水深小于均匀流水深，大于临界水深，即 $h_0 > h > h_K$，

因为 $h < h_0$，所以 $K < K_0$，分子小于 0；$h > h_K$，$Fr < 1$，分母大于 0。

因此得到 $\frac{dh}{ds} < 0$，说明水深沿程减小，水面曲线为降水曲线。

渠道上游水深以最大水深 h_0 为界限，当 $h \to h_0$ 时，$K \to K_0$，分子 $\to 0$，而 $Fr \to$ 定值（不为 1），分母 $\neq 0$，故 $\frac{dh}{ds} \to 0$，水面曲线上游以均匀流水深线 N—N 为渐近线。

渠道下游水深以最小水深 h_K 为界限，当 $h \to h_K$ 时，$K \to$ 定值，而 $Fr \to 1$，分母 $\to 0$，所以有 $\frac{dh}{ds} \to -\infty$，水面曲线下游端垂直于 K—K 线，说明在这局部的区域里，水面线的曲率很大，水流已不再是渐变流了（跌水现象），此降水曲线称为 b_1 型曲线（见图 8-15）。

3. c_1 区

位于 c_1 区的水流，其水深既小于均匀流水深，同时又小于临界水深，即 $h < h_K < h_0$。

因为 $h < h_0$，所以 $K < K_0$，分子小于 0；$h < h_K$，$Fr > 1$，分母小于 0。

于是得到 $\frac{dh}{ds} > 0$，说明水深沿程增加，水面曲线为壅水曲线。

渠道上游的水深，一般受人工构筑物的控制。例如受闸门开启度的控制等。

渠道下游以最大水深 h_K 为界限，当 $h \to h_K$，$K \to$ 定值，而 $Fr \to 1$，于是 $\frac{dh}{ds} \to +\infty$，说明水面垂直于 K—K 线，在这局部区域里，水流已不再是渐变流（水跃现象），该壅水曲线称为 c_1 曲线。如图 8-15所示。

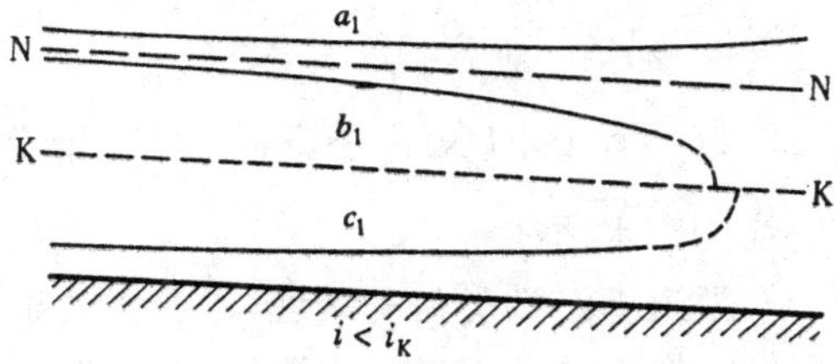

图 8-15　缓坡渠道水流的 3 个流动区域

对于顺坡上的其他类型坡度（临界坡、陡坡）渠道上的水面曲线的分析，可采用类似于以上的分析方法，这里不再详细介绍。陡坡和临界坡上水面曲线的类型分别见图 8-16，图 8-17。

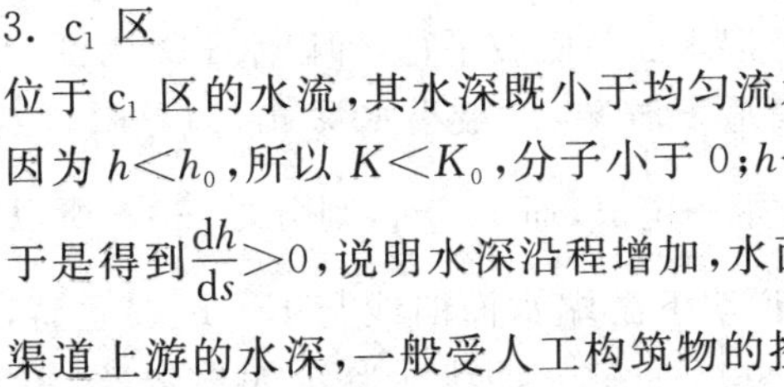

图 8-16　陡坡渠道水流的 3 个流动区域

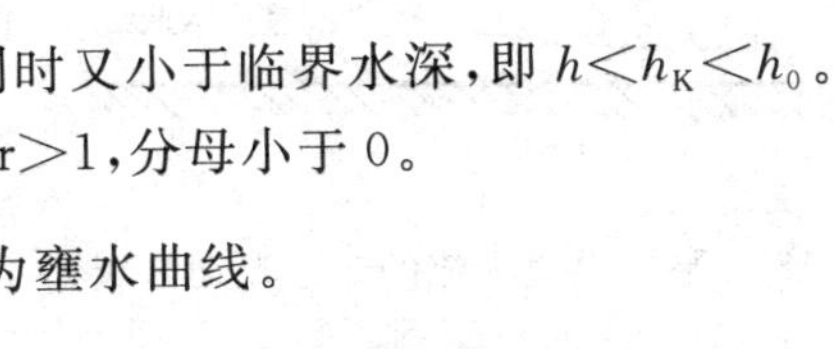

图 8-17　临界坡渠道水流的 2 个区域

三、平坡渠道($i=0$)

由于平坡渠道上不可能发生均匀流动,因此正常水深 h_0 也就失去意义。但从均匀流公式中可知,$i=\dfrac{Q^2}{K^2}=0$,所以 $K_0=\infty$,即 $h_0=\infty$。相当于正常水深为无穷大,所以在平坡中不出现 a 区,而只有 b 区和 c 区。

由于临界水深与渠道底坡无关,所以临界水深在平坡中依然存在。若引入临界水深时的均匀流,则

$$Q=A_K C_K \sqrt{R_K i_K}=K_K \sqrt{i_K}$$

把上式和 $i=0$ 代入式(8-24),得

$$\frac{dh}{ds}=\frac{0-\dfrac{Q^2}{K^2}}{1-Fr}=\frac{-i_K\left(\dfrac{K_K}{K}\right)^2}{1-Fr} \tag{8-25}$$

1. b_0 区

位于 b_0 区的水深,$h>h_K$。由于 $Fr<1$,分母>0,所以$\dfrac{dh}{ds}<0$。说明水深沿程减小,水面曲线为降水曲线。

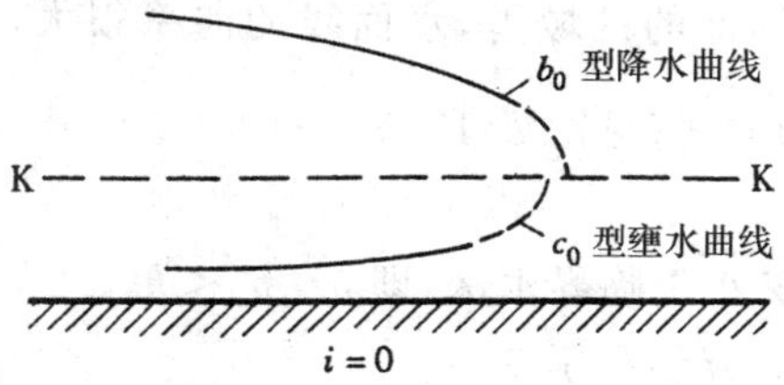

图 8-18　平坡渠道水流的 2 个流动区域

在渠道上游端,当水深为无穷大时,即 $h\to\infty$时,$K\to\infty$,分子$\to 0$,而 $Fr\to 0$,分母$\to 1$。所以有$\dfrac{dh}{ds}\to 0$。说明上游端水面与底坡平行,即以水平线为渐近线。

在渠道下游端,以最小水深 h_K 为界限。当 $h\to h_K$ 时,分子$\to$定值,而 $Fr\to 1$,则分母$\to 0$。所以有$\dfrac{dh}{ds}\to -\infty$,说明下游端水面曲线与 K—K 线垂直,局部水面曲线曲率很大,已不再是渐变流(出现跌水现象)。此降水曲线称为 b_0 型曲线(图 8-18)。

2. c_0 区

位于 c_0 区的水深,$h<h_K$。由于 $Fr>1$,分母小于 0,所以$\dfrac{dh}{ds}>0$。说明水深沿程增加,水面曲线为壅水曲线。

渠道上游端类似于缓坡,水深受人工构筑物的控制。

渠道下游端以最大水深 h_K 为界限。当 $h\to h_K$ 时,分子$\to$定值,而 $Fr\to 1$,则分母$\to 0$。所以有$\dfrac{dh}{ds}\to +\infty$,说明下游端水面曲线与 K—K 线垂直,局部水面曲线曲率很大,已不再是渐变流(出现水跃现象)。此壅水曲线称为 c_0 型曲线(图 8-18)。

三、逆坡渠道($i<0$)

与平坡渠道一样,逆坡渠道中也不可能发生均匀流动。类似于平坡渠道中的讨论,把式(8-24)改写成以下形式:

$$\frac{dh}{ds}=\frac{i-i_K\left(\dfrac{K_K}{K}\right)^2}{1-Fr} \tag{8-26}$$

1. b'区

位于 b'区的水深,$h>h_K$。由于 $Fr<1$,分母大于 0,所以有$\dfrac{dh}{ds}<0$。说明水深沿程减小,水

面曲线为降水曲线。

在渠道上游端，当水深为无穷大时，即 $h\to\infty$时，$K\to\infty$，分子$\to i$，而 $\mathrm{Fr}\to 0$，分母$\to 1$。所以有$\frac{\mathrm{d}h}{\mathrm{d}s}\to i$。说明上游端水深与底坡相差 i，即以水平线为渐近线。

在渠道下游端，以最小水深 h_{K} 为界限。当 $h\to h_{\mathrm{K}}$ 时，分子$\to$定值，而 $\mathrm{Fr}\to 11$，则分母$\to 0$。所以有$\frac{\mathrm{d}h}{\mathrm{d}s}\to -\infty$，说明下游端水面曲线与 K—K 线垂直，局部水面曲线曲率很大，已不再是渐变流（出现跌水现象）。此降水曲线称为 b′型曲线（图 8-19）。

2. c′区

位于 c′区的水深，$h<h_{\mathrm{K}}$。由于 $\mathrm{Fr}>1$，分母小于 0，所以$\frac{\mathrm{d}h}{\mathrm{d}s}>0$。说明水深沿程增加，水面曲线为壅水曲线。

渠道上游端类似于缓坡，水深受人工构筑物的控制。

渠道下游端以最大水深 h_{K} 为界限。当 $h\to h_{\mathrm{K}}$ 时，分子$\to$定值，而 $\mathrm{Fr}\to 1$，则分母$\to 0$。所以有$\frac{\mathrm{d}h}{\mathrm{d}s}\to +\infty$，说明下游端水面曲线与 K—K 线垂直，局部水面曲线曲率很大，已不再是渐变流（出现水跃现象）。此壅水曲线称为 c′型曲线（图 8-19）。

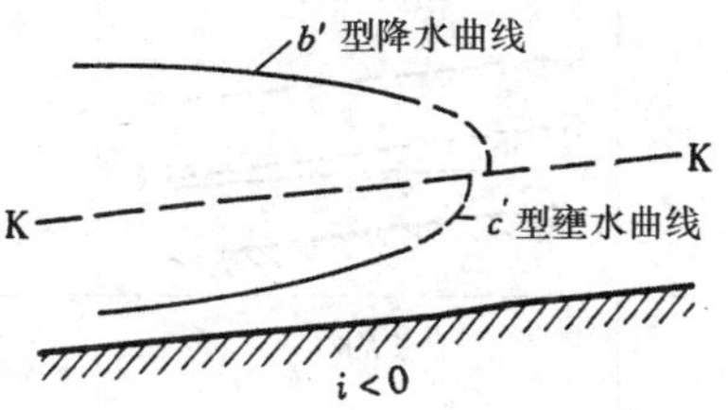

图 8-19　逆坡渠道水流的 2 个流动区域

综上所述，在棱柱形渠道的非均匀渐变流中，共有 12 种水面曲线，其中，顺坡渠道有 8 种，平坡和逆坡渠道各有两种。其各类水面曲线的型式和实例见表 8-1。

表 8-1　　各种类型水面曲线的形式和实例

	各型水面曲线	实　例
	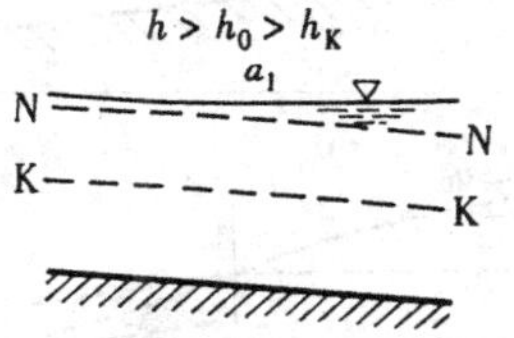	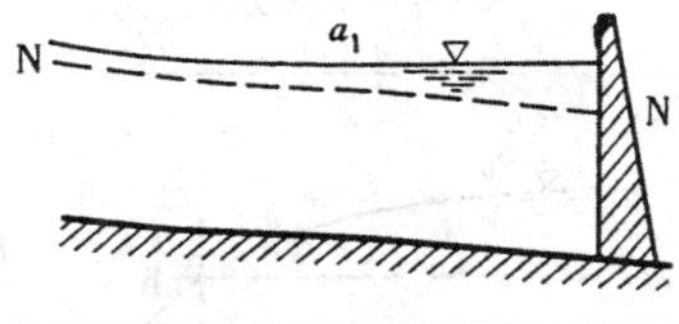 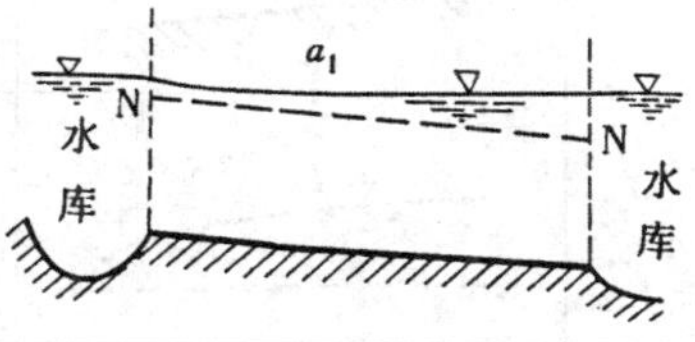
$i>0$ $i<i_{\mathrm{K}}$ $h_0>h_{\mathrm{K}}$	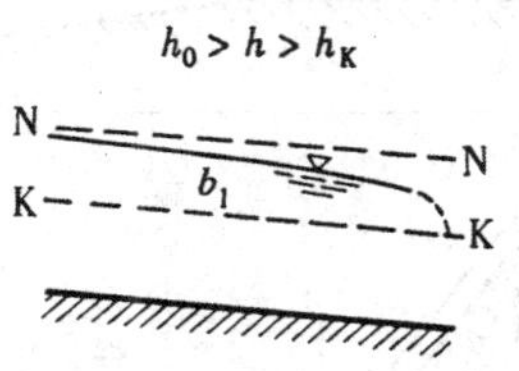	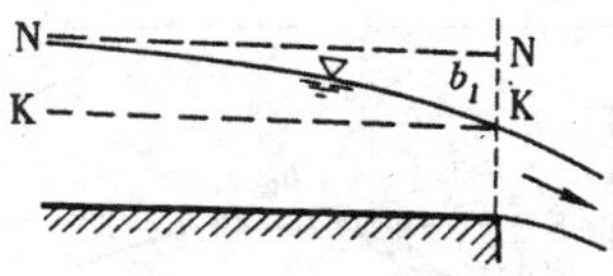 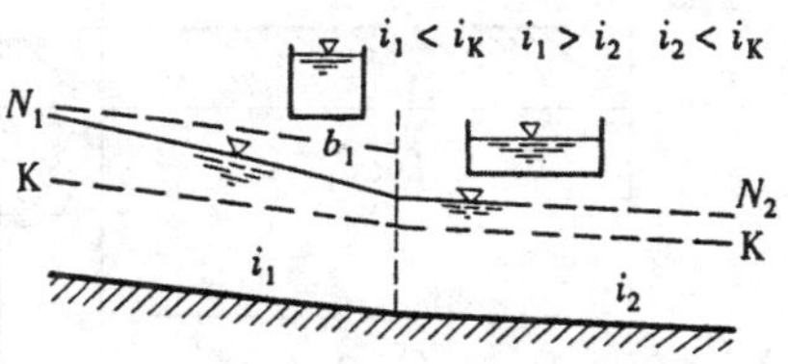
	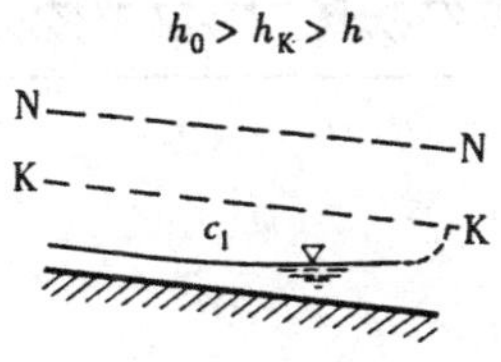	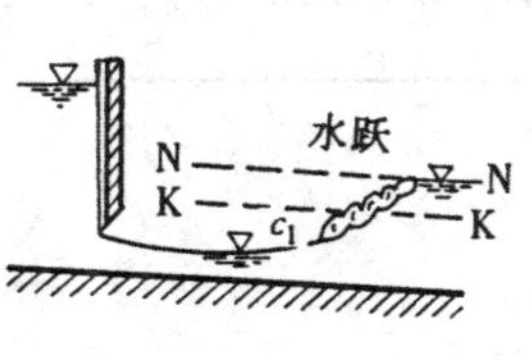 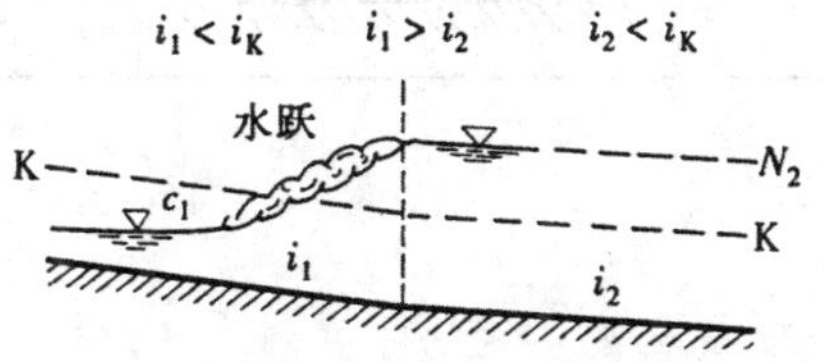

续表

	各型水面曲线	实　例	
$i>0$ $i>i_K$ $h_0<h_K$	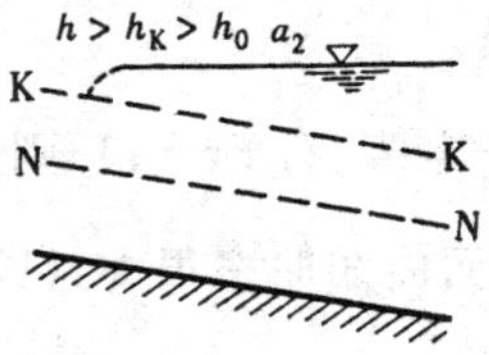	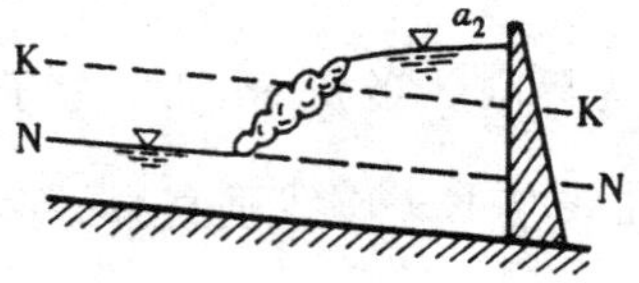	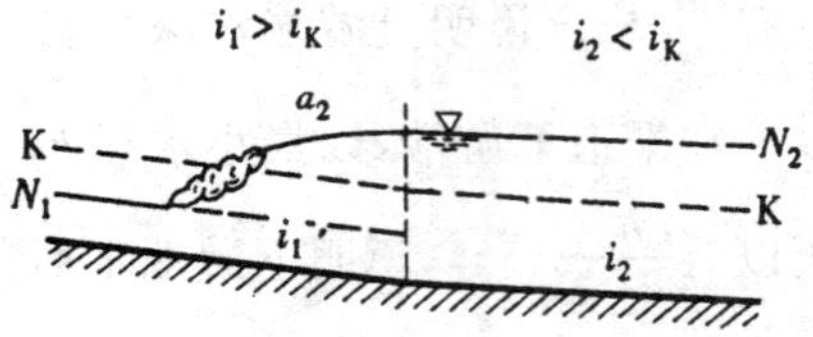
	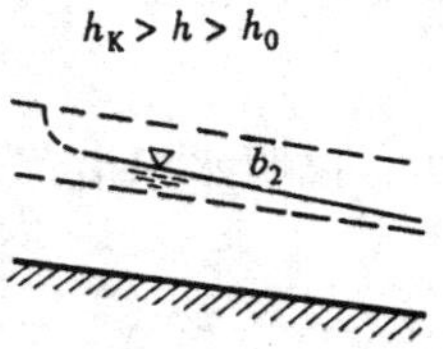	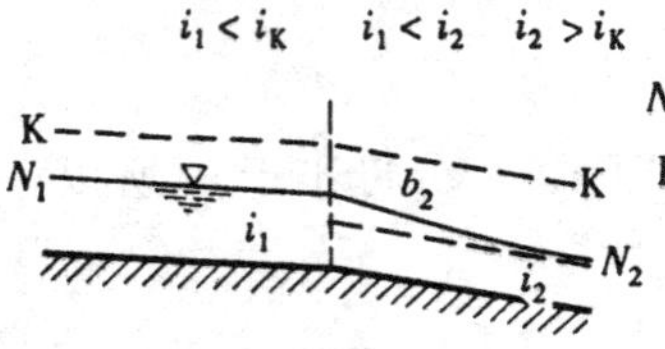	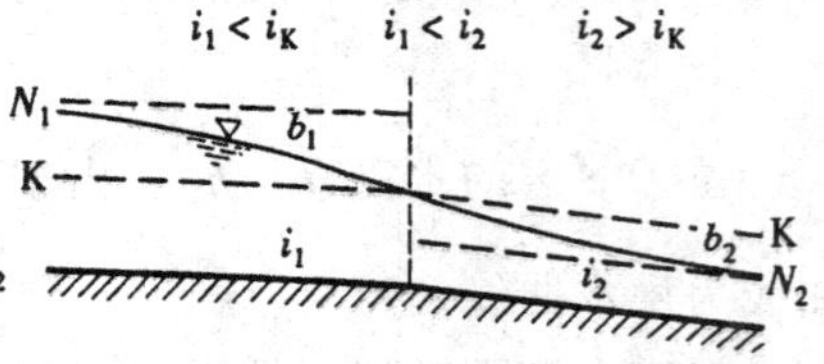
	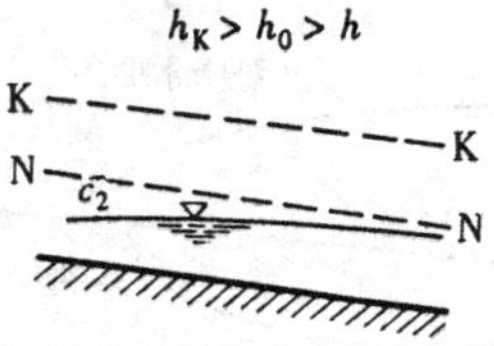	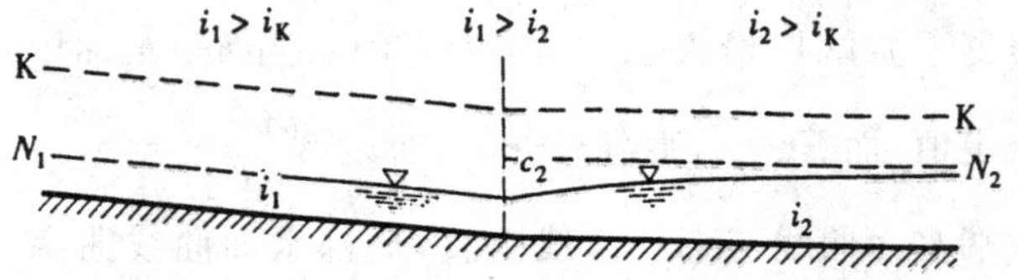	
$i>0$ $i=i_K$ $h_0=h_K$	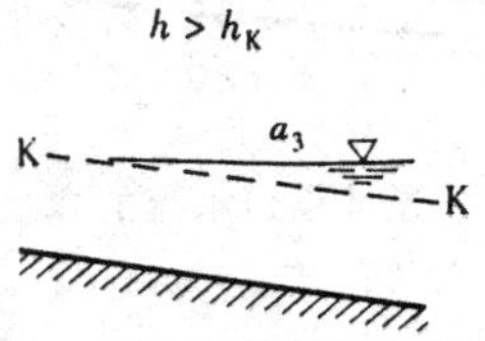	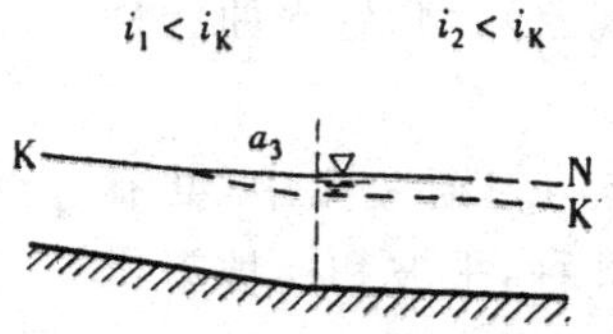	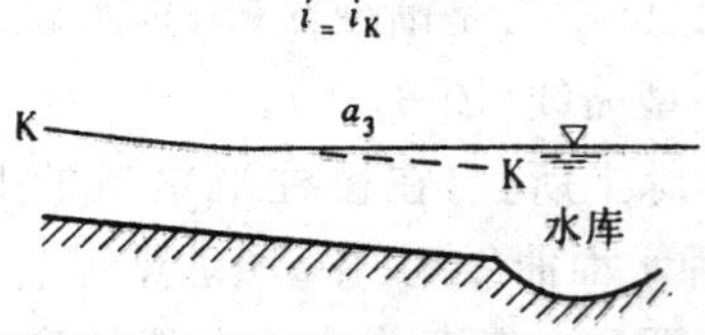
	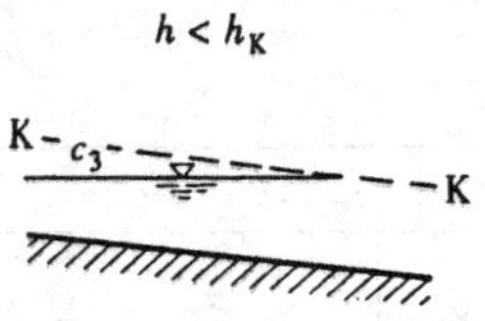	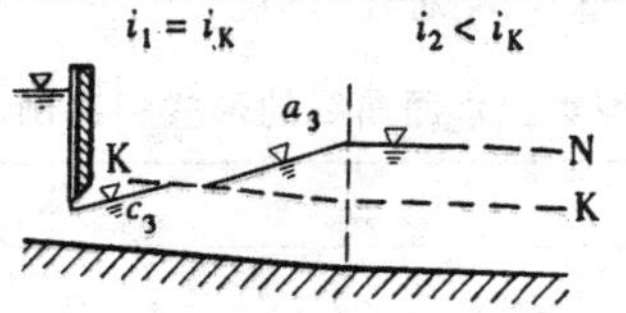	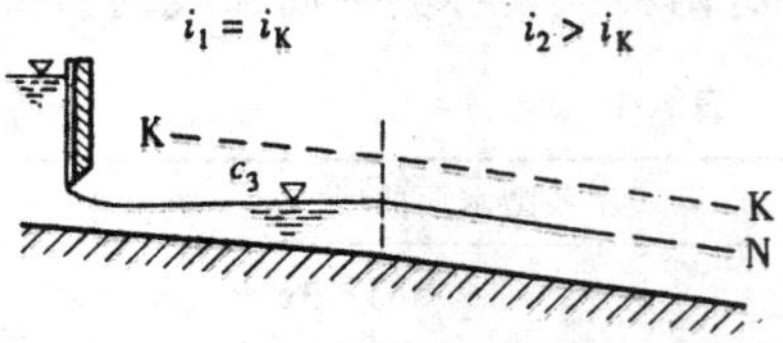
$i=0$	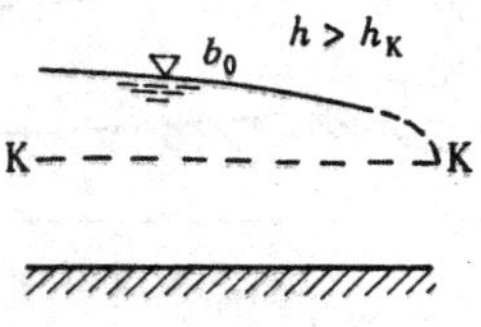	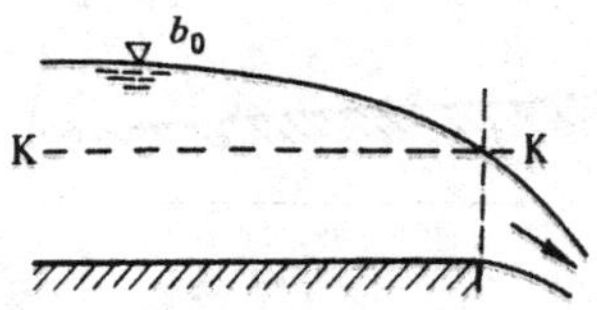	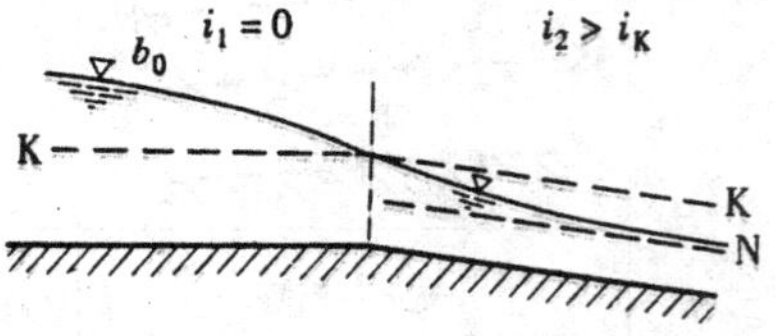
	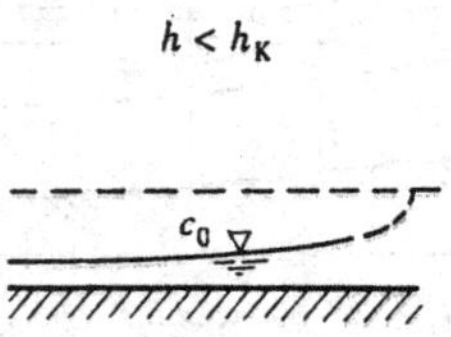	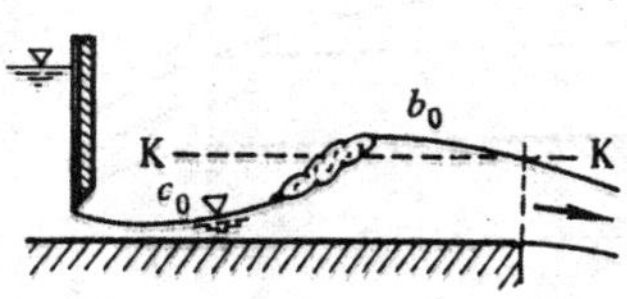	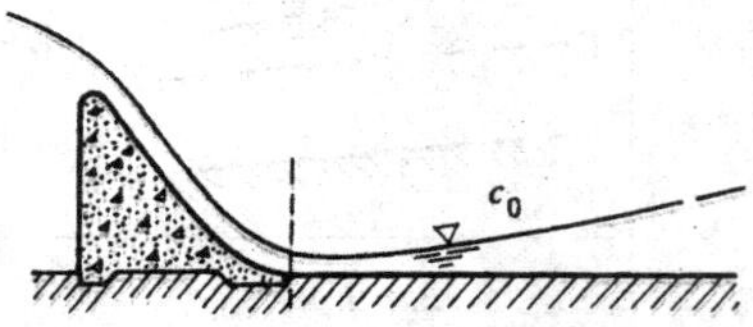

续表

<table>
<tr><th colspan="2">各型水面曲线</th><th>实　例</th></tr>
<tr><td rowspan="2">$i<0$</td><td>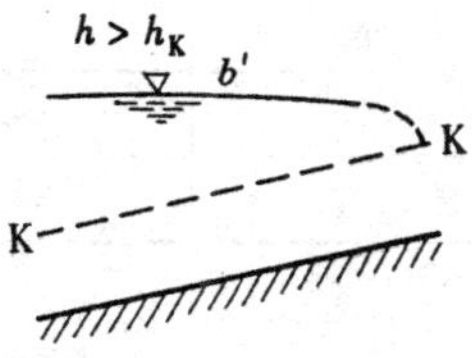
</td><td>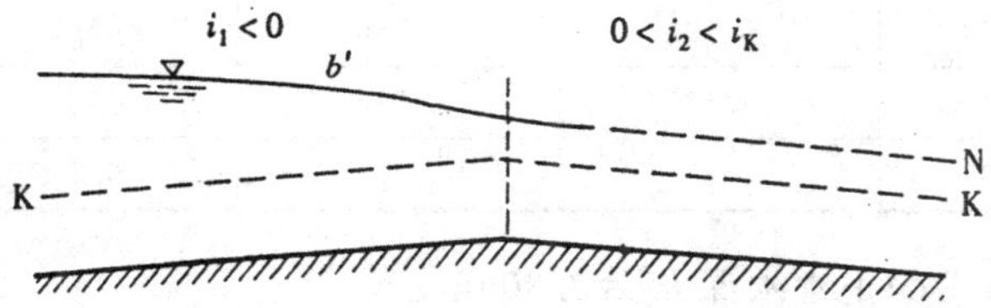
</td></tr>
<tr><td>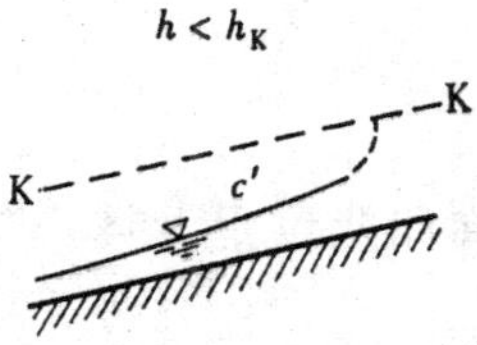
</td><td>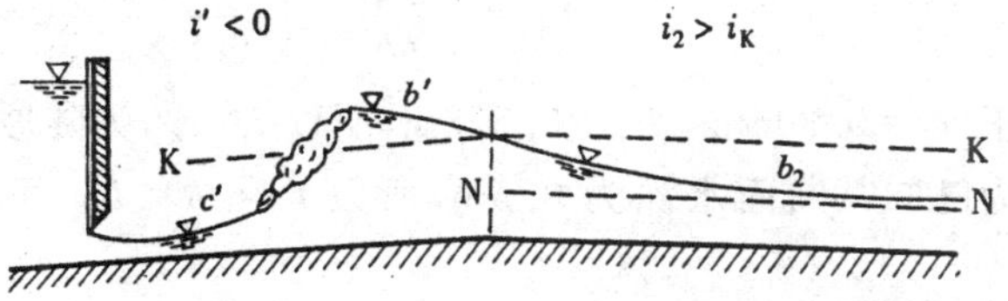
</td></tr>
</table>

四、水面曲线的特点与分析方法

以上所分析的棱柱形渠道中的 12 种水面曲线，虽然形状各异，变化趋势也不尽相同，但还是有其共同特点的。

1. 特点

(1) 所有的 a 型和 c 型水面曲线都是水深沿程增加的壅水曲线，而所有的 b 型水面曲线都是水深沿程减小的降水曲线。

(2) 除 a_3 型和 c_3 型曲线外，其余的水面曲线都遵循以下规则：当水深 $h \to h_0$ 时，水面曲线以 N—N 线为渐近线；当水深 $h \to h_K$ 时，水面曲线垂直穿过 K—K 线（或发生跌水或发生水跃）；当水深 $h \to \infty$ 时，水面曲线以水平线为渐近线。

(3) 当渠道足够长时，在非均匀流影响不到的地方，水流将形成均匀流，水深即为正常水深 h_0，水面曲线就是 N—N 线。

2. 分析方法

在具体进行水面曲线分析时，可参照以下步骤进行。

(1) 根据给定的已知条件，判别渠道底坡的类型。

(2) 根据坡度类型可绘出 N—N 线和 K—K 线（注意其相对位置），将流动空间按要求和实际情况分成不同的区域。

(3) 如果已知某一控制水深，即可在相对应的流区内定出其水面曲线的类型。

(4) 分析水面曲线两端的界限情况，便可确定水面曲线形状。

【例 8-5】 底宽 $b=2.5\text{m}$ 的矩形断面渠道，底坡 $i=0.01$，$n=0.01$，$Q=3\text{m}^3/\text{s}$，水流作渐变流动，已知某断面的水深 $h=0.5\text{m}$，试定性分析此水面曲线。

【解】 先求出正常水深 h_0 和临界水深 h_K，判别坡度。

$$K=\frac{Q}{\sqrt{i}}=\frac{3}{\sqrt{0.01}}=30$$

将各已知条件列表进行试算，

h	$\chi=2.5+2h$	$A=2.5h$	$R=A/\chi$	$R^{\frac{2}{3}}$	$K=\frac{1}{n}AR^{\frac{2}{3}}$
0.300	3.10	0.750	0.242	0.388	29.10
0.310	3.12	0.775	0.248	0.395	30.69
0.306	3.11	0.765	0.246	0.392	30.01

显然，所求的正常水深 $h_0=0.306\text{m}$。

$$h_K=\sqrt[3]{\frac{\alpha Q^2}{gb^2}}=\sqrt[3]{\frac{1\times 3^2}{9.8\times 2.5^2}}=0.528\text{m}$$

由于 $h_0=0.306\text{m}<h_K=0.528\text{m}$，所以 $i>i_K$，为陡坡。

因为已知某断面水深为 0.5m，所以 $h_0<h<h_K$，可见该水面曲线位于 b 区，故为 b_2 型曲线。

8.7 渠道底坡变化时水面曲线的连接

在自然界中，很少有坡度不变的长渠道。一般情况下，总是为了适应自然坡度以节省土石方，或其他工程上之需要，一条较长的渠道，常以不同的底坡分段修建。这就需要考虑底坡变化处的水面曲线的连接，以确定渠壁的确切高度。

这里仅考虑一种最简单的情况，即坡度变化前后段的断面尺寸和粗糙系数 n 完全相同。这样，一方面保证了临界水深 h_K 在前后段上始终相等，另一方面则意味着正常水深 h_0 仅与流动的缓急发生关系。下面通过实例来定性画出变坡时的水面曲线。

1. 由缓流向急流过渡产生跌水

图 8-20 表示变坡渠道，上游为缓坡，下游为陡坡。由于坡度的变化，故在变坡处出现非均匀流动。上游的水流是以正常水深 h_0 流动，所以在缓坡有可能出现两种类型的水面曲线，即 a_1 型或 b_1 型。先假设是 a_1 型水面曲线，流至下游坡度处也在 a 区，然而，a 区的水面曲线都是壅水曲线，所以，欲想达到下游的正常水深线是不可能的。如果考虑上游为 b_1 型水面曲线，则可通过变坡处的临界水深线进入下游的 b 区。在 b 区中有 b_2 型的水面曲线可到达下游的正常水深线。

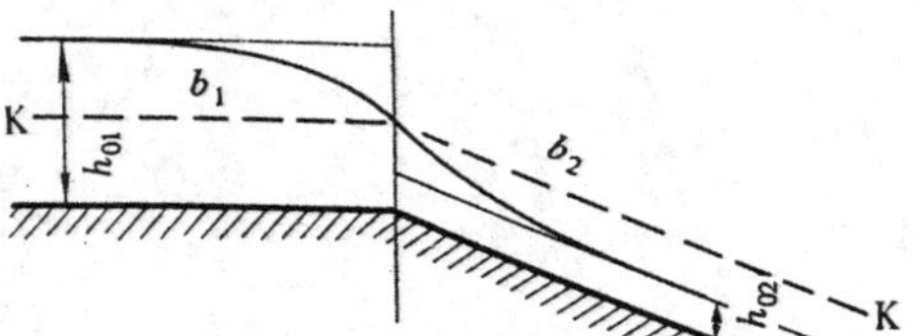

图 8-20　变坡(缓至陡)渠道的水面曲线

通过上述的分析，可知由缓流向急流过渡时，会产生 b_1 型水面曲线与 b_2 型的水面曲线连接，水深穿过临界水深，即产生跌水。

2. 由急流向缓流过渡产生水跃

图 8-21 所示为变坡渠道，上游为陡坡，下游为缓坡。水流要从上游的急流向下游的缓流过渡，所以必须要穿过临界水深。即产生水跃。产生水跃的位置要视具体情况而定，一般以跃后水深 h'' 与下游水深 h_2 进行比较，通常有以下 3 种可能：

(1) $h_2<h''$，即下游水深小于跃后水深。此时水跃发生在变坡处的下游，即发生在缓坡渠道上，见图 8-21(a) 。这说明下游段的水深 h_2 挡不住上游段的急流而被冲向下游。水面曲线

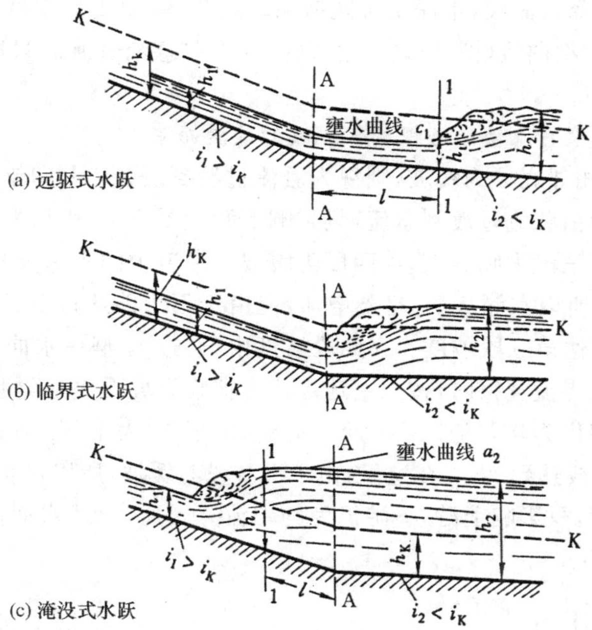

图 8-21　变坡(陡至缓)渠道的水面曲线

由 c_1 型壅水曲线和水跃组成，这种水跃称为远驱式水跃。

(2) $h_2=h''$，即下游水深等于跃后水深。此时水跃正好发生在变坡处，见图 8-21(b)。此时不存在水面曲线，这种水跃称为临界式水跃。

(3) $h_2>h''$，即下游水深大于跃后水深。此时水跃发生在变坡处的上游，即发生在陡坡渠道上，见图 8-21(c)。水面曲线由 a_2 型降水曲线和水跃组成。这种水跃称为淹没式水跃。

综上所述，急流向缓流过渡时肯定会产生水跃，至于产生哪种水跃要视具体情况而定。同时有对应的水面曲线。

3. 由缓流向缓流过渡时只影响上游，下游仍然为均匀流

图 8-22 都是缓坡的两渠道，其中 $i_1>i_2$。渠道中的水深要从 N_1 变化至 N_2。由于 N_2 大于 N_1，所以水深必须沿程增加，即上游段只能产生 a_1 型壅水曲线。但 a_1 型曲线到达变坡后的下游后与哪一点连接呢？图 8-22 中所示的 1,2 两条曲线显然都不可能。因为，1,2 两条曲线都进入了下游坡度的 b 区，而我们已经知道，b 区的水面曲线都是降水曲线，所以不可能上升。因此只可能是第 3 条水面曲线，也就是只影响了上游，下游仍然为均匀流($i_1<i_2$ 的情况也是如此)。

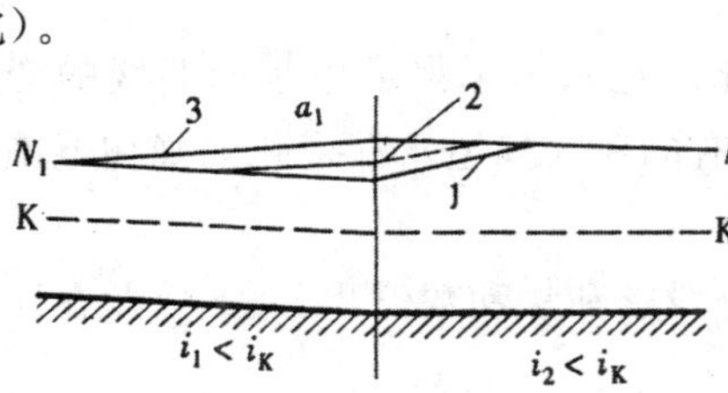

图 8-22　缓流向缓流过渡时的水面曲线

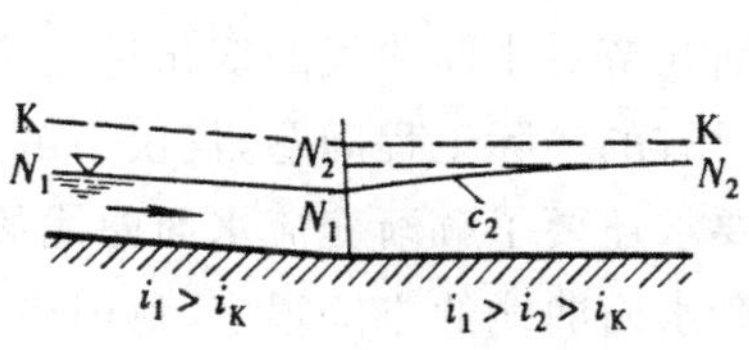

图 8-23　急流向急流过渡时的水面曲线

4. 由急流向急流过渡时只影响下游，上游仍为均匀流

图 8-23 为两陡坡渠道，其中 $i_1>i_2$。渠道中的水深要从 N_1 变化至 N_2。由于 N_2 大于 N_1，所以水深必须沿程增加，由于在上游是陡坡，要想水深增加，要通过 b_1 区。而从前面的内容得

知，b 区的水面曲线为降水曲线，水深不可能增加。因此，水面线只能沿着 N_1 线进行。只能进入下游 c 区后，出现 c_2 型曲线（图 8-23）。所以由急流向急流过渡时只影响下游，上游仍为均匀流。

5. 对于临界底坡中的流动形态视相邻底坡的陡缓而定

即如果上（下）游相邻底坡为缓坡，则视为缓流过渡到缓流，只影响上游；如果上（下）游相邻底坡为急流，则视为由急流过渡到急流，只影响下游。图 8-24 所示为四段不同底坡的渠道，其中第二段为陡坡，第三段为临界坡，第四段为缓坡。渠道中的水深要从 N_2 通过 N_3，与 N_4 连接。由于 N_3 大于 N_2，所以水深从 N_2 起要增加，但由于不可能通过 b 区增加水深，因此，水面线只能沿着 N_2 一直到达第三段坡度。在此段坡度中，通过 c_3 型壅水曲线到达 N_3。由于第二段为急流段，所以与临界流连接时，按照上述规律可把临界坡看成是陡坡，即从急流到急流，所以仅影响了下游，上游仍为均匀流。再看 N_3 到 N_4，由于 N_4 大于 N_3，所以水深还是沿程增加。即可以由 a_3 型壅水曲线达到 N_4。在这里，由于下游段为缓坡，所以可把临界坡也看成为是缓坡，由缓坡向缓坡过渡，只影响上游，下游仍为均匀流。因此，上述水面曲线的连接，仅出现了 c_3 和 a_3 型曲线，见图 8-24。

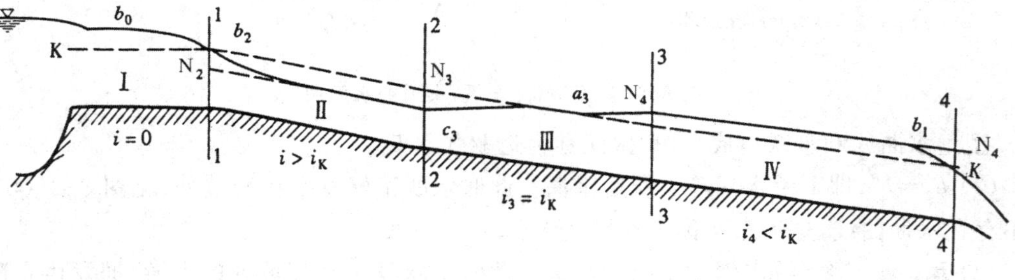

图 8-24　临界底坡与其他底坡连接时的水面曲线

6. 平坡和逆坡均视为缓坡

由于平坡、逆坡上的水面曲线 b_0，c_0，b'，c' 型曲线的形状和变化趋势与缓坡上的 b_1，c_1 型几乎一样，所以水面曲线在实际连接时，可把它们看成是与缓坡上的水面曲线一样。即若平坡或逆坡与缓坡连接时，则看成是缓坡和缓坡连接，只影响上游，下游仍为均匀流。同理，与其他坡度相连接时，也可对照上面所出现的有关规则。

8.8 棱柱形渠道中恒定非均匀渐变流水面曲线的计算

上面几节对水面曲线的变化进行了定性分析，因此已经知道了渠道中水面曲线的变化情况。但对有的实际工程问题，仅仅了解这一些还不够，有的还需知道水深变化的确切范围。因此这就要求还要了解渐变流水面曲线的定量计算。

计算水面曲线的方法很多，目前应用较普遍的是分段求和法和数值积分法，以及在这些方法基础上的电算。本教材仅介绍较简单的分段求和法。

水面曲线的计算是在渠道底坡 i 以及粗糙系数 n 已知的情况下进行的，所要解决的问题包括：

1. 已知流量和渠道两断面的形状、尺寸及水深，求两断面间的渠道长度 l。

2. 已知流量 Q 和渠道两断面的形状、尺寸，以及两断面间的渠道长度 l 和其中一个断面的水深，求另一断面的水深。

分段求和法是将微分方程改写成差分方程，将整个流段划分成若干个微小流段，并认为每个分段内的水面高程、断面比能等都呈线形变化。逐段计算并将各段的计算结果累加起来，即可得到整段渠道水面曲线长度。

设有一明渠恒定渐变流，如图 8-25 所示，取某流段长为 Δl 的两过水断面列能量方程：

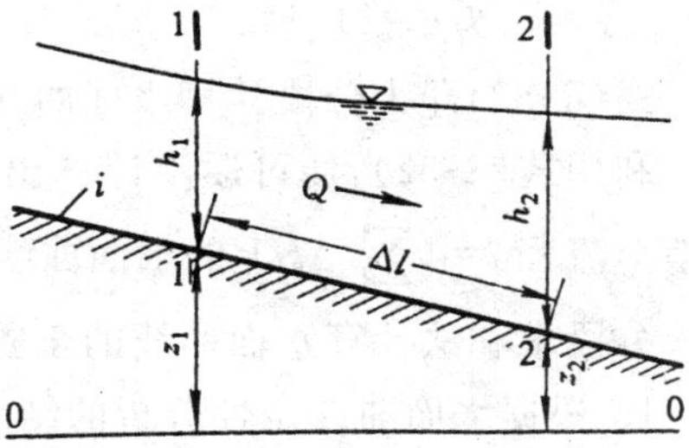

图 8-25　水面曲线的计算示意图

$$z_1+h_1+\frac{\alpha_1 v_1^2}{2g}=z_2+h_2+\frac{\alpha_2 v_2^2}{2g}+\Delta h_w$$

或

$$\left(h_2+\frac{\alpha_2 v_2^2}{2g}\right)-\left(h_1+\frac{\alpha_1 v_1^2}{2g}\right)=(z_1-z_2)+\Delta h_w \tag{8-27}$$

由于渐变流中的水头损失仅考虑沿程水头损失，且根据上述分段内的假定，可采用明渠均匀流的基本公式来计算，即

$$Q=AC\sqrt{RJ}=K\sqrt{J}$$

在图 8-25 中所示的流段内，其水头损失可写成

$$\frac{\Delta h_f}{\Delta l}=\overline{J}=\frac{Q^2}{\overline{K}^2}=\frac{\overline{v}^2}{\overline{C}^2\overline{R}} \tag{8-28}$$

式中，$\overline{v}$，$\overline{C}$，$\overline{R}$ 表示所给流段两断面各水力要素的平均值，即

$$\overline{v}=\frac{v_1+v_2}{2} \qquad [8\text{-}29(a)]$$

$$\overline{C}=\frac{C_1+C_2}{2} \qquad [8\text{-}29(b)]$$

$$\overline{R}=\frac{R_1+R_2}{2} \qquad [8\text{-}29(c)]$$

从图 8-25 中还可知道

$$z_1-z_2=i\Delta l \tag{8-30}$$

将上述各式代入式(8-27)后，整理得

$$\left(h_2+\frac{\alpha_2 v_2^2}{2g}\right)-\left(h_1+\frac{\alpha_1 v_1^2}{2g}\right)=(i-\overline{J})\Delta l \tag{8-31}$$

即

$$\frac{\Delta e}{\Delta l}=i-\overline{J}$$

则

$$\Delta l=\frac{\Delta e}{i-\overline{J}} \tag{8-32}$$

式中　e——为断面比能，$\Delta e=e_2-e_1=\left(h_2+\frac{\alpha_2 v_2^2}{2g}-h_1+\frac{\alpha_1 v_1^2}{2g}\right)$；

$\overline{J}$——为水流在 Δl 段内的平均水力坡度，$\overline{J}=\frac{\overline{v}^2}{\overline{C}^2\overline{R}}$；

i——为渠道底坡。

式(8-32)即为分段计算水面曲线的有限差式,也称分段求和法公式。

利用式(8-32),便可逐步计算出非均匀流明渠中各个断面的水深及它们的相隔距离,从而整个流程 $l=\sum\Delta l$ 上的水面曲线便可定量地确定和绘出。

分段求和法计算水面曲线的步骤为

1. 根据水面曲线定性分析的结果,可确定从控制断面向上游或向下游的水深增量 Δh 的正负号。

2. 考虑计算精度分段,按计算条件,选用 Δh 值,Δh 值愈小,计算精度愈高,但计算工作量也愈大。

3. 从控制断面开始向上游或下游方向算得另一计算断面水深。若取已知控制断面水深为 h_1,则另一断面水深就为 $h_2=h_1\pm\Delta h$。

4. 计算 h_1,h_2 断面的 Δe 及 $\overline{J}$,利用式(8-32),即可计算出此两断面的距离 Δl。

5. 重复上面 3 和 4 两步,即定出 $h_3=h_2\pm\Delta h$,计算出相对应的 Δe 及 $\overline{J}$,求出 Δl_2。当选择的计算断面水深近似等于水面曲线另一端界限条件所决定的水深,则计算完毕。水面曲线的全长为个分段长度的总和,即

$$l=\Delta l_1+\Delta l_2+\cdots+\Delta l_n。$$

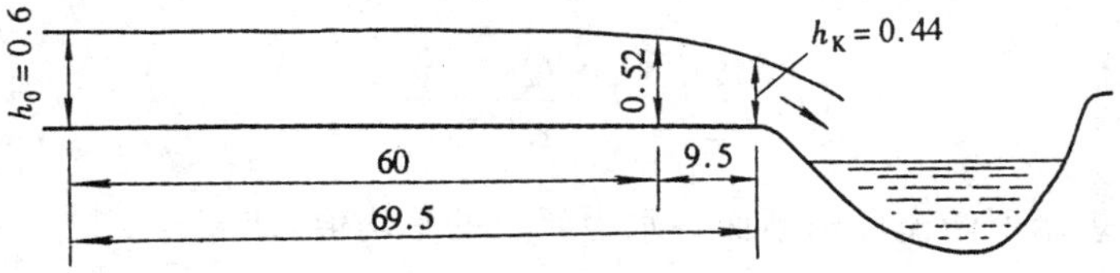

图 8-26　例 8-6 图

【例 8-6】 底宽 $b=1.0$m 的土渠,断面为矩形,$n=0.014$,$i=0.0025$,$Q=0.9\text{m}^3/\text{s}$。水流排入河流,如图 8-26。水深沿流减少,为降水曲线。若渠道上游作均匀流动,求此降水曲线的总长度。

【解】 先求出临界水深 h_K,利用矩形断面求临界水深 h_K 的公式,$h_K=\sqrt[3]{q^2/g}$,可得 $h_K=0.44$m。再求出均匀流动时的水深,即正常水深 h_0,由满宁公式得

$$Q=A\frac{1}{n}R^{2/3}i^{1/2}=1\times h\times\frac{1}{0.014}\left(\frac{1\times h}{1+2h}\right)^{2/3}\times 0.0025^{1/2}$$

通过试算,得 $h_0=0.60$m。由于 $h_0>h_K$,所以渠中水流为缓流,在渠道出口处形成跌水,在此处的水深为临界水深 h_K。现将渠段分成两分段(如要提高准确程度,则增加分段的数目),从渠尾起分别取水深 $h_K=h_1=0.44$m,$h_2=0.52$m,$h_3=h_0=0.60$m,然后计算每段长度 l。

对第一段,

$$A_1=Bh_1=0.44\text{m},\ \chi_1=B+2h_1=1.88\text{m},\ R_1=A_1/\chi_1=0.234\text{m}$$

$$A_2=Bh_2=0.52\text{m},\ \chi_2=B+2h_2=2.04\text{m},\ R_2=A_2/\chi_2=0.254\text{m}$$

$$v_1=Q/A_1=0.9/0.44=2.04\text{m/s},\ v_2=0.9/0.52=1.73\text{m/s}$$

$$\overline{R}=(R_1+R_2)/2=0.244\text{m},\ \overline{v}=(v_1+v_2)/2=1.89\text{m/s}$$

将 $n=0.014$，代入式(8-28)，

$$\overline{J}=\frac{\overline{v}^2}{\overline{C}^2\overline{R}}=0.0046,\quad \overline{J}-i=0.0021$$

再代入式(8-32)，得

$$l=\frac{\Delta e}{\overline{J}-i}=9.5\text{m}$$

其中，$v_1^2/2\text{g}=0.213\text{m}$，$v_2^2/2\text{g}=0.153\text{m}$，$\Delta e=0.02\text{m}$。

同理，对于第二分段，计算方法同上，可得 $l=60\text{m}$，其计算过程列入下表中。

分段	h(m)	$A(\text{m}^2)$	χ(m)	R(m)	v(m/s)	$\frac{v^2}{2g}$(m)
一	0.44	0.44	1.88	0.234	2.04	0.213
一、二	0.52	0.52	2.04	0.254	1.73	0.153
二	0.60	0.60	2.20	0.272	1.50	0.115

$h+\frac{v^2}{2g}$(m)	$\overline{R}$(m)	$\overline{v}$(m/s)	i	$i-i_0$	$\Delta(h+\frac{v^2}{2g})$(m)	l(m)
0.653	0.244	1.89	0.0046	0.0021	0.02	9.5
0.673						
0.715	0.263	1.62	0.0032	0.0007	0.042	60.0

$\sum l=69.5\text{m}$

最后，得降水曲线总长度为 9.5+60.0=69.5m。根据上表中列出的数据，就可绘出水面曲线。

绘出水面曲线，对于确定设计方案有着很大的意义。例如知道出口水面降低，可以把渠岸筑得低一些，以节约资金。还如下游筑坝后会使水深增大水位抬高形成壅水曲线，会淹没农田、土地，带来损失。所以，通过作水面曲线，就可知淹没范围，使设计人员权衡利弊对方案进行比较。

【例 8-7】 一条直线渠道的断面 1 呈梯形，底宽 $b_1=10\text{m}$，边坡系数 $m_1=2$，水深 $h_1=7\text{m}$；在断面 1 下游 200m 处的断面 2 也呈梯形，但渠底高程比断面 1 的渠底高 0.08m，而且 $h_2=15\text{m}$，$m_2=3$。$Q=200\text{m}^3/\text{s}$，$n=0.035$。要求确定断面 2 的水深 h_2。

【解】

$$A_1=b_1h_1+m_1h_1^2=10\times7+2\times7^2=168\text{m}^2$$

$$v_1=200/168=1.19\text{m/s}$$

$$\chi_1=b_1+2h_1\sqrt{1+m_1^2}=10+2\times6\times\sqrt{1+2^2}=41.3\text{m}$$

$$R_1=4.07\text{m}$$

$$i=-0.08/200=-0.0004$$

由于渠底沿流程升高，底坡为逆坡，并且断面 2 比断面 1 为宽，从而认为 h_2 比 h_1 小。假定 $h_2=6.9\text{m}$，则

$$A_2=15\times6.9+3\times6.9^2=246\text{m}^2$$

$$v_2=200/246=0.813\text{m/s}$$

$$\chi_2=15+2\times6.9\times\sqrt{1+3^2}=58.6\text{m}$$

$$R_2=4.2\text{m}$$

渠段的平均水力半径和平均流速分别为

$$\bar{R}=4.14\text{m} \qquad \bar{v}=1\text{m/s}$$

计算出 J 值，

$$J=\left(\frac{n\bar{v}}{\bar{R}^{2/3}}\right)^2=0.000\,172$$

$$J-i=0.000\,172+0.000\,4=0.000\,572$$

则可求得相应的距离为

$$l=\frac{7-6.9+(1.19^2-0.813^2)/19.6}{0.000\,572}=242\text{m}$$

再假定 $h_2=6.92\text{m}$，重复上述计算，可得 $l\approx200\text{m}$。因此，断面 2 的水深 $h_2=6.92\text{m}$。

学习指导

凡渠道的几何要素（如断面形状、尺寸、粗糙系数、底坡）、流量二者中有任何一项沿流程改变，或者渠道中设置构筑物，这些都会破坏形成均匀流条件而变为非均匀流。非均匀流内各断面水深和流速沿流程变化，流线互不平行，水力坡度、测压管坡度和渠道底坡之间不相等，水面曲线是一根不平行渠底的曲线。

根据明渠流动的变化程度，即水深和流速沿流程的变化大小、流线、水面曲线的弯曲程度，可把明渠非均匀流分为渐变流和急变流。在同一条渠道中，由于各种不同的边界条件，完全有可能两者同时存在，即在某一段渠道中出现渐变流，而在另一段渠道中则出现急变流。

明渠流的水面曲线表证了明渠流中水深的沿流程变化规律，同时它还能确定构筑物上游的壅水范围。所以对水面曲线的定性分析和定量计算是本章研究的中心内容。明渠渐变流微分方程是水面曲线定性分析和定量计算的基本方程。应用断面比能的概念确立了明渠流中的三种不同的流动形态，以及在均匀流时相对应的三种底坡形式。对不同底坡上的不同流态的区分和认识是理解和掌握水面曲线定性分析的原则和方法的基础。对于急变流中的水跃，则可应用其基本方程能计算出水跃的共轭水深、水跃的长度以及水跃中的能量损失。

一、断面比能的概念及应用

断面比能 $e=h+\frac{\alpha v^2}{2g}$是指所讨论断面上水流对于渠底的平均单位能量。断面比能 e 与断面总机械能 E 的差别在于后者多了位置高度 z_0 值。位置高度 z_0 的大小取决于所选用的基准面位置。它和水力要素无关。e 所含两项能量对各断面水流运动状态直接发生关系，这两项所占的比例不同，可用来判别三种流态。分析明渠均匀流内渠底坡与流态之间的关系，可知在顺坡渠道中，底坡还可分成缓坡、陡坡和临界坡三种。应用断面比能的概念还可论证水跃发生的必然性，及水跃中的能量损失。

所以提出断面比能 e 就是为了研究上述明渠非均匀流问题的需要，但这并不意味着忽视底坡沿流程变化对水流运动的影响。e 与 E 的不同点还在于两者沿流的变化规律，后者沿流总是减小；而前者则有可能会沿流减小，也有可能沿流不变或增大。e 的沿流变化率决定于反映重力作功的底坡 i 和表征阻力耗能的水力坡度 J 的对比大小。一定流量通过某一渠道时，水流可以不同的水深进行流动。如渠中水深 h 大于均匀流时的正常水深 h_0，则 $J<i,\frac{de}{ds}>0$，这种水流称为储能流；如 $h<h_0$，则 $J>i$，$\frac{de}{ds}<0$，称为减能流；而当 $h=h_0$ 时，$i=J$，$\frac{de}{ds}=0$，称为均匀流。

当明渠断面形状、尺寸和流量一定时，断面比能是水深的函数，根据 $\frac{de}{dh}=1-\frac{\alpha Q^2}{gA^3}B=1-$ Fr 关系绘制的 e-h 关系曲线，可以形象地说明不同流态具有的 e 随水深的变化规律；可以从 e 最小点得到临界水深 h_K；e-h 关系曲线和水跃函数 $\theta(h)$-h 曲线相结合，可以求出水跃的能量损失。

同正常水深 h_0 一样，临界水深 h_K 也是一个重要的特征水深。明渠流各断面水深 h 与 h_0 比较，可以判别 e 沿流程增减规律。明渠流各断面水深 h 与 h_K 比较，可用来判别流态。h_0 与渠道的断面形状、尺寸、流量、粗糙系数和底坡有关；但是 h_K 只与渠道的断面形状、尺寸、流量有关，而粗糙系数与底坡的变化不影响 h_K，这点可从 e 的涵义去理解。正常水深 h_0 只能在正坡渠道上存在，而 h_K 可在各种渠道底坡上都存在。

计算临界水深 h_K 的方法不是单一的，可以采用绘制 e-h 曲线，也可以应用式(10-21)来计算各种形状断面渠道的 h_K，对于矩形断面，则可直接采用式(10-22)计算。

在给定的渠道上，通过一定流量时，水流在均匀流时的水深(即 $h=h_0$)正好等于临界水深($h=h_0=h_K$)，这时的渠底称为临界底坡 i_K，i_K 必然大于零。反过来说，当底坡 $i=i_K$ 时，此时的正常水深 $h_0=h_K$。若 $i<i_K$(缓坡)时，$h_0>h_K$；若 $i>i_K$(陡坡)时，$h_0<h_K$。

i_K 是一个假想的判别特征值，在一定的渠道上通过某一流量 Q 时便对应一个 i_K。i_K 与 Q 有关，随 Q 增大而减小，所以对于 i 固定的渠道，随着通过 Q 的变化，渠道的坡度形式可能会改变。除了可以用 i 与 i_K 比较判别坡度形式外，因为当水流作均匀流时，缓坡与缓流、陡坡与急流、临界坡与临界流都存在一一对应的关系，所以还可通过将 h_0 与 h_K 比较来判别底坡形式。应当注意的是，若水流为非均匀流，则上述关系就不存在。在这种情况下，同一底坡上可能会出现 2 种或 3 种流态。

在断面形状、尺寸一定的渠道上，通过给定的流量时，由于渠底坡或渠上设置建筑物等缘故，水流可以有缓流、急流和临界流 3 种流态。3 种流态特征和判别方法归纳于附表中。

附表　　水流流态的判别

	判别指标	流态		
		缓流	临界流	急流
均匀流或非均匀流	水深 h	$h>h_K$	$h=h_K$	$h<h_K$
	Fr	Fr<1.0	Fr=1.0	Fr>1.0
	在 $e\sim h$ 图上	上半支	$e=e_{min}$	下半支
	$\frac{de}{dh}$	$\frac{de}{dh}>0$	$\frac{de}{dh}=0$	$\frac{de}{dh}<0$
均匀流	底坡 i	$i<i_K$	$i=i_K$	$i>i_K$
	正常水深 h_0	$h_0>h_K$	$h_0=h_K$	$h_0<h_K$

二、明渠水面曲线

明渠渐变流水面曲线表征着水深沿流程的变化，它取决于水流的流态和其断面比能的沿流变化率。明渠渐变流微分方程概括了 $\frac{de}{dh}$ 和 $\frac{de}{ds}$ 的不同组合而导致水深沿流变化规律。因为

$\frac{de}{dh}$和$\frac{de}{ds}$可以用h_0和h_K作为临界判别参数，所以在定性分析水面曲线时，要计算并绘制K—K线和N—N线。任意一条水面曲线和上述2条线的相对位置，表述了该明渠流的水力特征，说明其具有的e沿流和随水深的变化特征，这样，实质上确定了水面曲线的线型、水深沿流变化总趋势及两端界限情况。

存在于5种底坡渠道上各个流区内的渐变流水面曲线线型共12种，应用渐变流微分方程分析，12种水面曲线具有以下规律：

1. a，c区水面曲线为壅水曲线，$\frac{dh}{ds}>0$；b区为降水曲线，$\frac{dh}{ds}<0$。

2. 水面曲线趋近N—N线时，它与N—N线相切；趋近K—K线时，它与K—K线近似正交。

3. 在临界坡上，水深趋近N和K线时，水面曲线接近水平。

4. 水流向下游壅水，水深无限增大时，水面曲线趋于水平。

定性分析水面曲线的主要步骤为：

1. 求出h_0和h_K，判别正坡渠道坡度形式，绘出N—N线和K—K线。平坡和逆坡渠道$h_0\to\infty$，故不存在N—N线。

2. 根据边界条件，确定水面曲线的控制水深。

对于不同底坡连接的渠道，在变坡处的水深不是等于正常水深就是等于临界水深。如果缓坡与陡坡连接而产生跌水的，那么变坡处水深即为临界水深。

对于渠道上设有建筑物的控制水深，可以通过孔口或堰流计算，确定建筑物上游，即孔口或堰前的水深作为控制水深。

3. 由控制水深确定水面曲线位置，再根据水面曲线两端界限条件，便可确定水面曲线形状。

分段求和法可用来计算各种断面渠道，包括非棱柱形渠道和天然河流的水面曲线。

分段求和法的公式也可这样理解：

断面比能的沿流变化率：

$$\frac{de}{ds}=i-J$$

将上述微分改成差分形式，即

$$\frac{de}{ds}=i-\bar{J}$$

取各微小段Δl，并近似认为微小段内水流符合均匀流条件，用小段两端的平均水力坡度$\bar{J}$替代J。这样可求出水深差为Δh的两断面的Δe，$\bar{J}$，就可求出Δl，而水面曲线的总长度$l=\sum\Delta l$。

三、水跃

两种不同流态的水流连接将发生急变流，其中，缓流突变到急流，为跌水；急流突变到缓流，为水跃。

应用动量方程推得的水跃基本方程式表达了水跃前后两断面的作用力和动量间的变化关系，应用式(8-11)还可绘制$\theta(h)\sim h$曲线，该曲线直观地表示各对共轭水深（水跃函数值相等的水深）关系。可用来确定各种形式断面的共轭水深，也可用来求h_K。此曲线还可以推求水

跃高度 Δh，结合 $e\sim h$ 曲线，可求出水跃中的能量损失 Δe。已知共轭水深后可由经验公式求水跃长度。

水跃发生位置是分析是水面曲线分析的一个重要问题。由选用的跃前水深 h' 经计算后得到跃后水深 h''，如果下游水深为 h_t，则有：$h_t=h''$，发生临界式水跃；$h_t<h''$ 发生远驱式水跃；$h_t>h''$，则发生淹没式水跃。

复习思考题

8-1　试分析下列明渠流的论断是否正确：

(1) 测压管水头线和自由水面重合。

(2) 总水头线总是和自由水面平行。

(3) 测压管水头线决不会上升。

(4) 渠底线不可能和总水头线平行。

(5) 均匀流必然是恒定流。

(6) 恒定流必须是均匀流。

(7) 非均匀流必然是非恒定流。

(8) 非恒定流必然是非均匀流。

(9) 临界流必然是均匀流。

(10) 只有临界底坡上才能形成临界流。

(11) 急坡渠道上不可能形成缓流，缓坡上也不可能形成急流。

(12) 水跃只可能发生在缓坡渠道上。

8-2　为什么在研究明渠非均匀流时，要引出断面比能 e 的概念？它有哪些作用？

8-3　试比较下列各情况下的 A 和 B 两渠段上 h_K 的大小：

(1) 两渠段的 m,b,n,i 相同，而 $Q_A>Q_B$；

(2) 两渠段的 m,b,n,Q 相同，而 $i_A>i_B$；

(3) 两渠段的 m,b,Q,i 相同，而 $b_A>b_B$；

(4) 两渠段的 m,Q,i,b 相同，而 $n_A>n_B$。

8-4　建成的渠道，其底坡是固定的(不考虑冲淤影响)，但为什么该渠道底坡类型可能变化？在哪些情况下，原先是缓坡渠的会变成急坡渠？(可以宽浅矩形渠为例，取 $\chi\approx B$ 进行分析。)

8-5　下列各题中，哪些情况可能出现？那些不可能出现？

- 缓坡上
  - 均匀流：缓流、临界流、急流
  - 非均匀流：缓流、临界流、急流
- 临界坡上
  - 均匀流：缓流、临界流、急流
  - 非均匀流：缓流、临界流、急流
- 平坡上
  - 均匀流：缓流、临界流、急流
  - 非均匀流：缓流、临界流、急流

8-6　为什么临界坡的底坡 i 总是大于零？缓坡和急坡的 i 是否可小于零？

8-7　在水面曲线定量计算之前，为什么必须先进行定性分析？

8-8　为什么说分段求和法定量计算水面曲线的精度在于 Δh 的取值大小？

8-9　完整水跃和波状水跃的区别何在？

8-10　在实验室中，使长水槽中形成闸孔泄流后发生水跃，如流量不变，可改变水槽底坡。问底坡如何改变会使水跃成为临界式水跃、淹没式水跃和远驱式水跃？

8-11　下列各渠道由两底坡不同的渠段组成(如图)。如渠道的断面形状、尺寸、n 和 Q 均不变，试分析下列各图哪些是正确的，哪些是错误的。

8-12　分析下图渠道可能出现的水面曲线。

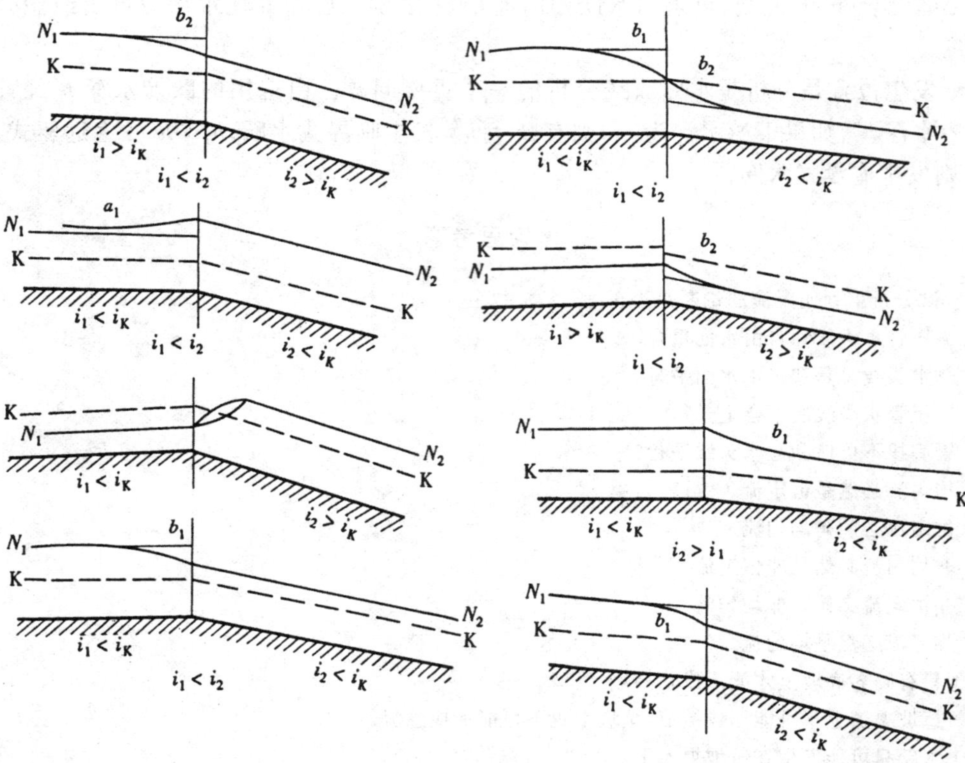

思考题 8-11 图

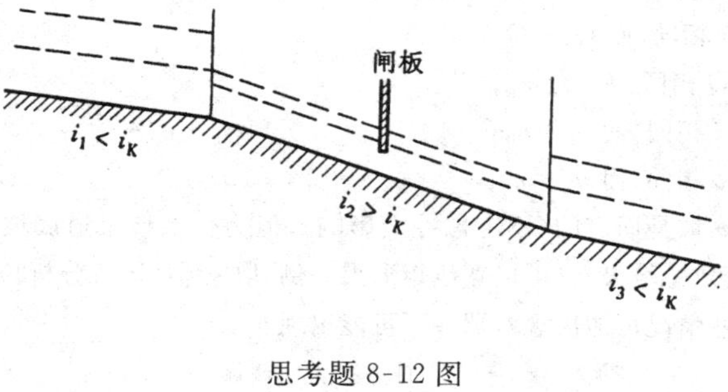

思考题 8-12 图

8-13　渠道连接二湖，若下游湖水位有 3 种可能情况(图示)，试分析这 3 种情况的水面曲线。

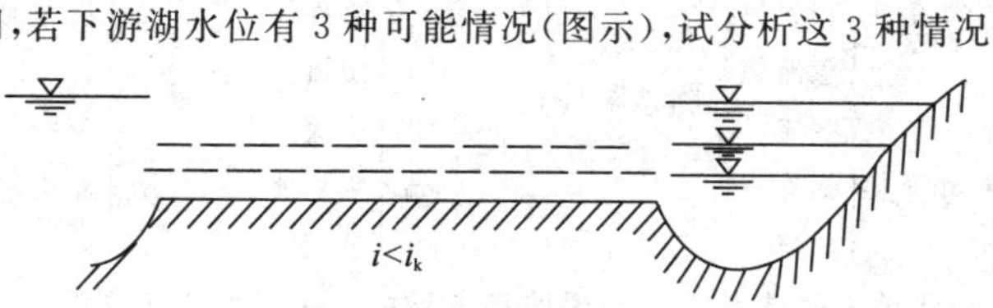

思考题 8-13 图

8-14　有不同底坡渠道段组成的渠道，如果变坡处为渐变流衔接，那么折斜断面水深等于正常水深，这个说法正确否？请予以分析说明。

习　题

一、选择题

8-1　在平坡棱柱形渠道中，断面比能的变化情况是__________。

(a) 沿程减少　　(b) 保持不变

(c) 沿程增大　　(d) 各种可能都有

8-2　下面流动中，不可能存在的是__________。

(a) 缓坡上的非均匀急流　　(b) 平坡上的均匀缓流

(c) 急坡上的非均匀缓流　　(d) 逆坡上的非均匀急流

8-3　明渠流动为缓流时__________。

(a) $v>v_K$　　(b) $h<h_K$　　(c) $Fr<1$　　(d) $\frac{de}{dh}<0$

8-4　明渠流动为缓流，若其他条件不变，下游底坎增高时，水面会__________。

(a) 抬起　　(b) 降低　　(c) 不变　　(d) 随机变化

8-5　明渠水流由急流过渡到缓流时会发生__________。

(a) 跌水　　(b) 水跃　　(c) 水深不变　　(d) 水深随机变化

8-6　流量一定，渠道断面的形状、尺寸和粗糙系数一定时，随底坡的减少，正常水深将__________。

(a) 不变　　(b) 减少　　(c) 增大　　(d) 不定

8-7　流量一定，渠道断面的形状、尺寸和粗糙系数一定时，随底坡的增大，临界水深将__________。

(a) 不变　　(b) 减少　　(c) 增大　　(d) 不定

8-8　宽浅的矩形断面渠道，随流量的减少，临界底坡将__________。

(a) 不变　　(b) 减少　　(c) 增大　　(d) 不定

二、计算题

8-1　底宽 $b=4$m，$m=1.5$ 的梯形渠道上，设一闸孔，其形状为一宽 3.6m 的矩形。试分析该段渠段有无可能形成均匀流。如 $Q=30\text{m}^3/\text{s}$，求渠道和闸孔的临界水深。

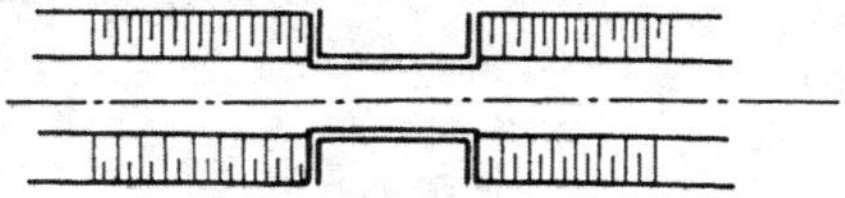

计算题 8-1 图

8-2　试证明边坡系数为 m 的等腰三角形断面渠道，通过 Q 流量时的临界水深为

$$h_K=\sqrt[5]{\frac{2Q^2}{gm^2}}$$

8-3　今调查到某次洪水在一陡崖处(水深为 1.5m)下落，并测得该处断面形状近似矩形，相应水面宽为 12.2m，要求估计该次洪水流量 Q。

8-4　底宽 4.0m 的矩形渠道($n=0.017$)上，通过的 $Q=50\text{m}^3/\text{s}$。渠流作均匀流时，$h_0=4$m。试用渠底坡与 i_K 比较的办法，判别渠中水流的流态。

8-5　底宽 $b=4$m，底坡 $i=0.00029$，粗糙系数 $n=0.017$ 的矩形断面(断面按水力最优条件设计)长渠道，通过的流量 $Q=8\text{m}^3/\text{s}$。试分别用比较 h_K，Fr，e，i_K 的方法，判断渠中水流的流动形态。

8-6　宽 20m 的矩形渠上，设一闸孔，$Q=400\text{m}^3/\text{s}$ 闸孔泄流发生水跃。已知闸孔处水深 $h'=1$m，求形成临界水跃的下游水深 h_t。

8-7　发生在矩形渠道上水跃的跃前水深 $h'=0.30$m，$v=16$m/s。试计算跃后水深和流速，并计算经过水跃的比能损失。

8-8　在渠宽 $b=2$m 的矩形渠道上发生水跃。今测得跃前水深 $h'=0.2$m，跃后水深 $h''=1.4$m，试求渠中流量 Q。

8-9　已知坝址处水深 $h_c=0.2$m(如图)，矩形渠道单宽流量 $q=0.98\text{m}^3/(\text{s}\cdot\text{m})$，坝下游正常水深 $h_0=2$m。试判断水跃是否发生？如果可能发生，是哪一种形式的水跃？

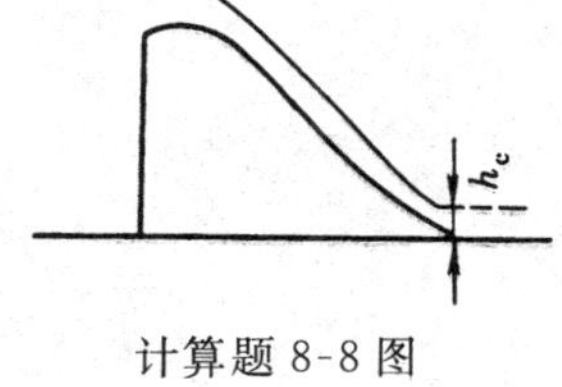

计算题 8-8 图

8-10　定性绘制图中各小题的水面曲线，并注明线型。

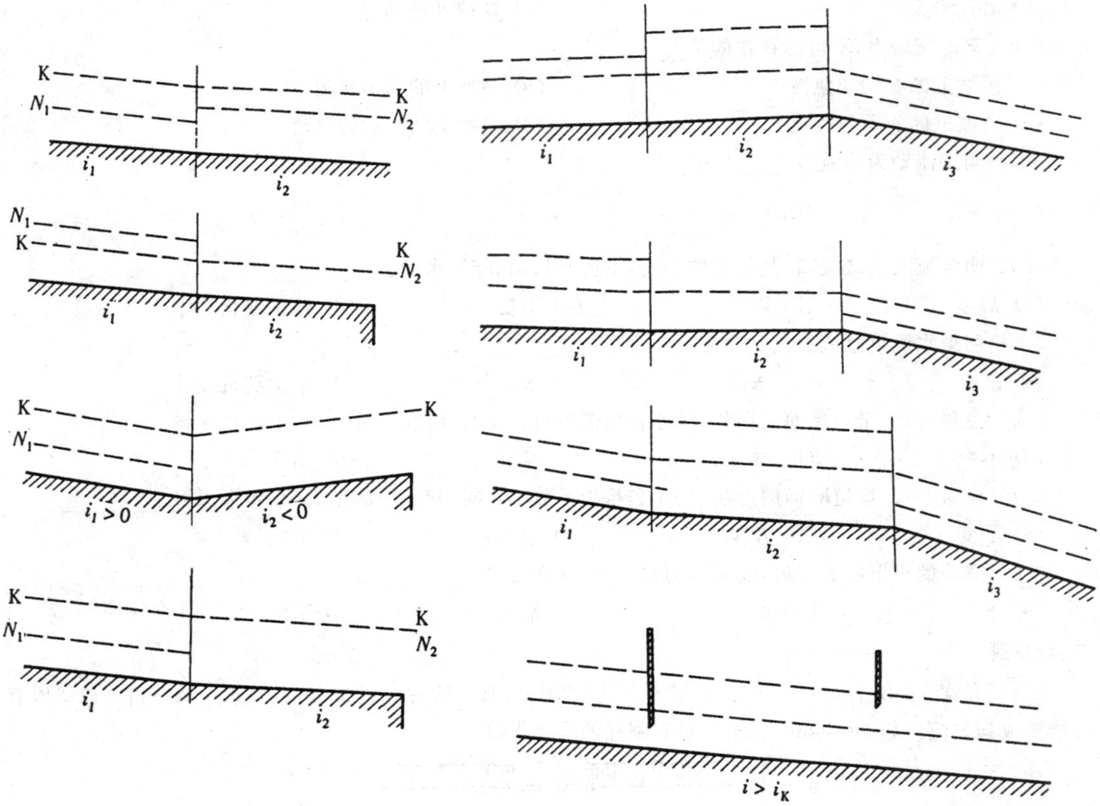

计算题 8-10 图

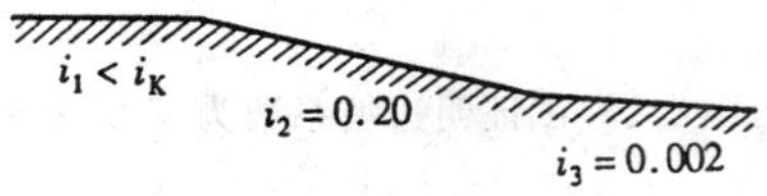

计算题 8-12 图

8-11　变坡连接的矩形渠道，$b=2\text{m}$，$Q=8.2\text{m}^3/\text{s}$，上游渠中 $h_{01}=0.5\text{m}$，试求：

（1）下游渠中 $h_{02}=2\text{m}$ 时，各渠段的水面曲线形状；

（2）下游渠中 $h_{02}'=2.60\text{m}$，水面曲线的变化。

8-12　底宽 $b=2.5\text{m}$ 的矩形变坡陡槽，$n=0.02$，$i_1<i_K$，$i_2=0.20$，$i_3=0.002$，$Q=40\text{m}^3/\text{s}$。试分析各段水面曲线，并定量计算 i_2 上的水面曲线。

8-13　底宽 $b=3\text{m}$ 的矩形断面渠道，粗糙系数 $n=0.013$，渠道由两坡段组成，$i_1=0.015$，$i_2=0.0025$；通过流量 $Q=27\text{m}^3/\text{s}$。试分析各渠段的水面曲线形状，并定量求出渐变流水面线。

（提示：取 $\Delta h=0.20\text{m}$）

9 堰 流

［内容提要］ 堰流是明渠流由于受到障碍物的影响而引起的明渠急变流现象。在工程中，堰流可用于抬高上游水位或控制流量。本章主要介绍堰流的水力特征、基本公式，以及在受到侧向收缩或淹没出流时的特点及计算方法，并简要介绍小桥出流水力特征及小桥孔径的水力计算。

9.1 堰流及其特征

一、堰和堰流

在明渠水流中，为控制水位或控制流量而设置一构筑物，使构筑物上游的水位被抬高，水流溢过构筑物的流动就称为堰流（图 9-1），该构筑物称为堰。构筑物对水流的作用通常是从底部来约束水流，但就其实质而言，从侧面来约束水流，或者从底、侧两方面同时约束水流，都被认为是堰流。

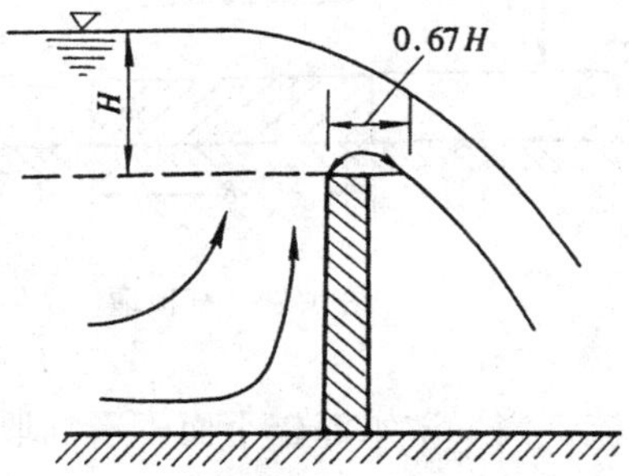

图 9-1 薄壁堰

堰流在工程上有着广泛地应用，在水利工程中，可作为引水灌溉、排泄洪水、排除内涝的水工构筑物。在给排水工程中，堰流也是常用的溢流设备和量水设备。宽顶堰流理论也是小桥桥孔水力计算的基础。

堰流的水力特性如下：

1. 堰的上游水流受阻，水面壅高，势能增大；在堰顶上由于水深变小，速度变大，使动能增大，在势能转化为动能过程中，水面有下跌的现象；

2. 堰流一般从缓流向急流过渡，形成急变流。因此堰流的水力计算主要是局部阻力，其沿程阻力可忽略不计；

3. 水流在流过堰顶时，一般在惯性的作用下均会脱离堰（构筑物），具有自由表面的液流在表面张力的作用下，水流会收缩。

二、堰的分类

堰的类型通常是以堰顶的长度 δ（沿流动方向）与堰上水头 H（它是距上游堰壁（3～4）H 处，从堰顶起算的上游水深）的比值来进行区分的：

1. 薄壁堰 $\delta/H\leqslant 0.67$

堰前的水流由于受堰壁的阻挡，明渠中的水流在惯性的作用下，使水舌下缘的流速方向为堰壁边缘切线的方向，水舌离开堰顶后，在重力的作用下，自然回落，当水舌回落到堰顶高程时，距上游堰壁约 $0.67H$，这样当 $\delta/H\leqslant 0.67$ 时，水舌就不受堰长的影响。因此堰顶与堰上水流只是一条线的接触，堰长对水流无影响，这种堰称为薄壁堰。薄壁堰主要用于测量流量的设备。如图 9-1 所示。

2. 实用堰 $0.67<\delta/H\leqslant 2.5$

当堰顶的长度大于薄壁堰时，堰顶对水流就有一定的影响，堰上的水流形成一连续的降落，这样的堰型称为实用堰。实用堰的剖面有曲线型(图 9-2(a))和折线型(图 9-2(b))两种。在实际的水利工程中，溢流坝一般都采用实用堰。

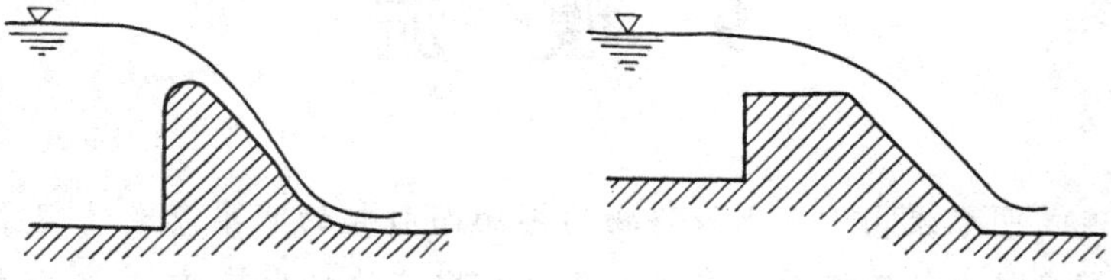

(a) 曲线型　　(b) 折线型

图 9-2　实用堰

3. 宽顶堰　$2.5<\delta/H\leqslant 10$

当堰顶的长度较大，堰顶对水流有更为明显的影响，水流在进入堰顶时形成一次跌落后，水流受堰顶较长的影响，形成一段与堰顶近乎平行的水流；如下游的水位较低，水流在流出堰顶时将产生第二次跌落。这种流动称为宽顶堰流(图 9-3 示)。

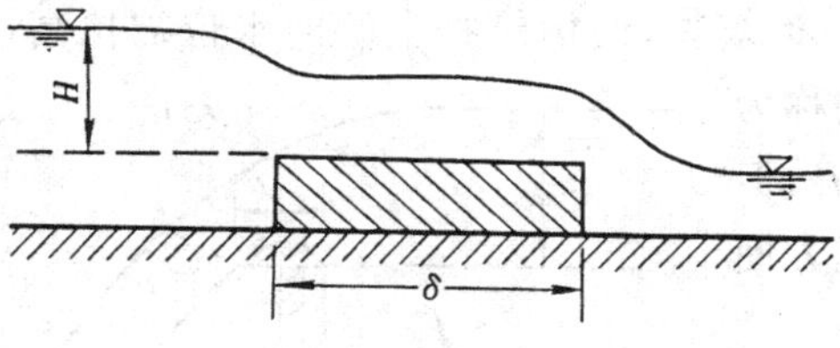

图 9-3　宽顶堰

当堰的长度更大时，即 $\delta/H>10$，沿程阻力已不能忽略，此时的流动不能用堰流理论来处理，而应以明渠流理论来处理。对于同一个堰而言，当堰上水头 H 较大时，可能为实用堰，而当 H 较小时，则有可能为宽顶堰。

除了上述分类以外，堰流还可以按下游水位是否影响堰流性质而分为自由式出流和淹没式出流。当下游水深较小而不影响堰顶正常出流时，称为自由式出流；而当下游水深较大(通常至少要大于下游堰顶高 p')时，下游水位已经影响到了堰顶的正常出流，则称为淹没式出流。

此外，当上游渠道宽度 B 等于堰宽 b 时，称为无侧收缩堰；而当渠宽 B 大于堰宽 b 时，则称为有侧收缩堰。

如果堰与渠道水流方向正交，称为正堰；与水流方向非正交的，称为斜堰；而与水流方向平行的，则称为侧堰。

9.2　堰流的基本方程

推导堰流基本公式的方法很多，这里仅介绍用能量方程来求得。现以宽顶堰为例(图 9-4)，导出堰流的基本方程。在宽顶堰的上游取一渐变流断面 0—0，然后在堰顶上取收缩断面 1—1，虽然在堰顶上的渐变流断面有点勉强，但为引用能量方程，先假设堰顶的收缩断面为渐变流。以堰顶的水平面为基准面，列上述两断面的能量方程。

$$H+\frac{\alpha_0 v_0^2}{2g}=h_{c0}+\frac{\alpha v^2}{2g}+\zeta\frac{v^2}{2g} \tag{9-1}$$

现设 $H_0=H+\frac{\alpha_0 v_0^2}{2g}$ 为堰流的作用水头，又收缩断面的水深 h_{c0} 与 H_0 有关，令 $h_{c0}=kH_0$，k 是一修正系数，它取决于堰口的形状和过流断面的变化。α_0 和 α 为相应断面的动能修正系数，ζ 为局部阻力系数。

令

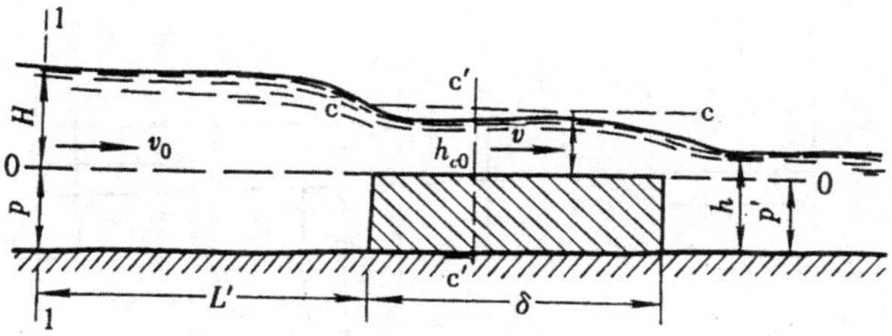

图 9-4　堰流基本方程的推导示意

$$\varphi=\frac{1}{\sqrt{\alpha+\zeta}}$$

且

$$v_0=\frac{Q}{b(p+H)}$$

代入式(9-1)得

流速：
$$v=\frac{1}{\sqrt{\alpha+\zeta}}\sqrt{2g(1-k)H_0}=\varphi\sqrt{1-k}\sqrt{2gH_0} \tag{9-2}$$

流量：
$$Q=vh_{c0}b=vkH_0b=\varphi kb\sqrt{1-k}\sqrt{2g}H_0^{3/2}=mb\sqrt{2g}H_0^{3/2} \tag{9-3}$$

式中　b——堰宽；

φ——流速系数；

m——流量系数，$m=\varphi k\sqrt{1-k}$。　(9-4)

从上面的推导可以看出，影响流量系数 m 的主要因素是 k 和 φ。其中 φ 主要反映局部损失的影响，k 则反映堰顶水流在垂直方向收缩的程度。很显然，这些因素都与堰的边界条件有关，如来流的作用水头 H、堰高 p 或 p'等。因此，不同类型、不同高度的堰，其流量系数 m 是不同的。

上述流速和流量公式均为无侧向收缩堰自由式出流的计算公式，如堰流存在侧向收缩以及堰下游的水位对堰流的出水能力产生影响，应用上述公式时必须进行修正。

如果下游水位较高且已影响上游(即为淹没式出流)时，那么即使在相同水头 H 作用下，其通过的流量 Q'也小于自由式出流时的流量 Q。通常情况下采用一小于 1.0 的淹没系数 σ 来表示其影响，故淹没式出流时的流量公式为

$$Q'=\sigma Q=\sigma mb\sqrt{2g}H_0^{\frac{3}{2}} \tag{9-5}$$

9.3　薄壁堰

薄壁堰主要用作为量测流量的测量设备。所以，从其使用角度来说，薄壁堰流一般都为自由式出流且水舌下通风，如果为无侧向收缩的正堰，则通常被称为完全堰。

薄壁堰按堰口形状的不同，可分为矩形薄壁堰、三角形薄壁堰和梯形薄壁堰等。三角形薄壁堰常用于量测较小的流量，矩形和梯形薄壁堰常用于量测较大的流量。

一、矩形薄壁堰

矩形薄壁堰的自由出流，如图 9-5 所示，在无侧向收缩的影响时，其流量公式为(9-3)：

$$Q=mb\sqrt{2g}H_0^{\frac{3}{2}}$$

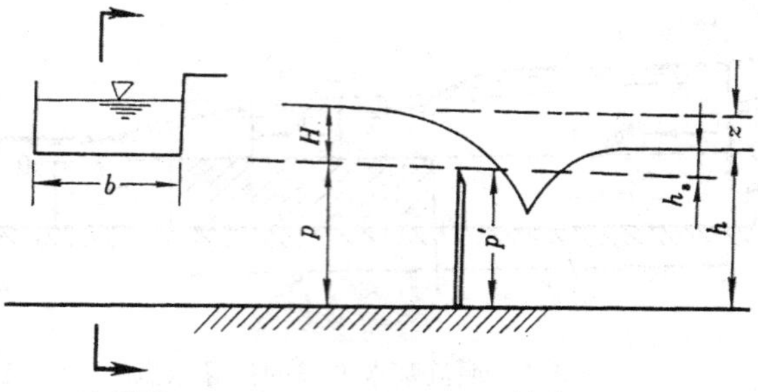

图 9-5　矩形薄壁堰

由于该方程是关于流速的隐式方程，即等式两边均含有流速，一般要用试算法进行计算。为使计算简便起见，也可将方程改写成：

$$Q=m_0 b\sqrt{2g}H^{\frac{3}{2}} \tag{9-6}$$

式中　H——堰上水头；

m_0——已考虑流速影响的薄壁堰的流量系数。

矩形薄壁堰的流量系数 m_0，需用实验确定。1898 年法国工程师 Bazin 提出了经验公式计算：

$$m_0=\left(0.405+\frac{0.0027}{H}\right)\left[1+0.55\left(\frac{H}{H+p}\right)^2\right] \tag{9-7}$$

式中　H——堰上水头(m)；

P——上游堰高(m)。

经验公式(9-7)的适用条件为

$$H=0.05\sim1.25\text{m},\ p=0.24\sim0.75\text{m},\ b=0.2\sim2.0\text{m}。$$

二、三角形薄壁堰

用矩形堰测量流量时，如果流量较小，堰上水头 H 也就很小，此时测量误差就较大。如采用三角形堰，简称三角堰(图 9-6)，则堰上水头 H 就会适当放大，测量误差也就会变小。设三角堰的堰顶夹角为 θ，自顶点为起点的堰上水头为 H，将微小宽度 db 看成薄壁矩形堰流，见图 9-6，则微小流量的表达式为

$$dQ=m_0\sqrt{2g}h^{\frac{3}{2}}\,db$$

式中 h 为 db 处的作用水头，由几何关系 $b=(H-h)\tan\frac{\theta}{2}$，则

$$db=-\tan\frac{\theta}{2}dh$$

代入前式，得：

$$dQ=-m_0\tan\frac{\theta}{2}\sqrt{2g}h^{\frac{3}{2}}\,dh$$

积分得：

$$Q=-2m_0\tan\frac{\theta}{2}\sqrt{2g}\int_H^0 h^{\frac{3}{2}}\,dh=\frac{4}{5}m_0\tan\frac{\theta}{2}\sqrt{2g}H^{\frac{5}{2}} \tag{9-8}$$

当 $\theta=90°$，$H=0.05\sim0.25$m 时，由实验可得 $m_0=0.395$，于是：

$$Q=1.4H^{\frac{5}{2}} \tag{9-9}$$

当 $\theta=90°$，$H=0.25\sim0.55$m 时，另有经验公式：

$$Q=1.343H^{2.47} \tag{9-10}$$

式中 H——自顶点为起点的堰上水头，单位以 m 计；

Q——流量，单位以 m^3/s 计。

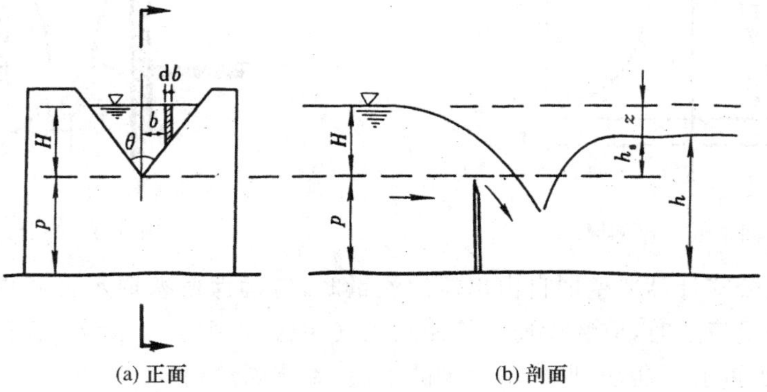

图 9-6　三角形薄壁堰

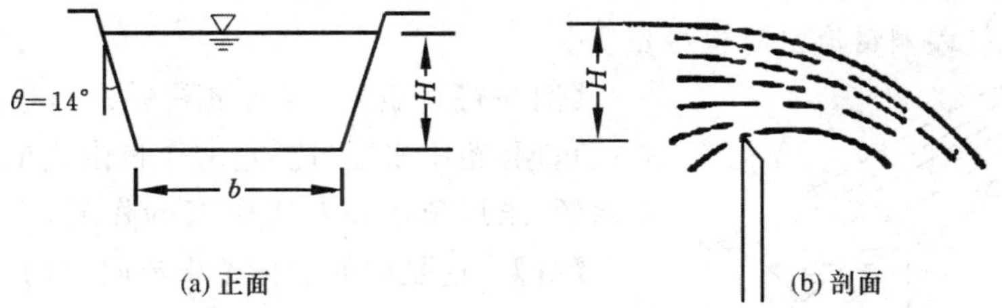

图 9-7　梯形薄壁堰

三、梯形薄壁堰

当堰口断面为梯形时的堰就称为梯形堰，如图 9-7 所示。经梯形薄壁堰的流量是中间矩形堰的流量和两侧合成的三角形堰的流量之和，梯形薄壁堰的出流公式，仍采用式(9-6)。当梯形的 $\theta=14°$时，由实验可得 $m_0=0.42$。所以

$$Q=0.42b\sqrt{2g}H^{\frac{3}{2}}=1.86bH^{\frac{3}{2}} \tag{9-11}$$

式中 b——梯形堰的下底宽，单位以 m 计；

H——梯形堰的作用水头，单位以 m 计；

Q——通过梯形堰的流量，单位为 m^3/s。

梯形堰可用于量测较大的流量。

实验证明，当梯形的腰 $\theta=14°$时，倾斜部分所增加的流量正好抵消由侧向收缩所减少的流量。即有侧向收缩的 $\theta=14°$的梯形堰，作自由式出流时，其流量和没有侧向收缩自由出流的矩

形堰相同。

工程上，除了上述几种常用的堰以外，还有其他一些形式的堰，如比例堰、竖井堰等。所谓的比例堰，即流量 Q 与作用水头 H 成直线关系的堰，如图 9-8 所示；即：

$$Q=kH$$

式中，k 为比例常数。

而所谓的竖井堰，也称环堰，是在平面上成圆形的溢流堰，如图 9-9 所示。

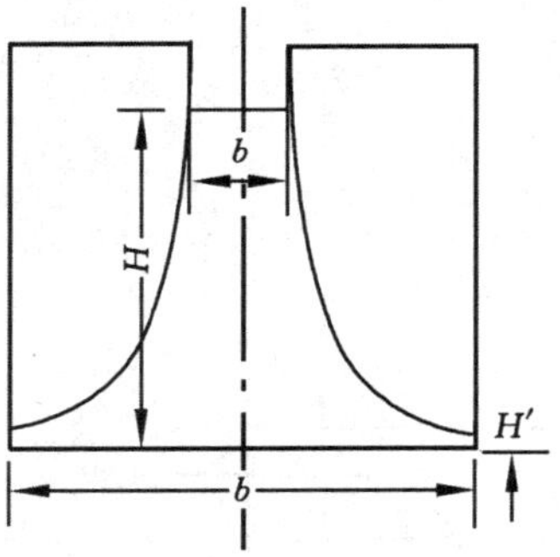

图 9-8　比例堰

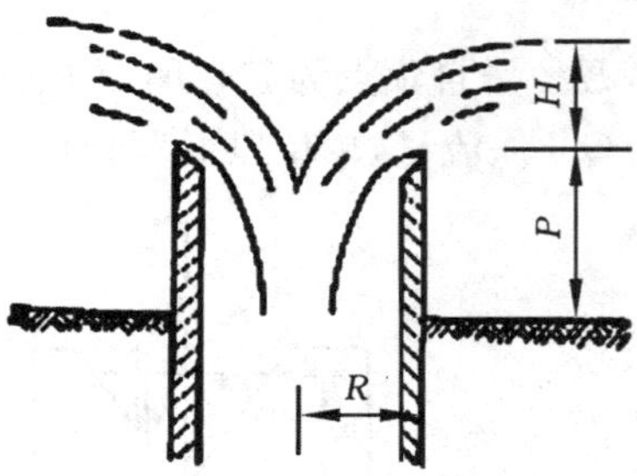

图 9-9　竖井堰

在应用上述公式计算薄壁堰自由出流的流量时，应确保薄壁堰水舌四周为大气压。一般在使用薄壁堰测量流量时，应装设通气管使与大气相通，否则会因水舌下面的空气被水流带走而出现负压，使水舌上下摆动，形成不稳定的水流，影响测量精度。

如下游水位较高，顶托堰上水流，会造成堰上水流的性质发生变化，形成淹没式出流。由于薄壁堰是用于测量渠道流量的装置，在实际应用中，一般应避免淹没式出流。同样，侧向收缩影响，在用薄壁堰测量流量时也尽量避免。

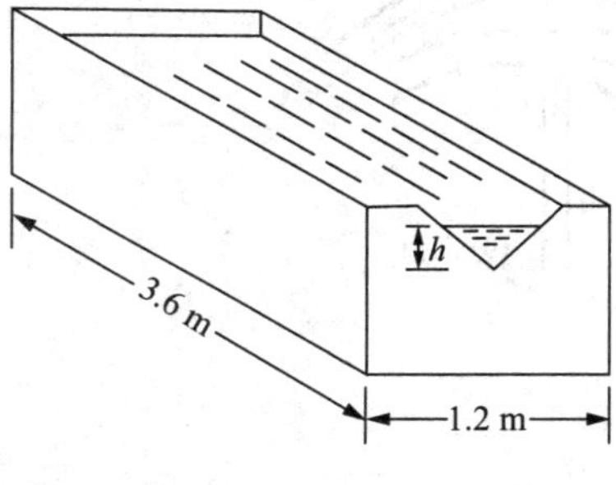

图 9-10　例 9-1 图

【例 9-1】 矩形水箱（如图 9-10），长 3.6m，水箱一端有三角堰，箱中水通过三角堰作自由式出流。设水箱无补充水源，求堰顶水头 h 从 0.25m 降至 0.05m 所需时间 t。

【解】 这是堰的非恒定出流问题，其计算原理与孔口非恒定出流相似。设矩形水箱水平面积为 Ω，在 $\mathrm{d}t$ 时间内流出水量 $Q\mathrm{d}t$，箱中水位下降 $\mathrm{d}h$，由于在 $\mathrm{d}t$ 时间内流经三角堰的水量 $Q\mathrm{d}t$ 应等于矩形水箱水量的减少值，即

$$Q\mathrm{d}t=-\Omega\mathrm{d}h$$

利用三角堰流量公式 $Q=1.4h^{5/2}$，代入后得：

$$\mathrm{d}t=-\frac{\Omega\mathrm{d}h}{1.4h^{5/2}}$$

堰顶水头从 0.25m 降至 0.05m 所需时间 t 为

$$t=\int_t \mathrm{d}t=-\frac{\Omega}{1.4}\int_{0.25}^{0.05} h^{-5/2}\mathrm{d}h$$

$$=\frac{2}{3}\times\frac{3.6\times1.2}{1.4}\left[\frac{1}{(0.05)^{3/2}}-\frac{1}{(0.25)^{3/2}}\right]$$

$$=\frac{2}{3}\times3.08\times\left(\frac{1}{0.0112}-\frac{1}{0.125}\right)=167\mathrm{s}$$

9.4 实用堰

实用堰是水利工程中用来挡水同时又能泄流的构筑物，按其剖面的形式可分为曲线型实用堰和折线型实用堰两种，如图 9-2 示。实用堰流量的计算公式与矩形薄壁堰相似，即：

$$Q=m_0 b\sqrt{2g}H^{\frac{3}{2}}$$

一、曲线型

堰顶曲线对水流特性的影响很大，是设计曲线型实用堰剖面形状的关键。国内外设计曲线型实用堰剖面形状有许多方法，主要区别就在于曲线段如何确定。

曲线型实用堰又可分为非真空堰和真空堰两种。

如果曲线与同样条件下薄壁堰自由出流的水舌下缘相重合，则水流将紧贴堰面下泄，水舌基本上不受堰面形状的影响，堰面压强为大气压强；如果曲线突出水舌下缘，则堰面将顶托水流。水舌不能保持原有的形状，堰面的压强应大于大气压强。堰前总水头中的一部分势能将转换成压能，使转换成水舌动能的有效水头减少，过水能力就会降低。上述两类堰都称为非真空堰。

如果堰面低于水舌下缘，溢流水舌将脱离堰面。脱离处空气被水舌卷吸带走，堰面处会形成局部真空，此类堰称为真空堰。由于该真空区的存在，相当于增加了作用水头。所以，过水能力会得到提高。但是，这种堰的水流不稳定，不仅会引起构筑物的振动，而且可能在堰面产生空穴，导致堰面损坏。

所以，理想的剖面形状应使堰面曲线与薄壁堰水舌下缘重合，这样既不产生真空，又有比较大的过水能力。常用的有克里格尔-奥菲采洛夫剖面堰、美国 WES 标准剖面堰、长研 1 型剖面堰等。

二、折线型

由于曲线型实用堰的外型符合溢流水舌形状，所水流阻力较小，水力性能较好。但施工复杂，且投资也较大。所以，一般小型或临时性实用堰大多采用折线型实用堰。

一般曲线型实用堰的流量系数可取 $m=0.45$，折线型实用堰的流量系数可取 $m_0=0.35\sim0.42$。

三、淹没影响

当实用堰堰下游水位超过堰顶标高时，即 $h_s=h-p>0$，堰流成为淹没式出流，设 σ_s 淹没系数，则淹没式实用堰的流量公式为：

$$Q=\sigma_s m_0 b\sqrt{2g}H^{\frac{3}{2}} \tag{9-12}$$

式中的淹没系数与淹没程度有关，具体见表 9-1。

表 9-1　实用堰的淹没系数

$\frac{h_s}{H}$	0.05	0.20	0.30	0.40	0.50	0.60	0.70	0.80	0.90	0.95	0.975	0.995	1.00
σ_s	0.997	0.985	0.972	0.957	0.935	0.906	0.856	0.776	0.621	0.470	0.319	0.100	0

四、侧面收缩影响

当堰宽小于堰上游渠道时，过堰水流将发生侧向收缩，造成泄流能力降低，侧向收缩的影响采用侧向收缩系数 ε 表示，此时堰的流量公式为

$$Q=m_0\varepsilon b\sqrt{2g}H^{\frac{3}{2}} \tag{9-13}$$

式中，ε 为侧向收缩系数，取决于收缩量的大小。

9.5 宽顶堰

当 $2.5<\dfrac{\delta}{H}\leqslant 10$ 时，称为宽顶堰。宽顶堰水面线的特征是：由于宽顶堰堰槛凸起，使过水断面缩小，流速 v 增大，由于一部分势能转化成动能，故在堰槛上水位发生一次跌落。当堰流为自由式出流时，即下游水位比较低时，水位流经堰槛末端时形成第二次跌落(图 9-3)。

一、自由式出流

宽顶堰的流量公式形式与薄壁堰一样，差别仅在于流量系数 m 上。

宽顶堰流量计算公式为

$$Q=mb\sqrt{2g}H_0^{3/2} \tag{9-14}$$

由于流经宽顶堰时的水头损失较薄壁堰和实用堰两种都大，故宽顶堰的流量系数 m 较前二者小。由实验资料，流量系数 m 可按下式计算：

矩形直角进口宽顶堰，

$$当\ 0\leqslant\frac{p}{H}<3.0\ 时，m=0.32+0.01\frac{3-\dfrac{p}{H}}{0.46+0.75\dfrac{p}{H}} \tag{9-15}$$

当 $\dfrac{p}{H}\geqslant 3.0$ 时，$m=0.32$。

矩形圆弧进口宽顶堰

$$当\ 0\leqslant\frac{p}{H}<3.0\ 时，m=0.36+0.01\frac{3-\dfrac{p}{H}}{1.2+1.5\dfrac{p}{H}} \tag{9-16}$$

当 $\dfrac{p}{H}\geqslant 3.0$ 时，$m=0.36$。

如假定为理想液体，则不考虑水头损失，所通过的流量为最大。理论上，最大流量的流量系数 m 可通过下面来求得，参见图 9-4。

以堰槛顶为基准面，列 1—1 与 2—2 断面的能量方程，由于是理想液体，故不计能量损失：

$$H_0=H+\frac{\alpha v_0^2}{2g}=h_c+\frac{\alpha v^2}{2g}$$

整理后，得到流速为

$$v=\sqrt{2g(H_0-h_c)}$$

则通过的流量为

$$Q=vbh_c=bh_c\sqrt{2g(H_0-h_c)}=b\sqrt{2g}(H_0h_c^2-h_c^3)^{\frac{1}{2}} \tag{9-17}$$

由于 g,b 都是常数,故要使流量 Q 为最大,只要 $H_0h_c^2-h_c^3$ 为最大即可。而 H_0 是定值,所以,令

$$\frac{dQ}{dh_c}=0$$

$$2H_0h_c-3h_c^2=0$$

$$3h_c=2H_0$$

得到:

$$h_c=\frac{2}{3}H_0$$

即根据宽顶堰的最大流量理论,堰顶水头 h_c 是堰上水头 H_0 的 2/3 倍。换句话说,堰顶的单位断面能($H_0=e$)中,有 2/3 是单位势能 h_c,1/3 是单位动能$\frac{v^2}{2g}$。也就是,单位势能 h_c 是单位动能$\frac{v^2}{2g}$的两倍,$h_c=2\ \frac{v^2}{2g}$。即等同于明渠流中的临界状态($h_c=h_k$)。

现将 $h_c=\frac{2}{3}H_0$ 代入式(9-17),可得:

$$Q=b\sqrt{2g}H_0^{\frac{3}{2}}\ \frac{2}{3}\sqrt{\frac{1}{3}}=0.385b\sqrt{2g}H_0^{\frac{3}{2}} \tag{9-18}$$

从而可知最大的流量系数 $m=0.385$。

对于实际液体,由于存在着粘性,所以流动过程中也存在损失。因此,流量系数应小于 0.385,而此时堰顶上的水深也小于临界水深。

二、淹没式出流

当堰下游水位较高时,顶托过堰水流,造成堰上水流性质发生变化。堰上水深由小于临界水深变为大于临界水深,水流由急流变为缓流,使堰的过水能力下降,如图 9-11 所示。

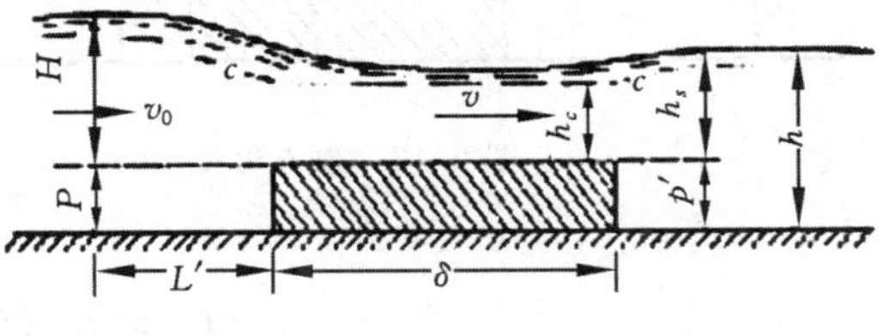

图 9-11　宽顶堰淹没式出流

当下游水深 h 高于堰顶 p' 时,随下游水位超过堰顶水深的 h_s($h_s=h-p'$)逐渐增加,堰顶将发生波状水跃,但此时的下游水深 h 并不改变堰上水深 h_c,收缩断面后仍然保持急流状态,泄流能力并未受到影响。但当 h_s 大于与 h_c 相共轭的跃后水深 h_c'' 时,堰顶将发生淹没式水跃,此时,堰上水位被壅高。这时如果上游水位不变,泄流能力 Q 将减少;或者说,要维持 Q 不变,上游水位则要壅高。这种堰顶呈缓流、泄流能力受下游水位影响的宽顶堰流称为淹没式出流。

下游水位高于堰顶(即 $h_s>0$)是形成淹没式出流的必要条件。而其充分条件是下游水位足以使在堰顶上发生淹没式水跃,使水流由急流变成缓流。根据实验得到淹没式出流的充分条件(图 9-11):

$$h_s=h-p'\geqslant 0.8H_0 \tag{9-19}$$

淹没式堰流的过流能力降低,淹没的影响可用淹没系数 σ_s 表示,淹没式宽顶堰的流量公式为

$$Q=\sigma_s mb\sqrt{2g}H_0^{\frac{3}{2}} \tag{9-20}$$

式中，σ_s 为宽顶堰淹没系数，取值范围见表 9-2。

表 9-2　　宽顶堰的淹没系数

$\frac{h_s}{H_0}$	0.80	0.81	0.82	0.83	0.84	0.85	0.86	0.87	0.88	0.89	0.90	0.91	0.92	0.93	0.94	0.95	0.96	0.97	0.98
σ_s	1.00	0.995	0.99	0.98	0.97	0.96	0.95	0.93	0.90	0.87	0.84	0.82	0.78	0.74	0.70	0.65	0.59	0.50	0.40

三、侧向收缩的影响

当堰宽 b 小于上游渠道宽 B 时，水流流进堰口后，由于流道断面面积的变化，水流在惯性的作用下，使水流流线发生弯曲，产生附加的局部阻力，造成过流能力降低。侧向收缩影响用收缩系数 ε 表示，对于自由出流的宽顶堰堰流流量：

$$Q=\varepsilon mb\sqrt{2g}H_0^{\frac{3}{2}} \tag{9-21}$$

收缩系数 ε 与堰宽和渠道的比值 $\frac{b}{B}$，边墩的进口形状及进口断面变化 $\frac{p}{H}$ 有关。根据实验资料得经验公式：

$$\varepsilon=1-\frac{a}{\sqrt[3]{0.2+\frac{p}{H}}}\sqrt[4]{\frac{b}{B}}\left(1-\frac{b}{B}\right) \tag{9-22}$$

式中，a 为墩形系数，矩形边缘的 $a=0.19$；圆形边缘的 $a=0.10$。

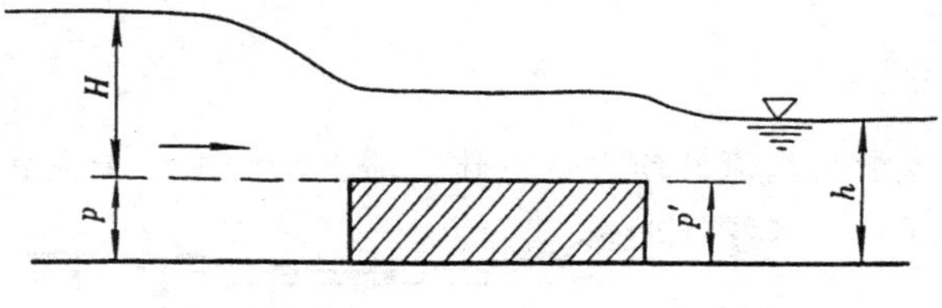

图 9-12　例 9-2 图

【例 9-2】 某矩形断面宽顶堰，如图 9-12 所示。已知：渠道宽 $B=3\text{m}$，堰宽 $b=2\text{m}$，坎高 $p=p'=1\text{m}$，堰上水头 $H=2\text{m}$，堰顶为直角进口，墩头为矩形，下游水深 $h=2\text{m}$，试求过堰流量。

【解】 (1) 判别出流形式

$$h_s=h-p'=1\text{m}>0$$

$$0.8H_0>0.8H=0.8\times2=1.6\text{m}>h_s$$

满足淹没出流的必要条件，但不满足充分条件，所以仍为自由式堰流。

由于，$b<B$，流动存在侧向收缩。因此该堰流为自由式有侧向收缩的宽顶堰。

(2) 计算流量系数 m 和侧向收缩系数 ε

堰顶为直角进口，$\frac{p}{H}=0.5<3$，由式(9-15)得

当 $0\leqslant\frac{p}{H}<3.0$ 时，

$$m=0.32+0.01\frac{3-\frac{p}{H}}{0.46+0.75\frac{p}{H}}=0.32+0.01\times\frac{3-\frac{1}{2}}{0.46+0.75\times\frac{1}{2}}=0.35$$

侧向收缩系数由式(9-22)得：

$$\varepsilon=1-\frac{a}{\sqrt[3]{0.2+\frac{p}{H}}}\sqrt[4]{\frac{b}{B}}\left(1-\frac{b}{B}\right)=1-\frac{0.19}{\sqrt[3]{0.2+\frac{1}{2}}}\sqrt[4]{\frac{2}{4}}\left(1-\frac{2}{4}\right)=0.936$$

(3) 计算流量

流量公式由式(9-21)得：

$$Q=\varepsilon mb\sqrt{2g}H_0^{\frac{3}{2}}$$

其中 $H_0=H+\frac{\alpha v_0^2}{2g}$， $v_0=\frac{Q}{B(H+p)}$

用迭代法求解 Q,式中 $\alpha=1$

第一次取 $H_{0(1)}=H=2\text{m}$

$$Q_{(1)}=\varepsilon mb\sqrt{2g}H_{0(1)}^{\frac{3}{2}}=0.936\times0.35\times2\times\sqrt{2\times9.8}\times2^{\frac{3}{2}}=8.20\text{m}^3/\text{s}$$

$$v_{0(1)}=\frac{Q_{0(1)}}{B(H+p)}=\frac{8.20}{3\times(2+1)}=0.911\text{m/s}$$

第二次取 $H_{0(2)}=H+\frac{\alpha v_{0(1)}^2}{2g}=2+\frac{0.911^2}{2\times9.8}=2.042\text{m}$

$$Q_{(2)}=\varepsilon mb\sqrt{2g}H_{0(2)}^{\frac{3}{2}}=0.936\times0.35\times2\times\sqrt{2\times9.8}\times2.042^{\frac{3}{2}}=8.47\text{m}^3/\text{s}$$

$$v_{0(2)}=\frac{Q_{0(2)}}{B(H+p)}=\frac{8.47}{3\times(2+1)}=0.941\text{m/s}$$

第三次取 $H_{0(3)}=H+\frac{\alpha v_{0(2)}^2}{2g}=2+\frac{0.941^2}{2\times9.8}=2.045\text{m}$

$$Q_{(3)}=\varepsilon mb\sqrt{2g}H_{0(3)}^{\frac{3}{2}}=0.936\times0.35\times2\times\sqrt{2\times9.8}\times2.045^{\frac{3}{2}}=8.49\text{m}^3/\text{s}$$

如本题计算限定计算误差为1%,则当前后两次试算的值满足限定误差要求时,可认为该值为最终值。

$$\frac{|Q_{(3)}-Q_{(2)}|}{Q_{(3)}}=\frac{8.49-8.47}{8.49}=0.2\%<1\%$$

则过堰流量 $Q=8.49\text{m}^3/\text{s}$。

迭代法是求解宽顶堰的基本方法,虽然计算形式比较复杂,但该方程的收敛性很好,一般迭代三次即可。

9.6 小桥孔径的水力计算

小桥的底板一般与河流的底板齐平,并无底槛隆起($p=p'=0$),如图9-13所示。但小桥孔径的设计计算,可以应用宽顶堰理论。这是由于桥墩或桥边墩受侧向收缩的影响,使水流的过水断面变小,造成局部阻力。水流在桥孔前水位壅高,进入桥孔后,流速增加,造成水面一次跌落;当水流流出桥孔后,由于水面变宽,又产生局部阻力,使水面再一次跌落。这种水力现象与宽顶堰水流过程相似,因此宽顶堰流的理论可应用于小桥孔径的水力计算中。

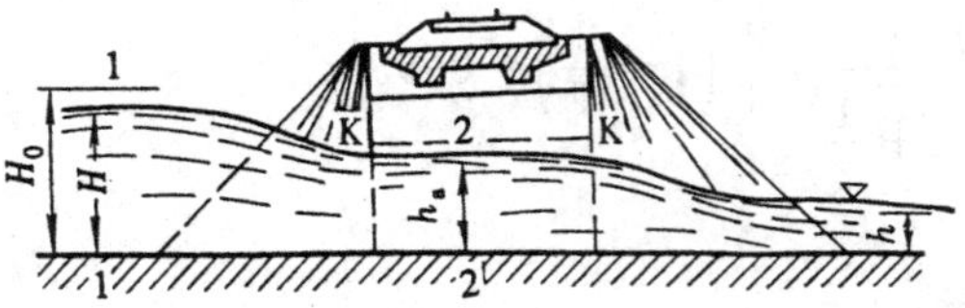

图 9-13　自由式小桥孔径过流

小型桥孔水力计算的已知数据是：根据水文资料决定的设计流量 Q，按河道情况决定的对应于设计流量 Q 的天然水深（下游）H_2。设计要选定的是：按河床加固情况以避免冲刷而拟定的最大允许不冲流速 v'。

水力计算的主要任务是：设计小桥孔径 b 及桥前抬高水深 H。很显然，小桥孔径 b 愈小，则小桥造价愈低，但小桥前抬高水深 H 就愈大，以致会影响农田或路基高度。同时，桥下流速 v 也愈大，使河床加固费用也愈大。反之，如果小桥孔径 b 愈大，则桥前抬高水深 H 和桥下流速 v 就会减少，但小桥本身的造价却增加了。因此，最后应以建筑技术、造价经济等方案比较来决定。

在进行小桥孔径的水力计算时，首先也须根据桥下水深与下游水深的不同比值，把小桥出流分为自由式出流和淹没式出流两种。按宽顶堰最大流量理论，在自由式出流时，桥下水深应为临界水深 h_k（实际上，桥下水深是一个收缩水深 h_c，大小为 $h_c=\psi h_k$。ψ 称为垂直收缩系数，视小桥进口形式和水流收缩情况而定。根据实验结果，对于平顺的进口，$\psi=0.75\sim0.80$，对于非平顺的进口，$\psi=0.80\sim0.85$。但目前在小桥设计中常采用 $=1.0$）。

$$h_k=\sqrt[3]{\frac{\alpha Q^2}{g(\varepsilon b)^2}} \tag{9-23}$$

式中，ε 为小桥的收缩系数（表 9-3），b 为小桥的孔径。

表 9-3　　小桥孔径的收缩系数、流速系数

桥　台　形　状	流速系数 φ	侧收缩系数 ε
单孔，有锥体填土（锥体护坡）	0.90	0.90
单孔，有八字翼墙	0.90	0.85
多孔，或无锥体填上多孔，或桥台伸出锥体之外	0.85	0.80
拱脚浸水的拱桥	0.80	0.75

由于在临界水深 h_k 的过水断面上的流速为临界流速 v_k，且存在 $Q=v_kA_k=v_k\varepsilon bh_k$ 的关系，则式(9-23)可化简为

$$h_k=\frac{\alpha v_k^2}{g} \tag{9-24}$$

将临界水深 h_k 与桥下游水深 H_2 作比较，当 $H_2\leqslant1.3h_k$ 时，为自由式出流，否则为淹没式出流。

一、自由式出流

当桥的下游水位不影响小桥的过水能力，水面有明显的两次跌落，这时的小桥出流为自由出流。

在自由式出流时，通常为了减少小桥孔径的尺寸，常取桥孔中的流速为最大允许不冲流速 v'（v'的数值见表 9-4）。则桥孔中水流有效面积为 $A=\varepsilon h_kb=\varepsilon b\,\frac{v_k^2}{g}$，那么通过的流量为

$$Q=\varepsilon h_kbv_k=\varepsilon b\,\frac{v_k^2}{g}v_k \tag{9-25}$$

所以,小桥孔径为

$$b=\frac{Qg}{\varepsilon v_k^3} \tag{9-26}$$

表 9-4　　河床加固工程的最大允许不冲流速 v'

项次	加固工程类型	水流平均深度(m)			
		0.4	1.0	2.0	3.0
		允许平均流速(m/s)			
1	平铺草皮(在坚实基础上), 迭铺草皮	0.9 1.5	1.2 1.8	1.3 2.0	1.4 2.2
2	用大圆石或片石堆积,20～30cm 当石块平均尺寸为　30～40cm 40～50cm	2.3 — —	3.6 4.1 —	4.0 4.3 5.7	4.3 4.6 5.9
3	在篱格内堆二层大石块,20～30cm 当石块平均尺寸为　30～40cm 40～50cm	4.0 — —	4.5 5.0 —	4.9 5.4 5.7	5.3 5.7 5.9
4	青苔上单层铺砌(青苔厚不小于 5cm) (1) 用 15cm 大小的圆石或片石 (2) 用 20cm 大小的圆石或片石 (3) 用 25cm 大小的圆石或片石	 2.0 2.5 3.0	 2.5 3.0 3.5	 3.0 3.5 4.0	 3.5 4.0 4.5

按计算出的结果选定标准孔径 b'(见表 9-5),并计算取用标准值后的流速 v_k',

$$v_k'=v_k\sqrt[3]{\frac{b}{b'}} \tag{9-27}$$

v_k'应小于 $v_k=v'$,即不能引起水流的冲刷。然后,应再计算相应桥孔 b'中的水深 h_k',以判定所选标准孔径 b'中的水流出流形式。

$$h_k'=\frac{v_k'^2}{g} \tag{9-28}$$

将其与 H_2 作比较,如果是淹没式,则应按淹没式重新计算。如果仍是自由式,则可继续计算桥上游壅水深度 H。

表 9-5　　桥梁标准孔径 b'

铁路桥梁(m)	4,5,6,8,10,12,16,20…
公路桥梁(m)	5,6,8,10,13,16,20…

计算桥上游壅水深度 H 可利用能量方程来求得。可列图 9-13 所示的 1—1 断面和 2—2 断面的能量方程:

$$H+\frac{\alpha_0 v_0^2}{2g}=h_k'+\frac{\alpha v_k'^2}{2g}+\zeta\frac{v_k'^2}{2g}=h_k'+(\alpha+\zeta)\frac{v_k'^2}{2g} \tag{9-29}$$

式中,ζ 为局部阻力系数,如令 $\varphi=\frac{1}{\sqrt{\alpha+\zeta}}$,则 $\alpha+\zeta=\frac{1}{\varphi^2}$,代入式(9-29),得

$$H=h_k'+\frac{v_k'^2}{\varphi^2 2g}-\frac{v_0^2}{2g} \tag{9-30}$$

式中　φ——流速系数，与桥台进口形状有关，见表 9-3；

v_0——行近流速，有时可忽略。

由上游壅水深度 H，或根据需要，再计算上游水面的壅水曲线，以考虑造桥后水位被抬高是否会对上游产生影响。同时还应校核桥底下净空是否满足要求。

二、淹没式出流

当小桥的下游水深 $H_2>1.3h_k$ 时，下游水位将影响桥的过水能力，流动为淹没出流，如图 9-14 所示。

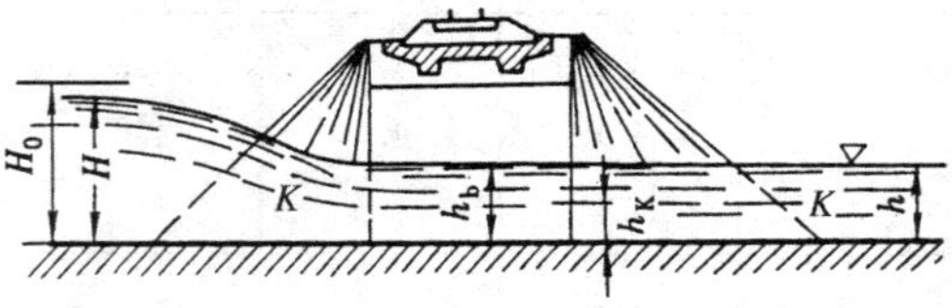

图 9-14　小桥孔径的淹没出流

此时，在小桥的水流水面上只发生一次跌水，如忽略水流在桥出口过程中的流速变化造成水深的变化，则桥下水深可认为与下游水深 H_2 一致。仍取最大允许不冲流速 v'，则淹没式出流时的流量为

$$Q=\varepsilon b H_2 v' \tag{9-31}$$

那么，小桥孔径就为

$$b=\frac{Q}{\varepsilon b v'} \tag{9-32}$$

按计算结果查表 9-5 选用标准孔径，同自由式出流一样，由于要考虑到桥下流速小于最大允许不冲流速 v'，所以要选标准孔径 $b'\geqslant b$。此时实际流速 $v''\leqslant v'$，由此按式(9-28)计算出的临界水深 $h_k'\leqslant h_k$，因此 $H_2>1.3h_k\geqslant 1.3_k'$，仍然为淹没式出流。可见，对于淹没式出流的水力计算，不必校核 h_k'。

桥前壅水深度 H 的计算，与自由式出流一样，列两断面的能量方程，其计算公式的形式与自由式出流的公式一样，即

$$H=H_2+\frac{v_k'^2}{\varphi^2 2g}-\frac{v_0^2}{2g} \tag{9-33}$$

【例 9-3】　小桥设计流量 $Q=30\text{m}^3/\text{s}$。下游水深 $h=1.0\text{m}$，要求桥前允许的壅水高度 $H=2\text{m}$，桥下允许流速 $v'=3.5\text{m/s}$。小桥进口形式为平滑进口单孔有八字翼墙，相应的各项系数为 $\varphi=0.90$，$\varepsilon=0.85$，并取 $\psi=0.80$。试计算小桥的孔径。

【解】　(1) 计算临界水深

由式(9-23)得：

$$h_k=\sqrt[3]{\frac{\alpha Q^2}{(\varepsilon b)^2 g}}$$

流量 $Q=v'(\varepsilon b)h_a=v'(\varepsilon b)(\psi h_k)$

式中 ε 为收缩系数，εb 为实际流动宽度，整理得：

$$h_k=\frac{\alpha\psi^2 v'^2}{g}=0.8\text{m}$$

$1.3h_k=1.04\text{m}>h=1.0\text{m}$，此小桥过流为自由出流。

(2) 孔径计算

$$b=\frac{Q}{\varepsilon\psi h_k v'}=15.8\text{m}$$

取标准值 $b'=16\text{m}$，相应临界水深 $h'_k=0.792\text{m}$，$1.3h'_k>h$，仍为自由出流。桥孔的实际流速：

$$v''=\frac{Q}{\varepsilon b\psi h'_k}=3.48\text{m/s}<v' \text{满足桥下允许流速的要求。}$$

(3) 验算桥前的水深

$$H\approx H_0=\psi h'_k+\frac{\left(\frac{v''}{\varphi}\right)^2}{2g}=1.40\text{m}<H'$$

满足要求的壅水高度。

学习指导

本章主要研究在渠道中放置构筑物(障壁)形成的各种流动即堰流，此构筑物称为堰。由于堰的存在，水流受阻，造成上游水位壅高，而在堰顶上由于水深的变化，使流速变大，动能增加。在上游势能转化成堰顶的动能过程中，造成水面线下降。整个流动过程一般属于急变流，水力计算中也只考虑局部水头损失，沿程水头损失忽略不计。

按堰顶长度(沿流动方向)与堰上作用水头的比值，可将堰分为三类：薄壁堰、实用堰和宽顶堰。

按堰下游水深对堰泄流能力的影响与否，又可将堰流分为自由出流和淹没出流。如为淹没出流，用淹没系数 σ_s 考虑。

按堰宽与渠道宽是否一致，可判定堰流是否受到侧向收缩的影响。如受到影响，可用收缩系数 ε'考虑。

对于给定的堰上水头 H，其泄流能力与堰的形式、几何形状等因素有关。可简单用一函数关系式表示：

$$Q=f(\varepsilon,\sigma_s,m,b,H)$$

式中的 m 为流量系数，取决于堰的几何形状和堰流的流动特性。

堰流的水力计算，是在已知各种边界条件的情况下，找出流量 Q，堰宽 b 和堰上水头 H 的关系。一般要通过试算法或迭代法计算，如例 9-2。要求掌握这些方法。

小桥孔径的水力特性与堰流很相似，可用堰流的计算公式应用于小桥孔径的计算中。需要注意的是，在小桥孔径的计算中，计算的结果必须要进行验算，因为在工程上存在允许流速值和允许壅高值。如不满足要求，必须改变几何尺寸，以满足规定的允许值，如例 9-3。

复习思考题

9-1　比较矩形大孔口出流、堰流、明渠流在水流现象和水力特征方面的异同点。它们之间在什么条件下可以互相转换？

9-2　堰流基本关系式中，m，ε，σ_s 等系数和哪些因素有关？怎样取值？归纳比较各种堰流的系数。

9-3　为什么说，下游水位高于堰顶只是淹没出流的必要条件，而不是充分条件？

9-4　为什么堰宽小于渠宽要考虑侧向收缩影响？同理，堰(槛)高出于渠底的收缩影响是怎样考虑的？

9-5　试述在小桥涵洞水力计算中，哪些地方应用了宽顶堰理论？

9-6　在小桥自由出流计算中，计算出 l 后还要复核是否会形成淹没出流，而淹没出流则无此必要。为什么？

9-7　为什么堰流水力计算中必须分析堰下水流衔接状况？

习　题

一、选择题

9-1　堰流是__________。

(a) 无压均匀流　　(b) 有压均匀流

(c) 缓流经障壁溢流　　(d) 急流经障壁溢流

9-2　堰流的水力计算特点是__________。

(a) 仅考虑局部损失　　(b) 仅考虑沿程损失

(c) 两种损失同时考虑　　(d) 上述都可以

9-3　实用堰应符合__________。

(a) $\frac{\delta}{H}\leqslant 0.67$　　(b) $0.67<\frac{\delta}{H}\leqslant 2.5$

(c) $2.5<\frac{\delta}{H}\leqslant 10$　　(d) $\frac{\delta}{H}>10$

9-4　粘性流体自由式宽顶堰的堰顶水深 h_c 与临界水深 h_k 比较为__________。

(a) $h_c>h_k$　　(b) $h_c=h_k$

(c) $h_c<h_k$　　(d) 无法确定

9-5　相同情况下宽顶堰的自由式出流流量 Q 与淹没式出流流量 Q' 比较为__________。

(a) $Q>Q'$　　(b) $Q=Q'$

(c) $Q<Q'$　　(d) 无法确定

9-6　小桥孔径的水力计算依据__________。

(a) 明渠流的计算　　(b) 宽顶堰最大理论流量

(c) 宽顶堰理论　　(d) 上述都可以

二、计算题

9-1　试求无侧收缩矩形薄壁堰的宽度 b。此时，堰上水头 $H=0.63$m，堰高 $p=0.6$m，下游水深 $h_t=0.6$m，泄流量 $Q=2.0\text{m}^3/\text{s}$。

9-2　顶角 $\theta=90°$ 的三角堰，堰上水头 $H=0.2$m，求通过此堰的流量。若流量增加一倍，问水头如何变化？

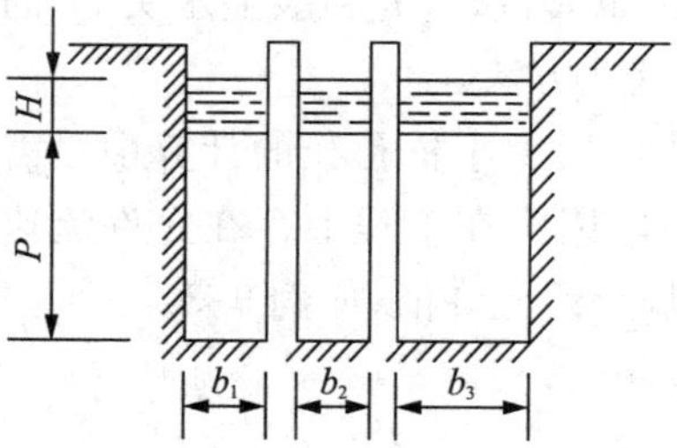

计算题 9-3 图

9-3　具有两根直立隔板的无侧收缩矩形薄壁堰将水槽分割为三部分，如图示。设各部分所需的流量分别 $Q_1=50\text{L/s}$，$Q_2=65\text{L/s}$，$Q_3=85\text{L/s}$，堰高 $p=0.6$m，堰上水头 $H=0.24$m。试求各部分堰的宽度 b_1，b_2，b_3。

9-4　宽度 $b=1.28$m，高度 $p=0.5$m 的宽顶堰，堰上水头 $H=0.85$m。如下游水深 $h_t=1.12$m，求通过宽顶堰的流量 Q；如下游水深 $h_t=1.3$m，过堰流量 Q' 为多少？

9-5　进口修圆的宽顶堰，高 $p=0.8$m，宽(同河宽)$b=4.8$m，泄流量 $Q=12\text{m}^3/\text{s}$，下流水深 $h_t=1.73$m。求堰上水头 H。

9-6　堰高 $p=3.4$m 的宽顶堰，进口修圆无侧收缩，堰上水头 $H=0.86$m 时通过流量 $Q=22.0\text{m}^3/\text{s}$。求堰宽 b，并试求下游水深 h_t 在最大为多少时仍可保持不淹没流状态。

9-7　图示一潜水坝，坝长 2m，当上游水位高出坝顶 0.6m 时，下游水位高出坝顶 0.1m。试计算通过坝

顶的单宽流量 q(取流量系数 $m=0.366$)。

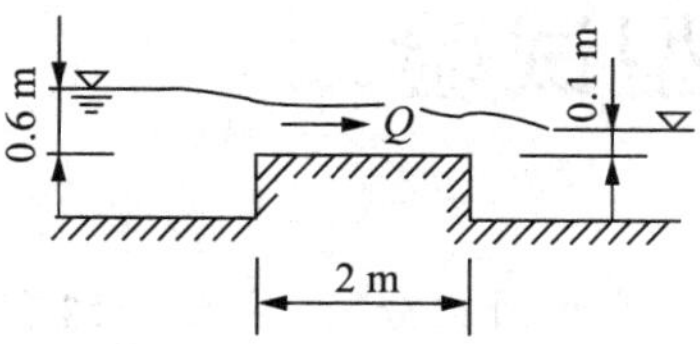

计算题 9-7 图

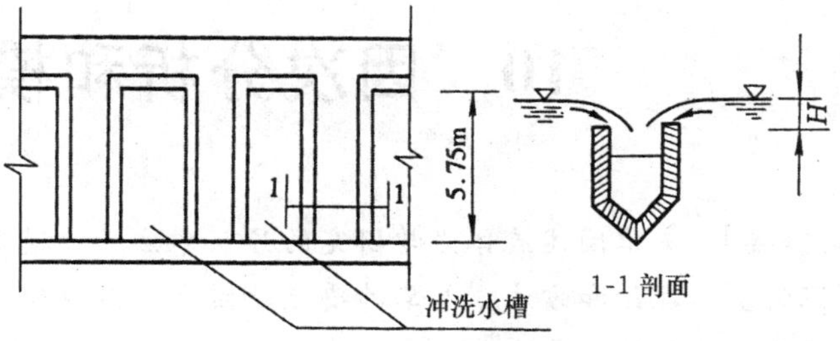

计算题 9-8 图

9-8　图示快滤池如取三条冲洗水槽,每条长 5.75m,设总冲洗流量为 350L/s。试估计冲洗水槽上的水头 H。

9-9　根据已知资料设计单跨板梁桥的孔径 l,并计算桥前壅水深度 H。已知 $Q=86.4\text{m}^3/\text{s}$,天然水深 $h_t=2\text{m}$;因河床加固,桥孔结构条件采用 $\varepsilon=0.90$,$\varphi=0.90$;$v'=3\text{m/s}$(可略去行近流速 v_0)。

9-10　在渠底宽 $b=7\text{m}$,边坡系数 $m=1.5$ 的梯形渠道上拟建一座桥。根据桥台的式样,拟采用 $\varepsilon=0.8$,$\varphi=0.85$,通过流量 $Q=14.8\text{m}^3/\text{s}$,桥下游水深 $h_t=1.90\text{m}$,桥前壅水深度不超过 2.20m,桥下允许流速 $v'=3.5\text{m/s}$。求桥孔净宽 l。

9-11　拟在渠宽 $b=5\text{m}$ 的矩形渠上建造一铁路桥。渠中流量 $Q=9\text{m}^3/\text{s}$,桥下游水深 $h_t=0.8\text{m}$;按小桥构造,采用 $\varepsilon=0.9$,$\varphi=0.83$,允许不冲流速 $v'=3.0\text{m/s}$。求小桥孔径净宽 l 及桥前壅水深度 H。

10 因次分析和模型试验

[**内容提要**] 本章阐述流体力学研究的另一方法——模型试验和因次分析，主要介绍有关实验研究的基本理论和方法。本章的要点是因次和谐原理、因次的分析方法、相似概念、相似准则以及模型试验的计算。

10.1 因次分析——白金汉 π 理论

在进行流体力学中新问题的分析时，解决的方法通常有两类，一是理论分析，另一是科学实验。一般情况下，对于边界条件较为简单的问题，通过理论分析就能得到解决。但對于一些较复杂的流动问题，单凭理论分析会遇到难以克服的困难，而且也很难得到问题的完全解，因而不得不采用其他分析方法(引申为计算流体力学)和试验方法。但当变量较多时，如果把因变量对各个自变量分别进行试验，那就头绪很多，工作量大，且试验结果也不易总结分析。若是采用因次分析法，就可以把许多变量结合在一起，这样既便于试验，也容易了解问题的实质。然而需要指出的是：因次分析法只对试验提供方便(它可以减少试验的次数)，而本身却不能提供对问题的解答。

因次(亦称量纲)分析的基本原理是：凡是完整的数学物理方程，其各项的因次都必须是一致的。这也被称为因次和谐原理(或因次齐次性)。因为只有两个相同类型的物理量才能相加减。所以一个物理方程中每一项的因次必须相等，这反过来同样也可用来检验该方程式的正确与否。

还须指出，尽管正确的物理方程式应该是因次一致的，但也有一些方程例外，如经验公式，这一般是指单纯依靠实验数据所建立的公式。如计算三角堰流量的经验公式，计算谢才系数的满宁公式等。对于这类经验公式，必须指明应采用的单位，因为它们之间的单位不能相互转换。

下面将介绍的获得无因次数的方法是由白金汉提出的，由于把无因次数称为 π 数，所以该方法也被称作为白金汉 π 理论。它描述为：任何一个物理过程，如包括 n 个物理量，涉及到 m 个基本因次，则这个物理过程可由 $(n-m)$ 个无因次量所表达的关系式来描述。在这里证明过程略。

在继续介绍这种方法以前，先把一些常用的典型变量划分为三组，这对后面的应用显然是很有帮助的。见表 10-1。

表 10-1　流体力学中常用变量的分组

序号	分　类	常用变量
1	几何变量	$D,l,H,K_s,\chi\cdots A,V$
2	流动变量 运动学 动力学	 v,Q,t,a,g $\tau,\Delta p,F,P$
3	液体性质	$\rho,\gamma,\mu,\nu,\sigma,E$

第一组是几何变量。通常，长度的因次用于直径、流动方向的长度、水深、流域宽度及粗糙度等。同样，由于过流断面、物体截面积和体积也只与长度的因次有关，所以，也属于第一组。第二组包括运动学和动力学两类变量。流速、流量、时间、加速度是最常见的运动学变量，而动力学变量则包括切应力、压差、作用力以及功、能等。第三组则是流体的性质。主要有表征流体的密度、重度、粘度等。

下面将通过具体的例子来说明应用 π 定理求无因次数的步骤。

【例 10-1】 管流中压差 Δp 取决于以下这些变量：管径 D，管长 l，管壁粗糙度 K_s、流速 v 以及流体的性质——密度 ρ 和动力粘滞系数 μ。各变量的因次见表 10-2。

表 10-2　　常用物理量的因次

序号	物理量名称	符号	性质	因次	关系式
1	长度	l	几何	L	l
2	面积惯性矩	J	几何学	L^4	$J=Al^2=l^4$
3	时间	t	运动学	T	t
4	速度	v	运动学	LT^{-1}	$V=\Delta l/\Delta t$
5	速度势	φ	运动学	L^2T^{-1}	$\varphi=\int\Delta\varphi\cdot \mathrm{d}l$
6	角速度	ω	运动学	T^{-1}	$\omega=\Delta a/\Delta t$
7	流函数	Ψ	运动学	L^2T^{-1}	$\varphi=\int(-v\mathrm{d}x+u\mathrm{d}y)$
8	环量	Γ	运动学	L^2T^{-1}	$\Gamma=\oint v\cdot \mathrm{d}l$
9	旋度	Ω	运动学	T^{-1}	$\Omega=\nabla xv$
10	运动粘性系数	ν	运动学	L^2T^{-1}	$\nu=\mu/\rho$
11	质量	m	动力学	M	$m=F/a$
12	密度	ρ	动力学	ML^{-3}	$\rho=\Delta m/\Delta\tau$
13	力	F	动力学	MLT^{-2}	$F=ma$
14	应力	p_{ij}	动力学	$ML^{-1}T^{-2}$	$p_{ij}=F_{ij}/A$
15	容重	γ	动力学	$ML^{-2}T^{-2}$	$\gamma=\rho g$
16	动力粘性系数	μ	动力学	$ML^{-1}T^{-1}$	$\mu=p_{ij}/\partial u/\partial y$
17	能、功	W	动力学	ML^2T^{-2}	$W=Fl$
18	温度	T	热力学	Θ	T

把上述关系写成函数形式：

$$\Delta p=f(D,l,K_S,v,\rho,\mu) \tag{10-1}$$

这里的 f 表示这些变量之间存在着某个函数的关系。从上述的函数关系式中可知，一共有 7 个变量($n=7$)，从它们的因次中可见包含了 3 个基本因次($m=3$)。所谓基本因次，它必须具有独立性，即一个基本因次不能从其他的基本因次中推导出来，也就是不依赖于其他基本因次。例如 L,M,T，是互相独立的，3 个之间的任意一个不可能从另外两个中导出。在力学范畴内（当然也包括流体力学），经常选用 $[T,M,L]$ 为基本因次。流体力学中的所有物理量（除热量外）基本上都可以用上述三个基本因次来描述。根据 π 定理有：

$$n-m=7-3=4$$

存在 4 个 π 数，即由原来的 7 个变量通过因次分析变成了 4 个无因次的量，写成以下形式：

$$\pi_1=f_1(\pi_2,\pi_3,\pi_4) \tag{10-2}$$

或写成：

$$F_1(\pi_1,\pi_2,\pi_3,\pi_4)=0$$

这 4 个 π 数是由 m 个基本变量和 $(n-m)$ 个其他变量的组合所组成的。$(n-m)$ 个变量在求 π 数时只出现一次，而 m 个基本变量则在求每个 π 数时都要出现（故基本变量亦称重复变量）。由于这些基本变量重复出现，所以在选择 m 个基本变量时，要注意以下一些原则：

(1) 基本变量的数量与基本因次的数量相对应。即若基本因次 $[M,L,T]$ 为 3 个，那么基本变量也选择 3 个；倘若基本因次只出现 2 个，则基本变量同样只须选择 2 个。

(2) 选择基本变量时，应选择重要的变量。换句话说，不要选择次要的变量作为基本变量。否则，次要的变量在大多数项中出现，往往会使问题复杂化甚至要重新求解。

(3) 不能有任何两个基本变量的因次是完全一样的。基本变量应该在表 10-1 中所列的每一组中只能各选择一个。例如，选择了 D 为基本变量，就不能再选择同一组中的 l,A 等为基本变量了。同样，若已选了 a，就不能再选 v,Q,τ 等变量了。倘若 $m=2$，那么就只能在对应的两组中选择两个作为基本变量。

在本例中，我们选择 D,v,ρ 作为基本变量。在选择时我们已经应用了上述的规则。在压力管流中，管径 D 是最重要的几何变量，选择密度 ρ 是基于流动的情况受到重力、粘滞力的影响，这些力都与 ρ 有关。我们所研究的对象是流体的流动，因此在第二组中选择流速 v 是显而易见的。4 个（即 $n-m$ 个）π 数是分别由这 3 个基本变量和一个非基本变量组成的，它们是：

$$\pi_1=f_1(\Delta p,D,v,\rho)$$
$$\pi_2=f_2(l,D,v,\rho)$$
$$\pi_3=f_3(K_S,D,v,\rho)$$
$$\pi_4=f_4(\mu,D,v,\rho)$$

所谓的无因次数，即它的因次为零。也可以用下列形式来表示：

$$\pi=M^0L^0T^0$$

现在假定 π_1 等于 $\Delta p,D,\rho,v$ 这 4 个变量的乘积，当然这 4 个变量都具有一个未知的幂，那么就可以写成以下形式：

$$\pi_1=\Delta\rho^aD^bv^c\rho^d$$

欲求无因次数 π，只要求出指数 a,b,c,d 就行了。但上述最多只能列出 3 个方程，所以求解 4 个未知数是不行的。因此，根据同乘一个或同除一个次幂仍然不改变无因次数性质的原理，人为地使 Δp 的次幂为 1，则有：

$$\pi_1=\Delta p^{\frac{a}{a}}D^{\frac{b}{a}}v^{\frac{c}{a}}\rho^{\frac{d}{a}}=\Delta p^1D^{a_1}v^{b_1}\rho^{c_1} \tag{10-3}$$

把变量的所属因次代入上式，得：

$$M^0L^0T^0=(ML^{-1}T^{-2})^1(L)^{a_1}(LT^{-1})^{b_1}(ML^{-3})^{c_1}$$

等式左右两边的因次必须相等，于是

$$M:0=1+c_1$$
$$T:0=-2-b_1$$
$$L:0=-1+a_1+b_1-3c_1$$

解上述方程组，可得 $a_1=0, b_1=-2, c_1=-1$，把它们代入式(10-3)，得：

$$\pi_1=\Delta p^1 D^0 v^{-2}\rho^{-1}=\frac{\Delta p}{\rho v^2} \tag{10-4(a)}$$

用同样的方法求 π_2：

$$\pi_2=l^1 D^{a_2} v^{b_2} \rho^{c_2}$$

写成因次形式：

$$M^0L^0T^0=(L)^1(L)^{a_2}(LT^{-1})^{b_2}(ML^{-3})^{c_2}$$

按上述方法有：

$$M:0=c_2$$
$$T:0=b_2$$
$$L:0=1+a_2+b_2-3c_2$$

解得 $a_2=-1$，$b_2=0, c_2=0$。因此有：

$$\pi_2=l^1 D^{-1} v^0 \rho^0=\frac{l}{D} \tag{10-4(b)}$$

从这里可以看出，由于从 v 和 ρ 两者之间中不能得到几何变量，所以几何变量只能从几何变量中推得。因 L 和 D 具有相同因次，故 π_2 可直接写出。同样，π_3 也有类似的情况，所以有：

$$\pi_3=\frac{K_s}{D} \tag{10-4(c)}$$

同理，设 μ 的因次为 -1，则：

$$\pi_4=\mu^{-1} D^{a_5} v^{b_5} \rho^{c_5}$$
$$M^0L^0T^0=(ML^{-1}T^{-1})^1(L)^{a_4}(LT^{-1})^{b_4}(ML^{-3})^{c_4}$$
$$M:0=-1+c_4$$
$$T:0=1-b_4$$
$$L:0=1+a_4-b_4-3c_4$$

解得：$a_4=1, b_4=1, c_4=1$。

所以：

$$\pi_4=\mu^{-1} D^1 v^1 \rho^1=\frac{vD\rho}{\mu}=\frac{vD}{\nu} \tag{10-4(d)}$$

这个数即为第 4 章中介绍过的雷诺数。

有时，必须要把这 3 个因次方程联立才能解得 a, b, c。但是，如果把它们以适当的次序进行排列，那么就可把计算工作量减少到最低限度。由于在变量中，一般 M 出现得最少，T 其次，L 最多，通常可以把 M 方程列在最前，L 方程列在最后。

把式[10-4(a)、(b)、(c)、(d)]代入式(10-2)，就得到无因次方程：

$$\frac{\Delta p}{\rho v^2}=f_1\left(\frac{l}{d}, \frac{K_s}{D}, \frac{vD}{\nu}\right) \tag{10-5}$$

或写成：

$$\frac{\Delta p}{\rho v^2}=f_1\left(\frac{l}{D},\ \frac{K_s}{D},\mathrm{Re}\right)$$

【例 10-2】 作用在潜体上的阻力 F_D，取决于潜体的截面积 A，长度 l、速度 v 和海水密度 ρ_s 及粘滞度 μ_s。试用白金汉法定出阻力方程的形式。

【解】 根据所依赖的定量，写出函数形式，

$$F_D=f(A,l,v,\rho_s,\mu_s)$$

这里有 6 个变量（$n=6$），其中包含 3 个基本因次（$m=3$），有 $n-m=3$ 个 π 数。选择 l,v,ρ 作为为基本变量，则 3 个 π 数分别为

$$\pi_1=f_1(F_D,l,v,\rho_s)$$

$$\pi_2=f_2(A,l,v,\rho_s)$$

$$\pi_3=f_3(\mu_s,l,v,\rho_s)$$

计算因次：

$$\pi_1=F_D^1 l^{a_1} v^{b_1} \rho_s^{c_1}$$

$$M^0L^0T^0=(MLT^{-2})^1(L)^{a_1}(LT^{-1})^{b_1}(ML^{-3})^{c_1}$$

$$M:0=1+c_1$$

$$T:0=-2-b_1$$

$$L:0=1+a_1+b_1-3c_1$$

解得 $c_1=-1, b_1=-2,\ a_1=-2$。故 π_1 为

$$\pi_1=\frac{F_D}{\rho_s v^2 l^2}$$

在第二个 π 数中，由于 A 只是长度 L 的因次，所以不可能与 v 或 ρ_s 有联系，仅与 L 组成无因次数：

$$\pi_2=\frac{l^2}{A}$$

第三个无因次数：

$$\pi_3=\mu_s^{-1} l^{a_3} v^{b_3} \rho_s^{c_3}$$

由此得到

$$\pi_3=\frac{vl\rho_s}{\mu_s}$$

最后写成函数形式：

$$\frac{F_D}{\rho_s l^2 v^2}=\phi\left(\frac{l^2}{A},\ \frac{vl\rho_s}{\mu_s}\right)$$

如果令 $\phi\left(\frac{l^2}{A},\ \frac{vl\rho_s}{\mu_s}\right)=C_D$（阻力系数），则

$$F_D=C_D l^2 \rho_s v^2$$

【例 10-3】 求圆形孔口出流的流量公式。

根据对孔口出流现象（第 5 章）的认识，知道影响孔口出流速度 v 的因素有：作用于孔口的水头 H，孔口直径 d，重力加速度 g，水的密度 ρ，粘滞系数 μ。现用 π 定理来求孔口流量公式。

【解】 根据上述变量，写出函数关系式：

$$v=f(H,\rho,d,g,\mu,)$$

或者写成以下形式：

$$F(v,H,\rho,d,g,\mu,)=0$$

这里 $n=6,m=3,n-m=3$，即有 3 个 π 数。选择 H,v,ρ 为基本变量，则有：

$$\pi_1=f_1(d,v,H,\rho)$$

$$\pi_2=f_2(g,v,H,\rho)$$

$$\pi_3=f_3(\mu,v,H,\rho)$$

$$\pi_1=d^1 v^{a_1} H^{b_1} \rho^{c_1}$$

显然，这里 $b_1=-1,a_1=0,c_1=0$，所以有：

$$\pi_1=\frac{d}{H}$$

$$\pi_2=g^1 v^{a_2} H^{b_2} \rho^{c_2}$$

$$M^0 T^0 L^0=(LT^{-2})^1(LT^{-1})^{a_1}(L)^{b_2}(ML^{-3})^{c_2}$$

$$M:0=c_2$$

$$T:0=-2-a_2$$

$$L:0=1+a_2+b_2-3c_2$$

解得 $a_2=-2,b_2=1,c_2=0$。故

$$\pi_2=\frac{gH}{v^2}$$

对其乘 $-\frac{1}{2}$ 次方，得到：

$$\pi_2=\frac{v}{\sqrt{gH}}=\mathrm{Fr}^{\frac{1}{2}}$$

同理，可求得：

$$\pi_3=\frac{vH\rho}{\mu}=\mathrm{Re}$$

最后得到：

$$\frac{v}{\sqrt{gH}}=\phi\left(\frac{d}{H},\ \frac{vH\rho}{\mu}\right)$$

或

$$v=\sqrt{gH}\phi\left(\frac{d}{H},\ \frac{vH\rho}{\mu}\right)$$

由于孔口的出流流量 $Q=vA=\frac{\pi}{4}d^2 v$，则

$$Q=\frac{\pi}{4}d^2\sqrt{gH}\phi\left(\frac{d}{H},\ \frac{vH\rho}{\mu}\right)$$

或

$$Q=\frac{\pi}{4}d^2\sqrt{2gH}\phi_1\left(\frac{d}{H},\mathrm{Re}\right)$$

设 $\phi_1\left(\frac{d}{H},\mathrm{Re}\right)=\mu$，$\mu$ 为孔口流量系数，则有：

$$Q=\mu A\sqrt{2gH}$$

与第五章中给出的公式一样。如果忽略出流时的粘性阻力，即孔口流量系数 μ 仅与孔的相对位置高度有关，则 $\mu=f\left(\frac{d}{H}\right)$。

通过上述的三个例子，可对白金汉法进行小结。用此法进行因次分析的主要步骤为：

(1) 选取有关变量。有关变量的选取，完全靠已掌握的知识和经验，如果遗漏了一个重要变量，将使因次分析得出错误结果。相反，如果引入多余的、无关紧要的变量，会使无因次关系式有多余的无因此变量，增加了分析上的繁琐性。因次分析是一种有效的分析方法，只是在选择有关变量时，还得对这种物理现象有一定程度的理解。而在检查重要变量是否漏选，或者次要变量、不相关变量是否多选了，办法仍然是理论分析或试验证明。因此，对初学者来说，使用因次分析法是有一定局限性的。

(2) 写出函数关系式。即把上面所选的变量放在一起，组合成函数形式。例如：

$$v=f(H,\rho,d,g,\mu,\sigma)$$

(3) 选取基本变量，其规则如前述。在管流中，一般选 d,v,ρ 三个作基本变量为多；而在明渠流中，则常选用 H,v,ρ。

(4) 把基本变量和其他的变量组成 π 数，并找出这些 π 数。

(5) 把结果代入函数式。

10.2 相似的基本概念

前面已经提到过，实际工程中的流体流动现象是非常复杂的，不可能仅用理论分析就能解决所有的问题。因此，在流体力学中还必须依靠试验手段来揭示流体运动的内在规律和解决一些实际工程问题。例如，在造船工业中，先制造船舶模型，在水池中进行试验，可对船体设计提供有价值的资料；对于飞机的设计，风洞试验则是必不可少的；对其他许多大型的重要水利工程，如坝、水电站的进水口等，也几乎无例外得先进行模型试验，然后再进行具体的设计。模型试验通常是在比原形小的模型上进行的(但有时模型也可以比原型大，例如要深入研究水力机械或血液在心血管内的流动等)。如何把模型试验的结果应用到实物上去？如何选定模型尺寸及其试验时的流速？要解决这些问题，就必须运用相似定律。也就是说，必须是涉及实物的原型与模型的两组条件保持相似。这些相似包括表征流场几何形状的几何相似，表征流场运动状态的运动相似和表征流场作用力的动力相似。现分述之。

一、几何相似

几何相似是指模型和原型的几何形状相似。要满足几何相似，就必须使模型是原型的一个大小不等的复制品。这就意味着原型中的任何长度尺寸和模型中的相对应的长度尺寸的比值处处相等，对应角也相等，即

$$\lambda_l=\frac{l_p}{l_m},\ \theta_p=\theta_m \tag{10-6}$$

式中 l_p——原型的任一部位的长度；

l_m——模型相应部位的长度；

λ_l——长度比尺；

θ_p 和 θ_m——分别为原型和模型的对应角度。

同理，面积比尺 λ_A 和体积比尺 λ_V 分别为

$$\lambda_A = \frac{A_p}{A_m} = \frac{l_p^2}{l_m^2} = \lambda_l^2 \tag{10-7}$$

$$\lambda_V = \frac{V_p}{V_m} = \frac{l_p^3}{l_m^3} = \lambda_l^3 \tag{10-8}$$

二、运动相似

运动相似是指运动的相似性。这个相似是以几何相似为基础的。除此以外，还包括时间间隔的相似。因此，运动相似是在原型和模型流场中的相应点上（如果是非恒定流，则还必须是在相应时刻）存在的同名速度都成一定的比例，且方向相同。如果以 v_p 表示原型中某一点的速度，v_m 表示模型中相应点的速度，则速度比 λ_v 为

$$\lambda_v = \frac{v_p}{v_m} = \frac{l_p/t_p}{l_m/t_m} = \frac{\lambda_l}{\lambda_t} \tag{10-9}$$

同理，加速度比 λ_a 应为

$$\lambda_a = \frac{a_p}{a_m} = \frac{\lambda_v}{\lambda_t} = \frac{\lambda_l/\lambda_t}{\lambda_t} = \frac{\lambda_l}{\lambda_t^2} \tag{10-10}$$

三、动力相似

动力相似是关于力的相似。如果原型和模型动力相似，则两者相应点上存在同名力，且力的矢量图成几何相似。如以 F_p 为原型中某点的作用力，以 F_m 为模型中相对应点的作用力，则动力相似要求为

$$\lambda_F = \frac{F_p}{F_m} \tag{10-11}$$

四、初始条件和边界条件的相似

初始条件和边界条件的相似是保证相似的充分条件。因此，要保证相似就是使两流动的初始条件和边界条件满足相似。在非恒定流中，初始条件是必需的，但在恒定流中，就无初始条件之言了。所以，初始条件失去实际意义。而且平时碰到的流体力学问题，绝大部分属恒定流动。

至于边界条件，在一般情况下可分为几何的、运动的和动力的几个方面。所以，只要满足几何相似、运动相似，边界条件也就自然满足相似了。

上述的相似条件是原型和模型保证相似的重要特征和属性，这些相似是互相联系和互为条件的。几何相似可以理解为运动相似和动力相似的前提条件，动力相似是决定两个流体运动相似的主导因素，而运动相似则可以理解为是几何相似和动力相似的具体表现。

完善的几何相似，要求原型和模型的表面粗糙度之比也应为 λ_l，但对于一个小模型的粗糙度，很难做到按 λ_l 来缩小。另外，在设计模型时，应注意流速不能太低或太高，否则会使原型中的紊流变成模型中的层流或使原型中的层流变成模型中的紊流。同样，如果在原型中表面张力是不重要的，那么在模型中也不应该变为重要。例如，模型堰的堰上水头不应太小。再者，对明渠流的河床进行模型试验时，如纵向比也按照 λ_l 来设计，那就会出现一些在原型中可以忽略的因素，而这些因素的出现，往往会改变实验结果，从而达不到模型试验的要求。最后，还由于受到某些外界条件的限制，如场地的限制。以上种种原因，都会引起几何相似的不完善。但如果对模型进行比态模型设计，即不同方向（水平方向和垂直方向）的长度比采用不同的比值（比态模型），那就可以多少避免一些上述的矛盾。

10.3 相似准则

根据几何相似、运动相似和动力相似的定义，已经得到了一些比尺，如 λ_l，λ_v，λ_a 和 λ_F 等。这些比尺之间是有一定约束关系的，而这些约束关系则是有力学的基本定律所决定的。

作用在流体上的力可以有重力 F_G，压力 F_P，粘性力 F_v，弹性力 F_E，表面张力 F_T 等，这些力都是企图改变运动状态的力。另一方面，流体由于运动的惯性而产生了惯性力 F_l。惯性力是企图维持流体原来运动状态的力。如果把作用在流体上的各力组成一个力多边形的话，那么惯性力则是这个力多边形的合力。按照牛顿定律 $\sum F=ma$ 可知，流动的变化是惯性力与其他上述各种力相互作用的结果。因此，各种力之间的比例关系应以惯性力为一方来相互比较。而在两个相似的流动中，这种关系是不变的。

以上这些力可以表示成下面的基本形式：

压力

$$F_P=pA=pl^2 \tag{10-12}$$

重力

$$F_G=mg=\rho l^3 g \tag{10-13}$$

粘性力

$$F_v=\mu\left(\frac{du}{dy}\right)A=\mu\frac{v}{l}l^2=\mu vl \tag{10-14}$$

惯性力

$$F_l=ma=\rho l^3\frac{l}{t^2}=\rho l^4 t^{-2}=\rho l^2 v^2 \tag{10-15}$$

要使作用在原型和模型上所有的力都要满足相似，在实践中是非常困难的，也不太现实。所以通常只要求作用在流体上的最主要的力满足相似。

若把其他力与惯性力相比，其关系为

$$\frac{F}{\rho l^2 v^2}$$

这就是无因次的牛顿数，以 Ne 表示。在相似流动中这个比例关系不变，即

$$\frac{F_m}{\rho_m l_m^2 v_m^2}=\frac{F_p}{\rho_p l_p^2 v_p^2} \tag{10-16}$$

或

$$(Ne)_m=(Ne)_p$$

两个相似流动的牛顿数应相等，这是流动相似的重要标志和判据，也称牛顿相似准则。式(10-16)也可以写成：

$$\frac{F_p}{F_m}=\frac{\rho_p l_p^2 v_p^2}{\rho_m l_m^2 v_m^2}$$

或

$$\lambda_{F_J}=\lambda_\rho\lambda_l^2\lambda_v^2 \tag{10-17}$$

下面分别讨论粘性力、重力、压力、弹性力、表面张力等为主要一方作用力时的相似关系(相似准则)，当然惯性力总是主要作用力的另一方。

一、雷诺准则——粘性力相似

流体在有压流动时，重力不是主要作用力。由于没有自由表面，表面张力也不起作用。因此，就此种流动来说，粘性力和惯性力是主要的力。

对于作用在原型和模型性应点上的粘性力之比尺，按公式(10-14)有：

$$\lambda_{F_v}=\frac{\mu_p v_p l_p}{\mu_m v_m l_m}=\lambda_\mu\lambda_v\lambda_l=\lambda_\rho\lambda_\nu\lambda_l\lambda_v \tag{10-18}$$

要满足粘性力的动力相似，就必须要求作用在任意相应点上的惯性力和粘性力之比为一定常数。即

$$\lambda_{F_l}=\lambda_{F_v}$$

或

$$\lambda_\rho\lambda_l^2\lambda_v^2=\lambda_\rho\lambda_\nu\lambda_l\lambda_v$$

$$\frac{\lambda_l\lambda_v}{\lambda_\nu}=1 \tag{10-19}$$

上式表明，在粘性相似时，相似常数的选择必须满足式(10-19)。上式也可改写为

$$\frac{l_p v_p}{v_p}=\frac{l_m v_m}{\nu_m} \tag{10-20}$$

即

$$(\mathrm{Re})_p=(\mathrm{Re})_m$$

也就是说，若粘性力是主要作用力时，那么两种流动系统动力相似的条件是两者的雷诺数必须相等。

在雷诺数相等的情况下，两者流速比 λ_v，时间比 λ_t、加速度比 λ_a 可表示如下：

由于

$$\frac{l_p v_p}{\nu_p}=\frac{l_m v_m}{\nu_m}$$

所以

$$\lambda_v=\frac{v_p}{v_m}=\frac{\nu_p l_m}{\nu_m l_p}=\lambda_\nu\lambda_l^{-1} \tag{10-21}$$

$$\lambda_t=\frac{\lambda_l}{\lambda_v}=\frac{\lambda_l}{\lambda_\nu\lambda_l^{-1}}=\lambda_l^2\lambda_\nu^{-1} \tag{10-22}$$

$$\lambda_a=\frac{\lambda_v}{\lambda_t}=\frac{\lambda_\nu\lambda_l^{-1}}{\lambda_\nu^{-1}\lambda_l^2}=\lambda_l^{-3}\lambda_\nu^2 \tag{10-23}$$

二、佛汝德准则——重力相似

若影响流体流动的主要作用力是重力，且与作用在两流动相应点上的重力 F_G 成一比例 λ_{F_G}，则

$$\lambda_{F_G}=\frac{F_{G_p}}{F_{G_m}}=\frac{\rho_p l_p^3 g_p}{\rho_m l_m^3 g_m}=\lambda_\rho\lambda_l^3\lambda_g \tag{10-24}$$

若要满足动力相似，就必须要求作用在任意相应点上的重力与惯性力之比为一常数，则

$$\lambda_{F_l}=\lambda_{F_G}$$

或

$$\lambda_\rho\lambda_l^2\lambda_v^2=\lambda_\rho\lambda_l^3\lambda_g$$

得 $$\frac{\lambda_v^2}{\lambda_l \lambda_g}=1 \tag{10-25}$$

即若满足重力相似 λ_v，λ_g 及 λ_l 三个比值的选择由上式控制。上式也可以写成：

$$\frac{v_p^2}{g_p l_p}=\frac{v_m^2}{g_m l_m} \tag{10-26}$$

这就是我们熟悉的佛汝德数。即

$$(Fr)_p=(Fr)_m$$

也就是说，若重力起主要作用，那么动力相似的条件是两者的佛汝德数必须相等。

在佛汝德数相等的情况下，两者的流速比 λ_v，时间比 λ_t 及加速度 λ_a 可表示如下：

由于 $$\frac{v_p^2}{g_p l_p}=\frac{v_m^2}{g_m l_m}$$

而通常 $g_p=g_m$，所以

$$\lambda_v=\frac{v_p}{v_m}=\frac{l_p^{\frac{1}{2}}}{l_m^{\frac{1}{2}}}=\lambda_l^{\frac{1}{2}} \tag{10-27}$$

$$\lambda_t=\frac{\lambda_l}{\lambda_v}=\lambda_l^{\frac{1}{2}} \tag{10-28}$$

$$\lambda_a=\frac{\lambda_v}{\lambda_t}=\frac{\lambda_l^{\frac{1}{2}}}{\lambda_l^{\frac{1}{2}}}=1 \tag{10-29}$$

同理，流量比 λ_Q 为

$$\lambda_Q=\frac{Q_p}{Q_m}=\frac{v_p A_p}{v_m A_m}=\lambda_v\lambda_l^2=\lambda_l^{\frac{5}{2}} \tag{10-30}$$

现将最常用的粘性力相似和重力相似的各项尺度比例表，附在本章之末，见表 10-3。

三、欧拉准则

若作用在相应点上的动水压力成一定比例 λ_p，则

$$\lambda_{F_p}=\frac{F_{P_p}}{F_{P_m}}=\frac{(pA)_p}{(pA)_m}=\lambda_p\lambda_l^2$$

在动水相似时，作用在任意相应点的压力与惯性力成一定比例，则

$$\lambda_{F_l}=\lambda_{F_p}$$

或 $$\lambda_\rho\lambda_l^2\lambda_v^2=\lambda_p\lambda_l^2$$

得： $$\frac{\lambda_p}{\lambda_\rho\lambda_v^2}=1 \tag{10-31}$$

即若满足压力相似，λ_p，λ_ρ 和 λ_v 受上式控制。式(10-31)也可以写成：

$$\left(\frac{p}{\rho v^2}\right)_p=\left(\frac{p}{\rho v^2}\right)_m \tag{10-32}$$

令 $E_u=\frac{p}{\rho v^2}$，则上式可写成：

$$(Eu)_p=(Eu)_m$$

也就是说，在满足动力相似时，二者的欧拉数 Eu 相等。因压强 p 决定于流速等因素，故欧拉数不是独立的相似准则。它依赖于上述两准则中的任一准则，即若已满足雷诺准则或佛汝德准则，则自动满足欧拉准则，但反过来，则不成立。

四、其他准则

除了上述动力相似中常见的准则以外，还有一些在流体力学中相对少见的相似准则。

1. 韦伯数

当表面张力起主要作用时，惯性力和表面张力之比的开方，即为韦伯数，用 We 表示。

$$We=\sqrt{\frac{\rho v^2 l^2}{\sigma l}}=\frac{v}{\sqrt{\sigma/\rho l}} \tag{10-33}$$

式中，σ 为表面张力系数。

表面张力起主要作用的例子是液体表面上具有极薄的一层水流前缘，在此情况下，要使两液流的动力相似，原型和模型的韦伯数必须相等，即

$$(We)_p=(We)_m$$

2. 柯西数

若考虑到液体运动的弹性作用时，由液体所受到的惯性力与弹性力之比，可得柯西数，用 Ca 表示。

$$Ca=\frac{\rho v^2 l^2}{El^2}=\frac{\rho v^2}{E} \tag{10-34}$$

式中，E 为流体的体积弹性系数。

弹性力起主要作用的例子是水流受到水击作用，此时，水流的弹性力必须考虑。而要使两液流的动力相似，原型和模型的柯西数必须相等，即

$$(Ca)_p=(Ca)_m$$

3. 马赫数

在高速气流中，压缩性是极重要的，也即弹性力起主要作用，同时，声音在气体中的传播速度（音速，用 a 表示）为

$$a=\sqrt{\frac{E}{\rho}}$$

而把气流速度 v 与音速 a 相比，这个比值称为马赫数，用 Ma 表示。

$$Ma=\frac{v}{a} \tag{10-35}$$

气流中弹性力起主要作用的例子是大气中飞行的导弹、超音速飞机以及高速气流等。在进行此类试验时，原型和模型的马赫数必须相等。即

$$(Ma)_p=(Ma)_m$$

相似准则的选择主要是根据作用在流体上的作用力而定。当有几个力同时作用在流体流动上时，应保证主要作用力的相似准则相等，而略去居次要地位力的相似。如闸和孔口的出流、堰上出流、坝上溢流、水面船舶运动及明渠流等大多采用重力相似准则。而管流、水面下的潜艇运动、输油管道、飞机在空气中的低速飞行和隧洞中的有压流动等，则大多采用粘性力相

似准则。

【例 10-4】 有一直径为 15cm 的输油管，管长 5m，管中要通过的流量为 0.18m³/s。现用水来做模型试验。当模型管径和原型一样，水温为 10℃（原型中油的运动粘滞系数 $\nu_p=1.3cm^2/s$），问水的模型流量应为多少时才能达到相似？若测得 5m 长模型输水管两端的压差为 3cm，试求在 50m 长输油管两端的压差应为多少（用油柱高表示）？

【解】 (1) 因为园管中流动主要受粘滞力作用，所以应满足雷诺准则，即两者的雷诺数相等。

$$\frac{l_p v_p}{\nu_p}=\frac{l_m v_m}{\nu_m}$$

由于 $d_p=d_m$ 故上式可写成：

$$\frac{v_p}{\nu_p}=\frac{v_m}{\nu_m},\quad v_m=\frac{\nu_m v_p}{\nu_p}$$

或

$$Q_m=\frac{\nu_m}{\nu_p}Q_p$$

将已知条件 $\nu_p=1.3cm^2/s$，$\nu_m=0.0131cm^2/s$ 代入上式，得：

$$Q_m=\frac{0.0131\,1}{0.13}\times 0.18=0.018\,1m^3/s$$

即当模型中流量 Q_m 为 $0.018\,1m^3/s$ 时，原型与模型相似。

(2) 由于已经满足雷诺准则，故两者的欧拉数也会自动满足，即

$$\left(\frac{p}{\rho v^2}\right)_p=\left(\frac{p}{\rho v^2}\right)_m$$

现已知 $h_m=\dfrac{\Delta p_m}{\gamma_m}=3cm$，则原型输油管的压强差为

$$\frac{\Delta p_p}{\gamma_p}=\frac{\Delta p_m}{\gamma_m}\cdot\frac{\rho_p}{\rho_m}\cdot\frac{v_p^2}{v_m^2}\cdot\frac{\gamma_m}{\gamma_p}=\frac{\Delta p_m}{\gamma_m}\cdot\frac{v_p^2}{v_m^2}\cdot\frac{g_m}{g_p}$$

也可写成：

$$\frac{\Delta p_p}{\gamma_p}=\frac{\Delta p_m}{\gamma_m}\cdot\frac{Q_p^2}{Q_m^2}$$

这里，引入了 $A_p=A_m(d_p=d_m)$ 及 $g_p=g_m$。所以，5m 长输油管的压差为

$$h_p=\frac{\Delta p_p}{\gamma_p}=\frac{\Delta p_m}{\gamma_m}\cdot\frac{Q_p^2}{Q_m^2}=0.03\times\frac{0.18^2}{0.018\,1^2}=2.95m$$

而 50m 长的输油管，其压差为

$$h_p=2.95\times 10=29.5m$$

【例 10-5】 长度比 $\lambda_l=50$ 的船舶模型，在水池中以 1m/s 的速度牵引前进时，测得破浪阻力为 0.02N。求：①原型中的波浪阻力；②原型中船舶航行速度；③原型中需要的功率。

【解】 由于重力在起主要作用，所以原型和模型的佛汝德数应相等，即

$$\frac{v_p^2}{g_p l_p}=\frac{v_m^2}{g_m l_m}$$

$g_p=g_m$，故上式可写成

$$\frac{v_p^2}{l_p}=\frac{v_m^2}{l_m}$$

或
$$\lambda_n^2=\lambda_l=50$$

由于
$$\frac{F_p}{F_m}=\frac{\rho_p l_p^2 v_p^2}{\rho_m l_m^2 v_m^2}=\lambda_\rho\lambda_l^2\lambda_v^2=\lambda_l^3$$

所以
$$F_p=\lambda_l^3 F_m=50^3\times 0.02=2\,500\text{N}$$

$$v_p=\lambda_l^{\frac{1}{2}}v_m=50^{\frac{1}{2}}\times 1=7.1\text{m/s}$$

$$N_p=F_p v_p=2\,500\times 7.1=17\,800(\text{N}\cdot\text{m})/\text{s}=17.8\text{kW}$$

10.4　重力和粘性力同时作用下的相似

在许多情况下，流体流动的相似仅考虑重力或粘性力相似，即以重力为主要作用力时的重力相似（佛汝德数准则）和以粘性力为主要作用力的阻力相似（雷诺数准则）。但是，也有一些情况，重力和粘性力都是重要作用力，都必须考虑。例如，水面上的船舶运动（严格来说，重力和粘性力都必须考虑）及潜艇在水面下不深的水域内运动（在水面上有波浪产生）等。这种情况，从理论上来说应该同时满足雷诺数准则和佛汝德数准则。即

$$\lambda_{Re}=\lambda_{Fr}$$

若重力加速度 g 为常量，$\lambda_g=1$，即

$$\frac{\lambda_v\lambda_l}{\lambda_\nu}=\frac{\lambda_v}{\lambda_l^{\frac{1}{2}}}$$

得到：

$$\lambda_\nu=\lambda_l^{\frac{3}{2}} \tag{10-36}$$

通常，$\lambda_l=10\sim50$，那么就要求 $\lambda_\nu=31.6\sim353.6$，即 $\nu_m=\dfrac{1}{31.6\sim353.6}\nu_p$，则要求极小的模型流体粘性。要满足这个要求在实际上是很难做到的。一般说，要同时满足上述的两个准则，在事实上几乎是不太可能的。如果以同一种流体进行模型试验（$\lambda_\nu=1$），那么有：

$$\frac{\lambda_v\lambda_l}{1}=\frac{\lambda_v}{\lambda_l^{\frac{1}{2}}}$$

即

$$\lambda_l^{\frac{3}{2}}=1$$

也就是说，模型和原型的几何尺寸一样大，这在一般情况下又失去了模型试验的意义了。

【例 10-6】　设有油罐，直径 d 为 4m，油温 t 为 20℃；已知油的运动粘性系数 $\nu_p=$

0.74cm^2/s，长度比 λ_l 采用 4 左右。试进行下面各项研究：

(1) 选定何种相似准则？

(2) 模型流体的选定；

(3) 各项比例的计算。

【解】 (1) 油自油罐流出，自由表面重力作用；由于油的粘度较大，故又受粘性力的作用。因此，重力和粘性力都是重要作用力，所以，这里的相似准则应该选定同时满足雷诺数和佛汝德数。

(2) 根据式(10-36)得：

$$\lambda_\nu = \lambda_l^{\frac{3}{2}} = 4^{\frac{3}{2}} = 8$$

$$\nu_m = \frac{\nu_p}{\lambda_\nu} = \frac{0.74}{8} = 0.0925\text{cm}^2/\text{s}$$

由于 ν 正好等于 0.0925cm^2/s 的流体极难找到，所以只好挑选一些近似的流体。现在选用 20℃的 59%的甘油溶液，其运动粘度为 0.0892cm^2/s，与计算值很接近，但在试验过程中要保持 20℃ 的温度。于是模型流体的运动粘度应为 $\nu_m = 0.0892\text{cm}^2/\text{s}$，而不再是 0.0925cm^2/s了。

(3) 模型流体选好后，由于所选的 ν_m 不再等于 0.0925cm^2/s，所以对长度比 λ_l 应进行修正：

$$\lambda_l = \lambda_\nu^{\frac{2}{3}} = \left(\frac{\nu_p}{\nu_m}\right)^{\frac{2}{3}} = \left(\frac{0.74}{0.0892}\right)^{\frac{2}{3}} = 4.1$$

而长度比 λ_l 应为 4.1，而不是 4。因此模型油罐的直径为

$$d_m = \frac{d_p}{\lambda_l} = \frac{4}{4.1} = 0.976\text{m}$$

由于在本题中采用了式(10-36)，所以，雷诺准则和佛汝德准则同时满足。

流速比 λ_v 按佛汝德准则求得(按雷诺准则也能得到同样结果)：

$$\lambda_v = \lambda_l^{\frac{1}{2}} = 4.1^{\frac{1}{2}} = 2.025$$

从而知道模型油管内的流速大致为原型中的一半。

时间比 λ_t 按雷诺准则求得：

$$\lambda_t = \lambda_l^2 \lambda_\nu^{-1} = \lambda_l^2 \lambda_l^{-\frac{3}{2}} = \lambda_l^{\frac{1}{2}} = 2.025$$

加速度比 λ_a 按式(10-29)计算：

$$\lambda_a = 1$$

流量比 λ_Q 为

$$\lambda_Q = \lambda_v \lambda_l^2 = \lambda_l^{\frac{1}{2}} \lambda_l^2 = \lambda_l^{\frac{5}{2}} = 4.1^{\frac{5}{2}} = 34$$

先将工程上最常用的 Fr 准则和 Re 准则的比尺给出，见表 10-3。

表 10-3 **常用比尺**

模比		准则	
		Fr	Re
几何量	角度比 λ_θ	λ_l^0	
	长度比 λ_l	λ_l	
	面积比 λ_A	λ_l^2	
	体积比 λ_V	λ_l^3	
运动量	速度比 λ_v	$\lambda_l^{\frac{1}{2}}$	$\lambda_l^{-1}\lambda_\nu$
	角速比 λ_ω	$\lambda_l^{-\frac{1}{2}}$	$\lambda_l^{-2}\lambda_\nu$
	时间比 λ_t	$\lambda_l^{\frac{1}{2}}$	$\lambda_l^2\lambda_\nu$
	加速比 λ_a	λ_l^0	$\lambda_l^{-3}\lambda_\nu^2$
	流量比 λ_Q	$\lambda_l^{\frac{5}{2}}$	$\lambda_l\lambda_\nu$
动力量	力比 λ_F	$\lambda_\gamma\lambda_l^3$	$\lambda_\gamma\lambda_\nu^2$
	压强、应力比 λ_p	$\lambda_\gamma\lambda_l$	$\lambda_l^{-2}\lambda_\gamma\lambda_\nu^2$
	力矩、功能比 λ_W	$\lambda_\gamma\lambda_l^4$	$\lambda_l\lambda_\gamma\lambda_\nu^2$
	功率比 λ_N	$\lambda_\gamma\lambda_l^{3\frac{1}{2}}$	$\lambda_l^{-1}\lambda_\gamma\lambda_\nu^3$
	动量、冲量比 λ_K	$\lambda_\gamma\lambda_l^{3\frac{1}{2}}$	$\lambda_l^2\lambda_\gamma\lambda_\nu$

注：式中 λ_l 为长度比，λ_γ 为重度比，λ_ν 为运动粘度比。

学习指导

本章介绍了研究流体力学的试验方法。因次分析——π 定理的主要目的是建立物理变量之间的相互关系式，而模型试验则是通过对模型的试验，把得到的数据加以考证，从而能评价原型的设计是否使用。这两种方法在研究流体力学问题中都占了较重要的地位。此外，这两种方法也是有一定的联系的。因次分析虽然给出了各变量之间的关系式，但它不能对问题给出完整的分析式解答。而为了弥补关系式的不完整部分，往往需要在与所设计的原型相似的模型中进行试验，以对某些变量进行测定，得到完整的分析式。

(1) 因次分析。它是基于因次和谐的基础上找出一些无因次的 π 数，从而建立了各物理变量之间的关系式。

(2) 在本章中，采用了以国际单位制中的 M,L 和 T 为基本因次。若采用以工程单位之中的 F,L 和 T 为基本因次，所得到的结果是完全一样的。即不管采用哪一种基本因次，其结果不变。

(3) 如果要使模型中某点或某断面的流速与原型中相应点或相应断面的流速，模型中作用于某点上的力与原型中作用于相应点上的力，等等，均称一定比例，那么就可以说模型和原型是力学相似的。力学相似包括几何相似、运动相似和动力相似三个方面。

(4) 完善的几何相似，要求原型和模型的表面粗糙度之比也应为 λ_l，但对于一个小模型的粗糙度，很难做到按 λ_l 来缩小。另外，在设计模型时，应注意流速不能太低或太高，否则会使原型中的紊流变成模型中的层流或使原型中的层流变成模型中的紊流。同样，如果在原型中表面张力是不重要的，那么在模型中也不应该变为重要。例如，模型堰的堰上水头不应太小。再者，对明渠流的河床进行模型试验时，如纵向比也按照 λ_l 来设计，那就会出现一些在原型中可以忽略的因素，而这些因素的出现，往往会改变实验结果，从而达不到模型试验的要求。最后，还由于受到某些外界条件的限制，如场地的限制。以上种种原因，都会引起几何相似的不完善。但如果对模型进行比态模型设计，即不同方向（水平方向和垂直方向）的长度比采用不同的比值（比态模型），那就可以多少避免一些上述的矛盾。

（5）由于流线是流体不能穿越的一条线，故可以把所有的固体边界看作由流线所组成。因此，几何相似亦应设计边界。若两流动为运动相似时，由流线形成的流动图应该几何相似。所以，运动相似的流动，只可能经过几何相似的边界。

（6）作用在流体上的力是多个的，若把这些力表示为力多变形，那么惯性力就相当于用来闭合这多边形所需要的那条边。显然，惯性力的产生是质点对加速度阻抗的表现。若质点上没有外力作用，惯性力是无法单独出现的；若两个系统保持动力相似，则一系统中任意质点上的那些力和另一系统中对应质点上的诸力之间，各同类力在大小上必成相同的比例。即

$$\frac{(F_{\mathrm{P}})_{\mathrm{p}}}{(F_{\mathrm{P}})_{\mathrm{m}}}=\frac{(F_{\mathrm{G}})_{\mathrm{p}}}{(F_{\mathrm{G}})_{\mathrm{m}}}=\frac{(F_{\nu})_{\mathrm{p}}}{(F_{\nu})_{\mathrm{m}}}=\frac{(F_{l})_{\mathrm{p}}}{(F_{l})_{\mathrm{m}}}$$

在大多数情况下，流体质点往往经受着好几种力（但通常主要作用力仅为一种或两种），但不管流体质点受到任何种力以及多少个力的作用，必同时产生惯性力的作用。所以，推求关于动力相似的比数时，总把惯性力与其他各作用力之一进行相比，这已成为常规做法。

（7）对于受压力、粘性力或重力同时作用的两个流动，在忽略表面张力、压缩力及其他因素时，要同时满足欧拉和雷诺准则或欧拉和佛汝德准则才能实现动力相似。由于压强通常是待求的量，所以只要相应的点粘性力相似或重力相似，压强会自行相似。换句话说，当雷诺准则或佛汝德准则得到满足时，欧拉准则会自行满足。因此，雷诺准则、佛汝德准则称为独立准则，而欧拉准则则称为导出准则。

（8）相似准则的选择主要是根据作用在流体上的作用力而定。当有几个力同时作用在流体上时，应保证主要作用力的相似准则相等，而略去居次要地位力的相似。如闸和孔口的出流、堰上出流、坝上溢流、水面船舶运动及明渠流等大多采用重力相似准则。而管流、水面下的潜艇运动、输油管道、飞机在空气中的低速飞行和隧洞中的有压流动等，则大多采用粘性力相似准则。

复习思考题

10-1　有因次数和无因次数各有什么特点？角度和弧度是有因次数还是无因次数？

10-2　白金汉 π 定理的方法是在什么基础上建立的？一般的经验公式能否用 π 定理得到？为什么？

10-3　在力学范畴内，基本因次有哪些？基本变量在白金汉法中起什么作用？两者的关系如何？

10-4　基本变量的选择有哪些依据？

10-5　应用白金汉法进行因次分析的主要步骤有哪些？

10-6　两流体流动满足相似的一般条件是什么？

10-7　原型和模型中采用同一种流体，能否同时满足重力相似和粘性力相似？

10-8　在什么情况下采用比态模型？天然河道和渠道一般采用何种模型？

10-9　几何相似、运动相似和动力相似三者之间的关系如何？

习　题

一、选择题

10-1　速度 v，长度 l，重力加速度 g 的无因次集合是__________。

(a) $\dfrac{v}{gl}$　　(b) $\dfrac{v^2}{gl}$　　(c) $\dfrac{lv}{g}$　　(d) $\dfrac{gv}{l}$

10-2　压强 p，密度 ρ，长度 l，流量 Q 的无因次集合是__________。

(a) $\dfrac{pQ^2}{\rho l}$　　(b) $\dfrac{\rho Q}{pl}$　　(c) $\dfrac{pl^4}{\rho Q^2}$　　(d) $\dfrac{plQ}{\rho}$

10-3　进行水力模型试验，要实现有压管流的动力相似，应满足__________。

(a) 雷诺准则　　(b) 佛汝德准则

(c) 欧拉准则　　(d) 柯西准则

10-4　进行水力模型试验，要实现明渠水流的动力相似，应满足__________。

(a) 雷诺准则　　(b) 佛汝德准则

(c) 欧拉准则　　(d) 马赫准则

10-5　压力输水管同种流体的模型试验，已知长度比为 4，则两者的流量比为__________。

(a) 2　　(b) 4　　(c) 8　　(d) 1/4

10-6　明渠水流模型试验，已知长度比为 4，则两者的流量比为__________。

(a) 16　　(b) 4　　(c) 8　　(d) 32

二、计算题

10-1　把下列各组变量组合成无因次数：

(1) τ, v, ρ(切应力、速度、密度)；

(2) $\Delta p, v, \gamma$, g(压强差、速度、重度、重力加速度)；

(3) F, ρ, l, v(力、密度、长度、流速)；

(4) v, l, ρ, σ(速度、长度、密度、表面张力)。

10-2　用 π 定理求每米宽的堰的流量 q，如图所示。假定堰上水头较大，不考虑表面张力；又认为重力影响远比粘滞力影响大，所以粘滞力也不考虑，即 $q=f(H, \mathrm{g}, p)$

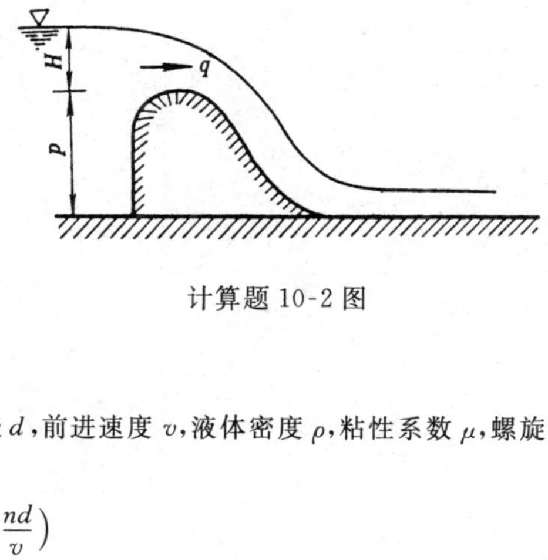

计算题 10-2 图

10-3　在上题中，若考虑表面张力和粘滞力，求单宽流量 q 的表达式。

(提示：$q=f(H, \mathrm{g}, p, \sigma, \mu)$)

10-4　应用 π 定理求船所需要的功率。假定功率 N 与下列因素有关：船的长度 l，船的速度 v，水的粘滞性 μ，水的密度 ρ 以及水的重度 γ。

10-5　假如螺旋桨推进器的牵引力 F 取决于它的的直径 d，前进速度 v，液体密度 ρ，粘性系数 μ，螺旋桨转速 n。证明牵引力可用下式表示：

$$F=\rho d^2 v^2 \phi\left(\frac{\mu}{\rho v d}, \frac{nd}{v}\right)$$

10-6　一个潜没在油中的物体以 14m/s 的速度水平运动(已知油的重度 $\gamma=8\,000\mathrm{N/m^3}$，$\mu=0.03(\mathrm{N\cdot s)/m^2}$)。为研究该物体的运动特征，做一比原型线性长度放大 8 倍的模型($\lambda_l=\dfrac{1}{8}$)，潜没在 20℃ 的水中，进行模型试验(已知水的重度 $\gamma=9\,800\mathrm{N/m^3}$，$v=1.003\times10^{-6}\mathrm{m^2/s}$)。求两者动力相似要求的模型的牵引速度 v_m。若作用在模型物体上的绕流阻力为 $F_m=3.5\mathrm{N}$，求作用在原型上的绕流阻力 F_p。

(提示：两者雷诺数相等，绕流阻力 $F\propto\rho l^2 v^2$)

10-7　为了设计汽油控制系统，现用 25℃ 的水($\rho_m=1\,000\mathrm{kg/m^3}$)来做模型试验，取 $\lambda_l=2$；已知汽油的 ν_p

$=0.6\times10^{-6}m^2/s$，$\rho_p=670kg/m^3$，两者满足雷诺准则。当汽油的流量 $Q_p=0.9m^3/s$ 时，求水的流量 Q_m。如果在模型中测得压力差为 2.5kN/m²，求在原型中的压力差 Δp_p。

10-8　某弧形闸门下有水出流，今以比例尺 $\lambda_l=10$ 做模型试验。试求：

(1) 已知原型上游水深 $H_p=5m$，求 H_m。

(2) 已知原型上游流量 $Q_p=30m^3/s$，求 Q_m。

(3) 在模型上测得水流对闸门的作用力 $F_m=400N$，计算原型上水流对闸门的作用力 F_p。

(4) 在模型上测得水跃中损失的功率 $N_m=0.2kW$，计算原型中水跃损失的功率 N_p。

10-9　长度比为 $\lambda_l=40$ 的实用堰模型，测得模型中某点的流速为 0.5m/s，试计算原型中相应点的流速 v_p。又测得模型某面积上的作用力为 0.12N，试计算原型相应面积上的作用力 F_p。

10-10　一桥墩长 $l_p=24m$，宽 $b_p=4.3m$，水深 $h_p=8.2m$，河中水流平均流速 $v_p=2.3m/s$，两桥台间的距离 $B_p=90m$。试取 $\lambda_l=50$ 设计水工模型，请确定其他各值。又测得水流对模型的冲击力为 10N，求 F_p。

10-11　某水库以长度比例尺 $\lambda_l=100$ 做底孔放空模型试验。今在模型上测得放空时间 $t_m=12h$，求放空水库所需时间 t_p。

10-12　船舶模型的几何比例尺 $\lambda_l=50$，速度 $v_m=1.33m/s$ 时，拖力 $F_m=9N$。求原型船舶的速度及其相应的阻力。设主要作用力分别为：①重力；②粘性力。

11 渗流

［内容提要］ 渗流理论是研究流体在孔隙介质中的运动规律。本章主要讨论的是以地下水流动为对象，介绍渗流的基本定律——达西定律、裘布依定律以及单井和井群的计算方法。

11.1 概述

流体在孔隙介质中的流动称为渗流。渗流力学是研究渗流运动规律及其应用的一门学科。

在水利工程中，渗流主要是指水在地表面以下的土壤或岩层中的流动，因此这种渗流也称为地下水流动。本章讨论的就是地下水的流动。在工程实践中遇到的渗流问题很多，例如为了生活用水、工矿企业和农业用水，有时需要凿井取水，这样就要确定流向井的水量和井的大小及数量。除此之外，还在水利、土建、石油、采矿、地质等许多行业涉及到渗流问题，如土木工程中，基坑开挖时降低地下水位的问题等。

渗流与工程实践的接触面很广，渗流理论所研究的范围也很广。本章只对有压和无压的地下水流动做一些初步介绍。在具体讨论渗流运动规律之前，先对土壤的水力特性及介质中水的存在状态作一简要说明。

一、土壤的水力特性

土壤的水力特性是指与水分储容及其运移有关的土壤性质。主要有以下几项：

1. 透水性

透水性是指土壤允许水透过的性能。透水性的好坏主要与孔隙的大小和多少，孔隙的形状和分布等有关。透水性的定量指标是渗透系数。渗透系数值愈大，表示透水能力愈强。渗透系数也称为导水率。

如果土壤所有各点中的渗透性质都一样，这种土壤称作均质土壤；如果渗透性随各点位置而变化则称作非均质土壤。如果土壤渗透性质不随渗流方向而变化的，则这种土壤称作等向土壤，反之称作异向土壤。

2. 容水度

容水度主要是指土壤能容纳的最大的水体积和土壤总体积之比，数值上与土壤孔隙度相等。孔隙度愈大，土壤的容水性愈好。

3. 持水度

持水度是指在重力作用下仍能保持的水体积与土壤总体积之比。持水度主要反映土壤中结合水(即不能开采的水)含量的多少。土壤颗粒愈细，持水度愈大。

4. 给水度

给水度是指在重力作用下能释放出来的水体积与土壤总体积之比。给水度在数值上等于容水度减去持水度。粗颗粒松散土壤的给水度接近于容水度，细颗粒粘土的给水度就很小。

二、水在土壤中的状态

水在土壤中的状态可以分为气态水、附着水、薄膜水、毛细水和重力水等。气态水以水蒸气状态散逸于土壤空隙中，数量极少，通常不需考虑；附着水和薄膜水也称结合水，其中附着水以极薄的分子层吸附在土壤粒表面，呈现固态水的性质；薄膜水则以厚度不超过分子作用半径的薄层包围土壤颗粒，性质与液态水近似。结合水数量很少，在渗流运动中可以不考虑；毛细水因毛细管作用保持在土壤颗粒间细小的孔隙中，除特殊情况外，一般也不必考虑；当土壤中含水量很大时，除少许结合水和毛细水外，大部分水是在重力作用下，在土壤孔隙中运动，这种状态的水称为重力水。

土壤按水的存在状态，可以分为饱和带与非饱和带，非饱和带又称包气带。

本章所研究的是饱和带重力水的渗流规律。饱和带重力水按其含水层埋藏条件，又可分为潜水和承压水（自流水）两种。潜水是埋藏在地面以下第一个隔水层之上的重力水，直接与包气带相连而具有自由表面。承压水是埋藏于地下、充满于两个隔水层之间的重力水，经常处于承压状态。

11.2 渗流的基本定律——达西定律

一、渗流模型

液体在土壤孔隙中的流动，是极不规则的迂回曲折运动，要详细考察每一孔隙中的流动状况是非常困难的，一般也无此必要。工程中所关心的主要是宏观的平均效果。为了研究方便，常用简化的渗流模型来代替实际的渗流运动。所谓的渗流模型，是设想流体作为连续介质连续地充满渗流区的全部空间，包括土壤颗粒骨架所占据的空间；渗流的运动要素可作为渗流区全部空间的连续函数来研究。

以渗流模型取代实际渗流，必须遵循以下几个原则：

(1) 通过渗流模型某一断面的流量必须与实际渗流通过该断面的真实流量相等；

(2) 渗流某一确定作用面上渗流压力要与实际渗流在该作用面上的真实压力相等；

(3) 渗流模型的阻力与实际渗流的阻力相等，即能量损失相等。

渗流模型中的渗流流速 v 为渗流模型中过流断面面积 ΔA 除以通过该断面面积的渗流量 ΔQ，即：

$$v=\frac{\Delta Q}{\Delta A}$$

因为上式中 ΔA 内有一部分面积为土壤颗粒所占据，所以孔隙的过流断面面积 $\Delta A'$ 要比 ΔA 小，$\Delta A'=n\Delta A$，n 为土壤的孔隙率。因此孔隙中真实渗流速度 v' 为

$$v'=\frac{\Delta Q}{\Delta A'}=\frac{\Delta Q}{n\Delta A}=\frac{v}{n}$$

由于孔隙率 $n<1$，所以 $v'>v$。

渗流模型将渗流简化为连续空间内连续介质的运动，使得前述基于连续介质建立起来的描述流体运动的概念和方法，能直接应用于渗流，为理论上研究渗流问题成为可能。

二、达西定律

液体在孔隙介质中流动时，由于液体粘滞性的作用，必然伴随着能量损失。达西（H. Darcy）在 1852—1855 年间，经过大量的试验研究，总结出渗流能量损失与渗流速度之间的基本关系，后人称为达西定律。

达西实验的装置类似于图 11-1 所示。在上端开口的直立圆筒侧壁上装两只测压管，在筒

底以上一定距离处安装一块滤板 C，在此上面放置颗粒均匀的砂体。水由上端注入圆筒，并以溢水管 B 使筒内维持一个恒定水位。渗透过砂体的水从短管 T 流入容器 V 中，并由此来计算渗流量 Q。由于渗流流速极为微小，所以流速水头可以忽略不计。因此总水头 H 可用测压管水头 h 来表示，水头损失 h_w 可以用测管水头差来表示。即

$$H=h=z+\frac{p}{\gamma}$$

$$h_w=h_1-h_2$$

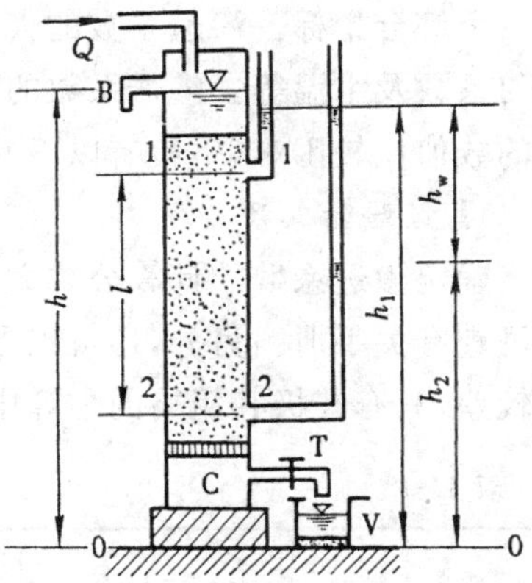

图 11-1　达西实验装置

水力坡度 J 可以用测压管水头坡度来表示：

$$J=\frac{h_w}{l}=\frac{h_1-h_2}{l} \tag{11-1}$$

因不能肯定水力坡度沿渗流方向是均匀的，把式(11-1)写成更严谨的微分形式：

$$J=-\frac{dH}{dl} \tag{11-2}$$

达西分析了大量的实验资料，发现在不同尺寸的圆筒和不同类型土壤的渗流中所通过的渗透流量 Q，与圆筒的横断面积 A 和水力坡度 J 成正比，并且和土壤的透水性能有关。即：

$$Q=kAJ \tag{11-3}$$

$$v=\frac{Q}{A}=kJ \tag{11-4}$$

式中　v——"渗流模型"的断面平均流速；

k——反映孔隙介质透水性能的一个综合系数，即渗透系数。

三、达西定律的适用范围

达西定律表明，渗流的沿程水头损失与流速的一次方成正比。随着渗流的流速加大（重粗颗粒土壤中的渗流），水头损失将与流速的 1～2 次方成比例；当流速达到一定数值后，水头损失与流速的平方成正比。因此达西定律有其一定的适用范围。

根据实验，达西定律的适用范围为

$$\mathrm{Re}=\frac{vd}{\nu}\leqslant 1\sim 10 \tag{11-5}$$

式中　v——渗流断面平均流速；

ν——流体的运动粘度；

d——土壤的平均粒径。

这里必须明确，达西定律避免了渗流的微观的复杂的水动力学现象，而代之以双重的宏观的统计平均概念。①它设想一虚构的渗流流速，这种流速是包括土壤颗粒在内的整个断面上的流速，而不是通过颗粒与颗粒间孔隙断面的实际流速；②达西定律用平均的渗流运动要素（如流速、压强）代替局部空间点上的运动要素，从而把实际上很杂乱的流动，概括成渗流模型，便于处理。

四、渗透系数

在应用达西定律进行渗流计算时，需要确定土壤的渗透系数 k 值，它是反映土壤渗流特性

的一个综合指标。渗透系数的大小取决于很多因素，但主要取决于土壤颗粒的形状、大小、不均匀系数及水温等。渗透系数的量纲为$[LT^{-1}]$，常用cm/s或m/d表示。要精确确定渗透系数的数值比较困难，一般有以下几种方法：

1. 经验估算法

确定渗透系数的计算公式大多是经验性的，各有其局限性，只作为粗略估算时用。这类公式可查有关手册。另外，还可以参照有关规范和工程资料来选定k值。很显然，这种方法可靠性较差，只有在极其粗略的估算中可以采用。有关各类土壤的渗透系数的参考值见表11-1。

表11-1　　土壤渗透系数参考值

土名	渗透系数 k	
	m/d	cm/s
粘土	<0.005	$<6\times10^{-6}$
	0.005～0.1	$6\times10^{-6}\sim1\times10^{-1}$
轻亚粘土	0.1～0.5	$1\times10^{-4}\sim6\times10^{-4}$
黄土	0.25～0.5	$3\times10^{-4}\sim6\times10^{-4}$
粉沙	0.5～1.0	$6\times10^{-4}\sim1\times10^{-3}$
细沙	1.0～5.0	$1\times10^{-3}\sim6\times10^{-3}$
中沙	5.0～20.0	$6\times10^{-3}\sim2\times10^{-2}$
均质中沙	35～50	$4\times10^{-2}\sim6\times10^{-2}$
粗沙	20～50	$2\times10^{-2}\sim6\times10^{-2}$
均质粗沙	60～75	$7\times10^{-2}\sim8\times10^{-2}$
圆砾	50～100	$6\times10^{-2}\sim1\times10^{-1}$
卵石	100～500	$1\times10^{-1}\sim6\times10^{-1}$
无填充物卵石	500～1000	$6\times10^{-1}\sim1\times10$
稍有裂隙岩石	20～60	$2\times10^{-2}\sim7\times10^{-2}$
裂隙多的岩石	>60	$>7\times10^{-2}$

2. 实验室测定法

通常使用的设备如图11-1所示。如果实验中渗流符合达西定律，那么测得水头损失和流量后，即可按下式求得渗透系数k值：

$$k=\frac{v}{J}=\frac{Ql}{Ah_{\mathrm{w}}} \tag{11-6}$$

实验室测定法对被测定的土壤来说是可靠的，但与实际的原状土壤相比较还是有差别的。为了使被测定的土壤能正确反映土壤的天然情况，应尽量选取未扰动土样，并选取足够的数量的有代表性的土样来进行实验。

3. 现场测定法

这是较可靠的测定方法，且实用意义大，可以取得大面积的平均渗透系数值。大型工程多采用此法，但因规模较大，需要的经费及劳力均较大。其具体做法，这里不作详述。

【例11-1】 厚度$M=15$m的含水层，用两个观测井（沿渗流方向的距离$l=200$m）测得观测井1中水位为64.22m，观测井2中水位为63.44m（图11-2）。含水层有粗砂组成，已知渗透

系数 $k=45\text{m/d}$。试求该含水层单位宽度(每米)的渗流量 q。

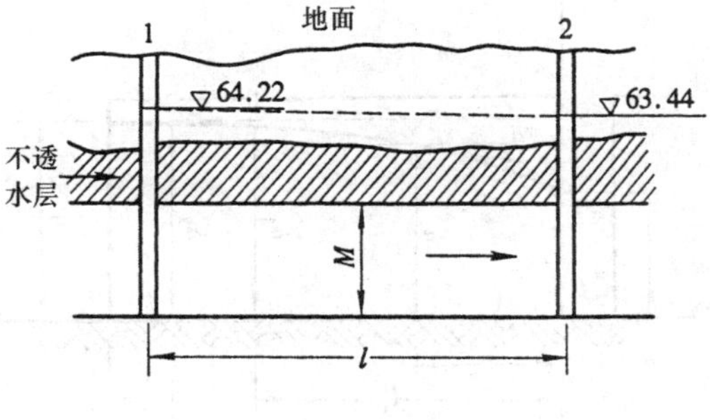

图 11-2　例 11-1 图

【解】 这是有压(或叫承压)的均匀渗流,应用达西公式 $v=kJ$ 计算流速,可知单款流量 q 为:

$$q=kMJ$$

其中 $$J=\frac{64.22-63.44}{200}=0.0039$$

代入上式,得:

$$q=45\times15\times0.0039=2.63\text{m}^2/\text{d}$$

五、裘布依假设和裘布依公式

根据达西渗流定律,我们知道 v 和 J 成线性关系,此关系也叫达西直线渗流定律,它所描述的是均匀渗流运动规律。为了研究非均匀渐变渗流的运动规律,还必须建立非均匀渐变渗流的断面平均流速计算公式。它是由裘布依(A. J. Dupult)首先应用达西直线渗流定律推求的。但由于渗流是非均匀渐变渗流,所以对此作了一些假设:

在任一竖直线上,各点渗流方向水平;

在同一竖直线上,各点渗流流速相等。

图 11-3 表示进入集水廊道的无压渗流,自由表面不是一直线,而是曲线。水流作渐变流动,根据假设,竖直线上各点的渗流流速相等而且平行。由此得到:

$$v=k\frac{\mathrm{d}z}{\mathrm{d}l}=-k\frac{\mathrm{d}h}{\mathrm{d}l} \tag{11-7}$$

上式即为裘布依公式。这里裘布依用地下水面的 $\frac{\mathrm{d}z}{\mathrm{d}l}=\tan\theta$ 代替达西定律中的 $J=\sin\theta$(θ 为水平线和水面坡度线的夹角)。可见所谓裘布依公式是将达西定律推广到渐变流的渗流公式。它只是一种近似计算方法,当 θ 角很小时,比较合理;但当 θ 角较大时,合理性就较差,甚至很差。从裘布依公式中还可看出,在渐变渗流中,过水断面上各点流速相等并等于断面平均流速,流速分布图为矩形,但不同过水断面上的流速大小则是不相等的,如图 11-4 所示。

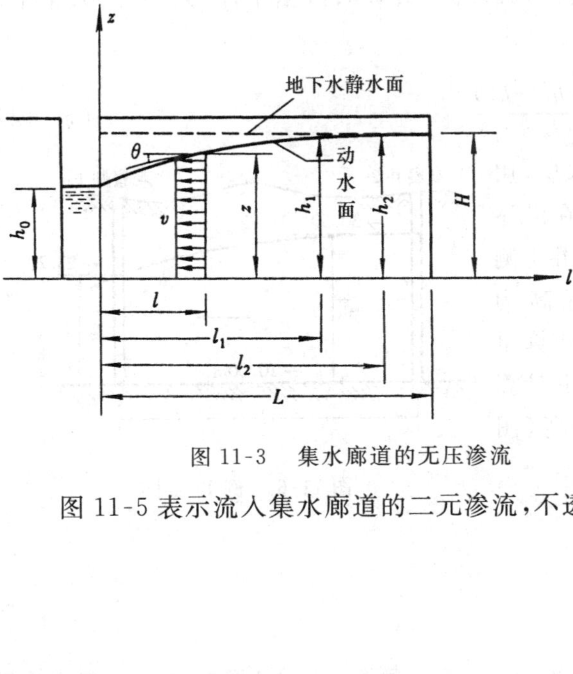

图 11-3　集水廊道的无压渗流

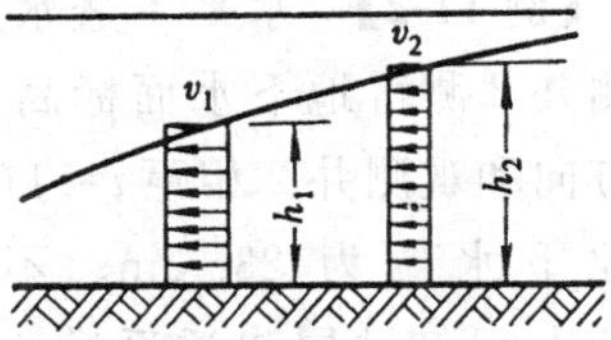

图 11-4　渐变渗流中的流速分布

图 11-5 表示流入集水廊道的二元渗流,不透水层为水平。地下水水面(指无压水的自由

表面或有压力的测压管水头面）在集水廊道未排水或为抽水前的水面成为地下水静水面，排水后达到恒定状态时的水面成为动水面，动水面的水面线也叫浸润曲线。如果假定集水廊道开挖到不透水层，那么集水廊道底面就不进水。集水廊道垂直于纸面方向单位宽度（$B=1$）的单侧流量 q，按达西定律为

$$q=vh=kJh \tag{11-8}$$

根据裘布依的假定，$J=\sin\theta\approx\tan\theta=\mathrm{d}h/\mathrm{d}l$，上式可变为

$$q=kh\tan\theta=kh\frac{\mathrm{d}h}{\mathrm{d}l} \tag{11-9}$$

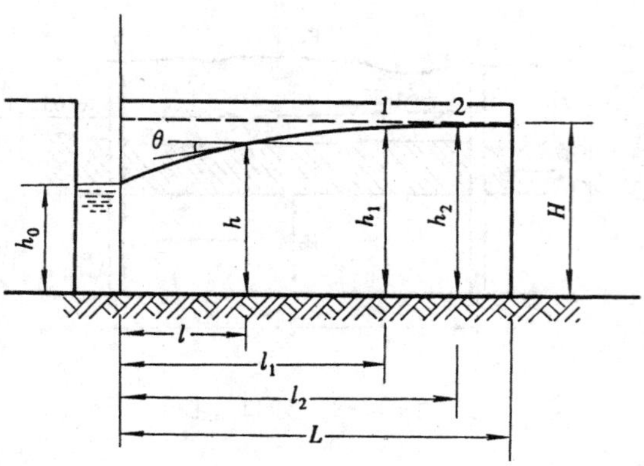

图 11-5　集水廊道的二元渗流

如果在距离集水廊道 l_1 和 l_2 处的地下水水深分别为 h_1 和 h_2，对上式从断面 1—1 到 2—2 进行积分，可得：

$$\frac{2q}{k}(l_2-l_1)=h_2^2-h_1^2 \tag{11-10}$$

式(11-10)为集水廊道侵润曲线方程。设集水廊道内的动水位为 h_0，地下水含水层厚度为 H，代入上式，则有：

$$H^2-h_0^2=\frac{2q}{k}L$$

式中，L 称作集水廊道的影响范围，在此范围以外，静水位基本上不受影响，即没有下降。因 $H^2-h_0^2=(H+h_0)(H-h_0)$，代入上式，并令 $(H-h_0)/L=J$，移项后得：

$$q=\frac{k}{2}(H+h_0)J \tag{11-11}$$

式中，J 成为动水面（或侵润曲线）的平均水力坡度。不同土壤的 J 值大致为：极粗的沙粒土壤，0.003～0.006；沙，0.006～0.020；沙质岩层，0.020～0.050；沙粘土，0.05～0.10；粘土，0.10～0.20。式(11-10)也可改写成：

$$q=\frac{k(h_2^2-h_1^2)}{2(l_2-l_1)} \tag{11-12}$$

【例 11-2】 水平不透水层上的细沙含水层，用观测井 2 测得地下水面标高为 30.5m；另外在沿渗流方向和观测井 2 相距 $l=1000$m 处，用观测井 1 测得地下水位为 23.2m。不透水层顶面标高为 10.0m。已知沙层渗透系数 $k=7.5$m/d。要计算单宽渗流量 q 及 150m 宽度上的地下水流量 Q，并计算距观测井 2 沿渗流方向 100m 处的水面标高（图 11-6）。

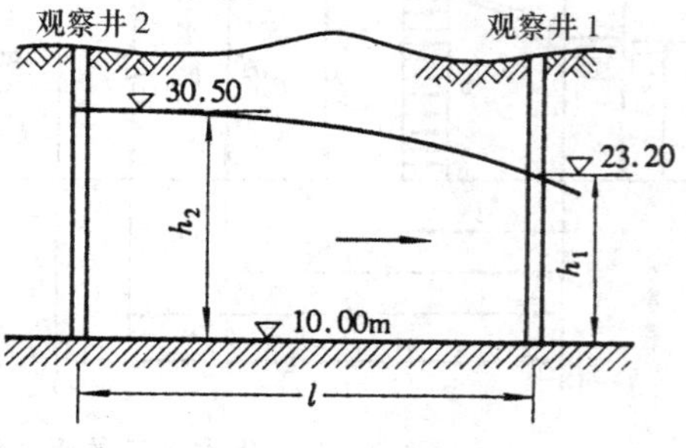

图 11-6　例 11-2 图

【解】 从图示可知：

$$h_2 = 30.5 - 10.0 = 20.5\text{m}$$

$$h_1 = 23.20 - 10.0 = 13.2\text{m}$$

$l_2 - l_1 = 1\,000\text{m}$，用式(11-12)，可得：

$$q = \frac{k(h_2^2 - h_1^2)}{2(l_2 - l_1)} = \frac{7.5(20.5^2 - 13.2^2)}{2 \times 1\,000} = 0.922\text{m}^3/(\text{d} \cdot \text{m})$$

已知水流宽为 150m，则

$$Q = bq = 150 \times 0.922 = 138.3\text{m}^3/\text{d}$$

再求距观测井 2 为 100m 处的水面标高。设该处水深为 h，根据式(11-12)，可有：

$$\frac{2q}{k} = \frac{h_2^2 - h_1^2}{l} = \frac{h_2^2 - h^2}{l'}$$

其中 $l = 1\,000\text{m}$，$l' = 100\text{m}$，经过整理得：

$$h^2 = h_2^2 - \frac{l'}{l}(h_2^2 - h_1^2) = 20.5^2 - \frac{100}{1\,000}(20.5^2 - 13.2^2)$$

$$h = \sqrt{20.5^2 - 0.1(20.5^2 - 13.2^2)} = 19.9\text{m}$$

于是得到距观测井 2 沿渗流方向 100m 处的水面标高为

$$10.0 + 19.9 = 29.9\text{m}$$

【例 11-3】 某工厂区为降低地下水位，在水平不透水层上修建了一条长 100m 的地下集水廊道(图 11-7)，然后经排水沟排走。经实测，在廊道边缘距离 L 为 80m 处地下水开始下降，该处水深 H 为 7.6m，廊道中水深为 3.6m，由廊道排出总流量 Q 为 $2.23\text{m}^3/\text{s}$。试求土层的渗透系数 k 值。

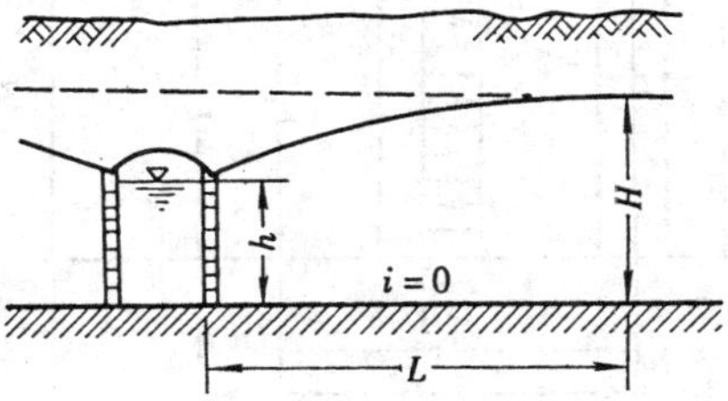

图 11-7　例 11-3 图

【解】 廊道中所集聚的地下水流量系由两侧土层中渗出，故每一侧渗出的单宽流量 q 为

$$q = \frac{Q}{2b} = \frac{2.23}{2 \times 100} = 0.011\,2\text{m}^3/(\text{s} \cdot \text{m})$$

由公式(11-12)得：

$$\frac{ql}{k} = \frac{1}{2}(h_2^2 - h_1^2)$$

令

$$h_2 = H = 7.6\text{m},\ h_1 = h = 3.6\text{m}$$

可解得：

$$k = \frac{2ql}{H^2 - h^2} = \frac{2 \times 0.011\,2 \times 80}{7.6^2 - 3.6^2} = 0.04\text{m/s}$$

11.3　单　井

井是一种汲取地下水或排水用的集水建筑物，在水文地质勘探工作和开发地下水资源中有着广泛的应用。

根据水文地质条件，可将井按其位置分为潜水井和承压井两种基本类型。潜水井也称为普通井，位于地表下潜水含水层中，可汲取无压地下水。井底直达不透水层的（即井底不进水）称为完整井，未达到不透水层的（即井底也进水）则称为非完整井。承压井也称自流井，穿过一层或多层不透水层，在承压含水层中汲取承压水。自流井也可分为完整井和非完整井。这里只介绍这两种基本类型的完整井。

严格来说，井的渗流运动应属于非恒定流动。特别当地下水开采量较大或需要较精确地测定水文地质参数时，应按非恒定流考虑。但在地下水补给来源充沛、开采量远小于天然补给量的地区，经过相当长时间的抽水以后，井的渗流情况可以近似按恒定流进行分析。本节仅讨论恒定流的情况。

井的渗流运动，严格来说应属于三维渗流，可以把从渗流运动的微分方程组出发来求解渗流运动要素在空间场的函数关系。但这样求解是非常复杂的，这里忽略运动要素沿 z 轴方向的变化，并采用轴对称的假设，所以近似采用一维渐变渗流的一般公式——裘布依公式来进行分析。

一、潜水完整井

图 11-8 表示一潜水完整井，抽水时地下水从四周径向对称的流入井内，过水断面是一个个同圆心的圆柱面，其面积为 $2\pi rz$，流速为

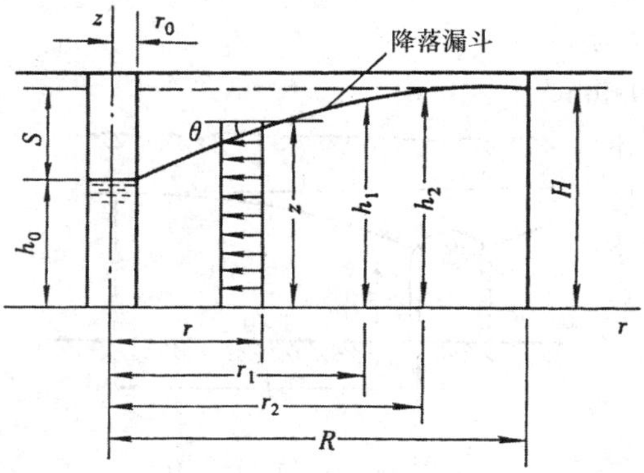

图 11-8 潜水完整井

$$v=kJ=k\frac{\mathrm{d}z}{\mathrm{d}r}$$

所以流量 Q 为

$$Q=2\pi krz\frac{\mathrm{d}z}{\mathrm{d}r} \tag{11-13}$$

分离变量后积分，得：

$$z^2=\frac{Q}{\pi k}\ln r+c$$

利用条件 $r=r_1$ 时，$z=h_1$；$r=r_2$ 时，$z=h_2$，可得：

$$h_2^2-h_1^2=\frac{Q}{\pi k}\ln\frac{r_2}{r_1} \tag{11-14}$$

上式是完整井在恒定流时的侵润曲线方程。另外，在抽水时，地下水面下降为一漏斗形曲面，这个曲面叫降落漏斗（图 11-8）。如果利用边界条件 $r=r_0$ 时，$z=h_0$，$r=R$ 时，$z=H$，那么式(11-14)就变成下面形式：

$$H^2-h_0^2=\frac{Q}{\pi k}\ln\frac{R}{r_0} \tag{11-15}$$

或

$$Q=\frac{\pi k(H^2-h_0^2)}{\ln R-\ln r_0}=1.36\,\frac{k(H^2-h_0^2)}{\lg R-\lg r_0} \tag{11-16}$$

式中 R——影响半径（在影响半径以外，可认为地下水面不受影响（不下降））；

r_0——井的半径；

H——原有的地下水深度（抽水前的含水层深度）；

h_0——井中动水面以下的水深。

式(11-16)就是潜水完整井的出水量公式。

如果将降深 $S=H-h_0$ 代入式(11-16)，可得：

$$Q=1.36\frac{kS(H+h_0)}{\lg R/r_0}=1.36\frac{kS(2H-S)}{\lg R-\lg r_0} \tag{11-17}$$

影响半径 R 需要用实验方法或根据经验来确定。一般由下面的经验公式来推算 R：

$$R=3\,000S\sqrt{k} \tag{11-18(a)}$$

或

$$R=575S\sqrt{Hk} \tag{11-18(b)}$$

其中，k 以 m/s 计，R，S 和 H 均以 m 计。

下面对式(11-16)作一些分析和讨论。

(1) 潜水井裘布依公式的适用范围

裘布依的假定：$\sin\alpha=\tan\alpha$，可以使潜水问题的解答大为简化，这是裘布依假定的优点。但是该假定也有它的局限性，即不适用于潜水面弯曲程度较大的情况(亦即角度较大的情况)。欲使 $\sin\alpha=\tan\alpha$，只有在 α 角相当小的情况下才能成立，即 $\alpha<6°$时。如果 α 增大，那么 $\sin\alpha$ 就不再近似等于 $\tan\alpha$ 了，这样势必会影响计算精度。因此潜水井裘布依公式(11-16)的适用范围为：在离井较远，与水面倾角小于 15°处(相当于水力坡度小于$\frac{1}{4}$处)的区域内是可信的，误差为 3.5%；如果 α 角再增大，那么与实际的误差也随之增加。

(2) 没有反映水跃问题

什么是水跃？当水位降深很大时，井内水位比井壁水位低得多，这个差值 Δh 即为水跃值(注意：这虽然与明渠流中的水跃文字完全相同，但二者意义却截然不同)。水跃的产生是由于井内流速极大，再加上井壁的影响，使水面曲线在井壁不连续，产生跃落。另外，过滤器的阻力、水井附近水流状态的改变等因素也会造成井内外的水位差。

(3) 流量与井半径的关系与实际情况不符

从式(11-16)中看出，r_0 对 Q 的影响是不大的，二者之间是对数关系。随着井半径的增大，水量增加很少。计算结果表明，井径增加一倍，流量只增加 10%左右；井径增加 10 倍，流量只增加 40%左右。但实践证明，井径对流量的影响要比裘布依公式所表示的对数关系大得多，这是裘布依公式一个与实际不符合的地方。

(4) 出水量的误差

从式(11-16)中可以看出，当 $h_0=0$ 时，出水量最大。即

$$Q_{\max}=1.36\frac{kH^2}{\lg R-\lg r_0}$$

但是，实际上在抽水时，h_0 恒定地为 0 是不可能的。理论上，当 $h_0=0$ 时，只有当流速趋向无穷大时才有可能使流量为最大，但这在实际上是不可能的。

综上所述，式(11-16)的运用有一定的范围，且存在一定的误差。

二、自流完整井

当含水层位于两个不透水层之间时，由于地质构造关系，含水层中的地下水处于承压状态。如果管井穿过上面的不透水层(图 11-9)，管井从承压含水层取水，含水层厚度以 M 表示；现在假设承压含水层为具有同一厚度 M 的水平含水层，同时，井中水位总是大于含水层厚度，所以流入井中的渗流都是承压的。若抽水量不大，则当抽取的流量为常值时，经过一段时间后，井四周的渗流可认为达到恒定状态，井中水面比原有水面下降值 S 也固定不变，地下水的水面线如图 11-9 所示也将成为一漏斗形的曲面。此时和完整潜水井一样，仍可按一维渐变

流来处理。

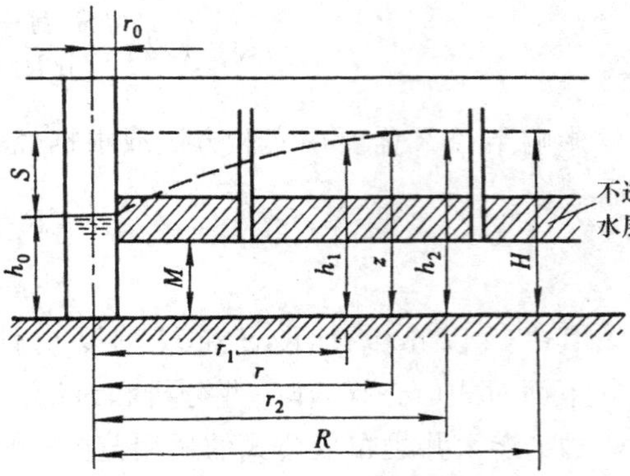

图 11-9　自流完整井

根据裘布依公式，径向渗流流速为

$$v=kJ=k\frac{\mathrm{d}z}{\mathrm{d}r}$$

离井轴距离为 r 处的圆柱面过水断面面积为 $2\pi rM$，因此得井的流量为

$$Q=2r\pi Mk\frac{\mathrm{d}z}{\mathrm{d}r} \tag{11-19}$$

分离变量后积分得：

$$z=\frac{Q}{2\pi Mk}\ln r+c$$

利用 $r=r_0$ 时，$z=h_0$ 和 $r=R$ 时，$z=H$ 的条件，可得：

$$H-h_0=\frac{Q}{2\pi Mk}\ln\frac{R}{r_0} \tag{11-20}$$

同样，对 $r=r_1$，$z=h_1$，$r=r_2$，$z=h_2$ 的条件，可以写出：

$$h_2-h_1=\frac{Q}{2\pi kM}\ln\frac{r_2}{r_1} \tag{11-21}$$

式(11-21)为自流完整井的浸润曲线方程。

在式(11-20)中，R 为影响半径，仍可用式(11-18)计算；H 为自流含水层未抽水前测压管水面至底板的高度，令 $H-h_0=S$，这样式(11-20)可改写为

$$Q=\frac{2\pi kMS}{\ln R-\ln r_0}=2.73\frac{kMS}{\lg R-\lg r_0} \tag{11-22}$$

式(11-22)即为自流完整井的涌水量公式。

还须提及的是，在上述的计算公式中，引入的影响半径 R 及其确定方法，在概念上还存在含糊矛盾的地方。事实上，水井抽水的影响范围必然是全部补给区的含水层，而且一般也不会是圆柱形。另外，抽水量和水位降深的大小也不会改变影响的范围，而只能改变影响的大小。有人认为这是渗流的恒定流理论所伴随的缺陷，应该运用非恒定流理论才能精确地解决井的渗流问题。有人提出了“引用补给半径”的概念以代替影响半径的概念，认为裘布依径流公式中的 R 是一个综合反映抽水补给条件的参数，补给条件不变，R 值就不变，可以用实验来测定。

三、大口井

大口井是井径较大、井深较小的集水井，是汲取浅层地下水的一种井。大口井直径大致为 2～10m，常用的大约为 3～5m，也可以稍大。大口井附近和井中的水流阻力均较小，在相同的水位降深情况下，能涌出较多的水量。

1. 潜水大口完全井

如图 11-10，出水量的计算公式和潜水完整井的计算公式相同，因此可用式(11-16)计算。即：

$$Q=\frac{\pi k(H^2-h_0^2)}{\ln R-\ln r_0}=1.36\frac{k(H^2-h_0^2)}{\lg R-\lg r_0}$$

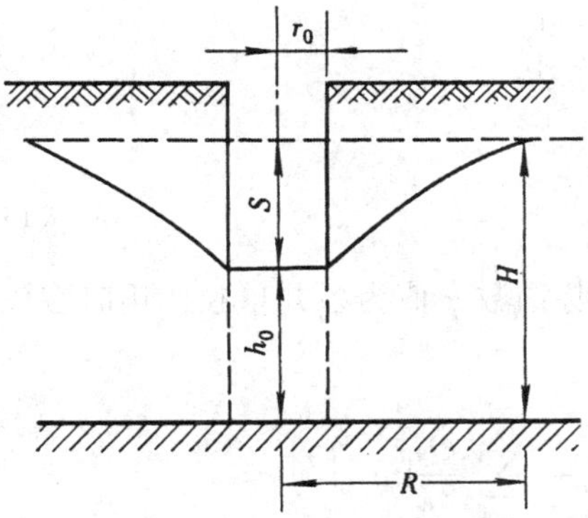

图 11-10　潜水大口完全井

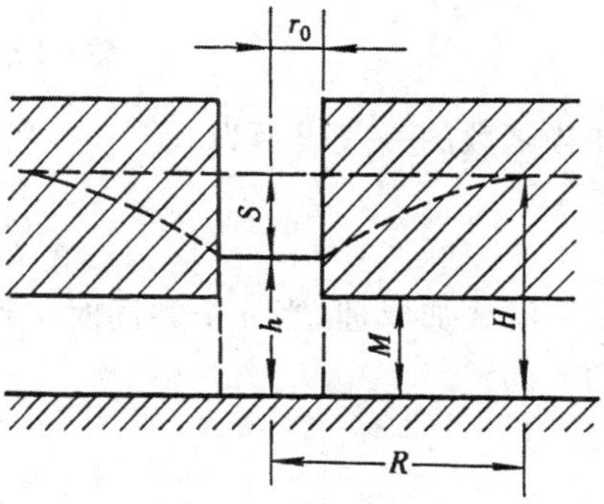

图 11-11　自流大口完全井

2. 自流大口完全井

如图 11-11 所示，出水量计算与自流完整井一样，即式(11-20)：

$$Q=2.73\frac{kMS}{\lg R-\lg r_0}$$

若大口井的井底未达到不透水层，而是在较浅的含水层中，则大口井主要的涌水量来至底部。此时对大口井涌水量的计算，有两种意见。一种意见认为，此时的过流断面为半球面；而另一种意见则认为，过流断面应该是半椭球面。如果分别用此两种断面来推求公式(計算公式略)，则得到的结果相差很大。

11.4　井　群

如有多个井同时工作，而井间的距离又不是很大，则由于各井之间的互相影响，渗流区地下水侵润面将呈现很复杂的形状，各井的出水量和单井时的出水量完全不同。这种多个井的组合就称为井群，而互相干扰的井就称为干扰井。取地下水时有时需要用井群，在土建施工、基坑开挖和其他场合，为了降低地下水位，也经常用到井群。所以井群渗流分析具有重要的实用意义。下面简要介绍。

如图 11-12 所示为井群所形成的渗流场，可以看成是由许多个单独井所形成的渗流场的叠加。式(11-13)和式(11-19)分别为潜水完整井和自流完整井的裘布依公式。为了便于研究，在这儿引入了势函数 φ，并令其为

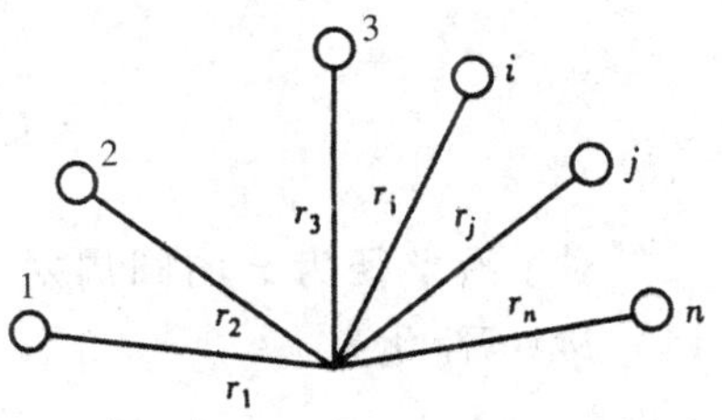

图 11-12　井群

潜水井

$$\varphi=\frac{1}{2}kz^2,\quad \mathrm{d}\varphi=kz\mathrm{d}z$$

自流井

$$\varphi=kMz,\quad \mathrm{d}\varphi=kM\mathrm{d}z$$

这样，式(11-13)和式(11-19)可以变化为同一形式：

潜水井

$$Q=2\pi rzk\frac{\mathrm{d}z}{\mathrm{d}r}=2\pi r\frac{\mathrm{d}\varphi}{\mathrm{d}r}$$

自流井

$$Q=2\pi rMk\frac{\mathrm{d}z}{\mathrm{d}r}=2\pi r\frac{\mathrm{d}\varphi}{\mathrm{d}r}$$

故完整井势函数的一般表示为

$$\varphi=\frac{Q}{2\pi}\ln r+c \tag{11-23}$$

根据势流叠加原理，当 n 个井同时工作时，任一点势函数 φ 值为各井单独作用时在该点的 φ_i 值之和。即

$$\varphi=\sum\varphi_i=\sum_{i=1}^{n}\frac{Q_i}{2\pi}\ln r_i+\sum_{i=1}^{n}c_i=\sum_{i=1}^{n}\frac{Q_i}{2\pi}\ln r_i+c$$

式中　r_i——该点距第 i 井井轴的距离；

c——常数，由边界条件决定。

如果各井的出水量相同，即

$$Q_1=Q_2=\cdots=Q_n=\frac{Q_0}{n}$$

Q_0 为该井群的总出水量，则

$$\varphi=\frac{Q_0}{2\pi}\cdot\frac{1}{n}\sum_{i=1}^{n}\ln r_i+c=\frac{Q_0}{2\pi}\frac{1}{n}\ln r_1r_2r_3\cdots r_n+c$$

设井群也具有影响半径，一般来说，其影响半径 R 远大于井群的尺度，故可近似地认为在影响半径处：

$$r_1\approx r_2\approx\cdots\approx r_n=R$$

并令该处的势函数值为 φ_{R}，代入上式整理后可得：

$$\varphi_{\mathrm{R}}-\varphi=\frac{Q_0}{2\pi}\left[\ln R-\frac{1}{n}\ln(r_1r_2\cdots r_n)\right]$$

对于潜水井，$\varphi_{\mathrm{R}}=\frac{1}{2}kH^2$，$\varphi=\frac{1}{2}kz^2$。所以得：

$$z^2=H^2-0.73\frac{Q_0}{k}\left[\lg R-\frac{1}{n}\lg(r_1r_2\cdots r_n)\right] \tag{11-24}$$

对于沿半径为 r 的圆周对称部分的井群，在井群圆心处 $r_1=r_2=\cdots=r_n=r$，则公式(11-24)可简化为

$$z_0^2=H^2-0.73\frac{Q_0}{k}\ln\frac{R}{r} \tag{11-25}$$

式中，z_0 为在井群圆心处的渗流水头。

上面讨论的是完整潜水井群的计算公式，对于完整自流井群也可仿照上面推导。

对于自流井，$\varphi_{\mathrm{R}}=kHM$，$\varphi=kzM$，与公式(11-24)相对应，其水头线方程为

$$z=H-0.37\frac{Q_0}{kM}\left[\lg R-\frac{1}{n}\lg(r_1r_2\cdots r_n)\right] \tag{11-26}$$

如果井群为圆周分布，与公式(11-25)相对应，式(11-26)也可简化为

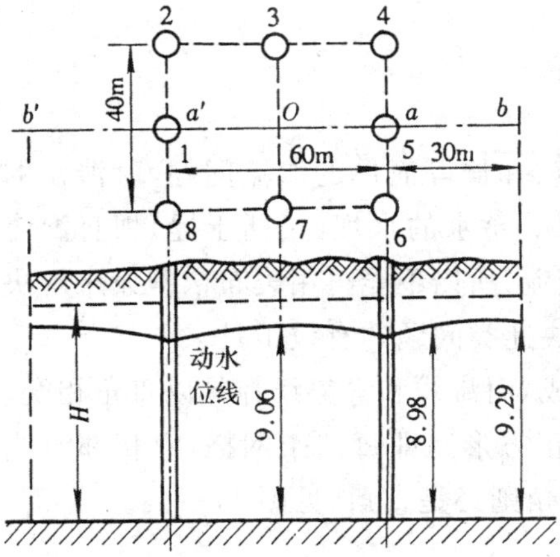

图 11-13　例 11-4 图

$$z_0 = H - 0.37\frac{Q_0}{kM}\lg\frac{R}{r} \tag{11-27}$$

上式中的影响半径仍可用式(11-18)计算。

【例 11-4】 设有一井群，由 8 个完整潜水井组成，排列在一个矩形周界上(图 11-13)，这个矩形的边长是 40m 和 60m。已知总出水量 $Q_0=20\mathrm{L/s}$，每个井半径都是 $r_0=0.1\mathrm{m/s}$，渗透系数 $k=0.001\mathrm{m/s}$，含水层厚度 $H=10\mathrm{m}$，整个井群的影响半径 $R=500\mathrm{m}$。试求 5 号井(a 点)中水深 $h_{05}(=-z_5)$、井群中心 0 点的水深及 b 点的水深。

【解】 先求 5 号井(a 点)中水深 z_5。A 点至各井距离为

至 1 号井　　$r_1=60\mathrm{m}$

至 2 号井　　$r_2=\sqrt{60^2+20^2}=63.2\mathrm{m}$

至 3 号井　　$r_3=\sqrt{30^2+20^2}=36\mathrm{m}$

至 4 号井　　$r_4=20\mathrm{m}$

至 5 号井管壁为　　$r_5=r_0=0.1\mathrm{m}$

至 6 号井　　$r_6=20\mathrm{m}$

至 7 号井　　$r_7=r_3=36\mathrm{m}$

至 8 号井　　$r_8=r_2=63.2\mathrm{m}$

利用式(11-24)得：

$$z_5^2 = H^2 - 0.73\frac{Q_0}{k}\left[\lg\mathrm{R} - \frac{1}{8}\lg(r_1 r_2 \cdots r_8)\right]$$

$$z_5^2 = 100 - 0.73\frac{0.02}{0.001}\left[\lg 500 - \frac{1}{8}\lg(60\times 63.2^2\times 36^2\times 20^2\times 0.1)\right]$$

$$z_5^2 = 100 - 39.4 + 18.42 = 79.02\mathrm{m}^2$$

$$z_5 = 8.89\mathrm{m}$$

再仿此计算 0 点和 b 点，计算结果列表如下：

各点名称	各井轴至各点距离 (m)											
	r_1	r_2	r_3	r_4	r_5	r_6	r_7	r_8	$x=r_1r_2\cdots r_8$	$\lg x$	z^2	z(m)
a	60	63.20	35	20	0.1	20	36	63.2	1.242×10^{10}	10.094	79.02	8.89
O	30	36	20	36	30	36	20	36	0.605×10^{12}	11.782	82.1	9.06
b	90	92.2	63.2	36	30	36	63.2	92.2	1.188×10^{14}	14.075	86.29	9.29

a′,b′和 a,b 是对称的，它们相应的水深相等，据此可作出 b′a′0ab 线的地下水动水位线，如图 11-13 下方所示。

11.5 流　网

上面介绍了有关给排水工程上所需的水井、集水廊道、井群等简单的渗流问题，所涉及的都是渐变渗流。在专业上还会遇到筑坝挡水，以便于取水。蓄水的水坝(包括土堤)坝身渗流和混凝土坝坝基渗流，这时流线弯曲程度很大已成为急变流，所以不能再用裘布依假设来解决这些问题。而流网却能补此不足。因此流网法已成为解决此类问题的有效工具。

流网是在渗流区域内由一组流线和一组等势线所组成，而流线和等势线都是以直角相交。实际上，流网的网格都画成近似的正方形(往往是曲边的正方形)，即每一个网格，它相邻流线的距离和相邻等势线的距离都近似相等，即 $\Delta b=\Delta l$，而交角则必是直角，见图 11-14。

一、平面有压渗流流网的绘制

流网的绘制有三种方法。第一种是解析法，即用数学方法求出势流的流速势函数及流函数，再令其函数等于一系列的常数，就可以描绘出一簇流线和等势线。第二种办法是近似图解法，即根据等势线及流线的特性和确定的边界条件，用作图的方法逐步近似地画出流线和等势线。第三种方法是实验的方法，它最常用的是电比拟法。关于实验法画流网在此不作介绍。解析法对于复杂的边界条件下求解数学问题会碰到很大的困难，因而使用受到局限。而近似图解法在工程上广泛地使用。因此，在此只对近似图解法作一些介绍。

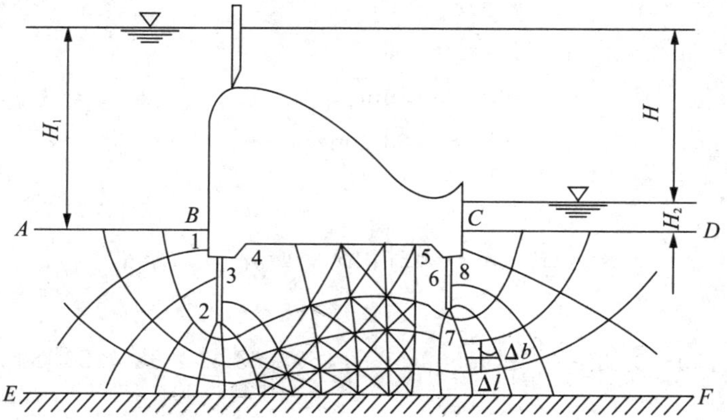

图 11-14　平面有压渗流的流网

如图 11-14 为一透水地基中渗流流网图，这个流网图大体是沿着下列步骤画出来的：

(1) 首先根据渗流的边界条件，确定边界流线及边界等势线。如图中的上游透水边界 AB 是一条等势线，因该边界上各点的流速势相等，亦即各点的测压管水头值 $H=z+\dfrac{p}{\gamma}$ 是相等的。下游透水边界 CD 同样是一条等势线，同理，该边界上各点测压管水头也相等。建筑物的地下轮廓线，即图中 B-1-2-3-4-5-6-7-8-C 为一条流线，而渗流区域的底部边界 EF 为另一条边界流线。

(2) 根据流网的特性(应是一组正交的方格网)，初步绘制流网。初画时可先按边界线的趋势大致画出流线或等势线。等势线和流线都应是光滑的曲线，不能有突然转折。

(3) 一般初绘的流网总是不能完全符合要求。为了检验流网是否画的正确，可在流网中绘出网格的对角线(图 11-4)。若每一网格的对角线正交和相等且形成互相垂直的正方形网格，则所绘流网是正确的。但应指出，由于边界形状不规则，且网格的数量不会无限多，所以每一网格都具有一定尺寸，不可能做到所有的网格都成标准的正方形。在边界突变的局部地方不可避免地要出现三角形或五角形等不规则的形状，但这不影响整个流网的应用。

(4) 流网图的形状只与渗流区的边界条件有关，而与上下游水位无关；当土体为均质且各向同性时，也与土壤的渗透系数无关。

对流网进行修改的时候，常常是改变一个网格可能牵动全局，因此需要细心作图。只有通过反复的实践体验，才能达到精度高和速度快的绘制技能。

二、利用流网进行渗流计算

流网经过检验证明正确以后，即可用来进行有关的渗流计算。

1. 渗流流速的计算

如图 11-14 所示，若需计算渗流区中某一网格内的渗流流速，可以从图中量出该网格的流线长 Δl，然后通过计算，找出渗流在该网格内的水头差 ΔH。由流网的性质可知，任意两条等势线间的水头差均相等。若流网中的等势线条数为 m(包括边界等势线在内)，上下游水位差为 H，则任意两等势线间的水头差为

$$\Delta H=\frac{H}{m-1} \tag{11-28}$$

所求网格处的渗流流速为

$$v=kJ=k\frac{\Delta H}{\Delta l}=\frac{kH}{(m-1)\Delta l} \tag{11-29}$$

2. 渗流流量的计算

由流网的性质已知，任意两条流线之间所通过的渗流量 Δq 相等。若全部流线(包括边界流线在内)的数目为 n，那么通过整个坝基的单宽流量应为

$$q=(n-1)\Delta q \tag{11-30}$$

为了求出任意两条流线间渗透量 Δq，需要选择任意一个网格，求出该网格的渗透流速，并由图中量出该网格的过水断面宽度。设图 11-14 中所示的网格宽度(两流线的间距)为 Δb，该处渗流流速为 v，则

$$\Delta q=v\Delta b \tag{11-31}$$

将式(11-29)代入上式得：

$$\Delta q=\frac{kH}{(m-1)\Delta l}\Delta b \tag{11-32}$$

再将式(11-32)代入式(11-30)得：

$$q=kH\frac{n-1}{m-1}\cdot\frac{\Delta b}{\Delta l} \tag{11-33}$$

由上式可见，只要任意选择一个网格，量出该网格的平均流线长度 Δl 及平均过水宽度 Δb，并数出流线及等势线的条数，即可直接算出渗透流量。

3. 渗流动水压强的计算

在如图 11-15 所示的坝基渗流区域内，任意选取一直角坐标系。现以不透水基底作为坐标的横轴。若需计算渗流区内任意点 N 的动水压强，按照定义，在 N 点处渗流的总水头为

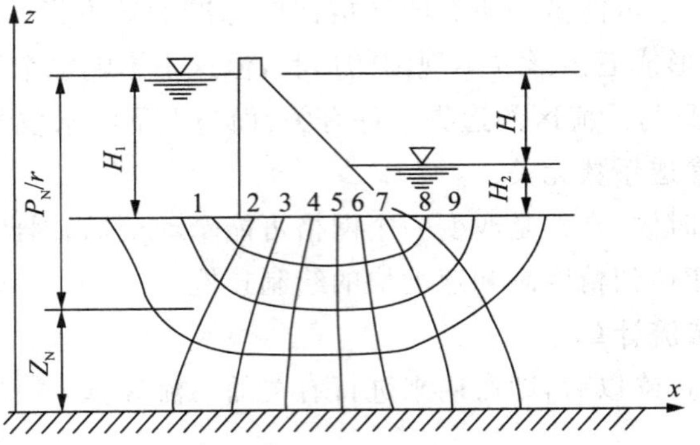

图 11-15　渗流动水压强计算示意

$$H_N = z_N + \frac{p_N}{\gamma}$$

故 N 点的动水压强(以液柱高计)为

$$\frac{p_N}{\gamma} = H_N - z_N \tag{11-34}$$

上游河床(入渗边界)为一条等势线,亦即等水头线,在该边界上各点水头均为

$$H = z_1 + \frac{p_1}{\gamma} = z_1 + H_1$$

假定从上游河床入渗的水流达到 N 点所损失的水头为 h_f,那么 N 点的总水头应等于入渗边界上的总水头减去这段流程的水头损失,即

$$H_N = (z_1 + H_1) - h_f \tag{11-35}$$

将上式代入式(11-34)可得:

$$\frac{p_N}{\gamma} = (z_1 + H_1) - h_f - z_N$$

或

$$\frac{p_N}{\gamma} = h_N - h_f \tag{11-36}$$

式中,$h_N = (z_1 + H_1) - z_N$,表示 N 点在上游液面下的深度。该式的物理意义是非常明显的,它说明渗流区内任意点 N 的动水压强,等于从上游液面算起的该点静水压强再减去由入渗点至该点的水头损失。

在实用上最重要的,是需要算出坝的基底上所作用的渗透压力,因为渗透压力是一个向上作用的浮托力,他对坝的稳定是一个不利的因素。渗透压力愈大,对坝的浮力也就愈大,也就是坝的稳定性愈差。

为了得到坝的基底的渗透压强分布图,最方便的是算出各等势线与坝底的各交点 1,2,3,4,5,6,7,8 等处的渗透压强,见图 11-15。

上述各点在上游液面下的深度均相等,即

$$h_1 = h_2 = h_3 = \cdots = h_8 = H_1$$

但从入渗边界至各点间的水头损失是不相等的。若任意两条流线间的水头损失为ΔH,则:

$$\Delta H=\frac{H}{m-1}$$

m 为等势线条数,很明显:

$$h_{f1}=\Delta H,\quad h_{f2}=2\Delta H,\quad \cdots,\quad h_{f7}=7\Delta H$$

各点的动水压强(液柱高度)为

$$\frac{p_1}{\gamma}=H_1$$

$$\frac{p_2}{\gamma}=H_1-\Delta H$$

$$\vdots$$

$$\frac{p_8}{\gamma}=H_1-7\Delta H=H_2$$

【例 11-5】 设在图 11-15 中的 $H=10\text{m}$,$k=0.6\text{m/d}$;设绘成流网的网格为正方形,试估计坝宽 1m 的渗流量 q。

【解】 图 11-15 中有 5 条流线,9 条等势线,即 $n=5$,$m=9$,故

$$q=kH\frac{n-1}{m-1}\cdot\frac{\Delta b}{\Delta l}=0.6\times10\times\frac{4}{8}\times1=3\text{m}^3/(\text{d}\cdot\text{m})$$

【例 11-6】 水闸(图 11-16)上游水深 H_1 为 15m,下游水深 H_2 为 5m。如流网图已画出,取土壤渗透系数 $k=10^{-2}\text{cm/s}$,试求 a,b,c 三点的压强及 ab 段的平均流速。

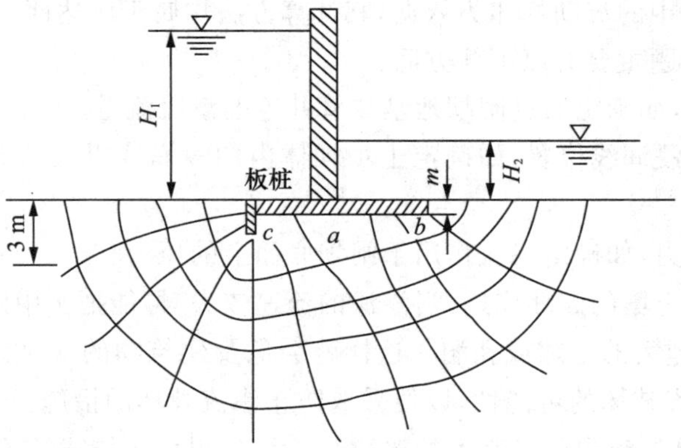

图 11-16　例 11-6 图

【解】 每两条等势线间的水头差为

$$\Delta h=\frac{H_1-H_2}{n}=\frac{15-5}{10}=1\text{m}$$

以地面为基线,则 1-1 等水头线的水头值为 15m,2-2 等水头线的水头值为 5m,所以:

a 点水头值为

$$H_a=15-6\Delta h=15-6=9\text{m}$$

b 点水头值为

$$H_b=15-7\Delta h=15-7=8\text{m}$$

c 点水头值为

$$H_c = 15 - 5\Delta h = 15 - 5 = 10\text{m}$$

a 点压强

$$\frac{p_a}{\gamma} = H_a + y_a = 9 + 1 = 10\text{m}$$

b 点压强：

$$\frac{p_b}{\gamma} = H_b + y_b = 8 + 1 = 9\text{m}$$

c 点压强：

$$\frac{p_c}{\gamma} = H_c + y_c = 10 + 3 = 13\text{m}$$

由图量得 ab 相距为 3m，则 ab 段平均流速为

$$v_{ab} = kJ = k\frac{\Delta h}{\Delta l} = 10^{-4} \times \frac{1}{3} = 3.33 \times 10^{-5}\text{m/s}$$

学习指导

（一）本章主要探讨水在土壤孔隙中流动的规律，即地下水流动问题。地下水是给水工程中的重要水源之一。一般用井或集水廊道作为采集地下水的构筑物。此外，铁路或公路经过地下水位较高的地区时，往往需要设法降低地下水位，以保持路基处于干燥稳固状态并防止发生冻土的危害。为此，需要在路基一侧或两侧埋设渗沟以排泄地下水。混凝土建筑物的地基和土坝也经常采用集水廊道或井群降低地下水水位。集水廊道、水井、井群等的渗流计算都要以地下水在土壤孔隙中的流动规律为依据，其计算方法均属于以达西定律为基础的范围内。

渗流能解决的问题主要有以下几方面：

（1）确定渗流量，如确定通过闸坝地基或管井等的渗流流量。

（2）确定渗流的浸润线位置，如确定土坝坝体内的浸润线以及从井中抽水所形成的地下水面线的位置。

（3）确定渗流压力，如确定渗流作用于闸坝底面上的压力。

（4）估计渗流对土壤的破坏作用，当渗流的流速较大时，能把土中颗粒较小的土粒从孔隙中带走，并形成越来越大的空隙或孔洞。这样就会危及建筑物的安全。因此必须计算渗流的流速，并估计发生渗流破坏的可能性，以便采取防止渗流破坏的措施。

（二）达西定律是渗流中的最基本的定律。$v=kJ$，引用 v 描述渗流速度，意味着把整个渗流区域设想为没有土粒存在，而是全部充满了水，并沿着主流方向作为连续介质而运动，这种虚构的渗流成为渗流模型。它在边界条件，Q，d，h_w 各方面都和实际渗流一致，不改变其真实值，只有渗流速度是虚假的。这种用渗流模型代替实际渗流，和地面水一样，可把渗流区与水流看成连续介质运动，能用流线、元流、总流等概念，使研究问题大大简化，所有运动要素都是空间点坐标的连续函数，为应用现代数学工具研究渗流课题提供了有利条件。因此，作为研究手段而言，渗流模型具有重要的理论意义。

达西定律只能是用于层流渗流或线性渗流。

（三）地下水是势流，所以可按照势流叠加原理。在势流中，一种复杂的流动可以用若干个简单的流动叠加，其流速势也可以进行叠加，叠加后仍满足拉普拉斯方程 $\nabla^2\varphi=0$。关于井群的计算，由于每一个井都处在其他井的影响范围之内，其他任一个井抽水时对这个井的涌水

量都发生影响，同样，这个井抽水也对其他每一个井发生影响。因此，由于各井之间的相互影响，渗水区地下水浸润面形状就很复杂，同时井群的涌水量也不等于各井单个抽水的涌水量的总和。因此，井群的用水量就要按势流叠加原理进行计算。

（四）利用流网法求解土坝坝身渗流量和混凝土坝基有压渗流量，可验算坝址处水的逸出流速大小和能否产生冲刷。从构成的等势线在坝底和护坝底的交点，可以引出地下水流的测压管水头线，这样坝底渗透水的浮力就可以由压力体的体积而算出。

如果透水地基很深，就不必将流网绘到不透水层表面。常以建筑物地下轮廓线水平长度的中点为圆心，以建筑物水平尺寸的两倍或以建筑物最大地下垂直尺寸的3～5倍为半径（当有板桩时），在透水地基区域内绘圆弧（圆弧与上下游河床表面线相交）。此圆弧就可作为流网的边界流线。

复习思考题

11-1　土壤的哪些性质影响渗透系数？

11-2　何谓渗流模型？为什么要引入这一概念？

11-3　渗流中所指的流速是什么流速？它与真实流速有什么联系？

11-4　达西定律的应用条件是什么？

11-5　用裘布依公式推导出的单井内流量的公式与实际情况有哪些不符？

习　题

一、选择题

11-1　比较地下水在不同土壤中渗透系数（粘土 k_1，沙土 k_2，卵石 k_3）的大小＿＿＿＿＿。

(a) $k_1>k_2>k_3$　(b) $k_1<k_2<k_3$　(c) $k_3>k_1>k_2$　(d) $k_1<k_3<k_2$

11-2　渗流模型中的流速是＿＿＿＿＿。

(a) 空隙中点流速　(b) 空隙平均流速

(c) 假想的平均流速　(d) 假想的点流速

11-3　达西定律的适用范围是＿＿＿＿＿。

(a) $Re<2\,300$　(b) $Re>2\,300$　(c) $Re<575$　(d) $Re<1\sim10$

11-4　地下水渐变渗流，过流断面上的渗流速度按＿＿＿＿＿。

(a) 抛物线分布　(b) 线性分布

(c) 平均分布　(d) 对数曲线分布

11-5　井群的总出水量 Q_0 与数量相等的井在单独抽水时的总出水量 Q 比较：

(a) $Q_0>Q$　(b) $Q_0<Q$　(c) $Q_0=Q$　(d) 不定

二、计算题

11-1　如图，已测得抽水流量 Q 为 $0.002\,5\text{m}^3/\text{s}$，钻孔处水深 $h=2.6\text{m}$，井中水深 h_0 为 2.0m，井的半径 r_0 为 0.15m，钻孔至井中心距离 r 为 60m，求土层的渗透系数。

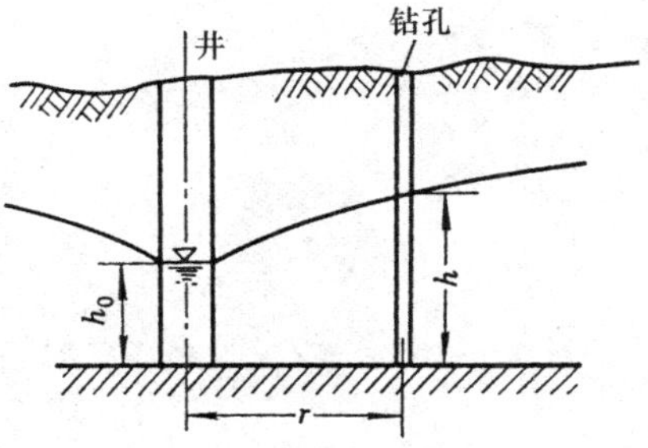

计算题 11-1 图

11-2　试计算例 11-2 中与观测井 2 沿渗流方向相距 200m，400m，600m，800m 处的水深；如其 k 值增大到 15m/d，则流量 Q 值是多少？这些水深有没有变化？如果有，这些水深各为多少？

11-3　参考图 11-8，潜水完整井在厚为 14m 之含水层中取水，抽水稳定时水位降深 4m，管井直径为 30.4m。已知 $k=10$ m/d，求管井涌水量。

11-4　如图所示，河中水位为 65.8m，距河 300m 处有一钻孔，孔中水位为 68.5m，不透水层为水平面，高程为 55.0m，土壤的渗透系数 $k=16\text{m/s}$，求单宽流量。

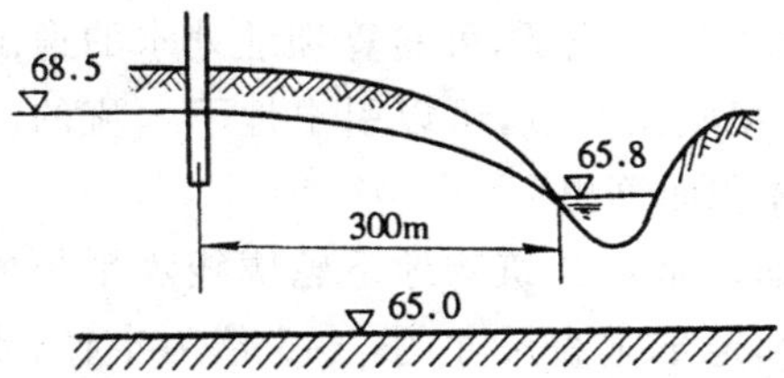

计算题 11-4 图

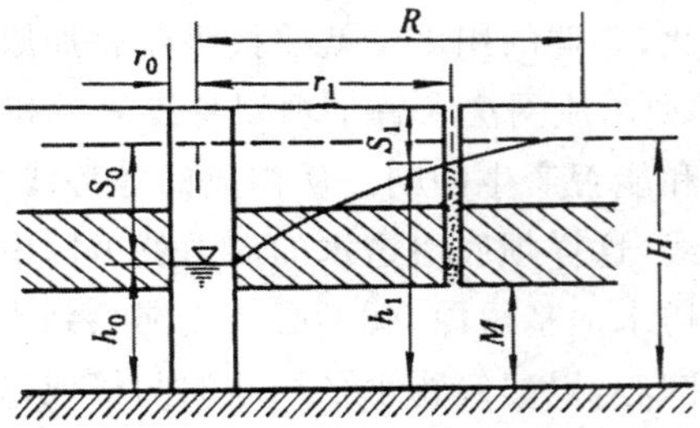

计算题 11-5 图

11-5　如图所示，一完全自流井的半径 $r_0=0.1\text{m}$，含水层厚度 $M=5\text{m}$，在离井中心 10m 处钻一观察孔，在未抽水前，测得地下水的水深 $H=12\text{m}$。现抽水量为 $36\text{m}^3/\text{h}$，井中水位降深 $S_0=2\text{m}$，观测孔中水位降深 $S_1=1\text{m}$。试求含水层的渗透系数 k 及影响半径 R。

11-6　参考图 11-9，对自流完整井进行抽水试验，测得 $M=7,5\text{m}$，$r_1=6\text{m}$，$r_2=24\text{m}$，$S_1=0.76\text{m}$，$S_2=0.44\text{m}$，$Q=40\text{m}^3/\text{h}=0.011\text{m}^3/\text{s}$。求渗透系数 k。

11-7　有一潜水完整井群由 6 个井组成，井的布置如图所示。已知 $a=50\text{m}$，$b=20\text{m}$，井群的总流量 $Q_0=3\text{L/s}$，各井抽水流量相同，井的半径 $r_0=0.2\text{m}$，蓄水层厚度 $H=12\text{m}$，土壤为粗沙，渗透系数 $k=0.01\text{cm/s}$，影响半径 $R=700\text{m}$。试计算井群中井点 G 处的地下水面降低了多少。

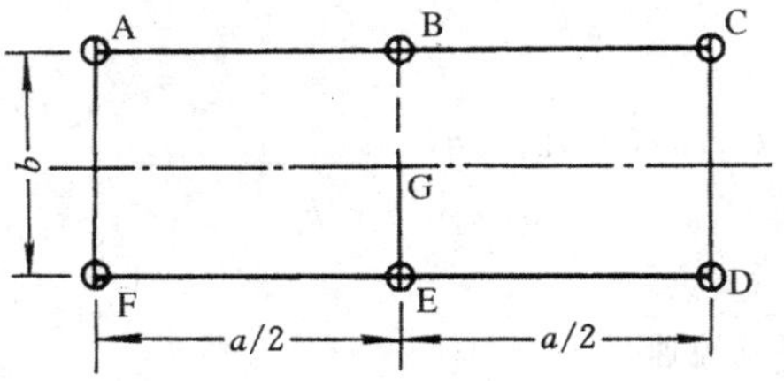

计算题 11-7 图

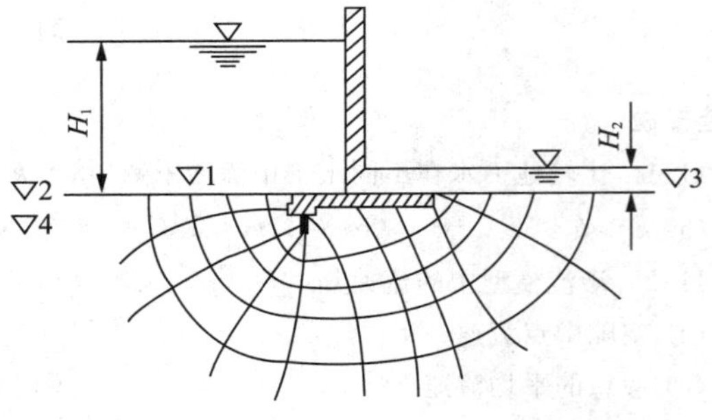

计算题 11-8 图

11-8　有一水闸，闸前水深 $H_1=12\text{m}$，闸后水深 $H_2=2\text{m}$，闸基渗流流网已绘出（如图所示），闸底板顶面高程 $\nabla_1=100\text{m}$，底面高程 $\nabla_3=99.0\text{m}$，底板前端齿墙脚底高程 $\nabla_2=98.5\text{m}$，板桩底高程 $\nabla_4=96\text{m}$。已知渗透系数 $k=1\times10^{-3}\text{cm/s}$，试求闸底板底部各处渗透压强及闸基的渗透流量。[提示：$\Delta b\approx\Delta l$]

12 离心式水泵和风机

［内容提要］ 本章主要介绍离心式水泵和风机基本构造、工作原理、基本性能参数、性能曲线、运转工况以及怎样选择型号等。

12.1 流体机械概述

一、流体机械在工程中的作用和地位

流体机械（这里主要指得是水泵和风机）是一种现代化的提升流体的机械，它在外界动力（如电动机、汽油机、柴油机等）的作用下，能通过管道把流体抽送到高处和远处。输送液体的称为泵；输送气体的则称为风机。风机的工作原理和结构形式与泵十分相似。在工作过程中，水泵和风机起着传递能量给流体的作用。

水泵和风机的应用很广泛，在国民经济的许多部门得到广泛应用，与人们的生活有着密不可分的关系。在给排水、燃气、供热与通风系统中几乎是不可缺少的一种设备。它广泛地应用于工业给水、生活用水、电厂冷却水、锅炉给水、工业废水、生活污水以及采暖、供热、通风等方面的输、排送及循环。如果把城市市政管网比作人身上的血管系统，那么水泵就是输送血液的心脏。由于水泵和风机是流体输送的重要设备，而且它们的运转要消耗大量的动力。据统计，在全国的总用电量中，泵和风机的耗电量约占30％，而单单泵就占了约21％。所以为了合理、经济地选择和使用水泵和风机，以保证正常运营，就必须对水泵和风机的工作原理、基本性能、运营特点等方面进行了解。

二、水泵和风机的发展简况

我国提水机具的发展可以追随到五六千年的仰韶文化，在西安市近郊半坡村遗址出土的尖底带耳陶罐，据考证，就是当时人们用以系绳从井中、河中提水的器具。随后又出现了和利用简单杠杆原理的桔槔和辘轳。大约在我国的隋唐时代，黄河上游沿岸就装有以水为动力的提水机械——筒车出现，灌溉岸边高地小块农田，至今在这些地区仍可看到这一古老的提水机械。

技术史上第一台叶片泵是早在公元五世纪葡萄牙人在圣多明哥铜矿中所用的排水离心泵。这台木制泵的叶轮现陈列于法国国立巴黎博物馆中，该泵叶轮装有双曲率叶片。

从产业革命的意义上讲，蒸汽活塞水泵的出现和普遍使用，在提水事业上是一个很大的飞跃。它是由简单的提水工具转化为抽水机的标志。它具备了一切发达的机器所具有的三个基本要素：动力机、传动机构和工具机。它已能完成人力所达不到的做功程度。从此，我们可以把活塞泵、动力机极其传动机构三者的组合称为“抽水机组”。再把安装好的抽水机组配上管路、闸阀等附件，总称为抽水装置。

离心泵的真正创造者是法国物理学家德尼斯·帕潘。1687年，他在“新吸水机的说明与使用”一文中介绍了可以称之为离心泵雏型的一种机器。1705年，帕潘制造了第一台使用提升液体的泵，该泵引用了多叶片的叶轮，并采用了蜗形体的泵壳。

1785年，*J*·斯盖宣布了一台新泵的专利，这是一种轴流泵的雏形。

随着科学技术的不断发展，泵和风机发展速度也越来越快，应用范围也在不断扩大，作用

也愈大。各种应用场合对流体机械的参数和可靠性的要求也越来越高。因此，近年来，泵和风机在世界各国都正向着大容量化、高转速化、高效率化、自动化及标准化等方面发展。

1. 大容量化

随着发电机组单机容量的不断扩大，水泵和风机也日趋大容量化。国外目前大型锅炉给水泵的驱动功率已接近 60 000kW，而国内也已经生产出了驱动功率达 5 500kW 的锅炉给水泵。风机方面，国外送风机引风机的驱动功率已达 10 000kW 以上，国内也已达 2 500kW 以上。

2. 高转速化

由于水泵和风机容量的迅速增加，尤其是水泵压力的快速提高，要求转速也相应增快。近十几年来，对于大型锅炉给水泵的转速，已由 3 000r/min 提高到 7 500r/min，单级扬程也已由 200m 提高到 1 000m 以上。提高单级扬程，可使级数大大减少，泵轴长度也可缩短，这就使泵的外型大为减小。因此，提高转速后，可以减小体积，减轻重量，节省材料，使安装维修都较为方便，所以，经济效益十分显著。

3. 高效率化

由于水泵和风机的容量越来越高，驱动功率非常大，所以，提高效率具有非常重要的意义。目前，世界各国都在积极从事研制高效率的水泵和风机，而且使产品效率普遍得到提高。

4. 自动化

随着科学技术的不断发展，自动检测技术、自动控制技术和电子计算机不仅已逐步应用于水泵和风机的设计、制造过程中，而且还广泛地应用于水泵和风机的运行上。如水泵和风机的自动启停，压力、流量、功率、温度等参数的自动检测、显示和控制，主要参数的上下限报警、保护等。在此领域中，自动化程度正在不断得到完善。

5. 标准化

产品的系列化、通用化、标准化是现代工业生产工艺的必然要求。国际上制订了 ISO 2858 等系列国际标准，国内也在此方面做了不少工作，很多主要零部件均有了系列标准。

三、水泵和风机的分类

由于水泵和风机的应用很广，品种系列繁多，对它的分类方法也各不相同。通常有以下方法：

按所产生的扬程（或全压）高低分类。

低压泵：压强小于 2MPa；

中压泵：压强为 2～6MPa；

高压泵：压强小于 6MPa；

通风机：全压小于 11.375kPa；

鼓风机：全压为 11.375～241.6kPa；

压气机：全压大于 241.6kPa。

按其作用原理不同分类。

1. 叶片式泵和风机：利用装有叶片的叶轮，在高速旋转时完成对流体的输送。属于这一类的主要有离心泵、轴流泵、混流泵和风机等，见图 12-1。

2. 容积式泵和风机：依靠改变泵和风机体内工作室的容积来达到输送流体的目的。通常使工作室容积改变的方式有往复运动和旋转运动两种。属于往复运动这一类的有活塞式往复泵、柱塞式往复泵等，属于旋转运动这一类的有转子泵、螺杆泵等；回转式风机主要有叶氏风机、罗茨风机等。这一类泵和风机主要用于小流量、高扬程的场合。

3. 其他类型泵和风机：把不属于上述两类的泵和风机全部归纳为本类。属于这一类主要

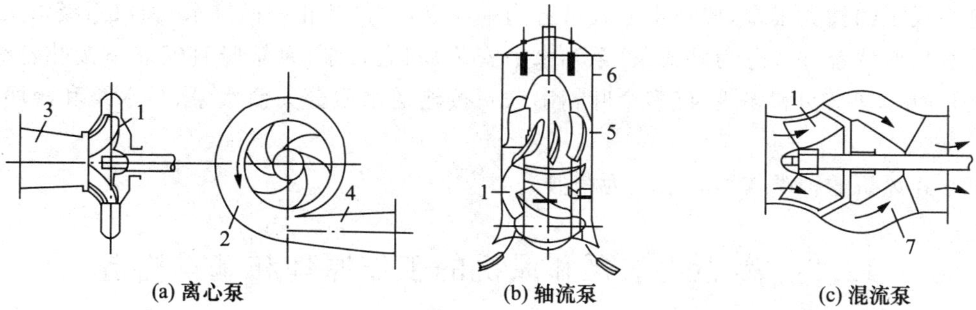

1—叶轮；2—压出室；3—吸入室；4—扩散室；5—导流器；6—泵壳；7—导叶

图 12-1　叶片式泵结构示意图

有螺旋泵、射流泵（又称水射器）、水锤泵、水轮泵、气升泵等。

上述各种类型水泵和风机的使用范围是不相同的，如图 12-2、图 12-3 所示。而由于离心式泵和风机的使用范围较广，所以在给排水、空调、通风工程中，应用的最多的就是离心式泵和风机，所以在本教材中主要介绍离心式泵和风机。

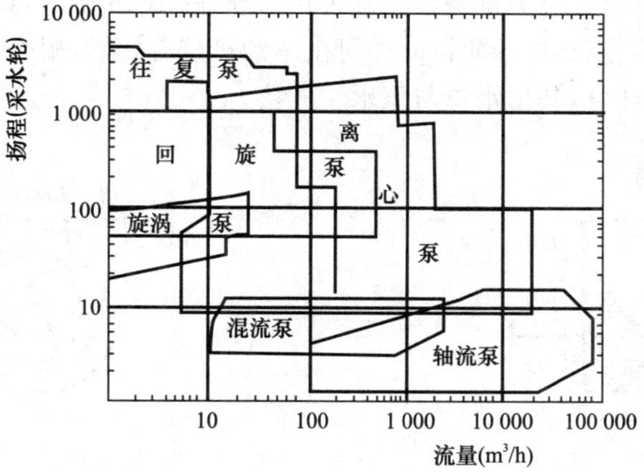

图 12-2　各种泵的使用范围

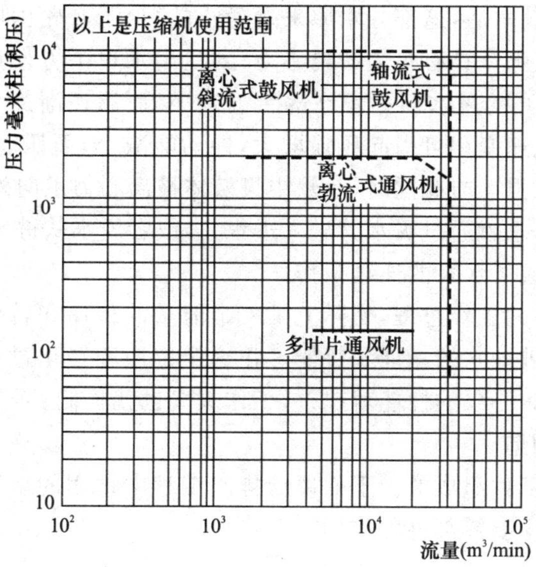

图 12-3　各种风机的使用范围

离心式泵的种类很多，按吸水方式可分为单面吸水泵（叶轮一面进水）和双面吸水泵（叶轮两面进水）；按装置方式分为卧式泵（泵轴水平安装）和立式泵（泵轴竖直安装）；按叶轮级数分为单级泵（单个叶轮）和多级泵（多个叶轮串联）；按输送水质分为清水泵、污水泵和耐腐蚀泵；等等。

离心式风机的种类与离心泵较为相似。

12.2　离心式水泵和风机的工作原理和基本构造

一、离心式水泵和风机的工作原理

在第二章中已经知道，当一个敞口圆桶绕中心轴作等角速旋转时，圆桶内的水面便呈抛物线上升的旋转凹面，如图 12-4 所示。圆桶的半径越大，转得越快时，流体沿圆桶壁上升的高度 h 就越大。壁面 D 点流体质点所受的流体静压力就越大。离心式水泵和风机就是基于这一原理来工作的。

图 12-4 中的水位上升，实际上就是依靠离心力来达到的。所以离心式水泵和风机是靠离心力来工作的。下面以离心泵为例来描述其工作原理，图 12-5 所示，离心泵有蜗牛状的蜗壳，蜗壳内装一个有叶片的轮子，即叶轮。叶轮可由电动机带着转动，蜗壳一端的进水口和吸水管相连，另一端则做成扩散管，其出水口与压水管连接。

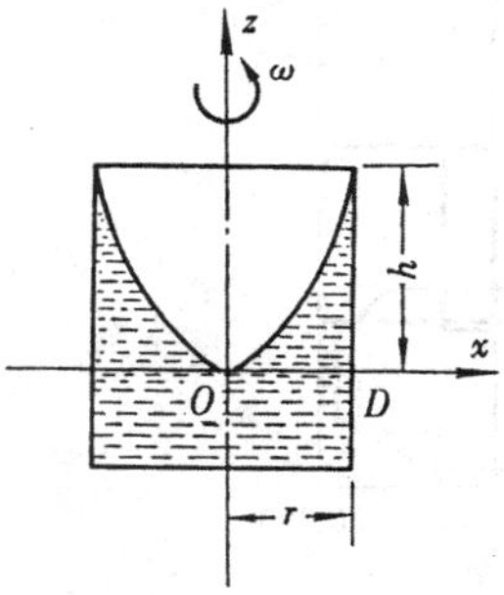

图 12-4　旋转圆桶中水面形状

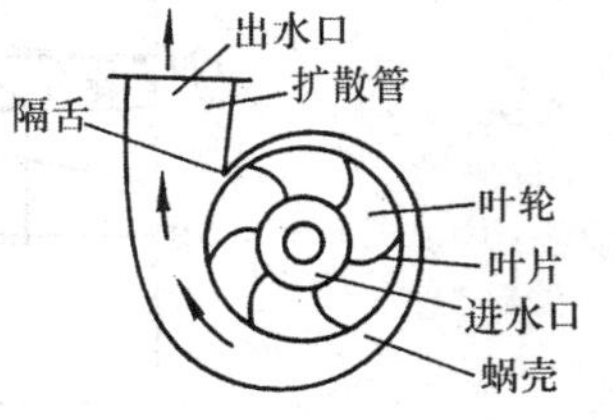

图 12-5　离心泵的蜗壳

当蜗壳和吸水管充满水后，这部分水原来是静止的，由于叶轮由电动机带着高速运转，使水获得很大的动能，即使水流具有很大的离心力；到达出水口下方便产生离心现象，冲出出水口进入压水管。由于蜗壳的过水断面积在隔舌处很小，而后逐渐加大，因而高速水流逐渐变慢。由能量方程可知，流速变小可引起压强增大，即动能减小，而压能增加。所以到达出水口时，就可以获得很大的压强。与此同时，叶轮中央液体被离心力甩向外部，产生真空，因此在水源水面大气压的作用下，水就通过吸水管进入进水口，或者说水从进水口"吸"进来。这样连续不断地出水和进水就构成了水泵的连续工作。

由上述可知，离心泵的工作过程，实际上是一个能量的传递和转化的过程，它把电动机高速旋转的机械能转化为被抽水的动能和势能。在这个传递和转化过程中，还伴随着许多能量损失，能量损失越大，则离心泵的性能就越差，工作效率也就越低。

二、离心泵的基本构造

离心泵是由许多零部件组成的。下面以给排水工程中常用的单级单吸卧式离心泵为例，如图 12-6 所示，讨论各主要零部件的作用。

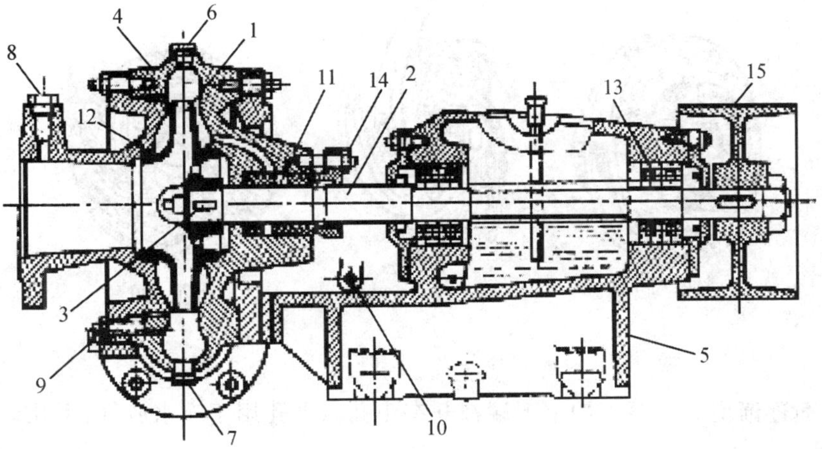

1—叶轮;2—泵轴;3—键销;4—泵壳;5—泵座;6—灌水孔;7—放水孔;
8—接真空表孔;9—接压力表孔;10—泄水孔;11—填料盒;12—减漏环;
13—轴承座;14—压盖调节螺栓;15—传动轮

图 12-6　单级单吸卧式离心泵

1. 叶轮

叶轮是离心泵的主要组成部分,叶轮上的叶片起着主要作用。水泵的工作性能与叶轮和叶片的形状有着极为密切的关系。叶轮一般可分为单吸式叶轮和双吸式叶轮两种。单吸式叶轮如图 12-7 所示,它是单面吸水。双吸式叶轮如图 12-8 所示,它两面同时吸水。通常大流量的离心泵大都采用双吸式叶轮。

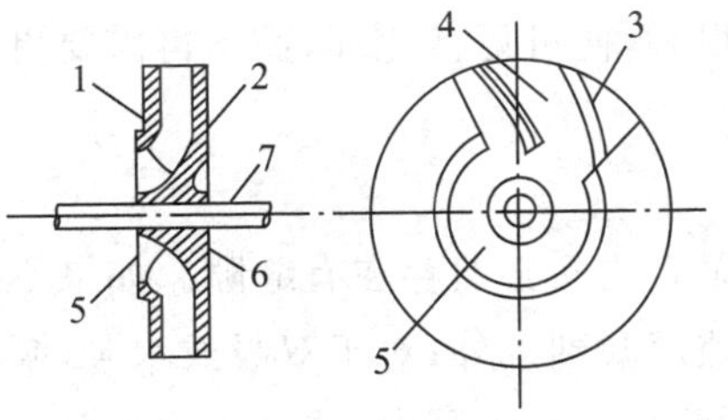

1—前盖板;2—后盖板;3—叶片;4—叶槽;
5—吸水口;6—轮毂;7—泵轴

图 12-7　单吸式叶轮

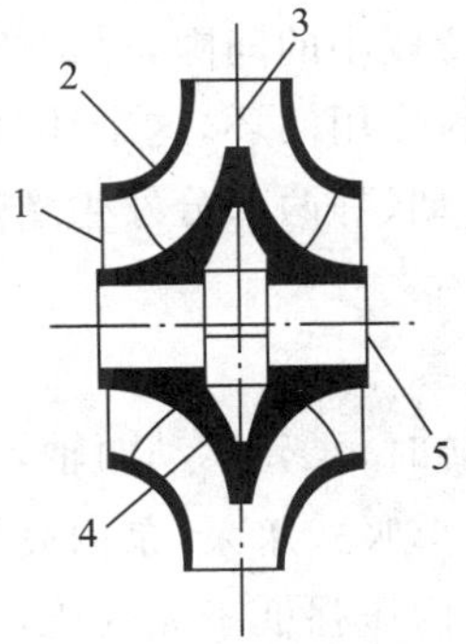

1—吸入口;2—轮盖;3—叶片;
4—轮毂;5—轴孔

图 12-8　双吸式叶轮

叶轮按其盖板型式还可分为封闭式、半开式和敞开式三种叶轮型式,如图 12-9 所示。

封闭式叶轮主要适用于输送洁净水的清水泵,它的两侧都有盖板;半开式叶轮只有一块盖板;而敞开式叶轮则无完整的盖板。这两种叶轮都是开敞的,没有封闭的流道,它们的特点是杂物不容易堵塞流道,且易检修和去除污物,适用于抽送泥浆、污水等含有杂物的液体。

叶轮中的叶片数目:水泵一般为 2～12 片;风机一般为 6～64 片,敞开式和半开式叶轮的叶片数较少,封闭式叶轮的叶片数则较多。

2. 泵体

泵体也称泵壳,通常做成蜗壳形(图 12-5)。蜗壳内部的流道,从隔舌起顺着叶轮的转动

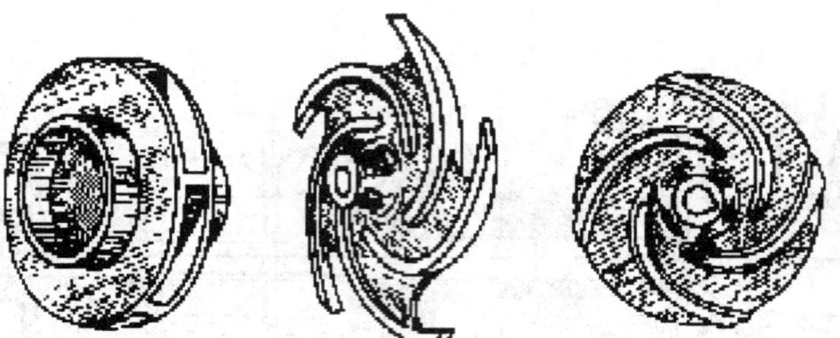

图 12-9　叶轮形式

方向，水流断面逐渐增大。泵壳的上下端都开有小孔。上孔用于充水放气；下孔口则由于放空泵中积水。

3. 泵轴

泵轴是带动叶轮旋转的部件，它通过键销来带动。而泵轴则由电动机等来驱动。

4. 轴承

轴承是套在泵轴上支撑泵轴的部件。单级单吸离心泵在吸水端没有轴承支撑，成为悬空的，所以又称为悬臂式离心泵。

5. 密封环

密封环又称减漏环。在叶轮（转动部分）进口外缘和泵壳（固定部分）内缘之间必然有间隙，这个间隙要加工的很小，如果间隙太大，从叶轮流道出来的高压水则会通过此间隙而大量流回到吸水侧，水泵的效率就会降低；但如间隙太小，叶轮在运转时就会产生较大的摩擦力。为了既要保持较小的间隙，尽量减少漏水损失，同时又不致磨损泵壳或叶轮，因此，在泵壳上安装一个起密封作用的环，这个环就是密封环。由于密封后可减少漏水，故又称减漏环。安装上密封环后，当动、静两部分发生摩擦而导致减漏环磨损时，便可更换此环，而不再需要更换叶轮或泵壳了。

6. 填料函

水泵运转时，泵壳不动而轴转动，所以在泵轴和泵壳之间必然存在有缝隙。如果不把此缝隙密封，对于单吸式水泵，泵内高压水就要通过此缝隙而漏到泵外；对于双吸式水泵，泵轴附近两面吸水，泵内压强低于大气压，为负压，空气将通过此缝隙吸入泵内，这会影响水泵的正常工作。为了防止泵内的水漏出泵外或泵外的空气漏进泵内，就应该在泵壳与泵轴之间，设置密封装置（单吸式水泵装在压水侧，双吸式水泵安装在两面吸水侧），这个密封装置叫做填料函或培根箱。

填料函中的填料起密封的主要作用，可以用石棉绳或棉线绳编成，用黄油或石蜡浸透，外面涂上黑铅粉，断面一般为方形，填料在磨损和硬化后要进行更换。

为了使填料堵的紧密，在填料外面还要加一压盖，压盖套在泵轴上，但压盖不能压得太紧。如压的太紧，会增加摩擦阻力，消耗功率，有的甚至会使填料因摩擦发热而导致冒烟。因此通常在压盖中串以螺杆，用螺母调节松紧，使泵轴既能较轻松地转动，同时又只有微量滴水，且不明显发热为度（即温升不能过大）。

水封环（图 12-10）是一个金属圆环，在中间设有圆槽，环上有几个小孔均分。它安装在填料之间，其作用是经水封管引入高压水到两侧填料中进行水封，防止空气漏进来，同时高压水

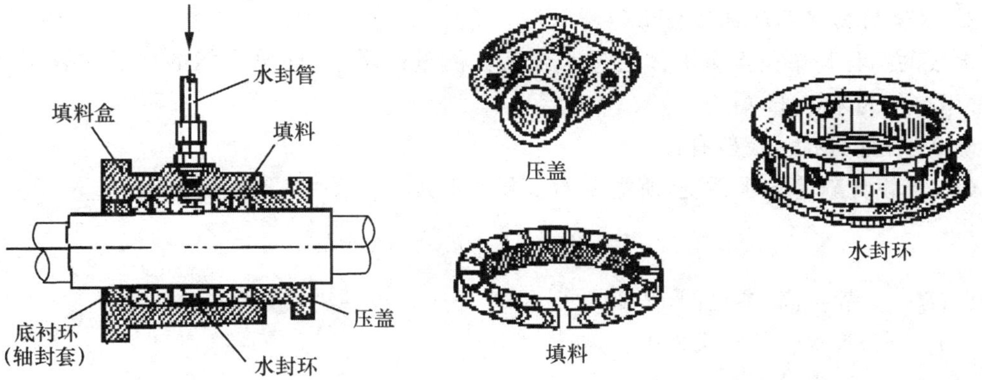

图 12-10　填料盒的内部结构

还起着冷却和润滑泵轴的作用。安装时,要使水封管对准水封环,否则会引水不畅,影响填料函的密封效果。

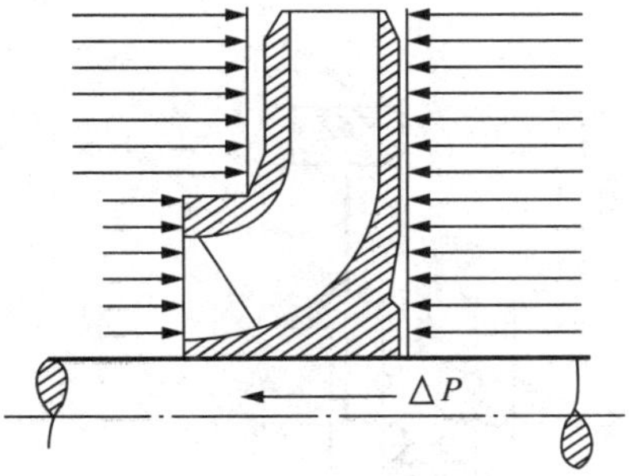

图 12-11　轴向推力

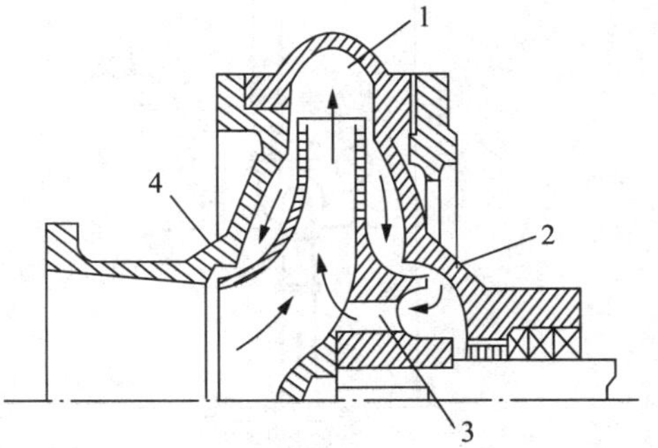

1—排出压力;2—加装的减漏环;3—平衡孔;
4—泵壳上的减漏环

图 12-12　平衡孔

7. 轴向力平衡措施

单吸式离心泵由于叶轮不对称,所以在工作时叶轮两侧的压力不相等,如图 12-11 所示。这个压力差就形成了指向吸入端的轴向推力 ΔP。这种轴向力特别是对于多级的单吸式离心泵来说数值相当大,必须采用专门的轴向力平衡装置来解决。如果不消除这种轴向推力,就会引起泵轴和叶轮的轴向窜动,导致零部件的磨损,引起震动和噪声。要消除这个轴向推力,一般可采用以下方法:在叶轮后盖外侧安装上密封环,同时在后盖板上开平衡孔,如图 12-12 所示。后盖外侧的水经密封环后压力下降,并经平衡孔流回叶轮中去,使叶轮后盖板上的压力与前盖板接近,剩下的轴向力由止推轴承承受,从而使轴向力得以平衡。

12.3　离心式水泵和风机的基本性能参数

离心式水泵和风机的基本性能,通常由以下的性能参数来表示:

1. 流量

流量是水泵或风机在单位时间内所输送流体的体积,以符号 Q 表示。常用单位为 L/s、m^3/s 或 m^3/h。

2. 水泵的扬程或风机的全压和静压

水泵的扬程是单位重量液体通过水泵后其能量的增值，即单位能的增值。以符号 H 表示，常用单位为米(mH_2O)。

确定水泵的扬程，一般有：

(1) 当设计新建输水系统，所需要的水泵扬程为 H，

$$H=H_0+h_{w1}+h_{w2}=H_0+h_w \tag{12-1}$$

式中 H_0——静扬高，参见图 12-13；

h_{w1}——吸水管的水头损失；

h_{w2}——压水管的水头损失；

h_w——吸、压水管的水头损失之总和。

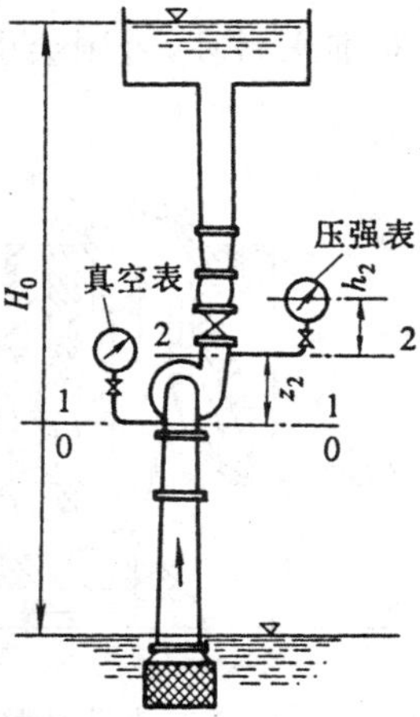

(a) 水源水面低于泵轴

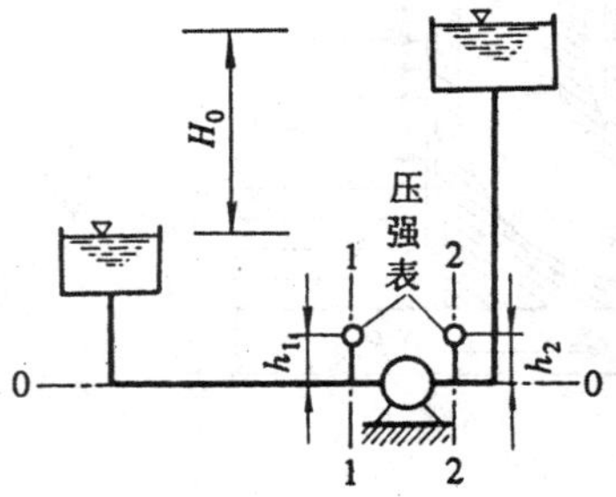

(b) 水源水面高于泵轴

图 12-13　水泵扬程示意图

(2) 对于运转中的水泵，所需扬程 H

取水泵吸水管末端装真空表(或压力表)处断面 1—1 和压水管始端装压力表出断面 2—2(图 12-13)列能量方程，得

$$z_1+\frac{p_1}{\gamma}+\frac{v_1^2}{2g}+H=z_2+\frac{p_2}{\gamma}+\frac{v_2^2}{2g}$$

即扬程为

$$H=\left(z_2+\frac{p_2}{\gamma}+\frac{v_2^2}{2g}\right)-\left(z_1+\frac{p_1}{\gamma}+\frac{v_1^2}{2g}\right) \tag{12-2}$$

式中，z_2，p_2，v_2 和 z_1，p_1，v_1 分别表示断面 2—2 和断面 1—1 的位置高度、压强以及流速。根据图 12-13 中的水泵的不同装置情况，计算扬程可分为两种：

① 如图 12-13(a)，设真空表读数为 V，压力表读数为 M。由于$\frac{p_1}{\gamma}=-V$，$\frac{p_2}{\gamma}=M+h_2$，取 $z_1=0$，则有，

$$H=z_2+M+h_2+V+\frac{v_2^2-v_1^2}{2g} \tag{12-3}$$

当 z_2 不大，h_2 不大，$\frac{v_2^2-v_1^2}{2g}$也不大，而 H 很大时，即可采用下式进行估算扬程，

$$H=M+V \tag{12-4}$$

② 如图 12-13(b)，水源水面高出水泵泵轴，水泵吸水管内不出现真空，若令吸水管压力表读数为 M_1，压水管压力表读数为 M_2，当 $h_1=h_2$ 时，

$$H=M_2-M_1+\frac{v_2^2-v_1^2}{2g} \tag{12-5}$$

如果$\frac{v_2^2-v_1^2}{2g}$与 H 比较时，前者很小，则有

$$H=M_2-M_1 \tag{12-6}$$

【例 12-1】 一台运行中的离心泵，吸水管直径 $d_1=100\text{mm}$，压水管直径 $d_2=75\text{mm}$，流量为 $Q=5.2\text{L/s}$，压力表读数 $M=1.12\text{MPa}$，真空表读数 $V=150\text{mmHg}$，两表之间的垂直高差 $\Delta z=0.3\text{m}$。求该台离心泵的扬程 H。

【解】 $M=1.12\times10^6\div9\,800=114.3\text{mH}_2\text{O}$

$$V=0.15\times13.6=2.04\text{mH}_2\text{O}$$

$$v_1=\frac{Q}{w_1}=0.68\text{m/s},\quad v_2=\frac{Q}{w_2}=1.20\text{m/s}$$

$$H=M+V+\frac{v_2^2}{2g}-\frac{v_1^2}{2g}+\Delta z=114.2+2.04+\frac{1.2^2}{19.6}-\frac{0.68^2}{19.6}+0.3$$

$$=116.69\text{m}$$

风机的全压是指单位体积通过风机所获得的能量增量。以符号 p 表示。常用单位为 Pa；

风机的静压定义为全压减去风机出口的动压。以符号 p_j 表示。常用单位为 Pa。如假设风机进出口的高程 $z_1=z_2$，则风机的静压

$$p_j=(p_2-p_1)-\frac{\rho v_2^2}{2}$$

式中 p_2——风机出口处的压强(Pa)；

p_1——风机进口处的压强(Pa)；

ρ——气体密度(kg/m^3)；

v_2——风机出口处的速度(m/s)。

3. 轴功率

原动机输送给水泵或风机的功率称为水泵或风机的轴功率，以符号 N 表示，常用单位为 kW。

除了轴功率外，水泵和风机中还经常用到有效功率，所谓有效功率，即是水泵或风机传输给流体的功率(或单位时间内通过水泵或风机的流体所获得的能量)。有效功率通常以符号 N_u 表示，计算公式分别为

水泵： $$N_u=\gamma QH \tag{12-7(a)}$$

风机： $$N_u=Qp \tag{12-7(b)}$$

轴功率与有效功率之差，即为在水泵或风机中损失掉的功率。对于水泵和风机本身来说，轴功率就是输入功率，有效功率就是输出功率。

4. 效率

水泵和风机的有效功率与轴功率之比值，用 η 表示，即

$$\eta=\frac{N_u}{N}\times 100\% \tag{12-8}$$

由此可得到水泵和风机的轴功率为

$$N=\frac{N_u}{\eta}=\frac{\gamma QH}{\eta}=\frac{Qp}{\eta} \tag{12-9}$$

【例 12-2】 一台离心泵，输送流量 $Q=25m^3/h$，吸水面与压水面上均为大气压，两水面的地形高差 $\Delta h=25m$，吸、压水管是水头损失 $h_w=6m$，水泵的效率 $\eta=0.70$。

(1) 需配用一台多大功率的电动机(设传动效率 $\eta'=0.95$)?

(2) 若电动机的效率为 0.85，求电动机从电网输入的功率为多少？

(3) 设水泵每天运行 16 小时，电费为 0.65 元/度，求一年的电费为多少元？

【解】 水泵的有效功率：

$$\begin{aligned}N_u&=\gamma QH=\gamma Q(\Delta h+h_w)\\&=9.8\times\frac{25}{3\,600}\times(25+6)=2.11kW\end{aligned}$$

水泵的轴功率：

$$N=\frac{N_u}{\eta}=\frac{2.11}{0.70}=3.01kW$$

配用电动机功率：

$$N_d=\frac{N}{\eta'}=\frac{3.01}{0.95}=3.17kW$$

电动机从电网输入功率：

$$N_e=\frac{N_d}{0.85}=\frac{3.17}{0.85}=3.73kW$$

一年的电费：

$$3.73\times16\times365\times0.65=14\,168.08\text{ 元}$$

5. 转速

水泵和风机叶轮的转动速度，以符号 n 表示。常用单位为 r/min。

各种水泵和风机都是按一定的转速来进行设计的，如果使用时水泵和风机的实际转速不同于设计转速时，则水泵和风机的其他性能参数(如流量 Q，扬程 H 或全压 p，轴功率 N 等)也将会按一定的规律变化。

6. 允许吸上真空高度及气蚀余量

允许吸上真空高度是指水泵在标准状况下(即 20℃，一个标准大气压)运转时，水泵所允许的最大吸上真空高度。以符号 H_S 表示，单位为 mH_2O。

气蚀余量是指水泵进口处，单位重量液体所具有超过饱和蒸汽压力的富裕能量。以符号 H_{SV} 表示，单位为 mH_2O。

上述各性能参数之间的关系，水泵和风机厂通常是用特性曲线来表示的。通过特性曲线，可使用户能全面地了解水泵和风机的性能。

另外，为方便用户使用，每台水泵的泵壳上都钉有一块铭牌。在此铭牌上列出了该台水泵的型号、设计转速下且效率为最高时的主要性能参数和其重量。所以，从铭牌上的数据就可以知道水泵的类型及最高效率时的性能参数。例如：

离心式清水泵			
型号	12Sh-28A	转数	1450r/min
扬程	10m	效率	78%
流量	684m^3/h	轴功率	23.9kW
允许吸上真空高度	4.5m	重量	660kg
出厂编号		出厂日期	
生产厂家			

铭牌上型号 12Sh-28A 的意义：

12——吸水口直径为 12 英寸。

Sh——单级双吸卧式离心清水泵。

28——比转数被 10 除的整数，即比转数为 280 左右。

A——表示该水泵的叶轮已经切削小了一档。

由于水泵的型号很多，所以现将给排水工程中比较常见的水泵型号列在表 12-1 中，供参考。

表 12-1　　常用水泵型号

新型号	旧型号	水泵种类
B	BA，K	单级单吸悬臂式离心泵
BL，BZ		单级单吸悬臂式直连离心泵
S	Sh，SA	单级双吸卧室离心泵
D	DA，SSM	单级多吸分段式离心泵
JD		多级立式半开式叶轮深井泵
J	SD，ATH	多级立式离心式深井泵
JQ		深井潜水电泵
PW		卧室单级悬臂式污水泵
PWL		立式单级单吸离心污水泵

为了与国际型号接轨，根据国际标准 ISO 2825 所规定的性能和尺寸设计出的 IS 型单级单吸清水离心泵，其型号的意义有些差别。如 IS80—65—160，其意义为

IS——国际标准单级单吸清水离心泵。

80——水泵吸入口直径(mm)。

65——水泵出口直径(mm)。

160——水泵叶轮名义直径(mm)。

12.4　离心式泵和风机的基本方程式

离心式泵和风机是靠叶轮的旋转来抽送流体的，离心式泵和风机在工作时流体在叶轮中是如何运动的，下面将详细介绍。

一、流体在叶轮中的运动

离心式泵和风机在工作时，在叶轮的带动下，流体在叶轮中的运动速度可以分解为两种运动速度，一种是随着叶轮旋转而旋转的速度，称为牵连速度，用 u 表示；另一种则是相对于叶轮

的速度，称为相对速度，用 W 表示。上述这两个速度的合成，即为流体相对于固定的泵壳的运动速度，称为绝对速度，用 C 表示。图 12-14 所示的就是叶轮上某一位置上流体质点的这几种速度。

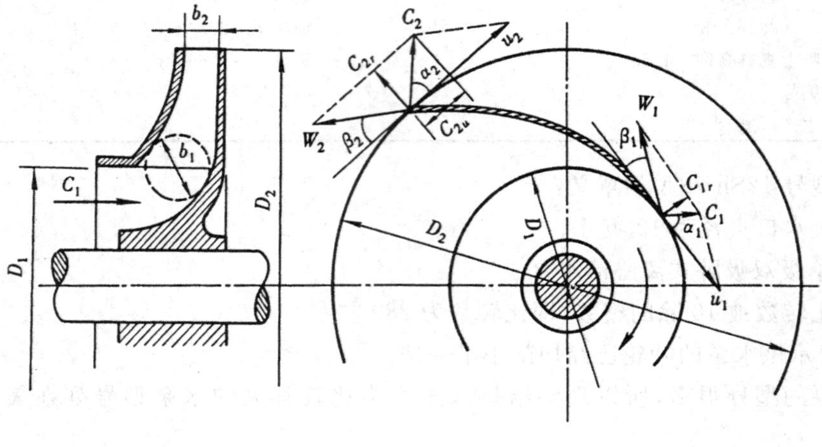

图 12-14　叶轮中的流体速度

流体牵连速度方向和叶轮上的圆周切线方向一致，流体相对速度方向和叶片方向相切，而流体绝对速度的方向则为牵连速度和相对速度合成速度的方向。根据此分析，就可以绘制水泵叶轮中任何一个位置上的流体速度三角形，如图 12-15 所示。在实践中，最有用的是流体在叶轮进口和出口的速度三角形。如图 12-16 所示的即为叶轮进口和出口的速度三角形，其中，足标“1”表示叶轮进口，“2”表示叶轮出口。

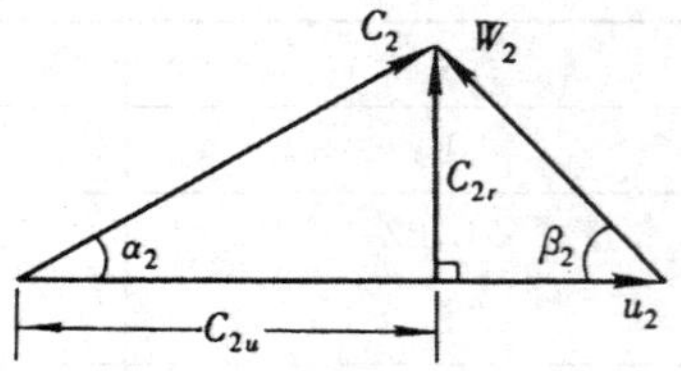

图 12-15　叶轮出口流体的速度三角形

采用速度三角形来分析水泵的性能，先可将绝对速度 C 分解成两个速度，一个为径向速度，用 C_r 表示；另一个则为切向速度，用 C_u 表示（图 12-15）。从此图中还可看出，绝对速度与牵连速度的夹角，用 α 表示，称为工作角；相对速度与牵连速度反方向的夹角，称为安装角，用 β 表示，其中 β_1 称为叶片的进口安装角，β_2 则称为叶片的出口安装角。

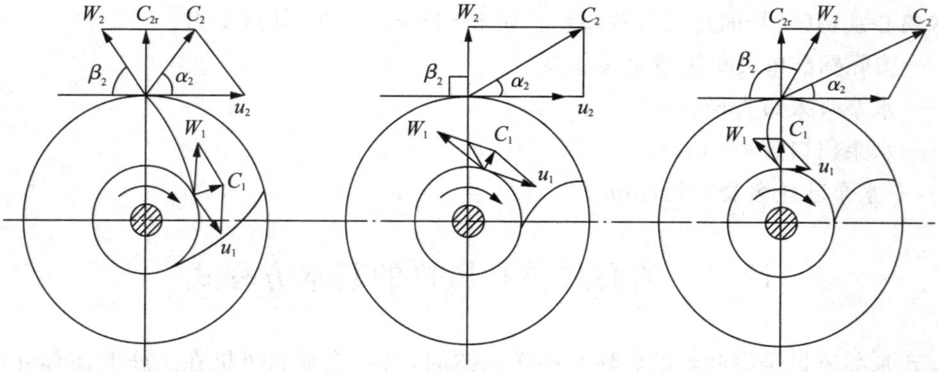

(a) 后弯式（β_2<90°）　(b) 径向式（β_2=90°）　(c) 前弯式（β_2>90°）

图 12-16　叶轮叶片的形状

根据出口安装角 β_2 的大小不同，可分为 3 种类型。当 β_2＞90°时，叶片与旋转方向呈前弯式；当 $\beta_2=90°$时，叶片与旋转方向呈径向式；当 $\beta_2<90°$时，叶片与旋转方向呈后弯式。因此，β_2 角的大小反映了叶片的弯度，是构成叶片形状和叶片性能的一个重要数据。

在实际工程中，离心泵使用的叶片全部为后弯式叶片。在大型风机中，为了增加效率或降低噪声，也大都采用后弯式叶片。但就中小型风机而论，效率并不是唯一要考虑的因素，也有采用前弯式的，这是因为叶轮是前弯式的风机，在相同的压头下，轮径和外形可以做得较小。所以，在微型风机中，大都采用前弯式叶轮。

二、离心式水泵和风机基本方程式的推导

研究了叶轮中流体的运动以后，就可以进行基本方程式的推导。为了简化分析，先对叶轮的构造和流体性质作以下假定：

(1) 通过叶轮的流动是恒定流。即所有的运动要素均不随时间变化；

(2) 通过叶轮的流体为不可压缩的理想流体。所以运动时不考虑能量损失；

(3) 叶片厚度为无穷薄，叶片的数量为无穷多。叶槽中叶轮同半径处流体的同名速度相等。

根据动量矩定律，控制体上所受的合力对某一点的力矩等于单位时间内流出和流入该控制体的动量对该点的力矩之差。用公式表示即为

$$M=\rho Q_T(C_2 r_2\cos\alpha_2-C_1 r_1\cos\alpha_1) \tag{12-10}$$

由于 $C\cos\alpha=C_u$，所以上式可写成：

$$M=\rho Q_T(C_{2u}r_2-C_{1u}r)$$

又由于 $N_T=M\omega=\gamma Q_T H_T$，上式可写成：

$$\gamma Q_T H_T=M\omega=\rho Q_T(C_{2u}r_2\omega-C_{1u}r_1\omega)$$

整理后，得(其中，$r\omega=u$)

$$H_T=\frac{1}{g}(C_{2u}u_2-C_{1u}u_1) \tag{12-11}$$

式(12-11)即为离心泵的基本方程式，也称欧拉方程。

三、基本方程式的讨论

1. 为了使扬程最大，从式(12-11)中可知，应使 $C_{1u}=0$。从速度三角形中看出，进口处流体必须径向流入叶轮，即 $\alpha=90°$，此时：

$$H_T=\frac{u_2C_{2u}}{g}。 \tag{12-12}$$

2. 流体所获得理论扬程 H_T的大小取决于圆周速度 u_2 和切向速度 C_{2u}，见式(12-12)。由于 $u_2=\frac{\pi D_2 n}{60}$，$C_{2u}=C_2\cos\alpha_2$，所以增大叶轮直径 D_2，提高转速 n，减小出口工作角 α_2，都可以提高理论扬程 H_T。在实际使用中，水泵制造厂一般选用 $\alpha_2=6°\sim15°$。

3. 式(12-12)表明，理论扬程 H_T 与被输送介质的容重 γ 无关，即同一台离心泵，输送不同的流体，如水、油甚至气体等，所产生的理论扬程值是完全一样的。然而，当输送不同容重的流体时，虽然扬程一样，但水泵所消耗的功率却是不相同的。流体容重越大，水泵消耗的功率也越大。因此，当输送流体的容重 γ 不同，而理论扬程 H_T 相同时，原动机所需供给的功率消耗是完全不相同的。

4. 流体在叶轮出口处具有速度 C_2，同时压力也升高。由叶轮进出口速度三角形，按余弦

定律可得：

$$W_1^2=u_1^2+C_1^2-2u_1C_1\cos\alpha_1$$
$$W_2^2=u_2^2+C_2^2-2u_2C_2\cos\alpha_2$$

将上两式除以 2g，并相减得：

$$\frac{u_2C_2\cos\alpha_2-u_1C_1\cos\alpha_1}{g}=\frac{u_2^2-u_1^2}{2g}+\frac{C_2^2-C_1^2}{2g}+\frac{W_1^2-W_2^2}{2g}$$

即：

$$H_T=\frac{u_2^2-u_1^2}{2g}+\frac{W_1^2-W_2^2}{2g}+\frac{C_2^2-C_1^2}{2g} \tag{12-13}$$

从流体力学的能量（伯努利）方程式中可以知道，叶轮进、出口断面的势能方程为

$$\frac{u_2^2-u_1^2}{2g}+\frac{W_1^2-W_2^2}{2g}=\left(z_2+\frac{p_2}{\gamma}\right)-\left(z_1+\frac{p_1}{\gamma}\right)$$

若用 H_1 代表叶轮所产生的势扬程，即为

$$H_1=\left(z_2+\frac{p_2}{\gamma}\right)-\left(z_1+\frac{p_1}{\gamma}\right) \tag{12-14}$$

如果用 H_2 代表叶轮所产生的动扬程，则为

$$H_2=\frac{C_2^2-C_1^2}{2g} \tag{12-15}$$

而水泵和风机的扬程为

$$H=H_1+H_2 \tag{12-16}$$

可见，水泵和风机的扬程是由两部分能量所组成，一部分为势扬程（H_1），另一部分为动扬程（H_2），它在流出叶轮时，以比动能的形式出现。在实际应用中，由于动能转化为压能过程中，伴有能量损失，因此，动扬程这一项在水泵和风机总扬程中所占比例越小，泵和风机内部的能量损失也就越小，水泵和风机的效率就越高。

四、基本方程式的修正

基本方程式是基于三个假定而导出的，其中对于恒定流和不可压缩的假定与叶轮中实际流体基本符合。而对于理想流体及流道中流动均匀一致的假定则与实际流体有些不符。因此，将基本方程式应用于实际运行中的离心泵和风机，必须加以适当修正。

由于实际叶轮的叶片数是有限的，通常为 2～12 片，所以叶轮同半径处流动的同名速度就存在差异。当叶轮旋转时，流道中的流体，由于惯性，有一种保持原来状态的趋势，或者说，有一种相对于叶轮作反向旋转的趋势。同时叶片的两侧还存在着压强差。于是在流道中就形成如图 12-17 所示的反旋现象，因此流道中的液流不可能保持均匀一致，所以同半径处的同名速度不完全相等，也就影响了叶轮产生的扬程值。在实际应用中需要进行修正，修正后

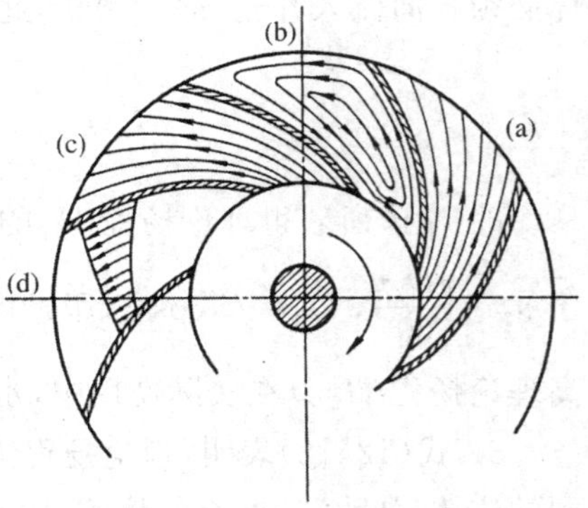

图 12-17　反旋现象对流速分布的影响

的理论扬程为 H'_T，它与理论扬程 H_T 之间的关系为

$$H'_T = \frac{H_T}{1+p} \tag{12-17}$$

式中，p 为修正系数，由经验公式确定。

由于实际流体在流动时会有水力损耗(如叶轮进、出口的冲击，叶槽中的紊动，弯道和摩阻损失等)，因此水泵的实际扬程应为

$$H = \eta_h H'_T = \eta_h \frac{H_T}{1+p} \tag{12-18}$$

其中，η_h 称为水力效率(%)。

【例 12-3】 已知某离心泵叶轮的内径 $D_1 = 180\text{mm}$，外径 $D_2 = 280\text{mm}$，转速 $n = 960$ r/min，$\alpha_1 = 60°$，$\alpha_2 = 20°$，$C_1 = 2.5\text{m/s}$，$C_2 = 16\text{m/s}$。

(1) 求理论扬程 H_T；

(2) 当 $\alpha_1 = 90°$，求 H_T；

(3) 当 $\alpha_1 = 90°$，设该泵的水力效率 $\eta_h = 0.85$，修正系数 $p = 0.25$，求实际扬程 H。

【解】 (1) 当 $\alpha_1 = 60°$时，

$$u_1 = \frac{\pi D_1 n}{60} = \frac{3.14 \times 0.18 \times 960}{60} = 9.04\text{m/s}$$

$$u_2 = \frac{\pi D_2 n}{60} = \frac{3.14 \times 0.28 \times 960}{60} = 14.1\text{m/s}$$

$$C_{1u} = C_1 \cos\alpha_1 = 2.5 \times \cos 60° = 1.25\text{m/s}$$

$$C_{2u} = C_2 \cos\alpha_2 = 16 \times \cos 20° = 15.04\text{m/s}$$

$$H_T = \frac{1}{g}(u_2 C_{2u} - u_1 C_{1u}) = \frac{1}{9.8}(14.1 \times 15.04 - 1.25 \times 1.25) = 20.49\text{m}$$

(2) 当 $\alpha_1 = 90°$时，H_T 为

$$H_T = \frac{u_2 C_{2u}}{g} = \frac{14.1 \times 15.04}{9.8} = 21.64\text{m}$$

(3) 实际扬程 H 为

$$H = \eta_h \frac{H_T}{1+p} = 0.85 \times \frac{21.64}{1+0.25} = 14.72\text{m}$$

12.5 离心式泵和风机的性能曲线

在离心式泵和风机的基本性能参数中，其中某一个参数(如流量 Q)若有变化，就会引起其他性能参数的变化。这种的变化关系可用数学函数关系式写出，如

$$H = f(Q)$$

$$N = F(Q)$$

等，若把这些关系式用曲线的方式来表示，就称这些曲线为离心式泵和风机的性能曲线。

一、离心式泵和风机的理论性能曲线

前面已经从理论上找到了离心式泵和风机扬程与进、出口速度的关系，也即离心式泵和风机的基本方程式。如果流量变化，则进、出口的速度就会变化，扬程也会随之变化。因此说，水泵和风机的性能参数不是固定不变的，只要 Q_T 改变，H_T，N，η 都将变化，本节要讨论的性能曲线就是在转速 n 一定时，H_T，N，η 与 Q_T 的关系曲线。而只有知道了性能曲线，才能经济合理地选择和使用水泵和风机。

选择水泵或风机，通常是根据已知的流量 Q 和扬程 H，查水泵或风机的性能曲线型谱图(或查阅样本和手册)。图 12-18 即为 Sh 型离心泵性能曲线型谱图。

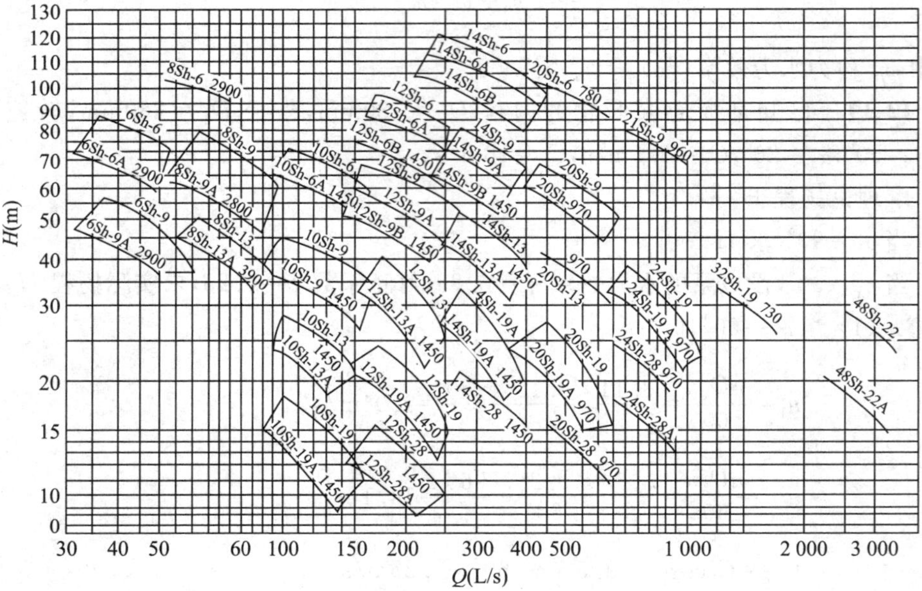

图 12-18　Sh 型离心泵性能曲线型谱图

1. $H_T \sim Q$ 性能曲线

当 $\alpha_1 = 90°$时，$C_{1u}=0$，$H_T=\dfrac{u_2 C_{2u}}{g}$。从出口速度三角形中可知：

$$\cot\beta_2=\frac{u_2-C_{2u}}{C_{2r}}$$

变换后，可得 $C_{2u}=u_2-C_{2r}\cot\beta_2$。

另外：

$$Q_T=Av=\pi D_2 b_2 C_{2r}$$

$$C_{2r}=\frac{Q_T}{\pi D_2 b_2}$$

其中 b_2 表示叶轮出口处的宽度。

将上述诸关系代入式(12-12)，即为

$$H_T=\frac{u_2}{g}(u_2-C_{2r}\cot\beta_2)=\frac{u_2}{g}\left(u_2-\frac{Q_T}{\pi D_2 b_2}\cot\beta_2\right) \tag{12-19}$$

当 n 一定，D_2 一定时，$u_2=\dfrac{\pi D_2 n}{60}$也一定。所可用常数$(A,B)$来表示

$$H_T = A - BQ_T\cot\beta_2 \tag{12-20}$$

式(12-20)为一直线方程，扬程 H_T 随流量 Q_T 的增加是增加还是减少，主要取决于 β_2 角。

当 $\beta_2 > 90°$，为前弯式叶片，此时 $\cot\beta_2 < 0$；

当 $\beta_2 = 90°$，为径向式叶片，此时 $\cot\beta_2 = 0$

当 $\beta_2 < 90°$，为后弯式叶片，此时 $\cot\beta_2 > 0$；

由此，可画出 $H_T \sim Q$ 性能曲线，见图 12-19。

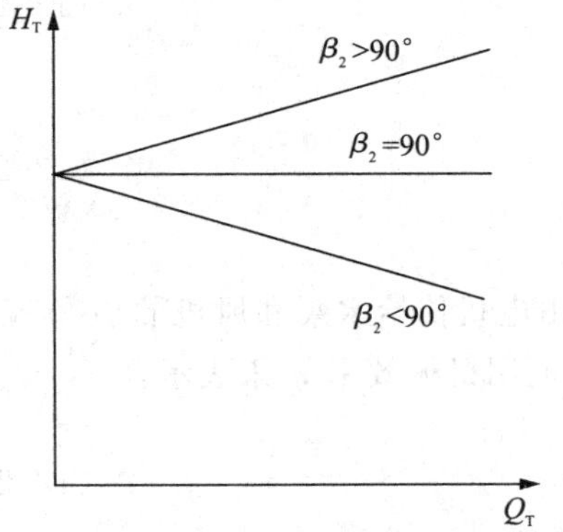

图 12-19　$H_T \sim Q_T$ 性能曲线

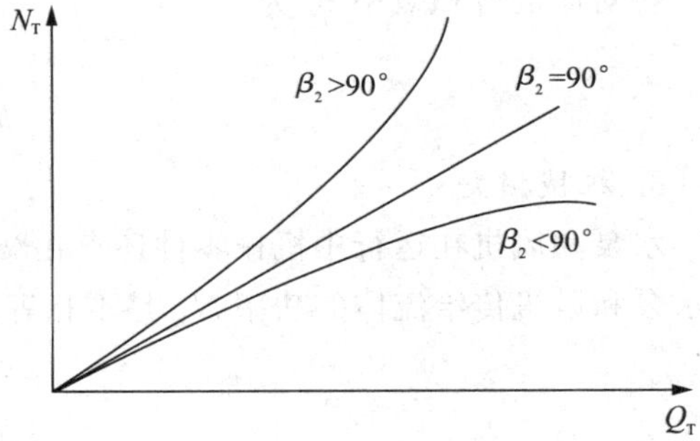

图 12-20　$N_T \sim Q_T$ 性能曲线

从图 12-19 中可看出，扬程 H_T 与流量 Q_T 的变化，与 β_2 角有着紧密的关系，当 $\beta_2 > 90°$时，H_T 随着 Q_T 的增加而增加；当 $\beta_2 = 90°$时，H_T 为常数，不随 Q_T 变化；当 $\beta_2 < 90°$时，H_T 随着 Q_T 的增加而减少。

2. $N_T \sim Q_T$ 性能曲线

按照定义，有：

$$N_T = \gamma Q_T H_T = \gamma Q_T (A - BQ_T\cot\beta_2) \tag{12-21}$$

N_T 与流量成 2 次方关系，故为曲线，见图 12-20。

从图 12-20 中可知，若取 $\beta_2 > 90°$，N_T 随 Q_T 的增加而增加的更快；取 $\beta_2 = 90°$，N_T 与 Q_T 的关系成 1 次方，其斜率为 γA；取 $\beta_2 < 90°$，N_T 随 Q_T 的增加而增加的要少。考虑上述等原因，在实际工程中，一般采用 $\beta_2 < 90°$。这是因为，若配用电机选得较小，一旦流量增大，容易引起过载；而配用电机选的大，则在平时造成浪费。

二、离心泵的实际性能曲线

以上讨论的都是在理想情况下，即不考虑水头损失时的性能曲线。但在实际上，水泵和风机运转时，一方面伴随着水头损失，另一方面，由于机械啮合等原因，再加上还要泄露一定的流量，会造成其他一些损失。所以为了使性能曲线更具有实际意义，应该要考虑这些损失。

1. 水力损失

水力损失由两部分组成，一部分为由于流体通过叶轮并被甩到泵壳中去的摩擦损失，另一部分则是由于流体进入叶轮时对叶片撞击而引起的冲击损失。因此，扣除水力损失后的水泵和风机的实际扬程应为

$$H = H_T - \sum \Delta h \tag{12-22}$$

式中，$\sum \Delta h$ 为流体在水泵和风机壳体中的水力损失。

壳体内的这些水力损失必然要消耗一部分功率，会导致水泵和风机的总效率下降。其值

可用水力效率 η_h 来表示：

$$\eta_h = \frac{H}{H_T} \tag{12-23}$$

2. 容积损失

这一部分是由于部分流体仍然通过减漏环流回叶轮进口以及经填料盒漏入大气中造成的。设流体的泄露量为 q，则通过水泵和风机的实际流量应为

$$Q = Q_T - q \tag{12-24}$$

相对应的容积效率 η_v 为

$$\eta_v = \frac{Q}{Q_T} \tag{12-25}$$

3. 机械损失

水泵和风机在运行中机械零件还存在摩擦损失，所以由电机传给水泵和风机的功率 N 与由水泵和风机传给流体的功率 N_h 是不相等的。两者的比值用机械效率 η_j 来表示：

$$\eta_j = \frac{N_h}{N} \tag{12-26}$$

4. 全效率

综上所述，水泵和风机的全效率即为上述各效率之乘积，即

$$\eta = \eta_h \eta_v \eta_j \tag{12-27}$$

所以，要提高水泵和风机的效率，必须要尽量减少机械损失和容积损失，并力求改善水泵和风机壳体中过流部分的设计完善，以减少水力损失。

5. 实际性能曲线

由于考虑了水泵和风机内的损失(其中水头损失与流量的平方成正比)，所以实际的扬程和流量关系已变为二次曲线，见图 12-21。在 $Q \sim H$ 曲线上，有两条波折线，它表示在此流量范围内，水泵和风机的效率 η 最高，又称为高效区。所以选择水泵和风机时须在此范围内挑选。

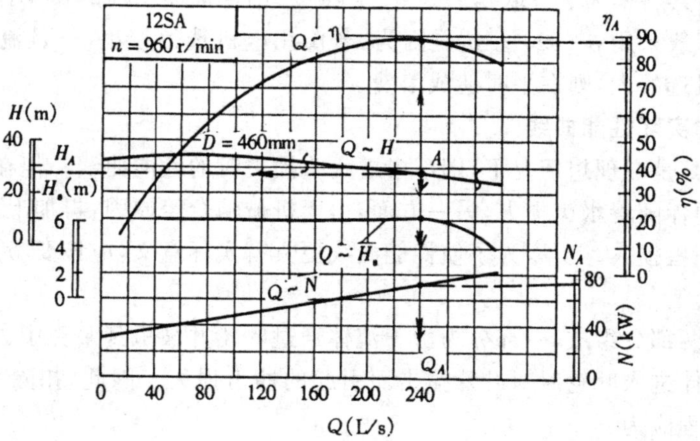

图 12-21　离心泵的实际性能曲线

$Q \sim H$ 曲线是反映水泵和风机主要性能的曲线，它的形状大致有两种：较平坦的和陡降的，见图 12-22。

具有较平坦性能曲线(图 12-22 中曲线 1)的水泵适用于流量变化大而扬程变化不大的场合。例如,向管网或用户供水,管网中调节水塔容量小或没有水塔时,白天黑夜用水量变化很大,但却不希望水压变化大(若水压太小,用户就没水了)。所以,二级泵站内的水泵就应选用 $Q\sim H$ 曲线较平坦的。

具有陡降性能曲线(图 12-22 中曲线 2)的水泵适用于水头变化大而要求流量变化不大的情况。如一级泵站从江、河或井中取水,由于水源水位(如潮汐、汛期等)变化很大,而水处理设备则希望均匀供水,那么就可选择具有陡降 $Q\sim H$ 曲线的水泵。

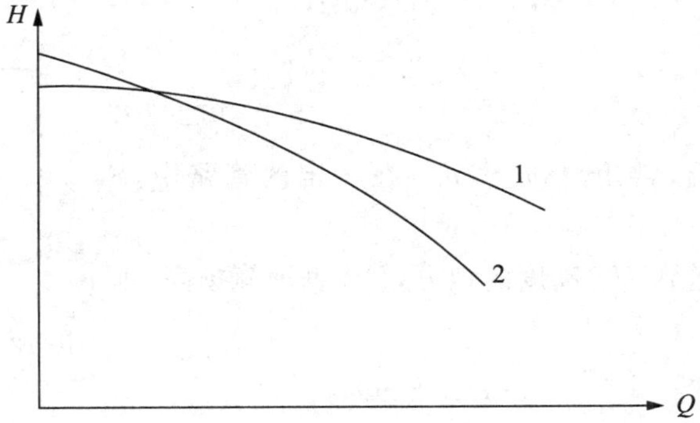

图 12-22　离心泵 $Q\sim H$ 曲线的两种形状

流量 Q 和效率 η 的关系曲线,见图 12-21,其变化趋势为:

流量 Q 由小→中→大,

效率 η 由低→高→低。

$Q\sim\eta$ 曲线之所以有这样的变化趋势,这是因为当流量 Q 达到设计流量时,流体顺着和叶片方向一致的流道运动,不产生冲击损失,也无旋涡发生,所以效率 η 最高;而当 Q 过大或过低时,流体流动方向改变,从而增加水力损失,而使效率 η 降低。

在离心泵中,流量 Q 由小到大,功率 N 也由小到大。因此,在启动离心泵时,要关闭出水管上的阀门(使流量为零,功率也最小),以便减少电动机的启动负荷,降低启动电流。待启动后,再逐步打开阀门,使水泵正常运行。

12.6　离心式水泵和风机装置的工况

离心式水泵和风机装置是指离心泵或风机和管道系统的组合。

每一台水泵和风机都有它自己固有的特性曲线,这种特性曲线反映了该水泵或风机本身潜在的工作能力。从水泵和风机的性能曲线中可知,水泵和风机能在不同的流量 Q 和扬程 H 下工作。但它究竟在哪一个 Q 和 H 下工作呢(即水泵和风机的工况点,也称工作点)? 就必须要结合一定的管道系统才能决定。当水泵和风机提供的扬程(或压头)与管路所需要的扬程(或压头)得到平衡时,由此也就决定了水泵和风机所提供的流量,这就是水泵和风机“自动平衡性”。此时,如该流量不能满足设计需要时,就需另选一台水泵和风机的性能曲线。

一、管道系统特性曲线

管道特性曲线是反映通过的流量与水头损失之间的关系曲线。管道中的水头损失为

$$\sum h_w=\sum h_f+\sum h_j \tag{12-28}$$

式中　$\sum h_f$——管道中沿程水头损失之和；

　　　$\sum h_j$——管道中局部水头损失之和。

上式也可写成：

$$\sum h_w = \left(\sum \lambda \frac{l}{d} + \sum \zeta\right)\frac{v^2}{2g} = \left(\sum \lambda \frac{l}{d} + \sum \zeta\right)\frac{Q^2}{2gA^2} \qquad (12\text{-}29)$$

若令式(14-29)中的 $\left(\sum \lambda \frac{l}{d} + \sum \zeta\right)\frac{1}{2gA^2}$ 等于 S，则上式可写成：

$$\sum h_w = SQ^2 \qquad (12\text{-}30)$$

S 值称为管道比阻，常用单位 s^2/m^5，在一定的管路中，S 为常数。

如果要求把流体送到 H_{ST} 高度的地方，H_{ST} 表示静扬高，则要求水泵的扬程为

$$H = H_{ST} + \sum h_w = H_{ST} + SQ^2$$

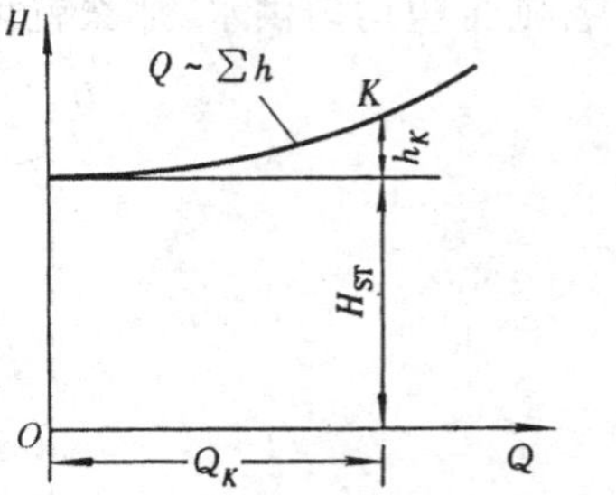

图 12-23　管道系统性能曲线

按此画出的管道性能曲线如图 12-23 所示。

二、离心式水泵和风机装置的工况点(图解法)

现在已有两条性能曲线。一条是反映水泵或风机流量和扬程的关系曲线，另一条则是反映管道系统流量和扬程的关系曲线。前者表示通过水泵或风机的流量为 $Q_{泵}$ 和水泵或风机提供的扬程为 $H_{泵}$ 的相应关系；后者则表示通过管道流量 $Q_{管}$ 和管道系统需要的扬程 $H_{管}$ 的相应关系。当水泵或风机安装在管道系统中时，$Q_{泵} = Q_{管}$，$H_{泵} = H_{管}$。即通过水泵或风机的流量就是通过管道的流量，管道需要的扬程也正好是水泵或风机提供的扬程。这种情况就是该水泵或风机在该管道系统中的工作情况。图解法表示时可按以下方法(以水泵为例)：

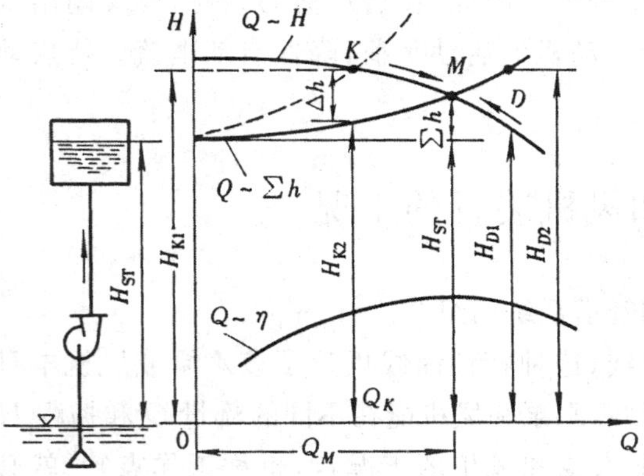

图 12-24　离心泵装置的工况

画出水泵样本中提供的该泵 $Q \sim H$ 曲线(图 12-24)，再按公式 $H = H_{ST} + \sum h_w = H_{ST} + SQ^2$ 在沿 H_{ST} 高度的位置上画出管道性能曲线，两条曲线相交于 M 点。此 M 点即为此水泵的工况点。只要外界条件不发生变化，此水泵装置将稳定地在该点工作，此时，流量为 Q_M，扬程为 H_M。

水泵的工况点是否一定在 M 点呢？如果假设在 K 点(图 12-24)，那么，水泵提供的能量 H_K 大于管路所需要的能量 H_M，这多余的能量会使水流加速，从而使流量增大，而工况点重新移至 M 点。同理，如果假设工况点在 D 点，那么，水泵提供的能量 H_D 将小于管道所要求的能量 H_M。由于能量不足，管道中的水流会减速，致使流量减少，其结果还是会回到 M 点。

【例 12-4】 某工程采用 2B-31 型水泵供水。已知静扬程 $H_{ST} = 30m$，管道比阻 $S = 0.037\,5$ s^2/m^5，试求水泵的工况点。

【解】 根据 $h_w = SQ^2 = 0.037\,5Q^2$ 列表计算 $Q \sim h_w$ 关系

Q(L/s)	4	5	6	7
h_w(m)	0.6	0.94	1.35	1.84

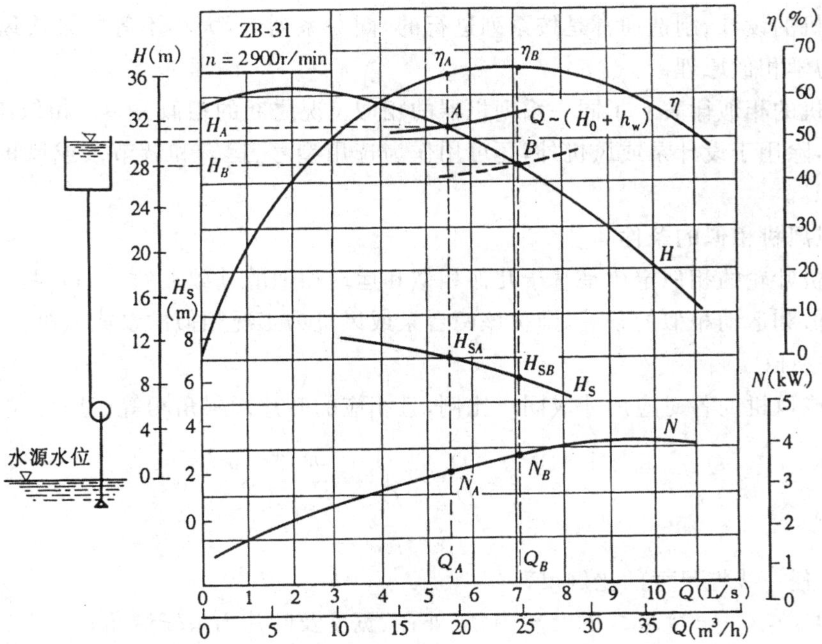

图 12-25　例 12-4 图

查水泵产品样本，将 2B-31 型水泵性能曲线绘出，如图 12-25。然后在同一坐标内，将管道性能曲线 $H=H_{ST}+SQ^2$ 点绘上去。两条性能曲线相交得 A 点，则 A 点即为工况点。从图上可读出 $Q=5.5$L/s，$H=31.3$m，$N=3.4$kW，$\eta=65\%$，$H_S=7$m。

三、离心式水泵和风机装置工况点的变化

如前所述，离心式水泵和风机装置的工况点，是建立在水泵和风机与管道系统的能量平衡上。如果一旦这种平衡关系被破坏，则离心泵和风机装置的工况点也必然会改变。如果这种的改变是由人为控制造成的，那么就称这种改变为工况点的调节。通常，工况点的调节从两方面考虑：一是改变管道性能曲线，二是改变水泵或风机的性能曲线。属于前者的，有水位变化、阀门调节等。属于后者的则有改变叶轮转速、切削叶轮等。

利用水泵或风机出口阀门进行工况点的调节，就称阀门调节。改变出口阀门开启度会使管道性能曲线发生变化。这是因为阀门开启度不同，其阻力系数也就不同。若阀门全关，阻力系数相当于无穷大，此时无流量通过。利用阀门调节可使管道中流量从全开阀门时的工况点（称为极限工况点）最大流量调节至流量等于零，即阀门全部关闭。从经济上看，利用阀门调节，是要消耗水泵或风机的一定能量 Δh（见图 12-24）中的虚线）。其消耗的功率为 $\Delta N=\frac{\gamma Q\Delta H}{102\eta}$。可见，用阀门调节流量是不经济的，在水泵和风机的设计和运行中，一般情况下，不宜在长时间关小阀门工作。但事物总是一分为二的，对于一般离心式水泵和风机来说，由于功率曲线是上升的，所以阀门关小后，轴功率也有所减小，从而节约了一部分电能。另外阀门调节方便宜行，不需要附加设备，所以仍是一种作为临时性调节和小型泵和风机调节的常用方法。

12.7　相似定律和相似准数

泵和风机的设计、制造通常是按系列进行的，同一系列中，大小不等的泵或风机都是相似的，即满足力学相似原理。

泵和风机的相似律表示了同一系列机器的相似工况之间的相似关系。相似律是根据相似原理导出的，除用于设计泵或风机外，还可用作为选用型号、运行和调节泵或风机等的理论根据和实用工具。

一、泵或风机相似的条件

泵或风机叶轮的相似定律是基于几何相似和运动相似的基础上的。如果两台泵或风机已满足几何相似和运动相似的条件，则称该两台泵或风机为工况相似的泵或风机。

1. 几何相似

相似泵或风机的各对应尺寸成同一比例，且相应的叶片倾斜角相等。用公式可表示为

$$\lambda=\frac{D_1}{D_{1m}}=\frac{D_2}{D_{2m}}=\frac{b}{b_m} \qquad [12\text{-}31(a)]$$

$$\beta_2=\beta_{2m} \qquad [12\text{-}31(b)]$$

式中　λ——任一线性尺寸的比例尺；

D_1,D_2,b,β_2——实际泵的叶轮内径、外径、宽度及叶片出口安装角；

$D_{m1},D_{m2},b_m,\beta_{2m}$——模型泵的叶轮内径、外径、宽度及叶片出口安装角。

2. 运动相似

相似泵或风机的两叶轮对应点上水流的同名速度方向一致，大小成比例。换句话说，两叶轮对应的速度三角形相似。

由图 12-26 可以得出：

$$\frac{C_{2u}}{(C_{2u})_m}=\frac{C_{2r}}{(C_{2r})}=\frac{u_2}{(u_2)_m}=\frac{D_2 n}{(D_2 n)_m}=\lambda\frac{n}{n_m} \qquad (12\text{-}32)$$

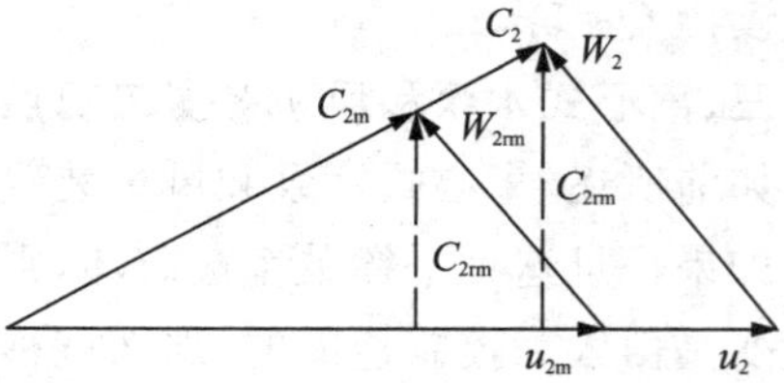

图 12-26　相似工况下两叶轮出口速度三角形

按本书第十章相似理论的介绍，对不可压缩流体，要求模型与原型相似，除了满足几何相似、运动相似以外，还须满足动力相似。但由于在泵或风机的流道中，主要是以粘性力为主，其他作用力均可忽略不计，所以动力一定满足相似。另外，又由于叶轮转速很快，雷诺数很大，在阻力平方区（又称自模区），与雷诺数数值无关。因此，在泵或风机模拟时，通常不采用相似准则来判断，而只根据相似工况来提出相似关系。

二、相似定律

在相似工况下，两台泵或风机性能参数之间的关系称为相似定律。而所谓的相似工况，即在两者效率相等的前提下，既满足几何相似，同时又满足运动相似时的工况情况。

1. 流量之比

$$\frac{Q}{Q_m}=\frac{\pi D_2 b_2 C_{2r}}{\pi D_{2m} b_{2m} C_{2rm}}=\lambda^3\frac{n}{n_m} \qquad (12\text{-}33)$$

流量之比与转速的 1 次方及叶轮直径的 3 次方成正比。

2. 扬程之比

$$\frac{H}{H_m}=\frac{\frac{1}{g}u_2C_{2u}}{\frac{1}{g}u_{2m}C_{2um}}=\frac{D^2n^2}{D_m^2}=\lambda^2\ \frac{n^2}{n_m^2} \tag{12-34}$$

扬程之比与转速和叶轮直径的平方成正比。

3. 轴功率之比(设二者重度相等,即 $\gamma=\gamma_m$)

$$\frac{N}{N_m}=\frac{\frac{\gamma QH}{\eta}}{\frac{\gamma_m Q_m H_m}{\eta_m}}=\frac{QH}{Q_m H_m}=\lambda^5\ \frac{n^3}{n_m^3} \tag{12-35}$$

轴功率之比与转速的 3 次方及叶轮直径的 5 次方成正比。

三、比转数

泵或风机的结构型式多种多样,叶轮的形状、尺寸也千差万别,因而需要有一个概括性的参数来给泵或风机的叶轮分类。由于泵或风机的性能基本上取决于叶轮。所以这个参数无疑将泵或风机的类型指示出来。这个参数就是比转数,用 n_S 表示,它是利用流体在叶轮中运动的相似性找出来的。

n_S 的意义是:在最高效率下,将泵或风机的几何尺寸按比例放大或缩小,它们相互之间的关系满足相似定律,缩小到当有效功率 $N_u=1$ 马力,扬程 $H_m=1\text{m}$,流量 $Q_m=\frac{75N_u}{\gamma H_m}=0.075\text{m}^3/\text{s}$,这时反映其流量 Q,扬程 H(或全压 p)以及转数 n 之间的类型性能代表量就称为比转数。下面来推导求比转数的公式。

由相似定律可得:

$$\frac{Q}{Q_m}=\lambda^3\left(\frac{n}{n_m}\right)$$

$$\frac{H}{H_m}=\lambda^2\left(\frac{n}{n_m}\right)^2$$

从上两式中消去 λ 后,得:

$$\left(\frac{Q}{Q_m}\cdot\frac{n_m}{n}\right)^2=\left(\frac{H}{H_m}\cdot\frac{n_m^2}{n^2}\right)^3$$

$$\frac{Q^2\cdot n^4}{H^3}=\frac{Q_m^2\cdot n_m^4}{H_m^3}$$

开 4 次方,并整理得:

$$n_m=n\frac{\sqrt{Q}}{H^{3/4}}\cdot\frac{H_m^{3/4}}{\sqrt{Q_m}}$$

对于风机,当 H_m,Q_m 都取单位值时,$n_m=n_S$,则比转数的公式为

$$n_S=\frac{n\sqrt{Q}}{H^{3/4}} \tag{12-36(a)}$$

对于水泵,当 $H_m=1\text{m}$,$Q_m=0.075\text{m}^3/\text{s}$ 时,$n_m=n_S$,则比转数的公式为

$$n_S=3.65\frac{n\sqrt{Q}}{H^{3/4}} \tag{12-36(b)}$$

在上述公式中,各变量的单位 n 为 r/min;Q 为 m^3/s;H 为 m。

在应用式(14-36)时应注意以下几点：

1. Q,H 为最高效率时的参数，即设计工况点；

2. Q,H 是指单级、单吸泵的参数。若为多级泵，如四级泵，则扬程应取$\frac{H}{4}$；若为双吸泵，流量应取$\frac{Q}{2}$。

【例 12-6】 已知 12sh-13 型泵，额定参数为：$Q=220\text{L/s}$，$H=32.2\text{m}$，$n=1\,450\text{r/min}$，试核算其比转数 n_s。

【解】 由于是双吸式水泵，所流量应取$\frac{Q}{2}$，即 110L/s，代入式(12-36)，得：

$$n_s=\frac{3.65\times1\,450\times\sqrt{0.11}}{32.3^{3/4}}=130$$

【例 12-7】 一台 D 型多级泵，叶轮级数为 8 级，已知最高效率时 $Q=280\text{m}^3/\text{h}$，$H=520\text{m}$，$n=1\,450$ 转/分，求比转数 n_s。

【解】 泵的单级扬程为$\frac{520}{8}$，所以有：

$$n_s=\frac{3.65\times1\,450\times\sqrt{280/3\,600}}{\left(\frac{520}{8}\right)^{3/4}}=64$$

比转数在实际使用时具有其实用意义：

从式(12-36)中可看出，比转数 n_s 小，表示流量 Q 小，扬程 H 大；而 n_s 大，则表示 Q 大，H 小。因此，知道了 n_s，就可大致知道 Q 与 H 的关系。如 12sh-6 和 12sh-28，前者比转数 $n_s=60$，后者为 280，由于进口直径一样，就可知流量差不多一样大。而由于前者比转数比后者小，所以，应该前者的 H 大，后者的 H 小。查样本可知，$H_1=90\text{m}$，$H_2=12\text{m}$。

根据比转数的大小，可对叶片式水泵和风机进行分类，对泵而言，通常 $n_s=30\sim300$，为离心泵；$n_s=300\sim500$，为混流泵；$n_s=500\sim1\,000$，为轴流泵，见图 12-27(a)。对风机而言，不同类型的风机也对应着不同的比转数，见图 12-27(b)。

泵的类型	离心泵			混流泵	抽流泵
	低比转数	中比转数	高比转数		
比转数	30～80	80～150	150～300	300～500	500～1 000
叶轮形状	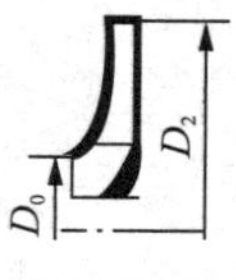	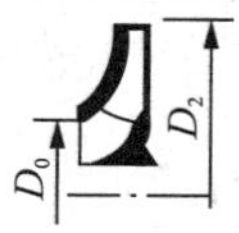	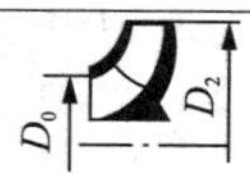		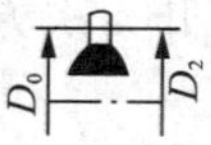
D_2/D_0	≈3	≈2.3	≈1.8～1.4	≈1.2～1.1	≈1
叶片形状	圆柱形	入口处扭曲 出口处圆柱形	扭　曲	扭　曲	机翼型
性能曲线大致的形状	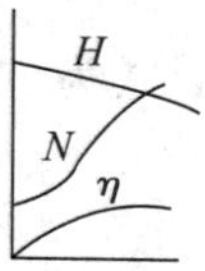	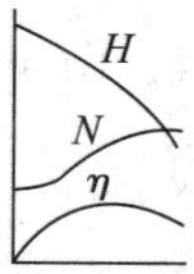	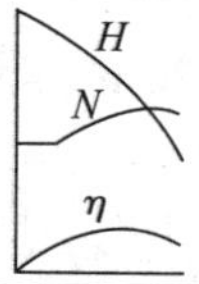	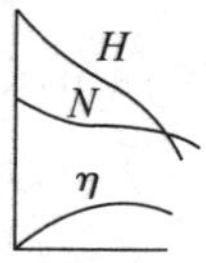	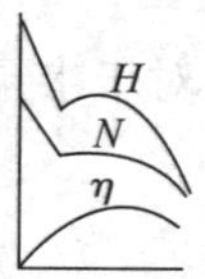

图 12-27(a) 叶片式泵按比转数分类

风机类型	离心式风机	斜(湿)流风机	轴流式风机	贯流(横流)风机	
比转数 n_2	49.8	90.5	98.8	347～359	48.8～82
	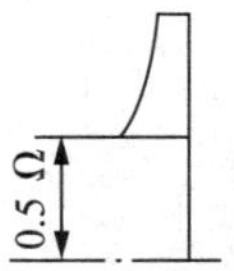	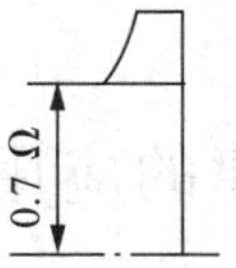	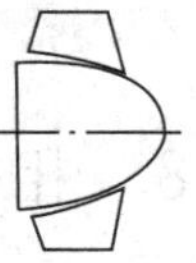	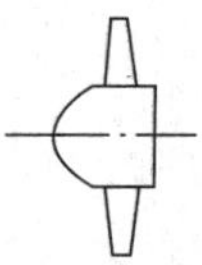	

图 12-27(b)　叶片式风机按比转数分类

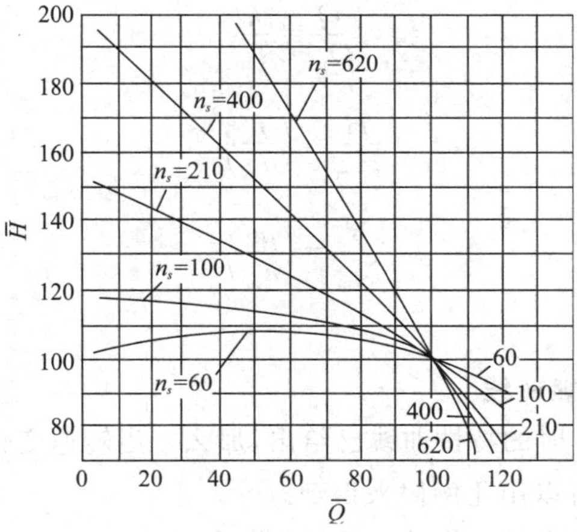

图 12-28　不同 n_s 叶片泵的相对 $\overline{Q}$～$\overline{H}$ 曲线

比转数 n_s的不同，还能反映水泵特性曲线的形状不同。

① Q～H 曲线：随着 n_s的增大，曲线逐渐变陡，见图 12-28。

② Q～N 曲线：随着 n_s的增大，曲线逐渐平坦，但 n_s大到一定数值时，曲线重新变陡。所以，n_s小的叶片泵，为避免启动电流过大，应闭闸启动，见图 12-29。

③ Q～η 曲线：比转数 n_s小，曲线平坦，高效区宽，经济性能好。而比转数 n_s愈大，高效区愈窄。见图 12-30。

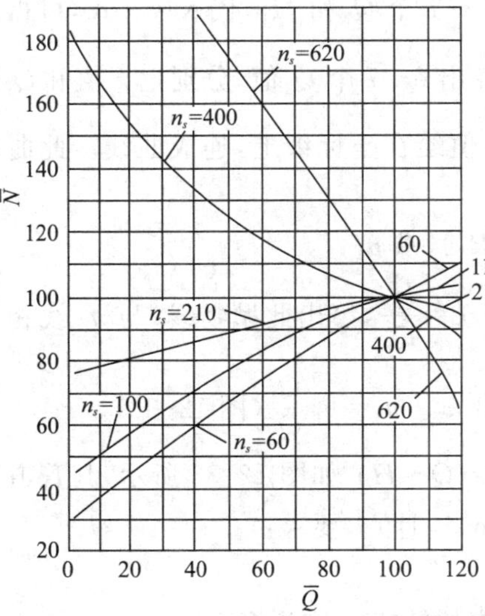

图 12-29　不同 n_s 叶片泵的相对 $\overline{Q}$～$\overline{N}$ 曲线

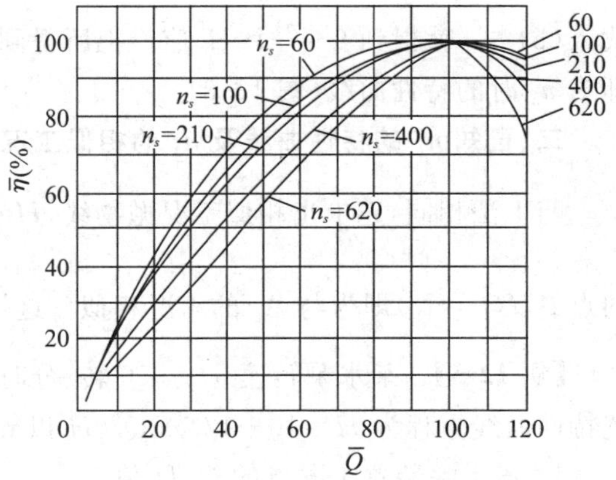

图 12-30　不同 n_s 叶片泵的相对 $\overline{Q}$～$\overline{\eta}$ 曲线

根据以上分析，可以按照比转数的大小，大体上了解泵或风机的性能和结构状况。既然比转数反映了泵和风机的性能、结构型式和使用上的一系列特点，因而常用来作为泵和风机的分类依据。

12.8 相似定律的应用

如果两台泵或风机的几何尺寸相等，即 $\lambda=1$，或在同一台泵或风机上，则有：

$$\frac{Q}{Q_m}=\frac{n}{n_m} \tag{12-37}$$

$$\frac{H}{H_m}=\left(\frac{n}{n_m}\right)^2 \tag{12-38}$$

$$\frac{N}{N_m}=\left(\frac{n}{n_m}\right)^3 \tag{12-39}$$

上述关系称为比例律。

一、求转速改变后的性能曲线

对于某一台水泵，如 n_1 时的特性曲线已给出，那么。当转速变化时，若变至 n_2 时，其相应的特性曲线怎么求？我们可以用比例律来得到。

在式(12-37)和(12-38)中消去转速 n 后，可得到：

$$\frac{H_1}{H_2}=\left(\frac{Q_1}{Q_2}\right)^2$$

或写成

$$\frac{H_1}{Q_1^2}=\frac{H_2}{Q_2^2}=k \tag{a}$$

即得到相似工况抛物线方程：

$$H=kQ^2 \tag{b}$$

在 n_1 线上可选取几点（一般为 6～7 点），即可得到 6～7 个 Q_1 和 H_1，代入(a) 式，可得到相应的 6～7 个 k 值。再通过式(12-37)，$Q_2=Q_1\dfrac{n_2}{n_2}$，计算出 6～7 个 Q_2 值，分别把 k 值和 Q 值代入(b) 式，就得到 6～7 个 H_2 值。把所得到的 Q 和 H 值绘在坐标纸上，连成曲线。此曲线即为 n_2 时的特性曲线(图 12-31)。

二、已知 n_1 的特性曲线及 n_2 的相似工况点 $A_2(Q_2,H_2)$，求 n_2

与上法相同，先求出相似工况抛物线，$H=kQ^2$，其中，$k=\dfrac{H_2}{Q_2^2}$，绘出此抛物线，与 n_1 线相交的点 $A_1(Q_1,H_1)$即为与 A_2 的工况相似。这样，就可求出 n_2。$n_2=n_1\dfrac{Q_2}{Q_1}$(图 12-32)。

【例 12-5】 某水泵转速 $n_1=950$ 转/分时的性能曲线$(Q\sim H)_1$如图 12-33 所示，其管道系统特性曲线方程为 $H=10+17\,500Q^2$（H 以 m 计，Q 以 m^3/s 计）。要求：

1. 该水泵装置工况点的 Q，H 值；
2. 保持静扬程为 10m，而流量减少 33.3%，则其相应的转速 n_2应为多少？

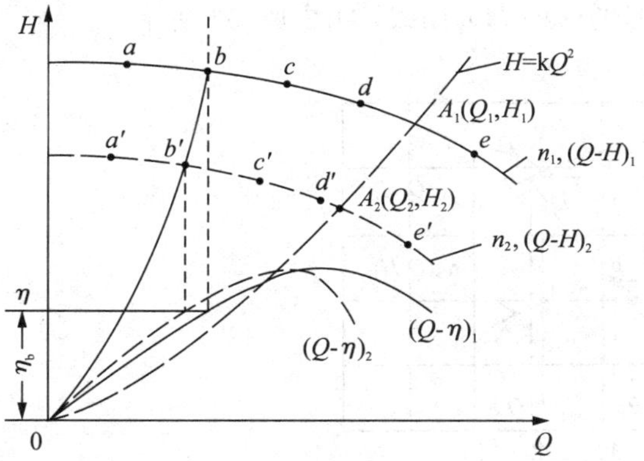

图 12-31 转速改变时的性能曲线变化

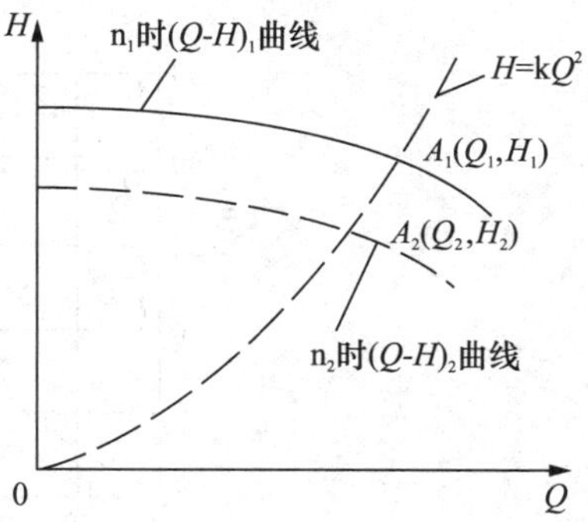

图 12-32 比例律的应用

【解】

1. 根据管道系统特性曲线方程式 $H=10+17\,500Q^2$，假定几个 Q 值，计算出相对应的 H 值，其结果列入下表。

Q(L/s)	0	10	20	30	40
H(m)	10	11.75	17	25.75	38

按表格中的数据绘出 $Q\sim\sum h$ 曲线，见图 12-33。与 n_1 时的 $(Q\sim H)_1$ 曲线相交，其交点 A 即为工况点，工况点的 $Q_A=42$L/s，$H_A=38.2$m。

2. 当流量减少 33.3%，其 Q_B 值为 $42(1-0.33)=28$(L/s)，从图 12-33 中可知，$H_B=23.1$ m。即可求出相似工况抛物线中的 k：$k=\dfrac{H_B}{Q_B^2}=\dfrac{23.1}{28^2}=29\,464.3\text{s}^2/\text{m}^5$，所可写出相似工况抛物线方程，$H=29\,464.3Q^2$，代入不同的 Q 值，即可得到相应的 H 值，其计算结果如下表。

Q(L/s)	0	10	20	30	40
H(m)	0	2.95	11.78	26.52	47.14

按表中数据绘出相似工况抛物线，与 $(Q\sim H)_1$ 曲线相交于 c 点(见图 12-33)，$Q_c=36.9$L/s，$H_c=40$m。按式(12-36)即可求得 n_2 为

$$n_2=n_1\frac{Q_2}{Q_1}=950\times\frac{28}{36.9}=720\text{r/min}$$

3. 转速为 n_2 时的 $(Q\sim H)_2$ 曲线可按比例律进行换算：

$$Q_2=\frac{n_2}{n_1}Q_1=\frac{720}{950}Q_1=0.758Q_1$$

$$H_2=\left(\frac{n_2}{n_1}\right)^2H_1=\left(\frac{720}{950}\right)^2H_1=0.576H_1$$

在 $(Q\sim H)_1$ 曲线上，任取几点值代入上面两式计算，结果填入下表：

$n_1=950$	Q_1(L/s)	0	10	20	30	40
	H_1(m)	45	44.5	44	42.5	38.5
$n_2=720$	Q_2(L/s)	0	7.85	15.2	22.7	30.4
	H_2(m)	25.9	25.7	25.3	24.5	22.2

按表中数据就可描绘出 $n_2=720$ 转/分时的 $(Q\sim H)_2$ 曲线，如图 12-33 所示。

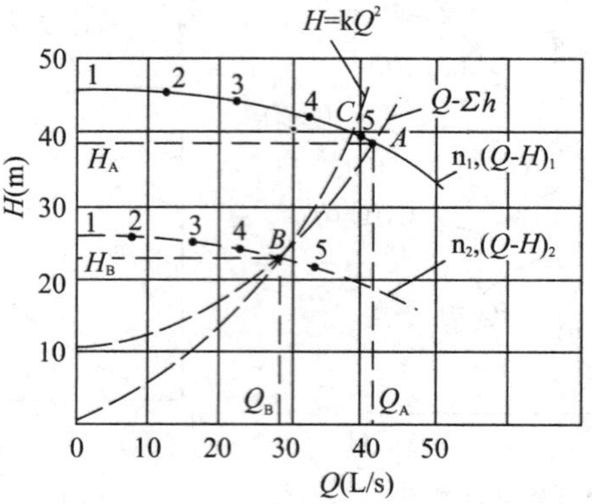

图 12-33　变速性能曲线图

三、切削叶轮改变性能曲线

沿外径车小泵和风机的叶轮，可以改变泵和风机的性能曲线，扩大泵和风机的使用范围。这种方法称为切削调节。目前，国内生产的 BA 型和 Sh 型水泵，除标准的叶轮直径外，还有叶轮被车小的一种或二种型号，用字母 A，B 表示。如 12Sh-6 型：标准叶轮外径 $D_2=540$mm，而 12Sh-6A，$D_2'=510$mm，12sh-6B，D_2' 仅为 470mm。分别切削了 5.6%和 13.0%。

叶轮切削后，水泵的 Q,H,N 都要相应降低，设降低后的相应数值为 Q',H',N'。叶轮外径原为 D_2，切削后为 D_2'。那么在一定条件下，切削前后有以下关系：

$$\frac{Q'}{Q}=\frac{D_2'}{D_2} \tag{12-40}$$

$$\frac{H'}{H}=\left(\frac{D_2'}{D_2}\right)^2 \tag{12-41}$$

$$\frac{N'}{N}=\left(\frac{D_2'}{D_2}\right)^3 \tag{12-42}$$

上述关系即称为水泵叶轮的切削律，与改变转速相类似（即比例律），切削律在应用上主要也有两类：

1. 求切削后的性能曲线

即已知叶轮外径 D_2 时的性能曲线，要求出切削后的叶轮外径为 D_2' 时的水泵性能曲线。解决这一类问题的步骤可参照本节中的（一）内容。所采用的计算公式为式（12-40）～（12-42），用计算得到的几组（Q',H'）数据，即可绘出切削后的叶轮外径为 D_2' 时的水泵性能曲线（图 12-34）。

2. 根据用户需求，水泵要在 B 点工作（Q_B,H_B），而此点的流量和扬程均小于该泵的 $Q\sim H$ 曲线，如图 12-35 所示。现使用切削方法，使水泵的特性曲线通过 B 点，要求：切削后的叶轮直径 D_2' 为多少？需要切削的量（%）？

由于已知水泵的叶轮直径 D_2 以及 $Q\sim H$ 曲线和 B 点的坐标（Q_B,H_B）。所可由切削律得到：

$$\frac{H_B}{Q_B^2}=\frac{H}{Q^2}=K \tag{12-43}$$

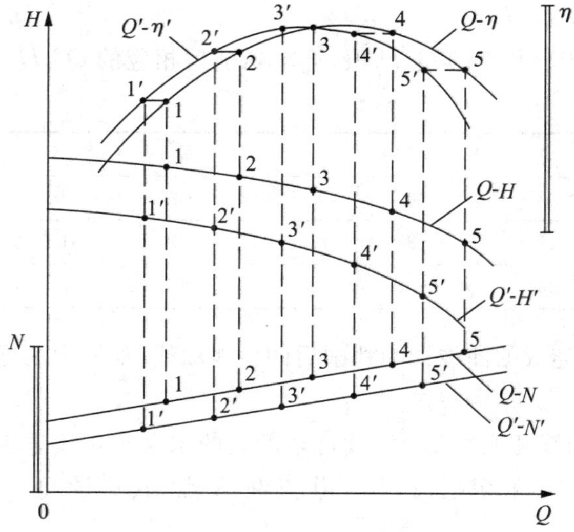

图 12-34　用切削律绘出性能曲线

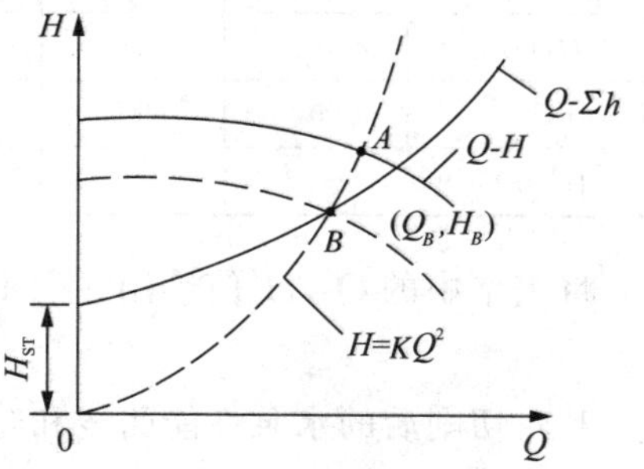

图 12-35　用切削抛物线求叶轮切削量

式中，K 为切削系数。类似于改变转速，也可得到一条抛物线方程：

$$H' = KQ'^2 \tag{12-44}$$

此抛物线称为切削抛物线，凡是满足切削律的任何工况点，都在这条抛物线上。设定不同的 Q' 值，就可得到相应的 H' 值。绘出切削抛物线与 $Q \sim H$ 曲线相交 A 点，得到(Q_A，H_A)。将此数据代入切削律公式(12-40)或(12-41)，即可解得切削后的叶轮直径 D_2' 值。而切削量则为

$$切削量(\%) = \frac{D - D_2'}{D_2} \times 100\% \tag{12-45}$$

【例 12-8】 已知 4BA-12 型水泵性能曲线和管道性能曲线如图 12-36 所示，该泵叶轮外径 $D_2 = 174\text{mm}$，现将叶轮外径切削 10%，求切削后的性能曲线。

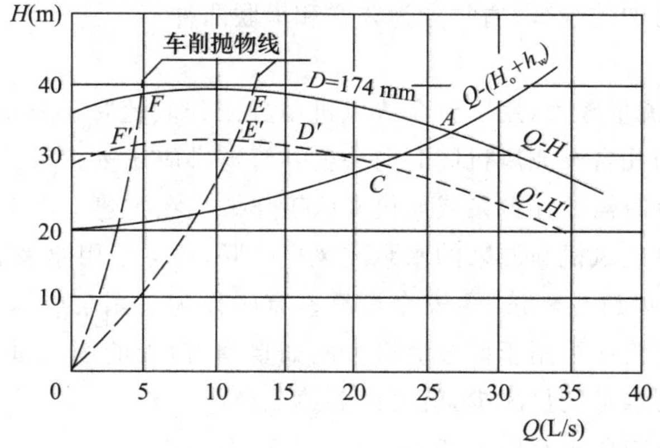

图 12-36　例 12-8 图

【解】 根据式(14-40)，

$$\frac{Q'}{Q} = \frac{D_2'}{D_2} = \frac{0.9 \times 174}{174}$$

$$Q' = 0.9Q \tag{a}$$

根据式(12-41)，$\frac{H'}{H} = \frac{D'^2}{D_2^2} = 0.9^2$，得：

$$H' = 0.81H \tag{b}$$

利用式(a)和(b)，从已知的性能曲线上选取几点的 Q,H 值，计算切削后相应的 Q',H'，列表如下：

Q(L/s)	0	5	10	15	20	25	30	35
H(m)	36	38	39	38	36	35	32	28
Q'(L/s	0	4.5	9	13.5	18	22.5	27	31.5
H'(m)	29.2	30.8	31.6	30.8	29.2	28.4	25.9	22.7

将表格中的 Q',H' 值绘制在图 12-36 中，连成的曲线即为切削后的性能曲线，如图中的虚线。

叶轮切削后的水泵性能曲线和管道性能曲线相交得 C' 点，读得切削后的水泵工作流量为 $Q'_c = 21.5\text{L/s}$，工作扬程为 $H'_c = 28\text{m}$。而水泵在未切削前，其工作点在 A 点，其流量 $Q_A = 27.3\text{L/s}$，扬程 $H_A = 33.8\text{m}$。

将切削前、后两工作点的流量进行比较，得 $\dfrac{Q'_c}{Q_A} = \dfrac{21.5}{27.3} = 0.79$，它不等于 $\dfrac{Q'}{Q} = 0.9$；同样两工作点的扬程之比 $\dfrac{H'_c}{H_A} = \dfrac{28}{33.8} = 0.83$，也不等于 $\dfrac{H'}{H} = 0.81$。由此可见，叶轮切削 10%，并不等于水泵的出水量减少 10%。这是因为 Q'_c 和 Q_A 是由水泵性能曲线和管道性能曲线相交而成。

12.9 泵和风机的联合工作

当 1 台泵或风机单独工作不能满足用户流量、扬程的需要时，可用 2 台或 2 台以上的泵或风机联合工作。这种联合工作的目的在于增加系统中的流量或扬程(压头)。联合工作的方式，取决于系统中要增加的内容，通常分为并联和串联两种。

一、并联工作

当系统中要求的流量较大，用 1 台泵或风机单独工作其流量不够时，通常采用并联工作。所谓的并联工作，即为几台泵或风机同时向一公共管道供应流量。

在实际工程中，有时需要几台泵或风机并联工作。如在扩建工程中，当管道还处在经济流速时，常采用另加水泵或风机与原来的水泵或风机并联，仍然采用原来的管道系统。这样做往往比换大流量的泵或风机更经济、更安全可靠。有时作为备用泵或风机，也经常采用并联连接。除此以外，并联连接还可用于调节流量。例如夏季，白天的用水量明显增大，就可以多开几台泵；冬季晚上的用水量明显减少，就可以关掉几台。

综上所述，并联泵或风机有以下特点：

1. 增加供流量；
2. 增强供应可靠性；
3. 调节流量方便。

以下仅讨论同一个泵站内的水泵并联工作。

设有同一泵站内的二台水泵自同一水源取水(图 12-37)，并假定吸水管到压水管 C 的水头损失可以忽略不计。因为在 C 点的压力相同，所以通过每台泵的水流在 C 点的水头 H 相等。而 C 点流向 D 点的流量为并联泵供水量之和。因此，如两台水泵的性能曲线已知，分别

为 $Q_1 \sim H_1$ 和 $Q_2 \sim H_2$，则水泵并联工作特性曲线的绘制，就是把对应同一 H 值的各个泵的 Q 值迭加起来。这样就可得到两台泵或多台泵并联工作的性能曲线 $Q_{并} \sim H$(图 12-37)。

将管道性能曲线 $Q \sim (H_0 + h_w)$ 绘在同一坐标内，与 $Q_{并} \sim H$ 曲线相交，其交点 A 即为水泵并联时的工作点。Q_A，H_A 分别表示并联系统的流量和扬程。

为了确定并联状态下每台泵的工作点，可自 A 点引水平线，分别与 $Q_1 \sim H_1$ 和 $Q_2 \sim H_2$ 曲线交 A_1 和 A_2 点。A_1，A_2 点即分别是泵 1，泵 2 的工作点。从图 12-37 中可看出，$Q_A = Q_{A1} + Q_{A2}$，$H_A = H_{A1} = H_{A2}$。

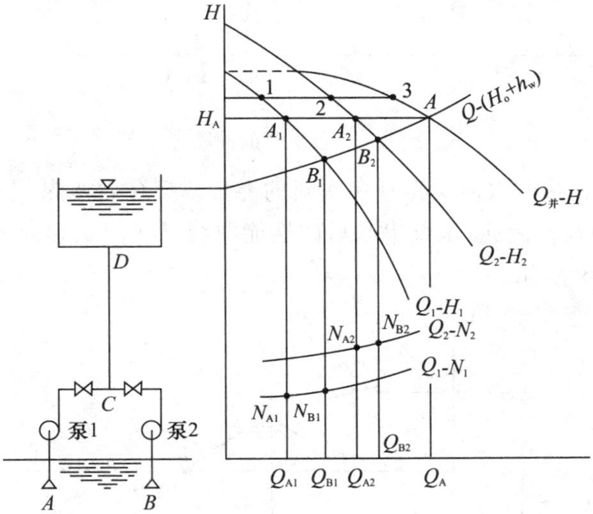

图 12-37　2 台水泵的并联工作

而当 2 台泵中任一台泵单独工作时，其工作点在 B_1 或 B_2 点。从图 12-37 中可看出，$Q_{B1} > Q_{A1}$，$Q_{B2} > Q_{A2}$。这就说明，并联系统的出水量 Q_A 并不等于两泵独立工作时的出水量之和 $Q_{B1} + Q_{B2}$。所以，增开一台相同型号的水泵进行并联工作，出水量并不增加一倍。管道性能曲线愈陡，水泵性能曲线愈平坦，所增加的流量就愈小，并联效率也就愈差。这是因为管道的水头损失，随流量 Q 的增加而急剧增加，迫使每台泵的供水量减少。另外，由于每台泵单独工作时的轴功率 N_B 大于并联工作时的轴功率 N_A，即 $N_{B1} > N_{A1}$，$N_{B2} > N_{A2}$。所以，选配电机时应按 N_{B1}，N_{B2} 选择，即按单独工作时的轴功率选择，以免并联工作中一台泵停止工作时，另一台电机会过载。

水泵和风机并联运行并不是在任何情况下都有良好效果的。图 12-38 表示有 5 台相同型号的水泵并联工作，从并联工作点的分析即能表明，并联台数愈多，增加的流量愈少。以 1 台泵工作时的流量为 $Q_1 = 100$ 进行测算，2 台泵并联工作时增加流量 $Q_2 - Q_1 = 90$；3 台泵并联工作时增加流量 $Q_3 - Q_2 = 61$；4 台泵并联工作时增加流量 $Q_4 - Q_3 = 33$；5 台泵并联工作时增加流量 $Q_5 - Q_4 = 16$。而且每台泵的工作点随着并联台数的增多向高扬程移动，台数过多会使工作点移出水泵的高效区范围。所以，通常情况下，并联水泵或风机的数量不能太多。

二、串联工作

当系统中要求的扬程较大，用 1 台泵或风机单独工作其扬程不够时，通常采用串联工作。所谓的串联工作，即为后一台水泵或风机的吸入管直接接在前一台水泵或风机的出流管上，这种情况称为水泵或风机的串联。

水泵串联工作主要用在水源离用户较远，地形高差较大，水头损失较大的场合。从水力学

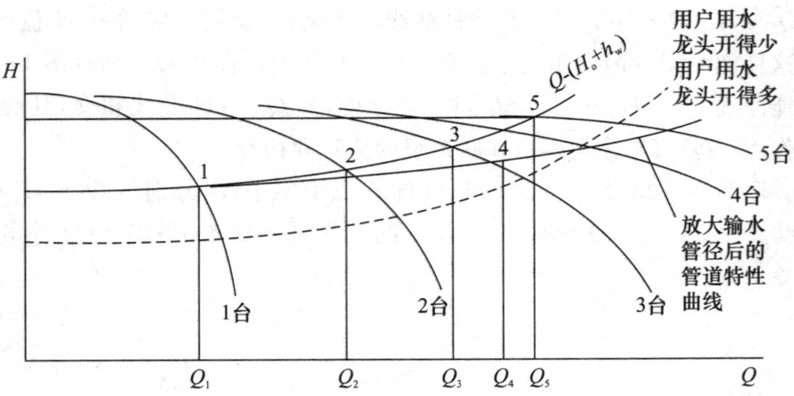

图 12-38　5 台水泵的并联工作

角度来看，水泵的串联意味着水流又得到一次新的能量。第一台水泵把流量 Q 提到 H_1 后，第二台水泵又把 Q 提到 H_2。因此，水泵串联后的性能曲线是在流量相同的情况下，各串联水泵的扬程迭加，如图 12-39 所示。

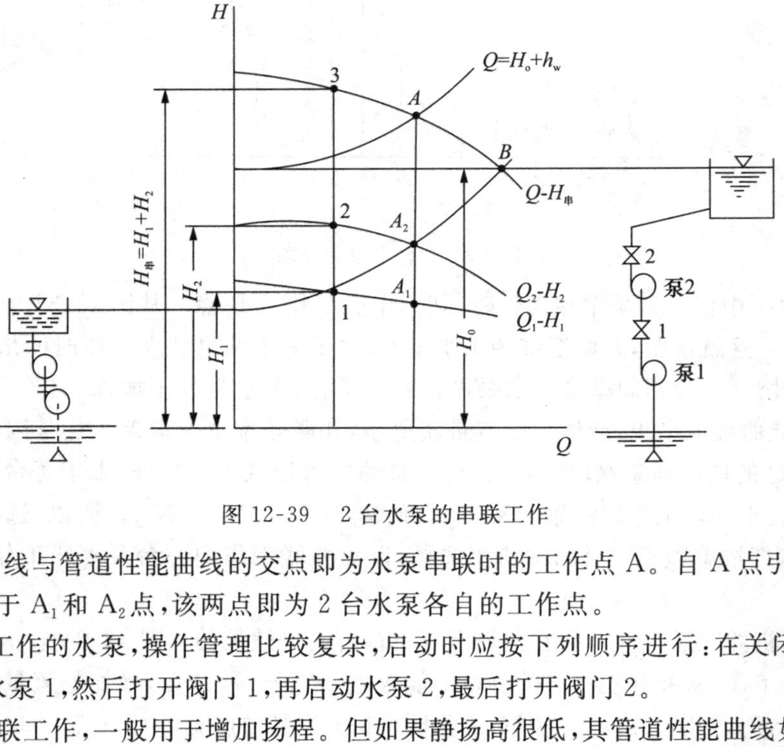

图 12-39　2 台水泵的串联工作

$Q \sim H_串$ 曲线与管道性能曲线的交点即为水泵串联时的工作点 A。自 A 点引垂线交 $Q_1 \sim H_1$ 和 $Q_2 \sim H_2$ 于 A_1 和 A_2 点，该两点即为 2 台水泵各自的工作点。

2 台串联工作的水泵，操作管理比较复杂，启动时应按下列顺序进行：在关闭阀门 1、2 的情况下，启动水泵 1，然后打开阀门 1，再启动水泵 2，最后打开阀门 2。

水泵的串联工作，一般用于增加扬程。但如果静扬高很低，其管道性能曲线如图 12-39 中虚线所示，在这种情况下，1 台泵也能工作，2 台泵串联工作时，其工作点为 B 点。和一台泵单独工作相比，既增加了扬程，也增加了流量。

多级泵，实质上就是多个叶轮串联起来的水泵，水由吸水管流过一个个叶轮，每经过一个叶轮，水流就增加一次能量，随着级数的增加，流量保持不变，而扬程却按比例一倍倍增加。

12.10　离心泵吸水条件和汽蚀

离心泵的正常工作，是建立在对水泵吸水条件正确选择的基础上。在不少场合下，水泵装置的故障，经常是由于吸水条件选择不当而引起的。所谓正确的吸水条件，就是指在抽水过程中，泵体内不产生汽蚀情况下的最大吸水高度。

一、汽蚀现象

叶轮旋转时，进口处的压强会降低，并出现负压。这个真空度(负压)把水从水池内吸入到泵内。但如果真空度很大，即该点的压强降到等于或小于该温度下的液体汽化压强时，就会有蒸汽及溶解在液体中的气体从液体中大量逸出，形成许多由蒸汽和气体混合的小气泡。当这些小气泡随液体流到高压区时，气泡受压会突然破裂，液体质点从四周向气泡中心作加速运动，质点互相撞击。形成强烈地局部水击现象，瞬间的局部水击压力可达数十兆帕(MPa)。若这种撞击在金属表面的附近发生，就会对金属产生冲击作用。并产生频率高、压力大的水击作用。这就导致叶轮表面产生腐蚀，出现蜂窝状的麻点和孔洞。汽蚀产生时，水泵将有很大的噪音和震动，水泵性能明显变坏，流量 Q，扬程 H，效率 η 急剧下降，甚至抽不上水。

二、水泵最大安装高度

1. 允许吸上真空高度 H_S

为了防止发生汽蚀现象，每一台水泵都有一个允许吸上真空高度 H_S，H_S是水泵厂通过试验得到的。此值标在水泵的铭牌上，使用这台水泵时，要求水泵进口处的真空度不能超过此值，否则将产生汽蚀现象。

2. 水泵的安装高度 H_{SS}

通常水泵的安装高度 H_{SS}是指水泵轴线至水源水面的竖直距离。为了求得水泵的最大安装高度 H_{SS}，可以列水源水面 0—0 和水泵进口断面 1—1(图 12-40)的能量方程：

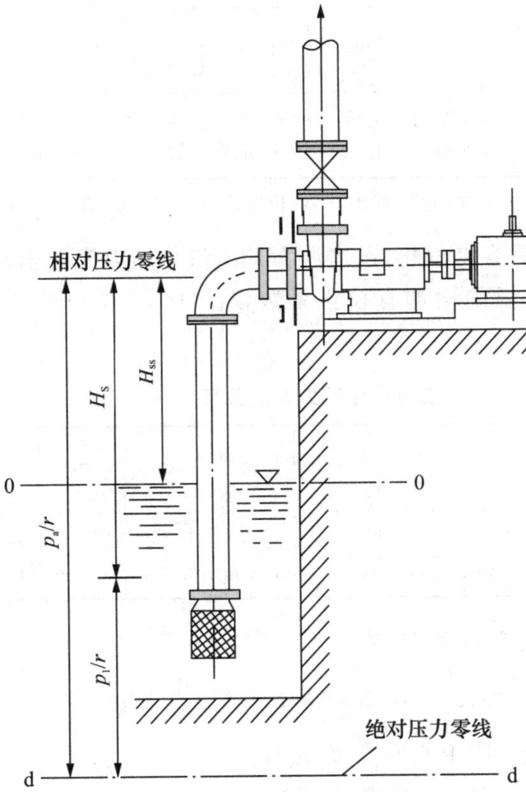

图 12-40　离心泵吸水装置

$$0+\frac{p_a}{\gamma}+0=H_{SS}+\frac{p_1}{\gamma}+\frac{v^2}{2g}+h_w$$

为了避免产生汽蚀，要求满足：

$$\frac{p_a}{\gamma}-\frac{p_1}{\gamma}\leqslant H_S$$

所以，水泵的安装高度 H_{SS}应为

$$H_{SS}=H_S-\frac{v^2}{2g}-h_w \tag{12-46}$$

水泵铭牌上给出的允许吸上真空高度 H_S值，是在一个标准大气压(10.33mH_2O)、水温为20℃时水泵进口处允许达到的最大真空值。如果水泵不是在上述条件下运行，由于水在不同压力和不同温度下有不同的汽化压力，因此就有不同的允许吸上真空高度。所以，必须根据变化了的实际条件把 H_S值进行修整。

不同海拔高度和大气压的关系见表 12-2。

表 12-2　海拔高度与大气压($h_a=\frac{p_a}{\gamma}$)的关系

海拔高度(m)	−600	0	100	200	300	400	500	600	700
p_a(Pa)	110 815 (11.3m)	101 009 (10.3m)	100 028 (10.2m)	99 047 (10.0m)	96 105 (9.8m)	94 144 (9.7m)	94 144 (9.6m)	93 163 (9.5m)	
海拔高度(m)	700	800	900	1 000	1 500	2 000	3 000	4 000	5 000
p_a(Pa)	93 163 (9.5m)	92 183 (9.4m)	91 202 (9.3m)	90 221 (9.2m)	84 337 (8.6m)	82 376 (8.4m)	71 589 (7.3m)	61 782 (6.3m	53 937 (5.5m)

注：表中括号中的数字表示相应的水柱高度(mH_2O)，1mH_2O 相当于 9 806.65Pa。表 12-3 亦同。

如果水温大于 20℃，水就更容易汽化，设水温为 t℃，汽化压力为 h_t米水柱，水在 20℃的汽化压力为 0.24m，那么，由于水温的增加有校正系数($h_t-0.24$)，不同水温的汽化压力见表12-3。

表 12-3　水温与汽化压力 h_t的关系

水温(℃)	0	5	10	20	30	40	50	60	70	80	90	100
h_t(Pa)	588 0.06m)	882 (0.09m)	1 177 (0.12m)	2 354 (0.24m)	4 217 (0.43m)	7 355 (0.75m)	12 258 (1.25m)	19 809 (2.02m)	31 087 (3.17m)	47 268 (4.82m)	70 020 (7.14m)	101 303 (10.33m)

所以，校正后的允许吸上真空高度 H'_S为

$$H'_S=H_S-(10.33-h_a)-(h_t-0.24) \tag{12-47}$$

式中　H'_S——修正后采用的允许吸上真空高度(m)；

H_S——水泵厂给定的允许吸上真空高度(m)；

h_a——安装地点的大气压(mH_2O)；

h_t——实际水温下的汽化压力(mH_2O)。

【例 12-9】 一台 6Sh—6 离心泵,输送流量 $Q=45L/s$ 时,允许吸上真空高度 $H_S=5m$。若安装在海拔 1 500m 的地区,输送水温为 30℃的清水,水泵进水口直径 $D=150mm$,吸水管水头损失为 1.2m,试计算最大安装高度 H_{SS}。

【解】 水温为 30℃时,$h_t=0.43m$

海拔 1 500m 时,$h_a=8.6m$

根据式(12-47),该水泵在安装现场的允许吸上真空高度为

$$H'_S=5-(10.33-8.6)-(0.43-0.24)=3.08m$$

$$v=\frac{Q}{A}=\frac{0.045}{0.785\times0.15^2}=2.55m/s$$

则水泵的最大安装高度 H_{SS} 为

$$H_{SS}=H'_S-\frac{v^2}{2g}-h_w=3.08-\frac{2.55^2}{19.6}-1.2=1.55m$$

12.11 泵和风机的选择

由于泵和风机装置的用途和使用条件千变万化,而泵和风机的种类又十分繁多,故合理地选择其类型及决定它们的大小,以满足实际工程所需的工况是很重要的。

在选择泵和风机时应同时满足使用和经济两方面的要求。具体方法步骤如下:

一、选择类型

首先应充分了解整个装置的具体用途、管路布置、地形条件、被输送流体的种类、性质以及水位高度等基本资料。

例如,在选水泵时,应了解被输送液体的性质,以便选择不同用途水泵(如清水泵、污水泵、锅炉给水泵等)。

又如选择风机时,应了解被输送的气体性质(如清洁空气、烟气、含尘空气或易燃、易爆及腐蚀性气体等),以便选择不同用途的风机。

各类常用水泵和风机性能及适用范围,见表 12-4 和表 12-5。

表 12-4　　常用水泵性能及适用范围表

型号	名　称	扬程范围(m)	流量范围(m^3/h)	电机功率(kW)	介质最高温度(℃)	适用范围
BG	管道泵	8～30	6～50	0.37～7.5	4～2m	输送清水或理化性质类似的液体,装于水管上
NG	管道泵	2～15	6～27	0.20～1.2	95～150	输送清水或理化性质类似的液体,装于水管上
SG	管道泵	10～100	1.8～400	0.50～26		有耐腐型、防爆型、热水型,装于水管上
XA	离心式清水泵	25～96	10～340	1.50～100	105	输送清水或理化性质类似的液体
IS	离心式清水泵	5～25	6～400	0.55～100	气蚀余量 2m	输送清水或理化性质类似的液体
BA	离心式清水泵	8～98	4.5～360	1.5～55	80	输送清水或理化性质类似的液体
BL	直联式离心泵	8.8～62	4.5～120	1.5～18.5	60	输送清水或理化性质类似的液体
Sh	双吸离心泵	9～140	126～12 500	22～1 150	80	输送清水,也可作为热电站循环泵

续表

型号	名称	扬程范围(m)	流量范围(m^3/h)	电机功率(kW)	介质最高温度(℃)	适用范围
D,DG	多级分段泵	12～1528	12～700	2.2～2500	80	输送清水或理化性质类似的液体
GC	锅炉给水泵	46～576	6～55	3～185	110	小型锅炉给水
N,NL	冷凝泵	54～140	10～510		80	输送发电厂冷凝水
J,SD	深井泵	24～120	35～204	10～100		提取深井水
4PA6	氨水泵	86～301	30	22～75		输送20%浓度的氨水,吸收式冷冻设备主机

表 12-5　　常用通风机性能及适用范围表

型号	名称	全压范围 Pa	风量范围(m^3/h)	功率范围(kW)	介质最高温度(℃)	适用范围
4-68	离心式通风机	170～3370	565～79000	0.55～50	80	一般厂房通风换气、空调
4-72-11	塑料离心风机	200～1410	991～55700	1.10～30	60	防腐防爆厂房通风排气
4-72-11	离心通风机	200～3240	991～227500	1.1～210	80	一般厂房通风换气
4-79	离心通风机	180～3400	990～17720	0.75～15	80	一般厂房通风换气
7-40-11	排尘离心通风机	500～3230	1310～20800	1.0～40		输送含尘量较大的空气
9-35	锅炉通风机	800～6000	2400～150000	2.8～570		锅炉送风助燃
Y4-70-11	锅炉引风机	670～1410	2430～14360	3.0～75	250	用于1～4t/h的蒸汽锅炉
Y9-35	锅炉引风机	550～4540	4430～473000	4.5～1050	200	锅炉烟道排风
G4-73-11	锅炉离心式通风机	590～7000	15900～680000	10～1250	80	用于2～670t/h汽锅或一般矿井通风
30K4-11	轴流通风机	26～516	550～59500	0.09～10	45	一般工厂,车间办公室换气

二、确定流量和扬程(压头)

根据工程实际需要计算所确定的最大流量 Q_{max} 和最高扬程 H_{max} 或风机的最高全压 p_{max},然后分别加10%～20%的安全量作为选泵和风机的依据,即:

$$Q=1.1Q_{max}$$
$$H=(1.1\sim1.2)H_{max}$$
$$p=(1.1\sim1.2)p_{max}$$

三、确定具体型号和配用电机

泵和风机的类型选定后,就可以根据上述流量和风机或压头查阅样本或手册,选定具体型号和转数。

本书将部分离心式泵和风机的型号(如BA,BL,SG,IS型离心泵和T4-72型离心风机)摘录于附录中。

通常,配用电机与泵或风机会组合在一起,有水泵或风机生产厂家提供。

【例 12-10】 某工厂供水系统由清水池往水塔供水,如图12-41所示。清水池最高水位标高为112.00,最低水位为108.00,水塔地面标高为115.00,最高水位标高为140.00。水塔容积40m^3,要求一小时内充满水,试选择水泵。已知吸水管路水头损失 $h_{w1}=1.0$m,压水管路水头损失 $h_{w2}=2.5$m。

【解】 先求出选择水泵的参数:

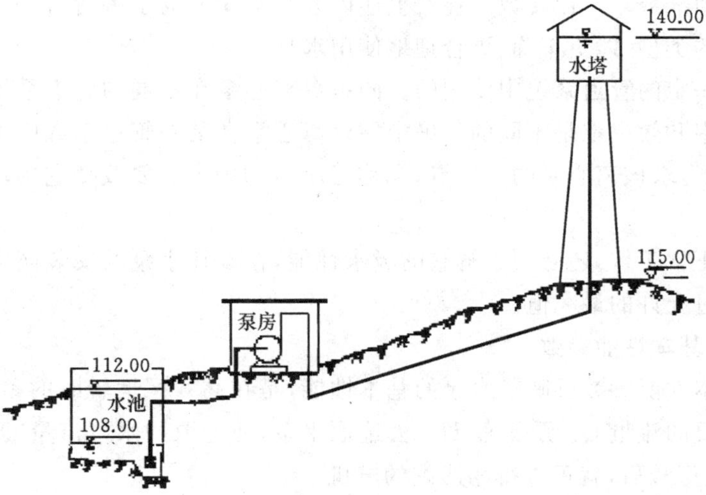

图 12-41　水塔充水工程

流量为　　$Q=1.1\times Q_{max}=1.1\times 40=44m^3/h$

扬程为　　$H=1.1\times H_{max}=1.1\times[(140-108)+1+2.5]=39.05m$

考虑选用 BL 型水泵，查附录 2 性能表：3BL-6A 型的流量为 $45m^3/h$ 时，扬程为 40m，满足本系统供水要求。该泵的效率 $\eta=55\%$，允许吸上真空高度 $H_S=7.5m$，要求转速 $n=2\,900r/min$。

【例 12-11】 某地大气压为 98.07kPa，输送温度为 70℃的空气，风量为 $11\,500m^3/h$，管道阻力为 2 000Pa，试选用风机、应配用的电机及其他配件。

【解】 根据已知条件可知，先求出选择风机的参数：

流量为　　$Q=1.1\times Q_{max}=1.1\times 11\,500=12\,650m^3/h$

压头为　　$p=1.1\times p_{max}=1.1\times 2\,000=2\,200Pa$

由于使用风机的地点大气压及输送气体温度与样本数据采用的标准不同，应予换算：

压头为　　$p_0=p\dfrac{101.325}{98.07}\cdot\dfrac{273+70}{273+20}=2\,200\times 1.033\times\dfrac{343}{293}=2\,662Pa$

流量为　　$Q_0=Q=12\,650m^3/h$

查附录 4 表，可选用 4-72-11No. 5A 高效率离心式风机。该风机性能表中序号 6 工况点参数为：$n=2\,900r/min$，$p_0=2\,600Pa$，$Q_0=12\,630m^3/h$。

配用电机型号 Y160M_1-2，$N=11kW$；配用地脚螺栓 4 套，代号为 F2120，规格 M10×250。

学习指导

本章在了解了离心式水泵和风机（以下简称离心泵）由哪些主要零部件组成后，主要讲述了叶片式泵——离心泵的工作原理、基本参数、性能曲线和离心泵装置的工作。对于特性曲线的讲述是首先推导出离心泵的基本方程式——理论扬程公式，然后分析流量和扬程的关系，从而得到理论特性曲线，最后，结合实际情况得到实际特性曲线。

由于离心泵中的水流运动是非常复杂的，一些理论问题尚未完全得到解决，所以在水泵的设计中必须将理论计算和模型实验研究结合起来。这样就必须用到水泵的相似理论，并导出了水泵的特殊相似准数——比转数。在对上述内容有了充分的了解后,使我们能根据需要准确地选择所需要的类型,能更正确、更合理地使用水泵。

离心泵是在一定的管道系统中使用的。同一台离心泵在不同的管道系统中工作时,它的流量、扬程、轴功率和效率都是不同的。确定一台离心泵在某一管道系统中工作时的流量、扬程、轴功率。就称为求该离心泵的工作点,也称工况点的确定。要改变它的流量、扬程。就称为工况点调节。

要使离心泵正常工作,还必须了解它的吸水性能,在设计水泵的安装高度时,要满足吸上真空高度不能超过允许的最大值。

一、离心泵的基本性能参数

离心泵的基本性能参数反映了水泵的基本性能,是在高效区运转时的参数。同时用户在选择水泵时按需要的流量 $Q_{实}$ 及扬程 $H_{实}$ 去选取水泵,使选取的水泵流量 $Q \geqslant Q_{实}$,扬程 $H \geqslant H_{实}$。确定好水泵型号后,就可查得相匹配的电机。

二、离心泵的基本方程式

(1) 要了解并掌握液流在水泵叶轮中的流动情况。叶轮中的绝对速度是由两部分叠加所组成,一部分为作圆周运动的牵连速度 u,其数值大小为 $u=\frac{\pi Dn}{60}$;另一部分则为在叶槽中沿着叶片流动的相对速度 W。所以绝对速度为 $C=u+W$。它也可以通过速度三角形来表示。

(2) 在推导离心泵基本方程式时,作了一些假定,由此得到理论上求最大扬程的基本方程式 $H_T=\frac{1}{g}u_2C_{2u}$。从此方程式中可知,扬程的大小仅取决于叶轮出口处的速度三角形,它与叶轮中水的流动过程无关。另外离心泵的扬程与被输送液体的种类(重度 γ)无关,这也是为什么离心泵在启动以前先要把泵体内灌满水的主要原因。

(3) 由于这些假定与实际情况相差甚远,所以需要对基本方程式进行修正。这个修正主要有两个方面,一是水流经过叶片时,部分水流反旋运动;另一部分则是水流通过叶轮时会产生水头损失。所以,经过修正后,实际扬程为 $H=\eta_h\frac{H_T}{1+p}$。

三、离心泵的性能曲线

离心泵的性能曲线是在一定的转速 n 下,反映离心泵中参数与参数之间的相互关系。通常有 $Q\sim H$ 曲线,$Q\sim N$ 曲线,$Q\sim\eta$ 曲线以及 $Q\sim H_s$ 曲线。曲线的形状和变化规律与叶轮的出口角 β_2 有关,在实际使用中常使 $\beta_2<90°$,此时的叶轮称为后弯式叶轮。

四、离心泵装置

离心泵的装置是由离心泵以及连接离心泵的管道系统所组成的。

1. 离心泵装置的工况确定

离心泵的性能曲线 $H=f(Q)$ 表示了水泵可能的扬程和流量,管道系统性能曲线 $H=H_{ST}+SQ^2$ 则表示管道系统要求水泵所提供的扬程及相应的流量。将两方程联立,解出的 Q 和 H 既是水泵提供的又是管道系统需要的,即为水泵的工况点(工作点)。在 $Q\sim H$ 曲线上求得水泵工作点 M 后,可作 $Q=Q_M$ 的竖直线,此直线与 $Q\sim N$ 线、$Q\sim\eta$ 线相交的交点既为 N_M 和 η_M。

2. 离心泵装置的工况调节

既然工作点是水泵性能曲线和管道系统性能曲线的交点,要改变工况也只有从改变水泵特性或改变管道特性来实现。改变水泵的特性通常有两种方法:一是改变水泵叶轮的转速,二是切削叶轮的直径。而改变管道性能则通常通过调节闸阀来达到。

五、离心泵的并联和串联工作

水泵的并联工作是2台或2台以上的水泵同时向同一条公共的压水管供水。串联工作则是一台水泵的压水管与另一台水泵的吸水管相连的2台水泵共同工作。

并联是为了增加流量,但并联后每台泵的流量却比其单独工作时的流量小,扬程比单独工作时提高。所以选配电机时,应按单独工作时的功率选择。

串联是为了提高扬程,但串联后每台泵的扬程比单独工作时的扬程小,而流量则比单独工作时的流量大。所以选配电机时,应按串联工作时的功率选择。

复习思考题

12-1 一台输送清水的离心泵,现用来输送重度为水的1.3倍的液体,该液体的其他物理性质可视为与水相同,水泵装置也都一样,试问:

① 该泵在工作时,其流量Q与扬程H的关系曲线有无改变?在相同的工作情况下,水泵所需功率有无改变?

② 水泵出口处的压力表读数有无改变?如果输送清水时,水泵的压力扬程H_d为50m,此时的压力表读数应为多少?

③ 如该水泵将液体输往高地密闭水箱时,密闭水箱内液面的相对压强为1个大气压,水箱水面到吸水池水面的垂直高度为18m,试问此时该水泵的静扬程H_{ST}为多少?

12-2 在图所示的水泵装置上,在出水阀门前后安装A,B两只压力表,在进口处安装一只真空表C,并均相应接上测压管。现问:

① 阀门全开时,A,B压力表的读数以及A,B两根测压管的水面高度是否一样?

② 阀门逐渐关小时,A,B压力表的读数以及A,B两根测压管的水面高度有何变化?

③ 在阀门逐渐关小时,真空表C的读数以及其测压管内水面高度任何变化?

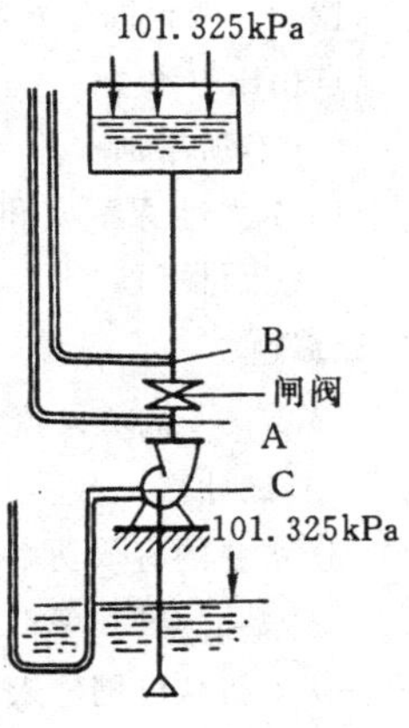

思考题12-2图

12-3 同一台水泵,在运行中转速由n_1变为n_2,试问其比转数n_s值是否发生相应的变化?为什么?

12-4 在产品试制中,一台模型离心泵的尺寸为实际泵的1/4倍,并在转速$n=730$转/分时进行试验。此时测出模型泵的设计工况出水量$Q_m=11$升/秒,扬程$H_m=0.8$米。如果模型泵与实际泵的效率相等,试求:

① 实际水泵在$n=960$转/分时的设计工况流量和扬程;

② 实际水泵在$n=1450$转/分时的设计工况流量和扬程。

12-5 管路特性曲线与泵或风机特性曲线相交点有何含义?与$N\sim Q$及$\eta\sim Q$曲线的交点是何含义?其功率N,效率η如何确定?

12-6 两台水泵或风机并联运行时,其总流量Q为什么不等于各台水泵或风机单独工作时的流量Q_1,Q_2之和?

12-7 两台水泵或风机并联运行时,其功率如何确定?

习 题

一、选择题

12-1 水泵按作用原理可分__________三类。

(a) 离心泵、混流泵、轴流泵　　(b) 叶片泵、容积泵、其他泵

(c) 调速泵、定速泵、半可调泵　　(d) 固定式、半可调式、全可调式

12-2　叶轮内液体的运动是一种复合圆周运动，液体质点的速度是由________合成的。

(a) 相对速度和绝对速度　　(b) 相对速度和牵连速度

(c) 绝对速度和牵连速度　　(d) 圆周运动速度和牵连速度

12-3　叶片泵基本方程式的形式与容重无关，适用于各种理想液体。即对于仅容重不同而其他性质都相同的两种理想液体，水泵的__________相同。

(a) 理论扬程　　(b) 效率　　(c) 轴功率　　(d) 压力(真空)表读数值

12-4　水泵的性能曲线是在水泵的__________一定的情况下，其他参数随流量变化而变化的曲线。

(a) 扬程　　(b) 效率　　(c) 轴功率　　(d) 转速

12-5　离心泵装置的工况就是装置的工作状况。工况点就是水泵装置在______时的流量、扬程、轴功率、效率以及允许吸上真空度等。

(a) 铭牌上的　　(b) 实际运行　　(c) 理论上最大　　(d) 启动

12-6　若两台水泵满足几何相似和________的条件，则称为工况相似的水泵。

(a) 形状相似　　(b) 条件相似　　(c) 水流相似　　(d) 运动相似

12-7　有一台单级双吸离心泵，流量 $Q=790\text{m}^3/\text{h}$，扬程 $H=19\text{m}$，转速 $n=1\,450\text{rpm}$，则比转数 n_s =________。

(a) 160　　(b) 190　　(c) 240　　(d) 270

12-8　高比转数的水泵一般是________的水泵。

(a) 高扬程小流量　　(b) 高效率底转速(c) 大流量高扬程　　(d) 大流量低扬程

12-9　两台同型号水泵在外界条件相同的情况下并联工作，并联时每台水泵工况点与单泵单独工作时工况点相比出水量_______。

(a) 有所增加　　(b) 有所减少　　(c) 相同　　(d) 增加或减少

12-10　水泵气穴和气蚀的主要危害是：产生噪声震动、_________、引起材料的破坏、缩短水泵使用寿命。

(a) 流量不稳　　(b) 转速降低　　(c) 性能下降　　(d) 轴功率增加

二、计算题

12-1　一离心泵流量 $Q=186\text{L/s}$，扬程 $H=36\text{m}$，设水泵效率为 84%，传动效率为 100%，配用电机效率为 85%，试计算：

① 水泵的有效功率；

② 水泵的轴功率；

③ 电机从电网输入的功率；

④ 该水泵每天运转 16 小时，电动机每年消耗的电量多少度？

12-2　有一台离心泵，已知吸水管末端 1—1 断面流速 $v_1=1.27\text{m/s}$，压水管起始断面 2—2 流速 $v_2=3.54\text{m/s}$，真空表读数 $V=0.3$ 个大气压，压力表读数 $M=1.28$ 个大气压，两表的位置高差 $\Delta z=0.20\text{m}$，求水泵的扬程 H。

12-3　一台离心泵，进出口压力表读数分别为 $M_1=24.5\text{kPa}$，$M_2=318.5\text{kPa}$，$v_1=1.27\text{m/s}$，$v_2=3.54\text{m/s}$，$z_1=z_2$，求水泵扬程。

12-4　一离心泵转速 $n=1\,320$ 转/分，扬程 $H=36\text{m}$，出口叶轮直径 $D_2=375\text{mm}$，宽度 $b_2=25\text{mm}$，由于叶片厚度使圆周长减少 12%(即出口面积减少了 12%)，叶片出口角 $\beta_2=25°$，水力效率 $\eta_h=80\%$，叶槽中反旋修正系数 $p=0.3$，求该泵流量 Q(设 $\eta_v=100\%$)。

12-5　试核算水泵的比转数；①6Sh-9，已知额定数据为 $Q=47.2\text{L/s}$，$H=47.6\text{m}$，$n=2\,900$ 转/分；②3BA—13，已知额定数据为 $Q=45\text{m}^3/hr$，$H=18.8\text{m}$，$n=2\,900$ 转/分。

12-6　一台多级泵从矿井内抽取流量 $Q=1.8\text{m}^3/\text{min}$ 的水，扬程为 650m，如果该泵的转速 $n=2\,900$ 转/分，试求该泵所需的最小级数，设各级比转数不低于 80。

12-7　6Sh-9 型水泵，性能曲线如图所示，与水泵相接的管道性能曲线 $Q \sim h_w$ 也已画出，设水源水面标高为＋5.0m，水塔水面标高为＋40m，试求：

① 水泵的流量、扬程、效率、轴功率；

② 管道的水头损失 h_w；

③ 若传动效率为 100%，电动机效率为 87%，每天运转 20 小时，每年耗电多少度？（D_2＝200mm）

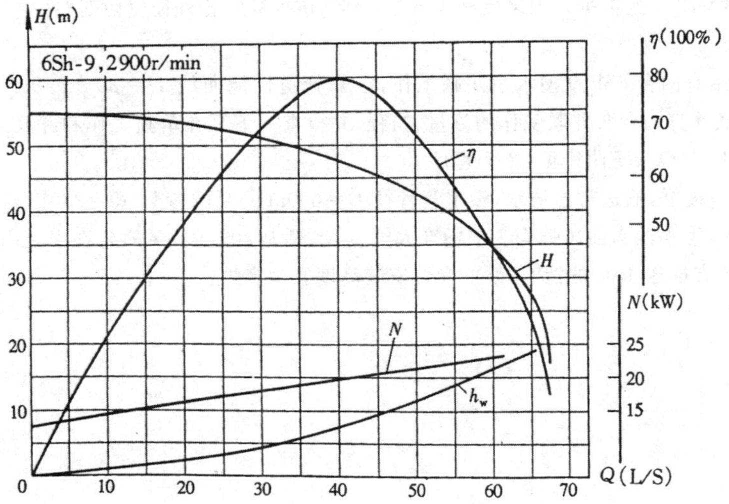

计算题 12-7 图

12-8　在上题中，如果水源水面变动在标高＋2m 至＋7m 之间，水塔水面变动在＋38m 至 42m 之间，试求水泵工作点的变动范围。即最大最小的流量、扬程、轴功率以及是否超出高效区。

12-9　某工厂二级泵站选用一台 3BA-9 型水泵，将水从清水池输送到水塔，如图示。要求供水量不小于 12L/s，采用铸铁管（n＝0.013），管道局部损失为沿程损失的 20%，试确定管道直径。

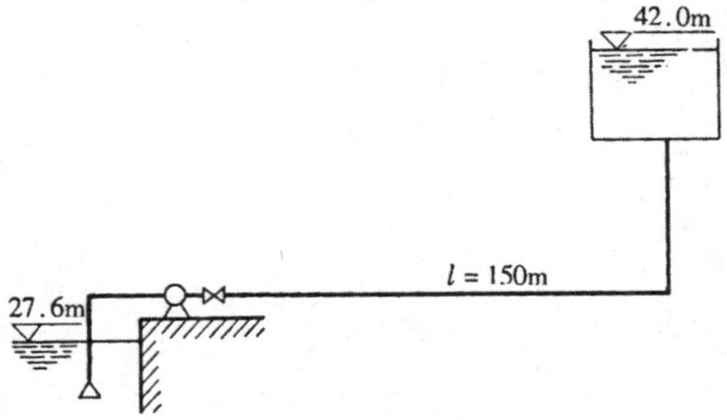

计算题 12-9 图

铸铁管（n＝0.013）的比阻抗 S：

D＝75mm，S＝$1\,740 \times 10^{-6}\ s^2/L^2$

D＝100mm，S＝$375 \times 10^{-6}\ s^2/L^2$，

D＝150mm，S＝$43 \times 10^{-6}\ s^2/L^2$。

3BA-9 性能曲线如下表：

流量(L/s)	扬程(m)	轴功率(kW)	效率(%)
8.3	35.5	4.64	62.5
12.5	32.6	5.56	67.5
15.1	28.8	6.25	67.2

12-10　一台 8BA-12 型离心泵，铭牌流量 Q=77.8L/s，扬程 H=29.1m 转速为 1 450 转/分，轴功率 N=26.9kW，叶轮外径 D_2=315mm，现在实际需要扬程为 23m，采用切削叶轮外径的措施，问叶轮应切削多少？切削后的流量、轴功率各是多少？

12-11　6Sh-9 型水泵，叶轮外径为 200mm，如将其切削成 186mm，试按比例绘出 $Q'\sim H'$ 曲线（其 $Q\sim H$ 曲线见第 12-7 题）。

12-12　利用第 12-7 题数据。如果要减少流量 15%，试推算叶轮外径应切削多少？或不切削叶轮，则应降低转速多少？

12-13　某泵站有两台 6Sh-9 型水泵并联工作，已知管道性能曲线 $H=30+0.002\,65Q^2$（式中 H 以 m 计，Q 以 L/s 计），试计算两台泵并联工作的流量、扬程，并检查一下泵在单独工作和并联工作时，是否都在高效区，效率各为多少？（$Q\sim H$ 曲线见 12-7 题）

12-14　双吸单级泵，输送常温清水，吸水管管径 D=600mm，泵的参数：Q=880L/s，泵的允许吸上真空高度 H_S=7.2m，求：①水池水面压强为 1 个标准大气压，水温为 20℃时，泵的允许安装高度为多少？②泵如在海拔 1 000m 的地方抽送 40℃的清水，泵的允许安装高度又为多少？

13 其他常用水泵及风机

[内容提要] 本章主要介绍除了离心式泵和风机以外，在工程中也经常用到的其他一些类型的泵和风机的基本构造、工作原理及性能特点。

13.1 轴流式泵和风机

当工程中要求大流量、低扬程(或压头)时，离心机就难当此任。而根据比转数的含义，轴流式泵和风机则能正好满足此要求。

轴流式泵和风机的比转数：轴流泵一般为500～1000；风机一般为347～359。它的特点就是大流量、低扬程(或压头)。在给排水工程中，例如大型钢厂、火电厂、热电站的循环水泵，城市雨水防洪水泵，大型污水水泵以及船坞升降水位等方面，轴流泵的运用是十分普遍的，而对于通风工程中，车间、大型公共建筑、人防、地铁、隧道等的排风大都利用轴流式风机来进行。

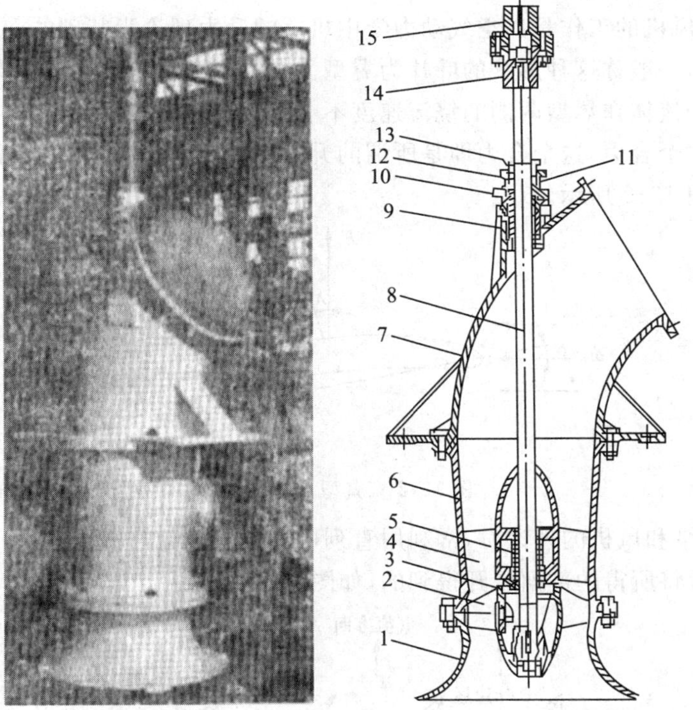

(a) 外形图　　(b) 结构图

1—吸入管；2—叶片；3—轮毂体；4—导叶；5—下导轴承；6—导叶管；
7—出水弯管；8—泵轴；9—上导轴承；10—引水管；11—填料；
12—填料盒；13—压盖；14—泵连轴器；15—电动机连轴器

图 13-1　立式半调型轴流泵

一、轴流式泵和风机的基本构造

轴流式泵和风机的外型类似于一段管道(图 13-1),外壳直径与吸入口直径相差无几,主要由以下部分组成:

1. 吸入口

流体的进口处,为了改善人口处的水力条件,一般都设计成符合流线型的喇叭口。

2. 叶轮

叶轮是轴流式泵和风机的主要工作部件。其性能直接影响到轴流式泵和风机运转性能。叶轮按其调节的可能性,分为固定式、半调式和全调式 3 种。

3. 导叶

在轴流泵中,液体运动是一种螺旋运动。为了消除这种旋转运动,并把旋转的动能转变为压能,所在泵壳上设置了导叶。一般轴流泵中有 6~12 片导叶。

4. 轴和轴承

轴是用来传递扭矩的。轴承通常有两种作用:(1)导轴承,主要承受径向力,起到径向定位作用;(2)推力轴承,承受流体作用在叶片上的轴向推力。

5. 密封装置

对轴流泵而言,出水弯管的轴孔处需要设置密封装置。

二、轴流式泵和风机的工作原理

轴流式泵和风机的工作是以空气动力学中机翼的升力理论为基础的。其叶片与机翼具有相似形状的截面,一般称这种形状的叶片为翼型。在风洞中对翼型进行绕流试验表明,当流体饶过翼型时,由于流体在翼型两侧的绕流速度不一样,导致流体在翼型两侧产生不同大小的压力,从而形成了一个合力,这个合力即是所谓的升力。在此力的作用下,流体就被压升到一定的高度上去,见图 13-2 所示。

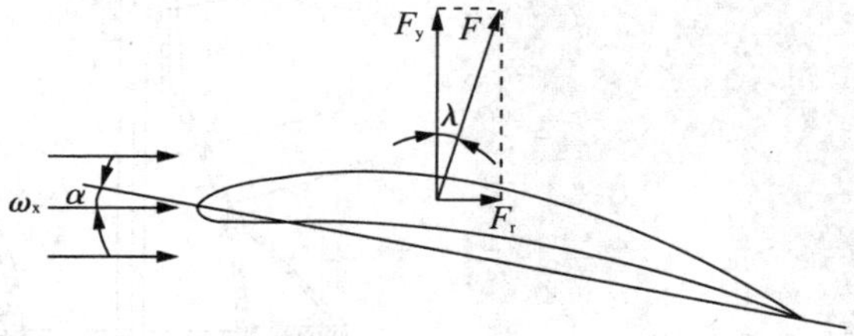

图 13-2　翼型上的作用力

研究轴流式泵和风机的理论时,常利用直列叶栅的概念。叶栅图是沿一定的半径 r 截取叶片的剖面,然后将所得的剖面展开得到的,如图 13-3 所示。

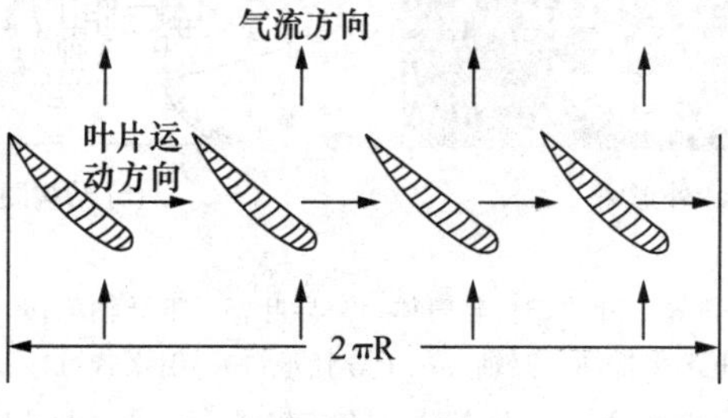

图 13-3　直列叶栅简图

讨论流体通过轴流式泵和风机叶栅的运动和所获得的能量时,通常认为叶片之间有足够的间距，所以叶片间的流体流动不会相互影响；同时，又由于叶片是安装在圆筒内的，叶梢与筒壁之间的缝隙极小，所以不考虑流体的径向运动。

当流体以流速 C_0 流向叶片时，流体质点除获得圆周速度 u 外，还有眼叶片滑动的相对速度 w(图 13-4)。如用下标 1 和 2 分别表示流体流进和流出叶片的参数，则同样可以用速度三角形来描述流体的运动情况。

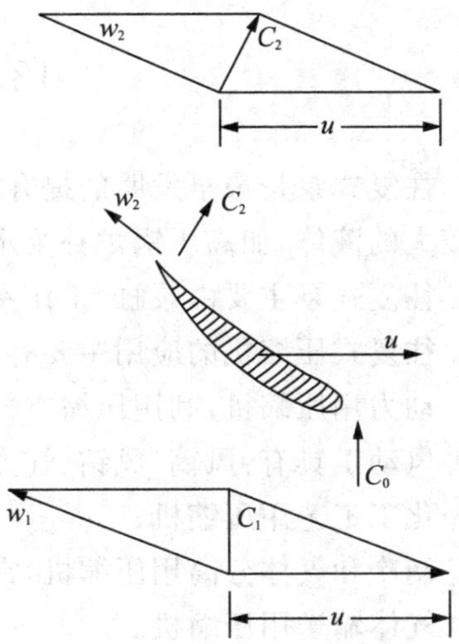

图 13-4 流体通过叶栅的运动情况

流出叶片的流体由于叶片的旋转会偏离原来 C_0 的方向(见图 13-4 中的 C_2)，而当设置了导叶以后，可以使流体运动恢复到 C_0 的方向。

轴流式泵和风机的理论扬程与离心式一样，即为

$$H_T=\frac{1}{g}(u_2C_{2u}-u_1C_{1u})$$

由于 $u_1=u_2=u$，所以：

$$H_T=\frac{u}{g}(C_{2u}-C_{1u}) \tag{13-1}$$

式中，如果流体在进入叶轮之前没有旋转运动，则 $C_{1u}=0$；

则轴流式泵和风机的理论扬程为

$$H_T=\frac{uC_{2u}}{g} \tag{13-2}$$

轴流式泵和风机的理论流量为

$$Q_T=C_{2r}\frac{\pi}{4}(D^2-d^2) \tag{13-3}$$

式中 C_{2r}——绝对速度的轴向分速；

D——叶轮外径；

d——轮毂直径。

三、轴流式泵和风机的性能特点

由于轴流式泵和风机的叶片形状和流动的特点，要想完全消除径向流动现象是很困难的，而由此产生的二次流，使得水力损失很大，导致效率急剧下降。

所以，轴流式泵和风机与离心式相比，具有下列特点：

1. $Q\sim H$ 曲线大都属于陡降型曲线(图 12-31)。

2. $Q\sim N$ 曲线也是陡降型曲线(图 12-32)，当流量 $Q=0$ 时，轴功率最大；而当流量增大时，由于扬程 H 下降很快，使得轴功率 N 也要下降。这样，就要求启动轴流式泵和风机时，应该在闸阀全开的情况下进行，称为“开闸启动”。所以，一般情况下，在出口处也不设置闸阀。

3. $Q\sim\eta$ 曲线是驼峰型曲线(图 12-33)，也即高效区范围很小，流量在偏离设计工况点下流动情况迅速变坏，以致效率下降很快。由于轴流式泵和风机的高效区范围很小，所以，通常不是以调节阀门来调节流量。大型轴流式泵和风机常用可调节叶片安装角或改变转速来达到调节流量。

13.2 往复式泵和压缩机

往复式泵是最早发明的提升液体的机械。它特别适用于小流量、高扬程的情况下输送粘性较大的液体，如高压锅炉补给水泵、混凝土泵等。

往复式泵主要由泵缸（工作室）、活塞（或柱塞）和吸、压水阀等组成。

往复式压缩机的应用主要有：

动力用压缩机，利用压缩空气作为动力风源，它具有安全、经济、效率高等特点。如常见的各种风动工具有：风镐、风钻、气力扳手、气力喷砂等；

化工工艺用压缩机；

制冷和气体分离用压缩机，常见的冰箱、空调以及冷藏、冷冻设备的制冷机；

气体输送用压缩机。

一、工作原理

在图 13-5 中的缸体上装有流体吸入阀和排出阀。由曲柄连杆机构驱动的活塞向右侧运动时，排出阀处于关闭状态，吸入阀自动打开将流体吸入缸内；当活塞向左侧移动时，缸内流体压力升高，吸入阀处于关闭状态，排出阀则在缸内流体压力高于排出阀后的压力时自动打开，流体通过排出阀排出。这样缸内流体从开始吸入到排出，完成了一个各种循环，被送到排出管路中。随着曲柄 OA 的旋转，活塞往复运动周而复始地进行，往复活塞机构就不断地把低压流体压送到高压区域。

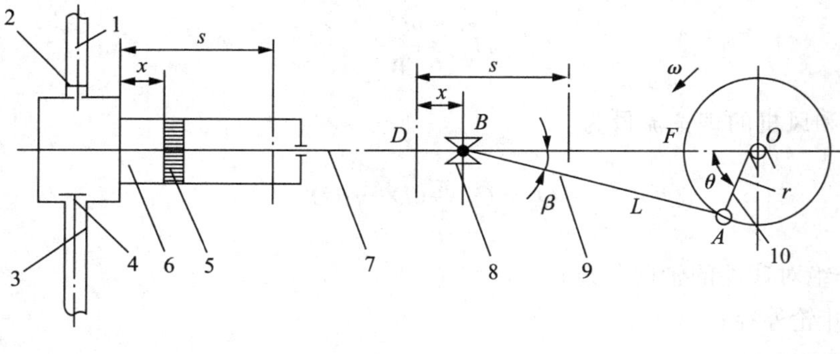

1—排出管；2—排出阀；3—吸入管；4—吸入阀；5—活塞；
6—工作腔；7—活塞杆；8—十字头；9—连杆；10—曲柄

图 13-5　往复式泵和压缩机作用原理简图

活塞往复一次，缸体内只吸入一次和排出一次水，这种泵就称为单作用往复式泵，单作用往复式泵和压缩机的理论流量为

$$Q_T = ASn = \frac{\pi}{4}D^2 Sn \tag{15-4}$$

式中 A——活塞（或柱塞）断面积；

S——活塞（或柱塞）的行程；

n——活塞（或柱塞）在单位时间内的往复次数。

如果是双作用往复式泵和压缩机，则它的理论流量是单作用泵和压缩机的两倍。

往复式泵和压缩机的实际流量，要小于理论流量，那是因为有一部分流体漏回吸流管和缸

体等。所以，实际流量应为

$$Q=\eta_v Q_T \tag{13-5}$$

式中，η_v 为容积效率，一般在 85%～99%。

理论上来说，往复式泵和压缩机的扬程与流量无关，这就是说，这种泵和压缩机可以达到任意大的扬程，它的 Q_T-H_T 曲线是一条垂直于横坐标 Q 轴的直线(图 13-6 中的虚线)。实际上由于受泵和压缩机的部件机械强度和原动机功率的限制，泵和压缩机的扬程不可能无限增大。同时在较高的增压大，漏损会加大，以致实际 Q-H 曲线向左略有偏移。应当指出往复泵的流量是不均匀的，因为活塞在一个形成中的位移速度总是从零到最大，再减少到零，然后重复，如此往复循环。在图 13-6 中Q-H曲线是按平均流量绘制的。

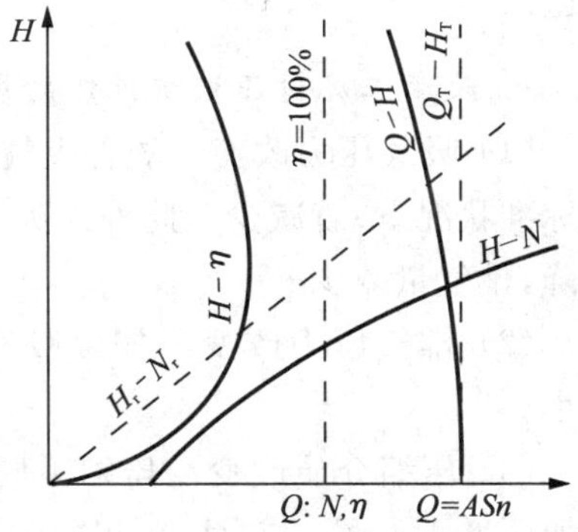

图 13-6　往复泵和压缩机的性能曲线

往复泵在一定的往复次数工作时，理论流量 $Q_T=ASn$ 为定值，理论轴功率 $N_T=\gamma Q_T H_T$，H_T 只与 N_T 有关，故 H_T-N_T 是一条通过原点的直线。实际的 H-N 曲线因高压头下流量有所减少而稍微向下弯曲，如图 13-6 中所示。注意该图 N 和 η 尺度都标注在横坐标轴上。

效率曲线一般随 H 值的增加而下降。此外当 H 很小时，由于有效功率很小而机械损失基本未变，以致效率下降很快。曲线也绘于图 13-6。

二、性能特点和应用

往复泵和压缩机的性能特点可归结为

1. 扬程取决于管路系统中的压力、原动机的功率以及缸体本身的机械强度，理论上可达无穷大值。供水量受缸体容积的限制，因此，往复泵的性能特点是高扬程、小流量的容积式水泵。

2. 必须开闸启动。如果闭闸启动的话，将使水泵或原动机发生危险，传动机构有折断之虞。

3. 不能用闸阀来调节流量。因为关小闸阀非但不能达到减小流量的目的，反而，由于闸阀的阻力而增加原动机所消耗的功率。

4. 适应性较强，由于流量不受压力高低的影响，所以在小流量范围内，几乎能满足工程上的任何使用要求。

5. 流体的吸入和排出不连续，严重时可能会造成运转中产生振动和冲击现象。

三、压缩机级数的确定

所谓多级压缩就是将气体依次在若干级中进行压缩，并在各级之间将气体引入中间冷却器进行冷却。多级压缩除了能降低排气温度，提高容积系数之外，还能节省功率的消耗和降低活塞上的气体作用力。

多级压缩时，级数越多，越接近等温过程，越节省功率的消耗。但是结构形式也就越复杂，生产成本也越高，运行时发生故障的可能性也越大。

多级压缩节省功的多少，与中间压力的数值有关。通常，最有利的中间压力应是使各级所消耗的功率总和为最小时的压力。对多级压缩机而言，各级压力比相等时，所消耗的总功应该为最小。

四、压缩机的工况点变化与流量调节

每台压缩机都是根据一定条件设计的，运转过程中某些参数的变化，会对压缩机的性能产生影响。

1. 改变工况对压缩机性能的影响

(1) 吸气压力改变　随着吸气压力的减低，活塞完成一个循环后所吸入的气体体积（折算为标准状况下）就减少。此外当吸气压力降低，排气压力不变时，压缩比升高，使容积系数 λ_v 下降，排气量减少。

(2) 排气压力改变　如果吸气压力不变，而排气压力增加，则压缩比上升，容积系数 λ_v 减小。

(3) 压缩介质改变　压缩不同绝热指数的气体时，压缩机所需要的功率随着绝热指数的增加而增大。另一方面，在相同的相对余隙容积下，压缩机的容积系数 λ_v 随着绝热指数增加而正大，因此排气量也将有所增加。

气体容量的改变对容积型压缩机的压缩比没有很大影响，对于低分子量的气体压缩来说，这是它的一个重要优点。另一方面，容重大的气体，在经过管道和气阀时，压力降较大，使气缸吸气过程中压力下降，排气量略有降低，轴功率有所增加。

导热系数大的气体，吸气过程受热强烈，温度系数 λ_t 降低，使压缩机排气量减少。

2. 活塞式压缩机排气量的调节

(1) 停转调节　根据用气工况来决定压缩机的停转和启动的时间和台数。这种方法只能用于功率较小的电动机带动的压缩机上。对于中等功率压缩机，可以采用离合器是原动机和压缩机脱开，避免频繁地启动原动机。

(2) 改变转数的调节　通过改变转数来改变单位时间的排气量。这种方法用于由蒸汽机、内燃机驱动的压缩机。以直流电机作为原动机时，改变转数也比较方便。这种调节方法的优点是：转数降低时，气体在气阀及管路上的速度相应减少，气体在气缸中停留时间增长，因而获得较好的冷却效果，使功率消耗降低。

(3) 停止吸入的调节　所谓停止吸入，即压缩机后的高压管道压力超过允许值时，自动关闭吸入通道。停止吸入在中型压缩机上采用较多。当停止吸入时，压缩机处于空转状态，因而实际上是间断调节。停止吸入的调节对于无十字头的单作用压缩机是不适用的，因为气缸内形成真空，润滑油会从曲轴箱吸入气缸。

(4) 旁路调节　采用这种方法调节排气量，从装置的结构上来说是简便易行的，但功率的消耗是巨大的。

旁路调节方式，亦可作为压缩机卸荷之用，所以压缩机启动时经常采用此种方式。

(5) 打开吸气阀的调节　这种方法目前采用较普遍，主要用在中型和大型压缩机上，除调节流量外也可作为卸荷空载启动之用。

打开吸气阀的调节作用是：气体被吸入气缸后，在压缩行程中，又将部分或全部已吸入缸内的气体通过吸气阀推出气缸。这样可以通过改变推出气体量实现压缩机排气量的调节。

(6) 连接补助容积的调节　这种方法是借助于加大余隙，是余隙内存有的已被压缩了的气体在膨胀时压力降低，体积增加，从而使气缸中吸入的气体减少，排气量降低。

利用这种补助容积以降低排气量的装置，由固定余隙腔和可变量余隙腔两种，都称为余隙调节。前者的排气量只能调到一个固定的值，后者可以分级调节。补助容积的大小是由需要调节的排气量来决定，近年来采用部分行程中连通补助容积的调节装置，进一步改善了调节工况。

在实际应用中，将根据对压缩机的使用要求、驱动方式、操纵条件的不同，来选择各种调节方法。确定调节方法时，应尽可能满足所要求的调节特性(间歇调节，分级或无级调节)、经济性及可操作性。

13.3 螺旋泵

螺旋泵也称阿基米德螺旋泵。主要应用于灌溉、排涝以及提升污水、污泥等方面。

一、工作原理

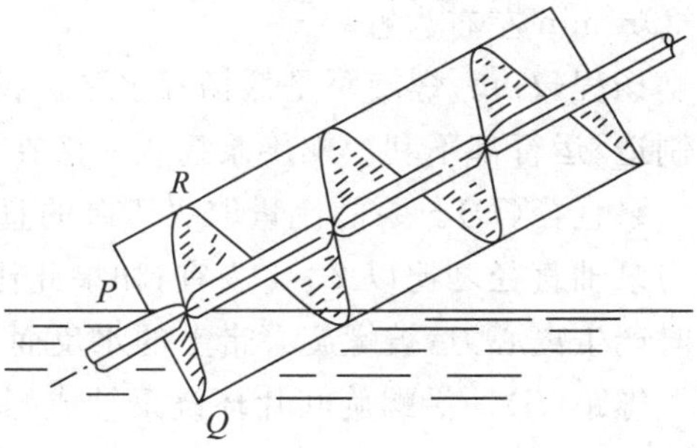

图 13-7 螺旋泵的提水原理

螺旋泵的提水原理与我国古代的水车十分相似，如图 13-7 所示。螺旋泵倾斜放置在水中，由于螺旋轴对水面的倾角小于螺旋叶片的倾角，当电动机通过变速装置带动螺旋轴时，螺旋叶片下端与水接触，水就从螺旋叶片的 P 点进入叶片，水在重力作用下，随叶片下降到 Q 点，由于转动时的惯性力，叶片将 Q 点的水又提升至 R 点，而后在重力作用下，水又下降至高一级叶片的底部，如此不断循环，水沿螺旋轴被一级一级地往上提起，最后，升到螺旋泵的最高点而出流。螺旋泵的转速比较缓慢，一般仅在 20～90r/min 之间。

二、螺旋泵装置

螺旋泵装置由电机、变速装置、泵轴、叶片、轴承座和泵外壳等部分组成，如图 13-8 所示。泵体连接着上下水池，泵壳为半敞开式。

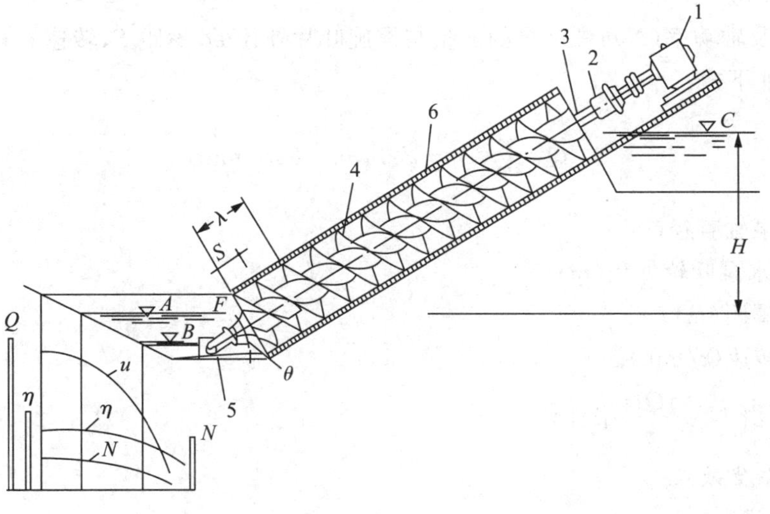

1—电动机；2—变速装置；3—泵轴；4—叶片；5—轴承座；6—泵壳

A—最佳进水位；B—最低进水位；C—正常进水位；H—扬程；S—螺距；θ—倾角

图 13-8 螺旋泵装置

图 13-8 中的特性曲线表明：当进水水位升高到泵轴上边缘的 F 处，流量为最高值，假如水位继续上升，则泵的流量就不会再增加。不仅如此，由于进水水位增高，叶片在水中作无用

的搅拌，螺旋泵的轴功率加大，而效率反而会下降。

影响螺旋泵效率的参数主要有以下几个：

倾角(θ)。指螺旋泵轴对水平面的安装夹角。直接影响泵的扬水能力，倾角太大时，流量下降。

泵壳与叶片的间隙。间隙越小，水流失越小，泵效率越高。为了保持微量的间隙，要求螺旋叶片外圆的加工精密，同时，泵壳内表面要求光滑平整。

转速(n)。实验资料表明，螺旋泵的外径越大，转速宜越小。泵外径小于 400mm 时，其转速可达 90r/min 左右；外径为 1m 时，转速约 50r/min 为宜；当泵外径达 4m 以上时，转速骤降至 20r/min 左右为宜。

扬程(H)。螺旋泵是低扬程水泵。扬程低时，效率较高。扬程太高时，泵轴过长，挠度大，对制造、运行都不利。螺旋泵扬程一般在 3～6m。

泵直径(D)。泵的流量取决于泵的直径。一般资料认为：泵直径越大，效率越高。泵的直径与泵轴直径之比以 2∶1 为宜；如果此比例不当，如叶片直径大，轴径过小时，则由于泵在旋转时产生离心力，被螺旋泵带上的水反而不多。反之，盛水空间小，效率低。

螺距(S)。沿螺旋叶片环绕泵轴成螺旋形旋转 360°所经轴向距离，即为一个螺旋导程 λ。螺距 S 与导程 λ 的关系为

$$S=\frac{\lambda}{Z} \tag{13-6}$$

式中　Z——螺旋头数，也即叶片数，一般为 1 至 4 片左右。当 $Z=1$ 时，导程就等于螺距(即 $S=\lambda$)。目前，大型螺旋泵一般采用 1 片；中型采用 1～2 片；小型采用 2～4 片。泵的直径 D 与螺距 S 之比的最佳值为 1。也就是说泵直径为 1m 时，其螺距也应为 1m。

流量(Q)及轴功率(N)：螺旋泵的流量与螺旋叶片外径 D，螺距 S，转速 n 和叶片的扬水断面率 α 有关，如下式：

$$Q=\frac{\pi}{4}(D^2-d^2)\alpha Sn \quad (\mathrm{m^3/min}) \tag{13-7}$$

式中　d——泵轴直径(m)；

D——水泵叶轮外径(m)；

S——螺距(m)；

n——转速(r/min)。

轴功率可由 $N=\frac{\gamma QH}{\eta}$ 来计算。

三、螺旋泵优缺点

螺旋泵的优点：

1. 提升流量大，省电。例如提升高度为 3.5m，流量为 500m³/h，采用螺旋泵只需 7.5kW 电动机，如用其他类型泵，却要配 10kW 的电动机。

2. 螺旋泵只要叶片接触到水面就可把水提升上来，并可按进水位的高度，自行调节出水量，水头损失小，吸水井可以避免不必要的静水压差。

3. 由于不必设置集水井以及封闭管道，泵站设施简单，减少土建费用。有的甚至可将螺

旋泵直接安装在下水道内工作。

4. 离心式污水泵在泵前要设帘格，以去除碎片和纤维性物质，防止堵塞水泵。而螺旋泵因叶片间间隙大，不需要设置格栅，可以直接提升杂粒、木块、破布等污物。

5. 结构简单、制造容易。另外由于低速运转，因此，机械磨损小，经常维修简单。

6. 离心泵由于转速高，将破坏活性污泥绒絮。而螺旋泵是缓慢地提升活性污泥，对绒絮破坏较少。

螺旋泵的缺点：

1. 扬程一般不超过 6～8m。在使用上受到限制。

2. 其出水量直接与进水水位有关，故不适用于水位变化较大的场合。

3. 螺旋泵必须斜装，占地面积较大。

13.4 贯流式风机

近年来由于空气调节技术的不断发展，需要有一种小风量、低噪声、压头适当且在安装上便于与建筑物相配合的小型风机。贯流式风机(图 13-9)就是根据这些要求研制生产的新型风机。

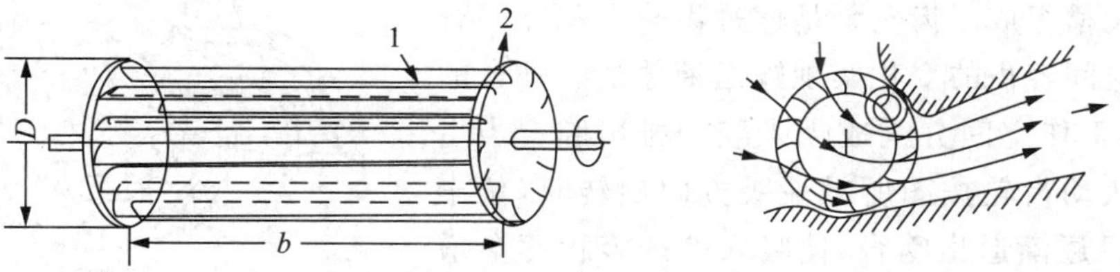

(a) 贯流式风机叶轮结构示意图　　(b) 贯流式风机中的气流运动

1—叶片；2—封闭端面

图 13-9　贯流式风机示意图

贯流式风机属于叶片式风机，它的主要特点如下：

1. 叶轮一般是多叶片式前弯式叶型，但两个端面是封闭的；

2. 叶轮的宽度 b 不受限制，当宽度加大时，流量也增大；

3. 离心式风机是在机壳侧板上开口使气流轴向进入风机，而贯流式风机则是将机壳部分敞开使气流直接径向进入风机。所以气流横穿叶片两次。有的贯流式风机在叶轮内缘加设固定不动的导流叶片，以改善流动状况；

4. 在性能上，贯流式风机的全压系数较大，$\overline{Q}\sim\overline{H}$曲线是驼峰型的，效率较低，一般仅为 30%～50%，如图 13-10 所示。图中各变量分别为：$\overline{p}=\dfrac{p}{\frac{1}{2}\rho u^2}$；$\overline{\varphi}=\dfrac{Q}{bD_2u}$；$\overline{N}=\dfrac{\overline{p}\overline{\varphi}}{\eta}$；$\overline{p}_j=\dfrac{p_j}{\frac{1}{2}\rho u^2}$。

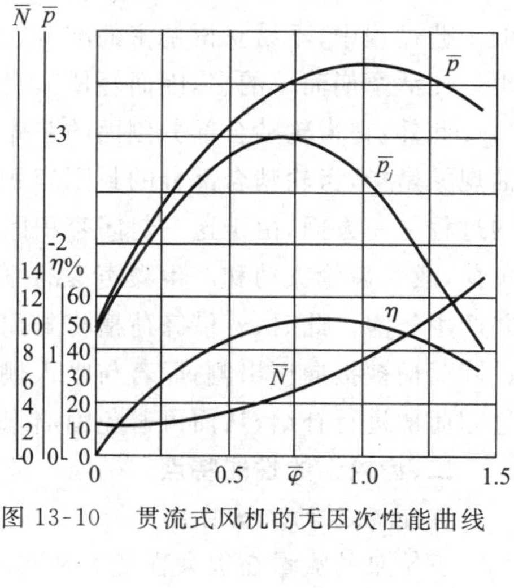

图 13-10　贯流式风机的无因次性能曲线

5. 进风口和出风口都是矩形的，易于与建筑物相配合。

贯流式风机仍然还存在一些问题有待解决，但小型的贯流式风机的使用范围正在稳步扩大。

13.5 齿轮泵

齿轮泵也类属于容积泵，在离心泵不适合的场合，常用于输送流量小、扬程高的高粘性液体，如燃料油、润滑油、甘油、水泥砂浆、混凝土等。

一、工作原理及结构简介

齿轮泵根据齿形可分为直齿、斜齿和人字齿等几种。直齿虽然制造方便，但出流量大小及不均匀性要比斜齿和人字齿稍差。

根据齿的啮合方式可分为内啮合和外啮合。但不论齿轮泵的齿形及啮合的方式如何，它们的工作原理是相同的。

图 13-11 所示为外啮合齿轮泵示意图，其主动齿轮 1 固定在与原动机相连的主动轴上，从动齿轮 2 固定在另一轴上。齿轮泵的工作空间 3 由泵体、侧盖和齿轮的各齿尖槽组成。齿轮泵是通过齿轮在相互啮合过程中工作空间容积的变化实现输送液体的。啮合的齿 A,C,B 将工作空间分割成吸入腔和排出腔。当主动齿轮带动从动齿轮按图所示箭头方向旋转时，位于吸入腔的齿 C 逐渐退出啮合，使吸入腔的容积逐渐增大，压强减低，液体沿吸入管进入吸入腔，直至充满整个齿间。随着齿轮的转动，进入齿间的液体被带至排出腔，此时由于齿 B 的啮入，使排出腔的容积变小，液体被强行向排出管排出。这样，每转过一个齿就有部分液体吸入和排出，所以它的排出流量较为均匀，当主动齿轮带动从动齿轮连续旋转时，就形成了齿轮泵连续输送液体的工作过程。

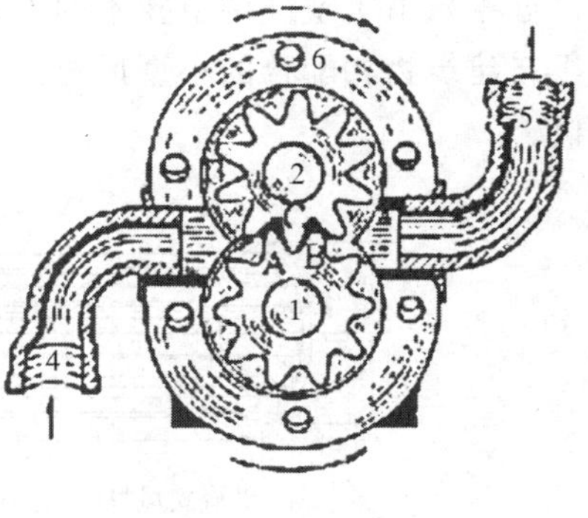

1—主动齿轮；2—从动齿轮；3—工作空间；
4—吸入管；5—排出管；6—泵壳

图 13-11　外啮合齿轮泵示意图

齿轮泵内部没有任何加速运动机构，可与高速原动机直接相联。但工艺要求较高，在复杂的工艺过程中，不易获得精密的配合。与活塞泵结构上的不同在于没有吸入阀和排出阀，构造也远比活塞崩简单的多，因而轻便紧凑。

此外，在齿轮啮合部分侧面的泵体上一般设置有卸荷槽，以避免困油现象的危害。所谓困油现象是指，齿轮啮合部分的封闭容积 V 随着齿轮的旋转开始时减小，然后从最小值再增大的过程。一方面，由于这一封闭容积因由压缩而产生高压强，致使轴功率增大，轴承承受过量负荷，成为齿轮振动和产生噪声等的原因；另一方面，在压缩后，封闭容积因有膨胀而造成真空并产生气泡。此时，若借卸荷槽将封闭容积与压出侧相连通，则封闭容积内的压缩量 ΔV_1 通过卸荷槽被推向压出侧；而若与吸入侧相连通，则封闭容积内的膨胀量 ΔV_2 也可由吸入侧通过卸荷槽进行补给，从而可避免困油现象的危害。

二、齿轮泵的性能特点

1. 齿轮泵的流量特性

齿轮泵的流量在很大程度上是取决于轮齿在吸入腔时，液体所能充满各齿间的程度。影响充满程度的因素有以下几种:①与液体的粘性有关;②与齿轮的旋转速度有关;③与通向吸入腔的通道形状以及液体的速度有关;④与吸入腔的压强有关。如果液体不能够充分地充入齿间,就会引起齿轮泵流量下降和效率降低,液体的乳化程度增高,泵的工作恶化和机件的磨损增加。这是因为:齿间没有能在吸入腔中被液体完全充满,而在转向排出腔时,发生从排出腔的液体来充填齿间未被填满的容积,这样,液体就会从排出腔流回齿间,致使流量降低,且在排出管路中产生压强脉动,齿轮和轴承都承受脉动负荷,致使轴承的磨损增加。压强脉动也会引起系统中某些导管附件和仪表的振动,破坏了它们正常的工作状态,并损坏系统接头的严密性。为了保证所输送的液体能完全充满齿间,当吸入腔的压头不小于 5m 水柱时,齿轮节圆上的速度就不允许超过 6m/s。有时为了保证使液体很好地进入吸入管,使供液面高于泵轴中心,就需要有一定的倒灌高度。

齿轮泵的理论流量 Q_T,可以准确地由计算齿与齿间的空间而求出。实际上,通常可粗略地按下式计算:

$$Q_T=\frac{(\pi d_0^2/4-\pi d_i^2/4)bn}{60}\quad (m^3/s) \tag{13-8}$$

式中 d_0——齿顶圆直径(m);

d_i——齿根圆直径(m);

b——齿宽(m);

n——齿轮的转速(r/min)。

由此可见,与活塞泵相似,齿轮泵的理论流量也与其扬程无关。

实际上,由于在相互啮合的齿轮之间,或者在齿轮与泵体之间有泄漏,因此其流量要比 Q_T 小。现设其实际流量为 q_v,则:

$$\frac{q_v}{Q_T}=\eta \tag{13-9}$$

称 η 为容积效率。一般 η 的最高值为 85%～90%。

2. 扬程、轴功率和效率特性

图 13-12 所示为一般齿轮泵(润滑油输送用)的流量、轴功率和效率随扬程的变化关系曲线,即 $q_V\sim H$,$P_{sh}\sim H$ 和 $\eta\sim H$ 的性能曲线。

由图 13-12 可以看出,齿轮泵的性能曲线的变化趋势与活塞泵的性能曲线有许多相似之处,因此,其工况调节方式也与活塞泵相同。所不同的是:齿轮泵在非常宽的扬程变化范围内,$q_V\sim H$ 曲线并不是平行于横坐标的直线,而是随扬程的增加略有降低,这是因为当扬程增加时,漏泄损失也随之增加的缘故;$\eta\sim H$ 曲线的高效区变窄,这是由于齿轮泵的转速较高,低扬程时齿轮侧面的摩擦损失功率、齿顶处摩擦阻力的损失功率以及轴承和密封压盖等处的摩擦损失功率相对较大所致。

此外,对于图 13-12 中所示的齿轮泵,扬程在 38m 附近,安全阀即开始动作。因此,随着压强到达某一程度,理应上升的效率曲线也要急剧下降。

应该指出,齿轮泵的性能曲线与其所抽送的液体粘性有关。随着粘性的增大,其轴功率也要增大,而泵的效率要降低;另一方面,泄漏量减少,使得其容积效率有所提高。

此外,这种泵不宜输送粘性较低液体(例如,水、汽油等等,使用这类液体时,它的容积效率很低,扬程不能达到很高),或含有颗粒杂质的液体(输送含有颗粒杂质会影响泵的寿命)。与

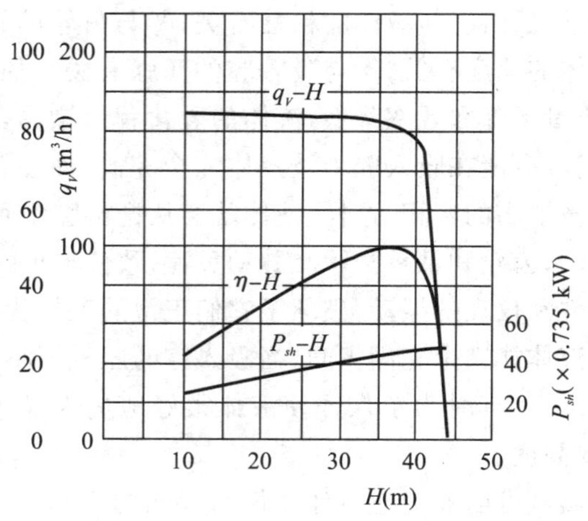

图 13-12　口径 240mm×200mm 齿轮泵的性能曲线

(160m³/h×35m×870r/min×36.75kW)

离心泵不同,齿轮泵在排出阀关闭时不能工作,为了防止排出压强突然增高而引起的损坏,排出管上一定要装有安全阀。当排出压强高于规定值时,安全阀开启,液体由泵的排出腔回到吸入腔。安全阀的极限压强可由弹簧来调节。

13.6　射流泵

射流泵也称水射器,基本构造如图 13-13 所示。它是由喷嘴、吸入室、混合管以及扩散管等部分组成。构造简单,工作可靠,在工程中应用较广。

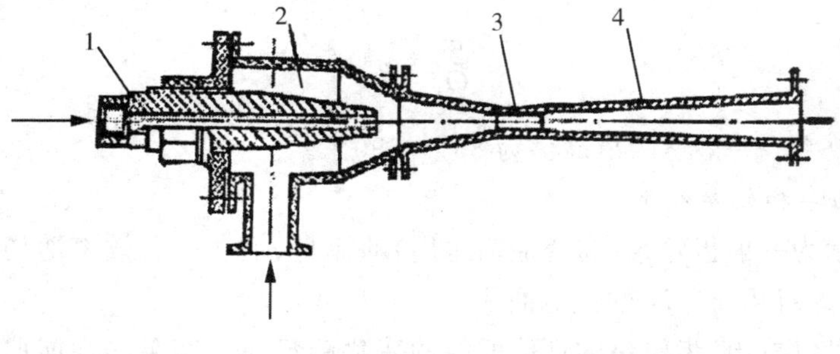

1—喷嘴;2—吸入室;3—混合室;4—扩散管

图 13-13　射流泵构造

一、工作原理

射流泵工作时,高压水以流量 Q_1 由喷嘴高速射出时,连续挟走了吸入室内的空气,在吸入室内形成真空,被抽升液体在大气压力的作用下,以流量 Q_2 由管道 5 进入吸入室内,两股液体(Q_1+Q_2)在混合管中进行能量的传递和交换,使两者的流速、压力趋于统一,然后经扩散管 4 使部分动能转化为压能后,经由管道输送出去,如图 13-14 所示。

在上图中,各符号分别表示如下:

H_1——喷嘴前工作液体所具有的比能(m);

H_2——射流泵出口处液体所具有的比能(即射流泵的扬程)(m);

Q_1——工作液体的流量(m^3/s);

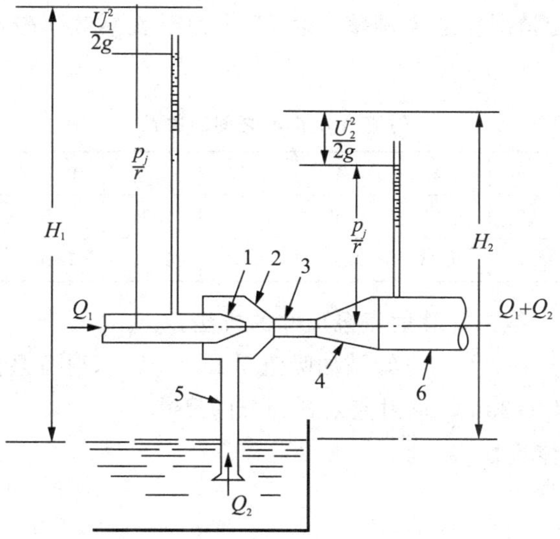

1—喷嘴；2—吸入室；3—混合室；4—扩散管；5—吸水管；6—压出管

图 13-14　射流泵工作原理

Q_2——被抽液体的流量(m^3/s)；

F_1——喷嘴的过流断面积(m^2)；

F_2——混合室的过流断面积(m^2)。

射流泵的工作性能一般可用下列参数表示：

$$\alpha=\frac{Q_2}{Q_1} \tag{13-10}$$

式中　α——流量比；

Q_1——工作液体的流量；

Q_2——被抽液体的流量。

$$\beta=\frac{H_2}{H_1-H_2} \tag{13-11}$$

式中　β——压头比；

H_1——喷嘴前工作液体所具有的比能；

H_2——射流泵出口处液体所具有的比能(即射流泵的扬程)。

$$m=\frac{F_1}{F_2} \tag{13-12}$$

式中　m——断面比；

F_1——喷嘴的过流断面积；

F_2——混合室的过流断面积。

二、射流泵的计算

射流泵的计算通常是按已知的工作流量和扬程，以及实际需要抽吸的流量和扬程来确定射流泵各部分的尺寸。计算常采用试验数据和经验公式来进行。目前，这方面的公式与图表甚多。但实际运用中由于受适用条件的差异、加工精度的不同等影响，所以数据的出入还较大，实用一般按实际运行情况作适当调整。表 13-1 为射流泵效率较高时（30%左右）参数 α，β，m 之间的关系。

表 13-1　　射流泵 α,β,m 之间的关系

m	0.15	0.20	0.25	0.30	0.40	0.50	0.60	0.70	0.80	0.90	1.00
α	2.00	1.30	0.95	0.78	0.55	0.38	0.30	0.24	0.20	0.17	0.15
β	0.15	0.22	0.30	0.33	0.60	0.80	1.00	1.20	1.45	1.70	2.00

下面举例说明利用参数来计算射流泵尺寸的方法：

【例 13-1】　如图 13-14 所示，已知被抽吸流量 $Q_2=5\text{L/s}$，射流泵扬程 $H_2=7\text{m}$，喷嘴前工作液体所具有的比能 $H_1=33\text{m}$。求射流泵各部分的尺寸。

【解】　(1) 工作液体流量 Q_1

由式(13-11)，可解得

$$\beta=\frac{H_2}{H_1-H_2}=\frac{7}{33-7}=0.27$$

查表 13-1，可得：流量比 $\alpha=1.12$，断面比 $m=0.23$，因此由式(13-10)：

$$Q_1=\frac{Q_2}{\alpha}=\frac{0.005}{1.12}=0.0045\text{m}^3/\text{s}$$

2. 喷嘴及混合室面积

由流体力学中的能量方程可得：

$$Q_1=\phi F_1\sqrt{2gH_1}$$

式中　ϕ——喷嘴的流量系数，取 $\phi=0.95$；

F_1——喷嘴断面积。

所以可得：

$$F_1=\frac{Q_1}{\phi\sqrt{2gH_1}}=\frac{0.0045}{0.95\sqrt{2\times9.8\times33}}=0.000186\text{m}^2=185\text{mm}^2$$

喷嘴直径：

$$d_1=\sqrt{\frac{4}{\pi}F_1}=\sqrt{\frac{4}{3.14}\times186}=15.4\text{mm}$$

混合管断面积由式(13-12)可得：

$$F_2=\frac{F_1}{m}=\frac{186}{0.23}=807\text{mm}^2$$

混合管直径：

$$d_2=\sqrt{\frac{4}{\pi}F_2}=\sqrt{\frac{4}{3.14}\times807}=32\text{mm}$$

3. 喷嘴与混合管的距离：

由有关资料提出：取 $l=(1\sim2)d_1$ 较为合适。这里取 $l=16\sim30\text{mm}$。

4. 混合管型式及长度

混合管型式有圆柱型和圆锥型两种，经过试验对比，在技术条件相同时，圆柱型混合管射流泵的效能普遍优于圆锥型混合管，这是因为前者混合管较长，工作液体与被抽吸液体在其中能充分混合，能量传递也很充分，因而效能较高。本例题采用圆柱型混合管。长度 L_2 根据许多试验资料表明按 $L_2=(6\sim7)d_2$ 较佳。本例题采用 $L_2=6d_2=6\times32=192\text{mm}$。

5. 扩散管长度 L_3 及扩散管圆锥角 θ

按实验推荐扩散管圆锥角 θ 以不超过 8°～10°为佳，扩散管长度 $L_3=\frac{d_3-d_2}{2\tan\frac{\theta}{2}}$

如取 $\theta=8°$，d_3 取 67mm(公称管径为 70mm)，则：

$$L_3=\frac{67-32}{2\tan 4°}=\frac{17.5}{0.0699}=250\text{mm}$$

6. 喷嘴长度 L_1

收缩圆锥角一般不大于 40°，喷嘴的另一端与压力水管相连接。这里 $Q_1=4.5\text{L/s}$，压力水管管径取 50mm，则：

$$L_1=\frac{50-15}{2\tan 20°}=\frac{17.5}{0.364}=45\text{mm}$$

7. 射流泵效率 η

$$\eta=\frac{\gamma Q_2 H_2}{\gamma Q_1(H_1-H_2)}=\alpha\beta=1.12\times 0.27=0.3$$

8. 关于吸入室的构造，应保证实现 l 值的调整范围，同时使吸水口位于喷口的后方，吸水口处被吸水的流速不能太大，务必使吸入室内真空值 $H_s<1\text{m}$。

三、射流泵的应用

射流泵优点有：

(1) 构造简单、尺寸小、重量轻、价格便宜；

(2) 便于就地加工，安装容易，维修简单；

(3) 无运动部件，启闭方便，当吸水口完全露出水面后，断流时无危险；

(4) 可以抽升污泥或其他含颗粒液体；

(5) 可以与离心泵联合串联工作从大口井或深井中取水。

缺点是效率较低。在给水排水工程中一般用于：

(1) 用作离心泵的抽气引水装置，在离心泵泵壳顶部接一射流泵，当水泵启动前，可用外接给水管的高压水，通过射流泵来抽吸泵体内空气，达到离心泵启动前抽气引水目的；

(2) 在水厂中利用射流泵来抽吸液氯和矾液，俗称“水老鼠”；

(3) 在地下水除铁曝气的充氧工艺中，利用射流泵作为带气、充气装置，射流泵抽吸的始终是空气，通过混合管进行水气混合，以达到充氧目的。这种水、气射流泵一般称为加气阀；

(4) 在排水工程中，作为污泥消化池中搅拌和混合污泥用泵。近年来，用射流泵作为生物处理的曝气设备及气浮净化法的加汽水设备发展异常迅速；

(5) 与离心泵联合工作以增加离心泵装置的吸水高度。在离心泵的吸水管末端安装射流泵，利用离心泵压出的压力水作为工作液体，这样可使离心泵从深达 30～40m 的井中提升液体。目前，这种联合工作的装置已常见，适用于地下水位较深的地区或牧区解决人民生活用水、畜牧用水和小面积农田灌溉用水；

(6) 在土方工程施工中，用于井点来降低基坑的地下水位等。

附　录

附录A　BA,BL型离心泵及SG型管道泵性能

表 A-1　　**BA、BL型离心式泵性能表**

型号		流量 Q		扬程 H (m)	转速 n (r/min)	轴功率 N (kW)	效率 η (%)	允许吸上真空高度 H(m)	叶轮直径 D(mm)
BA	BL	(m^3/h)	(L/s)						
2BA-6	2BL-6	10～30	2.8～8.3	34.5～24	2900	1.86～3.09	50.6～63.5	8.7～5.7	162
2BA-6A-	2BL-6A	10～30	2.8～8.3	28.5～20	2900	1.43～2.55	54.5～64.1	8.7～5.7	148
2BA-6B		10～25	2.8～6.9	22～16.3	2900	1.1～1.73	54.5～64	8.7～6.6	132
2BA-9	2BL-9	11～25	3～7	21～16	2900	1.12～1.66	56～66	8～6	127
2BA-9A	2BL-9A	10～22	2.8～6.1	16.8～13	2900	0.85～1.23	54～63	8.1～6.5	117
2BA-9B		10～20	2.8～2.6	13～10.3	2900	0.7～0.89	51～62	8.1～6.8	106
3BA-6	3BL-6	30～70	8.3～19.5	62～44.5	2900	9.3～13.3	54.4～64	7.7～4.7	218
3BA-6A	3BL-6B	30～60	8.3～17.7	45～30	2900	6.65～8.3	55～59	7.5	192
3BA-9	3BL-9	30～55	8.3～15.1	35.5～28.8	2900	4.6～6.32	62.5～68.2	7～3	168
3BA-9A	3BL-9A	25～45	7～12.6	26.2～22.5	2900	2.83～3.87	63.7～71.2	7～5	145
3BA-13	3BL-13	32.4～52.2	9～14.5	21.5～15.6	2900	2.5～2.96	76～75	6.5～65	132
3BA-13A	3BL-13A	29.5～48.6	8.2～13.5	17.4～12	2900	1.86～2.15	75～74	6～4	120
3BA-13B	3BL-13B	28～41.5	7.5～11.5	13.5～9.5	2900	1.63～1.73	63～62	5.5～4	110
4BA-6		65～134	18～37.5	98～72.5	2900	27.6～40.4	63～66	7.1～4	272
4BA-6A		65～125	18～34.7	82～61.5	2900	22.9～31.7	63.2～66	7.1～4.6	250
4BA-8		70～120	19.4～3.4	59～43	2900	17.5～21.4	64.5～66	5～3.5	218
4BA-8A		70～109	19.5～30.4	48～36.8	2900	13.6～16.8	67～65	5.38	200
4BA-12	4BL-12	65～120	18～33.3	37.7～28	2900	9.25～12.3	72～74.5	6.7～3.3	178
4BA-12A	4BL-12A	60～110	16.7～30.6	31.6～23.3	2900	7.4～9.5	70～73.5	6.9～4.5	163

A1图　SG型管道泵性能表

表 A-2

规　格 口径—流量—扬程	电压 (V)	出厂单价(元台/套)				
		普通型	热水型	耐腐型	防爆型	防腐防爆
15—1.8—10	220	365	510	700	/	/
20—2—8	220	375	520	750	/	/
20—3—14	220	445	600	1 300	/	/
25—2.5—15	220	465	670	1 320	/	/
25—4—20	220	680	890	1 420	/	/
32—5—20	220	690	920	1 470	/	/
40—5—8	220	550	735	1 380	/	/
40—6—20	220	715	950	1 480	/	/
50—10—15	220	730	960	1 490	/	/
25—4—20	380	580	790	1 300	1 600	2 080
25—6.5—30	380	870	1 130	2 010	2 400	3 120
32—5—20	380	600	810	1 320	1 660	2 120
32—8—30	380	880	1 150	2 030	2 430	3 130
40—6—20	380	635	850	1 340	1 680	2 230
40—9—30	380	850	1 170	2 050	2 450	3 150
40—15—50	380	1 780	2 180	3 390	3 420	4 590
50—10—15	380	660	860	1 350	1 690	2 280
50—15—30	380	1 800	2 230	3 460	3 450	4 670
50—20—65	380	2 650	3 320	4 920	4 920	6 780
50—25—80	380	4 560	5 220	7 185	6 880	8 860
50—30—100	380	6 255	7 450	8 930	9 790	13 280
65—30—15	380	870	1 150	2 020	2 430	3 240
65—30—27	380	1 590	1 920	3 300	3 270	4 520
65—30—50	380	2 545	3 140	4 750	4 890	6 590
65—40—80	380	5510	6 260	8 320	7 850	9 630
80—35—20	380	1 540	1 980	3 100	3 360	4 530
80—50—30	380	2 360	2 890	4 530	4 820	6 410
80—60—50	380	4 240	4 860	6 570	6 770	8 430
80—50—100	380	8 140	9 260	9 850	12 180	14 520
100—40—18	380	1 665	2 080	3 320	3 440	4 550
100—50—30	380	2 440	2 970	4 670	4 860	6 480
100—60—50	380	4 345	4 920	6 890	6 820	8 520
10—75—78	380	7 210	8 220	9 380	9 880	13 150
100—100—60	380	8 585	9 210	9 610	11 600	13 820
100—55—100	380	8 352	9 340	9 920	12 330	14 670
125—80—18	380	2 450	3 150	5 350	4 930	6 870
150—100—15	380	2 620	3 230	5 670	4 990	6 950
150—140—26	380	4 865	5 720	8 280	7 570	9 780
150—200—50	380	8 850	9 380	15 320	16 720	19 270
200—200—20	380	5 090	5 880	8 570	7 620	9 960
200—220—44	380	8 810	9 450	15 800	16 170	17 950
250—380—22	380	8 820	9 620	15 400	16 250	19 200
250—400—20	380	8 850	9 810	15 660	16 980	19 720

注：热水型使用温度 140℃。

附录B　BL型水泵性能表及水泵型号举例

表 B　　BL型水泵性能表(摘录)

型　号	流量 (m^3/h)	扬程 (m)	转数 (r/min)	功　率 (kW) 轴功率	电机功率	效　率 (%)	吸上真空度 (m)	叶轮直径 (mm)
2BL-6A	10	28.5	2 900	1.43	3	54.5	8.7	148
	20	25.2		2.08		65.6	7.2	
	30	20		2.55		64.1	5.7	
2BL-9	11	21	2 900	1.12	2.2	56	8.0	127
	20	18.5		1.48		68	6.8	
	25	16		1.66		66	6.0	
2BL-9A	10	16.8	2 900	0.85	1.5	54	8.1	117
	17	15		1.07		65	7.3	
	22	13		1.23		63	6.5	
3BL-6	30	62	2 900	9.3	17	54.4	7.7	218
	45	57		11.0		63.5	6.7	
	60	50		12.3		66.3	5.6	
	70	44.5		13.3		64	4.7	
3BL-6A	30	45	2 900	6.65	13	55	7.5	192
	40	41.5		7.30		62	7.1	
	50	37.5		7.98		64	6.4	
	60	30		8.30		59		
3BL-9	30	35.5	2 900	4.64	7.5	62.5	7.0	168
	45	32.6		5.56		71.5	5.0	
	55	28.8		6.32		68.2	3.0	
3BL-9A	25	26.2	2 900	2.83	5.5	63.7	7.0	145
	35	25		3.35		70.8	6.4	
	45	22.5		3.87		71.2	5.0	
3BL-13	32.4	21.5	2 900	2.5	4	76	6.5	132
	45	18.8		2.88		80	5.5	
	52.2	15.0		2.96		75	5.0	
3BL-13A	29.5	17.4	2 900	1.86	3	75	6.0	120
	39.6	15.0		2.02		80	5.0	
	48.6	12.0		2.15		74	4.5	
3BL-13B	28.0	13.5	2 900	1.63	2.2	63	5.5	110
	34.2	12.0		1.72		65	5.0	
	41.5	9.5		1.73		62	4.0	
4BL-12	65	37.7	2 900	9.25	17	72	6.7	178
	90	34.6		10.8		78	5.8	
	120	28		12.3		74.5	3.3	
4BL-12A	60	31.6	2 900	7.4	13	70	6.9	163
	85	28.6		8.7		76	6.0	
	110	23.3		9.5		73.5	4.5	

附录C　IS型单级离心泵

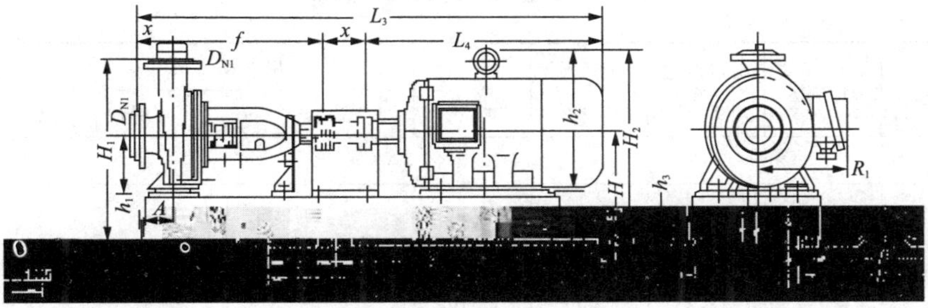

附录3图　IS型单级离心泵外形图

表 c　　**IS型离心泵规格性能表**

泵型号	n=1 450r/min						n=2 900r/min					
	流量 G (m³/h)	扬程 H (m)	效率 η (%)	气蚀余量 (m)	电机 功率 N (kW)	电机 型号	流量 G (m³/h)	扬程 H (m)	效率 η (%)	气蚀余量 (m)	电机 功率 N (kW)	电机 型号
IS50-32-125	6.3	5	54	2.0	0.55	Y801-4	12.5	20	60	2.0	2.2	Y90L2-2
IS50-32-160	6.3	8	48	2.0	0.55	Y801-4	12.5	32	54	2.0	3	Y100L-2
IS50-32-200	6.3	12.5	42	2.5	0.75	YB02-4	12.5	50	48	2.0	5.5	Y132S1-2
IS65-50-125	12.5	5	64	2.0	.55	YB01-4	25	20	69	2.0	3	Y100L-2
IS65-50-160	12.5	8	60	2.0	0.75	YB02-4	25	32	65	2.0	5.5	Y132S1-2
IS65-40-200	12.5	12.5	55	2.0	1.1	Y90S-4	25	50	60	2.0	7.5	Y132S2-2
IS65-65-125	25	5	71	2.5	0.75	Y802-4	50	20	75	3.0	5.5	Y132S1-2
IS80-65-160	25	8	69	2.5	1.5	Y90L-4	50	32	73	2.5	7.5	Y132S2-2
IS80-50-200	25	12.5	65	2.5	2.2	Y100L1-4	50	50	69	2.5	15	Y160M2-2
IS100-80-125	50	5	75	2.5	1.5	Y90L-4	100	200	78	4.5	11	Y160M1-2
IS50-32-250	6.3	20	32	2.0	1.5	Y90L-4	12.5	80	38	2.0	11	Y160M1-2
IS65-40-250	12.5	20	48	2.0	2.2	Y100L1-4	25	80	53	2.0	15	Y160M2-2
IS65-40-315	12.5	32	37	2.5	4	Y112M-4	25	125	40	2.5	30	Y200L1-2
IS80-50-250	25	20	60	2.5	3	Y100L2-4	50	80	63	2.5	22	Y180M-2
IS80-50-315	25	32	52	2.5	5.5	Y132S-4	50	125	54	2.5	37	Y200L2-2
IS100-65-200	50	12.5	73	2.0	4	Y112M-4	100	50	76	3.6	22	Y180M-2
IS100-65-250	50	20	68	2.0	5.5	Y132S-4	100	80	72	3.8	37	Y200L2-2
IS100-80-160	50	8	75	2.5	2.2	Y100L1-4	100	32	78	4.0	15	Y160M2-2
IS124-100-200	100	12.5	76	2.5	7.5	Y132M-4	200	50	81	4.5	45	Y225M2
IS100-65-315	50	32	63	2.0	11	Y160M-4	100	125	66	3.6	75	Y280S2
IS125-100-250	100	20	76	22.5	11	Y150M-4	200	80	78	4.2	75	Y280S2
IS125-100-315	100	32	73	2.5	15	Y160L-4	]200	125	75	4.5	110	Y315S2
IS125-100-400	100	50	65	2.5	30	Y200L-4						
IS150-125-250	200	20	81	3.0	18.5	Y180M-4						
IS150-125-315	200	32	79		30	Y200L-4						
IS150-125-400	200	50	75	2.8	45	Y225M-4						
IS200-150-250	400	20	82		37	Y225S-4						
IS200-150-315	400	32	82	3.5	55	Y250M-4						
IS200-150-400	400	50	81	3.8	90	Y280M-4						

注：兰州水泵厂生产。

附录D　T4-72 型离心通风机

表 D　　　T4-72 型离心通风机性能表

转　数 (r/min)	序　号	出口风速 (m/s)	全　压 (Pa)	面　量 (m^3/h)	电　动　机		地脚螺栓(四套) 代号 F2120
					型　号	(kW)	
T4-72　No. 5A							
2900	1	13.8	3200	7942	Y160M_1-2(B35)	H	M10 * 250
	2	15.5	3120	8860			
	3	17.2	3030	9840			
	4	18.8	2960	10804			
	5	20.8	2800	11830			
	6	22.0	2600	12630			
	7	23.9	2340	13700			
	8	25.5	2010	14620			

习题参考答案

1

1-1 899kg/m^3

1-2 5.88×10^{-6} m^2/s

1-3 0.137Pa·s

1-4 39.6N·m

1-5 ≈12 转

1-6 533×10^5 N/m^2

1-7 435.44kPa

2

2-1 13 328−15 994Pa， 7 797−11 995Pa

2-2 1.1MPa

2-3 117.7kN/m^2，78.48kN/m^2

2-4 h_1=5m 水柱，h_2=383mm 汞高

2-5 p_v=0.785kPa，p=99.22kPa

2-6 P=352.8kN， N=274.4kN

2-7 3.54m 水柱

2-8 4cm

2-9 264 796Pa

2-10 22.76kPa

2-11 略

2-12 117.6kN/m^2

2-13 653.9kN

2-14 30.99kN

2-15 88.2kN，距底 1.5m

2-16 y=0.44m

2-17 1.414m，2.586m

2-18 P_x=1 255.68kN，P_z=985.71kN

2-19 (1) 15.4kN， (2) 49.55kN

2-20 P=2 863kN， h_B=6.9m

2-21 ΔH=2.51m；P_x=77.55kN，P_z=0

2-22 略

2-23 a=1.635m/s^2

2-24 1.15mH_2O

2-25 46.31kN

2-26 427rpm

2-27 178rpm

3

3-1 35.86m/s

3-2 13.06m/s

3-3 v_1=0.625m/s， v_2=2.5m/s， Q=4.9L/s

3-4 10.9L/s

3-5 235.5mm

3-6 $B \to A$

3-7 3.85m/s

3-8 $1.5m^3/s$

3-9 $p_1 = -64.5Pa$，$p_2 = 967.5Pa$

3-10 $-1.07mH_2O$ 水柱

3-11 $0.088m^3/s$

3-12 4.68kN

3-13 5.25kN，0.82kN

3-14 35.82kN/4

3-15 $R_x = 6.04kN$，$R_y = 5.02kN$

3-16 7.07kN

3-17 $\frac{Q_0}{2}(1 \pm \cos\theta)$

3-18 $456N$，$\theta = 30°$

3-19 $8.46m^3/s$，22.46kN

3-20 98.35kN，120.05kN

4

4-1 (1)层流，(2)紊流，(3)15mm

4-2 512mm

4-3 紊流；$v_c = 0.03m/s$

4-4 紊流；7.08L/s

4-5 紊流

4-6 0.743m

4-7 (1) $\tau_0 = 110.4N/m^2$，$\tau_r = 73.6N/m^2$ (2) $\tau_0 = 147.2N/m^2$，$\tau_r = 98.1N/m^2$

4-8 $r = r_0/\sqrt{2}$

4-9 0.219

4-10 2.33L/s，$\tau_0 = 70N$

4-11 (1) 层流；(2) $\lambda = 0.038$，(3) $h_f = 1.5cm$，(4) $\frac{p_1 - p_2}{\gamma} = 2.07cm$

4-12 $\nu = 2.97 \times 10^{-5} m^2/s$

4-13 1.94cm

4-14 0.589m/s

4-15 5.19L/s

4-16 $p_{abs} = 0.98$ 大气压

4-17 9.96m，10.2m

4-18 0.0144

4-19 $106.5kN/m^2$

4-20 19.5，$0.024m^3/s$

4-21 43.9m

4-22 $2.68m^3/s$

4-23 0.33

4-24 0.0216

4-25 0.159m^3/h, 2.92m, 7.08m

4-26 10.9L/s

4-27 12.82

4-28 $v_1=29.44$m/s, $v_2=4.97$m/s

4-29 58L/s

5

5-1 0.61

5-2 394s

5-3 0.166L/s

5-5 1.20m,4.5m

5-6 2.79L/s,60 个

5-7 11L/s,2.2m

5-8 3.67m;27.55m;−25.77kPa

5-9 0.39m;96.69m^3/h

5-10 8.2L/s;9.38L/s;5.25m

5-11 132.6L/s

5-12 27.86m

5-13 200mm

5-14 61.1m

5-15 19.2L/s

5-16 20.80m

5-17 16.55m

5-18 169.7L/s;467.65L/s

5-19 33.18m;19.51kW

5-20 20.4m,13.92L/s,4.08L/s

5-21 8.62L/s,11.38L/s,20.79m,17.2L/s

5-22 29.29L/s;20.71L/s;33.41m

5-23 7.46m

5-24 29.01m

5-26 400kPa;615kPa

5-27 1516.8kPa

5-28 1347m/s,1347kPa;1246m/s,1246kPa

6

6-1 a,b,d,e,g,h 为无旋;势函数分别为:$4x+3y$,$2x^2-3/2y^2$,$2x^2$,$2y^2$,$\ln r$, 4θ

6-2 a,c,g,h 满足不可压缩;流函数分别为:$3x-4y$,$2x^2+2y^2$,θ,$-4\ln r$

6-3 略

6-4 $u_r=v_0\cos\theta+\dfrac{Q}{2\pi r}$, $u_\theta=-v_0\sin\theta-\dfrac{\Gamma}{2\pi r}$,驻点位置可能在第三象限

6-5 $u_r=v_0\left(1-\dfrac{R^2}{r^2}\right)\cos\theta$,$u_\theta=-v_0\left(1+\dfrac{R^2}{r^2}\right)\sin\theta$,

6-6 原点流速 $u_x=6.37$m/s, $u_y=0$

(0,4)点流速 $u_x=2.29$m/s, $u_y=0$

流函数 $\psi=\dfrac{Q}{2\pi}\left(2\arctan\dfrac{4}{3}-\pi\right)$

6-7 偶极矩 $M=500\pi$,流函数 $\psi=-50$

6-8　6.02×10^{-2}mm

6-9　0.307Pa·s

6-10　$D=3.8\times10^{-5}$N，$s=8.41$

6-11　$D=107.75$N，$N=1.796$kW

6-12.　10.5m/s

6-13　$u=0.154$m/s,大于悬浮速度,被烟气带走

6-14　$D=351$N

7

7-1　3.13m/s;$i=0.0106$

7-2　1.27m

7-3　2.47m;4.93m

7-4　1.09m;0.66m

7-5　1.0m;1.25m

7-6　0.0163;1.25m/s

7-7　0.432m^3/s;2.96m/s

7-8　0.76m^3/s

7-9　0.68m

8

8-1　1.48m,1.92m

8-3　70.16m^3/s

8-4　缓流

8-5　缓流

8-6　8.55m

8-7　3.81m;1.26m/s;9.47m

8-8　2.96m^3/s

8-9　发生淹没式水跃

9

9-1　2.89m

9-2　25L/s,0.26m

9-3　0.221m,0.288m,0.376m

9-4　1.67m^3/s,1.34m^3/s

9-5　1.25m

9-6　17.16m,4.09m

9-7　0.754m^3/(s·m)

9-8　0.031m

9-9　16m,2.57m

9-10　5m

9-11　4m,1.48m

10

10-1　$\frac{\tau}{\rho v^2}$；$\frac{\Delta p g}{\gamma v^2}$；$\frac{F}{\rho l^2 v^2}$；$\frac{\sigma}{\rho l v^2}$

10-2　$\frac{q}{g^{\frac{1}{2}} H^{\frac{5}{2}}}=F\left(\frac{H}{p}\right)$

10-6　0.048m/s,3858.8N

10-7　0.668 m^3/s, 0.187kPa

10-8　0.50m, 94.9L/s, 400kN, 632.5kW

10-9　3.16m/s, 7 680N

10-10　0.48m, 0.086m, 0.164m, 1.8m, 0.325m/s, 1 250kN

10-11　5 天

10-12　9.4m/s, 1 125kN; 0.026 6m/s, 9N

11

11-1　0.00172m/s

11-2　19.26m, 17.94m, 16.51m, 14.95m, 276.6m^3/d

11-3　445.7 m^3/d

11-4　1.78 $m^3/d \cdot m$

11-5　5.28m/h, 1009m

11-6　0.001m/s

11-7　1.5m

11-8　$4\times10^5 m^3/(s \cdot m)$

12

12-1　65.62kW, 78.12 kW, 91.91 kW, 536 730 度

12-2　17.1m

12-3　30.56m

12-4　45.7L/s

12-5　90, 131

12-6　10 级

12-7　46L/s, 45m, 76%, 26.7kW; 10m, 224 034 度

12-8　100mm

12-14　6.7m, 5.10m

参考文献

[1] 柯葵.水力学[M].上海:同济大学出版社,2000.

[2] 刘鹤年.流体力学[M].2版.北京:中国建筑工业出版社,2004.

[3] 西南交大水力学教研室.水力学[M].3版.北京:高等教育出版社,1983.

[4] 蔡增基.流体力学泵与风机[M].4版.北京:中国建筑工业出版社,1999.

[5] 沙毅.泵与风机[M].合肥:中国科学技术大学出版社,2005.

[6] 姜乃昌.水泵及水泵站[M].北京:中国建筑工业出版社,1980.